国外油气勘探开发新进展丛书（十五）· 石油地质理论专辑

微生物碳酸盐岩：对全球油气勘探与开发的意义

[英] D. W. J. Bosence　K. A. Gibbons　D. P. Le Heron
W. A. Morgan　T. Pritchard　B. A. Vining　编

王小芳　杜　东　李文正　潘立银　胡安平　等译
沈安江　审校

石油工業出版社

内 容 提 要

本书介绍了现代和古代湖泊、热液、河流及海洋等微生物碳酸盐岩的形成环境，以及微生物碳酸盐岩建隆类型、结构和构造。从微生物碳酸盐岩的沉积几何特征、沉积组构和地球化学标志分析了对微生物相的影响，以及微生物碳酸盐岩的孔隙类型和储集特征，对中国从事碳酸盐岩研究的地质人员有很好的借鉴作用。

本书可供从事碳酸盐岩研究的油气地质勘探人员及相关院校师生参考。

图书在版编目（CIP）数据

微生物碳酸盐岩：对全球油气勘探与开发的意义 /（英）丹·博森斯（D. W. J. Bosence）等编；王小芳等译. —北京：石油工业出版社，2019. 11

（国外油气勘探开发新进展丛书. 十五，石油地质理论专辑）

书名原文：Microbial Carbonates in Space and Time：Implications for Global Exploration and Production

ISBN 978-7-5183-3682-1

Ⅰ. ①微… Ⅱ. ①丹… ②王… Ⅲ. ①微生物-碳酸盐岩油气藏-油气勘探-研究②微生物-碳酸盐岩油气藏-油气田开发-研究 Ⅳ. ①P618. 13②TE344

中国版本图书馆 CIP 数据核字（2019）第 230858 号

Microbial Carbonates in Space and Time：Implications for Global Exploration and Production

Edited by D. W. J. Bosence, K. A. Gibbons, D. P. Le Heron, W. A. Morgan, T. Pritchard and B. A . Vining

---

出版发行：石油工业出版社有限公司
（北京安定门外安华里 2 区 1 号　100011）
网　址：www. petropub. com
编辑部：（010）64523544
图书营销中心：（010）64523633
经　　销：全国新华书店
印　　刷：北京中石油彩色印刷有限责任公司

2019 年 11 月第 1 版　2019 年 11 月第 1 次印刷
787×1092 毫米　开本：1/16　印张：20. 75
字数：528 千字

定价：180. 00 元

《微生物碳酸盐岩：对全球油气勘探与开发的意义》翻译人员

王小芳　杜　东　李文正　潘立银　胡安平

罗宪婴　李维岭　张　友　杨　柳　付小东

朱永进　黄理力　田　瀚　吕学菊

序

为了及时学习国外油气勘探开发新理论、新技术和新工艺，推动中国石油上游业务技术进步，本着先进、实用、有效的原则，中国石油勘探与生产分公司和石油工业出版社组织多方力量，对国外著名出版社和知名学者最新出版的、代表最先进理论和技术水平的著作进行了引进，并翻译和出版。

从 2001 年起，在跟踪国外油气勘探、开发最新理论新技术发展和最新出版动态基础上，从生产需求出发，通过优中选优已经翻译出版了 14 辑 80 多本专著，在这套系列丛书中，有些代表了某一专业的最先进理论和技术水平，有些非常具有实用性，也是生产中所亟需。这些译著发行后，得到了企业和科研院校广大科研管理人员和师生的欢迎，并在实用中发挥了重要作用，达到了促进生产、更新知识、提高业务水平的目的。部分石油单位统一购买并配发到了相关技术人员的手中。同时中国石油天然气集团公司也筛选了部分适合基层员工学习参考的图书，列入“千万图书下基层，百万员工品书香”书目，配发到中国石油所属的 4 万余个基层队站，该套系列丛书也获得了我国出版界的认可，三次获得了中国出版工作者协会的“引进版科技类优秀图书奖”，形成了规模品牌，获得了很好的社会效益。

2017 年在前 14 辑出版的基础上，经过多次调研、筛选，又推选出了国外最新出版的 7 本专著，即《世界巨型油气藏：储层表征与建模》《亚洲新元古界—寒武系盆地地质学与油气勘探潜力》《微生物碳酸盐岩：对全球油气勘探与开发的意义》《碳酸盐岩油气勘探与储层分析》《油气勘探开发中的沉积物源研究》《盐构造与沉积和含油气远景》《湖相砂岩储层与含油气系统》，以飨读者。

在本套丛书的引进、翻译和出版过程中，中国石油勘探与生产分公司和石油工业出版社组织了一批著名专家、教授和有丰富实践经验的工程技术人员担任翻译和审校工作，使得该套丛书能以较高的质量和效率翻译出版，并和广大读者见面。

希望该套丛书在相关企业、科研单位、院校的生产和科研中发挥应有的作用。

中国石油天然气集团公司副总经理

[signature]

目　录

第一章　微生物碳酸盐岩的时空展布

DAN BOSENCE[1*], KATHRYN GIBBONS[2], DANIEL P. LE HERON[1], WILLIAM A. MORGAN[3], TIM PRITCHARD[4] & BERNARD A. VINING[1,5]

1. Department Earth Sciences, Royal Holloway University of London, Egham, Surrey, TW20 0EX, UK

2. Nexen Petroleum UK Ltd. , Prospect House, 97 Oxford Road, Uxbridge, Middlesex, UB8 1LU, UK

3. Morgan Geoscience Consulting LLC, 132 W. Ellendale Estates Drive, Houma, LA 70360, USA

4. bg Group, 100 Thames Valley Park Drive, Reading, Berkshire, RG6 1PT, UK

5. Baker Hughes, Bentley Hall, Alton, Hampshire, GU34 4PU, UK

*通信作者（e-mail：d. bosence@es. rhul. ac. uk）

微生物碳酸盐岩（微生物岩）是沉积作用形成的产物，有四个理由：它们具有所有类型生物灰岩最长的地质时间跨度；形成于最广范围的不同沉积环境；为地球大气层充氧；生产和储存大量的烃类。然而，它们处于最难处理的沉积岩之中，因为它们受微生物的活动或者影响而形成（或者因为成岩作用强烈），所以并不总是保存其形成方式的直接证据。

尽管如此，近几年关于微生物碳酸盐岩的科学研究仍呈现显著的复兴，主要是因为它们是重要的油气储层，既有阿曼 Salt 盆地的元古宇，也有更新一点的巴西近海 Santos 盆地的下白垩统盐下油气发现（图 1.1 和图 1.2），其盐下油藏的产量超过 50×10^4bbl/d（2014 年 6

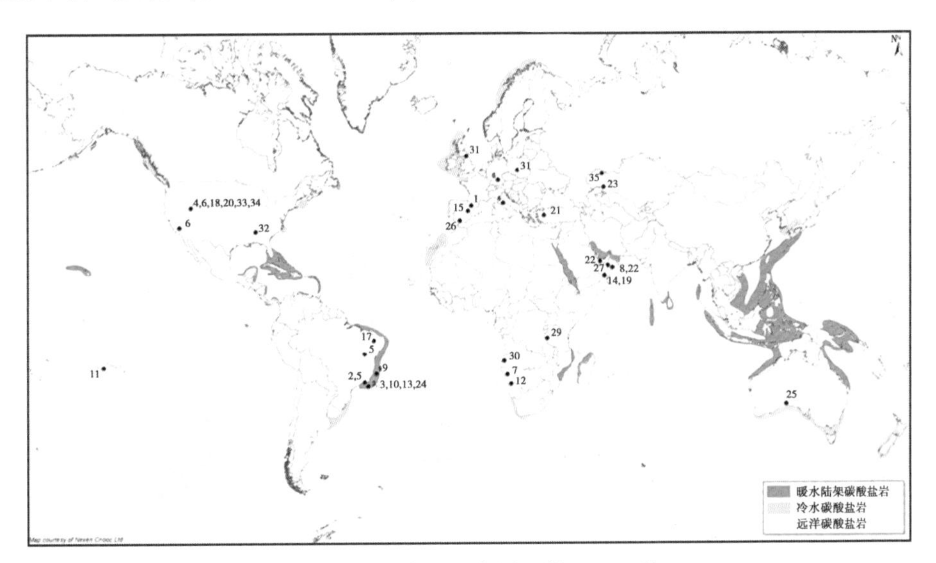

图 1.1　研究案例的位置示意图（据 Vining 等，2013）

现代海相碳酸盐沉积物的分布据 Bosence 和 Wilson（2003）修改；除了 Santos 盆地和 Campos 盆地（巴西近海），其他所有描绘的非海相碳酸盐沉积物的展布面积都比位置圆点尺寸要小；年代和案例研究的作者见图 1.2

月)，整个 Santos 盆地原始地质资源量估计超过 500×10^8bbl（Formigli，2014）。然而，它们处于深水区，离岸几百千米，对碳酸盐岩岩相认识不足，缺乏露头类比物。

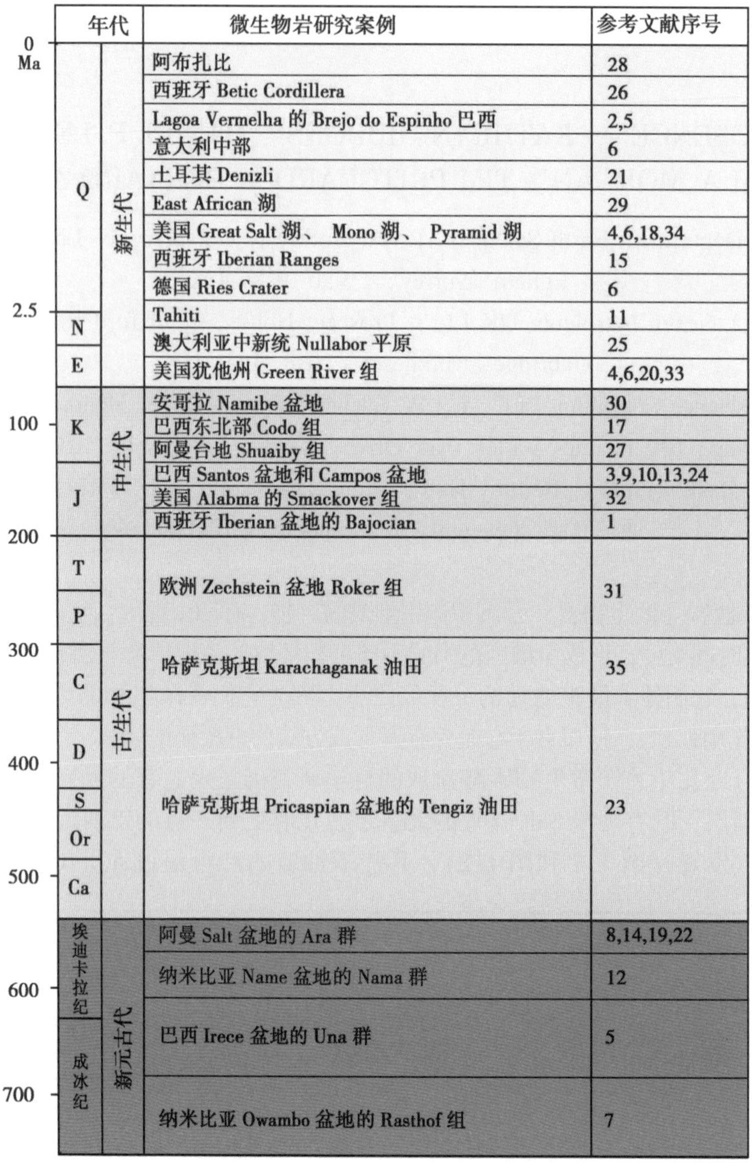

0 Ma，2.5，100，200，300，400，500，600，700

年代		微生物岩研究案例	参考文献序号
Q	新生代	阿布扎比	28
Q	新生代	西班牙 Betic Cordillera	26
Q	新生代	Lagoa Vermelha 的 Brejo do Espinho 巴西	2,5
Q	新生代	意大利中部	6
Q	新生代	土耳其 Denizli	21
Q	新生代	East African 湖	29
Q	新生代	美国 Great Salt 湖、 Mono 湖、 Pyramid 湖	4,6,18,34
Q	新生代	西班牙 Iberian Ranges	15
Q	新生代	德国 Ries Crater	6
Q	新生代	Tahiti	11
N	新生代	澳大利亚中新统 Nullabor 平原	25
E	新生代	美国犹他州 Green River 组	4,6,20,33
K	中生代	安哥拉 Namibe 盆地	30
K	中生代	巴西东北部 Codo 组	17
K	中生代	阿曼台地 Shuaiby 组	27
J	中生代	巴西 Santos 盆地和 Campos 盆地	3,9,10,13,24
J	中生代	美国 Alabma 的 Smackover 组	32
J	中生代	西班牙 Iberian 盆地的 Bajocian	1
T、P	古生代	欧洲 Zechstein 盆地 Roker 组	31
C	古生代	哈萨克斯坦 Karachaganak 油田	35
D、S、Or、Ca	古生代	哈萨克斯坦 Pricaspian 盆地的 Tengiz 油田	23
埃迪卡拉纪	新元古代	阿曼 Salt 盆地的 Ara 群	8,14,19,22
埃迪卡拉纪	新元古代	纳米比亚 Name 盆地的 Nama 群	12
成冰纪	新元古代	巴西 Irece 盆地的 Una 群	5
成冰纪	新元古代	纳米比亚 Owambo 盆地的 Rasthof 组	7

图 1.2　根据地质年代排列的研究案例（据 Vining 等，2013）

1—Aurell 和 Badenas；2—Bahniuk 等；3，Buckley 等；4—Chidsey 等；5—Corbett 等；6—Della Porta；7—Le Ber 等；8—Mettraux 等；9—Muniz 和 Bosence；10—Rezende 和 Pope；11—Warthmann 等；12—Winterleittner 等；13—Wright 和 Barnett 扩展的摘要集；14—Amthor；15—Arenas 等；16—Awramik；17—Bahniuk 等；18—Baskin；19—Becker 等；20—Buchheim 和 Awramik；21—Claes 等；22—Homewood 等；23—Jenkins 等；24—Jones 和 Xiao；25—Miller 等；26—Pla-Pueyo 等；27—Rameil；28—Sadooni 和 Strohmenger；29—Scholz 等；30—Sharp 等；31—Słowakiewicz 等；32—Tonietto 和 Pope；33—Vanden Berg 等；34—Virgone 等；35—Wright 等

近几年学术界和石油行业已经做了很多研究项目，调查可能的类比物，以加深对这些棘手的岩石及其复杂孔隙体系的了解。这些研究成果可参见关于巴西盐下的一系列科学论文。

本书为我们了解微生物碳酸盐岩做出了显著贡献。本书加上随之扩展的摘要集（Vining 等，2013）形成于2013年6月19—20日伦敦地质协会举行的会议，一共包含了35篇论文（图1.1和图1.2）。

本书是第一本集中介绍微生物岩经济方面的书（Mancini 等，2013），并且包含研究微生物岩过程的论文，包括：现代和古代微生物岩的形成，和整个地质历史时期海相及非海相沉积环境中微生物碳酸盐岩建隆类型、结构和构造的差异（图1.1和图1.2）。

由于当前的商业和合同原因，有些论文不能够出版明确的位置、井号、地震测线方位、样品照片等。

1.1 基本概念和术语

Burne 和 Moore（1987）介绍术语“微生物岩”特征为“生物沉积的沉积物——底栖微生物群落捕获并粘结碎屑沉积物和/或形成矿物沉淀的场所不断加积而成”。这样的成因分类在解释地质历史过程时经常遇到麻烦（例如风暴岩）。另外，很多专业术语已经用于标记那些不同种类的、形成于不同环境中的钙质微生物岩，笔者已经避免采用已经建立的碳酸盐岩分类（Dunham，1962；Folk，1962）。但是，可以使用 Dunham 分类中的“Boundstone（粘结岩）”，其原始组分就是粘结在一起的，同样也可以使用 Embry 和 Klovan（1971）对于“Boundstone（粘结岩）”的细分：绑结岩（生物体在沉积物上结壳并绑结沉积物）、障积岩（生物体充当遮挡物以促进沉积作用进行）或骨架岩（生物体建造一个原位的三维骨架），它们的区别在于沉积物加积过程中微生物群落所扮演的角色。Riding（1977）及 Burne 和 Moore（1987）尝试过总结沉积作用及其产物之间的重要联系，见图1.3。然而，这些方案中存在一些矛盾，Embry 和 Klovan（1971）分类中骨架岩是粘结岩（Boundstone）的一个亚类。还有 Tufa（泉华），一些学者用于物理化学沉淀形成的岩石，而很多人又将其用于其他不同形式形成的岩石。

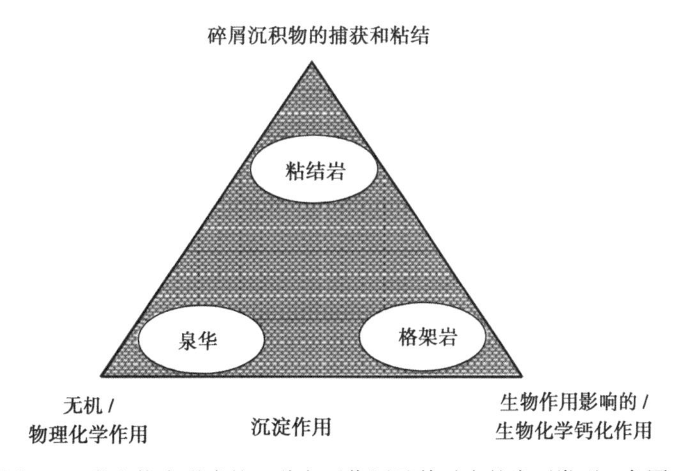

图1.3 微生物岩形成的三种主要作用及其对应的岩石类型三角图
（据 Burne 和 Moore，1987；Riding，1977，修改）

最新的一篇综述（Capezuoli 等，2014）称严格意义上的泉华（Tufa）应该是成层差并具有高孔隙度结构的陆相碳酸盐沉积物，主要由室温水系中沉淀出的方解石构成，特征为丰富的微生物群和大型生物群。经常容易混淆的相关术语钙华（Travertine，狭义的）应当是指形成于热的、过饱和的碳酸盐水系的陆相碳酸盐沉积物，典型的热液成因，产生纹层状的沉积物，主要是无机的晶体组构（通常为晶簇）。当碳酸盐过饱和水从热泉中往上冒时，小溪和河流钙华（Travertine）就会顺流而入泉华（Tufa）（Brasier 等，2013）。Jones 和 Renaut（2010）称这些术语基于水温和水源，对现代沉积物更加有用，但是比较难以用于古代的实例。

然而，Riding（1977）及 Burne 和 Moore（1987）认为微生物岩的建造包括三个主要过程：碎屑沉积物的捕获和粘结；生物影响的（或生物化学）沉淀作用；以及无机（物理—化学）沉淀作用。这些作用共同为微生物岩主体构建和生长样式做贡献。微生物岩也就是叠层石（纹层状；Kalkowski，1908）、凝块石（凝块状；Aitkin，1967）或均一石（Leiolite）（无结构的；Braga 等，1995）。但是，需要注意的是这些生长样式并不对应于微生物岩形成的三个主要作用。大多数生长样式显示形成微生物建造是由两种或者三种作用共同控制的（Della Porta，2015）。

另外，在这些沉积物中可能识别出两种不同模式的生物化学沉淀作用，即与原核生物（微生物）的新陈代谢相关的生物内在作用诱发的矿化作用（生物矿化作用；Dupraz 等，2009）；在有机体（微生物）的影响下来自邻近水体的矿物的沉淀作用。但是，这本质上是利用了有机体基质的外在作用或者环境驱动的作用，例如胞外聚合物（EPS；Dupraz 等，2009；图 1.4）。

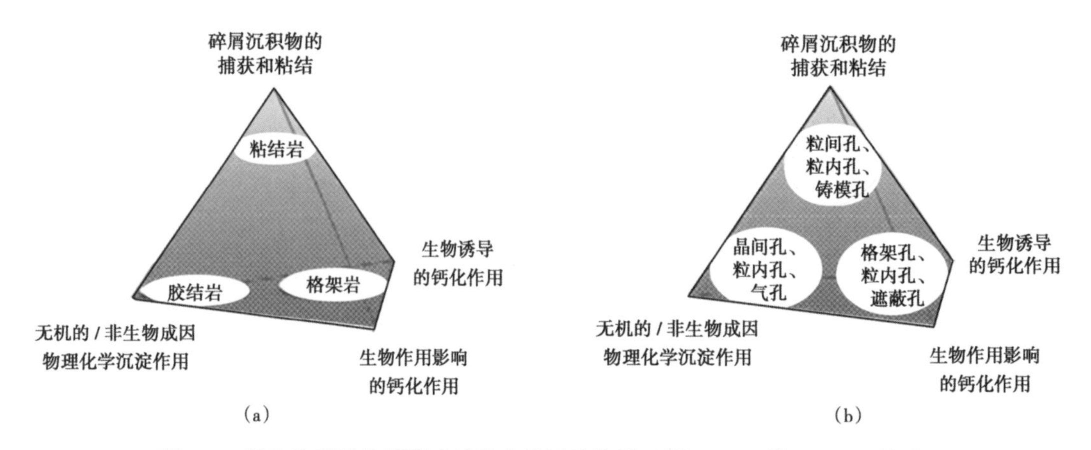

图 1.4　微生物碳酸盐岩形成过程中的四种作用（据 Dupraz 等，2009，修改）

（a）四种微生物作用产生的石灰岩类型（据 Embry 和 Klovan，1971；Wright，1992，修改）；

（b）表征由不同沉积、化学、生物化学作用形成的微生物岩孔隙体系（据 Choquette 和 Pray，1970，修改）

微生物碳酸盐岩中观察到的由有机矿化作用形成的微构造是微似球粒（micropeloidal）、致密泥晶化和粘结的似球粒微组构（Riding，2008）。更为可疑的是亮晶组构，可能在岩石学上与无机沉淀物和有机矿化席中的类似。在这种情况下，讨论集中于藻丝体铸模和其他杆状空腔的识别，除了 $\delta^{13}C$ 值（微生物催化的沉淀物中 $\delta^{13}C$ 可能比无机胶结物和环境水的 $\delta^{13}C$ 更加偏正）（Burne 和 Moore，1987；Bahniuk 等，2015；Della Porta，2015）。

1.2　微生物岩的类型与岩石组构和孔隙类型的相关关系

微生物岩可能由四种作用的单独作用或者联合作用形成。但是这些作用的每一种都不能够直接产生地质记录中可识别的稳定的岩石组构。本书中的很多论文陈述了该问题，介绍了以前的微生物席，追溯至新元古代偶见它们的伴生沉淀物（Mettraux 等，2015）。这类研究表明古代和现代微生物席之间具有相似性，激起了现实研究的兴趣（Della Porta，2015；Warthmann 等，2015）。尽管事实上地质学家不能够简单地将解释的微生物岩产物与微生物作用相联系，但是我们能够识别出四端元作用产生的三种主要岩石类型（图 1.4）。

（1）捕获作用和粘结作用形成粘结岩。

（2）无机沉淀作用形成胶结岩（Cementstone）。该术语由 Wright（1992）提出，是指颗粒中几乎完全由纤状胶结物构成的石灰岩或者是不构成格架的原位生物成因的物质。该术语似乎要比“泉华（Tufa）”（图 1.3；Riding，1977）更加恰当，因为胶结岩（Cementstone）具有更具体的含义。然而，是否仅由无机沉淀作用形成，会决定微生物岩的命名（Wright 和 Barnett，2015）。

（3）生物诱发的或者仅是生物影响的微生物席的钙化作用导致微生物格架岩的形成。然而，迄今为止，人们对于微生物席内发生的作用和产物的认知水平还不足以识别出特有的岩石组构（成岩作用稳定的，也就是不易被成岩作用所改造的，并且是这两种作用所独有的）。

跟这三种微生物岩相关的主要孔隙体系可以采用 Choquette 和 Pray（1970）针对碳酸盐岩孔隙类型的修改方案中所用的术语（图 1.4）。大量的孔隙类型表明微生物岩具有有效的孔隙度和渗透率，但是在微生物岩增长的过程，孔隙度和渗透率变化很大。孔隙类型也取决于后续的成岩通道，因此沉积孔隙体系被次生或三生（Tertiary）孔隙体系改变或者完全取代（图 1.5）。然后，次生胶结物和压溶作用可能减少孔隙空间，而溶解作用和裂缝会增加孔隙度和渗透率，交代作用可能不增不减或者增强储层品质，就像有些白云岩中的那样。然而，对那些不熟悉碳酸盐岩的人来说，第一眼看上去可能会感到困惑。很多这些作用和成分从其他碳酸盐岩类型中已经熟知，比如生物礁，生物礁已经作为勘探目标和油气储层成功开发很多年了（Roehl 和 Choquette，1985）。

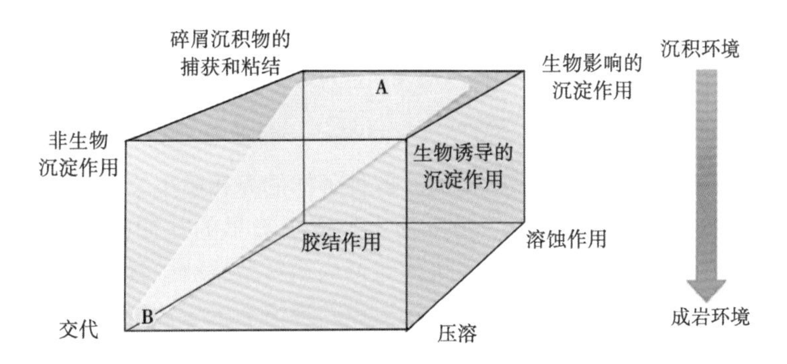

图 1.5　微生物岩建造和成岩作用的差异示意图

在沉积环境中，粘结岩、格架岩和胶结岩都具有典型的建造成分和初始孔隙体系（图 1.4）；随着不断埋深，到成岩环境中，它们可能被成岩作用改造或转换成次生孔隙体系，如胶结作用、溶解作用等；例如，区域 A 内形成的微生物岩受圈闭作用、绑结作用以及生物作用影响的沉淀作用联合作用，可能随埋藏过程运移至区域 B，然后发生矿物交代作用（如白云石化作用），原始孔隙体系被改变

像生物礁那样预测微生物岩中的储层孔隙连通性是很困难的（Ahr，2008），在这个新领域需要建立认知和工作流程。本书中有两篇论文解决了这个难题（Corbett 等，2015；

Rezende 和 Pope，2015），都强调了原始沉积组构控制孔隙体系的重要性。Corbett 等（2015）尝试定义储层性质（如孔隙类型）、统计学上代表性的元素体积（REV），以及这些性质和 REV 在不同微生物碳酸盐岩中有何不同。微生物碳酸盐岩选自巴西东北部 Irece 盆地中的新元古界微生物丘和现今 Lagoa Vermelha（里约热内卢）中的叠层石—凝块石。Claes 等（2013）进一步阐述 X 射线计算机扫描（CT）如何用于获取三维成像以获得储层性质。从孔隙尺度来了解代表性的元素体积（REV）的性质和不同微生物岩相中它们的相对比例。

1.3 综述

很多微生物岩和非生物沉淀的碳酸盐岩形成于非海相环境，但是这些石灰岩比起海相环境中形成的石灰岩研究甚少。相对于海相碳酸盐岩，它们分布并不广泛，所以本书中讨论的大多数非海相碳酸盐岩的实际范围不能够在世界地图上体现（图 1.1）。巴西 Santos 和 Campos 盆地的非海相碳酸盐岩可能是例外，本书中所有的实例在地图上相对于大面积的冷水和热水浅海相碳酸盐岩和深海相碳酸盐岩而言，位置点要小。

本书中的论文提供了关于全球整个地质历史时期中微生物碳酸盐岩的各种见解（图 1.1 和图 1.2）。Della Porta（2015）根据地质年代排序，从新元古代到现今。这样安排部分是因为这些论文具有相似的科学方法和方法论，但是同样具有相似微生物岩类型和微生物岩储层，广泛对应于地质历史时期的不同年代。

Della Porta（2015）调查了一系列湖相、热液和河流环境中的现代和新生界碳酸盐岩中的沉积几何特征、沉积组构和地球化学标志。研究的湖泊构成从淡水湖到碱性湖再到超咸湖，源头从地表供给到湖下泉水供给。研究中形成钙华（Travertine）的热液沉积物来自意大利中部，形成河流泉华（Tufa）的热液沉积物来自意大利北部。描述了大范围的微组构，一些是非生物的，另外一些是微生物的，都具有不同孔隙体系。最新消息表明，特定的微组构不能够与特定的沉积环境相关联。然而，微组构组合可以具有指示意义。在现今以及某些地质历史时期，非海相碳酸盐岩稳定同位素地球化学对于区分热液、淡水和蒸发湖水很重要。

1.3.1 新元古界

新元古界包含了地球上已知的最丰富的、各种各样的海相微生物岩，这种多样性导致了大气层的氧化作用（Awramik，2013）。微生物岩形成了最早的陆棚碳酸盐岩体系，它是显生宇碳酸盐岩台地的前驱。这些微生物系统能够形成均斜型缓坡、具有边缘微生物礁和鲕粒滩的远端变陡型缓坡以及具有加积边缘和陡崖边缘的镶边型碳酸盐岩陆棚。

Winterleitner 等（2015）讲述了纳米比亚新元古界 Nama 群中缓坡微生物岩建造的三维数字储层模型。露头数字模型用来获取建隆和介于其间的泥粒灰岩、颗粒灰岩之间的关系，还有裂缝的分布。断裂是多期的，有微生物岩建隆周围早期的裂缝、同沉积的裂缝和后期的裂缝、区域性的裂缝集合。这种类比工作为约束储层品质和连通性（同样影响储层性能）提供了见解。

Le Ber 等（2015）研究了纳米比亚 Cyrogenian Rasthof 组中部的沉积，是一个 Sturtian 冰川上覆碳酸盐岩序列。该论文采用野外露头观察和岩石学来评估具有连通微生物格架的平面纹层状的叠层石岩相中的柔软沉积物的变形。作者总结这些要素将转变成不同程度的硬度和变形潜力，具有垂向连通格架的叠层岩变形最小。

纳米比亚野外露头被广泛用作阿曼 Salt 盆地地下 Ara 群微生物岩储层的类比物（Adams 等，2005）。它们是已知最老的含油气系统，储层位于微生物碳酸盐岩台地中，微生物碳酸盐岩呈条带状夹于蒸发岩中。（Amthor，2013a，b；Becker 等，2013）。主要的储层发育在白云石化的碳酸盐岩中，储层具有强烈非均质性。高渗透率段与多孔的微生物岩相（凝块叠层石）伴生，致密段对应非微生物岩相、方解石和蒸发岩的胶结作用以及沥青的富集位置（Amthor，2013a，b）。有些条带不产油，归因于从浅水到埋藏的复杂成岩作用的转换，因为与盐构造相关的条带和裂缝中流体发生变化（Becker，2013）。

这些少有的新元古界微生物岩露头在阿曼穿透表面的底辟中被发现（Homewood 等，2013；Mettraux 等，2015）。它们揭示了 10m 厚的纹层岩—叠层石—凝块石—暴露面向上变浅的旋回。更重要的是，含有保存特别完好的微生物结构、早期矿化作用、微化石以及似乎已矿化的微生物席。它们被解释为保存在氧化—次氧化环境，最浅的相带在蒸发更厉害的流体中。平行层理和与高渗透率相关的暴露面被认为是地下 Ara 群微生物岩相中强烈非均质性的主要原因（Amthor，2013b；Homewood 等，2013）。

1.3.2 古生界

世界上很多地方的晚古生代海相碳酸盐岩台地都有微生物建造的边缘，还有藻类/苔藓虫/海绵群落。它们不同于后来的中生代和新生代的以珊瑚礁为主的台地，因为碳酸盐工厂不是浅水和光照控制的，而是在深度上可能延伸到几百米。这样在台地架构上出现的结果表明：台地斜坡是稳定的、陡峭的，进积作用可能不能够解释为海平面下降（Kentner 等，2005）。

Jenkins 等（2013）描述了哈萨克斯坦里海盆地超大油田 Tengiz 和小一些的 Korolev 油田（Visean to Serpukhovian）中这样的微生物主导的斜坡。从超大油田 Tengiz 最近获取的三维地震数据、测井数据（主要是成像测井）和岩心资料表明断裂控制的储层来自微生物岩斜坡，而基质孔为主的颗粒—砾屑碳酸盐岩储层来自台地内部。150~200m 厚的微生物岩斜坡向盆地方向进积 2km，地震中的“超强振幅事件”被解释为深埋藏侵蚀驱使的裂缝相关的溶解作用而形成的大洞穴。与之相对比的，小一点的 Korolev 油田被解释为形成于更深的水体，多产的微生物粘结岩发育在台地顶部。

Wright 等（2013）研究了哈萨克斯坦相近年代的 Karachaganak 油田早期成岩作用对储层品质的影响。丘相和斜坡相再次形成主要的储层段，三个主要的深度段是深水苔藓/微生物中、中间的微生物胶结岩中和较浅的绿藻（Palaeoberesellid）丘中的相关相带。微生物胶结岩（达 100m 厚）具有最佳储层品质，被认为是先存的文石质葡萄状海相胶结物早期溶解作用形成的。形成于一期海相方解石沉淀作用（如方解石鲕粒），初期的文石胶结物是不规则的，并且可能形成于上涌的富营养水，此水有利于微生物活动，引起大范围的文石沉淀作用。

Słowakiewicz 等（2013a，b）通过生物标志物分析研究了欧洲二叠系的盆地中碳酸盐岩里的微生物活动在沉积作用和早期成岩作用中所起的作用。微生物岩存在于边缘露头和钻孔中的潟湖相、鲕粒滩相、坡脚裙相和盆地相中。生物标志物来源于着棕色和绿色的绿色硫细菌和蓝藻细菌，这些生物标志物发现于潟湖—斜坡相中，同样指示闭塞缺氧环境，这种环境可能促进了微生物活动和保存。

1.3.3 中生代

来源于海相环境的微生物岩贯穿这个时代，但是近年来的研究集中于早白垩世的非海相微生物岩，这是由南大西洋的盐下发现激发的。Aurell 和 Bádenas（2015）的贡献是对侏罗系海相微生物岩和白垩系非海相微生物岩的研究，重建了西班牙东北部 Iberian 盆地中侏罗统微生物碳酸盐岩出露良好的野外露头的相构型。微生物岩在沿着台地斜坡浪基面以下水深 30~50m 处发育最丰富。在可容空间快速增大期间，微生物—海绵的聚集体垂向加积在海平面高水位时建造厚达 25m，下坡前积体出现，微生物岩建造具有较小的起伏。浅水的微生物岩在内碎屑和生屑泥粒灰岩外面结壳，使海底更稳定，序列建造至浪基面。该项研究清楚地展示了白垩纪回归线上的海洋中微生物岩对台地生长和几何形态的影响。

Tonietto 和 Pope（2013）研究了美国亚拉巴马州 Little Cedar Creek 油田上侏罗统 Smackover 组的凝块叠层石生物丘中储层品质的控制因素。凝块叠层石的格架主要是似球粒，依靠微生物丘中均匀分布的同沉积方解石胶结物来支撑。孔隙度因后期刃状—簇状方解石给凝块叠层石中的孔洞镶上边缘及压溶作用而进一步降低。晚期的溶蚀作用产生了孔洞型巨孔，在下倾方向范围内孔隙尺寸增大，但是在上倾方向，孔隙优先被晚期的块状方解石充填。

有四篇论文和一篇摘要集中于巴西海上 Santos 盆地和 Campos 盆地非海相的盐下区带，是首次关于这个资源丰富的新油气领域的地质情况论文集。

Buckley 等（2015）描述和解释了 Santos 盆地外围 Sugar Loaf 和 Tupi 高点的新三维高品质地震数据。凹陷期地层被解释为碳酸盐岩加积在盆地高部位上，具有陡峭的、面向盆地的斜坡，斜坡具有边缘建造、滑坡残痕和斜坡沉积物。同时，前积单元在台地顶部可见。

Rezende 和 Pope（2015）分析了 Santos 盆地盐下碳酸盐岩岩心中的孔隙体系。这些微生物碳酸盐岩主要的沉积组构是晶体灌木丛（图 1.4 中的胶结岩），他们研究了晶体灌木丛尺寸、分选和叠置样式对孔隙度和渗透率的影响。灌木丛尺寸与渗透率呈正相关关系，同时，灌木丛更好的分选会产生更高的孔隙度。储层品质随后可能因胶结作用而降低，或者因后期的溶解作用而增强。

Jones 和 Xiao（2013a，b）采用反应输送模型（Reactive Transport Model）研究了 Santos 盆地盐下碳酸盐岩的溶蚀潜力。他们认为溶解最佳潜力是在通过盐焊接部位和撤退型盆地之下的碳酸盐岩上部地层对流单元的埋藏环境中。在这些环境中，经过数千万年，无论孔隙度还是渗透率都能够因溶蚀作用而增大一个数量级。

Wright 和 Barnett（2015）基于大量的岩心和薄片研究，对 Santos 盆地 Barra Velha 组盐下碳酸盐岩的沉积环境提出了证据。这些非海相碳酸盐岩的主要相是堆积于生物丘中的晶体灌木丛、球粒（基质和颗粒支撑结构）和纹层岩。这些相带中邻近出现的微生物结构或者构造支持了笔者的观点，但是这些胶结岩主要是非生物沉淀物，与它是微生物成因（Terra 等，2010）的观点截然不同。这些相带排列在米级尺度的旋回中，初始是湖泊洪泛（纹层状泥晶灰岩），随后是蒸发变浅，产生球粒（伴生富镁硅酸盐凝胶），然后是方解石晶体灌木丛沉淀，具有很好的格架和粒间孔隙度。

巴西 Campos 盆地再往北，Muniz 和 Bosence（2015）采用井壁岩心的成像测井和伽马测井研究了单井的盐下微生物碳酸盐岩（Macabu 组）。识别出叠层石、凝块叠层石、纹层状泥晶灰岩—颗粒灰岩到砾屑碳酸盐岩，它们被剥蚀面和角砾岩面不时打断。这些成像测井的相带解释为形成于水下湖泊和湖滨环境，排列在向上变浅的旋回中，被突变面所覆盖。井中更大尺度的走向是从伽马测井中识别出来的，指示整个200m厚的Aptian（阿普特）阶是一个三级层序，主要为微生物岩。

人们已多次尝试去寻找Santos盆地和Campos盆地盐下沉积序列的白垩系野外露头，但是只发现了盆地相的匹配露头，规模和相的详细情况难以证实。摘要中提到两个实例，巴西东北部和安哥拉。研究最佳Aptian阶类比物之一的是巴西东北部Parnaiba盆地Codó组盐下碳酸盐岩（Bahniuk等，2013，出版中）。露头和钻井岩心中识别的微生物相包括叠层石、纹层岩和球粒。同位素结合沉积学研究表明其最初是一个封闭的古湖泊环境，在温暖、干旱的古气候条件下，湖平面波动起伏，最后导致在Aptian阶沉积晚期出现干裂和蒸发岩。安哥拉和纳米比亚的Namibe盆地露头出露在南大西洋白垩系盐下盆地（等同于Santos盆地的共轭体）的东部边缘。Sharp等（2013）描述了在安哥拉狭长海岸带上发现的盐下碳酸盐岩露头，保存于上升盘盆地中。花岗岩基底上覆盖的碳酸盐沉积物被解释为形成于裂隙脊、大坝和瀑布，类似于现今的钙华（Travertines）和泉华（Tufas），与湖泊相带接近。盐上非海相碳酸盐岩，堆积于泉丘和裂隙脊，与火山岩伴生。这些类比物显示了相带的相似性，都与火山岩伴生，以及巴西海上储层的同生断陷背景，也告知了安哥拉边缘的勘探。如同上面讨论的，跟非海相环境的微生物具有一样的经济价值，它们在白垩系海相碳酸盐岩中和中东油藏中一样很重要。Rameil（2013）研究了阿曼Shuaiba组外缓坡环境的丘状地质体，是由两种神秘的、结壳的、绝种的微生物体（Lithocodium和Baccinella）建造的。后者（Baccinella）被认为是钙化的细菌，但是前者（Lithocodium）的亲缘关系仍未有定论。它们两种建造的丘体高度达几十米，横向跨度几百米，具有很高的初始孔隙度。它们的出现可能跟全球海洋变化有关，全球海洋变化诱发了海洋缺氧事件。

1.3.4 新生代

美国西北部的绿河（Green River）组作为古老湖泊沉积序列的经典案例来研究已长达很多年（Bradley 1964；Collinson 1978）。它们的主要贡献是为湖相碳酸盐岩研究提供了新的视域。Buchheim和Awramik（2013）认为，沉积序列内部的微生物岩相强调了一些与巴西盐下的相似性，例如大陆架背景（伴生火山岩）和盐碱湖的化学性质。侧向上广泛分布的微生物岩相与生物层（Biostromal）和生物丘（Biohermal）同时出现。后者（生物丘，Biohermal）由柱状和穹隆状叠层石构成，局部由树木状晶体灌木丛建造。生物丘形成高产油藏的储层。

Chidsey等（2015）和Vanden Berg等（2013）也研究了绿河组露头的微生物碳酸盐岩，最近所取的300m岩心来自于正在生产的West Willow Creek油田，取自绿河组下部的生物丘中。它们跟邻近的Great Salt Lake的现今相带可类比。笔者对比了发育在这些碳酸盐岩中的相和微相、碳酸盐岩组构、孔隙类型和不同类型微生物岩的成岩蚀变。它们都形成于浅水、向盐湖轻微倾斜的边缘。这就产生侧向上广泛分布的、米级尺度的、向上变浅的层序，仅有分米级的多孔微生物岩单元中夹有深海页岩。

Miller等（2013）的贡献是唯一研究形成于古老土壤剖面中的微生物碳酸盐岩的论文。在澳大利亚南部Nullarbor平原，沼泽鲕粒发育在中新世中期的充填古喀斯特的凹槽中。它们外表上与海相鲕粒相似，具有似球粒的核心，以及球状的、同心纹层状的外皮。由细粒碳酸盐岩和镁—硅酸盐形成的外皮被解释为出现在微生物粘结并聚合的凝胶中，然后在潮湿—

干燥季节旋回中脱水而成（Miller 和 James，2012）。相似的自生鲕粒被认为是加拿大 Williston 盆地石炭系 Frobisher 组中有潜力的储层相带。

现今微生物岩的研究很广泛，提供了关于不同微组构的成因、生长样式和沉积体系结构的重要信息。这里的研究来自超咸湖、碱湖、河流体系、边缘型海相潟湖、萨布哈和开阔海珊瑚礁。

Baskin 等（2013）报道了美国犹他州大盐（Great Salt）湖微生物岩的分布，基于新的地球物理探测和地表取样。微生物岩在从湖面到 5m 水深范围内形成分散—侧向连通的穹隆状样式。它们平行海岸线分布，同时在其他地区微生物建造受断层和褶皱所控制。19 世纪 50 年代建造的堤坝将南北分隔开来：南边盐度低、河流给养、湖泊区域微生物岩生长活跃；北部是孤立的超咸湖，有盐沉淀，微生物岩逐渐消失。

Virgone 等（2013）基于对大盐湖的观察，提出了气候对湖平面的控制模式。高水位期富集碳酸盐岩，含有文石沉淀物（“泉华（Tufa）”）和绿藻碳酸盐岩；而低水位期盐度升高，主要是微生物岩（与 Baskin 等（2013）认识相反）和鲕粒砂，由于湖滨的起伏低，所以侧向上分布广泛。

东非裂谷含有很多大型湖泊，为不同构造、气候和沉积背景的湖相碳酸盐岩提供了类比物。Scholz 等（2013）研究了两种端元类型的湖泊，一个是北部干旱湖泊（Turkana 湖），另一个是西部更为潮湿的湖泊（Kivu 湖）。这两个湖都占据了不对称的半地堑次级盆地。Turkana 湖是水文系统封闭的、碱性的和中等盐度的湖。滨岸线露头暴露泥晶灰岩、粒泥灰岩、介形虫—腹足类泥粒灰岩—颗粒灰岩核形石和粘结岩。发现叠层石丘伴生张性断层。Kivu 湖具有核形石样式滨岸线碳酸盐岩和与热泉相关的钙华（Travertines）。火山地形和热泉径流的高溶解量有利于碳酸盐岩的聚集，但是聚集程度受限，因为该区域裂陷活跃，很多地方的碎屑岩补给量很高。

Arenas 等（2013）研究了西班牙东北部 Iberian Ranges 的第四系河流体系的泉华（Tufas）。它们现今在发育，包含充填山谷的建造，由中生代基岩含水层补给。它们呈透镜状和楔状，具有加积和陡峭进积的地层，厚度达 90m，宽度几百米，通常有 1km 长。相包括叠层石、苔藓粘结灰岩、植物碎屑砾状灰岩、核形石、生屑和内碎屑泥晶—泥粒灰岩以及泥灰岩。叠层石建造是由交替的、毫米级的泥晶层和亮晶层形成。前者（泥晶）具有灌木丛和扇形形态，是由钙化的蓝细菌丝状体形成的。

Pla-Pueyo 等（2013）就西班牙南部 Betic 山脉的第四系泉华（Tufas）的些许研究做了报告。新近系到第四系盆地具有边缘暴露，通常由泉华（Tufas）组成，局部是热泉相关的钙华。泉华聚集在水坝和池塘，具有小瀑布相关的叠层石。相包括包壳的微生物茎干（粘结岩）和核形石，叠层石不常见。

关于微生物为媒介的白云岩形成首批两篇论文中，Bahniuk 等（2013）描述了巴西东北海岸（Brejo do Espinho，里约热内卢）的现代超咸潟湖中高镁方解石和富钙白云石泥的直接沉淀，白云石泥中伴生微生物席。$\delta^{13}C$ 值表明微生物活动中有机碳的贡献。群体同位素分析显示泥和壳体的形成温度分别是 34℃和 32℃。浅水岩心中泥的^{14}C 定年表明其堆积速率是 1cm/100a。该论文展示了白云石的原生沉淀的罕见实例，与之相对比的，更常见的报告是石灰岩发生白云石化这种次生交代作用。

Sadooni 和 Strohmenger（2013）详细研究了阿布达比（Al-Dabbiya 区域）潮上带萨布哈中的细粒白云岩。他们报道了古老微生物席中的大量白云岩。白云石以半自形—自形晶的自生微球粒形式出现。采用具有低温备样系统的扫描电镜（SEM），细晶白云石可见，夹在胞外聚合物（EPS）的有机基体中。自生白云石因此被解释为是由胞外聚合物（EPS）中微生物影响的沉淀作用而形成的。白云石也生长在“微壁龛”中，例如有孔虫壁的孔隙，归因于与微生物腐烂相关的局部缺氧条件。干旱气候背景下，早期白云石化的边缘海相碳酸盐岩中能产生很多碳酸盐岩储层（如 Permo-Triassic Khuff 组）。

综合大洋钻探计划（IODP）远征 310 航次到塔希提岛为 Warthmann 等（2015）提供了独有的机会去研究海岸礁中所取岩心的地球微生物，此礁年龄为距今 16000—4000 年。岩心中高达 80%是由自生灰色微生物碳酸盐岩构成。在珊瑚礁原始格架中具有纹层状或者凝块叠层石状组构。检测到三磷酸腺苷（生活的微生物体存在的指示剂）明显富集在礁格架的洞穴中，微生物鼎盛带位于海床下 6~18m 之间。作者总结出：微生物岩沉积物的媒介是厌氧细菌的活动，细菌活动受非常多产的礁环境的激发。他们提出关于硫酸盐还原菌与微生物岩形成之间的关系的工作模型/假设。

1.4　结论性评论

这本特别出版物和补充摘要出版在对微生物碳酸盐岩和非海相碳酸盐岩认识发展的令人激动时期。这项工作有很重要的经济动机，既有南大西洋的勘探，也有阿曼 Salt 盆地和哈萨克斯坦里海盆地的开发。

从勘探远景看，问题集中于区域及盆地背景对非海相碳酸盐岩和微生物碳酸盐岩的控制因素。什么是沉积作用的环境？如果有的话，海相微生物岩和非海相微生物岩之间的差别又是什么？我们怎样去表征和更好地勘探跨越一系列尺度（从盆地体系到孔隙体系，贯穿地质历史时期）的这些区带？这些疑问其中一些在本书中有解答，但是其他未解决的问题仍然无解。非海相碳酸盐岩沉积模式仍然处于基础阶段，我们不能预测盆地中是否含有非生物沉淀的碳酸盐岩，也不能预测这样的体系中相的关系性是怎样的。同样，我们也不知道是什么控制了微生物丘的位置和尺度，也不知道它们相对于周围的丘间相初始孔隙度和渗透率是更好还是更差。

从勘探和开发远景来看，我们如何更好地认识储层特征？因为它们侧向和垂向上都是非均质的。各种各样的沉积背景（包括海相、湖相和大陆架）在本书中都有描述和解释，如它们的岩石组构，从更熟悉的叠层石和凝块石，到更神秘的波状纹层岩、晶体灌木丛和伴生的球粒。然而，这些微生物组构不是特定沉积环境的诊断工具，使得相模式难以预测。这些组构（连同大范围的成岩作用）很多都是微生物调解的，从早期到晚期，共同形成潜在的油气藏的复杂历史。疑问仍存在：我们怎样能够平衡认识而使油田开发计划、井轨迹、钻井、地层评估、完井和开采工艺达到最优化？

尽管 2013 年度伦敦会议只开了两天，却讲述了 34 亿年历史的微生物碳酸盐岩，从前寒武纪到现代的实例。这些报告都反映了大范围的构造背景（包括裂谷和前陆盆地）和尺度，从区域性的到孔隙级的，甚至深入到特定的微生物种属对存在的有机质类型的影响。

本书中会议论文集、摘要集和论文子集为我们认识非海相碳酸盐岩和微生物碳酸盐岩以及它们的储层潜力在目前认知阶段提供了优秀的文档。它们也指出我们认知缺乏的领域和未来研究可能产生重大效益的领域。

本书的主要贡献如下：

（1）对微生物岩是怎样形成的认识上进步，从白云岩到泉华和钙华再到海相和非海相凝块叠层石；

（2）对几千万年的微生物碳酸盐岩的识别，具有与现今微生物席相似的微组构和有机及无机信号，意味着现今类比物研究真的很重要；

（3）REV 方法应用于表征和量化微生物岩中复杂的孔隙类型和储层品质之间的关系；

（4）非海相和微生物碳酸盐岩的很多特征的识别能够在成像测井和三维地震数据中表征和解释；

（5）地下勘探露头类比物的良好描述和认知的展示，包含沉积特征，还有同沉积断裂样式；

（6）认识到南大西洋的下白垩统非海相和微生物碳酸盐岩是非常广泛的，地貌上与碳酸盐岩台地相似，尺度上与海相配对物相似，很可能没有任何的现代类比物。

参考文献

Adams, W., Grotzinger, J. P., Watters, W. A., Schroeder, S., McCormick, D. S. & Al-Siyabi, H. 2005. Digital characterization of thrombolite-stromatolite reef distribution in a carbonate ramp system (terminal Proterozoic, Nama Group, Namibia). *American Association of Petroleum Geologists Bulletin*, 89, 1293-1318.

Ahr, W. M. 2008. *Geology of Carbonate Reservoirs*. Wiley, New York.

Aitkin, J. D. 1967. Classification and environmental; significance of cryptalgal limestones and dolomites with illustrations from the Cambrian and Ordovician of southwestern Alberta. *Journal of Sedimentary Petrology*, 37, 1163-1178.

Amthor, J. E. 2013*a*. Ara Group reservoirs of the south Oman salt basin: isolated microbial-dominated carbonate platforms in a saline giant. *In*: Vining, B., Gibbons, K., Morgan, W., Bosence, D., Le Heron, D., Le Ber, E. & Pritchard, T. (eds) 2013. *Microbial Carbonates in Space and Time: Implications for Global Exploration and Production*. Programme and Abstract Volume, 14-15, http://www.geolsoc.org.uk/pgresources.

Amthor, J. E. 2013*b*. Facies and reservoir characterisation of a terminal neoproterozoic carbonate-platform margin escarpment, south Oman salt basin. *In*: Vining, B., Gibbons, K., Morgan, W., Bosence, D., Le Heron, D., Le Ber, E. & Pritchard, T. (eds) *Microbial Carbonates in Space and Time: Implications for Global Exploration and Production*. Programme and Abstract Volume, 85, http://www.geolsoc.org.uk/pgresources.

Arenas, C., Vázquez-Urbez, M., Sancho, C., Auqueé, L., Osácar, C. & Pardo, G. 2013. Quaternary and modern continental microbial deposits in the Iberian range (NE Spain): possible analogues of fluid reservoirs. *In*: Vining, B., Gibbons, K., Morgan, W., Bosence, D., Le Heron, D., Le Ber, E. & Pritchard, T. (eds) *Microbial Carbonates in Space and Time: Implications for Global Exploration and Production*. Programme and Abstract Volume, 96-97, http://www.geolsoc.org.uk/pgresources.

Aurell, M. & Bádenas, B. 2015. Facies architecture of a microbial-siliceous sponge dominated carbonate platform: the Bajocian of Moscardón (Middle Jurassic, Spain). *In*: Bosence, D. W. J., Gibbons, K., Le Heron, D. P., Pritchard, T. & Vining, B. (eds) *Microbial Carbonates in Space *and Time*: *Implications for Global Exploration and Production*. Geological Society, London, Special Publications, 418. First published online February 26, 2015, http: //doi. org/10. 1144/SP418. 1.

Awramik, S. M. 2013. Microbialites through space and time. *In*: Vining, B., Gibbons, K., Morgan, W., Bosence, D., Le Heron, D., Le Ber, E. & Pritchard, T. (eds) *Microbial Carbonates in Space and Time*: *Implications for Global Exploration and Production*. Programme and Abstract Volume, 8-9, http: //www. geolsoc. org. uk/pgresources.

Bahniuk, A., Vasconcelos, C., McKenzie, J. A., Eiler, E., França, A. F. & Anjos, A. 2013. Microbialite facies of Lower Cretaceous Codó Formation (Northeast Brazil): coupled sedimentological and isotope paleoenvironmental analysis of a potential reservoir rock. *In*: Vining, B., Gibbons, K., Morgan, W., Bosence, D., Le Heron, D., Le Ber, E. & Pritchard, T. (eds) *Microbial Carbonates in Space and Time*: *Implications for Global Exploration and Production*. Programme and Abstract Volume, 57, http: //www. geolsoc. org. uk/pgresources.

Bahniuk, A., McKenzie, J. A. et al. 2015. Characterization of environmental conditions during microbial Mg-carbonate precipitation and early diagenetic dolomite crust formation: Brejo do Espinho, Rio de Janeiro, Brazil. *In*: Bosence, D. W. J., Gibbons, K., Le Heron, D. P., Pritchard, T. & Vining, B. (eds) *Microbial Carbonates in Space and Time*: *Implications for Global Exploration and Production*. Geological Society, London, Special Publications, 418. First published online March 3, 2015, http: //doi. org/10. 1144/SP418. 11.

Bahniuk, A., Anjos, S. et al. *In* press. Development of microbial carbonates in the Lower Cretaceous Codó Formation (north-east Brazil): implications for interpretation of microbialite facies associations and palaeoenvironmental conditions. *Sedimentology*, http: //doi. org/10. 1111/sed. 12144.

Baskin, R. L., Driscoll, N. W. & Wright, V. P. 2013. Controls on lacustrine microbialite distribution in great salt lake, Utah. *In*: Vining, B., Gibbons, K., Morgan, W., Bosence, D., Le Heron, D., Le Ber, E. & Pritchard, T. (eds) *Microbial Carbonates in Space and Time*: *Implications for Global Exploration and Production*. Programme and Abstract Volume, 70-71, http: //www. geolsoc. org. uk/pgresources.

Becker, S., Reuning, L. et al. 2013. Reservoir quality in the A2C-stringer interval of the late neoproterozoic Ara group of the south Oman salt basin: diagenetic relationships in space and time. *In*: Vining, B., Gibbons, K., Morgan, W., Bosence, D., Le Heron, D., Le Ber, E. & Pritchard, T. (eds) *Microbial Carbonates in Space and Time*: *Implications for Global Exploration and Production*. Programme and Abstract Volume, 17. http: //www. geolsoc. org. uk/pgresources.

Bosence, D. W. J. & Wilson, R. C. L. 2003. Carbonate depositional systems. *In*: Coe, A. L. (ed.) *The Sedimentary Record of Sea-level Change*. Open University, Cambridge, UK, 209-233.

Bradley, W. H. 1964. *Geology of Green River Formation and Associated Eocene Rocks in Southwestern Wyoming and Adjacent Parts of Colorado and Utah*. US Geological Survey, Reston, VA, Professional Papers, 496A, 86.

Braga, J. C., Martin, J. M. & Riding, R. 1995. Controls on microbial dome fabric development along a carbonate-siliciclastic shelf-basin transect, SE Spain. *Palaios*, 10, 347-361.

Brasier, A. T., Vonhof, H. B., Reijmer, J. J. G., Rogerson, M. R. & Salminen, P. E. 2013. Microbes and the tufa-travertine-speleothem continuum. *In*: *International Association Sedimentologists 30th Meeting of Sedimentology*, University of Manchester, 2-5 *September* 2013, Abstract volume.

Buchheim, H. B. & Awramik, S. M. 2013. Microbialites of the Eocene Green river formation as analogs to the south Atlantic pre-salt carbonate hydrocarbon reservoirs. *In*: Vining, B., Gibbons, K., Morgan, W., Bosence, D., Le Heron, D., Le Ber, E. & Pritchard, T. (eds) *Microbial Carbonates in Space and Time*: *Implications for Global Exploration and Production.* Programme and Abstract Volume, 64-65, http: //www. geolsoc. org. uk/pgresources.

Buckley, J., Bosence, D. W. J. & Elders, C. 2015. Tectonic setting and stratigraphic architecture of an early cretaceous lacustrine carbonate platform, Sugar Loaf High, Santos Basin, Brazil. *In*: Bosence, D. W. J., Gibbons, K., Le Heron, D. P., Pritchard, T. & Vining, B. (eds) *Microbial Carbonates in Space and Time*: *Implications for Global Exploration and Production.* Geological Society, London, Special Publications, 418. First published online April 24, 2015, http: //doi. org/10. 1144/SP418. 13.

Burne, R. V. & Moore, L. S. 1987. Microbialites: organosedimentary deposits of benthic microbial communities. *Palaios*, 2, 241-254.

Capezuoli, E., Gandin, A. & Pedley, M. 2014. Decoding tufa and travertine (fresh water carbonates) in the sedimentary record: the state of the art. *Sedimentology*, 61, 1-21.

Chidsey, T. C., Vanden Berg, M. D. & Eby, D. E. 2015. Petrography and characterization of microbial carbonates and associated facies modern Great Salt Lake and Uinta Basin' s Green River Formation, in Utah, USA. *In*: Bosence, D. W. J., Gibbons, K., Le Heron, D. P., Pritchard, T. & Vining, B. (eds) *Microbial Carbonates in Space and Time*: *Implications for Global Exploration and Production.* Geological Society, London, Special Publications, 418. First published online April 1, 2015, http: //doi. org/10. 1144/SP418. 6.

Choquette, P. & Pray, L. 1970. Geologic nomenclature and classification of porosity in sedimentary carbonates. *American Association of Petroleum Geologists Bulletin*, 54, 207-250.

Claes, S., Soete, J., Claes, H., Ozkül, M. & Swennen, R. 2013. 3D Visualization and quantification of the porosity network in travertine rocks. *In*: Vining, B., Gibbons, K., Morgan, W., Bosence, D., Le Heron, D., Le Ber, E. & Pritchard, T. (eds) *Microbial Carbonates in Space and Time*: *Implications for Global Exploration and Production.* Programme and Abstract Volume, 79-80, http: //www. geolsoc. org. uk/pgresources.

Collinson, J. D. 1978. Lakes. *In*: Reading, H. G. (ed.) *Sedimentary Environments and Facies.* Blackwell Scientific, Oxford, 61-79.

Corbett, P., Hyashi, F. Y. et al. 2015. Microbial carbonates: a sampling and measurement challenge for petrophysics addressed by capturing the bioarchitectural components. *In*: Bosence, D. W. J., Gibbons, K., Le Heron, D. P., Pritchard, T. & Vining, B. (eds) *Microbial Carbonates in Space and Time*: *Implications for Global Exploration and Production.* Geological Society, London, Special Publications, 418. First published online February 26, 2015, http: //doi. org/10. 1144/SP418. 9.

Della Porta, G. 2015. Carbonate build-ups in lacustrine, hydrothermal and fluvial settings: comparing depositional geometry, fabric types and geochemical signature. *In*: Bosence, D. W. J., Gibbons, K., Le Heron, D. P., Pritchard, T. &Vining, B. (eds) *Microbial Carbonates in Space and Time: Implications for Global Exploration and Production*. Geological Society, London, Special Publications, 418. First published online March 3, 2015, http: //doi. org/10. 1144/SP418. 4.

Dunham, R. J. 1962. Classification of carbonate rocks according to their depositional texture. *In*: Ham, W. E. (ed.) *Classification of Carbonate Rocks*. American Association of Petroleum Geologists, Tulsa, OK, Memoirs, 14, 108-121.

Dupraz, C., Reid, R. P., Braissant, O., Decho, A. W., Norman, R. S. & Visscher, P. T. 2009. Processes of carbonate precipitation in modern microbial mats. *Earth-Science Reviews*, 96, 141.

Embry, A. F. & Klovan, J. E. 1971. A late Devonian reef trend on the northeastern Banks Island, Northwest territories. *Bulletin, Canadian Petroleum Geologists*, 19, 730-781.

Folk, R. F. 1962. Practical petrographic classification of limestones. *American Association of Petroleum Geologists Bulletin*, 43, 1-38.

Formigli, J. 2014. 500 *mil barris de òleo por dia no Pré-Sal*, http: //investidorpetrobras. com. br/en/presen tations/500-thousand-barrels-per-day-in-the-pre-saltjose-formigli-head-of-upstream-available-only-in-por tuguese-version. htm (last accessed January 2015) .

Grotzinger, J. P. 1989. Facies and evolution of Precambrian carbonate depositional systems: emergence of the modern platform archetype. *In*: Crevello, P. D., Wilson, J. L., Sarg, J. F. &Read, J. F. (eds) *Controls on Carbonate Platform and Basin Development*. Society of Economic Paleontologists and Mineralogists, Tulsa, OK, Special Publications, 44, 79-106.

Homewood, P., Al Balushi, S., Mettraux, M. & Grotzinger, J. 2013. Microbial textures, facies and geobodies: outcrop analog with features ranging from Mm-scale to 100 m-scales in Precambrian-Cambrian Carbonates, Qarn Alam, Oman. *In*: Vining, B., Gibbons, K., Morgan, W., Bosence, D., Le Heron, D., Le Ber, E. & Pritchard, T. (eds) *Microbial Carbonates in Space and Time: Implications for Global Exploration and Production*. Programme and Abstract Volume, 83-84, http: //www. geolsoc. org. uk/pgresources.

Jenkins, S., Harris, P. M. et al. 2013. Characterization of the microbial-dominated slopes of super Giant Tengiz and Korolev Oil Fields, Pricaspian Basin, Kazakhstan. *In*: Vining, B., Gibbons, K., Morgan, W., Bosence, D., Le Heron, D., Le Ber, E. & Pritchard, T. (eds) *Microbial Carbonates in Space and Time: Implications for Global Exploration and Production*. Programme and Abstract Volume, 26-27, http: //www. geolsoc. org. uk/pgresources.

Jones, B. & Renaut, R. W. 2010. Calcareous spring deposits. *In*: Alonso-Zara, A. M. & Tanner, L. H. (eds) *Carbonates in Continental Settings: Facies, Environments and Processes*. Elsevier, Oxford, Developments in Sedimentology, 61, 177-224.

Jones, G. D. & Xiao, Y. 2013a. Spatial and temporal evolution of Burial diagenesis driven by geothermal convection in pre-salt lacustrine carbonate reservoirs. *In*: Vining, B., Gibbons, K., Morgan, W., Bosence, D., Le Heron, D., Le Ber, E. & Pritchard, T. (eds) *Microbial Carbonates in Space and Time: Implications for Global Exploration and Production*. Programme and Abstract Volume, 32, http: //www. geolsoc. org. uk/pgresources.

Jones, G. D. & Xiao, Y. 2013*b*. Geothermal convection in South Atlantic subsalt lacustrine carbonates: developing diagenesis and reservoir quality predictive concepts with reactive transport models. *American Association of Petroleum Geologists Bulletin*, 97, 1249-1271.

Kalkowski, E. 1908. Oolith und stromatolith im norddeutschen Bundtsandstein. *Zeitschrift der Deutschen Geologischen Gesellschaften*, 60, 68-125.

Kentner, J. A. M., Harris, P. M. & Della Porta, G. 2005. Steep microbial boundstone-dominated platform margins-examples and implications. *Sedimentary Geology*, 178, 5-30.

Le Ber, E., Le Heron, D. P. & Oxtoby, N. 2015. Influence of microbial framework on Cryogenian stromatolite facies, Rasthof Formation, Namibia. *In*: Bosence, D. W. J., Gibbons, K., Le Heron, D. P., Pritchard, T. & Vining, B. (eds) *Microbial Carbonates in Space and Time: Implications for Global Exploration and Production.* Geological Society, London, Special Publications, 418. First published online February 26, 2015, http: //doi. org/10. 1144/SP418. 7.

Mancini, E. A., Morgan, W. A., Harris, P. M. & Parcell, W. C. 2013. Introduction: AAPG Hedberg research conference on microbial carbonate reservoir characterization-conference summary and selected papers. *In*: Mancini, E. A. et al. (eds) *Microbial Carbonates, A Hedberg Conference*. American Association of Petroleum Geologists Bulletin, 97, 1835-1847.

Mettraux, M., Homewood, P. et al. 2015. Microbial communities and their primary to early diagenetic mineral phases the record from Neoproterozoic microbialites of Qarn Alam, Oman. *In*: Bosence, D. W. J., Gibbons, K., Le Heron, D. P., Pritchard, T. & Vining, B. (eds) *Microbial Carbonates in Space and Time: Implications for Global Exploration and Production.* Geological Society, London, Special Publications, 418. First published online March 3, 2015, http: //doi. org/10. 1144/SP418. 5.

Miller, C. R. & James, N. P. 2012. Autogenic microbial genesis of middle Miocene palustrine ooids; Nullarbor Plain, Australia. *Journal Sedimentary Research*, 82, 633-647.

Miller, C. R., Martindale, W. & James, N. P. 2013. Microbial oolites: rock but not necessarily roll. *In*: Vining, B., Gibbons, K., Morgan, W., Bosence, D., Le Heron, D., Le Ber, E. & Pritchard, T. (eds) *Microbial Carbonates in Space and Time: Implications for Global Exploration and Production.* Programme and Abstract Volume, 67-68, http: //www. geolsoc. org. uk/pgresources.

Muniz, M. C. & Bosence, D. W. J. 2015. Pre-salt microbialites from the Campos Basin (Offshore Brazil); image log facies, facies model and cyclicity in lacustrine carbonates. *In*: Bosence, D. W. J., Gibbons, K., Le Heron, D. P., Pritchard, T. & Vining, B. (eds) *Microbial Carbonates in Space and Time: implications for Global Exploration and Production.* Geological Society, London, Special Publications, 418. First published online April 24, 2015, http: //doi. org/10. 1144/SP418. 10.

Pla-Pueyo, S., García-García, F. et al. 2013. Microbialites in Neogene-Quaternary basins of the Betic Cordillera (Southern Spain): potential outcropping analogues for tufaceous reservoirs. *In*: Vining, B., Gibbons, K., Morgan, W., Bosence, D., Le Heron, D., Le Ber, E. & Pritchard, T. (eds) *Microbial Carbonates in Space and Time: Implications for Global Exploration and Pro-*

duction. Programme and Abstract Volume, 100, http: //www. geolsoc. org. uk/pgresources.
Rameil, N. 2013. Lithocodium-Bacinella build-ups in the lower Aptian of the SE Arabian Peninsula - implications for reservoir geology. *In*: Vining, B., Gibbons, K., Morgan, W., Bosence, D., Le Heron, D., Le Ber, E. & Pritchard, T. (eds) *Microbial Carbonates in Space and Time: Implications for Global Exploration and Production*. Programme and Abstract Volume, 54-55, http: //www. geolsoc. org. uk/pgresources.
Rezende, M. F. & Pope, M. C. 2015. Importance of depositional texture in pore characterization of subsalt microbialite carbonates, offshore Brazil. *In*: Bosence, D. W. J., Gibbons, K., Le Heron, D. P., Pritchard, T. &Vining, B. (eds) *Microbial Carbonates in Space and Time: Implications for Global Exploration and Production.* Geological Society, London, Special Publications, 418. First published online February 26, 2015, http: //doi. org/10. 1144/SP418. 2.
Riding, R. 1977. Skeletal stromatolites. *In*: Flügel, E. (ed.) *Fossil Algae Recent Results and Developments.* Springer, Berlin, 57-60.
Riding, R. 2008. Abiogenic, microbial and hybrid authigenic carbonate crusts: components of Precambrian stromatolites. *Geologia Croatica*, 61, 73-103.
Roehl, P. O. & Choquette, P. W. 1985. *Carbonate Petroleum Reservoirs.* Springer, Berlin.
Sadooni, F. N. & Strohmenger, C. J. 2013. Microbialmediated dolomite from Abu Dhabi coastal sabkha sediments as analogue to the Mesozoic dolomite of the Arabian Plate. *In*: Vining, B., Gibbons, K., Morgan, W., Bosence, D., Le Heron, D., Le Ber, E. & Pritchard, T. (eds) *Microbial Carbonates in Space and Time: Implications for Global Exploration and Production.* Programme and Abstract Volume, 90-91, http: //www. geolsoc. org. uk/pgresources.
Scholz, C. A., Hicks, M. K., Hargrave, J. E. & Morrissey, A. J. 2013. Lacustrine carbonate facies in extensional settings: case studies from lakes in East Africa ' s Great Rift Valley. *In*: Vining, B., Gibbons, K., Morgan, W., Bosence, D., Le Heron, D., Le Ber, E. & Pritchard, T. (eds) *Microbial Carbonates in Space and Time: Implications for Global Exploration and Production.* Programme and Abstract Volume, 73-74, http: //www. geolsoc. org. uk/pgresources.
Sharp, I., Verwer, K. et al. 2013. Pre- and post-salt nonmarine carbonates of the Namibe basin, Angola. *In*: Vining, B., Gibbons, K., Morgan, W., Bosence, D., Le Heron, D., Le Ber, E. & Pritchard, T. (eds) *Microbial Carbonates in Space and Time: Implications for Global Exploration and Production*. Programme and Abstract Volume, 52, http: //www. geolsoc. org. uk/pgresources.
Słowakiewicz, M., Pancost, R. D., Tucker, M., Mawson, M. & Perri, E. 2013a. Biomarker indicators of bacterial activity in the Upper Permian (Zechstein) carbonate microbialites and facies from the Southern and Northern Permian basins of Europe. In: Vining, B., Gibbons, K., Morgan, W., Bosence, D., Le Heron, D., Le Ber, E. & Pritchard, T. (eds) *Microbial Carbonates in Space and Time: Implications for Global Exploration and Production*. Programme and Abstract Volume, 23-24, http: //www. geolsoc. org. uk/pgresources.
Słowakiewicz, M., Tucker, M., Pancost, R. D., Perri, E. & Mawson, M. 2013*b*. Upper Permian (Zechstein) microbialites: supratidal; through deep subtidal deposition, source rock, and reservoir potential. *American Association of Petroleum Geologists Bulletin*, 97, 1921-1936.

Terra, G. G. S., Spadini, A. R. et al. 2010. Classificação de rochas carbonáticas aplicável às bacias sedimentares. *Boletin Geociencias Petrobras*, 18, 9–29.

Tonietto, S. N. & Pope, M. C. 2013. Correlation of depositional microbial microfabric rexture, diagenetic events and petrophysical properties of Upper Jurassic Smackover Formation Thrombolites. *In*: Vining, B., Gibbons, K., Morgan, W., Bosence, D., Le Heron, D., Le Ber, E. & Pritchard, T. (eds) *Microbial Carbonates in Space and Time: Implications for Global Exploration and Production*. Programme and Abstract Volume, 98 – 99, http://www.geolsoc.org.uk/pgresources.

Vanden Berg, M. D., Eby, D. E., Chidsey, T. C. & Laine, M. D. 2013. Microbial carbonates in cores from the Tertiary (Eocene) Green River Formation, Uinta Basin, Utah, U. S. A.: analogues for non–marine microbialite oil reservoirs worldwide. *In*: Vining, B., Gibbons, K., Morgan, W., Bosence, D., Le Heron, D., Le Ber, E. & Pritchard, T. (eds) *Microbial Carbonates in Space and Time: Implications for Global Exploration and Production*. Programme and Abstract Volume, 93, http://www.geolsoc.org.uk/pgresources.

Vining, B., Gibbons, K., Morgan, B., Bosence, D., Le Heron, D., Le Ber, E. & Pritchard, T. 2013. *Microbial Carbonates in Space and Time: Implications for Global Exploration and Production*. Programme and Abstract Volume, http://www.geolsoc.org.uk/pgresources.

Virgone, A., Broucke, O. et al. 2013. Continental carbonates reservoirs: the importance of analogues to understand presalt discoveries. *In*: Vining, B., Gibbons, K., Morgan, W., Bosence, D., Le Heron, D., Le Ber, E. & Pritchard, T. (eds) *Microbial Carbonates in Space and Time: Implications for Global Exploration and Production*. Programme and Abstract Volume, 60–62, http://www.geolsoc.org.uk/pgresources.

Warthmann, R. J., Camoin, G., McKenzie, J. A. & Vasconcelos, C. 2015. Geomicrobiology of carbonate microbialites in the Tahiti reef. *In*: Bosence, D. W. J., Gibbons, K., Le Heron, D. P., Pritchard, T. & Vining, B. (eds) *Microbial Carbonates in Space and Time: Implications for Global Exploration and Production*. Geological Society, London, Special Publications, 418. First published online March 6, 2015, http://doi.org/10.1144/SP418.8.

Winterleitner, G., Le Heron, D., Mapani, B., Vining, B. & McCaffrey, K. 2015. Styles, origins, and implications of syn – depositional deformation structures in Ediacaran microbial carbonates (Nama Basin, Namibia). *In*: Bosence, D. W. J., Gibbons, K., Le Heron, D. P., Pritchard, T. & Vining, B. (eds) *Microbial Carbonates in Space and Time: Implications for Global Exploration and Production*. Geological Society, London, Special Publications, 418. First published online April 24, 2015, http://doi.org/10.1144/SP418.12.

Wright, V. P. 1992. A revised classification of limestones. *Sedimentary Geology*, 76, 177–185.

Wright, V. P. & Barnett, A. J. 2015. An abiotic model for the development of textures in some South Atlantic early Cretaceous lacustrine carbonates. *In*: Bosence, D. W. J., Gibbons, K., Le Heron, D. P., Pritchard, T. & Vining, B. (eds) *Microbial Carbonates in Space and Time: Implications for Global Exploration and Production*. Geological Society, London, Special Publications, 418. First published online February 26, 2015, http://doi.org/10.1144/SP418.3.

Wright, V. P., Borromeo, O., Bigoni, S. D. & Beavington–Penney, S. 2013. Microbial aragonite in a calcite sea: Carboniferous microbialite reservoir, Karachaganak Field, Kazakhstan. *In*: Vining, B., Gibbons, K., Morgan, W., Bosence, D., Le Heron, D., Le Ber, E. & Pritchard, T. (eds) *Microbial Carbonates in Space and Time: Implications for Global Exploration and Production*. Programme and Abstract Volume, 29, http: //www. geolsoc. org. uk/pgresources.

第2章　热液与河流背景下的湖相碳酸盐岩建隆：对比沉积几何形态、组构类型及地球化学标记

GIOVANNA DELLA PORTA

University of Milan, Earth Sciences Department, Milan 20133, Italy

通信作者（e-mail：giovanna. dellaporta@unimi. it）

摘要：热液与河流背景下的湖相碳酸盐岩建隆，不仅具有特殊的几何形态、空间分布、组构、地球化学标记，还具有某些可对比的特征。湖缘生物礁呈条带状，近平行于湖滨线，可连续延伸几百米至几百千米。湖底泉丘间隔几百米至上千米，且沿断裂整齐排列。具有平坦斜坡或阶地斜坡沉积的热液钙华丘和钙华裙受断层、热水排量及基底地貌的控制；河流泉华堤坝、小瀑布、阶地斜坡则受气候、植被、基底坡度控制。碳酸盐岩微相范围较宽广，从凝结的似球粒泥晶灰岩与纹层状粘结岩至结晶树枝状胶结岩都有出现。非海相碳酸盐岩微组构不能与特定的沉积环境联系起来，关于建隆构成的解释也具有不确定性。显微组构可被指示，但不是唯一、特定的沉积环境和几何形态。稳定的同位素地球化学分析可作为一套识别热液碳酸盐、岩溶淡水碳酸盐和蒸发湖相碳酸盐的有用工具。碳酸盐沉淀于那些具有连续的生物及非生物影响/诱发的地方，这些地方碳酸盐过度饱和，大多是由物理化学机制引起的，且微生物膜广泛存在，即使作为被动的低能面便于成核。

非海相碳酸盐岩可在广泛的陆相沉积背景下堆积，从淡水、碱湖、盐湖（Dean 和 Fouch，1983；Platt 和 Wright，1991；Gierlowski-Kordesch，2010；Renaut 和 Gierlowski-Kordesch，2010）、淡水沼泽、河流环境（Pedley，1990；Platt 和 Wright，1992；Pedley 和 Hill，2003；Alonso-Zarza 和 Wright，2010a；Arenas-Abad 等，2010）、湖底或地表温泉、淡水泉（Julia，1983；Pentecost，2005；Jones 和 Renaut，2010），到土壤钙结砾岩（Wright，2007；Alonso-Zarza 和 Wright，2010b）和地下溶洞沉积物（Frisia 和 Borsato，2010）。近年来，非海相碳酸盐岩，特别是自南大西洋油气藏发现之后，裂谷背景下堆积的碳酸盐岩，一直是学术界与工业界新的关注对象（Terra 等，2010；Wright，2012；Harris 等，2013；Wright 和 Barnett，出版中）。尽管存在许多有意义的研究，但是，目前关于非海相碳酸盐岩工厂、相模式、沉积过程、水下或地表与泉华相关的盐酸盐沉淀的认识仍有限（Wright，2012）。我们可以通过提取现今裂陷湖的立体信息，找到针对地下湖相和与泉华相关的碳酸盐岩油气藏的预测工具，更好地了解陆相裂陷背景下的碳酸盐岩沉积模型和立体模型（Harris 等，2013）。这种知识缺口与在陆相背景下内在与外在控制沉降因素的复杂性相关，包括构造、基底岩石、盆地水文、气候、水体物理化学性质、风向以及潮流、生物相，这都会影响碳酸盐岩的相类型（包括非碳酸盐岩）、沉积物的空间特征及其沉淀的机制。在水化学、碳酸盐过饱和、骨骼生物群落、植被、藻类和微生物的共同作用下，无机、生物控制和微生物调制的碳

酸盐岩沉淀作用发生在陆相水体背景中（Pedley，1990，2014；Riding，2000，2008，2011；Pentecost，2005；Dupraz 等，2009）。生物诱导和矿化作用的影响与细菌和微生物胞外聚合物（EPS）之间的联系具复杂多变的路径，仅部分可在海相和非海相水体环境中了解（Reitner 等，1995；Défarge 等，1996；Castanier 等，1999；Reid 等，2000；Visscher 等，2000；Arp 等，2001a，2003，2010，2012；Baumgartner 等，2006；Braissant 等，2007；Dupraz 等，2009；Decho，2010；Vasconcelos 等，2014）。

在各种各样的非海相碳酸盐沉积物中，本文将重点阐述浅水碳酸盐建隆形成的一个水下和地表背景下的沉积起伏，它是由于物理化学和微生物诱导过程导致的碳酸盐岩就地沉淀析出造成的。这些碳酸盐岩建隆大多发育在封闭的盐湖或碱湖盆地，以及某些因构造及火山运动而伴生的热液活动的地区。本文基于最近的直接调研、化石、案例研究和已发表的论文，对比了湖相和地表热液碳酸盐岩建隆与淡水河流碳酸盐岩两者的沉积几何形态、碳酸盐岩矿物学和组构类型、地球化学标记及碳酸盐岩沉淀析出过程。许多论文已对非海相碳酸盐进行了研究，多数聚焦于单独的案例研究，或特定的沉积环境和水化学。本文的目标是通过不同微观—宏观尺度的对比，提供一系列关于沉积构成和空间分布、相特征及地球化学标记的识别特征，以便更好地了解湖相、热流及河流背景下的碳酸盐岩堆积产物和过程；同时，也对在陆相沉积环境和不同水化学特征下的碳酸盐岩沉淀物的可对比性作了探讨。

目前，对非海相碳酸盐岩的处理和分类还没有一个公认的术语。本书针对泉水和湖相碳酸盐岩的分类将会提出多种术语，并加以总结。

“泉华（tufa）”一词是在周围低温淡水条件下，碳酸钙沉淀析出的产物，通常包含微型—大型植物、无脊椎动物及细菌的残骸（Pedley，1990；Ford 和 Pedley，1996）。针对河流相、湖相及沼泽相碳酸盐岩，泉华（tufa）沉积模式已被提出。湖相泉华（tufa）沉积物可能包括藻类和堆积在大型稳定淡水水体边缘的微生物礁（Pedley，1990；Ford 和 Pedley，1996）。“钙华（travertine）”是陆相碳酸盐岩在温度超过 20～30℃ 热水中的沉淀析出物，主要是因为物理化学作用和微生物的沉淀，而非大型植物与动物的残骸（Pedley，1990；Ford 和 Pedley，1996），如同 Riding（1991）定义的那样。Pedley（1990）和 Ford 和 Pedley（1996）提出的湖相泉华（tufa）模式不包括在蒸发和超碱性湖中的碳酸盐岩沉淀堆积物，因为在蒸发和超碱性湖中，碳酸盐岩沉淀析出物由于缺乏生物和大型植物，可认为是钙华，尽管限制因素是高盐度和高碱度而不是钙华（travertine）定义的高温度。

另外，“钙华（travertine）”一词的定义相对于陆相碳酸盐岩的化学沉淀更具广泛的意义（Pentecost 和 Viles，1994），它出现在渗流、泉水、溪水和河流中，偶尔在湖泊周缘堆积。这些沉淀物是因二氧化碳的逃逸或侵入地下水源导致的碳酸钙过度饱和而生成的（Pentecost，2005）。这个定义聚焦在无机沉淀，但却不能排除生物对碳酸盐岩沉淀析出的影响（Pentecost，2005）。钙华沉积物根据 CO_2 来源可分为两类：（1）气成钙华，CO_2 来源于土壤和大气并溶于水中，引起碳酸盐岩沉淀；（2）热成钙华，CO_2 是热成因的，来源于地下地热过程（如石灰岩的脱二氧化碳作用、埋藏有机物的去碳酸基作用），或岩浆、幔源成因（Pentecost 和 Viles，1994；Pentecost，1995a，2005）。Pentecost（2005）认为广义钙华在陆相背景下的碳酸盐岩定义，应排除湖相泥灰岩、湖相礁（如湖盆边缘的生物/非生物礁、丘）以及土壤钙结砾岩。

这些分类在淡水河流相碳酸盐岩沉淀物（分别是泉华或气成钙华）与流体来自岩浆和/或地热资源造成的热事件、流出物以及 CO_2 的脱气生成的碳酸盐析出物（分别为钙华或热成钙华）的研究中具有重要意义和用处。然而，这类术语在大气和热水混合的情况下使用具有不确定性：或在微型—大型植被发育的热液系统的远端背景下；或因地下水与混合了湖水的热水泉的共同触发，造成泉丘堆积的湖相背景下；或在常温的蒸发湖中，碳酸盐的沉淀与微生物相关，与大型植被无关；或因缺乏保存的地球化学标记而无法鉴别 CO_2 的来源。

Jones 和 Renaut（2010）认为上述基于水温或水源的分类方案对于流动的活泉水是有用的，但是，它在古沉积物上的应用还存在问题，这是因为温度和水源是从沉积物特征上推断的，然而成岩作用可以掩盖原始的沉积特征和地球化学标记。当水成沉积物温度较冷（<20℃）、较热（80℃）时，根据温度分类的泉华和钙华术语的应用是可行的，但因无明确的温度分带，尚存在一些问题。对于那些非活泉水产生的沉积物，泉华和钙华的区分在于如何去解释（Jones 和 Renaut，2010）。

Capezzuoli 等（2014）加强了 Pedley（1990）和 Ford 和 Pedley（1996）关于泉华与钙华的初始区别的研究，依据温度（钙华>30℃）、水源（热液成因的钙华和岩溶成因的泉华）、沉积速率、沉淀过程以及稳定碳同位素（钙华 $\delta^{13}C$ 位于-1‰ ~ +10‰之间，泉华为负），详尽地总结了这两种非海相碳酸盐岩沉积物显著特征，并改进了分类方案。Capezzuoli 等（2014）建议新术语“钙—泉华（travitufa）”来表示在热液沉积区的远端，从冷却后的热水中析出的沉积物。对于盐湖，Capezzuoli 等（2014）建议用“盐性钙华（saline travertine）”一词来表示在盐湖水—泉水界面处，热水碳酸盐岩沉积的泉丘；然而，对于水体在常温下，且水源来自大气降水的干盐湖内的沉积物应被称作“盐性泉华（saline tufa）”（Capezzuoli 等，2014）。

尽管对于理清非海相碳酸盐岩术语已做了重大贡献，但其在应用中的困难是显而易见的。当调研湖相碳酸盐岩文献时，发现“泉华（tufa）”和“钙华（travertine）”尚无明确定义，是交替使用的，特别是与碳酸盐相关的湖底泉，既有热液类型，也有地下水类型的。本文采用的方法是利用经典的“泉华”和“钙华”词组的定义，且仅在其定义是明确的情况下，即无地表淡水、岩溶成因的河流相泉华和热液成因的钙华系统（Pedley，1990；Ford 和 Pedley，1996；Capezzuoli 等，2014）。同时避免使用湖相碳酸盐岩，不管从湖水中，还是从混合了地下热泉或地下水的湖水中沉淀析出的。

2.1 材料与方法

发表的数百篇关于非海相碳酸盐岩的研究通过详细的文献综述被评估。许多案例（表 2.1 和表 2.2）通过野外工作和碳酸盐岩取样被直接研究。为求大范围覆盖沉积背景和水体物理化学性质，优选了一些案例研究：从（1）更新世至今的超盐性和碱性湖（大盐湖（Great Salt Lake）、金字塔湖（Pyramid Lake）和美国西部的莫诺湖（Mono Lake））以及地质记录（位于美国犹他州和怀俄明州的始新统绿河（Green River）组、德国南部的中新统里斯陨石坑（Ries Crater））；到（2）与热液相关的新近纪—全新世至现今有源系统的钙华沉积物，其中，后者水温在 30~50℃之间（托斯卡纳不同的地方、澳大利亚中部的马尔凯和拉齐奥地区）；以及（3）常温淡水溪流钙华沉积（意大利北部伦巴第）。

通过 235 个薄片（其中大盐湖 25 个，犹他州和怀俄明州绿河组分别有 11 个和 19 个，里斯陨石坑碳酸盐岩的有 4 个，金字塔湖 35 个，莫诺湖 42 个，意大利中部热液钙华（travertine）的 85 个，意大利北部河流相泉华（tufa）的 14 个）的岩相分析对所取样品进行研究。

表 2.1　文献中摘取的在湖相环境研究碳酸盐岩建隆沉积的地质信息统计表

研究对象	相关文献	研究实例	位置、年代和气候	研究尺度	古生物特征	水化学特征	构造背景与基底岩性	矿物学特征	沉积环境和岩相特征	稳定同位素
犹他州 Great Salt 湖	(1) Eardley(1938) (2) Grimetal(1960) (3) Carozzi(1962) (4) Sandberg(1975) (5) Halley (1977) (6) Pedone 和 Folk(1996) (7) Reitner 等(1997) (8) Kowalewska 和 Cohen(1998) (9) Pedone 和 Dickson(2000) (10) Pedone 和 Norgauer (2002) (11) Madsen 等(2001) (12) Colman 等(2002) (13) Kjeldsen 等(2007) (14) Diaz 等(2009) (15) Jones 等(2009)	内陆常对流超咸湖泊(1),更新世 Bonneville 湖泊的蒸发残余(1,11)	美国犹他州北部全新世半干旱气候,年降水量 125~375mm(1,8)	湖长 130km,宽 57km;平均深度 4m,最大深度 10m,面积 $4400km^2$(1);生物礁:平行于湖岸线和鲕粒滩,深 3~4m;延伸 $250km^2$(1,3);生物礁丘形状为圆形至长条形(长达 130m、宽 30m),遵循下伏地形(3)	卤水虾(*Artemia gracilis*),*Ephydra flies*,硅藻、介形类(1);稀有腹足类;蓝藻(*Aphanothece packardii*, *Gloeocapsa*),硫酸盐还原菌(7,13)	温度:<0~35.8℃;水体在 6~8m 分层,浅层富氧,深层缺氧;pH 值:7.6~7.9,在 Bridger 湾达 8.4;盐度:北部 27%;TDS 218~347g/L,南部 12%~27%,TDS 115~29.5g/L;季节变化 6%~32%;EC:Bridger 湾为 143.4mS/cm,海角点为 200mS/cm;碱度:Bridger 湾为 8.4meq/L,海角点为 5.4meq/L;Mg/Ca 比值为 9~115(1,5,6,7,8,14,15)	南北走向,铲形正断层为界,地堑构造,位于新近纪伸展构造的盆岭区的东北部(8,12);基底岩性:前寒武系片岩、片麻岩、伟晶岩和花岗岩,寒武系石英岩,古生界石灰岩、白云岩、石英岩和砂岩,始新统 Wasatch 组砾岩、砂岩和新近系火山玄武岩、安山岩	形成生物礁的文石、方解石、白云石(1,6);湖水悬浮的石盐和石膏、芒硝(1);碎屑矿物和自生矿物:高岭石、伊利石、蒙皂石、可能的海泡石、黄铁矿、含水硅酸镁(1,2)	轻微倾斜,类似缓坡一样的湖岸线形成湖泥(岩盐、石膏)或者沿湖岸线形成沙坪。蒸发岩形成于泥质盐坪,但也可能位于湖泊底部;高能湖岸线形成鲕粒滩(4,5,10)和叠层石礁丘(1,3,7,9)	鲕粒均值:$\delta^{18}O$ 25‰,$\delta^{13}C$ 3.9‰(PDB);水:$\delta^{18}O$ 23.2‰和 25.3‰(SMOW)(10)

续表

研究对象	相关文献	研究实例	位置、年代和气候	研究尺度	古生物特征	水化学特征	构造背景与基底岩性	矿物学特征	沉积环境和岩相特征	稳定同位素
犹他盆地 Green Lake 组	(1) Bradley (1929) (2) Sanborn 和 Goodwin (1965) (3) Moussa (1969) (4) Picard 和 High (1972) (5) Eugster 和 Surdam (1973) (6) Williamson 和 Picard (1974) (7) Surdam 和 Wolfbauer (1975) (8) Tissot 等 (1978) (9) Remy 和 Ferrell (1989) (10) Wiggins 和 Harris (1994) (11) Smith 等(2003,2008) (12) Morgan 等 (2003) (13) Schomacker 等(2010) (14) Bristow 等 (2012)	内陆淡水—盐碱湖泊(2,13)	犹他盆地中—下始新统(3); 暖温带到亚热带(2,7); 始新世气候适宜(11)	湖的大小随湖平面变化而变化,平均 149000km^2 (8,13); 沉积序列厚 1778m(3); 平行于湖岸线的叠层石生物礁:直径高达 30cm,半球形;较小的树枝状半球;具波状层理(4)	由于湖平面和盐度变化而变化的生物相; 淡水输入:介形类、腹足类、双壳类(6) 绿藻:Chlorellopsis coloniata Reis(1)	内陆盐度变化湖,从淡水到盐碱条件,河流、三角洲和湖相沉积(2,13)	不对称构造控制的盆地,向斜轴位于犹他山脉南部(8); Green Lake 盆地是逆冲带(晚白垩世至早始新世)的一部分,在古近纪被 Laramide 造山运动的基底块体隆升分割,Laramide Wind 河和犹他山脉,作为盆地边界,沿着横切始新统 Green Lake 组的逆断层隆起(5)	方解石、白云石、碎屑岩自生石英、长石、伊利石、蒙皂石(4); 蒸发环境中见早期白云石化,但可能是原生白云岩(4); 方沸石:它的前身沸石来源于火山玻璃,被湖水改造成方沸石,或者来源于碱性湖中的碎屑黏土(4); 自生富镁蒙皂石(14)	沉积环境:①中心开放的湖相富有机质泥岩和泥晶灰岩;②边缘湖相带,含砂岩、黏土岩和碳酸盐岩;③外围冲积层,三角洲沉积物和湖岸碳酸盐岩与河流冲积平原碎屑岩呈指状交叉(Colton 组和 Wasatch 组;2,8,10,13); 分米厚的叠层石礁丘在滩相中发育,还有鲕粒灰岩,从泥坪、滩坝和潟湖搬运到离岸深水沉积物中(6)或数百米厚的三角洲硅质碎屑(12)	

研究对象	相关文献	研究实例	位置、年代和气候	研究尺度	古生物特征	水化学特征	构造背景与基底岩性	矿物学特征	沉积环境和岩相特征	稳定同位素
怀俄明州 Gosiute 湖 Green Lake 组	(1) Surdam 和 Parker (1972); (2) Goodwin (1973); (3) Eugster 和 Surdam (1973); (4) Eugster 和 Hardie (1975); (5) Surdam 和 Wolfbauer (1975); (6) Surdam 和 Stanley (1979); (7) Ratterman 和 Surdam (1981); (8) Bucheim (1994); (9) Carroll 和 Bohacs (1999); (10) Leggitt 和 Cushman (2001); (11) Dyni (2006); (12) Smith 等 (2003,2008); (13) Leggitt 等 2007a); (14) Leggitt 等 (2007b)	Gosiute 湖，内陆淡水—盐碱湖(1, 3, 6, 9, 12)	怀俄明州：早—中始新世暖温带—亚热带适宜气候(4, 8, 12)	湖泊面积 6400km^2(4,5); Tipton 页岩段石蛾微生物丘：顶厚 2~30 cm，直径 5~70 cm (13); Laney 段：石蛾叠层石丘：高 4~9 m，直径 4~40 m，钟形，由几层柱子(高 1~2m，直径 0.5~1m)组合而成，间距不规则，相距几十米到几百米(10)	淡水：鱼、鳐鱼、双壳类、腹足类、介形类、陆生植物、昆虫、两栖类、海龟、蜥蜴、蛇、鳄鱼、鸟类(11); 海水：腹足类、介形类、双壳类、禽蛋壳、鱼类、石蛾幼虫(5,10,14)	湖平面、盐度和碱度随蒸发、注入水、气候和构造影响而变化(1,3,6,9,12)	构造控制的盆地，发育在陆内洼陷盆地的内部排水体系(13); Green Lake 盆地是逆冲带(晚白垩世至早始新世)的一部分，在古近纪被 Laramide 造山运动的基底块体隆升分割，Laramide Wind 河和犹他山脉，作为盆地边界，沿着横切始新统 Green Lake 组的逆断层隆起(5)	从 95% 方解石到 95% 白云石的 Laney 段生物礁丘(10); Tipton 页岩石蛾幼虫生物礁含 40% 白云石和 60% 方解石(13); Wilkins Peak 段：天然碱、石盐、白云石(1,5); 周期性洪涝/干旱的碳酸盐泥和蒸发泵产生的白云石(6); 火山凝灰岩蚀变形成的自生铝硅酸盐：沸石、方沸石、钾长石、钠长石、蒙皂石(1,2,7)	高能波控斜坡边缘(13); 湖相沉积与盆地边缘的河流、冲积平原、泥坪黏土岩、泥岩和砂岩呈指状交互(13); Tipton 页岩段近岸鲕粒相中发育石蛾为主的微生物礁丘(13); Wilkins Peak 段叠层石和鲕粒发育在湖岸线(5, 14); Laney 段层状和块状泥晶、灰色粉砂岩、薄火山凝灰岩和块状富含石蛾的叠层石生物礁丘(高4~9 m，直径 4~40 m)(10)	$\delta^{18}O$ −10.1‰~−1.3‰，$\delta^{13}C$ −4.2‰ (PDB)，碳氧稳定同位素同时变化(13)

续表

研究对象	相关文献	研究实例	位置、年代和气候	研究尺度	古生物特征	水化学特征	构造背景与基底岩性	矿物学特征	沉积环境和岩相特征	稳定同位素
德国里斯陨石坑(Ries Crater)	(1) Riding (1979); (2) Arp(1995); (3) Pache 等(2001)	内陆淡水—咸水湖(1)或碳酸盐生物礁发育时是碱湖(2)	德国南部中中新世(1,2);半干旱期:①潮湿气候碳酸盐岩分布于潮下、潮间和潮上带;②干旱期发育干盐湖(2)	湖宽20~25km,中心陨石坑10km,边缘带7km(2);生物礁:倒锥形(高2~10m,宽1~5m),由分米级锥形组成;与湖岸线平行的不连续带(数百米宽,长1~3km)(1,2);泉丘:25 m厚,40 m宽,侧面陡峭(2,3)	绿藻 *Cladophorites*、轮藻、介形类、腹足类(*Hyd-robia*;陆生蜗牛 *Cepaea sylvestrina*)(1,2);蓝藻(2)	不同时期的沉积相:①冲积平原到干盐湖;②层状微咸水富营养碱湖;③中等营养盐湖,含类海洋离子,在边缘碳酸盐岩中潜流带发生富锶的白云石;④贫营养淡水湖(2)	陨石撞击坑(1,2)、基底岩石:中生代喷射角砾岩沉积(侏罗系石灰岩、泥灰岩)和华力西期基底岩石(花岗岩、片麻岩和角闪岩);冲击熔融角砾岩(2)	藻礁:方解石和白云石(1,2);原始高镁方解石(2);白云石化作用的成因:①大气水的成岩作用(1);②大气地下水与咸湖水之间的潜水混合带(2);泉丘:文石(2,3)	深水纹层状泥岩,湖岸线叠层石和绿藻(*Cladophorites*),生物礁(1,2),被颗粒滩分隔开,颗粒滩主要是介形虫和腹足类壳体(1);泉丘(2,3)	藻礁:$\delta^{18}O$ −1‰~2‰,$\delta^{13}C$ 1‰~5‰(PDB),泉丘:$\delta^{18}O$ −5‰~2‰,$\delta^{13}C$ −4‰~1‰(PDB)(3)

续表

研究对象	相关文献	研究实例	位置、年代和气候	研究尺度	古生物特征	水化学特征	构造背景与基底岩性	矿物学特征	沉积环境和岩相特征	稳定同位素
内华达州金字塔湖(Pyramid Lake)	(1)Popp 和 Wilkinson(1983);(2)Galat 和 Jacobsen(1985);(3)Shearman 等(1989);(4)Benson(1994);(5)Benson 等(1995);(6)Benson 和 eterman(1995);(7)Benson 等(1996);(8)Arp 等(1999);(9)Benson 等(2002);(10)Benson(2004);(11)Henry 等(2007)	内陆碱湖,中等营养湖,晚更新世 Lahontan 盆地七大次盆之一(3,4,5,6,7,8,9)	更新世—全新世(形成于 35 ka 前的碳酸盐丘(4,5);鲕粒滩形成于 3ka 前(1);干旱:年平均降雨量 100~200mm(10)	湖长 50km,宽 20km,最大水深 100m,包裹火山岩巨砾的厘米级碳酸盐外壳和几分米到 100m 厚的由管状、次圆状到桶状的米级层状结构胶结的海滩岩丘(4,10)	鱼类、腹足类、介形类、大型植物、轮藻(*Cladophora*, *Ulothrix*)、硅藻、蓝藻(*Phormidium*)、异型孢子(*Nostoc*, *Calothryx*)、*Oscillatoria*、硫紫色细菌(8)	温度 13~21℃,热泉温度 24.4~62℃,最高 85℃,冷泉温度 13~16℃,湖底供氧,年平均 pH 值湖表面 9.1~9.3,深部 8.9,热泉 7.1~8.1,冷泉 8.5~9.3;盐度 4.7‰;电导率湖水 2.3~2.9mS/cm,冷泉 1.8 mS/cm;碱度 22~ 24meq/L;Mg/Ca 比值 12~23,泉水 0.01~0.4(1,2,8);SI_{ar} 为 0.32~1.04,SI_{ca} 为 0.44~1.19(2,5,8),PO_4^{3-} 含量在沉积物—水界面处为 0.002mmol/L,在界面以下 1m 处为 0.5mmol/L,秋季变为 0.0015mmol/L(2)	NNW-SSE 走向,盆岭区西部边缘上的陆内隆升,形成于新近纪的拉张构造运动(1,8);基底岩石:安山岩—玄武质火山岩,17—6 Ma,中生代花岗岩和变质岩(8,11)	方解石、文石(质量百分比 15%)(2);冰碛石:晚更新世在温跃层之下或寒冷气候沉淀在六水方解石($CaCO_3 \cdot 6H_2O$)上的方解石假晶(5);有的丘内有 0.5cm 厚的白云石(2,5);晚更新世鲕粒组成:文石占 34%~42%,方解石占 66%~58%($MgCO_3$ 3%~4%),现今的鲕粒主要为文石(1)	冲积扇和海滩中第四纪硅质碎屑砂及砾石改造新生代火山岩;沿着古湖岸线有几毫米到几十毫米的碳酸盐丘发育于富 HCO_3^- 湖水和富 Ca^{2+} 地下水交汇处;Lahontan 湖平面因湖水在次盆间相互溢出而长期保持稳定(4,5,8,10);延湖岸线形成鲕粒砂(1,8)	湖水:$\delta^{18}O$ -2‰~-0.3‰,DIC $\delta^{13}C$ -1.5‰~-0.5‰(PDB)(2,7);冷泉:$\delta^{18}O$ -6.5‰,DIC $\delta^{13}C$ -0.1‰,热泉 $\delta^{18}O$ -1.3‰,$\delta^{13}C$ 4.7‰,碳酸盐岩:$\delta^{18}O$ -5‰~0.8‰,$\delta^{13}C$ 0.4‰~5.8‰(7)

续表

研究对象	相关文献	研究实例	位置、年代和气候	研究尺度	古生物特征	水化学特征	构造背景与基底岩性	矿物学特征	沉积环境和岩相特征	稳定同位素
加利福尼亚州莫诺(Mono Lake)湖	(1)Scholl 和 Taft(1964);(2)Shearman 等(1989);(3)Bischoff 等(1991);(4)Bischoff 等(1993);(5)Council 和 Bennett(1993);(6)Newton(1994);(7)Whiticar 和 Suess(1998);(8)Benson 等(1998);(9)Davis(1999);(10)Humayoun 等(2003);(11)Souza - Egipsy 等(2005)	内陆盐碱性环流湖;Russell 湖晚更新世残留(5,7,10)	晚更新世—全新世,高地形起伏,在内华达山脉,大部分降水量为雪,1600mm/a(9)	湖长 15km,宽 21km,最大深度 35~38m,面积 $172km^2$(4,6,8,9);晚更新世—全新世泥质岩丘(高达 8m 和胶结的海滩岩(1、5、11)	盐水虾(*Artemiamonica*)、碱蝇(*Ephydra hians*)、绿藻、硅藻、蓝藻(*Symploca thermalis*, *Plectonema nostockorum*, *Microcoleus vaginatus*, *Entophysialis deusta*)、异养细菌	温度:1.5~2.3℃,冷泉 8~18℃,热泉 31~42℃,35m 深度温度 4.5℃,14m 深度存在厌氧底水化学跃变(4,5,10);pH 值:9.7~10,Russell 湖 8.4,南部冷泉 6.4~6.8,Navy 海滩热泉为 6.6(4);盐度:1940 年 47.9‰,1980 年 87‰,1993 年 90‰~97‰;TDS:湖水 84~94g/L,泉水 894~2938g/L(4,6);电导率:湖水 60~80mS/cm,南部冷泉 1.9mS/cm;碱度:600~700meq/L,36201mg/L(HCO_3^-),南部冷泉 574~1280mg/L(HCO_3^-)(4);Mg/Ca 比值:湖水 14,泉水 0.3,热泉 1;SI:10 倍碳酸钙(3)	西部大盆地伸展活动火山盆地;基底岩石:①晚更新世 Russell 湖沉积;②新近纪安山岩、更新世—全新世玄武岩和流纹岩;③更新世河流—湖泊相 Wilson Creek 组,6~15m 层状泥和粉砂及 19 个火山灰层;④内华达山脉中生代花岗岩、变质火山岩、古生代沉积岩和变质沉积岩(1,2,3,4,5,7,8)	伊利石、文石、方解石、斜碳钠钙石[$Na_2Ca(CO_3)_2 \cdot 5H_2O$]、磷镁石($MgHPO_4 \cdot 3H_2O$)、三斜磷钙石($CaHPO_4$)、鸟粪石($MgNH_4PO_4 \cdot 6H_2O$)(1,3,4);Navy 滩砂岩中的镁硅酸盐(11)	晚更新世(45ka)碱性湖水和富钙地下水混合形成沿古湖岸线的碳酸盐丘和塔(4,5);冬季湖平面以上几厘米到以下 20cm 出现六水方解石结晶,到夏季溶解或转化为方解石(4)	$\delta^{18}O$ -4.6‰~-1.9‰,$\delta^{13}C$ 4.1‰~4.6‰(PDB)(7)

注:数字是指第一栏中引用的出版物;T—温度;TDS—矿化度;EC—电导率;SI—饱和指数;$SI_{ar/ca}$—文石/方解石的饱和指数。

表 2.2　文献中摘取的研究热液钙华(Travertine)和河流泉华(Tufa)的地质信息统计表

研究对象	相关文献	研究实例	位置、年代和气候	研究尺度	古生物特征	水化学特征	构造背景与基底岩性	矿物学特征	沉积环境和岩相特征	稳定同位素
意大利中部热液钙华	(1) Boni 和 Colacicchi (1966); (2) Chafetz 和 Folk (1984); (3) Folk 等 (1985); (4) Malinverno 和 Ryan (1986); (5) Pentecost 和 Tortora(1989); (6) Patacca 等(1992); (7) Guo 和 Riding(1992); (8) Folk (1993); (9) Pentecost 和 Viles (1994); (10) Chafetz 和 Lawrence(1994); (11) Pentecost(1995b); (12) Ford 和 Pedley(1996); (13) Guo 等(1996); (14) Liotta 等 1998; (15) Guo 和 Riding(1998); (16) Guo 和 Riding(1999); (17) Minissale 等(2002a); (18) Minissale 等 (2002b); (19) Minissale (2004); (20) Pentecost 和 Coletta(2007); (21) Gandin 和 Capezzuoli(2008); (22) Faccenna 等(2008); (23) Brogi 等(2010); (24) Brogi 和 Capezzuoli(2009); (25) Brogi 和 Fabbrini(2009); (26) Di Benedetto 等(2011)	意大利中部几个地区的热液钙华(12)或热成因钙华(9),热液富含 $Ca(HCO_3)_2$ 和 H_2S,由断层控制的地下通道流出(2,3,11,12),热液活动受构造、洪水/气候的影响(17,22,23)	Tuscany、Marche 和 Latium 地区更新世—全新世温带气候	沉积物厚度从分米级到数十米厚不等(Bagni di Tivoli 85m),延伸数十平方千米(2,15,16,17,19,22,24)	罕见的结壳植物、介形类、腹足类、脊椎动物、硅藻、光合细菌(*Chloroflexus*)、蓝藻(*Spirulinalabyrinthiformi*, *Fischerella lasminosus*, *Oscillatoria* – *Phormidium*;绿藻门 *Cosmarium laeve*)(5,8,20,26); 硫氧化细菌光合作用(2,5,8)使硫酸盐化,降低了细菌和放线菌含量(5)	温度:23~65℃(2,5,11,17,18,19); pH 值:6~6.8,由于 CO_2 的脱气作用,在远离通道的地方 pH 值明显增加(5,11,17,18,19,26); 盐度:TDS 2300~4400mg/kg(19); HCO_3^- 11~16meq/L(26),600~1800mg/kg(17,18,19); Mg/Ca 值 0.3~0.5(11,19); SI_{ca} 3.9~14.8,SI_{ar} 2.82~10(11)	由于薄岩石圈、侵入岩浆岩、火山活动和高热流活动,从 Tortonian 期开始,亚平宁褶皱冲断带向东扩展,新近纪 Thyrrenian 海的弧后开放形成伸展和扭张盆地; 基底岩石:上新世海相黏土、中新世—全新世河流—湖泊相黏土岩、砂岩和砾岩,中生代碳酸盐岩序列和三叠纪蒸发岩(1,4,6,14,17~19,22~25)	温度 40℃以上形成方解石、文石(2,3,7,8,17,20);钙华中可见少量白云石(17)	流出的热水脱 CO_2 析出的碳酸盐形态:浅湖(<1m 深)、扇、裙、水池、斜坡、裂隙、瀑布(2,9,11,24); 沉积体系和相:斜坡(阶地斜坡相、平滑斜坡相、落水相); 洼地(灌木坪相、沼泽相); 丘(芦苇丘相)(15,16)	$\delta^{18}O$ -14‰~-2‰,$\delta^{13}C$ 1‰~12.6‰(PDB)(10,11,13,17,18,19,21,22)

续表

研究对象	相关文献	研究实例	位置、年代和气候	研究尺度	古生物特征	水化学特征	构造背景与基底岩性	矿物学特征	沉积环境和岩相特征	稳定同位素
不同地区钙质泉华	(1) Pedley (1990); (2) Pedley(1992); (3) Pentecost 和 Viles (1994); (4) Ford 和 Pedley (1996); (5) Pedley 等 (1996); (6) Andrews(2006); (7) Andrews 等(1997); (8) Freytet 和 Verrecchia(1998); (9) Freytet 和 Verrecchia(1999); (10) Merz-Preiβ 和 Riding(1999); (11) Pedley 等 (2003); (12) Pentecost(2005); (13) Gandin 和 Capezzuoli(2008); (14) Pedley (2009); (15) Pedley 等 (2009); (16) Arenas Abad 等 (2010); (17) Brasier 等 (2011); (18) Arenas 等(2014a)	由河流或环境温度流形成的钙质泉华(1,4)或大气成因形成的钙质泉华(3);泉华形成的温度范围:温暖湿润的间冰期和全新世亚热带的半干旱气候,潮湿凉爽的河流相(4)	欧洲多地从更新世到全新世,从冷温带到半干旱气候(1)	尺度从毫米级沉积结壳到数十米厚(1~16)	大型植物、苔藓植物、绿藻(*Vaucheria*, *Cladophora*, 轮藻)、硅藻、介形类、腹足类、昆虫、蓝藻(*Phormidium*, *Schizothrix*, *Rivularia*, *Oscillatoria*, *Synechococcus*, *Lyngbya*, *Nostoc*, *Microcoleus*)、异养细菌、真菌(1,2,8,9,15,17)	温度低于20℃,在泉眼处pH值6.9~8,在远离泉眼的地方pH值增加(12,15); 盐度TDS 0.1~1g/L(12); 电导率274~734μS/cm(15,18); 碱度4.2meq/L,156~372mg/L (HCO_3^-)(15,18),远端增大,Ca^{2+} 5.7meq/L(10)	不同的环境受构造影响较小; 河流碳酸盐岩的控制因素:外部(气候、构造、基岩结构)和内部(水的物理化学性质、饱和指数、流体动力学机制和生物二氧化碳排放、植被)(16)	低镁方解石,可能存在文石(16)	流动水脱 CO_2 形成微晶石、栅状方解石沉淀等(1,2,4,9,10~12,15~17); 包壳植物礁(1,2,4); 沉积模式:①滞水泉线(多期阶地沉积物);②小瀑布;③河流相;辫状河(核形石、微型岩屑灰泥丘、叠层石),点坝;④湖泊沉积;⑤沼泽沉积(1,4); 沉积相模式:①低梯度非阶地河流和河流—湖泊(核形石、叠层石、沼泽);②高梯度阶地河流(叠层石、被拦河坝堵塞的水池、陡坡、瀑布和拦河坝、沼泽地)(16)	$\delta^{18}O$ -14‰~-4‰,$\delta^{13}C$ -12‰~-4‰(PDB)(6,7,13,16)

注:数字是指第一栏中引用的出版物;T—温度;TDS—矿化度;EC—电导率;SI—饱和指数;$SI_{ar/ca}$—文石/方解石的饱和指数。

在米兰大学地球科学学院，对 12 个薄片进行了阴极发光分析研究，所采用荧光仪为剑桥影像科技有限公司（CITL）生产（型号：MK5-2 操作系统，10~14kV，射束电流 300~600μA，真空计 50~70mTorr）；并在 20kV，距离为 15mm 下，用 Cambridge S-360 扫描电子显微镜（SEM）分析 69 个样品（其中大盐湖样品 26 个，怀俄明州样品 1 个，里斯陨石坑样品 4 个，金字塔湖和莫诺湖样品各 8 个，热液成因钙华（travertine）样品 16 个，河流相泉华（tufa）样品 6 个）的抛光面和新鲜断裂面以及镀金情况。在米兰大学地球科学学院高温实验室，用 X 射线粉末衍射仪（Philips X'Pert MPD）对 26 个碳酸盐岩样品进行了矿物组成分析。用微钻对不同组构类型、陨石和埋藏胶结物取样，进行稳定同位素（碳、氧）测试。稳定同位素分析采用自动化碳酸盐岩制备装备 MAT253 质谱仪，分析单位为德国波鸿大学地质学院、矿物学和地球物理学稳定同位素实验室。稳定同温素结果根据 CO-1 和 CO-8 国际标准校对到 V-PDB 尺度，$\delta^{13}C$ 分析精度高于 0.07‰，$\delta^{18}O$ 分析精度高于 0.13‰。总共获得 204 个稳定碳、氧同位素测量值，样品分别来自大盐湖（26 个）、沃克湖（Walk Lake）（3 个）、犹他州绿河组（11 个）、怀俄明州绿河组（10 个）、里斯陨石坑（10 个）、金字塔湖（52 个）、莫诺湖（28 个）和热液成因钙华（52 个）以及河流相泉华（12 个）。如果可能，可使用便携式 Mettler Toledo SevenGo Duo pro™ pH/ORP/ion/conductivity meter SG78，在当今活跃的沉积环境，直接在野外测量诸如水温、pH 值和电导率值此类参数。

2.2 所选案例研究的背景信息

表 2.1 和表 2.2 概括列举了所优选的关于地质背景、盆地水文学和沉积岩相的案例研究已发表的资料。所调查的湖泊皆为干旱—半干旱气候下，水体化学特征从盐性到碱性的内流、水文封闭盆地。表 2.2 列举了与地表泉相关的碳酸盐岩的文献资料，如热液成因钙华和淡水河流相泉华。

2.2.1 犹他州大盐湖

现今超盐性浅水湖的（Eardley，1938；Pedone 和 Folk，1996；Kowalewska 和 Cohen，1998；Madsen 等，2001；Jones 等，2009）实例为犹他州大盐湖（图 2.1a、b），它受低角度外延拆离断层和高角度铲状断层控制（Kowalewska 和 Cohen，1998；Colman 等，2002）。湖盆边缘是低角度、高能的斜坡边缘（Platt 和 Wright，1991），可下至近 4m 深（Eardley，1938；Carozzi，1962；Pedone 和 Folk，1996），以鲕粒砂与浅水叠层石生物礁为特征。大盐湖生物礁至少于 13 万年前开始形成，并且碳酸盐岩沉淀目前相当活跃（Pedone 和 Folk，1996；Reitner 等，1997；Pedone 和 Dickson，2000）。数位学者（Sandberg，1975；Halley，1977；Pedone 和 Norgauer，2002）对鲕粒已经进行了研究，并探讨了放射状纤维物和文石矿物的主要起源。

2.2.2 怀俄明州、犹他州绿河组

类似大盐湖，伴有碳酸盐岩建隆，具低角度、高能湖滨的古老内流湖的实例，以犹他州（Lake Gosiute；Surdam 和 Wolfbauer，1975；Surdam 和 Stanley，1979；Smoot，1983；Leggitt 和 Cushman，2001；Smith 等，2003，2008；Leggitt 等，2007a，b）和怀俄明州（Lake Uinta；Moussa，1969；Picard 和 High，1972；Wiggins 和 Harris，1994；Morgan 等，2003；Schomacker

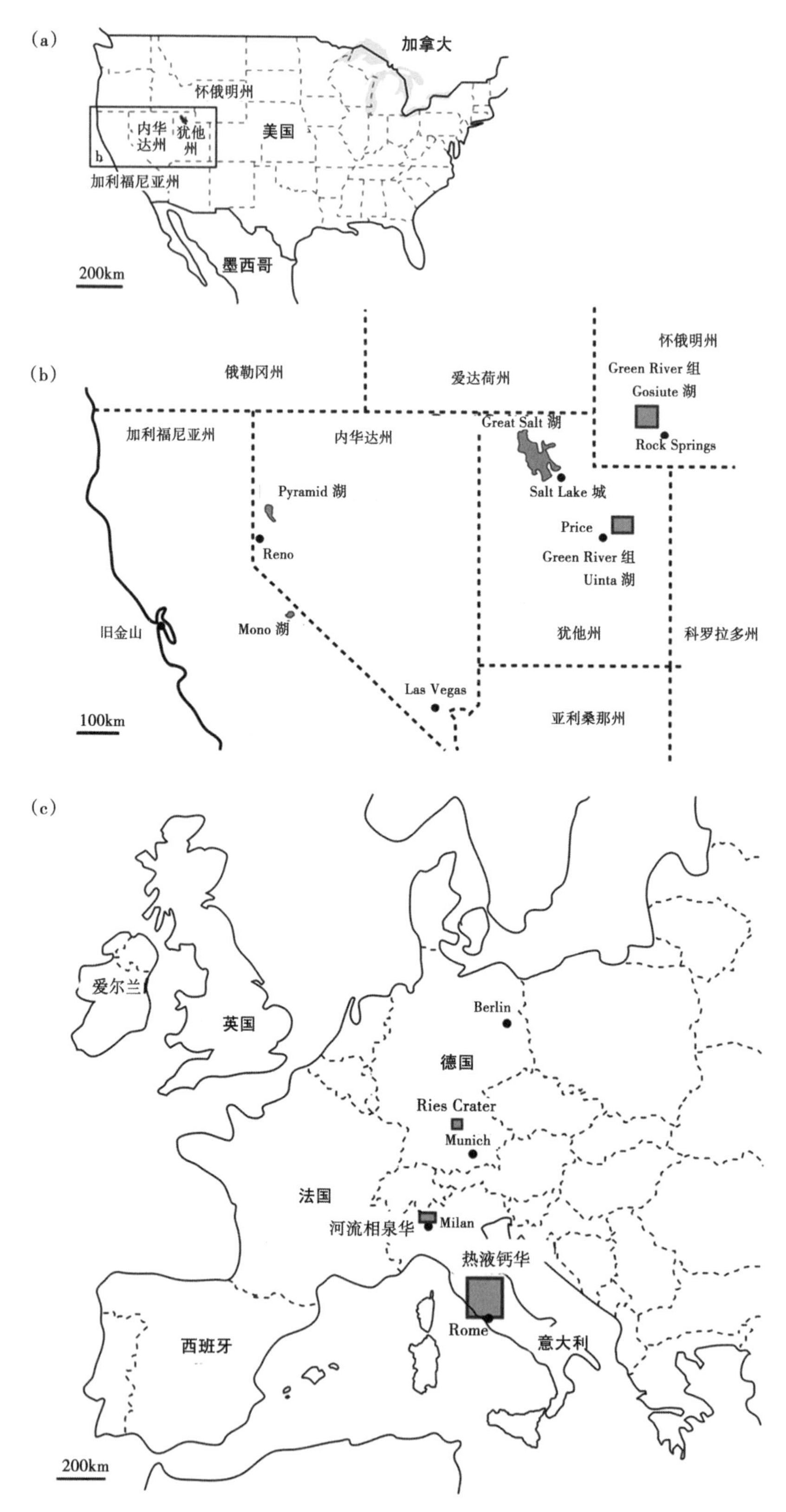

图 2.1 研究美国和欧洲非海相碳酸盐沉积物的位置图

等，2010）的始新统绿河组（图 2.1a、b）为代表。绿河组的沉积受陆内凹陷盆地内排水结构控制（Leggitt 等，2007a）。湖平面、盐度、碱度取决于流域降水、径流和蒸发量以及构造运动之间的平衡关系（Surdam 和 Stanley，1979；Carroll 和 Bohacs，1999），浮动较大。在湖盆边缘，湖相沉积与河流冲积平原形成 Wasatch 组互层（Sanborn 和 Goodwin，1965），而且在低地形坡度处，碳酸盐岩沉积受湖侵和湖退强烈影响（Surdam 和 Stanley，1979）。在 Uinta 湖，毗邻鲕粒沉积的是穹隆状叠层石，它们靠近海岸线，在厚层三角洲层序之间（Picard 和 High，1972；Williamson 和 Picard，1974；Schomacker 等，2010）。在 Lake Gosiute 的 Laney 段中，存在碳酸盐岩建隆包含被叠层石包裹着石蚕幼虫情况（Leggitt 和 Cushman，2001）。同样，在科罗拉多 Piceance 盆地内的绿河组，湖盆边缘沉积的碳酸盐岩包括生物碎屑、鲕粒灰岩，内碎屑砾屑灰岩及微生物叠层石和凝块石发育在潮间带至潮下带，堆积在被深水油页岩沉积封盖的向上加深的旋回中（Tänavsuu-Milkeviciene 和 Sarg，2012；Sarg 等，2013）。

2.2.3 德国里斯陨石坑

里斯陨石坑（图 2.1）是由中新世陨石撞击产生的水文封闭湖泊（Riding，1979；Arp，1995）。该湖为淡水或微咸（Riding，1979），或者，至少在碳酸盐礁形成时为碱性湖（Arp，1995）。湖盆经历了不同的演化阶段：（1）冲积平原至干盐湖；（2）层状半咸水富营养碱湖；（3）中营养盐湖，具有与海水相似的离子比率，以及边缘碳酸盐岩上潜水带富锶白云石化作用；（4）贫营养淡水环境（Arp，1995）。湖缘的特征是发育叠层石及藻礁（Riding，1979；Arp，1995）和湖底泉丘（Pache 等，2001）。藻礁，初始为高镁方解石，发育在与介形虫和腹足颗粒—粒泥灰岩相关的 *Cladophorites* 绿藻倒锥上（Riding，1979；Arp，1995）。

2.2.4 内华达州金字塔湖

内华达州金字塔湖是一个内流碱性湖泊（图 2.1a、b），为七大主要的晚更新世 Lahontan 湖次级盆地之一（Benson，1994；Benson 等，1995）。由于新近纪的拉张构造运动，金字塔湖泊起源于靠近北美盆地西缘及裂谷省范围的一个 NNW—SSE 向内陆裂陷构造（Popp 和 Wilkinson，1983；Henry 等，2007）。在晚更新世—全新世湖底沿现今外滨带暴露，在过去的 3.5 万年内，当 Lahontan 湖水平面保持一个高度不变，长期超过次级盆地内的溢出点（Benson 等，1995），因湖水与地下水的混合，米级至几十米级的碳酸盐岩建隆形成于地下水与热液的流出处（Benson，1994，2004；Arp 等，1999）。金字塔湖丘可达几十米厚，并由米级圆柱与筒形层状构造聚结一起（Benson 1994）。Russell（1885）将枝状晶层定义为假象方解石泉华（Tufa），有学者也把枝状晶层解释为六水方解石（$CaCO_3 \cdot 6H_2O$）组中的假方解石（Shearman 等，1989；Benson，1994）。

2.2.5 加利福尼亚州莫诺湖

莫诺湖位于加利福尼亚州东部（图 2.1a、b），是一个水文封闭的盐碱湖。莫诺湖是晚更新世 Russell 湖的遗迹，Russell 湖发育在 Great 盆地西缘一个由张性、构造坳陷形成活跃的火山盆地内（Scholl 和 Taft，1964；Shearman 等，1989；Council 和 Bennett，1993；Whiticar 和 Suess，1998）。从晚更新世沉淀析出至今的碳酸岩盐丘与尖礁，其发育与地下温泉相关，并且位于热泉处（Newton，1994；Benson 等，1998；Davis，1999；Tomascak 等，2003）。目前碳酸盐沉淀析出为六水方解石（$CaCO_3 \cdot 6H_2O$），处于低温和高浓度磷酸环境；六水方解石沉淀于冬季，夏季则溶解或转化为方解石（Bischoff 等，1991，1993）。更新统上部/全新统下部碳酸盐岩丘发育在莫诺湖北西侧，具有与金字塔湖相似的假钙华织状物，并且被认为形成于 Sierran 冰川事件的 Tioga 结束时期（Whiticar 和 Suess，1998）。

2.2.6 意大利中部热液成因钙华

开始于中新世晚期的构造拉张、火山运动、岩浆作用，叠合作用在 Apennine 断褶带上，使得意大利中部几个地区都发育新近纪—全新世的热成因钙华沉积物（图 2.1c、图 2.2），包括中生代的碳酸盐岩和三叠纪的蒸发岩（Minissale 等，2002a，b；Minissale 2004；Faccenna 等，2008；Capezzuoli 等，2009）。在意大利中部几个出现化石及温泉活跃的地方，针对热液成因钙华在 Tuscany（Rapolano Terme，Saturnia，Bagni San Filippo；Guo 和 Riding，1992，1994，1998，1999；Pentecost，1995a，b；Bosi 等，1996；Minissale 等，2002b；Brogi 和 Capezzuoli，2009；Capezzuoli 等，2009；Barilaro 等，2012）、Marche（Acquasanta Terme；Boni 和 Colacicchi 1966；De Bernardo 等，2011）和 Latium（Viterbo 和 Tivoli；Chafetz 和 Folk，1984；Folk 等，1985；Pentecost，1995a，b；Minissale 等，2002a；Pentecost 和 Coletta，2007；Faccenna 等，2008；Di Benedetto 等，2011）进行了分析研究工作。

2.2.7 意大利北部河流相泉华

在意大利北部伦巴第流向 Prealps 南部的溪水中，对从室温清水中沉淀析出碳酸盐岩进行分析研究（Brusa 和 Cerabolini，2009；Bini 等，2014；图 2.1c）。温带湿润气候及三叠纪的石灰岩和白云岩基底有利于地下水富集钙及碳酸根离子。与几个描述河流泉华的例子一样，和大型植物、微植物、苔藓植物和微生物膜相关的碳酸钙沉淀物报告记录见表 2.2（Pedley，1990；Ford 和 Pedley，1996；Pentecost，2005；Arenas-Abad 等，2010）。

2.3 碳酸盐岩建隆几何结构和组构类型

2.3.1 犹他州大盐湖

大盐湖生物礁，在 Bridger 湾和 Antelope 岛北部的外滨处，形成了具有圆横截面（直径 0.2~1.2m）的穹顶（图 2.3a 和图 2.4a、b）。沿现今外滨带短暂暴露的生物礁，表明沉积地形起伏 10~15cm，但在外滨处（深 1~5m）生物礁可达数厘米的规模。生物礁可以是孤立的圆状构造，或为并结毗邻的穹顶群，直径可达 10m。在 Bridger 湾，生物礁富集区东北毗邻鲕粒砂，表明主要的沉积物来自海湾中部及西南缘的一部分。在海角（图 2.4c），个别生物礁在低湖平面时沿滨岸暴露，呈透镜状和细条状，并且垂直于滨岸线（宽 0.2~4m，沿滨岸线可延伸 1m 至数十米）。生物礁，即使相隔几厘米至几米，含波纹鲕粒砂的浅潮道，形成一个连续平行海岸线的带，横向延伸几千米，可达 6km，并向盆延伸几十米至 2~3km（图 2.3a）。

在大盐湖的碳酸盐岩生物礁尽管不同地区具有不同的几何形态（圆形、长方形）和水深（0 至 4~5m），但它们具有相同的组构类型，横向上可从毫米变化至几厘米。碳酸盐沉淀物（图 2.5a、b）由文石、方解石组成，白云石罕见。包括：（1）无结构至凝块状球粒

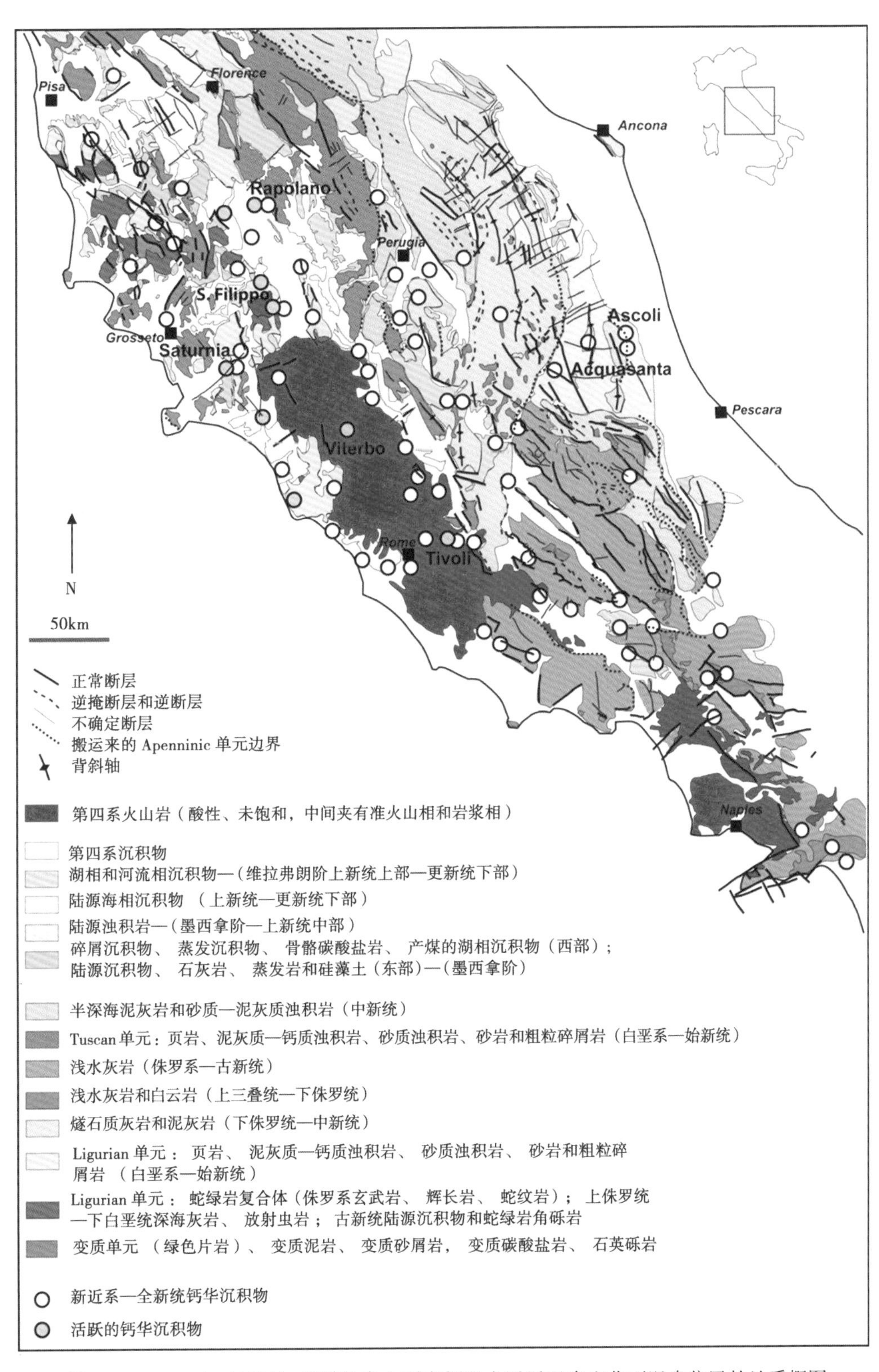

图 2.2　Minissale（2004）报道的意大利中部现今活跃温泉和化石温泉位置的地质概图（据 Bigi 等，1990，修改）

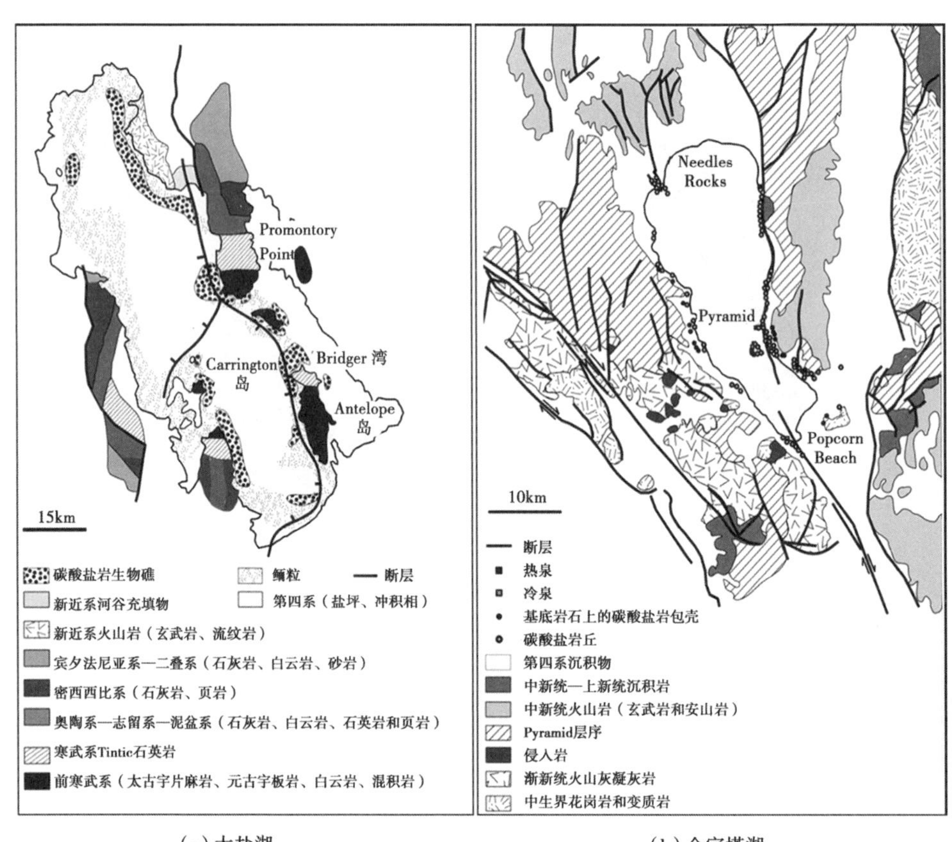

（a）大盐湖　　（b）金字塔湖

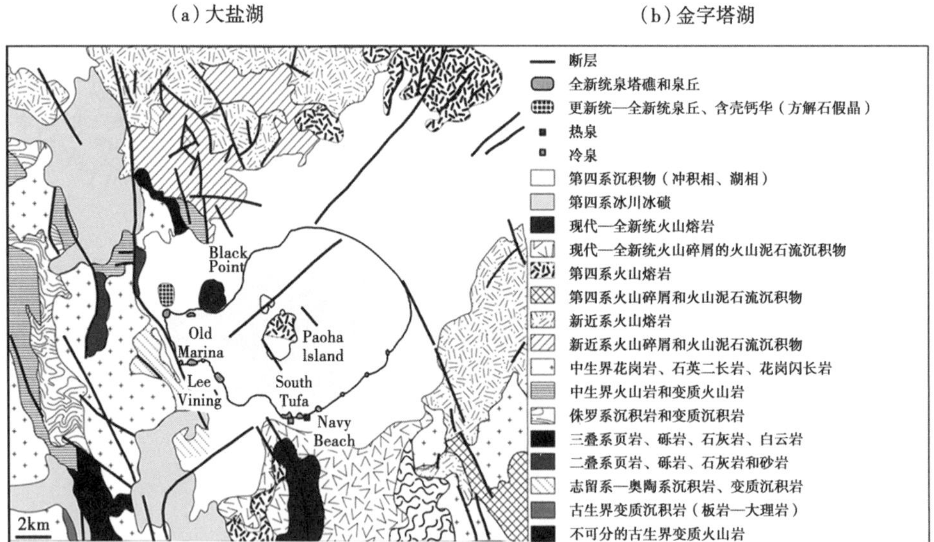

（c）莫诺湖

图 2.3　大盐湖、金字塔湖和莫诺湖地质图

（a）大盐湖地质示意图（据犹他州地质局出版的犹他州地质图修改，http：//geology. utah. gov/maps/geomap/index. htm），断层提取自 Colman 等（2002），碳酸盐生物礁和鲕粒据 Eardley（1938）和 Carozzi（1962）；（b）Pyramid 湖地质图及泉丘的位置（据 Henry 等，2007，修改）；（c）莫诺湖区地质图及泉丘和塔礁的位置（据 Newton，1994 和 Tomascak 等，2003，修改；加利福尼亚州地质图，加利福尼亚州地质调查局，http：//www. quake. c. gov/gmaps/GMC/stategeologicmap. html）

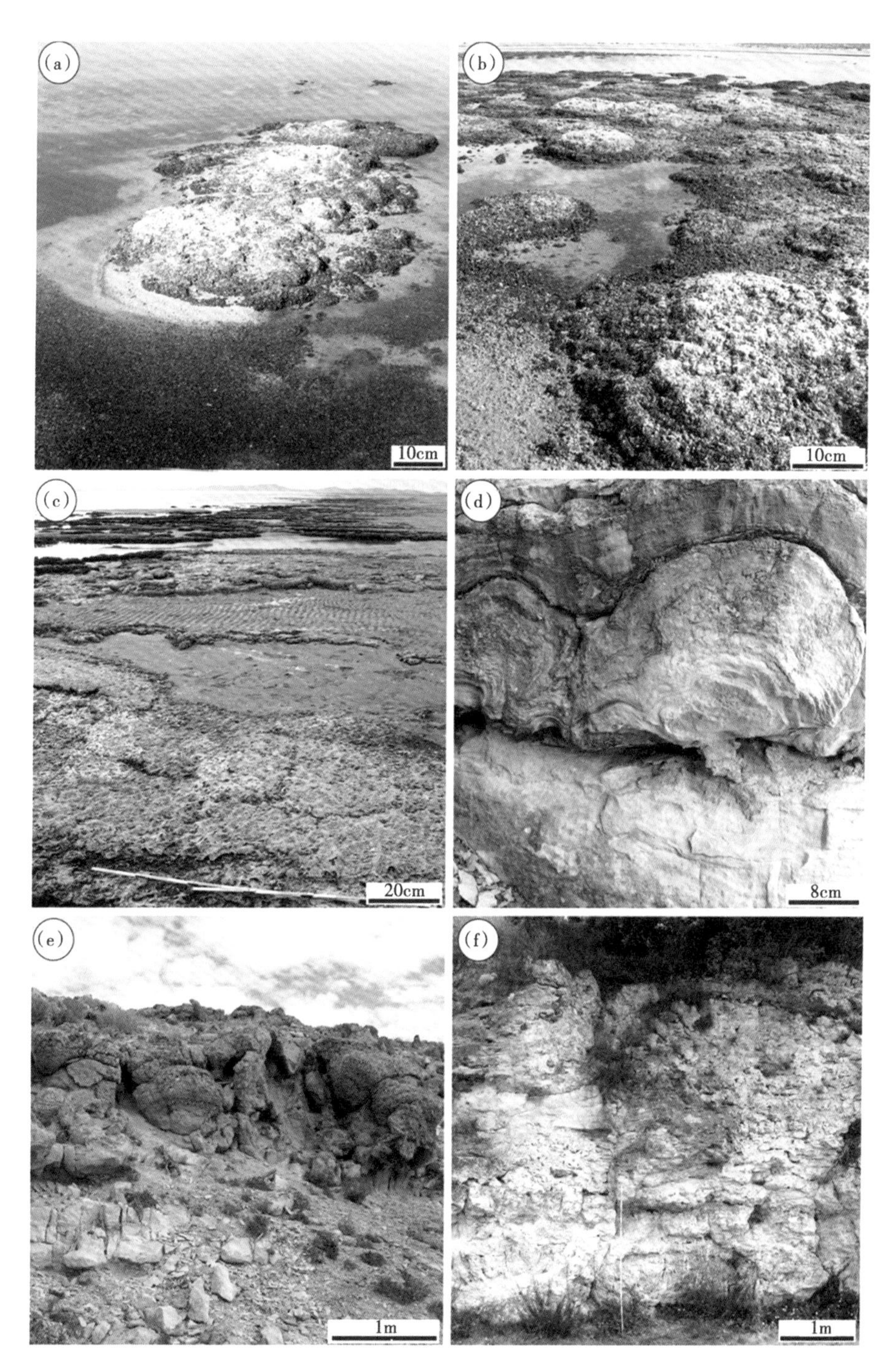

图 2.4　生物礁照片

（a）和（b）大盐湖 Bridger 湾湖缘生物礁，平面图上呈近圆形，复合丘中单个丘直径达几十米，顶面由微生物席覆盖碳酸盐岩而成，生物礁被鲕粒、球粒、集合颗粒和生物礁内碎屑包围，同生物礁顶面一样被同样的微生物席覆盖；（c）Promontory Point（大盐湖）的长条形生物礁，与海岸线垂直，形成连续的带，局部被具有波纹鲕粒砂的槽道切开；（d）犹他州始新统绿河组分米级厚的纹层状生物礁；（e）怀俄明州绿河组米级厚的生物礁；（f）德国中新统 Ries Crater 倒锥形生物礁

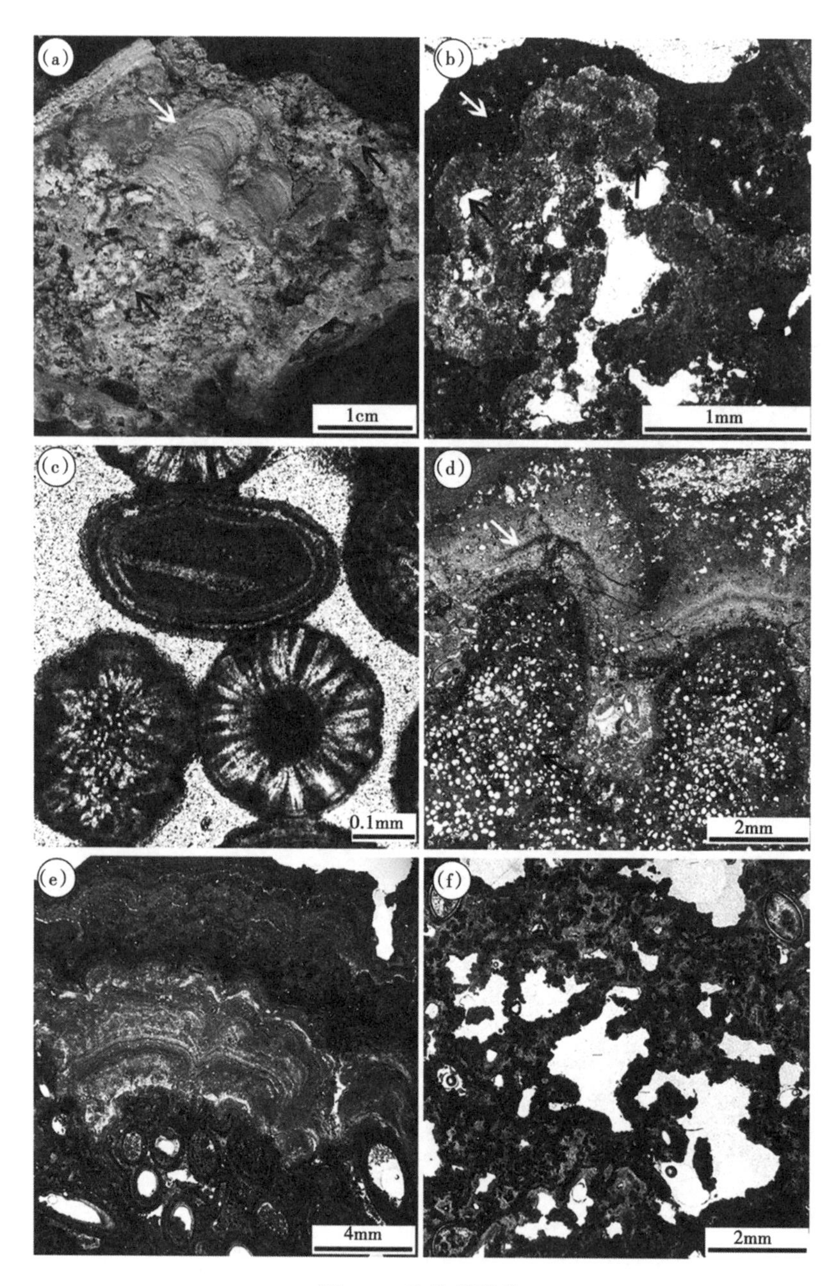

图 2.5　生物礁薄片

(a) 大盐湖生物礁的抛光片，最下部和最上部分别是凝结的球粒泥晶灰岩格架（黑箭头）和厘米级柱状纹层状粘结岩（白箭头）；(b) 大盐湖格架的显微照片，弯曲的细矿脉形成近球形、球晶状结构，是由纤维状晶体和被凝结的泥晶灰岩（白箭头）包壳的微亮晶（黑箭头）形成的；(c) 大盐湖具有放射状纤维状文石晶体外皮的鲕粒，球粒作为核心（底部右侧）；具有正切的同心状微晶和微亮晶纹层的鲕粒（中间顶部）；以及含有随意排列的文石晶体的鲕粒（底部左侧），缺乏核心，泥晶灰岩充填于纤维状晶体之间；(d) 犹他州绿河组生物礁，具有毫米级的柱状结构，推测由藻（*Chlorellopsis*）群落形成，典型特征是球形孔（黑色箭头），被泥晶—微亮晶包壳（白色箭头）；(e) 怀俄明州绿河组生物礁底部为石蛾幼虫，被凝结的球粒泥晶包壳，上覆纹层状粘结岩，具有硅化纹层；(f) 凝结球粒泥晶灰岩沉淀在微米级管状结构周围，管状结构被认为是绿藻（*Cladophorites*）的菌体（德国 Ries Crater），介形虫在上部右侧角落

状泥晶/微晶粘结灰岩，其中球粒（直径10~100μm）被微晶灰岩包裹；（2）由泥晶灰岩、等径微晶灰岩及放射纤维状微晶/亮晶灰岩（长10~100μm）形成的近球形（球粒直径100-200μm）构造弯曲丝状的格架；（3）层厚100~1000μm的纹层状泥晶粘结灰岩，形成厘米级柱体。外礁表面石1~5mm厚，颜色为暗绿色至棕色的微生物席，其上附上蝇幼虫（图2.4a、b）。主要框架孔隙度（孔隙大小0.05~1mm至2cm）为早期的等厚纤维状文石胶结物内衬，并最终被球粒、鲕粒、碎屑颗粒（石英、长石、岩屑）、毫米级—厘米级大小骨粒和生物内碎屑充填。后者也是被微生物席包覆作为礁顶表面，并且由泥晶灰岩和纤维状微晶灰岩相同的弯曲球形丝状结构组成生物礁。大盐湖鲕粒（图2.5c）直径范围为200~1μm之间，但一般都是300~400μm。鲕粒的核心由石英碎屑和长石颗粒或球粒构成（直径50~200μm）。鲕粒皮层表现为不同的晶体排列，放射纤维状占优势。例如：（1）具有纤维状文石晶体长20~200μm的放射鲕和放射同心鲕；（2）由同心泥晶和微晶灰岩层构成的正切鲕粒；（3）混合型，放射状—正切鲕粒或正切—放射状鲕粒；（4）随机排列的文石纤维，无核，并且纤维状晶体间含有泥晶灰岩。

2.3.2 怀俄明州、犹他州绿河组

与古代大盐湖边缘生物礁相对应的代表是Uinta盆地（犹他州）绿河组的生物礁（图2.4d），此类生物礁为层状穹顶，20~40cm宽，10~60m厚，彼此相邻。它们与包覆颗粒、内碎屑颗粒灰岩、泥粒灰岩和砾屑灰岩以及骨粒泥晶灰岩相关。生物礁和与之相关的岩相包含于10m厚的灰质泥岩、页岩和砂岩地层中。在怀俄明州，Laney Shale段生物礁呈柱状—圆柱状（图2.4e，直径为0.1~1.5m，高0.2~2.5m）以及平板状，10~20cm厚的灰质泥层、球粒粒泥灰岩以及介形虫球粒粒泥—泥粒灰岩。生物礁出现在相同的层位，构成一个不连续带，推断为平行滨岸线，横向延伸几十米至几百米。

在犹他州，主要的碳酸盐岩结构是纹层状泥晶灰岩组成的毫米—厘米级的既含方解石又含白云石矿物的柱状结构。纹层由凝结球粒泥晶灰岩间互无结构泥晶和微亮晶灰岩构成。柱体间孔隙被层内沉积物（石英碎屑、介形虫泥粒/粒泥灰岩）充填。毫米级柱体在核处具有疑似绿藻（*Chlorellopsis coloniata Reis*，图2.5d）（Bradley，1929）。这个尚存疑问的有机体具有规则的球形粒内孔隙，其中一些仍然是开放的，而其孔隙却被方解石胶结物完全充填。在怀俄明州绿河组，碳酸盐岩建隆具有管道（直径1mm，长5~10mm）构成的核，并包裹凝结球粒泥晶灰岩的外壳（图2.5e），这代表了石蛾幼虫的案例（Leggitt和Cushman，2001）。所覆盖的柱状叠层粘结灰岩由几毫米厚的层状无结构泥晶灰岩、粘结球粒泥晶灰岩、微晶灰岩或微晶硅质岩构成（厚20~100mm）。一些亮晶/微晶层状灰岩表现为一个放射纤维状晶体排列形成了波状消光的扇体。

2.3.3 德国里斯陨石坑

里斯陨石坑藻礁由分米级大小的倒置锥形结构组成，宽1~5m，厚2~10m（图2.4f）。生物礁平行于滨岸线形成不连续带（几百米宽，1~3km长；Arp，1995）。

厘米级到分米级大小的方解石和白云石锥体代表了由两种沉淀结构类型组成米级建隆的复合元素单元：（1）归属于绿藻*Cladophorites*，且包裹枝状管的凝结球粒泥晶灰岩（Riding，1979）；（2）泥晶/微亮晶纹层状粘结灰岩，与由球形骨粒（介形类和腹足类）泥粒灰岩/颗

粒灰岩构成的内部沉积物（图 2.5f）。原生孔隙度范围从微孔、次毫米孔到厘米大小格架孔、粒间孔、粒内孔及次生生物铸模孔（文石腹足类）。

2.3.4 内华达州金字塔湖

在 Lahontan-Pyramid 湖底（图 2.3b），碳酸盐岩沉淀物可以从火山砾石滩上的厘米厚的包壳至 10m 规模的建隆。碳酸盐岩建隆（图 2.6a、c）很少为几米高、分米级直径的圆柱状；它们通常具丘状陡峭的侧翼和平圆形的顶部，并且由米级似球形或圆柱形以及层状结构（直径 1~8m）构成，即环绕内柱状结构（图 2.6b）。丘体厚度可从近 1m 变化到至少 65~95m（Needles Rocks，the Pyramid），平均厚度为 10~30m；小型和中型丘体直径为 1~35m，而 Needle Rocks 丘体直径可达 30~270m，the Pyramid 宽近 150m。丘体可以孤立存在，一般两个以上成群出现，彼此相隔几米至 70~100m（图 2.3b）。丘体群相距几百米到几千米（1~5km），与盆地水文特征和地下水/温泉所处的位置相符。在一些地方，丘体沿断层排列。在东北端，湖缘陡峭处和受断层控制处，丘体彼此相邻，沿断层面可延续分布几千米（2~16km，图 2.3b）。

内部圆柱由复合晶体组成的可渗透网状毫米级厚的包壳构成，复合晶体由等粒镶嵌至棱柱状方解石（20~100μm 大小）组成，并被泥晶包壳、凝结球粒泥晶灰岩以及等厚环边纤维状胶结物包裹。外部似球状构造的横截面（图 2.7a、c）显示层厚厘米级至分米级的不同组构类型的叠加：(1) 球形核为棱柱状晶体，并被互层的泥晶、结晶扇或微亮晶纹层包覆（图 2.7d）；(2) 上覆层，枝晶胶结岩（2cm 至 1.5~3m 厚）对应假晶方解石，具有数百微米的镶嵌，等厚棱柱形方解石，嵌入致密的凝结泥晶灰岩（图 2.7e）——泥晶包壳和/或等厚环边纤维状文石胶结物交互排列组成这些复合晶体；(3) 枝状（2~3cm 至 1.5m 厚）是由结晶扇胶结岩或球粒泥晶粘结灰岩组成（图 2.7g）；(4) 层状晶体扇胶结岩（1~3cm 厚），其晶体具波状消光，几百微米厚的薄层泥晶或纤维状晶体交互出现（图 2.7h）；(5) 致密泥晶微型柱状粘结灰岩（0.5~1m 厚；图 2.7i）与罕见的植被包覆粘结灰岩也会出现。介形类、腹足类及包壳颗粒填充主要的孔洞。除了致密的纹层状晶体扇胶结岩，孔隙及微孔隙存在每种组构类型中（图 2.7h）。无论是凝结球粒泥晶灰岩，还是晶体扇树枝石，其分支间的孔隙度为毫米级至厘米级大小（图 2.7c、f、g）。

2.3.5 加利福尼亚州莫诺湖

莫诺湖碳酸盐岩建隆（图 2.3c）由米级柱状结构（高 0.5~7.5m，直径 0.1~1m；图 2.6d、e）组成，建隆可彼此孤立或紧密相邻，形成复合丘体，并可达到一个平整水平顶面（高 7.5~8m，直径 1.5~15m）。复合丘体和个别塔礁由厘米级厚的薄层组成；它们也与厘米级到分米级厚的胶结滩岩（图 2.6e）以及覆盖数十米宽的火山浮石沉积物、漂砾以及树干的碳酸盐包壳相关。泉丘和塔礁在区域上集中出现（宽 40~1000m），相距 0.5~4km，因溪流和地下水从内华达山脉流入湖泊，可出现在西部，也可出现在热液源自活动火山区的南部。至于金字塔湖，碳酸盐岩建隆常沿断面近似平行于区域断层分布（图 2.3c）。

依据现今泉中矿物成分鉴定（Bischoff 等，1993），目前莫诺湖泉塔礁是方解石与文石的混合物，但六水方解石沉淀得好。塔礁由四层叠合而成，中等尺度的露头观测时，具有独特的组构类型，并通过岩相分析识别出各种类别（图 2.8）。(1) 柱状核心处，陡峭面与波状包壳的可渗透网络由无结构和凝块球粒泥晶、晶体树枝石以及晶体扇胶结岩构成（图

图 2.6　金字塔湖和莫诺湖碳酸盐岩建隆的照片

（a）至（c）为 Pyramid 湖丘的内部柱体，被米级球体或圆柱体构造覆盖，湖丘与图 2.6a 中 Needles Rocks 的热液喷口有关；（d）和（e）为 Mono 湖塔礁沿着断层迹线排列，有胶结的滩岩

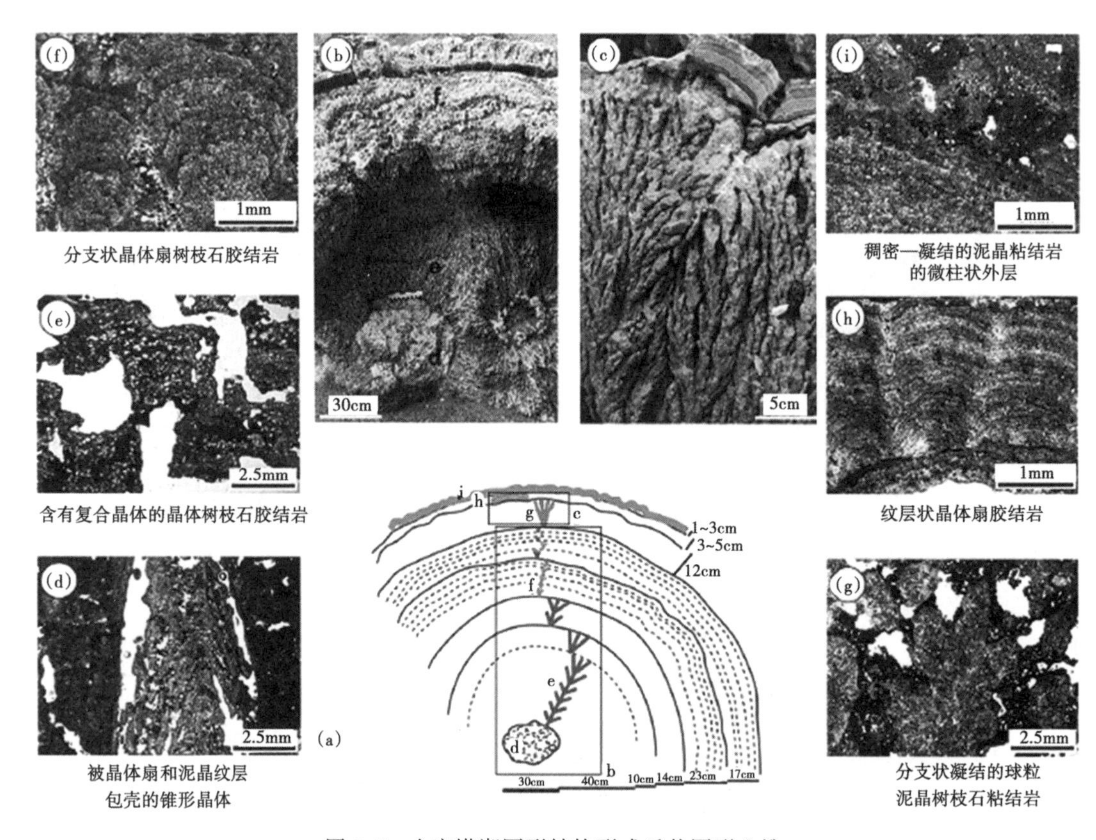

图 2.7 金字塔湖圆形结构形成丘状圆形土堆

(a) 显示了不同组构形成的叠加同心层状构造，字母对应露头照片和薄片显微照片所示的位置［图（b）、图（j）］；(b) 丘状圆形结构的露头照片，层状厚度可达分米级［图（d）至图（f）］；(c) 树枝状凝结球粒泥晶树枝石被纹层状晶体扇胶结岩从丘体的近球形结构最外侧层开始覆盖，位置如图（a）所示（相应的显微照片如图（g）和图（h）；(d) 具有棱柱状晶体的球形核心被泥晶灰岩、晶体扇或微亮晶纹层轮流包壳；(e) 复合晶体构成六水方解石的晶体树枝石，被嵌晶状等轴方解石和泥晶壳交代；(f) 这是一张分支状树枝石的显微照片，由凝结球粒泥晶灰岩和纹层状纤维状晶体扇混合而成；(g) 凝结的球粒泥晶灰岩构成的分支状树枝石；(h) 具波状消光的纹层状晶体扇胶结岩；(i) 致密微晶灰岩构成的微柱状外层

2.8a、c)；(2) 塔礁核，火山沉积物与树干被厘米级到分米级厚的凝结微型柱状到枝状介晶覆盖，包括了凝结球粒泥晶、泥晶/微亮晶弯曲线状体到放射状排列的纤维状晶体胶结岩形成的似球形球粒结构（图 2.8d）和树枝状铁、锰枝晶（图 2.8e）；(3) 凝结微柱形组构被致密的泥晶纹层包裹，之外是微亮晶包壳，最外层是（4）不规则、不连续凝结的泥晶斑块（图 2.8f）。滩岩早期胶结物由纤维针状碳酸盐晶体（可能是文石和六水方解石）以及未确定的自生硅酸盐组成。

主要孔隙类型有泥晶组构的微孔隙、毫米级和厘米级的晶间孔、枝间孔以及格架孔(2.8a、d)。莫诺湖西北部的更新统上部—全新统下部丘体表明中尺度和微尺度的碳酸盐岩组构类型不同于莫诺湖全新统塔礁，但与金字塔湖丘体相似。

2.3.6 意大利中部热液成因钙华

意大利中部热液钙华沉积物显示出不同的地貌（图 2.9）和不同的厚度，可以从几米到

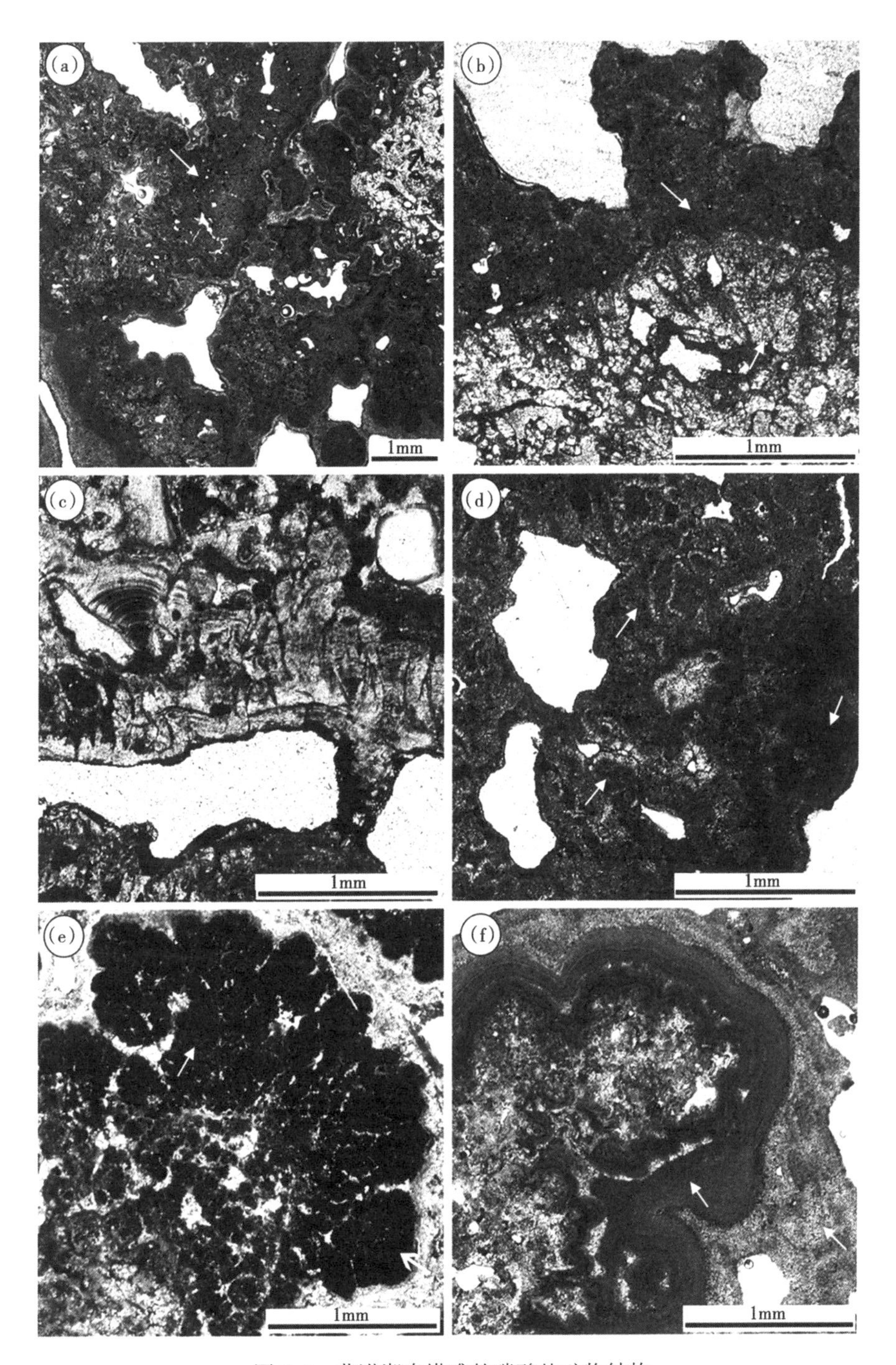

图 2.8　莫诺湖泉塔礁的碳酸盐矿物结构

(a) 核部可见凝块状球粒泥晶灰岩（白色箭头），右上角可见扇状晶体（黑色箭头）；(b) 核部可见晶体树枝石（黑色箭头），被凝块状泥晶灰岩覆盖；(c) 晶体扇在核顶形成渗透性的晶体外壳，矿物为方解石，晶体多以文石和/或方解石形式沉淀；(d) 凝结的微型柱状—树枝状内组构覆盖由凝结球粒泥晶灰岩和弯曲的细矿脉构成的核所形成近球形泥晶/微亮晶结构，再到富锰树枝石（白色箭头）覆盖纤维状晶体胶结岩（黑色箭头）；(e) 富锰的树枝石（白色箭头）上可见凝结状球粒泥晶灰岩；(f) 外侧为致密的泥晶灰岩纹层（黑色箭头），然后是微亮晶灰岩壳（白色箭头）

数十米（60~80m）。它们可横向延伸几十米至近4km。依据局部的坡度和进积作用，通口处碳酸盐岩快速沉淀首先倾向于通过垂向加积来建造凸起，其次是横向流动。位于河成阶地和谷坡处的点状渠道水流和线性通口可产生裙和楔，使得下伏层披皱变为倾斜地貌，伴有平滑和阶地斜坡，斜坡坡度可从几度到30°~40°，另外，也使得平面逐渐发展为S形斜坡（图2.9a、b）。阶地斜坡系统的特点是带有近水平洼地的阶梯地貌，洼地被陡峭至垂直壁分隔，规模大小可从厘米级宽的微型阶坎到米级或分米级宽的洼地。裂脊（图2.9c、d）因热气管孔沿相对平坦面的断裂排列而产生；两翼可能是平滑或阶地斜坡。依据热水排出量和速率，水平基底上的个别管口易形成丘体和塔礁（图2.9d）。在低排气口下扁平片状沉积物更典型，广泛分布在近水平表面或远离快速堆积建隆的远端洼地（图2.9d）。继承下伏地貌或自建的坡折带可产生悬浮跌水沉积物（图2.9e）。钙华架构的特点往往表现为地层样式的变化，如下超层终止在斜坡前积的情况，或在不整合发育或水流方向的改变，以及活跃通口位置的上超现象。

意大利中部热液钙华沉积物大多沉淀的低镁方解石，但当热水温度超过45℃，可以形成一些文石（Viterbo，Bagni San Filippo）。钙华由不同组构类型组成，与水流薄膜和析水相关，毫米级至分米级规模可交替出现。已有研究也表明，钙华碳酸盐岩纤维物在快速流动热水沉淀，可以进一步细分。在斜坡、瀑布、洼地边缘以及阶地斜坡系统的隔墙处，因水体动荡致使CO_2强烈脱气。而那些沉淀在缓流到平坦或远端环境的滞流状态的，CO_2脱气减少，例如池塘、浅水湖以及阶地斜坡系统洼地（Chafetz和Folk，1984；Folk等，1985；Jones和Renaut，1995，2010；Chafetz和Guidry，1999；Guo和Riding，1992，1994，1998；Rainey和Jones，2009；Fouke，2011；Guido和Campbell，2011；De Bernardo等，2011；Barilaro等，2012；Gandin和Capezzuoli，2014）。由可能与纹层状粘结灰岩和放射球粒灰岩（图2.10a）相关的枝晶和晶体扇构成的结晶壳属于第一批快速流动的热水沉淀。凝结球粒泥晶枝晶（被Chafetz和Folk（1984）与Chafetz和Guidry（1999）分别标记为晶体灌木丛和细菌晶体灌木丛）包裹的气泡、极薄的浮物和放射状藻砾屑/颗粒灰岩，以及纹层状粘结灰岩和包壳芦苇（图2.10b、c），都属于第二批低能沉积环境。原生孔隙度依据组构类型与水平连接性在同一个层厚厘米级的层内变化。因地表这些沉积物，成岩作用受大气降水影响强烈，通过潜水大气水等分偏三角面体方解石胶结物，以及渗流溶蚀作用，孔隙类型可从毫米级大小的孔洞变化至米级洞穴和垂向管道。构造裂缝在钙华中普遍存在，一般沉积在活跃的张性环境及走滑构造背景下（Brogi和Capezzuoli，2009；Brogi等，2010）。

2.3.7 意大利北部河流相泉华

研究区的河流泉华位于意大利北部，厚度从几米到几十米（图2.9d、f、g）。他们形成垂挂式瀑布，与坡栖泉线相关，堰坝和梯田顺势沿河展布。

河流相碳酸盐岩表明，低镁方解石附着在植物茎、枝条和树叶、苔藓和昆虫幼虫等上。碳酸盐岩覆盖的苔藓、藻类和植物，以及蓝藻生物常出现在急倾斜的表面，而碎屑砂砾和植物碎片则在相邻池沉积。叠层灰岩由几毫米厚的薄层凝结球粒泥晶灰岩构成，丝管状壳体结构，该结构可能为蓝藻和扇形或柱状方解石晶体构成（图2.10d、e）。孔隙度与退化的植被相关，可能由球粒泥晶灰岩的粒内孔（大小毫米级到厘米级不等）和生物铸模孔构成。

图 2.9 热液成因钙华和河流相泉华的不同地貌

（a）缓坡上的热液钙华示意图；（b）梯田斜坡在米级圆形水池和近垂直的墙壁处分开；（c）裂脊与缓坡；（d）丘体和尖塔；（e）瀑布；（d）至（g）为河流泉华碳酸盐的几何形态，包括瀑布、水坝和梯田系统等

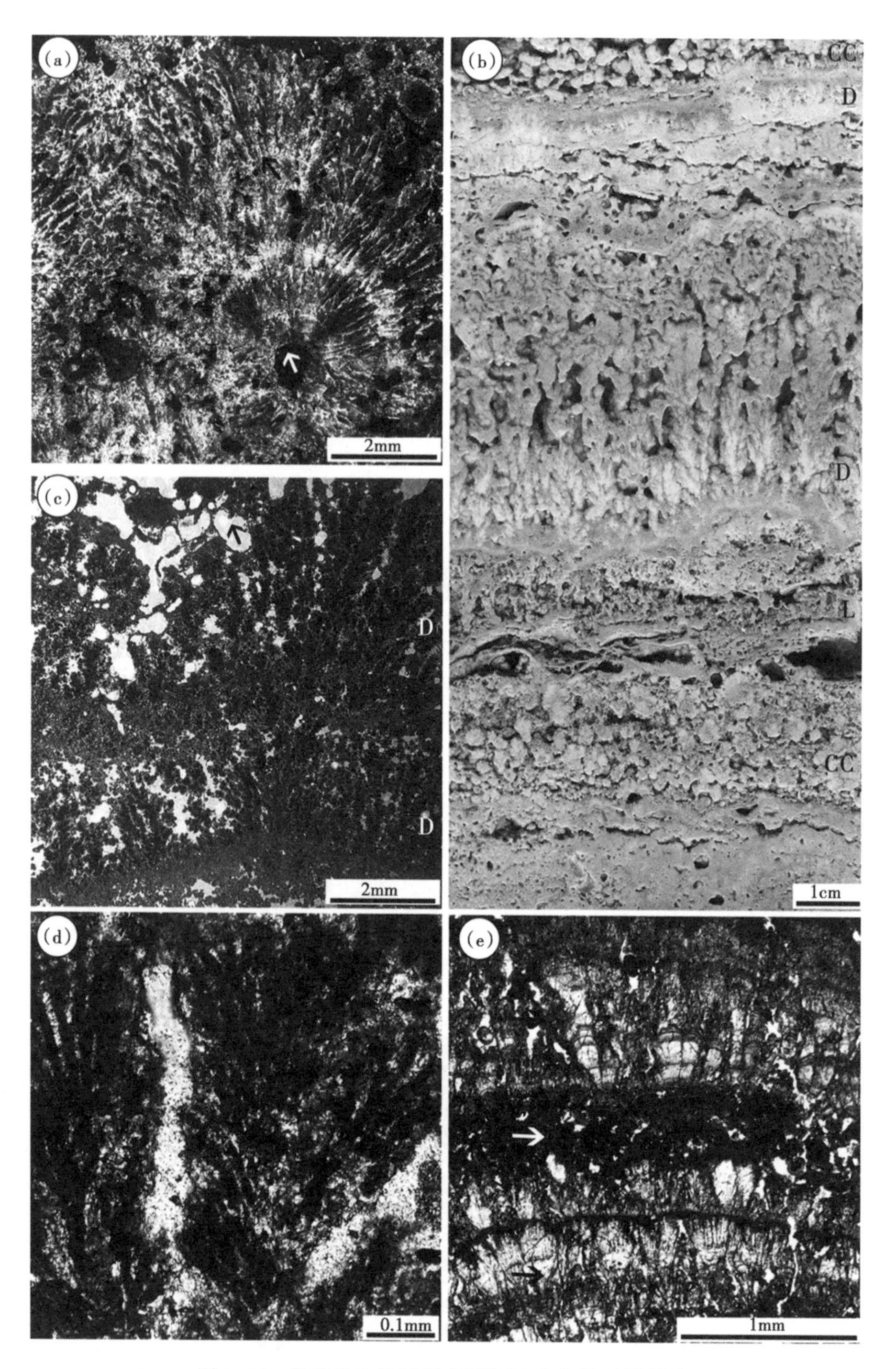

图 2.10 抛光片和热液钙华及河流泉华的显微照片

(a) 水流湍急的热液，晶体树枝石（黑色箭头）和放射状的包壳颗粒（白色箭头）；(b) 抛光片来自一个缓慢流动的低能钙华池，间互厘米级的凝结球粒泥晶灰岩树枝石（D），放射状包壳颗粒灰岩（CC），纹层状泥晶灰岩、微亮晶灰岩组构，可见少量气泡和窗格孔（L）；(c) 具有两个叠层的凝块球状微晶灰岩树枝石（D）的显微照片与包壳气泡有关（黑色箭头）；(d) 管丝状结构的河流泉华泥晶灰岩归属于蓝藻结构；(e) 厚数毫米的叠置的凝块状微晶灰岩（白色箭头）和嵌入微米级纤维管中波状消光的晶体扇（黑色箭头）

2.4 微生物膜存在的证据

研究区内碳酸盐的沉淀均表明有机黏性物质的存在，它代表毫米级的微生物席（图 2.11a、b），由三维 EPS 网络中的微生物群落构成，EPS 是由微生物分泌的（Decho，1990；Riding，2000；Dupraz 等，2009；Decho，2010）。大盐湖生物礁碳酸盐（图 2.11c、e）包含纳米级微晶凝块和微米级的针状文石晶体，嵌入一个含气泡的系统里（Défarge 等，1996）。纳米微晶球聚集形成球粒（直径为几十微米）或 5~10mm 的晶体，表面尖利，自形晶体。大盐湖碳酸盐岩不具有丝状或球状菌的岩相学证据，该种形式属于凝块球粒泥晶灰岩的或叠层灰岩构造。纤状灌木，直径为微米级，与蓝藻丝相似，可见于金字塔湖下凝结泥晶灰岩和晶体扇构造（图 2.11f）。金字塔湖碳酸盐也显示了硅藻和丰富的有机基质，可能是 EPS，碳酸盐沉淀（图 2.11g）在莫诺湖一样存在（图 2.11h）。莫诺湖晶体扇和微晶质沉淀物，局部呈丝状生长（图 2.11i）。热液钙华方解石和文石晶体通常由有机薄膜，嵌入它们分泌的胞外聚合物的微生物，薄膜可能为球状、杆状或丝状体（图 2.11j）。在河流相泉华内，由于蓝藻的存在，丝状结构嵌入晶体扇和泥晶灰岩，并且 EPS 包壳晶体（图 2.10d、e 和图 2.11k、l）、硅藻和有机黏液是最常见的特性。

2.5 研究区内非海相碳酸盐岩地球化学特征

图 2.12 显示了研究区内碳酸盐氧和碳稳定同位素变化区间。大盐湖全新世生物礁（19 个样本）的氧同位素平均值为 -5.14‰（标准差 0.42），碳同位素为 4.17‰（标准差 0.78）。鲕粒（2 个样本）显示近似的氧同位素值-5.04‰（标准差 0.35）和稍轻的碳同位素值 3.96‰（标准差 0.17）。大盐湖区碳酸盐岩附着于海滩巨石上（4 个样本），具有稍重的氧同位素值-4.01‰（标准差 0.85），和稍轻的碳同位素平均值 3.44‰（标准差 1.88）。犹他州绿河组叠层石的稳定同位素值（11 个样本）表明，碳同位素值在+3.69‰和-0.9‰之间变化较大，氧同位素值分别为-2‰和-8‰（平均-5.26‰，标准差 1.94）。怀俄明州绿河组生物礁的稳定同位素值（10 个样本）表明，氧同位素值在-6.35‰~-3.48‰之间变动（平均-4.79‰，标准差 1），碳同位素值在-0.8‰~2.8‰之间变化（平均 2.12‰，标准差 0.65）。Ries 火山口藻礁的稳定同位素值（10 个样本）标定了碳氧的活跃区，碳同位素值 0.6%~3.6‰（平均值 2.43‰；标准差 0.92），氧同位素值 2.7%~4.3‰（平均值 3.69‰；标准差 0.47）。然而，该数据集是有限的，对里斯火山口藻礁的稳定同位素和泉丘更为详细的研究可参阅 Pache 等（2001）。相比之下，从碱性的全新世 Walker 湖的三份样品（Nevada；Osborne 等 1982；Petryshyn 等 2012））叠层石进行分析：氧同位素平均值为-0.88‰（标准差 0.17），碳同位素平均值为 3.89‰（标准差 0.07）。金字塔湖碳酸盐的稳定同位素数值（78 个样品）表明，氧同位素值介于-4.66‰~1.54‰（平均-1.86‰，标准差 1.23），而碳同位素值在-0.28‰~4.91‰之间浮动（平均 3.01‰，标准差 0.94）。尽管测量技术得以发展，但与相同的丘体相比较时，碳氧同位素间似乎存在某种直接的线性相关性。莫诺湖全新世泉塔礁的稳定同位素（28 个样品）表明，氧同位素值在-11.48‰~-1.72‰变化（平均-5.38‰，标准差 3.22），而碳同位素值在 1.25‰~8.7%变化（平均 5.26‰，标准差 2.5）。意大利中部不同地区更新世—全新世热液石灰华（52 个样品）表明，重碳同位素值从

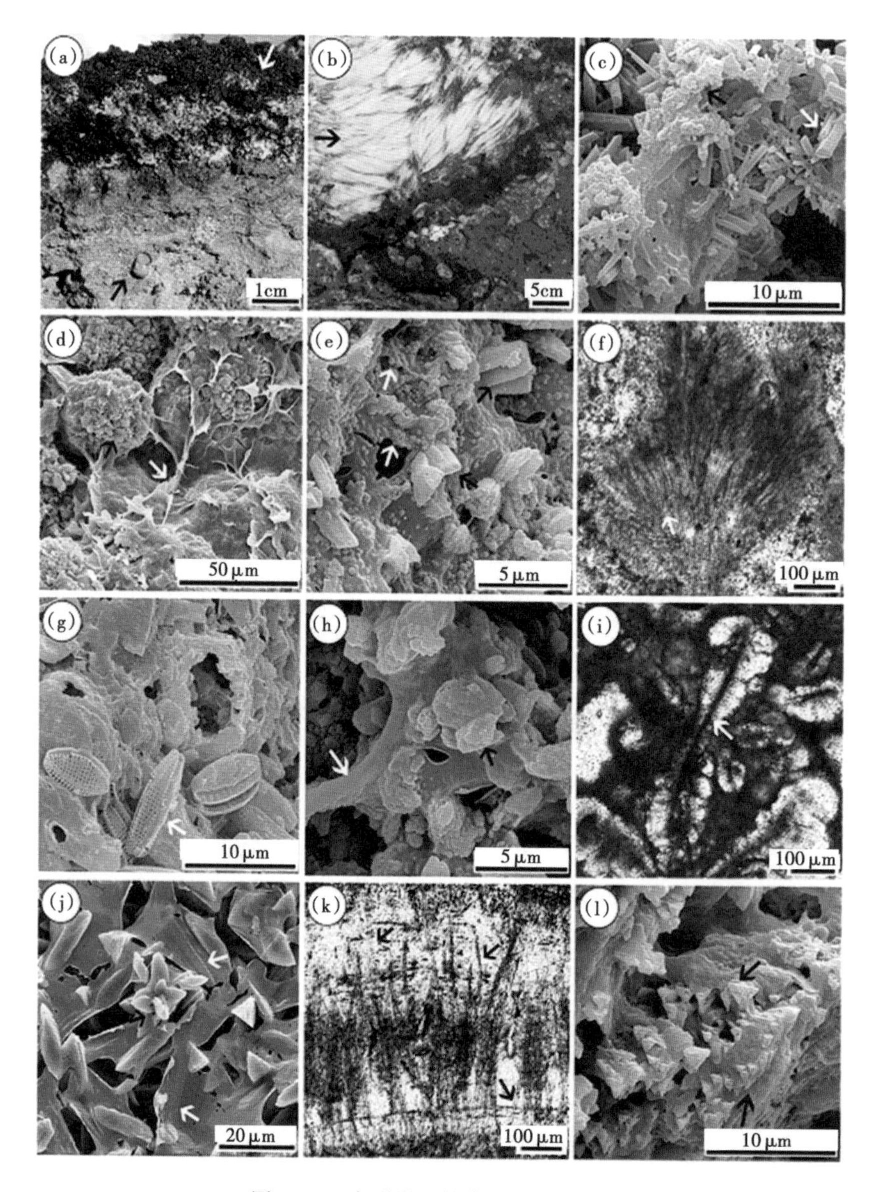

图 2.11　表明微生物存在的显微照片

(a) 来自大盐湖的生物丘标本表明顶部未钙化的绿色微生物菌群（白色箭头），微生物席下的碳酸盐块状沉淀体，球粒、鲕粒捕获体和罕见的骨骼格架（腹足纲；黑色箭头）是常见的；(b) 由于硫化物的氧化作用（2011 年 Fouke 在黄石公园的演讲），热液钙华槽道内可见流水和丝状微生物（黑色箭头），并嵌有碳酸盐颗粒，橙色和绿色区域可能存在蓝藻微生物席和包裹体；(c) 大盐湖礁泥晶灰岩，凝块结构、纳米级（黑色箭头），以及文石晶体，长针状、微米级（白色箭头），扫描电镜；(d) 大盐湖纳米级微晶凝块，聚集形成直径 30~60mm 的球粒（黑色箭头），并被生物菌膜 EPS 包裹（白色箭头）；(e) 大盐湖礁纳米级泥晶灰岩（白色箭头）嵌入了 EPS 或者纳米级碳酸钙结构聚集形成具有清晰晶面的晶体（黑色箭头）；(f) 金字塔湖纤状晶体的显微照片和凝结泥晶灰岩树枝石，丝状结构（白色箭头）和丝状蓝藻结构的比较；(g) 金字塔湖微晶灰岩有机黏液和羽状硅藻（白色箭头），凝块结构，扫描电镜；(h) 莫诺湖泥晶灰岩凝块，纳米级碳酸盐颗粒（黑色箭头），含有机物、EPS（白色箭头）；(i) 莫诺湖塔礁核部的晶体扇周围可见微晶纤维（白色箭头），假定微生物具有亲缘关系；(j) 微生物，热水钙华微亮晶灰岩方解石晶体（黑色箭头），漩涡结构（白色箭头）和微米级杆状结构，嵌入 EPS；(k) 河流泉华的扇状方解石晶体，嵌入式丝状、蓝藻状结构（黑色箭头）；(l) 河流泉华与三方晶系方解石（黑色箭头），嵌入 EPS，扫描电镜

1.8‰至10.08‰（平均6.28‰，标准差2.37），轻氧同位素值从-12.5‰~-4.75‰（平均-10.39‰，标准差1.8）。河流碳酸盐岩（12个样品）的特点是碳同位素（平均-9.68‰，标准差2.46）和氧同位素（平均-7.2‰，标准差0.63）均为负值。

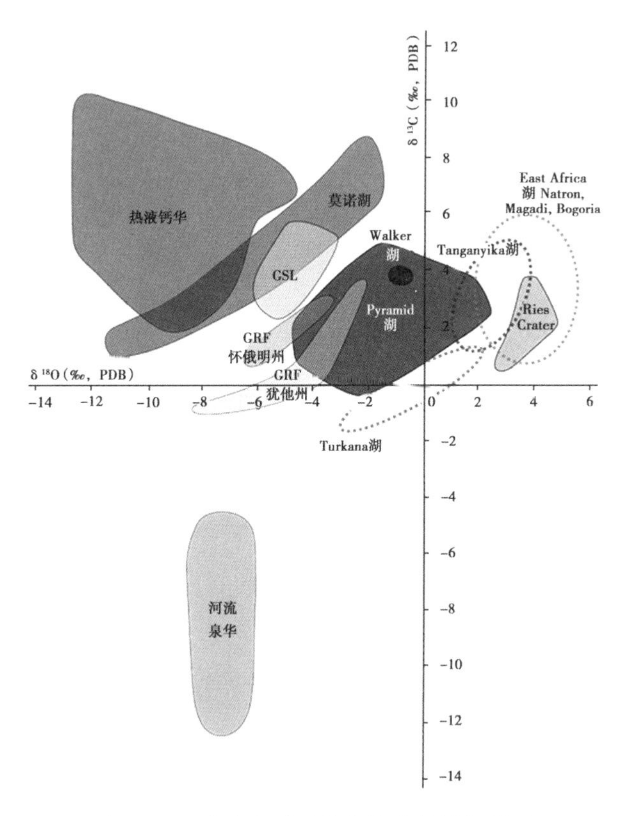

图2.12　非海相碳酸盐岩的碳氧同位素图

GSL—大盐湖；GRF—绿河组；东非裂谷Magadi湖、Bogoria湖、Tanganyika湖和Turkana湖的数据均来自文献（Abell等，1982；Talbot，1990；Hillaire-Marcel和Casanova，1987；Casanova和Hillaire-Marcel，1992；Casanova，1994）；大多数研究表明，碳氧同位素基本呈正相关趋势

2.6　讨论

在对比沉积环境的基础上研究非海相碳酸盐岩可以识别出它们的：（1）盐碱湖缘碳酸盐岩建隆（Great Salt Lake，Green River Formation，Ries Crater）；（2）湖底泉丘（Pyramid Lake，Mono Lake，Ries Crater）；（3）热液钙华；（4）河流泉华碳酸盐。泉丘堆积的湖相背景下对应于地下水或热液泉水，在碱性水混合区，碳酸盐和钙离子丰富的泉水可触发碳酸盐沉淀。通过分析和讨论关于碳酸盐岩建隆所发表的文献，可以了解其几何形态、空间分布、碳酸盐矿物及组构，稳定的碳氧同位素地球化学特征以及碳酸盐沉淀过程。

2.6.1　沉积环境、几何建隆及其对空间分布的控制

图2.13是一个分析沉积环境以及与其相关的多种非海相碳酸盐沉淀建隆的总结性表格，非海相碳酸盐沉淀的建隆被进一步细分为湖缘建隆、湖底丘、地表热液钙化形成的隆起、河流钙化形成的隆起、混合热液和淡水碳酸盐形成的隆起。后者发生在热液钙华系统的末端或

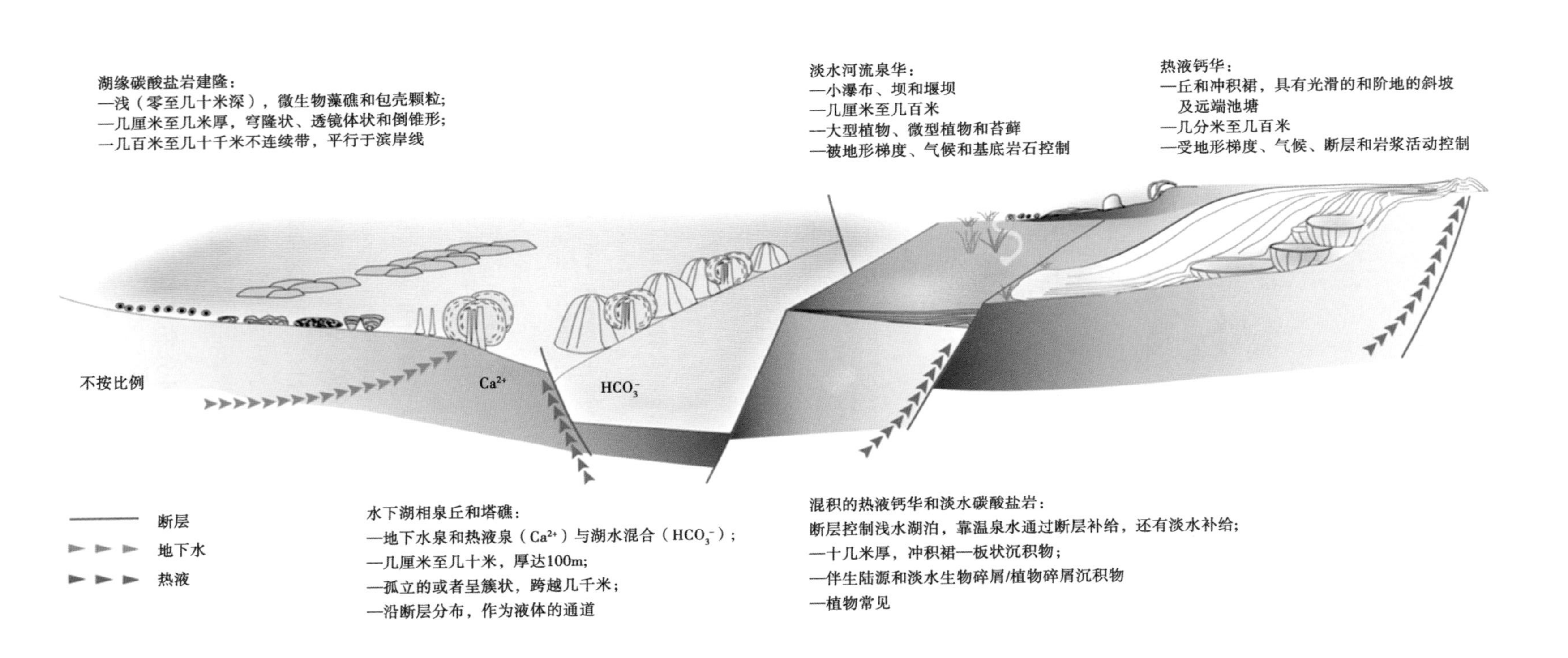

图 2.13 不同沉积环境下不同的非海相碳酸盐岩示意图（可以共存于同一盆地内，具有不同的几何形状和空间分布）

者由断层短暂控制的较浅盆地里，伴随较剧烈的热液活动以及伸展构造（比如意大利中部）。这些不同的湖底和陆表碳酸盐沉积环境的演化过程可以在同一个盆地中等时划分，作为构造环境、盆地的水文环境、基地地质状况共同作用的一个结果。事实上，中新世里斯陨石坑包括湖缘藻类生物礁和水流形成的隆起。在东非大裂谷的多种湖泊系统中，包括了湖缘生物礁、热液钙化沉淀和河流钙化（Abell 等，1982；Casanova，1994；Stoffers 和 Botz，1994；Barrat 等，2000；Johnson 等，2009；McCall，2010；Renaut 等，2002，2013）。

2.6.1.1　湖缘建隆

湖缘建隆是由分米至数米大小的扁透镜体或倒圆锥体组成的丘体。它们形成于具有高盐/碱度的内陆湖泊。由于恶劣的水质，这些盆地表现为有限的生物相（腹足类、介形类、盐水虾）以及与微生物膜和藻类或有昆虫幼虫情况提供的覆盖层基质相关的碳酸盐沉淀。通过聚集，这些湖缘生物礁形成连续或不连续的（被水道切断）条带、近似平行于海岸线，由包覆颗粒和碳酸盐骨骼球粒形成且横向延伸数百米至数千米的沙滩。除了一些直接分析的案例（大盐湖、绿河组、里斯陨石坑）之外，这种空间分布可能最近发生在 Tanganyika 湖、东非大裂谷（Cohen 和 Thouin，1987；Cohen 等，1997）、加拿大 Pavilion 湖（Lava 等，2000；Brady 等，2009）、巴卡拉湖（Laguna Bacalar）（Gischler 等，2008），墨西哥的 Cuatro Ciénegas（Winsborough 等，1994）和 Alchichica 火山湖（Kamierczak 等，2011）、伯利兹的 Chetumal 湾（Rasmussen 等，1993）、太平洋的 kirimati 环礁（Arp 等，2012）、Tethis 湖（Reitner 等，1996）、Clifton 湖（Burne 和 Moore，1987；Moore 和 Burne，1994；Konishi 等，2001；Smith 等，2010）、澳大利亚的 Marion 湖（Perri 等，2012）、土耳其的 Salda 湖（Braithwaite 和 Zedef，1994，1996）；以及古老湖泊边缘，如上新世加利福尼亚 Ridge 盆地脊线的形成（Link 等，1978），爱达荷州 Snake 河平原中新世的温泉灰岩（Straccia 等，1990；Bohacs 等，2013），法国新生代的 Limagne（Bertrand-Sarfati 等，1994），玻利维亚白垩纪 Potosi 盆地（Camoin 等，1997），巴塔哥尼亚哥形成于侏罗系的 cañadón 沥青（Cabaleri 和 Benavente，2013）和德国下三叠统的斑砂岩（Paul 和 Peryt，2000）。一般来说，浅水中堆积的碳酸盐生物礁湖缘，从零到几米或几十米深（但在 Tanganyika 湖可达 40m 深；Cohen 和 Thouin，1987）。内陆湖泊水位可以受季节性（蒸发、降水）、气候和构造抬升/沉降影响产生频繁且高强度的波动（Wright，2012），湖缘礁可以频繁地暴露地表（大盐湖、绿河组、里斯陨石坑）。由于生物礁沉积浅，且常位于浪基面以上，周围或邻近常由风化或高能流体形成包裹颗粒。然而，大盐湖生物礁在 Bridger 湾受保护的区域似乎是因为主导风向（北、北东、北西）和稳定的岩石基质（寒武纪石英岩羚羊岛隆起断层下盘）而不是软泥或移动的鲕粒砂。在这样的保护环境中，生物礁圆形发育，直径为分米级到米级，且合并成更大的堆积体。相反，在更高的能量位置（如岬点），生物礁的发展垂直拉长海岸线的形态，由通道分离波纹鲕粒砂，因为它们的发展必须由基底沉积物的流动控制。正如 Carozzi（1962）在岬点的记录，生物礁的形状是由当地地形控制：鲕粒通道的侵蚀洼地分开了代替由于较高地势和较稳定的基底形成的河道间正相地貌的瘦长生物礁体。由于泥沙扰动，碳酸盐岩堆积的边缘增长高于仍然被鲕粒砂埋藏的中央部分。这种“空桶”形态仅涉及浅礁，而暂时暴露，而那些更深的长期淹没在水下的则形成向上凸的顶面且四周鲕粒混合球粒和陆源泥沙；这些鲕粒可能是搬运来的而不是在生物礁周围生成的。稳定的基底和对泥沙有限的扰动似乎是控制形状和大盐湖生物礁分布的重要因素。稳定的基底如硬灰岩层和碳酸盐岩覆盖石蛾幼虫的情况也称为怀俄明州绿河组叠层石（Leggitt 和 Cushman，2001）。在东非大裂谷的湖泊中软质基底上没有微生物生物礁发育（Casanova，1994）。考虑到生物礁上被细砂岩或含介形虫的粒泥灰岩或泥粒灰岩覆盖，犹他州的绿河组生物礁的生长必然会被更新的硅质碎屑或输入的淡水中断。湖缘生物礁和断层之间的关系不明确。然而，位于裂谷的湖泊，如大盐湖，Colman 等（2002）表明，碳酸盐岩的堆积似乎依靠着在湖底充当淡水排放管道的相邻断层而发展。Baskin 等（2011，2012）表明，大盐湖生物礁比以前更加丰富，并似乎与断层控制的微地形差异相关。

2.6.1.2 湖底泉丘和塔礁

湖底泉丘相关堆积形成的塔礁和隆起增长呈从几厘米至几十米的地势凸起出现在加利福尼亚的莫诺湖、金字塔湖、里斯陨石坑和 Searles 湖（Scholl，1960；Guo 和 Chafetz，2012，2014）、内华达州的 Big Soda 湖（Rosen 等，2004）、位于土耳其的 Van 湖（Kempe 等，1991）、东非大裂谷的 Abhe 湖和 Magadi 湖（Casanova，1994）、中国巴丹吉林沙海的碱性盐湖（Arp 等，1998）、澳大利亚南部的 Eyre 湖（Keppel 等，2011）和加利福尼亚州中新世 Barstow 组（Becker 等，2001；Cole 等，2004）。柱状的形态似乎与形成于从点源口的泉水向上的地下河出口湖底泉丘碳酸盐岩相同。塔礁可能演变为丘，被聚合成的似圆形的结构覆盖，地下水由于多孔向外扩散到湖中。泉丘堆积指示厘米级到分米级厚的分层位于湖和泉水混合的位置，无论是地下水或热液，提供必要的钙离子触发碳酸盐沉淀。湖底泉眼的频率与流域水文相关，控制了空间分布和泉丘的横向连续性，距离可达数百米到几千米。当断层作为地下水和（或）热液的管道时，碳酸盐岩的横向连续性中断，产生线性排列的丘群。

2.6.1.3 热液钙华

热液钙华是由热液喷口流动的液体沉积，从厘米级到几十米，最厚 100m 的沉积物，其中横向延伸，从几平方米到几平方千米。热水沉积的几何结构通过在一定区域内的喷发量、空间分布、热液喷口的排放速度及地表形态、基底的地形梯度和断层方向等因素控制。这些因素是流域水文、构造和气候（降水量）的结果，由几位学者提出（Minissale 等，2002，B；Minissale，2004；Faccenna 等，2008；Brogi 和 Capezzuoli，2009；Capezzuoli 等，2014）。可以填补由断层形成的洼地，形成近扁平的单元，或褶皱成可变倾斜地形基底和使地形发展成冲积裙、楔形或丘。通过隆起或褶皱的地形，钙华堆积通常具有倾斜、均匀或阶梯的地层分层（Hammer 等，2010），和上超与下超地层尖灭。除了意大利热液碳酸盐岩沉积，最近在一些地方的新近纪，如美国（怀俄明州黄石公园的 Mammoth 温泉；Fouke 等，2000；Fouke 等，2008；Fouke，2011）、英国哥伦比亚省、加拿大（Jones 和 Renaut，2008；Rainey & Jones，2009）、匈牙利（Kele 等，2008）、土耳其（Pentecost 等，1997；Hancock 等，1999；Özkul 等，2002）、东非大裂谷（Casanova，1994；Jones 和 Renaut，1995；Renaut 等，2002，2013）、安第斯高原（Jones 和 Renaut，1994）、中国（Jones 和 Peng，2012a，b，2014）、新西兰（Jones 等，1996，2000）和巴塔哥尼亚的侏罗纪（Guido 和 Campbell，2011）都有发现重要的热液碳酸盐沉积。

2.6.1.4 河流泉华

河流碳酸盐岩横向上的范围达几十米或几百米（Pedley 和 Hill，2003；Arenas 等，2014a，b；Capezzuoli 等，2014）。河流泉华沉积在几个地方的更新世到全新世较常见（Pentecost，1995a；Pedley，2009），特别是在英国（Pedley，1990）、西班牙（Pedley 等，2003；Andrews 等，2000；Arenas 等，2000，2014a，b；Vazquez-Urbez 等，2012）、高寒地区（Sanders 等，2011）、意大利中部和南部（Capezzuoli 等，2010；Manzo 等，2012）、比利时（Janssen 等，1999）、德国（Merz-Preiβ 和 Riding，1999；Arp 等，2001b，2010）、法国（Freytet 和 Plet，1996）、波兰和斯洛伐克（Gradziński，2010）、克罗地亚（Emeis 等，1987；Chafetz 等，1994；Horvatincic 等，2000）、土耳其（Özkul 等，2010）和日本（Kano 等，2003，2007）。河流泉华沉积被气候和植被影响，再加上当地的地形坡度、基底地质与盆地水文强烈控制（Pedley，1990；Ford 和 Pedley，1996；Arenas-Abad 等，2010；capezzuoli 等，2014）。

比较各种不同的碳酸盐沉积环境、产出和形状发现，柱状结构似乎在湖缘礁缺乏，但在湖底泉丘和热水钙华中是典型的沉积结构。与泉眼相关的沉积，包括湖底和陆上，通常是层状厘米级—分米级，而湖缘礁可能不存在内部分层。斜坡的几何形态有平面、S 形或阶梯状剖面，形成于热液沉积和河流泉华碳酸盐中继承的或自建地形梯度区域内的流水而成的碳酸盐沉积。碳酸盐岩横向上连续性的堆积很可能发生在生物礁堆积的湖缘，形成平行于海岸的条带或紧邻断层，断层提供了稳定的隆起基底，沉积物输入对其影响较小，断层或者作为与泉相关的碳酸盐岩的流体通道。

2.6.2 碳酸盐岩矿物的控制因素

非海相碳酸盐岩的原生矿物性质对成岩作用和次生孔隙发育具有重要意义，它受水体化学性质，特别是 Mg/Ca 比和温度的控制。

Müller 等（1972）表明，在湖泊中，Mg/Ca 比是主要的碳酸盐矿物的一个重要控制因素，就像它在海相碳酸盐岩中一样。孔隙水中 Mg/Ca 比值小于 2 为低镁方解石沉淀物；Mg/Ca 比为 2~12 时，高镁方解石和文石优先形成；Mg/Ca 比值大于 12，文石是占主导地位的沉淀物但含镁碳酸盐也可以生成。白云石被 Müller 等（1972）误认为作为专门的一种次生交代矿物，且他们认为形成时的孔隙水 Mg/Ca 比值为 7~15。然而，一些湖泊和受限制盐湖具有高 Mg/Ca 比值（从 5 到 100~150）显示原生白云石沉淀或早期的白云岩化过程（Last，1990；Vasconcelos 等人，1995；Vasconcelos 和 McKenzie，1997；Pedone 和 Dickson，2000；Wrigh，1999；Wright 和 Wacey，2005）。Mg/Ca 比值大于 100 的湖泊容易析出水菱镁矿，如土耳其的 Salda 湖（Braithwaite 和 zedef，1994，1996）。在晚更新世—全新世的莫诺湖和晚更新世的 Pyramid 湖，尽管 Mg/Ca 比值在 14~23 之间，在一定的时间间隔或在更深的位置，由于接近冰点的温度和高浓度的磷酸盐产生的抑制作用，六水方解石被优先沉淀（Bischoff 等，1993）。在 Manito 湖（加拿大）中，六水方解石、一水方解石、镁方解石和菱镁矿形成之后沉淀白云石、文石和方解石，其中 Mg/Ca 比值为 10~40（Last 等，2010）。

热液水，在意大利中部的钙华沉积区，通常 Mg/Ca 比值在 0.2~0.5 之间。然而，当排气温度在 45~62℃之间时，尽管 Mg/Ca 比值低，文石也会发生沉淀。Folk（1993）指出 40℃是热液喷口文石沉淀所需的最小温度。在 Angel 台地（黄石公园 Mammoth 温泉）在高于 44℃的温度时有文石沉淀，而在低于 30℃时只有方解石析出，而在 30~43℃之间时为两种碳酸盐矿物混合析出（Fouke 等，2000）。在热液钙华系统远端区域，水温冷却至 40℃以下，文石沉淀时残液中的 Mg/Ca 比由于低镁方解石优先沉淀而增加（Kele 等，2008）。然而，也有例子证明方解石晶体可以在水温高于 80℃时析出（Bogoria 湖，Jones 和 Renaut，1995；新西兰 Waikite，Jones 等，1996，2000），这表明有其他因素影响碳酸盐矿物，如 Ca^{2+} 和 CO_3^{2-} 及 CO_2 的排放和供给速率（Jones 等，1996）。

2.6.3 非海相碳酸盐的结构和孔隙类型

碳酸盐岩的构造和组构可在案例研究中观察到，图 2.14 中总结了代表着不同的沉积环境和水体化学的案例。非海相碳酸盐岩的构造分为直接沉积在基底上和沉积之后形成的两类。前者包括所有的泥晶、微亮晶灰岩、凝结的球粒泥晶和亮晶组构沉淀在适当的位置，有助于建隆的堆积；这些被称为粘结岩和胶结岩，根据泥晶或亮晶的优势加以区分。碳酸盐岩非同生期的构造包含不同类型的颗粒，Dunham（1962）及 Embry 和 Klovan（1971）将之命名。颗粒包括球粒、包壳颗粒、生物骨骼、内碎屑和外碎屑。似球粒泥粒灰岩/颗粒灰岩在高盐、碱性或淡水湖中常见，含有卤水虾和腹足类，它们产生粪球粒。包壳颗粒包括被碳酸盐沉淀外皮包覆的，完全由碳酸盐沉淀产生的含晶核颗粒和无晶核颗粒（类似于粘结岩和胶结岩结构类型而不是像圆形颗粒一样垂直于基底生长）。鲕粒发生在高能环境中浪基面以上，如德国的大盐湖（图 2.5c）、绿河组和下三叠统（Milroy 和 Wright，2000）及英国上三叠统麦西亚泥岩组（Milroy 和 Wright，2000）。放射状的包壳颗粒和同心排列的晶粒被认为形成于热液钙华（图 2.10a、b），称为放射鲕（Folk 和 Chafetz，1983；Chafetz 和 Folk，1984；Guo 和 Riding，1998；De Bernardo 等，2011）。在玻利维亚高原的盐碱湖（Risacher 和 Eugster，1979；Jones 和 Renaut，1994）、河流泉华（Braithwaite，1979；Geno 和 Chafetz，1982）以及 Magadi 湖冲积平原覆盖了短暂的水席（Casanova，1994）。核形石的生成通常与淡水湖泊和河流碳酸盐有关（Ordóñez 和 Garciadel Cura，1983；Zamarreño 等，1997；Arenas 等，2000；Hägele 等，2006）。

原地沉淀的粘结岩和胶结岩具有基于晶体大小和形态特征而区分出的各种结构类型。因此，原生孔隙的形状、大小和连通程度在亚毫米级至分米级内变化。最常见的沉淀组构包括凝结球粒泥晶/微亮晶的不规则格架。在所有的分析研究案例中已经观察到这种粘结灰岩的类型（图 2.5a、b、d、f，图 2.7g、i，图 2.8a、b 和图 2.10c、d），它是独立于水化学和碳酸盐岩矿物之外的，并且具有海洋和非海洋微生物成因的微生物原生泥晶灰岩的特征（Monty，1995；Reitner 等，1995；Riding，2000，2008；Della Porta 等，2003，2004，2013）。这种组构有着可以相互连通的从微孔到厘米级孔隙大小不等的孔隙空间。这种不规则构架的多样性表现在泥晶灰岩中弯曲的细矿脉和放射状排列的纤维状微亮晶灰岩—亮晶石灰岩。在不同的沉积环境和建造类型中能够观察到这样的结构，例如大盐湖（图 2.5b）的湖缘生物礁和莫诺湖的泉水塔礁（图 2.8d）。

类似于凝结的球粒状泥晶粘结岩，在所有的已分析的非海相沉积环境中均能观察到纹层结构（图 2.5a、d、e，图 2.7c，图 2.8f 和图 2.10b、e）。从湖缘生物礁中常见的纹层状分布的柱状泥晶粘结灰岩（图 2.5a、d、e），到以毫米级至厘米级纹层间孔隙空间为特征的热液钙华中微亮晶石灰岩/泥晶灰岩的毫米级薄层（图 2.10b）。在湖相生物礁（Carozzi，1962；Casanova，1994；Arp，1995；Leggitt 和 Cushman，2001）、泉丘（Arp 等，1999）、热液成因钙华（Chafetz 和 Folk，1984；Rainey 和 Jones，2009）和河流泉华（Arenas-Abad 等，2010）中，大多数纹层状的粘结灰岩已被解释为微生物作用形成的叠层石。

粘结岩是由有机质作为基底而形成的包壳演化而来的，例如植物的茎、叶状的藻类、昆虫幼虫和主要以微晶为特征的微生物，也有亮晶灰岩包壳。这些粘结岩的类型在不同的沉积环境中已经观察到，以粒内孔和生物铸模孔为特征。昆虫幼虫包壳生长在湖边缘的建隆（绿河组，图 2.5e）、沿莫诺湖海岸线流动的地下泉（图 2.6e）、河流相碳酸盐岩

生物诱导/影响和物理化学共同作用沉淀的粘结岩和胶结岩					沉积时组分未粘结		
微组构（形态、晶体大小）	粘结岩（泥晶、凝结球粒泥晶、微亮晶）		胶结岩（亮晶、微亮晶）	原生孔	组分	泥晶灰岩/粒泥灰岩 泥粒灰岩/颗粒灰岩 砾状灰岩/漂浮岩	原生孔
不规则格架	凝结的球粒泥晶粘结岩（例如凝块石）	纤维状微亮晶—亮晶弯曲排列的细矿脉粘结岩	胶结岩/亮晶灰岩/微亮晶灰岩	连通—非连通的格架孔、微孔	球粒、粪球粒		粒间孔
结壳的生物群（微生物、藻、大型生物、苔藓、昆虫幼虫）	泥晶/微亮晶结壳的微生物丝状体	微晶/微亮晶结壳苔藓、芦苇、藻类、昆虫幼虫、粘结岩	亮晶包壳藻类和植物茎	连通格架孔、粒内孔、生物铸模孔	包壳颗粒、鲕粒、豆粒、放射状球晶、核形石		粒间孔 粒内孔 次生铸模孔
分支状的树枝石（单层壳或叠置的层）	凝结的球粒泥晶树枝石粘结岩（钙华晶体灌木丛）		晶体树枝石胶结岩（钙华晶体树枝石/羽状晶体）	树枝石分支之间侧向连通的孔隙、微孔	软体动物、介形虫、藻类、植物茎、脊椎动物骨头		粒间孔 粒内孔 次生的生物钙模孔
具有平行生长纹层的扇形体（单层壳或叠置的层）	泥晶/微亮晶扇形粘结岩（泉华结壳的微生物体）	纤维状—棱柱状晶体扇胶结岩，含埋藏的微生物体	晶体扇树枝石胶结岩	树枝石之间和晶体扇之间侧向连通的孔隙	内碎屑 外源碎屑		粒间孔 粒内孔
纹层状（板状到柱状）	泥晶/微亮晶纹层状粘结岩（叠层石）	泥晶/微亮晶纹层状粘结岩含毫米级至厘米级窗格孔	等轴—刃状微亮晶/亮晶结壳胶结岩	纹层间的窗格孔，侧向上连通—不连通—致密	滞留池塘表面上的沉淀。形成热液钙华及洞穴中的颗粒灰岩和砾状灰岩		粒间孔
热液钙华和泉丘中的包壳的气泡				粒间孔、粒内孔、“气泡内”的孔不连通			

图 2.14　对不同碳酸盐物进行分析，碳酸盐岩相学观察的湖缘、湖底温泉、热液沉积和河流泉华沉积

基于Dunham（1962）、Embry 和Klovan（1971）、Wright（1992）提出了非每相碳酸盐岩分类

（Zamarreño 等，1997；Brasieret 等，2011）和更加罕见的热液钙华中（图 2.9b）。包壳藻类或大型植物的茎是河流相泉华碳酸盐岩的主要组分（图 2.9f、g），但它们在各非海相碳酸盐沉积环境的分析中也能观察到（图 2.5d、f），除超盐性大盐湖生物礁之外，即便它们在金字塔湖和莫诺湖泉丘中是非常罕见的。在热液钙华沉积物中，水温低于 40℃（图 2.9b）和/或与淡水（例如的 Tivoli）混合的浅水池塘或沿着阶地池塘的暴露边缘，由于热液流动中断而导致的短时间地表暴露事件，碳酸盐岩包壳割理（最易劈裂的方向）一般受其影响而形成。直径为几微米、外表为纤维状的结构，在金字塔湖和莫诺湖泉丘（分别见图 2.11f、i）、热液钙华和普遍的河流泉华（图 2.9d、e 和图 2.11k）中常见，但在高盐度大盐湖缘生物礁中没有观察到。这些藻丝体形成了灌木状的毫米结构，被认为是丝状的蓝细菌（Freytet 和 Verrecchia，1998；Arp 等，1999）。

树枝状形态是由毫米级至分米级分支结构组成的，一个挨着一个，通常叠加在多个堆叠层。树枝状结构既可以由凝结的似球粒微晶和微亮晶形成，也可以由树枝状晶体形成。垂直堆叠层可以是从原始的水平状态至像在热液钙华坡中的倾斜状，或如泉丘和塔礁中的同心环结构。树枝状组构以孔隙位于相邻的分支结构中为特征，其中大多是横向连接，很少连接形成从一层到下一叠加层之间垂向的渗透性。树枝状层未在湖缘建隆中（如在大盐湖、绿河组和里斯陨石坑）观察到。

毫米级至厘米级大小凝结的球粒泥晶树枝石（图 2.10b、c）、Chafetz 和 Guidry（1999）所提及的细菌灌木丛是热液钙华阶地和池塘的典型特征（Chafetz 和 Folk，1984；Guo 和 Riding，1992，1994，1998；Guo 等，1996；Gandin 和 Capezzuoli，2014）。类似的碳酸盐生长形态可能会出现在某些泉丘（金字塔湖，图 2.7c、g）、河流泉华（图 2.10d）、Natron-Magadi 湖叠层石（Casanova，1994）、一些侏罗纪潮间带叠层石（Della Porta 等，2013）中，以及在新元古代雪球事件后地球盖帽碳酸盐岩（Frasier 和 Corsetti，2003）和前寒武纪从正常海相到蒸发环境的碳酸盐岩台地的过渡相中都能观察到（加拿大 Pethei 群；Pope 和 Grotzinger，2000）。金字塔湖丘凝结球粒树枝石的同心层在形状上与热液钙华的树枝石相似，但它们的厚度一般在几厘米至几分米之间（图 2.7c），有一个指状的形状与纤维状晶体扇相伴生、相混合，被垂向排列的微生物丝状体埋藏（图 2.11f）。在莫诺湖湖泉顶部，树枝石是凝结的球粒泥晶灰岩，被锰包壳（图 2.8b、e）。

在热液钙华中的晶体树枝石（羽状方解石，Folk 等，1985；Guo 和 Riding，1992；结晶和非结晶树枝石，Jones 和 Renaut，1995；晶体灌木丛，Chafetz 和 Guidry，1999）形成几分米厚的层，它是斜坡、小瀑布及阶地斜坡池塘的边缘和围墙快速流动倾斜的基底典型特征（图 2.9a 和图 2.10a）。在热液环境中方解石树枝状生长归因于不平衡条件下的快速沉积，这些不平衡条件基于快速冷却、脱二氧化碳、饱和度层次的波动以及在生长表面存在一些杂质。以上所有的条件都会促使方解石的分离（Jones 和 Renaut，1995）。在泉丘中（金字塔湖），晶体树枝石会形成同心层，由六水方解石后的方解石假晶构成（图 2.7b、e）。在莫诺湖的温泉塔礁中，晶体树枝石在柱状结构的核心形成不规则斑块（图 2.8b）。单独的外壳和厘米级的叠层也包含波状消光的晶体扇。这些晶体扇可能含有微晶核也有可能被泥晶灰岩包壳，它们具有丝状体结构，很可能与微生物有关（图 2.11i）。扇形晶体层出现在金字塔湖（图 2.7h）和莫诺湖（图 2.8c）泉丘、热液钙华和流水泉华中。在金字塔湖中（图 2.7h），晶体扇形壳能在扇形结构与毗邻的扇形层之间呈现连通的孔隙空间或者完全致密的孔隙结构。晶体树枝石和晶体胶结岩层在湖缘生物礁似乎都缺失。它们在物理化学性质强烈控制碳酸根离子过饱和增长导致矿物沉淀的地区优先形成，例如在水团混合区（泉丘）和 CO_2 逃逸处（热液钙华和流水泉华）。

两种构造类型在热液钙华中很常见，但并不是它的独有构造。包壳的气泡形成了粘结灰岩或者分散地出现在凝结球粒泥晶树枝石或纹层状粘结岩中，在钙华池或浅水槽道边缘优先出现。然而，它们也能在泉丘中（Ries Crater，Pache 等，2001；Big Soda Lake，Rosen 等，2004）和东非大裂谷的苏古塔河谷的湖相叠层石中识别出来（Casanova，1994）。浮煤是在滞水池表面沉积的一层亚毫米厚的碳酸盐岩薄膜。它们经常以透镜状形式在热液钙华池中沉积，但是它们也能在溶洞中观察到（Jones，1989；Taylor 和 Chafetz，2004）。

在分析的非海相碳酸盐岩中，沉积碳酸盐岩组构和与之关联的原始孔隙度在亚毫米级尺度上变化（图 2.14）。虽然如此，相似的组构仍然可以出现在有着不同物理化学性质的不同沉积环境中。以非海相碳酸盐岩的稳定同位素地球化学特征为例，在超盐性大盐湖区边缘架构中的不规则定向性放射状晶体束形式也同样出现在莫诺湖的温泉塔礁里。类似的结晶扇胶结岩在河流泉华、湖底泉丘和热液钙华中可见。凝结球粒状泥晶灰岩/微亮晶粘结灰岩和纹层状粘结灰岩并不是特定的陆相沉积环境的判断依据。因为两者与古生代—中生代的常见海相微生物碳酸盐岩具有相似的结构。在薄片规模上逐一观察，非海相碳酸盐岩组构并不能与一个特定的沉积环境相匹配。因此它们对建隆形态、内部构造和空间展布不具代表性。虽然如此，结合与碳酸盐岩组构有关的信息，利用它们的内部架构以及几何形态可以更好地认识它们的沉积环境和空间展布。

2.6.4 非海相碳酸盐岩稳定同位素地化特征

在测定的湖相碳酸盐岩中，不论是湖缘生物礁还是湖底泉丘中的碳氧稳定同位素都表现出正相关的统计关系（图 2.12）。这种趋势代表了典型的长期滞留封闭湖沉积模式（Talbot，1990；Leng 和 Marshall，2004；Hoefs，2009）。每一个封闭湖体都有一个独特的同位素特征指数。这个特征指数是一个由地质环境、大气环境、水文地质因素和水体历史共同约束的函数。

来自盐湖样本（全新世大盐湖和始新统绿河组）的稳定同位素数据具有一定的可比之处（图 2.12）。犹他州的绿河组样本与怀俄明州的绿河组和大盐湖碳酸盐岩相比，有着较轻的碳同位素值。其中大盐湖碳酸盐岩的这一特质，可能与大气的影响和成岩作用有关。这一点已被常见的溶蚀孔洞和压实后等轴—嵌晶方解石胶结作用所证实。然而也可能存在其他的地质因素影响着较轻的稳定同位素组成，比如从河流/三角洲系统中注入的淡水。河流/三角洲体系中夹有 Uinta 湖的叠层石。绿河组和怀俄明州 Tipton 页岩段叠层石的稳定同位素值正值协方差被 Leggitt 等（2007a）识别出来并被归类于水动力圈闭。与白云岩有关的氧稳定同位素值的正偏差显示，加之石蛾化石以及鸟类蛋壳碎片可以指示某地区发生过湖退事件并且是高盐条件。而氧稳定同位素值的负偏差，加之方解石沉淀和腹足类化石可以指示某地区发生过湖侵事件并且有一个水体淡化的过程（Leggitt 等，2007a）。在科罗拉多地区绿河组碳酸盐岩中的碳氧稳定同位素值与在本次研究出现的地层有一定的可比性并表现出正的协方差（Sarg 等，2013）。Sarg 等分别将 $\delta^{18}O$ 同位素的变化作为盐分变化的体现，而 $\delta^{13}C$ 同位素正负偏差变化作为湖平面下降和上升情况的体现。

Benson 等（1996）测定了在金字塔湖碳酸盐岩中碳氧稳定同位素的正值协方差并把这一指标认定为是湖水中稳定同位素组分的增加。指标表明了在蒸发程度上升的情况下，湖平面下降时的碳酸盐岩沉积。在朗斯湖与金字塔湖的岩性突变处，$\delta^{18}O$ 和 $\delta^{13}C$ 同位素展现出平行的变化趋势。湖平面海拔最小值与相对较重的 $\delta^{18}O$ 和 $\delta^{13}C$ 同位素相对应，相反，湖平面海拔最大值与较轻的稳定同位素相对应（Benson 等，1996）。碳稳定同位素相对于湖平面的变化和氧同位素相对于湖平面的变化具有相似的样式。这是呼吸作用和光合作用相互平衡的结果。这一平衡影响溶蚀无机碳（DIC）的稳定同位素组成。在封闭盆地中较轻的溶蚀无机碳同位素组成反映着湖水体积的增加。这是由于更大的湖水体积会通过稀释营养物质浓度、增加柱内悬浮粒子的分解以及溶解有机碳来增强呼吸作用与光合作用。

里斯火山口的海藻生物礁碳酸盐岩具有正值的碳氧稳定同位素特征。该地区稳定同位素数据与其他被测量的内流湖碳酸盐岩数据有所不同。正的碳氧同位素值是在受蒸发效应增强和盐度增加的湖中被记录下来的，例如东非裂谷湖（Hillaire-Marcel 和 Casanova，1987；Casanova 和 Hillaire-Marcel，1992；Casanova，1994）以及澳洲西部的 MacLeod 湖（Handford 等，1984）。在海相萨布哈白云岩中也有这样的记录（Bontognali 等，2010）。在具有较长时间滞留的封闭湖泊中，稳定同位素值偏重，可以解释为蒸发过程中 ^{16}O 的优先流失以及湖水中溶蚀无机碳与大气二氧化碳的平衡作用导致的。其中在 DIC 与二氧化碳的平衡中，$\delta^{13}C$ 同位素应该占 C 元素值的 1‰~3‰（Leng 和 Marshall，2004）。总之，除了受湖水蒸发和稀释的平衡及与大气二氧化碳的平衡影响外，湖相碳酸盐岩同位素特征也被以下五点所影响。（1）周围环境的温度以及相对于海洋变温层的沉积深度，后者影响着氧同位素的分馏，也是与 pH 值有关的函数，当它的数值下降，那么 pH 值就相应上升（Zeebe，1999；Hoefs，2009）；（2）火山作用和岩浆作用带出的 CO_2；（3）生物作用影响 $\delta^{13}C$ 同位素，包括全部溶蚀无机碳的来源（原始生成的碳、来自光合作用和呼吸作用平衡的碳，甲烷生成的碳以及硫酸盐还原的碳）和经过微生物调节作用引起的碳酸盐沉淀或影响碳酸盐沉淀过程；（4）对于泉丘来说，地下水和地下热液中的同位素组分以随机的比例与湖水在碳酸盐沉积处混合，尽管大多数的碳离子来源于湖水；（5）成岩作用有可能改变原始的同位素组分（包括大气作用和埋藏成岩作用）。

研究盐碱湖碳酸盐岩的同位素特征与热液钙华和淡水河流泉华截然不同（图 2.12）。前者由于处于高温的环境一般具有较轻的氧同位素；后者则以来自土壤的轻质碳同位素为特征。在研究中被鉴定的稳定碳氧同位素特征证实了对于热液钙华（Friedman，1970；Chafetz 和 Lawrence，1994；Guo 等，1996；Fouke 等，2000；Minissale 等，2002a，b；Minissale，2004；Pentecost，2005；Gandin 和 Capezzuoli，2008；Kele 等，2008）和河流成因泉华（Andrews 等，1997；Janssen 等，1999；Ihlenfeld 等，2003；Lojen 等，2004；Kano 等，2007；Arenas-Abad 等，2010；Capezzuoli 等，2014）已发表数据的正确性。热液钙华通常不会展现出与泉水的同位素组分平衡。这是因为快速的 CO_2 逃逸作用、碳酸盐沉淀、动力学影响、温度的变化以及矿物性质的改变都会影响同位素的组分（Pentecost，2005）。热液钙华的氧稳定同位素值反映了地下水同位素组分和地下水水温（Gonfiantini 等，1968；Friedman，1970），然而碳同位素取决于 CO_2 的来源：是岩浆幔源逸出的、变质作用引起的还是有机质成因的。在意大利中部，热液中的 CO_2 主要是由基底岩石脱二氧化碳反应生成的。这些基底岩石主要是中生代的海相石灰岩，这一事实也通过 Sr 同位素的测定得到了验证（Minissale，2004）。CO_2 气体排出比率影响着碳同位素组分结构，因此，沉积碳酸盐岩与 CO_2 排气孔的距离越远，$\delta^{13}C$ 同位素的含量也就相应地升高。碳氧同位素正协方差值在 Rapolano Terme（托斯卡纳区；Guo 等，1996）和 Mammoth 温泉（怀俄明州；Fouke 等，2000）的钙华中也有相应表征记录。

河流相碳酸盐岩反映了大气水的稳定同位素组成，受到以下几种因素的影响：土壤有机质中的轻质 CO_2、植物类型、气候条件、纬度、海拔高度、沉淀作用与蒸发作用的平衡、环境温度、CO_2 排出程度、生物活动和光合作用、基质石灰岩的同位素组成、排水区地形结构以及在蓄水层内的滞留时间。

并没有明显迹象表明微生物调节过程诱导碳酸盐沉淀是否可能被记录在一些沉淀组构的稳定同位素属性中，尤其是在那些具有与微生物原地泥晶灰岩岩石学表现特征相当的岩石中。$\delta^{13}C$ 同位素的增加已经被解释为是受微生物光合作用影响的一种现象（Casanova，1994；Guo 等，1996；Andrews 等，1997；Arp 等，2001b；Andrews 和 Riding，2001）。相反的，测量到的较轻质的 $\delta^{13}C$ 同位素值可能反映着微生物的呼吸作用（Fouke 等，2000；Fouke，2001；Breitbart 等，2009 ）。Guo 等（1996）指出：生物作用影响的钙华晶体灌木丛相以碳稳定同位素重于非生物成因晶体壳 0.5‰为特征。这是由于蓝藻细菌的光合作用移除了 CO_2。在滞留池中，这样的 $\delta^{13}C$ 同位素增长可以达到 6‰（Guo 等，1996；Andrews 和 Riding，2001）。在 Mammoth 温泉区，热液钙华中的碳氧同位素值接近于平衡值，与近端高温区域的脱气热液有关。然而在远端的低温沉积相中，稳定同位素值要比预期的平衡值轻 3‰~5‰。这一现象表明喜氧微生物的呼吸作用或者是碎屑钙华的滑坡搬运对碳氧同位素值有一定影响。在德国的河流泉华中，虽然证据证实微生物光合作用是生物膜钙化过程的重要机制，但是 ^{12}C 同位素在沉积的碳酸盐中并没有亏损的迹象（Arp 等，2010）。生物诱发和影响碳酸盐沉淀过程并不会经常产生与微生物呼吸作用和光合作用有关的酶中的碳同位素分馏的事实与这一现象的结果论证一致。这一性质同样在现代或古老的海相环境微生物灰岩研究中得到证实。这没有表现出生物调节机制对稳定同位素分馏起到任何作用（Keupp 等，1993；Reitner 等，1995；Camoin 等，1999）。这暗示着碳酸盐沉淀发生在与海水相平衡的状态中。在近代的微生物岩中，微生物光合作用、呼吸作用和硫酸盐还原作用可以引起碳同位素的分馏。但是这些效应所产生 $\delta^{13}C$ 的变化仅在 1‰的范围内浮动（Londry 和 Des Marais，2003；Andres 等，2006；Heindel 等，2010），这样的微弱变化并不能被仪器检测到或者直接被其他的碳同位素组分影响因素所覆盖。

2.6.5 非海相微生物碳酸盐岩

这里综述的现今非海相碳酸盐岩，多是从碳酸盐矿物过饱和的水中或是通过物理过程达到饱和程度的水中沉积的。这些物理过程包括 CO_2 的排出、蒸发作用和混合作用。碳酸盐岩在这些环境中发生沉积，很多情况下都是非生物作用引起的。然而，不论是宏观还是微观上的观察可以证实：在这些环境中微生物的生物膜几乎是普遍存在的。在那里由于极端的水体化学性质或温度条件，如果没有例外，微生物席是主要的有机组分。岩石学分析得出：凝结球粒泥晶灰岩和纹层状粘结结构的泥晶灰岩出现在每一个分析过的环境中，它们是古代和现代海相和非海相微生物碳酸盐岩的典型特征，表明至少综述的一部分非海相碳酸盐岩的沉淀是由生物作用诱导或影响的矿化作用引起的。就这一点而言，我们有必要提及一下 Kalkowsky（1908）第一个给出的叠层石的定义。那是源于对德国下三叠统 Bundsandstein 组中一套湖泊纹层状生物礁的研究而得出的（Riding，1999；Paul 和 Peryt，2000）。Burne 和 Moore（1987）在研究了来自澳大利亚的湖相生物礁后，给叠层石下了被人们广泛接受的定义。另外，了解生物矿化作用（即生物诱发或影响成岩作用；Dupraz 等，2009）这一过程，已经在研究高度浓缩 DIC 盐、碱湖中的碳酸盐生物礁的过程取得重大进展（Arp 等，2001a，2003；Dupraz 等，2004，2009；Dupraz 和 Visscher，2005；Glunk 等，2011；Vasconcelos 等，2014）。这些研究表明，由于约束了 EPS 的能力，碳酸盐沉积过程几乎与微生物纹层中的蓝藻细菌光合作用无关。在 EPS 退化和硫酸盐化还原过程中，碳酸盐沉积发生在微生物席下的缺氧地区。沉淀的碳酸盐岩具有泥晶的微球粒结构，类似于凝结的球粒泥晶灰岩。

前人对碳酸盐沉淀可能的成因机制已进行诸多的研究，并且探讨了碳酸盐岩沉淀到底是非生物过程，还是受微生物影响的过程，详见下文。

2.6.5.1 湖缘建隆

美国大盐湖的生物岩礁，其碳酸盐沉淀归因于微生物中蓝藻的光合作用（Eardley，1938；Carozzi，1962）。Pedone 和 Folk（1996）指出细菌能促进文石的沉淀，这是由卤虫卵的有机物降解引起的，因为大多数细菌都带有负电荷的细胞壁，从而吸引钙离子。方形文石进一步生长被认为是非生物成因的（Pedone 和 Folk，1996）。Reitner 等（1997）指出，生物礁碳酸盐沉淀被限制在微生物层（由蓝藻细菌、隐杆藻类和各种非光合细菌组成）的一个狭窄区域，覆盖在建隆的表面。生物膜的微生物胞外聚合物通过相关的硫酸盐还原有机矿化过程而发生钙化（Reitner 等，1997）。Reitner 等，（1997）还提出，大盐湖的鲕粒归因于先前波浪的搅拌（Kahle，1974；Sandberg，1975），与碳酸盐碱度增加有关，是有机矿化的产物，这是由于沉积物中的硫酸盐还原性变强以及河流中一个永久性输入二价阳离子所带来的结果。

对于里斯陨石坑，Riding（1979）表明，藻类（Cladophorites）外部包裹的生物存在于泥晶灰岩中，可能因光合作用吸收 CO_2 而发生沉淀。Arp（1995）把碳酸盐沉淀过程归结为有机矿化作用，与绿藻和蓝藻有关。Leggitt 等（2007a）描述了绿河组的形成，表明碳酸盐沉淀可能通过包裹在微生物表面的石蚕去除 CO_2 而被促进。其他因素，例如波浪的排气及混合富钙淡水径流的盐碱湖的水，在湖的水平回归中，也有助于石蚕化蛹。

2.6.5.2 湖底泉丘和塔礁

在金字塔湖和莫诺湖，碳酸盐沉淀被认为是非生物物理化学触发而成，因为它出现地下水和热液输入位置被限制的情况。这可以提供必要的钙离子和某些碳酸盐矿物过饱和所需的混合湖温泉水（Bischoff 等，1993；Council 和 Bennett，1993；Arp 等，1999）。对于莫诺湖的塔礁，Scholl 和 Taft（1964）指出由蓝藻细菌光合作用吸收二氧化碳引起生物诱导的碳酸盐沉淀。在莫诺湖沉积物和水体中常见硫酸盐还原和甲烷（Oremland 等，1987），但很难知道这些微生物的作用是否与碳酸盐沉淀存在更深的关系。自生硅酸盐（被 Souza-Egipsy 等，（2005）识别出来）巩固古海岸线的砂岩沉积，由镁硅相关的岩石内部蓝藻和细菌群落的生物膜组成。Souza-Egipsy 等（2005）提出在生物群落周围的微生物胞外聚合物中，自生矿物沉淀的晶核形成位置是突出的。

在金字塔湖，夏季的温泉湖混合区白垩发育，由盛开的超微和微蓝藻产生（Galat 和 Jacobsen，1985；Arp 等，1999）。这些微晶和微亮晶灰岩沉淀悬浮在水体中有助于碳酸盐沉在湖底。在温泉池，Arp 等（1999）研究树枝状的亚化石，平滑的叠层石结壳和部分被钙化的藻属蓝藻生物膜，与颤藻生物膜相关。根据 Arp 等（1999，2001a），如金字塔湖的碱性湖泊，有高的 DIC，方解石的饱和度指数在光合作用移除碳或硫酸盐还原及氧化作用的 HCO_3^- 产物中显示为增加可以忽略不计，因为有大的碳库和强大的 pH 缓冲。事实上，活的生物膜在温泉中抑制非生物沉淀，这是因为微生物胞外聚合物在液相中充当钙离子缓冲液结合

Ca^{2+}，并且防止碳酸钙沉淀。沉淀发生在生物膜的边缘，是 Ca^{2+} 结合能力超强或跟随微生物胞外聚合物分解的地方。沉淀也发生在死亡的硅藻类中，因为它们是胞外聚合物自由地区。叶晶体似乎在黏液环境中形成无机物（Arp 等，1999）。

2.6.5.3 热液钙华

在地表水系统，由于 CO_2 逃逸初步实现了碳酸盐过饱和（Pentecost，2005）。之前关于非生物与生物碳酸盐沉淀水钙华讨论的研究一直在进行。一般情况下，结晶泥质包壳在热液钙华、河流泉华、次生化学沉积物和前寒武纪叠层石中被视为非生物沉淀，而泥晶细粒包壳则被归因于岩化的微生物层（Riding，2008）。

Chafetz 和 Folk（1984）及 Chafetz 和 Guidry（1999）指出钙华沉积是由于多种因素导致的，相对无机沉淀，在越远端或较低能的环境（池塘、湖泊沉积）中，生物的影响越来越明显。所以有些钙华几乎完全是微生物影响形成的。氧化硫光合作用细菌被称为在热液中最有可能控制碳酸盐沉淀的微生物（Chafetz 和 Folk，1984）。钙华中常见微孔，被解释为细菌霉（Chafetz 和 Guidry，1999；Chafetz，2013）。细菌灌木（球粒凝块泥晶细菌）被解释为细菌引起的（Chafetz 和 Folk，1984；Chafetz 和 Guidry，1999），微生物受光合作用细菌的影响（Guo 和 Riding，1994；Guo 等，1996）。相反，针状文石灌木在黄石公园 Mammoth 温泉被解释为无机沉淀物，尽管在这种沉积中微生物共同存在（Pentecost，1990）。Pentecost（1995b）指出在几个意大利中部有沉积钙华的地方，测量热液水中的二氧化碳分压，证明在通风口出现 CO_2 压力高的部分，接近大气压力，相对于过饱和热水的碳酸盐。过饱和度几乎完全由气体逃逸而不是光合作用活动造成，因为在白天和黑夜中识别的 CO_2 流量没有差异（Pentecost，1995b；Pentecost 和 Coletta，2007）。但是，Pentecost（1995b）同时也强调，微生物的生物膜的共同存在无法排除通过光合作用移除 CO_2 或有机基底表面的催化作用生物控制碳酸盐沉淀。Fouke 等，（2000）和 Fouke（2011）指出多种物理化学（脱气和降温）和生物因素影响钙华沉淀。尽管丰富的微生物层在热液钙华中，生物膜作为晶核的基底，但是钙华稳定同位素记录在近端高温区附近脱气和温度变化的影响，可能在低温环境的远端微生物呼吸（Fouke 等，2000；Fouke，2001）。Rainey 和 Jones（2009）提出水排放量及流量控制生物和非生物的沉淀，微生物对改变水的饱和状态没有做出贡献却作为被动基底。

晶体和非晶体树枝石主要归因于由 CO_2 快速脱气的非生物沉淀（Jones 和 Renaut，1995；Jones 等，2000，2005）。但是，Chafetz 和 Guidry（1999）提出晶体形式（晶体灌木和放射状晶体）存在的细菌化石显示有生物的影响。Jones 和 Peng（2012a）提出了一个树枝状方解石生长三阶段模型：其中（1）枝状晶体生长在第一阶段经历 CO_2 快速脱气的过程；（2）当晶体生长停止时，晶体被微生物层覆盖，在第二阶段次生矿物沉淀与微生物层有关，然后（3）第三阶段碎屑颗粒聚集。最近，树枝状方解石和镁铁硅酸盐，形成于中国的温泉通风口处的高温地区（60~80℃），被解释为在微生物存在水凝胶范围内形成的微生物膜为生物影响沉淀（Jones 和 Peng，2012b，2014）。这些树枝状方解石由无定形碳酸钙（ACC）纳米粒子组成、合并在一起，形成方解石或文石晶体（Jones 和 Peng，2012b，2014）。

2.6.5.4 河流相泉华

泉水产生的淡水具有高的 CO_2 分压和未饱和的碳酸盐矿物，但气体的快速逸出导致方解石过度饱和（Emeis 等，1987）。Zhang 等（2001）提出了一个模型，称为“瀑布效应”，可以概述为这个物理过程发生在有瀑布的地方，引起碳酸盐饱和度的增加和泉华的沉淀。包括空气氧化、喷气流，以及由于流速的增加和空气—水界面面积的增大而出现的低压。在淡水河流相泉华系统中，大多数碳酸钙是由于结合物理化学沉淀以及与生物有关的原核生物细菌膜而产生的（Emeis 等，1987；Pedley，1990，1992，1994；Pedley 等，1996；Gradzin ski，2010）。Merz-Preiβ 和 Riding（1999）指出，通过 CO_2 的逸出，在快速流动的淡水河流中引起过饱和度的主要原因是物理化学因素，而温度的变化和光合作用对 CO_2 的吸收发挥作用却微乎其微。植物和微生物膜通过对晶核提供位点，在微生物胞外聚合物内而有利碳酸盐沉淀（MerzPreiβ 和 Riding，1999）。Arp 等（2001b）认为德国河流相泉华沉淀是通过 CO_2 脱气驱动的物理化学机制形成的，这对宏观上的碳酸盐岩平衡光合作用中 CO_2 的移除没有显著影响。然而，在他们对这项工作的修订中，Arp 等，（2010）提出在较低的 DIC 淡水环境中，比如河流相泉华沉淀，蓝藻的光合作用控制生物膜的钙化。质量平衡计算结果表明，在河流中由于微生物光合作用造成的钙损失占 10%~20%，剩下的钙损失主要是由于植被中物理化学沉淀以及形成细粒方解石颗粒（Arp 等，2010）。Turner 和 Jones（2005）提出在河流相环境中生成的树枝状方解石，与苔藓植物和蓝藻不间断的外膜—微生物胞外聚合物相关。Rogerson 等（2008）和 Pedley 等（2009）认为，通过实验室实验再现物理化学条件下的河流相泉华，碳酸盐沉淀受微生物膜沉积速率和碳酸盐结构类型的影响。球粒泥晶灰岩、短树枝状微晶只在与微生物有关的微生物胞外聚合物中沉淀，长树枝状微晶的沉淀与丝状蓝藻鞘基底有关，而在无菌水中有较少的碳酸盐沉淀，并且出现泥质晶体组织。Pedley（2014）演示了凝块叠层组织在微生物胞外聚合物中从非结晶的碳酸盐球开始发育，形成有序的微亮晶灰岩簇。然而，进一步实验表明：（1）在急流条件下大量的碳酸盐沉淀，意味着物理化学的影响；（2）在异养微生物和微生物胞外聚合物相关的无光条件下也出现沉淀；（3）日夜交替中，碳酸盐优先在升高的 pH 值条件下生成（Pedley 和 Rogerson，2010；Rogerson 等，2010）。

2.6.5.5 非海洋微生物微型碳酸盐沉淀产物

相对于微生物碳酸盐岩的微观特征，大盐湖生物礁碳酸盐岩的 SEM 分析结果表明，球粒泥晶灰岩的生成与微生物胞外聚合物沉淀为纳米级圆形结构有关，可以由锋利的晶体表面合并形成较大的晶体（图 2.11d、e）。目前从广泛的海相和陆相沉积环境中，对于碳酸盐的研究都归结于微生物介质诱导的碳酸盐沉淀，同样描述了纳米级碳酸盐沉淀。它们被标记为碳酸盐球粒（Bontognali 等，2008）、非晶质的或纳米晶级别的硅质碳酸盐（Obst 等，2009）、纳米级构造（Bontognali 等，2010）、微球晶和微椭球晶（Pedley 等，2009；Pedley 和 Rogerson，2010）、纳米级颗粒或球粒（Benzerara 等，2010）、纳米微粒或有机纳米微粒（Perri 等，2012a，b）、非晶质碳酸盐纳米球粒（Pedley 等，2009；Pedley，2014）和非晶质钙质碳酸盐（ACC）纳米颗粒（Jones 和 Peng，2012b，2014）。碳酸盐的沉积过程在初期有一个纳米级的过程，通常与水结合，ACC 已经在大量蚌类生物的贝壳、腹足类动物、棘皮动物、甲壳动物中观察到，但 ACC 也已经被合成复制（Faatz 等，2004；Meldrum 和 Cölfen，2008）。因此，非晶质的碳酸盐纳米结构形成碳酸盐晶体的存在应该是一个正常的过程，但这不是一个独有的证据来证明生物对矿化过程产生影响。事实上，Bahamas 台地中鲕粒的沉淀似乎就是 ACC 沉淀的第一个阶段，之后在针状文石形成外层时进行重结晶（Duguid 等，2010）。除了像 ACC 的碳酸盐一样，Duguid 等，（2010）认为微生物在鲕粒沉积时不起作用但在鲕粒形成之后对它们的构造和化学成分进行改变。

通过对不同物理化学性质的水的观察研究，我们可以得出结论，有很充分的证据表明在非海相环境中，非生物和微生物因素的影响对于碳酸盐的积累都有贡献。不论是在宏观还是微观的尺度下，碳酸盐沉淀是一个连续的物理化学作用和微生物作为介质共同影响的一个过程，我们可以看作是水的物理化学性质因素使得盐酸盐溶液过饱和之后发生沉淀的作用。无处不在的微生物并不能证明碳酸盐沉淀受到微生物特殊新陈代谢的诱导，即便碳酸盐过饱和是受到物理化学因素的驱动的（CO_2 的排放、混合作用、蒸发作用）。微生物的生物膜似乎对至少为晶体成核提供基底，对于晶体的形态和结构产生影响。

2.7 结论

陆相碳酸盐岩有较高的可能性在地下存在优质储层，但由于碳酸盐岩沉淀的几何形态、构造以及具有复杂原始孔隙结构体系的流体单元等具有很大的多样性，使得这种储集模式很难预测。大陆环境下的一些因素，比如构造因素、火山活动、热液作用、气候、基底的地质条件，使得碳酸盐岩更利于沉淀。断层的活动性影响湖盆的水文特征、广水的流动及热液活动的位置。

碳酸盐岩的岩隆可以发生在湖底和陆上沉积环境。在湖底碳酸盐的岩隆有两种产生方式。(1) 类似于湖缘藻类微生物的生物礁，包括同心层和碳酸盐颗粒骨架，形成近似平行海岸线的带状沉积，可侧向延伸数百米至数千米，深度可达几十米；这些生物礁的形成受到水动力能量、水深、基底稳定性、沉积物输入和断层的影响。(2) 分散或聚集的跳跃形丘状沉积或者尖峰沉积（几分米至几十米厚），间断位于湖底广水水流的区域或热液分流的地区，在此富钙水流和碱性水混合使得碳酸盐沉淀。湖底丘形沉积相隔几十米到几千米，除非它们是沿断层分布。在陆上，热液的存在促进百米级的石灰丘形沉积、裙状和裂隙型脊状沉积物形成，热液在它们的孔隙中冷却同时释放 CO_2。灰质沉积披覆在现有地形上，或者通过进积、加积模式形成平缓的或陡峭的斜坡。灰质沉积的斜坡可以是光滑的平面或者 S 形的斜坡又或者呈阶地形，具有台阶的地貌，由坡度大的陡坡和坡度小的缓坡组成。河流碳酸盐岩，具有分米级至数米级的阶梯状、沙坝状和台阶形斜坡，上面镶边可见植被、苔藓植物、蓝藻覆盖。

碳酸盐岩的微观结构，与之相关的孔隙结构从不规则球粒泥晶灰岩到多种形态，比如枝状和扇状广泛存在。凝块颗粒泥晶灰岩和层状构造在所有分析过的沉积环境中都存在，并且在大量古代和现代的海相和陆相微生物沉积岩中，这些构造被认为是生物作用诱导形成，并且影响碳酸盐岩沉积。当观察单独的薄片时，碳酸盐岩的微构造不能和一个特殊的沉积构造和沉积环境相联系。然而，当碳酸盐岩的微构造达到厘米级到米级，结合该碳酸盐岩的内部沉积特征我们可以认为和特殊沉积有关，但这种联系不是唯一的。稳定同位素地球化学特征可以作为一个区分岩溶大气水、高温热液的影响以及闭合湖泊中蒸发作用的有效工具，但不能作为一个明确指示微生物作用过程的工具，特别是在富含分散无机碳的水中。

碳酸盐沉淀是一个连续的物理化学作用和微生物作为介质共同影响的过程。同时在生物富集的地区存在着生物诱导或影响作用。即便是被动作用，也广泛地存在于具有特殊化学或物理环境的水中。微生物和它们的生物膜很可能作为一个低能基底，使得晶体结晶，同时镶嵌碳酸盐岩沉淀。结构的多样化就是有机物基底和水的物理化学性质复杂相互作用的共同结果。

参 考 文 献

Abell, P. I., Awramik, S. M., Osborne, R. H. & Tomellini, S. 1982. Plio-Pleistocene lacustrine stromatolites from Lake Turkana, Kenya: morphology, stratigraphy and stable isotopes. *Sedimentary Geology*, 32, 1-26.

Addadi, L., Raz, S. & Weiner, S. 2003. Taking advantage of disorder: amorphous calcium carbonate and its roles in biomineralization. *Advanced Materials*, 15, 959-970.

Alonso-Zarza, A. M. & Wright, V. P. 2010*a*. Palustrine carbonates. *In*: Alonso-Zarza, A. M. & Tanner, L. H. (eds) *Carbonates in Continental Settings: Facies, Environments and Processes*. Developments in Sedimentology, 61. Elsevier, Amsterdam, 103-131.

Alonso-Zarza, A. M. & Wright, V. P. 2010*b*. Calcretes. *In*: Alonso-Zarza, A. M. & Tanner, L. H. (eds) *Carbonates in Continental Settings: Facies, Environments and Processes*. Developments in Sedimentology, 61. Elsevier, Amsterdam, 225-267.

Andres, M. S., Sumner, D. Y., Reid, R. P. & Swart, P. K. 2006. Isotopic fingerprints of microbial respiration in aragonite for Bahamian stromatolites. *Geology*, 34, 973-976.

Andrews, J. E. 2006. Palaeoclimatic records from stable isotopes in riverine tufas: synthesis and review. *EarthScience Reviews*, 75, 85-104.

Andrews, J. E. & Riding, R. 2001. Depositional facies and aqueous-solid geochemistry of travertinedepositing hot springs (Angel Terrace, Mammoth Hot Springs, Yellowstone National Park, U. S. A.) -discussion. *Journal of Sedimentary Research*, 71, 496-497.

Andrews, J. E., Riding, R. & Dennis, P. F. 1997. The stable isotope record of environmental and climatic signals in modern terrestrial microbial carbonates from Europe. *Palaeogeography, Palaeoclimatology, Palaeoecology*, 129, 171-189.

Andrews, J. E., Pedley, M. & Dennis, P. F. 2000. Palaeoenvironmental records in Holocene Spanish tufas: a stable isotope approach in search of reliable climatic archives. *Sedimentology*, 47, 961-978.

Arenas, C., Gutierrez, F., Osacar, C. & Sancho, C. 2000. Sedimentology and geochemistry of fluviolacustrine tufa deposits controlled by evaporite solution subsidence in the central Ebro Depression, NE Spain. *Sedimentology*, 47, 883-909.

Arenas, C., Vázquez-Urbez, M., Auqué, L., Sancho, C., Osácar, C. & Pardo, G. 2014*a*. Intrinsic and extrinsic controls of spatial and temporal variations in modern fluvial tufa sedimentation: a thirteen-year record from a semi-arid environment. *Sedimentology*, 61, 90-132.

Arenas, C., Vázquez-Urbez, M., Pardo, G. & Sancho, C. 2014*b*. Sedimentology and depositional architecture of tufas deposited in stepped fluvial systems of changing slope: lessons from the Quaternary Añamaza valley (Iberian Range, Spain). *Sedimentology*, 61, 133-171.

Arenas-Abad, C., Vazquez-Urbez, M., Pardo-Tirapu, G. & Sancho-Marcen, C. 2010. Fluvial and associated carbonate deposits. *In*: Alonso-Zarza, A. M. & Tanner, L. H. (eds) *Carbonates in Continental Settings: Facies, Environments and Processes*. Developments in Sedimentology, 61. Elsevier, Amsterdam, 133-175.

Arp, G. 1995. Lacustrine bioherms, spring mounds, and marginal carbonates of the Ries-Impact-

Crater (Miocene, southern Germany). Facies, 33, 35-90.

Arp, G., Hofmann, J. & Reitner, J. 1998. Microbial fabric formation in spring mounds (‘microbialites’) of alkaline salt lakes in the Badain Jaran Sand Sea, PR China. *Palaios*, 13, 581-592.

Arp, G., Thiel, V., Reimer, A., Michaelis, W. & Reitner, J. 1999. Biofilm exopolymers control microbialites formation at thermal springs discharging into the alkaline Pyramid Lake, Nevada, USA. *Sedimentary* Geology, 126, 159-176.

Arp, G., Reimer, A. & Reitner, J. 2001*a*. Photosynthesis-induced biofilm calcification and calcium concentrations in Phanerozoic oceans. *Science*, 292, 1701-1704.

Arp, G., Wedemeyer, N. & Reitner, J. 2001*b*. Fluvial tufa formation in a hard-water creek (Deinschwanger Bach, Franconian Alb, Germany). *Facies*, 44, 1-22.

Arp, G., Reimer, A. & Reitner, J. 2003. Microbialite formation in seawater of increased alkalinity, Satonda Crater Lake, Indonesia. *Journal of Sedimentary Research*, 73, 105-127.

Arp, G., Bissett, A. et al. 2010. Tufa-forming biofilms of German karstwater streams: microorganisms, exopolymers, hydrochemistry and calcification. *In*: Pedley, H. M. & Rogerson, M. (eds) *Tufas and Speleothems: Unravelling the Microbial and Physical Controls.* Geological Society, London, Special Publications, 336, 83-118.

Arp, G., Helms, G., Karlinska, K., Schumann, G., Reimer, A., Reitner, J. & Trichet, J. 2012. Photosynthesis v. exopolymer degradation in the formation of microbialites on the Atoll of Kiritimati, Republic of Kiribati, Central Pacific. *Geomicrobiology Journal*, 29, 29-65.

Barilaro, F., Della Porta, G. & Capezzuoli, E. 2012. Depositional geometry and fabric types of hydrothermal travertine deposits (Albegna Valley, Tuscany, Italy). *Rendiconti Online Societa’ Geologica Italiana*, 21, 1024-1025.

Barrat, J. A., Boulegue, J., Tiercelin, J. J. & Lesourd, M. 2000. Strontium isotopes and rare-earth element geochemistry of hydrothermal carbonate deposits from Lake Tanganyika, East Africa. *Geochimica et Cosmochimica Acta*, 64, 287-298.

Baskin, R. L., Driscoll, N. W. & Wright, V. P. 2011. Lacustrine microbialites in Great Salt Lake; life in a dead lake. *In*: *AAPG Annual Conference and Exhinition*, Houston, TX. American Association of Petroleum Geologists, Tulsa, OK, Search and Discovery article #90153.

Baskin, R., Wright, V. P., Driscoll, N., Kent, G. & Hepner, G. 2012. Microbialite bioherms in Great Salt Lake, Utah: influence of active tectonics and anthropogenic effects. *In*: *AAPG Hedberg Conference ‘Microbial Carbonate Reservoir Characterization’*, Houston, TX. American Association of Petroleum Geologists, Tulsa, OK, Search and Discovery Article #90153.

Baumgartner, L. K., Reid, R. P. et al. 2006. Sulfate reducing bacteria in microbial mats: changing paradigms, new discoveries. *Sedimentary Geology*, 185, 131-145.

Becker, M. L., Cole, J. M., Rasbury, E. T., Pedone, V. A., Montanez, I. P. & Hanson, G. N. 2001. Cyclic variations of uranium concentrations and oxygen isotopes in tufa from the Middle Miocene Barstow formation, Mojave Desert, California. *Geology*, 29, 139-142.

Benson, L. 1994. Carbonate deposition, Pyramid Lake Subbasin, Nevada, 1. Sequence of formation and elevational distribution of carbonate deposits (tufas). *Palaeogeography, Palaeoclimatology, Palaeoecology*, 109, 55-87.

Benson, L. 2004. *The Tufas of Pyramid Lake, Nevada.* US Geological Survey, Reston, VA, Circulars, 1267.

Benson, L. & Peterman, Z. 1995. Carbonate deposition, Pyramid Lake subbasin, Nevada: 3. The use of 87Sr values in carbonate deposits (tufas) to determine the hydrologic state of paleolake systems. *Palaeogeography, Palaeoclimatology, Palaeoecology*, 119, 201-213.

Benson, L., Kashgarian, M. & Meyer, R. 1995. Carbonate deposition, Pyramid Lake Subbasin, Nevada, 2. Lake levels and polar jet stream positions reconstructed from radiocarbon ages and elevations of carbonates (tufas) deposited in the Lahontan Basin. Palaeogeography, Palaeoclimatology, *Palaeoecology*, 117, 1-30.

Benson, L., White, L. D. & Rye, R. 1996. Carbonate deposition, Pyramid Lake Subbasin, Nevada: 4. Comparison of the stable isotope values of carbonate deposits (tufas) and the Lahontan lake-level record. *Palaeogeography, Palaeoclimatology, Palaeoecology*, 122, 45-76.

Benson, L. V., Lund, S. P., Burdett, J. W., Kashgarian, M., Rose, T. P., Smoot, J. P. & Schwartz, M. 1998. Correlation of Late Pleistocene lake-level oscillations in Mono Lake, California, with North Atlantic climate events. *Quaternary Research*, 49, 1-10.

Benson, L., Kashgarian, M. et al. 2002. Holocene multidecadal and multicentennial droughts affecting Northern California and Nevada. *Quaternary Science Reviews*, 21, 659-682.

Benzerara, K., Meibom, A., Gautier, Q., Kaźmierczak, J., Stolarski, J., Menguy, N. & Brown, G. E. Jr. 2010. Nanotextures of aragonite in stromatolites from the quasi-marine Satonda crater lake, Indonesia. *In*: Pedley, H. M. & Rogerson, M. (eds) *Tufas and Speleothems: Unravelling the Microbial and Physical Controls.* Geological Society, London, Special Publications, 336, 211-224.

Bertrand-Sarfati, J., Freytet, P. & Plaziat, J. C. 1994. Microstructures in Tertiary nonmarine stromatolites (France). Comparison with Proterozoic. *In*: Bertrand-Sarfati, J. & Monty, C. (eds) *Phanerozoic Stromatolites II.* Kluwer Academic, Dordrecht, 155-191.

Bigi, G., Cosentino, D., Parotto, M., Sartori, R. & Scandone, P. 1990. Structural model of Italy 1:500000. *La Ricerca Scientifica, Quaderni, C. N. R.*, 114.

Bini, A., Friesen, A., Quinif, Y., Strini, A. & Uggeri, A. 2014. Analisi e dattazione di alcuni travertini lombardi. *Sibrium*, XXVII, 141-172.

Bischoff, J. L., Herbst, D. B. & Rosenbauer, R. J. 1991. Gaylussite formation at Mono Lake, California. *Geochimica et Cosmochimica Acta*, 55, 1743-1747.

Bischoff, J. L., Stine, S., Rosenbauer, R. J., Fitzpatrick, J. A. & Stafford, T. W. J. 1993. Ikaite precipitation by mixing of shoreline springs and lake water, Mono Lake, California, USA. *Geochimica et Cosmochimica Acta*, 57, 3855-3865.

Bohacs, K. M., Lamb-Wozniak, K. et al. 2013. Vertical and lateral distribution of lacustrine carbonate lithofacies at the parasequence scale in the Miocene Hot Spring limestone, Idaho: an analog addressing reservoir presence and quality. *AAPG Bulletin*, 97, 1967-1995.

Boni, C. & Colacicchi, R. 1966. I travertini della Valle del Tronto. *Memorie Societa' Geologica Italiana*, 5, 315-339.

Bontognali, T. R. R., Vasconcelos, C., Warthmann, R. J., Dupraz, C., Bernasconi, S. M. &

McKenzie, J. A. 2008. Microbes produce nanobacteria-like structures, avoiding cell entombment. *Geology*, 36, 663-666.

Bontognali, T. R. R., Vasconcelos, C., Warthmann, R. J., Bernasconi, S. M., Dupraz, C., Strohmenger, C. J. & McKenzie, J. A. 2010. Dolomite formation within microbial mats in the coastal Sabkha of Abu Dhabi (United Arab Emirates). *Sedimentology*, 57, 824-844.

Bosi, C., Messina, P., Rosati, M. & Sposato, A. 1996. Eta' dei travertini della Toscana meridionale e relative implicazioni neotettoniche. *Memorie Societa' Geologica Italiana*, 51, 293-304.

Bradley, W. H. 1929. *Algae reefs and oolites of the Green River Formation.* US Geological Survey, Reston, VA, Professional Papers, 154-G, 203-223.

Brady, A. L., Slater, G., Laval, B. & Lim, D. S. 2009. Constraining carbon sources and growth rates of freshwater microbialites in Pavilion Lake using 14C analysis. *Geobiology*, 7, 544-555.

Braissant, O., Decho, A. W., Dupraz, C., Glunk, C., Przekop, K. M. & Visscher, P. T. 2007. Exopolymeric substances of sulfate-reducing bacteria: Interactions with calcium at alkaline pH and implication for formation of carbonate minerals. *Geobiology*, 5, 401-411.

Braithwaite, C. J. R. 1979. Crystal textures of recent fluvial pisolites and laminated crystalline crusts, South Wales. *Journal of Sedimentary Petrology*, 49, 181-194.

Braithwaite, C. J. R. & Zedef, V. 1994. Living hydromagnesite stromatolites from Turkey. *Sedimentary Geology*, 92, 1-5.

Braithwaite, C. J. R. & Zedef, V. 1996. Hydromagnesite stromatolites and sediments in an alkaline lake, Salda Golu, Turkey. *Journal of Sedimentary Research*, 66, 991-1002.

Brasier, A. T., Andrews, J. E. & Kendall, A. C. 2011. Diagenesis or dire genesis? The origin of columnar spar in tufa stromatolites of central Greece and the role of chironomid larvae. *Sedimentology*, 58, 1283-1302.

Breitbart, M., Hoare, A. et al. 2009. Metagenomic and stable isotopic analyses of modern freshwater microbialites in Cuatro Ciénegas, Mexico. *Environmental Microbiology*, 11, 16-34.

Bristow, T. F., Kennedy, M. J., Morrison, K. D. & Mrofka, D. D. 2012. The influence of authigenic clay formation on the mineralogy and stable isotopic record of lacustrine carbonates. *Geochimica et Cosmichimica Acta*, 90, 64-82.

Brogi, A. & Capezzuoli, E. 2009. Travertine deposition and faulting: the fault-related travertine fissureridge at Terme S. Giovanni, Rapolano Terme (Italy). *International Journal of Earth Sciences*, 98, 931-947.

Brogi, A. & Fabbrini, L. 2009. Extensional and strikeslip tectonics across the Monte Amiata-Monte Cetona transect (northern Apennines, Italy) and seismotectonic implications. *Tectonophysics*, 476, 195.

Brogi, A., Capezzuoli, E., Aque', R., Branca, M. & Voltaggio, M. 2010. Studying travertines for neotectonics investigations: Middle-Late Pleistocene syntectonic travertine deposition at Serre di Rapolano (northern Apennines, Italy). *International Journal of Earth Sciences*, 99, 1383-1398.

Brusa, G. & Cerabolini, B. E. L. 2009. Ecological factors affecting plant species and travertine deposition in petrifying springs from an Italian 'Natura 2000' site. *Botanica Helvetica*, 119, 113-123.

Bucheim, P. H. 1994. Eocene Fossil Lake Green River Formation Wyoming: a history of fluctuating salinity. *In*: Renaut, R. W. & Last, W. M. (eds) *Sedimentology and Geochemistry of Modern and Ancient Saline Lakes*. Society of Economic Paleontologists and Mineralogists, Tulsa, OK, Special Publications, 50, 239–247.

Burne, R. V. & Moore, L. S. 1987. Microbialites: organosedimentary deposits of benthic microbial communities. *Palaios*, 2, 241–254.

Cabaleri, N. G. & Benavente, C. A. 2013. Sedimentology and paleoenvironments of the Las Chacritas carbonate paleolake, Cañadón Asfalto Formation (Jurassic), Patagonia, Argentina. *Sedimentary Geology*, 284–285, 91–105.

Camoin, G., Casanova, J., Rouchy, J. M., Blanc–Valleron, M. M. & Deconinck, J. F. 1997. Environmental controls on perennial and ephemeral carbonate lakes: the central palaeo–Andean Basin of Bolivia during late Cretaceous to early Tertiary times. *Sedimentary Geology*, 113, 1–26.

Camoin, G. F., Gautret, P., Montaggioni, L. F. & Cabioch, G. 1999. Nature and environmental significance of microbialites in Quaternary reefs: the Tahiti paradox. *Sedimentary Geology*, 126, 271–304.

Capezzuoli, E., Gandin, A. & Pedley, H. M. 2009. Travertine and Calcareous tufa in Tuscany (Central Italy). *In*: Pascucci, V. & Andreucci, S. (eds) *Field Trip Guide Book*, *Pre–conference Trip FT7. 27th IAS Meeting of Sedimentology*, 129–158.

Capezzuoli, E., Gandin, A. & Sandrelli, F. 2010. Calcareous tufa as indicators of climatic variability: a case from southern Tuscany (Italy). *In*: Pedley, H. M. & Rogerson, M. (eds) *Tufas, Speleothems and Stromatolites*: *Unravelling the Physical and Microbial Controls*. Geological Society, London, Special Publications, 336, 263–281.

Capezzuoli, E., Gandin, A. & Pedley, M. 2014. Decoding tufa and travertine (fresh water carbonates) in the sedimentary record: The state of the art. *Sedimentology*, 61, 1–21.

Carozzi, A. V. 1962. Observations on algal biostromes in the Great Salt Lake, Utah. *The Journal of Geology*, 70, 246–265.

Carroll, A. R. & Bohacs, K. M. 1999. Stratigraphic classification of ancient lakes: balancing tectonic and climatic controls. *Geology*, 27, 99–102.

Casanova, J. 1994. Stromatolites form the East African Rift: a synopsis. *In*: Bertrand–Sarfati, J. & Monty, C. (eds) *Phanerozoic Stromatolites II*. Kluwer Academic, Dordrecht, 193–226.

Casanova, J. & Hillaire–Marcel, C. 1992. Late Holocene hydrological history of Lake Tanganyika, East Africa, from isotopic data on fossil stromatolites. *Palaeogeography*, *Palaeoclimatology*, *Palaeoecology*, 91, 35–48.

Castanier, S., Le Metayer–Levrel, G. & Perthuisot, J. –P. 1999. Ca–carbonates precipitation and limestone genesis–the microbiogeologist point of view. *Sedimentary Geology*, 126, 9–23.

Chafetz, H. S. 2013. Porosity in bacterially induced carbonates: focus on micropores. *AAPG Bulletin*, 97, 2103–2111.

Chafetz, H. S. & Folk, R. L. 1984. Travertines: depositional morphology and the bacterially constructed constituents. *Journal of Sedimentary Research*, 54, 289–316.

Chafetz, H. S. & Guidry, S. A. 1999. Bacterial shrubs, crystal shrubs, and ray–crystal shrubs:

bacterial v. abiotic precipitation. *Sedimentary Geology*, 126, 57–74.
Chafetz, H. S. & Lawrence, J. R. 1994. Stable isotopic variability within modern travertines. *Geographie physique et Quaternaire*, 48, 257–273.
Chafetz, H. S., Srdoc, D. & Horvatinčić, N. 1994. Early diagenesis of Plitvice Lakes waterfall and barrier travertine deposits. *Geographie physique et Quaternaire*, 48, 247–255.
Cohen, A. S. & Thouin, C. 1987. Nearshore carbonate deposits in Lake Tanganyika. *Geology*, 15, 414–418.
Cohen, A. S., Talbot, M. R., Awramik, S. M., Dettman, D. L. & Abell, P. 1997. Lake level and paleoenvironmental history of Lake Tanganyika, Africa as inferred from late Holocene and modern stromatolites. *Bulletin of the Geological Society of America*, 109, 444–460.
Cole, J. M., Rasbury, E. T., Montanez, I. P., Pedone, V. A., Lanzirotti, A. & Hanson, G. N. 2004. Petrographic and trace element analysis of uranium–rich tufa calcite, middle Miocene Barstow Formation, California, USA. *Sedimentology*, 51, 433–453.
Colman, S. M., Kelts, K. R. & Dinter, D. A. 2002. Depositional history and neotectonics in Great Salt Lake, Utah, from high–resolution seismic stratigraphy. *Sedimentary Geology*, 148, 61–78.
Council, T. C. & Bennett, P. C. 1993. Geochemistry of ikaite formation at Mono Lake, California: implications for the origin of tufa mounds. *Geology*, 21, 971–974.
Davis, O. K. 1999. Pollen analysis of a Late–Glacial and Holocene sediment core from Mono Lake, Mono County, California. *Quaternary Research*, 52, 243–249.
Dean, W. E. & Fouch, T. D. 1983. Lacustrine environment. *In*: Scholle, P. A., Bebout, D. G. & Moore, C. H. (eds) *Carbonate Depositional Environments.* American Association of Petroleum Geologists, Tulsa, OK, Memoirs, 33, 98–130.
Decho, A. W. 1990. Microbial exopolymer secretions in ocean environments: their role (s) in food webs and marine processes. *Oceanography and Marine Biology–An Annual Review*, 28, 73–153.
Decho, A. W. 2010. Overview of biopolymer–induced mineralization: what goes on in biofilms? *Ecological Engineering*, 36, 137–144.
Défarge, C., Trichet, J., Jaunet, A. –M., Robert, M., Tribble, J. & Sansone, F. J. 1996. Texture of microbial sediments revealed by cryo–scanning electron microscopy. *Journal of Sedimentary Research*, 66, 935–947.
Della Porta, G., Kenter, J. A. M., Bahamonde, J. R., Immenhauser, A. & Villa, E. 2003. Microbial boundstone dominated carbonate slope (Upper Carboniferous, N Spain): microfacies, lithofacies distribution and stratal geometry. *Facies*, 49, 175–208.
Della Porta, G., Kenter, J. A. M. & Bahamonde, J. R. 2004. Depositional facies and stratal geometry of an Upper Carboniferous prograding and aggrading high–relief carbonate platform (Cantabrian Mountains, NW Spain). *Sedimentology*, 51, 267–295.
Della Porta, G., Merino–Tomé, O., Kenter, J. A. M. & Verwer, K. 2013. Lower Jurassic microbial and skeletal carbonate factories and platform geometry (Djebel Bou Dahar, High Atlas, Morocco). *In*: Verwer, K., Playton, T. E. & Harris, P. M. (eds) *Deposits, Architecture and Controls of Carbonate Margin, Slope and Basinal Settings.* Society of Economic Paleontologists and Mineralogists, Tulsa, OK, Special Publications, 105, http://dx.doi.org/10.2110/sepmsp.105.01.

Diaz, X., Johnson, W. P., Fernandez, D. & Naftz, D. L. 2009. Size and elemental distributions of nanoto micro-particulates in the geochemically-stratified Great Salt Lake. *Applied Geochemistry*, 24, 1653-1665.

Di Benedetto, F., Montegrossi, G. et al. 2011. Biotic and inorganic control on travertine deposition at Bullicame 3 spring (Viterbo, Italy): a multidisciplinary approach. *Geochimica et Cosmichimica Acta*, 75, 4441-4455.

Di Bernardo, A., Della Porta, G. & Capezzuoli, E. 2011. Depositional system, petrography and facies analysis of Pleistocene travertine in southern Marche, central Italy. *In*: *AAPG International Conference and Exhibition*, Milan. American Association of Petroleum Geologists, Tulsa, OK, Search and Discovery article #90135.

Duguid, S. M. A., Kyser, T. K., James, N. P. &Rankey, E. C. 2010. Microbes and ooids. *Journal of Sedimentary Research*, 80, 236-251.

Dunham, R. J. 1962. Classification of carbonate rocks according to depositional texture. *In*: Ham, W. E. (ed.) *Classification of Carbonate Rocks - A Symposium.* American Association of Petroleum Geologists, Tulsa, OK, Memoirs, 1, 108-121.

Dupraz, C. & Visscher, P. T. 2005. Microbial lithification in marine stromatolites and hypersaline mats. *Trends in Microbiology*, 13, 429-438.

Dupraz, C., Visscher, P. T., Baumgartner, L. K. & Reid, R. P. 2004. Microbe-mineral interactions: early carbonate precipitation in a hypersaline lake (Eleuthera Island, Bahamas). *Sedimentology*, 51, 745-765.

Dupraz, C., Reid, R. P., Braissant, O., Decho, A. W., Norman, R. S. & Visscher, P. T. 2009. Processes of carbonate precipitation in modern microbial mats. *Earth-Science Reviews*, 96, 141.

Dyni, J. R. 2006. *Geology and resources of some world: Oil-shale deposits.* USGS, Scientific Investigations Report 2005-5294.

Eardley, A. J. 1938. Sediments of Great Salt Lake, Utah. *AAPG Bulletin*, 22, 1305-1411.

Embry, A. F. &Klovan, J. E. 1971. A Late Devonian reef tract on northeastern Banks Island, Northwest Territories. *Bulletin of Canadian Petroleum Geology*, 19, 730-781.

Emeis, K. -C., Richnow, H. -H. & Kempe, S. 1987. Travertine formation in Plitvice National Park, Yugoslavia: chemical v. biological control. *Sedimentology*, 34, 595-609.

Eugster, H. P. & Hardie, L. A. 1975. Sedimentation in an acient playa-lake complex: the Wilkins Peak Member of the Green River Formation of Wyoming. *Geological Society of America Bulletin*, 86, 319-334.

Eugster, H. P. & Surdam, R. C. 1973. Depositional environment of the Green River Formation of Wyoming: a preliminary report. *Geological Society of America Bulletin*, 84, 1115-1120.

Faatz, M., Groehn, F. & Wegner, G. 2004. Amorphous calcium carbonate: synthesis and potential intermediate in biomineralization. *Advanced Materials*, 16, 996-1000.

Faccenna, C., Soligo, M., Billi, A., De Filippis, L., Funiciello, R., Rossetti, C. & Tuccimei, P. 2008. Late Pleistocene depositional cycles of the Lapis Tiburtinus travertine (Tivoli, central Italy): possible influence of climate and fault activity. *Global and Planetary Change*, 63, 299-308.

Folk, R. L. 1993. SEM imaging of bacteria and nannobacteria in carbonate sediments and rocks. *Journal of Sedimentary Research*, 63, 990–999.

Folk, R. L. & Chafetz, H. S. 1983. Pisoliths (pisoids) in Quaternary travertines of Tivoli, Italy. *In*: Peryt, T. (ed.) *Coated Grains*. Springer, Berlin, 474–487.

Folk, R. L., Chafetz, H. S. & Tiezzi, P. A. 1985. Bizarre forms of depositional and diagenetic calcite in hotspring travertines, central Italy. *In*: Schneidermann, N. & Harris, P. M. (eds) *Carbonate Cements*. Society of Economic Paleontologists and Mineralogists, Tulsa, OK, Special Publications, 36, 349–369.

Ford, T. D. & Pedley, H. M. 1996. A review of tufa and travertine deposits of the world. *Earth-Science Reviews*, 41, 117–175.

Fouke, B. W. 2001. Depositional facies and aqueous-solid geochemistry of travertine-depositing hot springs (Angel Terrace, Mammoth Hot Springs, Yellowstone National Park, U. S. A.) – Reply. *Journal of Sedimentary Research*, 71, 497–500.

Fouke, B. W. 2011. Hot-spring Systems Geobiology: abiotic and biotic influences on travertine formation at Mammoth Hot Spring, Yellowstone National Park, USA. *Sedimentology*, 58, 170–219.

Fouke, B. W., Farmer, J. D., Des Marais, D. J., Pratt, L., Sturchio, N. C., Burns, P. C. & Discipulo, M. K. 2000. Depositional facies and aqueous-solid geochemistry of travertinedepositing hot springs (Angel Terrace, Mammoth Hot Springs, Yellowstone National Park, USA). *Journal of Sedimentary Research*, 70, 265–285.

Frasier, M. L. & Corsetti, F. A. 2003. Neoproterozoic carbonate shrubs: interplay of microbial activity and unusual environmental conditions in post-snowball earth oceans. *Palaios*, 18, 378–387.

Freytet, P. & Plet, A. 1996. Modern freshwater microbial carbonates: the Phormidium stromatolites (tufa-travertine) of Southeastern Burgundy (Paris Basin, France). *Facies*, 5, 219–237.

Freytet, P. &Verrecchia, E. P. 1998. Freshwater organisms that build stromatolites: a synopsis of biocrystallization by prokaryotic and eukaryotic algae. *Sedimentology*, 45, 535–563.

Freytet, P. & Verrecchia, E. P. 1999. Calcitic radial palisadic fabric in freshwater stromatolites: Diagenetic and recrystallized feature or physicochemical sinter crust? *Sedimentary Geology*, 126, 97–102.

Friedman, I. 1970. Some investigations of the deposition of travertine from hot-springs; the isotopic chemistry of a travertine depositing spring. *Geochimica et Cosmichimica Acta*, 34, 1303–1315.

Frisia, S. & Borsato, A. 2010. Karst. *In*: Alonso-Zarza, A. M. & Tanner, L. H. (eds) *Carbonates in continental settings: facies, environments and processes*. Developments in Sedimentology, 61. Elsevier, Amsterdam, 269–318.

Galat, D. L. & Jacobsen, R. L. 1985. Recurrent aragonite precipitation in saline-alkaline Pyramid Lake, Nevada. *Archiv für Hydrobiologie (Archive of Hydrobiology)*, 105, 137–159.

Gandin, A. & Capezzuoli, E. 2008. Travertine v. calcareous tufa: distinctive petrologic features and stable isotope signatures. *Italian Journal of Quaternary Sciences*, 21, 125–136.

Gandin, A. & Capezzuoli, E. 2014. Travertine: distinctive depositional fabrics of carbonates from thermal spring systems. *Sedimentology*, 61, 264–290.

Geno, K. R. & Chafetz, H. S. 1982. Petrology of Quaternary fluvial low-magnesian calcite coated grains from central Texas. *Journal of Sedimentary Petrology*, 52, 833-842.

Gierlowski-Kordesch, E. H. 2010. Lacustrine carbonates. *In*: Alonso-Zarza, A. M. & Tanner, L. H. (eds) *Carbonates in Continental Settings: Facies, Environments and Processes*. Developments in Sedimentology, 61. Elsevier, Amsterdam, 61, 1-101.

Gischler, E., Gibson, M. A. & Oschmann, W. 2008. Giant Holocene freshwater microbialites, Laguna Bacalar, Quintana Roo, Mexico. *Sedimentology*, 55, 1293-1309.

Glunk, C., Dupraz, C., Braissant, O., Gallagher, K. L., Verrecchia, E. P. & Visscher, P. T. 2011. Microbially mediated carbonate precipitation in a hypersaline lake, Big Pond (Eleuthera, Bahamas). *Sedimentology*, 58, 720-738.

Gonfiantini, R., Panichi, C. & Tongiorni, E. 1968. Isotopic disequilibrium in travertine deposition. *Earth and Planetary Science Letters*, 5, 55-58.

Goodwin, J. H. 1973. Analcime and K-Feldspar in tuffs of the Green River Formation, Wyoming. *American Mineralogist*, 58, 93-105.

Gradziński, M. 2010. Factors controlling growth of modern tufa: results of a field experiment. *In*: Pedley, H. M. & Rogerson, M. (eds) *Tufas and Speleothems: Unravelling the Microbial and Physical Controls*. Geological Society, London, Special Publications, 336, 143-191.

Grim, R. E., Kulbicki, G. & Carozzi, A. V. 1960. Clay mineralogy of the sediments of the Great Salt Lake, Utah. *Geological Society of America Bulletin*, 71, 515-520.

Guido, D. M. & Campbell, K. A. 2011. Jurassic hot spring deposits of the Deseado Massif (Patagonia, Argentina): characteristics and controls on regional distribution. *Journal of Volcanology and Geothermal Research*, 203, 35-47.

Guo, L. & Riding, R. 1992. Aragonite laminae in hot water travertine crusts, Rapolano Terme, Italy. *Sedimentology*, 39, 1067-1079.

Guo, L. & Riding, R. 1994. Origin and diagenesis of Quaternary travertine shrub fabrics, Rapolano Terme, central Italy. *Sedimentology*, 41, 499-520.

Guo, L. & Riding, R. 1998. Hot-spring travertine facies and sequences, Late Pleistocene, Rapolano Terme, Italy. *Sedimentology*, 45, 163-180.

Guo, L. & Riding, R. 1999. Rapid facies changes in Holocene fissure ridge hot spring travertines, Rapolano Terme, Italy. *Sedimentology*, 46, 1145-1158.

Guo, L., Andrews, J., Riding, R., Dennis, P. &Dresser, Q. 1996. Possible microbial effects on stable carbon isotopes in hot-spring travertines. *Journal of Sedimentary Research*, 66, 468-473.

Guo, X. & Chafetz, H. S. 2012. Large tufa mounds, Searles Lake, California. *Sedimentology*, 59, 1509-1535.

Guo, X. & Chafetz, H. S. 2014. Trends in $\delta^{18}O$ and $\delta^{13}C$ values in lacustrine tufa mounds: palaeohydrology of Searles Lake, California. *Sedimentology*, 61, 221-237.

Hägele, D., Leinfelder, R., Grau, J., Burmeister, E. -G. & Struck, U. 2006. Oncoids from the river Alz (southern Germany): tiny ecosystems in a phosphorus-limited environment. *Palaeogeography, Palaeoclimatology, Palaeoecology*, 237, 378-395.

Halley, R. B. 1977. Ooid fabric and fracture in the Great Salt Lake and the geologic record. *Journal of Sedimentary Petrology*, 47, 1099–1120.

Hammer, Ø., Dysthe, D. K. & Jamtveit, B. 2010. Travertine terracing: patterns and mechanisms. *In*: Pedley, H. M. & Rogerson, M. (eds) *Tufas and Speleothems: Unravelling the Microbial and Physical Controls.* Geological Society, London, Special Publications, 336, 345–355.

Hancock, P. L., Chalmers, R. M. L., Altunel, E. & Cakir, Z. 1999. Travitonics: using travertines in active fault studies. *Journal of Structural Geology*, 21, 903–916.

Handford, C. R., Kendall, A. C., Prezbindowski, D. R., Dunham, J. B. & Logan, B. W. 1984. Salinamargin tepees, pisoliths, and aragonite cements, Lake MacLeod, Western Australia: their significance in interpreting ancient analogs. *Geology*, 12, 523–527.

Harris, P. M., Ellis, J. & Purkis, S. J. 2013. Assessing the extent of carbonate deposition in early rift settings. *AAPG Bulletin*, 97, 27–60.

Heindel, K., Birgel, D., Peckmann, J., Kuhnert, H. & Westphal, H. 2010. Formation of deglacial microbialites in coral reefs off Tahiti (IODP 310) involving sulphate–reducing bacteria. *Palaios*, 25, 618–635.

Henry, C. D., Faulds, J. E. & dePolo, C. M. 2007. *Geometry and timing of strike–slip and normal faults in the northern Walker Lake, northwestern Nevada and northeastern California: strain partitioning or sequential extensional and strike–slip deformation*? Geological Society of America, Boulder, CO, Special Papers, 434, 59–79.

Hillaire–Marcel, C. & Casanova, J. 1987. Isotopic hydrology and paleohydrology of the Magadi (Kenya) –Natron (Tanzania) basin during the late Quaternary. *Palaeogeography*, *Palaeoclimatology*, *Palaeoecology*, 58, 155–181.

Hoefs, J. 2009. *Stable Isotope Geochemistry.* 6th edn. Springer, Berlin.

Horvatinčić, N., Calic, R. & Geyh, M. A. 2000. Interglacial growth of tufa in Croatia. *Quaternary Research*, 53, 185–195.

Humayoun, S. B., Bano, N. & Hollibaugh, J. T. 2003. Depth distribution of microbial diversity in Mono Lake, a meromictic soda lake in California. *Applied and Environmental Microbiology*, 69, 1030–1042.

Ihlenfeld, C., Norman, M. D., Gagan, M. K., Drysdale, R. N., Maas, R. & Webb, J. 2003. Climatic significance of seasonal trace element and stable isotope variations in a modern freshwater tufa. *Geochimica et Cosmochimica Acta*, 67, 2341–2357.

Janssen, A., Swennen, R., Podoor, N. & Keppens, E. 1999. Biological and diagenetic influence in Recent and fossil tufa deposits from Belgium. *Sedimentary Geology*, 126, 75–95.

Johnson, C. R., Ashley, G. M. et al. 2009. Tufa as a record of perennial fresh water in a semi–arid rift basin, Kapthurin Formation, Kenya. *Sedimentology*, 56, 1115–1137.

Jones, B. 1989. Calcite rafts, peloids, and micrite in cave deposits from Cayman Brac, British West Indies. *Canadian Journal of Earth Sciences*, 26, 654–664.

Jones, B. & Peng, X. 2012*a*. Intrinsic versus extrinsic controls on the development of calcite dendrite bushes, Shuzhishi Spring, Rehai geothermal area, Tengchong, Yunnan Province, China. *Sedimentary Geology*, 249, 45–62.

Jones, B. &Peng, X. 2012*b*. Amorphous calcium carbonate associated with biofilms in hot spring deposits. *Sedimentary Geology*, 269–270, 58–68.

Jones, B. & Peng, X. 2014. Signatures of biologically influenced $CaCO_3$ and Mg–Fe silicate precipitation in hot springs: case study from the Ruidian geothermal area, western Yunnan Province, China. *Sedimentology*, 61, 56–89.

Jones, B. & Renaut, R. W. 1994. Crystal fabrics and microbiota in large pisoliths from Laguna Pastos Grandes, Bolivia. *Sedimentology*, 41, 1171–1202.

Jones, B. & Renaut, R. W. 1995. Noncrystallographic calcite dendrites from hot–spring deposits at Lake Bogoria, Kenya. *Journal of Sedimentary Research*, 65, 154–169.

Jones, B. & Renaut, R. W. 2008. Cyclic development of large, complex, calcite dendrite crystals in the Clinton travertine, Interior British Columbia, Canada. *Sedimentary Geology*, 203, 17–35.

Jones, B. & Renaut, R. W. 2010. Calcareous spring deposits in continental settings. *In*: Alonso–Zarza, A. M. & Tanner, L. H. (eds) *Carbonates in Continental Settings*: *Facies*, *Environments and Processes*. Developments in Sedimentology, 61. Elsevier, Amsterdam, 177–224.

Jones, B., Renaut, R. W. & Rosen, M. R. 1996. High–temperature (>90℃) calcite precipitation at Waikite Hot Springs, North Island, New Zealand. *Journal of the Geological Society*, *London*, 153, 481–496.

Jones, B., Renaut, R. W. & Rosen, M. R. 2000. Trigonal dendritic calcite crystals forming from hot spring waters at Waikite, North Island, New Zealand. *Journal of Sedimentary Research*, 70, 586–603.

Jones, B., Renaut, R. W., Owen, R. B. & Torfason, H. 2005. Growth patterns and implications of complex dendrites in calcite travertines from Lýsuhóll, Snæfellsnes, Iceland. *Sedimentology*, 52, 1277–1301.

Jones, B. F., Naftz, D. L., Spencer, R. J. & Oviatt, C. G. 2009. Geochemical evolution of Great Salt Lake, Utah, USA. *Aquatic Geochemistry*, 15, 95–121.

Julia, R. 1983. Travertines. *In*: Scholle, P. A., Bebout, D. G. & Moore, C. H. (eds) *Carbonate Depositional Environments*. American Association of Petroleum Geologists, Tulsa, OK, Memoirs, 33, 64–72.

Kahle, C. F. 1974. Ooids from Great Salt Lake, Utah, as an analogue for the genesis and diagenesis of ooids in marine limestones. *Journal of Sedimentary Petrology*, 44, 30–39.

Kalkowsky, E. 1908. Oolith und Stromatolith im Nord–Deutschen Buntsandstein. *Zeitschrift der Deutschen Geologischen Gesellschaft*, 60, 68–125.

Kano, A., Matsuoka, J., Kojo, T. & Fujii, H. 2003. Origin of annual laminations in tufa deposits, southwest Japan. *Palaeogeography*, *Palaeoclimatology*, *Palaeoecology*, 191, 243–262.

Kano, A., Hagiwara, R., Kawai, T., Hori, M. & Matsuoka, J. 2007. Climatic conditions and hydrological change recorded in a high–resolution stable isotope profile of a recent laminated tufa on a subtropical island, southern Japan. *Journal of Sedimentary Research*, 77, 59–67.

Kaźmierczak, J., Kempe, S., Kremer, B., Lopez–Garcia, P., Moreira, D. & Tavera, R. 2011. Hydrochemistry and microbialites of the alkaline crater lake Alchichica, Mexico. *Facies*, 57, 543–570.

Kele, S., Demény, A., Siklósy, Z., Németh, T., Tóth, M. & Kovács, M. B. 2008. Chemical and stable isotope composition of recent hot-water travertines and associated thermal waters, from Egerszalók, Hungary: depositional facies and non-equilibrium fractionation. *Sedimentary Geology*, 211, 53-72.

Kempe, S., Kaźmierczak, J., Landmann, G., Konuk, T., Reimer, A. & Lipp, A. 1991. Largest known microbialites discovered in Lake Van, Turkey. *Nature*, 349, 605-608.

Keppel, M. N., Clarke, J. D. A., Halihan, T., Love, A. J. & Werner, A. D. 2011. Mound springs in the arid Lake Eyre South region of South Australia: a new depositional tufa model and its controls. *Sedimentary Geology*, 240, 55-70.

Keupp, H., Jenisch, A., Herrmann, R., Neuweiler, F. & Reitner, J. 1993. Microbial carbonate crusts - a key to the environmental analysis of fossil spongiolites? *Facies*, 29, 41-54.

Kjeldsen, K. U., Loy, A., Jakobsen, T. F., Thomsen, T. R. & Wagner, M. K. I. 2007. Diversity of sulfate-reducing bacteria from an extreme hypersaline sediment, Great Salt Lake (Utah). *FEMS Microbiology and Ecology*, 60, 287 298.

Konishi, Y., Prince, J. & Knott, B. 2001. The fauna of thrombolitic microbialites, Lake Clifton, Western Australia. *Hydrobiologia*, 457, 39-47.

Kowalewska, A. & Cohen, A. S. 1998. Reconstruction of paleoenvironments of the Great Salt Lake Basin during the late Cenozoic. *Journal of Paleolimnology*, 20, 381-407.

Last, F. M., Last, W. M. & Halden, N. M. 2010. Carbonate microbialites and hardgrounds from Manito Lake, an alkaline, hypersaline lake in the northern Great Plains of Canada. *Sedimentary Geology*, 225, 34-49.

Last, W. M. 1990. Lacustrine dolomite-an overview of modern, Holocene, and Pleistocene occurrences. *Earth-Science Reviews*, 27, 221-263.

Laval, B., Cady, S. L. et al. 2000. Modern freshwater microbialite analogues for ancient dendritic reef structures. *Nature*, 407, 626-629.

Leggitt, V. L. & Cushman, R. A. Jr. 2001. Complex caddisfly-dominated bioherms from the Eocene Green River Formation. *Sedimentary Geology*, 145, 377-396.

Leggitt, V. L., Biaggi, R. E. & Buchheim, H. P. 2007*a*. Palaeoenvironments associated with caddisflydominated microbial-carbonate mounds from the Tipton Shale Member of the Green River Formation: Eocene Lake Gosiute. *Sedimentology*, 54, 661-699.

Leggitt, V. L., Cushman, R. A. Jr, Buchheim, H. P. & Loewen, M. A. 2007b. Caddisfly (Insecta: Trichoptera) cases used as unique autochthonous paleoenvironmental indicators: Eocene Lake Gosiute. *Mountain Geologist*, 44, 109-118.

Leng, M. J. & Marshall, J. D. 2004. Palaeoclimate interpretation of stable isotope data from lake sediment archives. *Quaternary Science Reviews*, 23, 811-831.

Link, M. H., Osborne, R. H. & Awramik, S. M. 1978. Lacustrine stromatolites and associated sediments of the Pliocene Ridge Route Formation, Ridge Basin, California. *Journal of Sedimentary Petrology*, 48, 143-158.

Liotta, D., Cernobori, L. & Nicolich, R. 1998. Restricted rifting and its coexistence with compressional structures: results from the CROP03 traverse (northern Apennines, Italy). *Terra Nova*, 10, 16-20.

Lojen, S., Dolenec, T., Vokal, B., Cukrov, N., Mihelcics, G. & Papesch, W. 2004. C and O stable isotope variability in recent freshwater carbonates (River Krka, Croatia). *Sedimentology*, 51, 361-375.

Londry, K. L. & Des Marais, D. J. 2003. Stable carbon isotope fractionation by sulphate reducing bacteria. *Applied and Environmental Microbiology*, 69, 2942-2949.

Madsen, D. B., Rhode, D. et al. 2001. Late Quaternary environmental change in the Bonneville basin, western USA. *Palaeogeography, Palaeoclimatology, Palaeoecology*, 167, 243-271.

Malinverno, A. & Ryan, W. B. F. 1986. Extension in the Tyrrhenian Sea and shortening in the Apennines as result of arc migration driven by sinking of the lithosphere. *Tectonics*, 5, 227-254.

Manzo, E., Perri, E. & Tucker, M. E. 2012. Carbonate deposition in a fluvial tufa system: processes and products (Corvino Valley - southern Italy). *Sedimentology*, 59, 553-577.

McCall, J. 2010. Lake Bogoria, Kenya: hot and warm springs, geysers and Holocene stromatolites. *Earth-Science Reviews*, 103, 71-79.

Meldrum, F. C. & Cölfen, H. 2008. Controlling mineral morphologies and structures in biological and synthetic systems. *Chemical Reviews*, 108, 4332-4432.

Merz-Preiβ, M. & Riding, R. 1999. Cyanobacterial tufa calcification in two freshwater streams: ambient environment, chemical thresholds and biological processes. *Sedimentary Geology*, 126, 103-124.

Milroy, P. G. & Wright, V. P. 2000. A highstand oolitic sequence and associated facies from a Late Triassic lake basin, south-west England. *Sedimentology*, 47, 187-209.

Minissale, A. 2004. Origin, transport and discharge of CO_2 in central Italy. *Earth-Science Reviews*, 66, 89-141.

Minissale, A., Kerrick, D. M. et al. 2002*a*. Structural, hydrological, chemical and climatic parameters affecting the precipitation of travertines in the Quaternary along the Tiber valley, north of Rome. *Earth and Planetary Science Letters*, 203, 709-728.

Minissale, A., Vaselli, O., Tassi, F., Magro, G. & Grechi, G. P. 2002*b*. Fluid mixing in carbonate aquifers near Rapolano (central Italy): chemical and isotopic constraints. *Applied Geochemistry*, 17, 1329-1342.

Monty, C. L. V. 1995. The rise and nature of carbonate mud-mounds: an introductory actualistic approach. *In*: Monty, C. L. V., Bosence, D. W. J., Bridges, P. H. & Pratt, B. R. (eds) *Carbonate Mud-Mounds: their origin and evolution.* International Association of Sedimentologists, Oxford, Special Publications, 23, 11-48.

Moore, L. S. & Burne, R. V. 1994. The modern thrombolites of Lake Clifton, Western Australia. *In*: Bertrand-Sarfati, J. & Monty, C. (eds) *Phanerozoic Stromatolites II.* Kluwer Academic, Dordrecht, 3-29.

Morgan, C. D., Chidsey, T. C. J., McClure, K. P., Bereskin, S. R. & Deo, M. D. 2003. Reservoir characterization of the Lower Green River Formation, Southwest Uinta Basin. Utah USGS Reports and Field Guides http://geology.utah.gov/emp/greenriver/index.htm.

Moussa, M. T. 1969. Green River Formation (Eocene) in the Soldier Summit Area, Utah. *Geological Society of America Bulletin*, 80, 1737-1748.

Mü ller, G., Irion, G. & Forstner, U. 1972. Formation and diagenesis of inorganic Ca-Mg carbonates in the lacustrine environment. *Naturwissenschaften*, 59, 158-164.

Newton, M. S. 1994. Holocene fluctuations of Mono lake California: the sedimentary record. *In*: Renaut, R. W. & Last, W. M. (eds) *Sedimentology and Geochemistry of Modem and Ancient Saline Lakes.* Society of Economic Paleontologists and Mineralogists, Tulsa, OK, Special Publications, 50, 143-158.

Obst, M., Dynes, J. J. et al. 2009. Precipitation of amorphous $CaCO_3$ (aragonite-like) by cyanobacteria: a STXM study of the influence of EPS on the nucleation process. *Geochimica et Cosmochimica Acta*, 73, 4180-4198.

Ordóñez, S. & Garcia del Cura, M. A. 1983. Recent and Tertiary fluvial carbonates in central Spain. *In*: Collinson, J. D. & Lewin, J. (eds) *Ancient and Modern Fluvial Systems*. International Association of Sedimentologists, Oxford, Special Publications, 6, 485-497.

Oremland, R. S., Miller, L. G. & Whiticar, M. J. 1987. Sources and flux of natural gases from Mono Lake, California. *Geochimica et Cosmochimica Acta*, 51, 2915-2929.

Osborne, R. H., Licari, G. R. & Link, M. H. 1982. Modern lacustrine stromatolites, Walker Lake, Nevada. *Sedimentary Geology*, 32, 39-61.

Özkul, M., Varol, B. & Alcicek, M. C. 2002. Depositional environments and petrography of Denizli Travertine. *Bullettin of the Mineral Research and Exploration*, 125, 13-29.

Özkul, M., Gökgöz, A. & Horvatinčić , N. 2010. Depositional properties and geochemistry of Holocene perched springline tufa deposits and associated spring waters: a case study from the Denizli Province, Western Turkey. *In*: Pedley, H. M. & Rogerson, M. (eds) *Tufas and Speleothems: Unravelling the Microbial and Physical Controls.* Geological Society, London, Special Publications, 336, 245-262.

Pache, M., Reitner, J. & Arp, G. 2001. Geochemical evidence for the formation of a large Miocene 'travertine' mound at a sublacustrine spring in a soda lake (Wellerstein Castle Rock, Nördlinger Ries, Germany). *Facies*, 45, 211-230.

Patacca, E., Sartori, R. & Scandone, P. 1992. Tyrrhenian basin and Apenninic arcs: kinematic relations since late Tortonian times. *Memorie Societa' Geologica Italiana*, 45, 425-451.

Paul, J. & Peryt, T. M. 2000. Kalkowsky's stromatolites revisited (Lower Triassic Buntsandstein, Harz Mountains, Germany). *Palaeogeography, Palaeoclimatology, Palaeoecology*, 161, 435-458.

Pedley, H. M. 1990. Classification and environmental models of cool freshwater tufas. *Sedimentary Geology*, 68, 143-154.

Pedley, H. M. 1994. Prokaryote microphyte biofilms: a sedimentological perspective. *Kaupia, Darmstäder Beiträge zur Naturgeschichte*, 4, 45-60.

Pedley, H. M. & Rogerson, M. 2010. In vitro investigations of the impact of different temperature and flow velocity conditions on tufa microfabric. *In*: Pedley, H. M. & Rogerson, M. (eds) *Tufas and Speleothems: Unravelling the Microbial and Physical Controls.* Geological Society, London, Special Publications, 336, 193-210.

Pedley, M. 1992. Freshwater (phytoherm) reefs: the role of biofilms and their bearing on marine reef cementation. *Sedimentary Geology*, 79, 255-274.

Pedley, M. 2009. Tufas and travertines of the Mediterranean region: a testing ground for freshwater carbonate concepts and developments. *Sedimentology*, 56, 221.

Pedley, M. 2014. The morphology and function of thrombolitic calcite precipitating biofilms: a universal model derived from freshwater mesocosm experiments. *Sedimentology*, 61, 22-40.

Pedley, M. & Hill, I. 2003. The recognition of barrage and paludal tufa systems by GPR: case studies in the geometry and correlation of Quaternary freshwater carbonates. *In*: Bristow, C. S. & Jol, H. M. (eds) *Ground Penetrating Radar in Sediments*. Geological Society, London, Special Publications, 211, 207-223.

Pedley, M., Andrews, J., Ordóñez, S., Garcia Del Cura, M. A., Gonzales Martin, J. A. & Taylor, D. 1996. Does climate control the morphological fabric of freshwater carbonates? A comparative study of Holocene barrage tufas from Spain and Britain. *Palaeogeography*, *Palaeoclimatology*, *Palaeoecology*, 121, 239-257.

Pedley, M. H., González Martin, J. A., Ordóñez Delgado, D. & Garcia Del Cura, M. A. 2003. Sedimentology of Quaternary perched springline and paludal tufas: criteria for recognition, with examples from Guadalajara Province, Spain. *Sedimentology*, 50, 23-44.

Pedley, M., Rogerson, M. & Middleton, R. 2009. Freshwater calcite precipitates from in vitro mesocosm flume experiments: a case for biomediation of tufas. *Sedimentology*, 56, 511-527.

Pedone, V. A. & Dickson, J. A. D. 2000. Replacement of aragonite by quasi-rhomboidral dolomite in a Late Pleistocene tufa mound, Great Salt Lake, Utah, U. S. A. *Journal of Sedimentary Research*, 70, 1152-1159.

Pedone, V. A. & Folk, R. L. 1996. Formation of aragonite cement by nannobacteria in the Great Salt Lake, Utah. *Geology*, 24, 763-765.

Pedone, V. A. & Norgauer, C. H. 2002. Petrology and geochemistry of recent ooids from the Great Salt Lake, Utah. *In*: Gwynn, J. W. (ed.) *Great Salt Lake*; *An Overview of Change*. Utah Department of Natural Resources Special Publication, Salt Lake City, 33-41.

Pentecost, A. 1990. The formation of travertine shrubs: Mammoth Hot Springs, Wyoming. *Geological Magazine*, 127, 159.

Pentecost, A. 1995*a*. The Quaternary travertine deposits of Europe and Asia Minor. *Quaternary Science Reviews*, 14, 1005.

Pentecost, A. 1995*b*. Geochemistry of carbon dioxide in six travertine-depositing waters of Italy. *Journal of Hydrology*, 167, 263.

Pentecost, A. 2005. *Travertine*. Springer, Berlin.

Pentecost, A. & Coletta, P. 2007. The role of photosynthesis and CO_2 evasion in travertine formation: A quantitative investigation at an important travertinedepositing hot spring, Le Zitelle, Lazio, Italy. *Journal of the Geological Society*, 164, 843.

Pentecost, A. & Tortora, P. 1989. Bagni di Tivoli, Lazio: a modern travertine-depositing site and its associated microorganisms. *Bollettino Societa' Geologica Italiana*, 108, 315-324.

Pentecost, A. & Viles, H. 1994. A review and reassessment of travertine classification. *Geographie physique et Quaternaire*, 48, 305-314.

Pentecost, A., Bayari, S. & Yesertener, C. 1997. Phototrophic microorganisms of the Pamukkale travertine Turkey: their distribution and influence on travertine deposition. *Geomicrobiology Journal*, 14, 269-283.

Perri, E., Tucker, M. E. & Spadafora, A. 2012*a*. Carbonate organo-mineral micro- and ultrastructures in sub-fossil stromatolites: Marion Lake, South Australia. *Geobiology*, 10, 105-117.

Perri, E., Manzo, E. & Tucker, M. E. 2012*b*. Multi-scale study of the role of the biofilm in the formation of minerals and fabrics in calcareous tufa. *Sedimentary Geology*, 263-264, 16-29.

Petryshyn, V. A., Corsetti, F. A., Berelson, W. M., Beaumont, W. & Lund, S. P. 2012. Stromatolite lamination frequency, Walker Lake, Nevada: implications for stromatolites as biosignatures. *Geology*, 40, 499-502.

Picard, M. D. & High, L. R. J. 1972. Paleoenvironmental reconstructions in an area of rapid facies change, Parachute Creek Member of Green River Formation (Eocene), Uinta Basin, Utah. *Geological Society of America Bulletin*, 83, 2689-2708.

Platt, N. H. & Wright, V. P. 1991. Lacustrine carbonates: facies models, facies distributions and hydrocarbon aspects. *In*: Anadón, P., Cabrera, L. & Kelts, K. (eds) *Lacustrine Facies Analysis*. International Association of Sedimentologists/Blackwell Scientific, Oxford, Special Publications, 13, 57-74.

Platt, N. H. & Wright, V. P. 1992. Palustrine carbonates in the Florida Everglades: towards and exposure index for the fresh-water environment. *Journal of Sedimentary Petrology*, 62, 1058-1071.

Pope, M. C. & Grotzinger, J. P. 2000. Controls on fabric development and morphology of tufas and stromatolites, uppermost Pethei Group (1. 8 Ga), Great Slave Lake, Northwest Canada. *In*: Grotzinger, J. P. & James, N. P. (eds) *Carbonate Sedimentation and Diagenesis in the Evolving Precambrian world*. Society of Economic Paleontologists and Mineralogists, Tulsa, OK, Special Publications, 67, 103-121.

Popp, B. N. & Wilkinson, B. H. 1983. Holocene lacustrine ooids from Pyramid Lake, Nevada. *In*: Peryt, T. M. (ed.) *Coated Grains*. Springer, Berlin, 142-153.

Rainey, D. K. & Jones, B. 2009. Abiotic v. biotic controls on the development of the Fairmont Hot Springs carbonate deposit, British Columbia, Canada. *Sedimentology*, 56, 1832-1857.

Rasmussen, K. A., Macintyre, I. G. & Prufert, L. 1993. Modern stromatolite reefs fringing a brackish coastline, Chetumal Bay, Belize. *Geology*, 21, 199-202.

Ratterman, N. G. & Surdam, R. C. 1981. Zeolite mineral reactions an a tuff in the Laney Member of the Green River Formation, Wyoming. *Clays and Clay Minerals*, 29, 365-375.

Reid, R. P., Visscher, P. T. et al. 2000. The role of microbes in accretion, lamination and early lithification of modern marine stromatolites. *Nature*, 406, 989-922.

Reitner, J., Neuweiler, F. & Gautret, P. 1995. Modern and fossil automicrites: implications for mud mound genesis. *In*: Reitner, J. & Neuweiler, F. (coord.) A *Polygenetic Spectrum of Fine-Grained Carbonate Buildups*. Facies, 32, 4-17.

Reitner, J., Paul, J., Arp, G. & Hause-Reitner, D. 1996. Lake Thetis domal microbialites - a complex framework of calcified biofilms and organomicrites (Cervantes, Western Australia). *In*:

Reitner, J., Neuweiler, F. & Gunkel, F. (eds) *Reef Evolution*. Research Reports. Göttinger Arbeiten zur Geologie und Paläontologie, Sb2, 85-89.

Reitner, J., Arp, G., Thiel, V., Gautret, P., Galling, U. & Michaelis, W. 1997. Organic matter in Great Salt lake ooids (Utah, USA) - first approach to a formation of organic matrices. *Facies*, 36, 210-219.

Remy, R. R. & Ferrell, R. E. 1989. Distribution and origin of analcime in marginal lacustrine mudstones of the Green River Formation, South-central Uinta Basin, Utah. *Clays and Clay Minerals*, 37, 419-432.

Renaut, R. W. & Gierlowski-Kordesch, E. H. 2010. Lakes. *In*: James, N. & Dalrymple, R. (eds) *Facies Models*. 4th edn. Geological Association of Canada, Toronto 541-575.

Renaut, R. W., Morley, C. K. & Jones, B. 2002. Fossil hot spring travertine in the Turkana Basin, northern Kenya: structure, facies, and genesis. *In*: Renaut, R. W. & Ashley, G. M. (eds) *Sedimentation in Continental Rifts*. Society of Economic Paleontologists and Mineralogists, Tulsa, OK, Special Publications, 73, 123-141.

Renaut, R. W., Owen, R. B., Jones, B., Tiercelin, J. -J., Tarits, C., Ego, J. K. & Konhauser, K. O. 2013. Impact of lake-level changes on the formation of thermogene travertine in continental rifts: evidence from Lake Bogoria, Kenya Rift Valley. *Sedimentology*, 60, 428-468.

Riding, R. 1979. Origin and diagenesis of lacustrine algal bioherms at the margin of the Ries crater, Upper Miocene, southern Germany. *Sedimentology*, 26, 645-680.

Riding, R. 1991. Classification of microbial carbonates. *In*: Riding, R. (ed.) *Calcareous Algae and Stromatolites*. Springer, Berlin, 21-52.

Riding, R. 1999. The term stromatolite: towards an essential definition. *Lethaia*, 32, 321-330.

Riding, R. 2000. Microbial carbonates: the geological record of calcified bacterial-algal mats and biofilms. *Sedimentology*, 47, 179-214.

Riding, R. 2008. Abiogenic, microbial and hybrid authigenic carbonate crusts: Components of Precambrian stromatolites. *Geologia Croatica*, 61, 73.

Riding, R. 2011. Microbialites, stromatolites, and thrombolites. *In*: Reitner, J. & Thiel, V. (eds) *Encyclopedia of Geobiology*. Springer, Heidelberg, 635-654.

Risacher, F. & Eugster, H. P. 1979. Holocene pisoliths and encrustations associated with spring-fed surface pools, Pastos Grandes, Bolivia. *Sedimentology*, 26, 253-270.

Rogerson, M., Pedley, H. M., Wadhawan, J. D. & Middleton, R. 2008. New insights into biological influence on the geochemistry of freshwater carbonate deposits. *Geochimica et Cosmichimica Acta*, 72, 4976-4987.

Rogerson, M., Pedley, H. M. & Middleton, R. 2010. Microbial influence on macroenvironment chemical conditions in alkaline (tufa) streams: perspectives from in vitro experiments. *In*: Pedley, H. M. & Rogerson, M. (eds) *Tufas and Speleothems: Unravelling the Microbial and Physical Controls*. Geological Society, London, Special Publications, 336, 65-81.

Rosen, M. R., Arehart, G. B. & Lico, M. S. 2004. Exceptionally fast growth rate of <100-yr-old tufa, Big Soda Lake, Nevada: implications for using tufa as a paleoclimate proxy. *Geology*, 32, 409-412.

Russell, I. C. 1885. *Geological History of Lake Lahontan, a Quaternary Lake of Northwestern Nevada. US Geological Survey, Reston, VA, Monographs*, 11.

Sanborn, A. F. & Goodwin, J. C. 1965. Green River Formation at Raven Ridge, Uinta County, Utah. *The Mountain Geologist*, Z, 109–114.

Sandberg, P. A. 1975. New interpretations of Great Salt Lake ooids and of ancient non–skeletal carbonate mineralogy. *Sedimentology*, 22, 497–537.

Sanders, D., Wertl, W. & Rott, E. 2011. Springassociated limestones of the Eastern Alps: overview of facies, deposystems, minerals, and biota. *Facies*, 57, 395–416.

Sarg, J. F., Suriamin,, Tänavsuu–Milkeviciene, K. & Humphrey, J. D. 2013. Lithofacies, stable isotopic composition, and stratigraphic evolution of microbial and associated carbonates, Green River Formation (Eocene), Piceance Basin, Colorado. *AAPG Bulletin*, 97, 1937–1966.

Scholl, D. & Taft, W. H. 1964. Algae, contributors to the formation of calcareous tufa, Mono Lake, California. *Journal of Sedimentary Petrology*, 34, 309–319.

Scholl, D. W. 1960. Pleistocene algal pinnacles at Searles Lake, California. *Journal of Sedimentary Petrology*, 30, 414–431.

Schomacker, E. R., Kjemperud, A. V., Nystuen, J. P. & Jahren, J. S. 2010. Recognition and significance of sharp–based mouth–bar deposits in the Eocene Green River Formation, Uinta Basin, Utah. *Sedimentology*, 57, 1069–1087.

Shearman, D. J., McGugan, A., Stein, C. & Smith, A. J. 1989. Ikaite, $CaCO_3 \cdot 6H_2O$, precursor of the thinolites in the Quaternary tufas and tufa mounds of the Lahontan and Mono Lake Basins, western United States. *Geological Society of America Bulletin*, 101, 913–917.

Smith, M. D., Goater, S. E., Reichwaldt, E. S., Knott, B. & Ghadouani, A. 2010. Effects of recent increases in salinity and nutrient concentrations on the microbialite community of Lake Clifton (Western Australia): are the thrombolites at risk? *Hydrobiologia*, 649.

Smith, M. E., Singer, B. & Carroll, A. 2003. $^{40}Ar/^{39}Ar$ geochronology of the Eocene Green River Formation, Wyoming. *Geological Society of America Bulletin*, 115, 549–565.

Smith, M. E., Carroll, A. R. & Singer, B. S. 2008. Synoptic reconstruction of a major ancient lake system: Eocene Green River Formation, western United States. *Geological Society of America Bulletin*, 120, 54–84.

Smoot, J. P. 1983. Depositional subenvironments in an arid closed basin; the Wilkins Peak Member of the Green River Formation (Eocene), Wyoming, U. S. A. *Sedimentology*, 30, 801–827.

Souza–Egipsy, V., Wierzchos, J., Ascaso, C. & Nealson, K. H. 2005. Mg–silica precipitation in fossilization mechanisms of sand tufa endolithic microbial community, Mono Lake (California). *Chemical Geology*, 217, 77–87.

Stoffers, P. &Botz, R. 1994. Formation of hydrothermal carbonate in Lake Tanganyika, East–central Africa. *Chemical Geology*, 115, 117–122.

Straccia, F. G., Wilkinson, B. H. & Smith, G. R. 1990. Miocene lacustrine algal reefs – south western Snake River Plain, Idaho. *Sedimentary Geology*, 67, 7–23.

Surdam, R. C. & Parker, R. D. 1972. Authigenic aluminosilicate minerals in the tuffaceous rocks of the Green River Formation, Wyoming. *Geological Society of America Bulletin*, 83, 689–700.

Surdam, R. C. & Stanley, K. O. 1979. Lacustrine sedimentation during the culminating phase of Eocene Lake Gosiute, Wyoming (Green River Formation). *Geological Society of America Bulletin*, 90, 93–110.

Surdam, R. C. & Wolfbauer, C. A. 1975. Green River Formation, Wyoming: a playa-lake complex. *Geological Society of America Bulletin*, 86, 335–345.

Talbot, M. R. 1990. A review of the palaeohydrological interpretation of carbon and oxygen isotopic ratios in primary lacustrine carbonates. *Chemical Geology: Isotope Geoscience Section*, 80. 4, 261–279.

Tänavsuu-Milkeviciene, K. & Sarg, J. F. 2012. Evolution of an organic-rich lake basin – stratigraphy, climate and tectonics: Piceance Creek basin, Eocene Green River Formation. *Sedimentology*, 59, 1735–1768.

Taylor, P. M. & Chafetz, H. S. 2004. Floating rafts of calcite crystals in cave pools, central Texas, USA: crystal habit v. saturation state. *Journal of Sedimentary Research*, 74, 328–341.

Terra, G. J. S., Spadini, A. R. et al. 2010. Carbonate rock classification applied to Brazilian sedimentary basins. *Boletin Geociencias Petrobras*, 18, 9–29.

Thompson, J. B., Ferris, F. G. & Smith, D. A. 1990. Geomicrobiology and Sedimentology of the mixolimnion and chemosline in Fayetteville Green Lake, New York. *Palaios*, 5, 52–75.

Tissot, B., Deroo, G. & Hood, A. 1978. Geochemical study of the Uinta Basin : formation of petroleum from the Green River Formation. *Geochimica et Cosmichimica Acta*, 42, 1459–1485.

Tomascak, P. B., Hemming, N. G. & Hemminmg, S. R. 2003. The lithium isotopic composition of waters of the Mono Basin, California. *Geochimica et Cosmichimica Acta*, 67, 601–611.

Turner, E. C. & Jones, B. 2005. Microscopic calcite dendrites in cold-water tufa: Implications for nucleation of micrite and cement. *Sedimentology*, 52, 1043.

Vasconcelos, C. & McKenzie, J. A. 1997. Microbial mediation of modern dolomite precipitation and diagenesis under anoxic conditions (Lagoa Vermelha, Rio de Janeiro, Brazil). *Journal of Sedimentary Research*, 67, 378–390.

Vasconcelos, C., McKenzie, J. A., Bernasconi, S., Grujic, D. & Tien, A. J. 1995. Microbial mediation as a possible mechanism for natural dolomite formation at low temperatures. *Nature*, 377, 220–222.

Vasconcelos, C., Dittrich, M. & McKenzie, J. A. 2014. Evidence of microbiocoenosis in the formation of laminae in modern stromatolites. *Facies*, 60, 3–13.

Vazquez-Urbez, M., Arenas, C. & Pardo, G. 2012. A sedimentary facies model for stepped, fluvial tufa systems in the Iberian Range (Spain): the Quaternary Piedra and Mesa valleys. *Sedimentology*, 59, 502–526.

Veysey, J. I., Fouke, B. W., Kandianis, M. T., Schickel, T. J., Johnson, R. W. & Goldenfeld, N. 2008. Reconstruction of water temperature, pH, and flux of ancient hot springs from travertine depositional facies. *Journal of Sedimentary Research*, 78, 69–76.

Visscher, P. T., Reid, R. P. & Bebout, B. M. 2000. Microscale observations of sulfate reduction: correlation of microbial activity with lithified micritic laminae in modern marine stromatolites. *Geology*, 28, 919–922.

Whiticar, M. J. & Suess, E. 1998. The cold carbonate connection between Mono Lake, California and the Bransfield Strait, Antarctica. *Aquatic Geochemistry*, 4, 429-454.

Wiggins, W. D. & Harris, P. M. 1994. Lithofacies, depositional cycles, and stratigraphy of the lower Green River Formation, southwestern Uinta Basin, Utah. *In*: *Lacustrine Reservoirs and Depositional Systems*, SEPM Core Workshop no. 19, 105-143.

Williamson, C. R. & Picard, M. D. 1974. Petrology of carbonate rocks of the Green River Formation (Eocene). *Journal of Sedimentary Petrology*, 44, 738-759.

Winsborough, B. M., Seeler, J. S., Golubic, S., Folk, R. L. & Maguire, B. J. 1994. Recent fresh-water lacustrine stromatolites, stromatolitic mats and oncoids from northeastern Mexico. *In*: Bertrand-Sarfati, J. & Monty, C. (eds) *Phanerozoic Stromatolites II*. Kluwer Academic, Dordrecht, 71-100.

Wright, D. T. 1999. The role of sulphate-reducing bacteria and cyanobacteria in dolomite formation in distal ephemeral lakes of the Coorong region, South Australia. *Sedimentary Geology*, 126, 147-157.

Wright, D. T. & Wacey, D. 2005. Precipitation of dolomite using sulphate-reducing bacteria from the Coorong Region, South Australia: significance and implications. *Sedimentology*, 52, 987-1008.

Wright, V. P. 1992. A revised classification of limestones. *Sedimentary Geology*, 76, 177-185.

Wright, V. P. 2007. Calcretes. *In*: Nash, D. & McLaren, S. (eds) *Geochemical Sediments and Landscapes*. Wiley-Blackwell, Oxford, 10-45.

Wright, V. P. 2012. Lacustrine carbonates in rift settings: the interaction of volcanic and microbial processes on carbonate deposition. *In*: Garland, J., Neilson, J. E., Laubach, S. E. & Whidden, K. J. (eds) *Advances in Carbonate Exploration and Reservoir Analysis*. Geological Society, London, Special Publications, 370, 39-47.

Wright, V. P. & Barnett, A. In press. An abiotic model for the development of textures in some South Atlantic early Cretaceous lacustrine carbonates. *In*: Bosence, D. W. J., Gibbons, K. et al. (eds) *Microbial Carbonates in Space and Time: Implications for Global Exploration and Production*. Geological Society, London, Special Publications, 418, http: //dx. doi. org/10. 1144/SP418. 3.

Zamarreño, I., Anadon, P. & Utrilla, R. 1997. Sedimentology and isotopic composition of Upper Palaeocene to Eocene non-marine stromatolites, eastern Ebro Basin, NE Spain. *Sedimentology*, 44, 159-176.

Zeebe, R. E. 1999. An explanation of the effect of seawater carbonate concentration on foraminiferal oxygen isotopes. *Geochimica et Cosmichimica Acta*, 63, 2001-2007.

Zhang, D. D., Zhang, Y., Zhu, A. & Cheng, X. 2001. Physical mechanisms of river waterfall tufa (travertine) formation. *Journal of Sedimentary Research*, 71, 205-216.

第3章　微生物碳酸盐岩：通过获取生物结构组分解决岩石物理学取样和测量的挑战

PATRICK CORBETT[1*], FELIPE YUJI HAYASHI[2], MICHAEL SAAD ALVES[2],
ZEYUN JIANG[1], HAITAO WANG[1], VASILY DEMYANOV[1],
ALESSANDRA MACHADO[2], LEONARDO BORGHI[2]
& NARENDRA SRIVASTAVA[3]

1. Heriot-Watt University, Edinburgh, EH14 4AS, UK
2. Universidade Federal do Rio de Janeiro, Rio de Janeiro, 2194-1916, Brazil
3. Universidade Federal do Rio Grande de Norte, Natal, 59.072-970, Brazil
通信地址（e-mail：patrick.corbett@pet.hw.ac.uk）

摘要：在表征微生物成因的生物沉积物时，古老的和现代的叠层石对岩石物理学家来说是一个挑战。由于非均质性，有时高度胶结缺乏孔隙，有时高孔隙度，这些宽泛的差异状态是利用技术来解决微生物岩中表征体积单元（单个 REV 或多个 REV）的挑战。有效的介质性质——如孔隙度，需要在 REV 尺度上定义，挑战在于这个尺度非常接近或明显大于传统用于测量属性的岩心塞。综合应用露头图像、图像分析技术、微 CT 和建模，获取孔隙（或在有些情况下为原生孔隙）结构并为在一定范围内估算岩石物理性质的敏感性提供框架，该框架会受到相关微生物储集岩测量值的进一步校正。这项工作将有助于指导微生物碳酸盐岩的取样方法以及岩石物理测量值的应用和解释。在微生物岩中，控制孔隙的生物结构组分，由于 REV 尺度经常比岩心塞大得多而面临重大挑战，需要小心筛选已存在的数据、测量值和附加的（进一步校正后的）基于地质统计学模型处理值。

在巴西海上桑托斯（Santos）盆地盐下油气藏（拥有超过 80×10^8 ~ 120×10^8bbl 油当量的储量；Teixeira，2013）累计发现了超过 300×10^8bbl 油当量（BOE）之后，微生物碳酸盐岩（Microbialites）近年来重新成为油气工业感兴趣的体系。盐下油气藏每天仅从 17 口井中产出超过 30×10^4bbl 油，有望在 2020 年提供巴西每年 420×10^4bbl 石油产量的几乎一半（Hayashi，2013）。这套油气藏包含了可能是微生物来源的碳酸盐岩岩层（Le Ber 等，2013；Virgone 等，2013），但是在一些盐下湖相碳酸盐岩中，真正的微生物结构可能是稀缺的（Wright，2013）。

在巴西里约热内卢地区，从元古宇（如 Irecê 盆地；Pereira，2012）到近代的潟湖叠层石地层序列（如 Lagoa Salgada，距今 3000—3500a；Iespa 等，2011）中都发育大量微生物层，它们能够提供潜在的微生物岩储层类似样品。

微生物群的生物沉积是一种复合的蓝细菌生长结构，包含微生物膜、微生物席、微生物丘、藻结核、叠层石、凝块石、树枝石、均一石、钙泉华和石灰华，它们大小变化可以囊括从几厘米（似核形石、球粒和小的单叠层石柱）到数米的大结构。生物岩礁（Bioherm）是最小宽度不大于它们最大厚度的一种生物沉积结构，生物层（Biostrome）也是最小宽度大于它们最大厚度的一种层状生物沉积结构。由于传统的岩石物理测量体积（探针、柱塞、全岩心、测井）可能或可能没有合适的统计学支撑体积来满足表征体积单元（REVs）的条件，超过了在碳酸盐岩孔隙系统中正常取样的复杂性（Corbett 等，1999），这些结构带来了岩石物理学挑战。这些方法可以用于有类似采样体积问题非生物碳酸盐岩（如石灰华）。

在本文中，将展示微生物碳酸盐岩更加完整的孔隙描述及表征的进步（可更加广泛地应用到其他岩石物理测量），涉及微 CT 和地质统计学在搭建嵌套模型中为油藏描述及表征不可缺少的多种岩石物理参数（渗透率、kV/kH、相对渗透率、毛细管压力、地层因子、电阻率指数、NMR 响应等）的建模所起到的作用。同时指出生物沉积的岩石物理分析要求测量值和模型的综合，建议生物沉积的岩石物理描述还要特别关注新的工作流程的发展，包括本文中描述的技术。

考虑到为了讨论生物岩礁，通过来自 Irecê 盆地新远古界 Una 群大型柱状（Conophytoida、Kussielida 和 Gymnosolenida；图 3.1）叠层石和小型指状（*Jurussania* sp.；图 3.2）叠层石（Pereira，2012），以及来自里约热内卢沿海地区（巴西里约热内卢 Regiaã dos Lagos）现今潟湖的叠层石—凝块石生物层（Lagoa Vermelha；图 3.3）来解决在这些体系中通用的岩石物理学取样。取样点位置如图 3.4 所示。两个取样点的生物块礁中均发育原生孔隙和次生孔隙。在一些类型中，原生结构通常被保存，并对表征体积单元（REV）需要统计的有效孔隙具有控制作用。

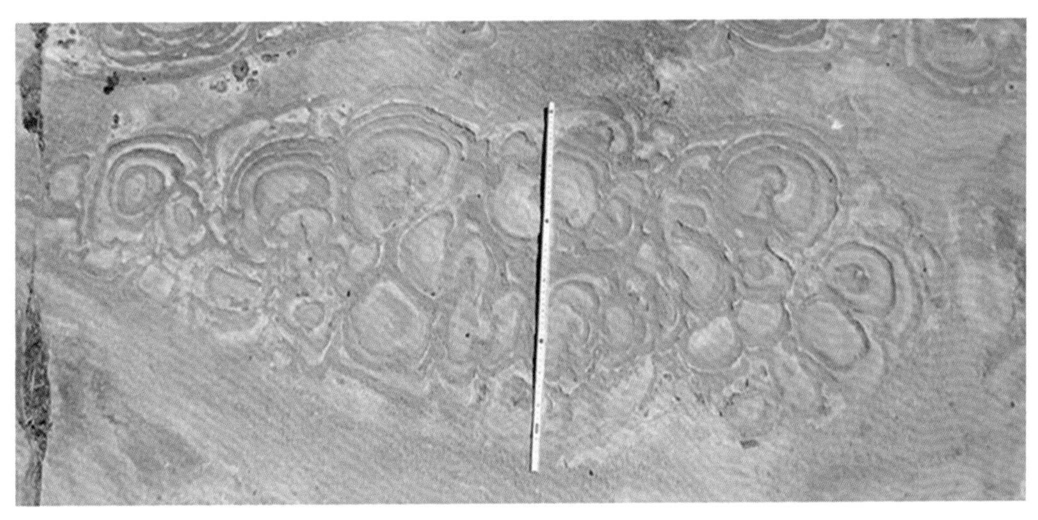

图 3.1　巴西巴伊亚州（Bahia）Irecê 盆地新元古界菌落生物块礁

识别了一个大于测井测量尺度的内叠层石柱体的复合体，标尺为 1m

原生和次生过程形成许多孔隙发育类型，本质上均包括粒内和粒间孔隙。与颗粒级别的孔隙一样，也存在原生生物结构孔隙（障壁、体腔、钻孔），同时考虑后期成岩作用晶簇发育和次生孔隙。描述孔隙度成为根本挑战，正如各个典型孔隙类型所代表的，每种类型都要考虑它们各自的连通性来解释、模拟预测渗透率和/或导电性。

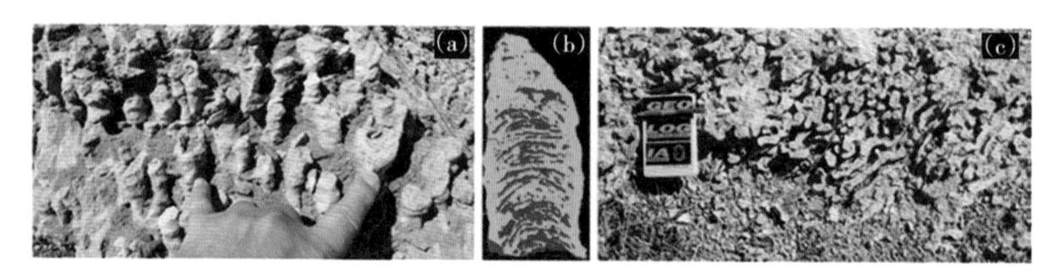

图 3.2　巴西巴伊亚州 Irecê 盆地新元古界指状叠层石（*Jurusania* sp.）

（a）俯视图，（b）微 CT 图（固体绿色，孔隙红色），（c）斜视图；注意这种井眼尺度（介于柱塞和电缆测井之间）的复合结构；如何选取代表性的岩心柱塞来作为测井参数的校正？

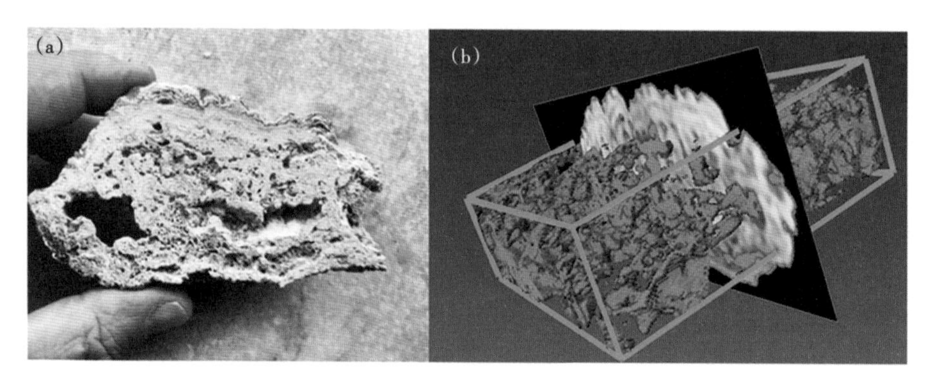

图 3.3　来自巴西弗洛米嫩塞州北部 Lagoa Salgada 的近代叠层石—凝块石结构

由于叠层石及其他生物体沉积和生长特征的结果，多种孔隙遍布该结构发育；注意制作这个样品的柱塞带来的挑战——如果要测量具有代表性的孔隙度，你应该在哪里选取样品？

图（b）为显示了由 CT 扫描图像分析产生的一个孔隙度三维图像

图 3.4　巴西新元古界 Irecê 盆地和近代 Lagoa Salgada 位置图

3.1 碳酸盐岩生物架构

生物结构通常来源于生物。本文将经典的生物礁架构概念（Ginsburg 和 Lowenstam，1958，在 Moore，2011）修改为更加能够代表一般的生物结构模型的概念（图 3.5a）。有四个主要组构：

（1）骨架——造礁生物如珊瑚以及文中提到的叠层石；

（2）胶结物——胶结有机物和早期成岩作用胶结；

（3）生物侵蚀——由潜穴和钻孔生物引起的侵蚀；

（4）碎屑充填——沉积碎屑、生物碎屑、鲕粒、贝壳、砂质和泥质。

在这些图表中，没有提供一个比例尺，由于（比如）钻孔或许是微观尺度（由藻类生物）的又或许是宏观尺度（由腹足类生物）的。同样骨架可以是厘米级的或十米级的。

文中首先关注叠层石，对叠层石系统来说，首先需要定义原生孔隙。在元古宙实例中，有极少（如果有的话）的侵蚀类生物，这个机制可能要打折扣，所以显然不是每个实例所有的过程都必然发生，模型也并不是说明这些。

3.2 碳酸盐岩中生物结构孔隙形成

碳酸盐岩中产生（和充填）孔隙的方式多样，在着手表征微生物沉积时，应该考虑这些多样性。碳酸盐岩孔隙系统被多个学者划分，本文这里采用 Choquette 和 Pray（1970）及 Lucia（1995，1999）的两个方案，应用到一般的生物结构模型（图 3.5b）。

碳酸盐岩基质渗透率是由原生孔隙系统的连通性造成。源于对孔隙发育的解释，基于它们的结构和相互关系，继而可以获得渗透率预测模型（图 3.5c）来显示连通孔隙区域（有时裂缝连通），以定义潜力储层性质岩石中的“豌豆区”（具有相似的孔隙度和渗透率），孔隙需要连通才能对渗透率有贡献，微生物孔隙可以是孤立的，也可能是连通体系的一部分。碳酸盐岩渗透率实测是基于基本的统计学支撑和稳定性问题（Corbett 等，1999），首次解释孔隙度贡献的控制是非常重要的，之后要尝试识别完成渗透率测量所需的适当的孔隙支撑体积。在这方面，文中聚焦在孔隙分布的测量和建模，作为孔隙度建模的一个约束，并提供孔隙连通问题的解释，这将最终有助于建立渗透率模型。本文在这里不展现渗透率测量，因为微生物岩的孔隙度表征和测量是首先需要关注的。

从模型中理论孔隙度图表（图 3.5b）和可能的渗透率实践中，可以看出生物沉积结构可能影响孔隙分布，通过结构中组织变化或者被周围沉积物分布控制。评估生物沉积物中孔隙分布的任何技术都应同时考虑生物结构内部、之间的孔隙。文中首先考虑了生物结构之间的孔隙，下一步将考虑生物结构内部孔隙。然而，下面的例子和技术应用将会为处理整个生物结构之间和生物结构内部孔隙提供理解和指示。生物结构内部孔隙控制毛细管压力、饱和度分布和采收率，并可能（如果储层渗透率足够）与浅海砂岩（Corbett 和 Jensen，1993；Ringrose 等，1993）和硅藻岩（Akhimona 等，2013）的薄层尺度特征类似。

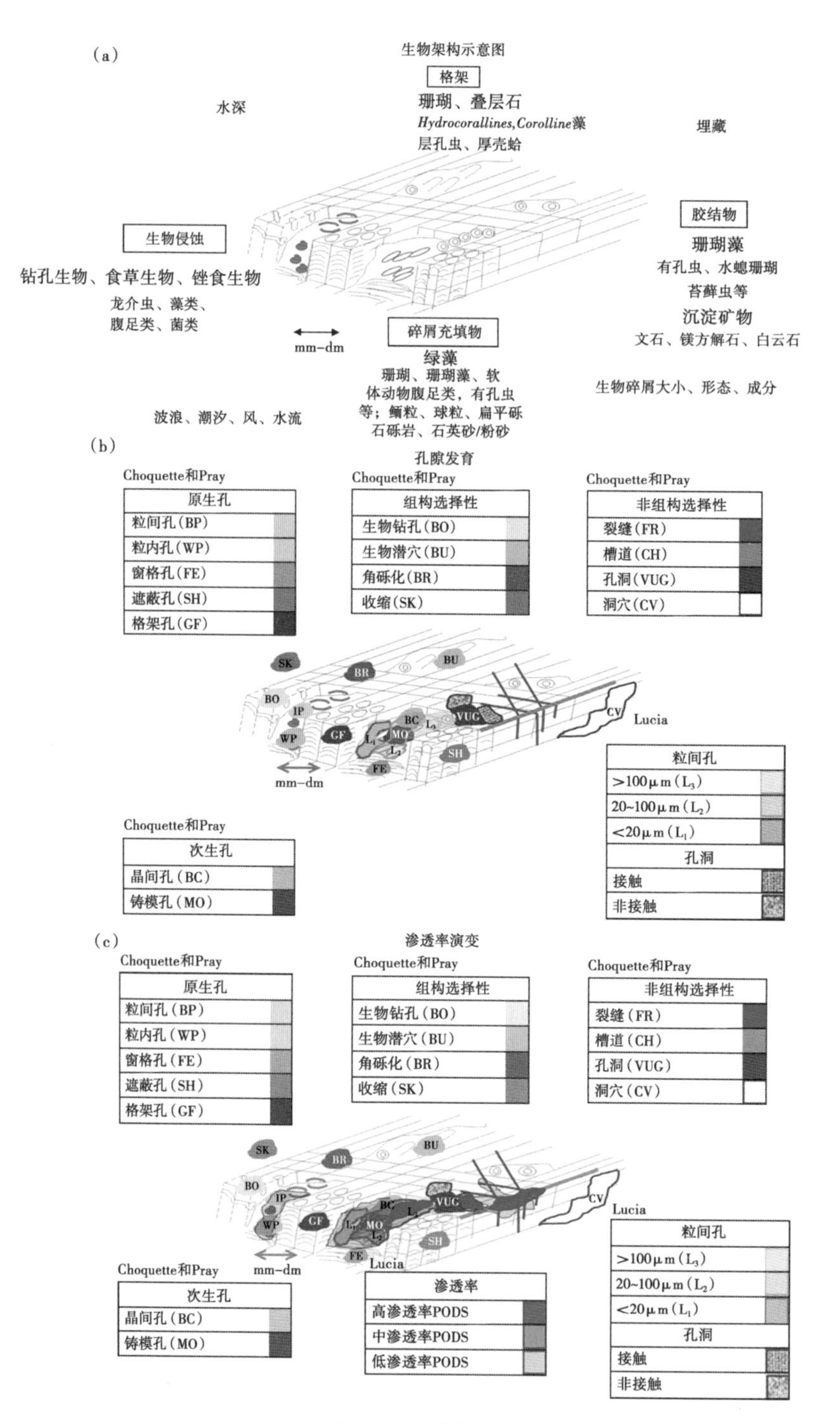

图 3.5　生物结构模型

(a) 碳酸盐岩生物结构的一个表现（据 Ginsburg 和 Lowenstam 1958，在 Moore 2011）；(b) 图 (a) 中的一个生物结构模型的孔隙类型（术语源于 Choquette 和 Pray，1970；Lucia，1995，1999），Lucia 基于颗粒大小的定义叠合了 Choquette 和 Pray 的组构定义；(c) 开放裂缝改造生物结构系统的潜在渗透率分布，注意定义那些连通的孔隙系统为渗透率“豌豆区”，微生物孔隙形成的区域可能与“主要”的渗透率通道不连通，注意没有提供比例尺，由于该过程可以发生在多个尺度上，模型需要一直呈现所有过程

3.3 微生物沉积物

微生物沉积定义为“由底栖微生物菌落捕获或粘结碎屑沉积物和/或形成矿物质沉淀痕迹，增长形成的有机沉积”（Burne 和 Moore，1987）。这个定义进一步简述，由于微生物生长、矿物质沉淀和颗粒的重要性成为包含“新陈代谢、细胞表面特征引起的微生物生长，以及矿物沉淀和颗粒捕获形成的细胞外（外部）聚合物（EPS）”（Riding，2011a）的更好解释。微生物生长、矿物质沉淀和颗粒的混合定义了这些结构和它们的基本组构特征，这为下一步确定微生物结构碳酸盐岩岩石物理性质起到重要作用。

驱动微生物岩生长的生物化学作用过程非常复杂。早期模型常常提供一个简单的“捕获和粘结”模型（Reid 等，2000），更多的近期工作也在强调生物化学控制的重要性。一个薄层可能源于 5 个生物沉积过程（Vasconcelos 等，2013）：（1）生氧光合作用；（2）呼吸作用；（3）光养硫化物氧化；（4）光养硫酸盐还原；（5）厌氧甲烷氧化。

这些过程依次被以下主要供能物质控制（Visscher 和 Stoltz，2005）：（1）能量源（光能或化学能）；（2）电子供体（岩石/有机物）；（3）碳源（自原子/异原子）。

原始纹层结构的多样性也可能因此而多样。古岩石中保存这些原始纹层成为稳定矿物质的精确的机理并不简单。现代叠层石中可以看到夜以继日的（每日的）生长变化，但实验条件下单一薄层积累可能需要数年（Vasconcelos 等，2013）。最终控制了岩石物理性质的是保存下来发生变化的纹层，最终结果是直接测量出来的。

3.4 叠层石分类

Riding（2008，2011a，b）基于内部组构和外部构造定义了四种类型微生物结构（图 3.6），这些也将为生物结构内部和结构之间的孔隙提供基础控制：

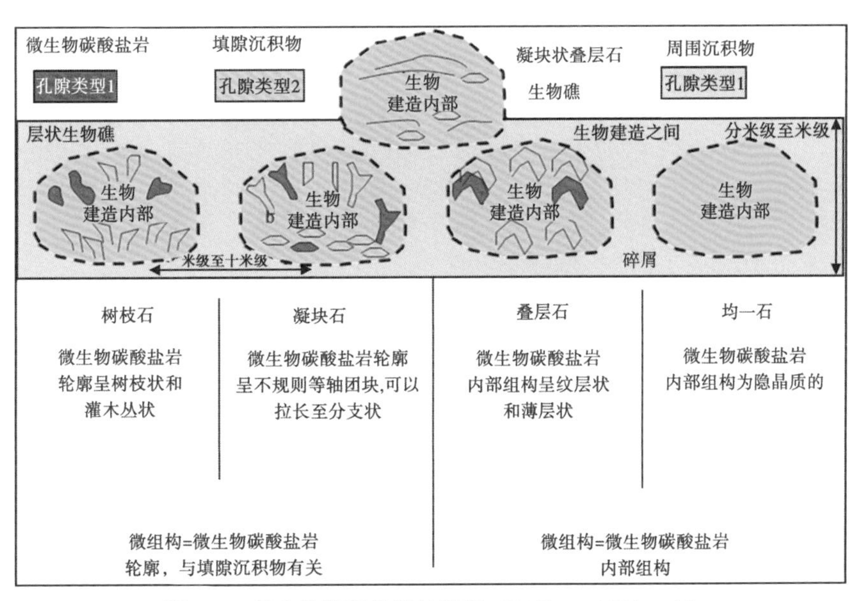

图 3.6 微生物沉积类型的定义（Riding，2011a、b）

从微生物组构到夹层基质、结构，独立的生物块礁或集合生物层会提供较大差异的孔隙类型

（1）树枝石——树枝状或树丛状底栖微生物沉积物；
（2）凝块石——凝结的底栖微生物沉积物；
（3）叠层石——层状的底栖微生物沉积物；
（4）均一石——无结构的底栖微生物沉积物。

可以看出叠层石属于微生物结构的一种，但是有趣的是，它是具有复杂内部层状结构结合在确定的外部形态中的一种形态。这意味着它作为微生物沉积物类型的代表，是适用于该研究的典型生物结构构造，研究中生物结构内部和结构之间的孔隙都需要表征。

3.5 叠层石结构

微生物生长、矿物质沉淀和颗粒结构是定义微生物沉积物的基础，它们被用来定义一系列三角图代表的结构多样性，三角图显示了纹层生长机理（图3.7b，Riding，2011a）及颗粒大小和胶结物（图3.7a，Riding，2008），着重强调地质纪录中可见的。这些沉积物的层状性质在薄片（图3.8）和风化露头（图3.9）中显示完好。但在岩心中可能并不直观（图3.10）。由于通常没有柔软的有机物质或者局部（生物）化学梯度的精确性质信息，这些层的精确成因在每个实例的解释中是开放的。这些叠层石内部结构都是在非常小的尺度（小于厘米级）上，毛细管压力在储层性质中起到重要作用（Corbett 和 Jensen，1993；Ringrose 等，1993；Akhimona 等，2013）。

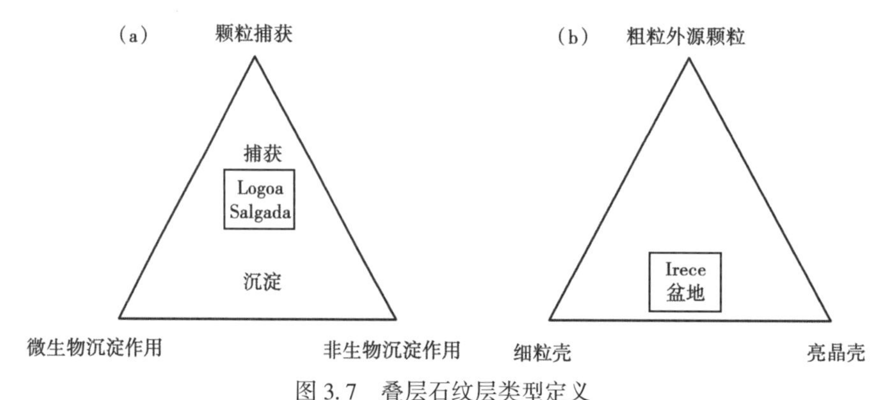

图3.7　叠层石纹层类型定义

（a）基于形成机理的纹层组构类型（据 Riding，2011a，b，修改）显示 Lagoa Salgada 叠层石特征；
（b）基于颗粒大小和晶体生长的纹层组构类型（据 Riding，2008，修改）显示 Irece 盆地叠层石特征

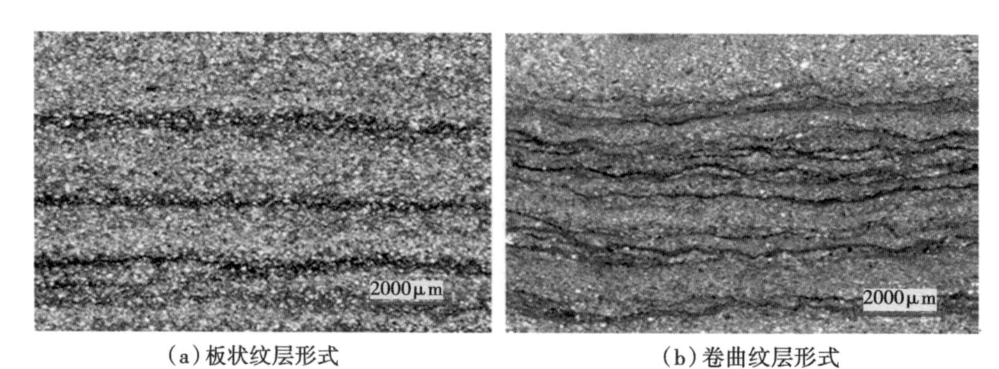

（a）板状纹层形式　　（b）卷曲纹层形式

图3.8　厘米级（小于厘米级）纹层性质的结构多样性在现代类型（Lagoa Salgada）中更普遍

图 3.9　深坑一侧的风化露头（来自 Irece 盆地 *Kussiella*）显示内叠层石构造的纹层特征

彩色带是由于深坑中变化的水平面

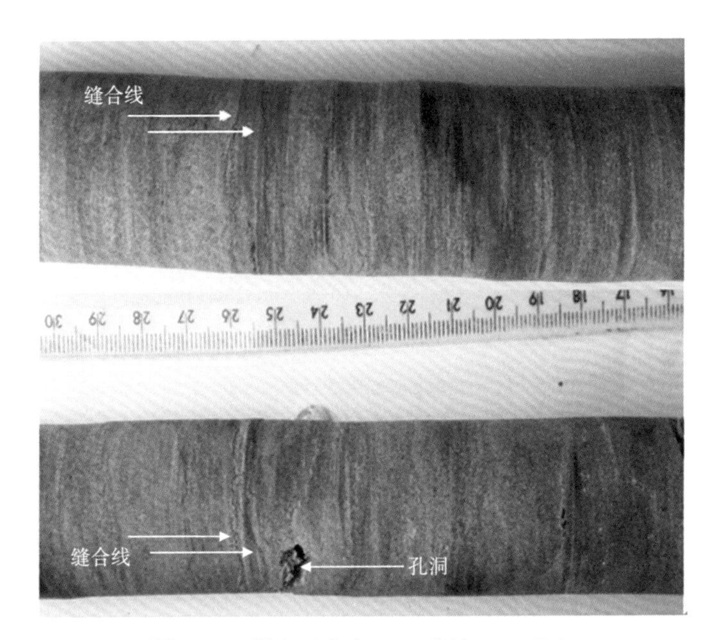

图 3.10　岩心（来自 Irece 盆地 *Kussiella*）

注意薄片（图 3.8）中和露头（图 3.9）中的清晰纹层，在岩心中却并不明显；注意出现的缝合线和孔洞，后者显然与纹层无关，显示在这个体系中孔隙形成存在其他机制

3.6 原生叠层石实例

Irece 盆地元古宇单一的生物层中包含很多保存完好的不同尺度的微生物结构（图 3. 11）。除了三维暴露的大型穹隆状叠层石（超过 1m×数米，延伸超过数百米），还有更小的交错叠层石群（超过数十米），在这些群中可以近距离检查铬酸盐内和铬酸盐间的结构。这些最古老的沉积物通常胶结良好，孔隙度很低，但情况并非总是如此，如下所述。

3.6.1 *Kussiella*

Kussiella 完好地出露在巴西巴伊亚州 Morro de Chapeu 镇西边步行道（葡萄牙语‘Lajedos’）旁，是一个发育良好的菌落叠层石，具有内部不规则凹面朝下构造（图 3.1，图 3.9 至图 3.11a）。该构造的一个小例子以平面视角拍摄（图 3.12）。该例子（0.6m×1.8m）相对于该区域出露的大多数构造来说是较小的一个，它们大多比这个尺寸大 3 倍。从地面上完整拍摄较大的构造是不可能的，所以选择这个例子为这次的研究目标。

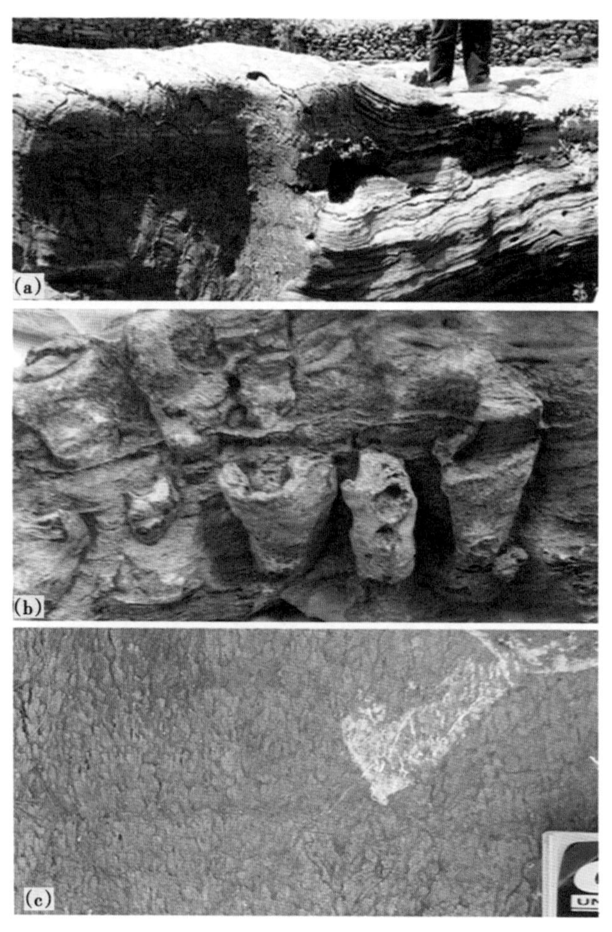

图 3.11　来自 Irece 盆地元古宙多种保存完好的微生物沉积物

（a）*Kussiella* 位于照片左侧—注意人腿作为比例尺；（b）*Jurusania*（手标本，10cm 宽）；（c）来自 Irece 盆地凝块石（注意野外记录本的边缘是一个接近 15in 的岩心柱塞，该样品体不会像上面的两个微生物物质一样有那么多的取样挑战）

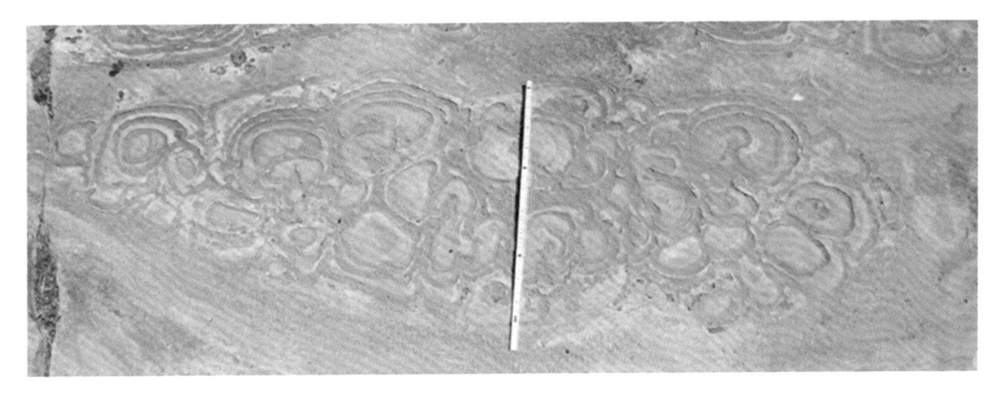

图 3.12　图像处理前的 *Kussiella* 叠层石菌落

彩色图像转换成黑白图像（图 3.13），变成一个二元数据组，用来做统计分析。数学形态学是图像分析中提高源样品总体质量的关键资源，增强兴趣点特征，平衡不同颜色类型（水准刻画、强光投影等）遍及了整个野外露头数字捕获始终。因此，必须小心处理数据，以避免分辨率亏损和人工附加值（Serra，1982）。

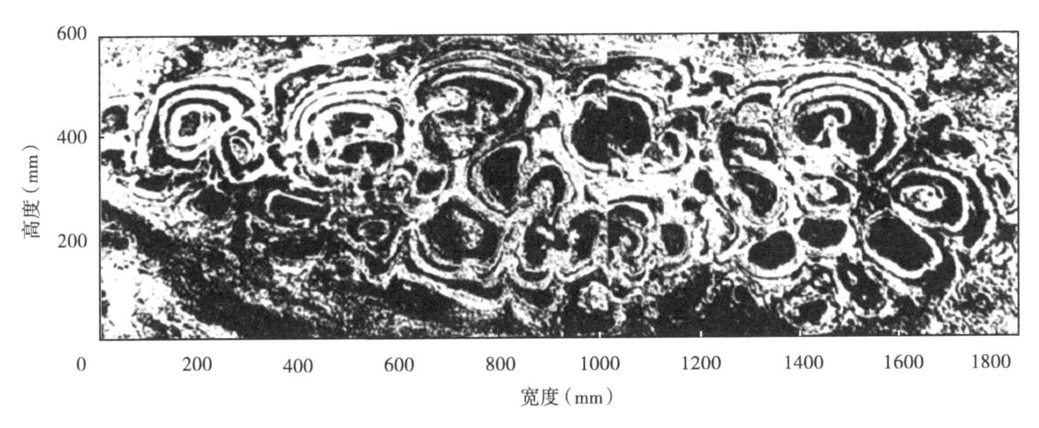

图 3.13　图像处理后的 *Kussiella* 叠层石菌落

增加了统计学结构分析的二元图像

为了定义一个处理这些样品的方法，工作中尝试了不同类型的形态学操作方式（Beucher，1999）；闭合和开放证明是最成功的。所有野外数字图像用 Imag J 1.46r 由 RGB 转换成 8 位（灰度的）二元图像，这是一款实现前、后处理方案的免费软件。随后，大范围的侵蚀和扩大算法应用于过滤图像中的相关信息，避免由于噪声和捕获限制出现的异常值。然后这些图像产出基于文本的数据集，后期运用地质统计学软件处理。图像捕获之前对原始图像质量的最大程度考虑通常有利于该项工作，取决于想要什么程度的细节（Stockham，1972）。

变差法可以用来获取不同位面的空间相关性结构（图 3.14）。结构的方向通过横向和纵向穿过结构的变差函数获得的（图 3.14a、b）。在仔细挑选出的横向剖面视图中，演示了垂直和水平方向各向异性（图 3.14c、d）。在更大的尺度上，该叠层石构造中不同区域（活动窗口）通过各向异性变化（以变差函数椭球体旋转代表）和相关性的多尺度特征（显示该范围内频率和各向异性变化；图 3.14d）分析获得了菌落的一些空间变化。每个分割部分暗色

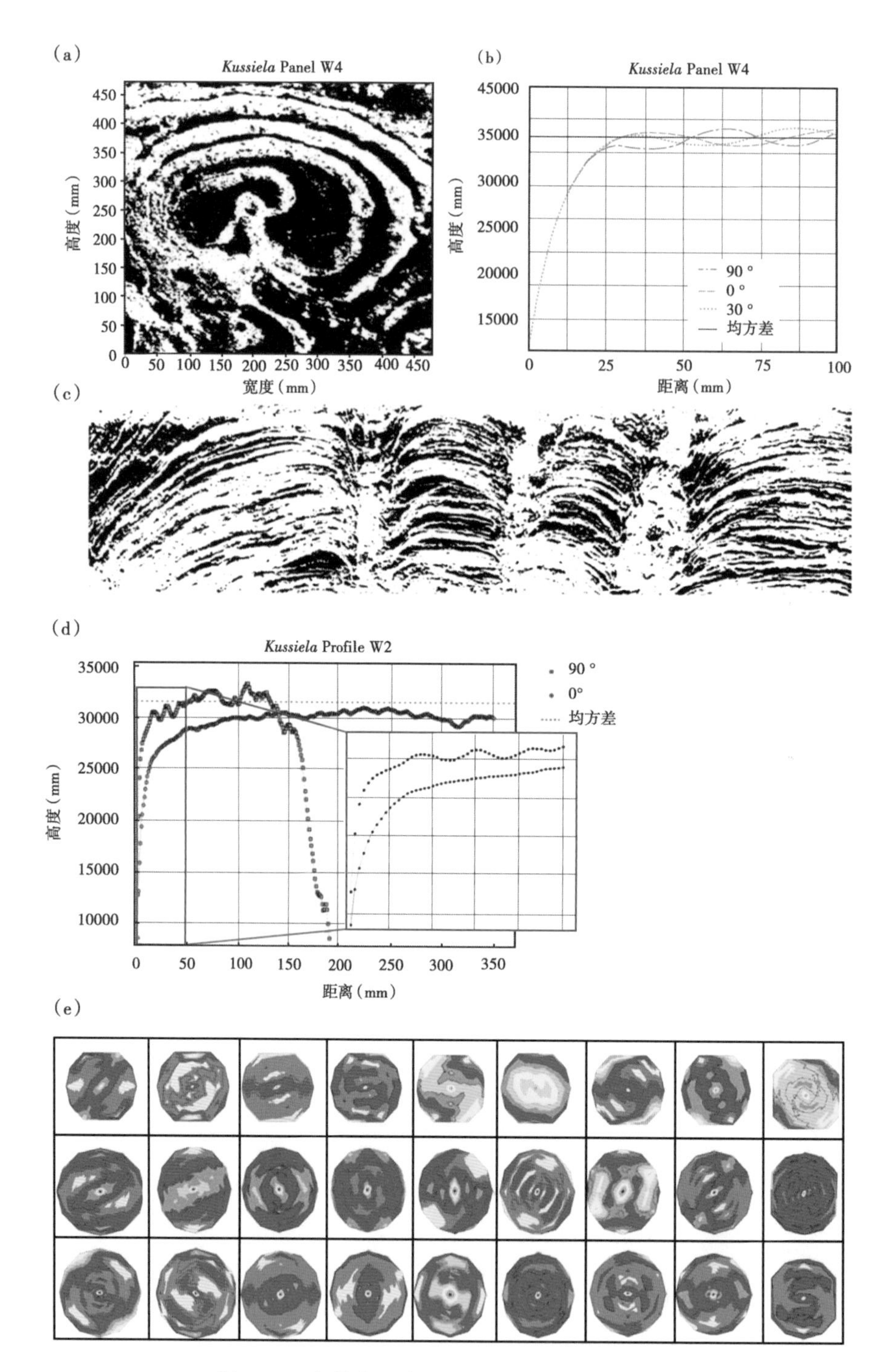

图 3.14 变差法显示 *Kussiella* 叠层石的不同位面

(a) 菌落截面的平面图; (b) 变差函数显示纵向 (下) 和横向 (上) 相关长度变化; (c) 横向剖面图 (从图 3.6 中仔细选择); (d) 段垂向和长水平方向相关长度; (e) 各个区域变差法 (来自图 3.13 中图像) 显示每个分割部分构造的主要方向, 这种变量分析为三维地质统计学模型建立提供了一个两点统计描述; 变差函数上的平台指示稳定性质, 至少是相关长度两倍 (垂向 10cm, 侧向 30cm 或更大) 的样品点可能提供代表性的孔隙——如果孔隙变化遵循黑白图像模型

和亮色纹层的比例大约各占50%。这些变差函数和比例可以用来构建地质统计学模型来代表空间结构。相关的长度可以用来代表适当的样品体积，这些体积中的性质是固定的。在像素模型中试图利用变差函数生成 *Kussiela* 构造的各个位面（Kanevski 和 Maignan，2004；Remy 等，2009），但没有成功，因此应用了多点技术。Alves（2015）描述了这项工作的全部细节。

基于（半）变差函数算法产生的具体认识不能够建立复合、连接和曲线的空间变化模型（像叠层石生物结构）。为了克服这些局限，引入多点地质统计学，以及“训练图像”概念和它的重复类型信息（Guardiano 和 Srivastava，1993）。因此这些生物块礁的挑战性在于需要有人应用图3.14中的训练图像进行基于模型多点方法的工作。

选择了基于模型的FILTERSIM算法（Zhang 等，2006；Wu，2007），它更有能力来生成像 *Kussiella* 群样本的叶状顶一样的非线性特征。所有的模拟是无约束、无限制条件，并且使用该平面图和剖面图两个无条件的训练图形（图3.15和图3.16）。同时该模型获得 *Kussiella* “头部”局部的水平和垂直变化，需要进一步工作来嵌套这些在生物块礁菌落构造内部独立的叠层石头部模型。

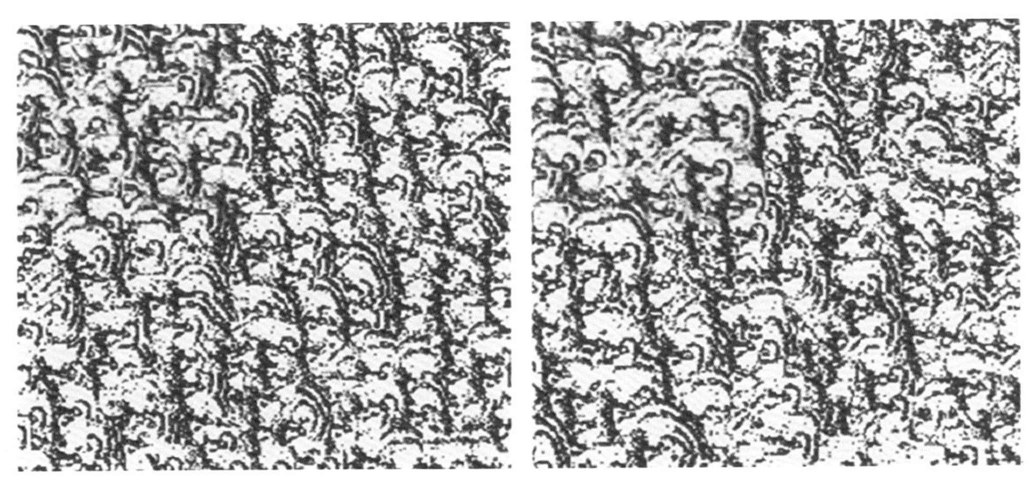

图3.15 用FILTERSIM算法（据 Zhang 等，2006）在无条件的两级训练图像完成的两个无条件的具体认识，51 × 41×1 的搜索模板和 37 × 27 × 1 的内部模块维数

全部模拟具有 480 × 474 像素网格，是从 *Kussiella* 菌落平面图（图3.14a）中抽取的，范围 4m²（2m×2m）

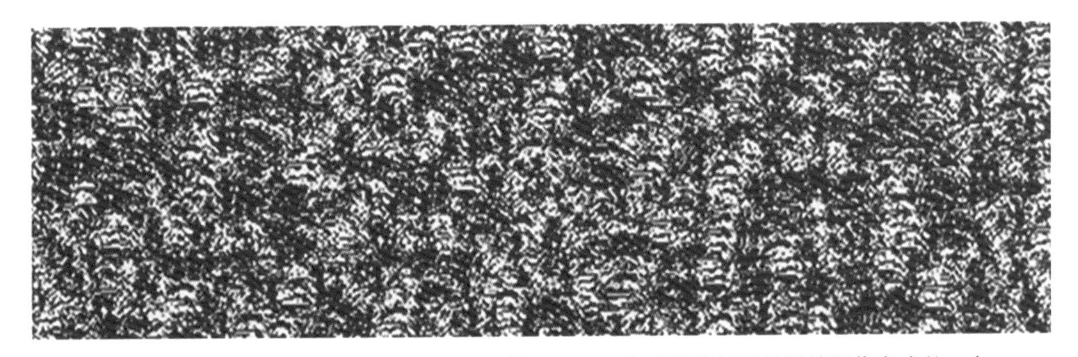

图3.16 用FILTERSIM算法（据 Zhang 等，2006）在无条件的两级训练图像完成的一个无条件的具体认识，51 × 41×1 的搜索模板和 37 × 27 × 1 的内部模块维数

全部模拟具有 720 × 172 像素网格，是从 *Kussiella* 菌落剖面图（图3.14b）中抽取的，范围 5m²（1m×5m）

3.6.2 *Jurusania*

Jurusania 是具有许多小指大小柱状和凹面朝下内部结构特征的一个菌落叠层石（图 3.2 和图 3.17），位于 Irece 盆地巴伊亚州 Morro de Chapeu 西北方向。在一个旧的硫酸盐矿露头上的指状叠层石（可能严格来说分类为树枝石）构造也适合做三维分析（图 3.11b）。可以提取叠层石柱体的离散实例，它们适合做微 CT 分析（图 3.2 和图 3.17）。利用里约热内卢联邦大学地质学部的 SKYSCAN（型号 1173 高功率）显微层析仪来获得微 CT。体像素为 29.02842mm。微 CT 图像清晰地显示出内部孔隙（即图 3.2；红色孔隙不仅发育于暴露的内部构造上，而且完全封闭），这由叠层石的纹层特征控制。纹层中包含纤磷钙铝石（铝—磷灰石）。在一些实例中，这是溶蚀产生孔隙的物质，但其他因素在生孔中也起到作用，例如微裂缝、泥晶化作用、重结晶作用和白云化作用。

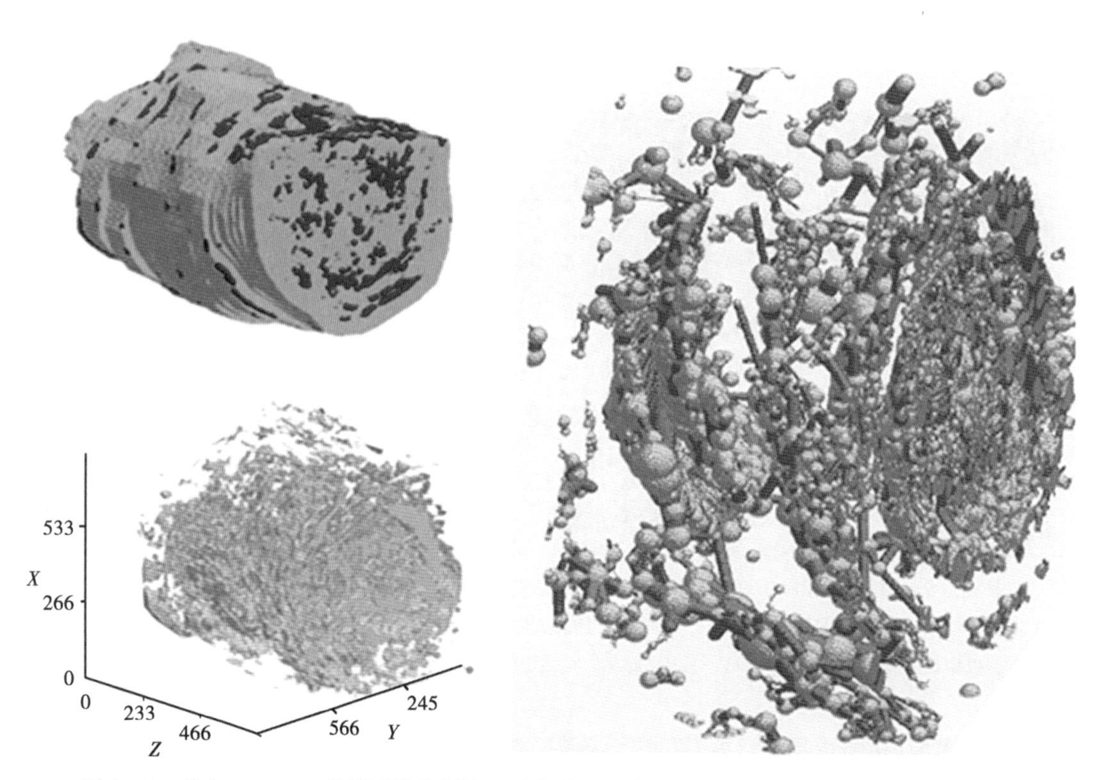

图 3.17　单个 *Jurusania* 叠层石的分割体显示孔隙（蓝色）和固体（绿色）结构，以及提取的孔隙网络（孔隙度 15.5%，一个裂缝状孔隙结构的次级网络系统）

孔隙网络处理利用微 CT 图像，这些技术可以用来建立更大尺度模型（图 3.18）。孔隙网络模型已经在其他较简单的体系得到确定（Jiang 等，2007，2013；Knackstedt 等，2007；Ryazanov 等，2009），由于 REV 的规模和孔隙排列的形态，在复杂的微生物体系的验证中出现挑战。未来调查研究的一个方面就是要为收集适当样品并测量形成决策，在该尺度下来检验模拟的有效性。

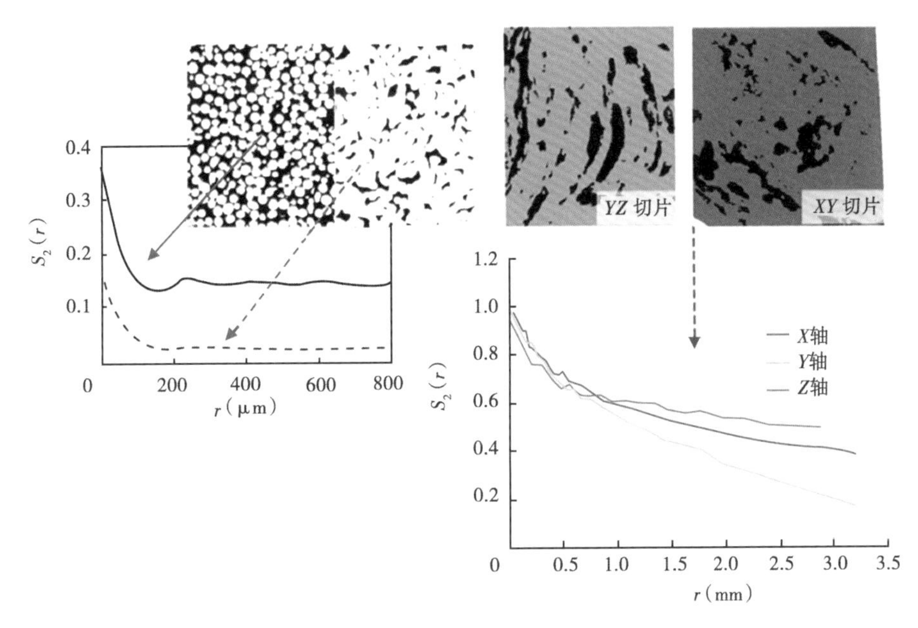

图 3.18　图 3.14 和图 3.15 中显示的孔隙体系的孔隙网络

注意孔隙的凹度被忽略，它们被描绘成简单的圆盘状——适用于简单的连通性研究；孔隙网络的分析能够建立孔隙结构的大型模型，这些可以用于各个尺度上岩石物理性质的生成

3.7　现代实例

巴西沿海潟湖环境也有很好的现代叠层石作类比。这些叠层石通常变化很大并包含多种孔隙系统，分析它们的孔隙系统是很难的，而且理解岩石物理性质与不同的成因过程是如何联系的能够指导取样、解释和建模。这些孔隙系统受到生物结构的强烈控制，足够让我们来探讨三维 REV 的挑战。以 Lagoa Salgada 为例详细论述。

巴西滨海潟湖的现今样品和近代叠层石（Lagoa Vermilha，Araruama 附近；Lagoa Salgada，里约热内卢 Campos dos Goytcazes 附近 paraiba do Sol 三角洲）已经被数个学者检验，作为古叠层石潜在的类比（Vasconcelos 等，2006；Iespa 等，2009，2011；dos Reis Neto 等，2011），包括实验室研究（Vasconcelos 等，2013）。在这些研究中，选取了一个来自 Lagoa Salgada 的叠层石例子（图 3.3）做 CT 图像处理（图 3.19），完成了叠层石内孔隙发育的一个实例。

X 射线 CT 是实现可视化，而且最重要的是，量化物体的内部结构和体积的一个无损坏技术，这些主要通过密度和原子组成来确定（Mees 等，2003）。为了该项目，应用了里约热内卢“葡萄牙慈善医院”的医用 CT。该装置的技术条件未知，但体元素大小是 1mm。CT 的目的是为叠层石样品孔隙空间（图 3.2，图 3.19 至图 3.22）提供一个全方位解析。CT 图像与同一样品的薄片做对比。当考虑整块样品后，孔隙度是非常难以预测的，但由结构确定的分区，孔隙度较好预测（图 3.20）。该方法的细节可见 Hayashi（2014）的论述。

应用 Avizo Fire 软件来分析样品孔隙结构。该程序能够操作图像，分割图像来集中鉴定不同分区。本文能够根据体积对孔隙进行鉴定、定量和过滤，也可以把它们从剩余的岩石中

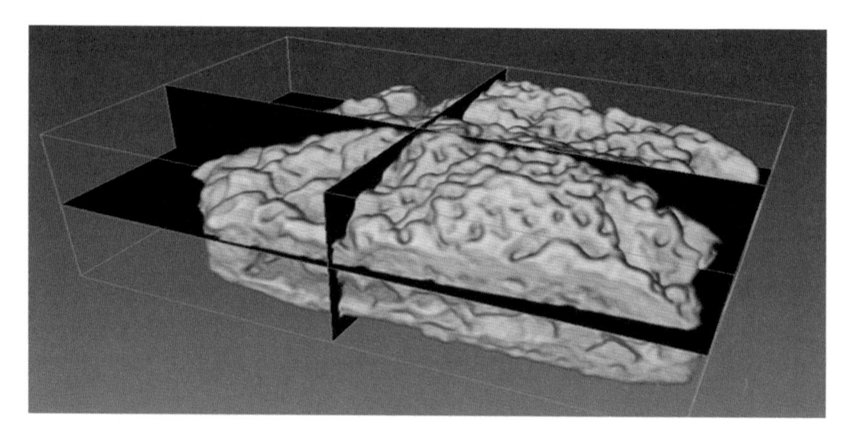

图 3.19　来自 Lagoa Salgada 的现代叠层石 CT 体（样品 $8cm^2$）

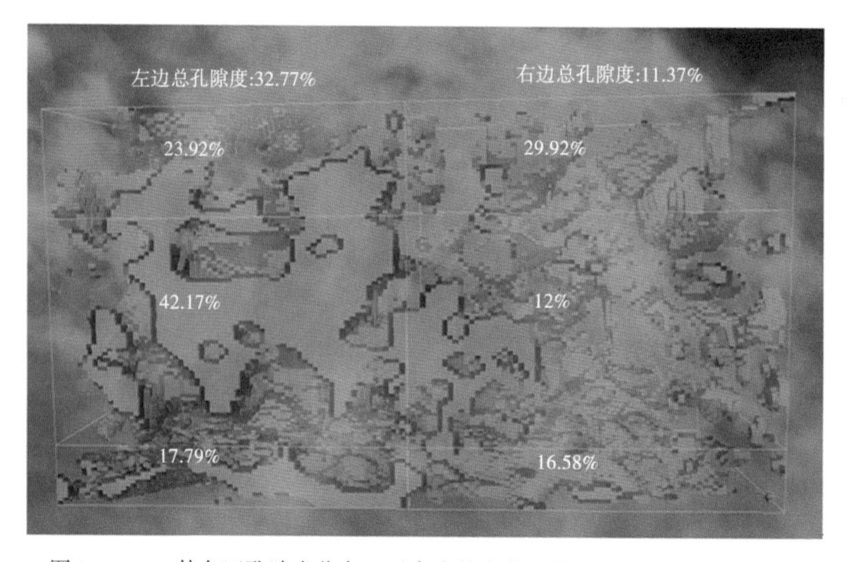

图 3.20　CT 体各区孔隙度分布显示高度的变化程度（并缺乏统计稳定性）

分割出来，来解释贯穿样品的孔隙变化。考虑叠层石（图 3.22）中多变性，随着拥有三个不同 REV 体的三个不同层的形成，显示出孔隙度是非常不稳定的（Corbet 等，1999）。

大型 8cm×8cm×4cm 体的医用 CT 产出相对低分辨率。小型 1cm×1cm×3cm 体的微 CT 生成的孔隙结构更加实用（图 3.21）。该工作样品研究中（以及来自现代潟湖的许多其他叠层石样品中），可以识别出相同的的三重分层。它们发育的原因是原生沉积演化控制的结果：（1）受连接的广海水流影响的潟湖最初生长作用；（2）最优条件下叠层石快速发育期；（3）超高盐度和低于普通生长期的衰亡期。

可以识别出许多生物结构孔隙类型，大部分具有原生性质：（1）叠层石内孔隙；（2）叠层石间孔隙；（3）生物侵蚀；（4）碎屑孔隙。

三重部分可以分割成“顶楼”“主楼层”和“地下室”三部分孔隙系统（图 3.21），定义为孔隙类型分层，“地下室”孔隙区域上最稳定（因此可能是对有效渗透率起到最大作用）。确定了“顶楼”“主楼层”和“地下室”的 REV（表征结构单元），计算了整个叠层石的孔隙度（图 3.22）。“地下室”是唯一具有接近 1in 柱塞的分层。“地下室”孔隙度

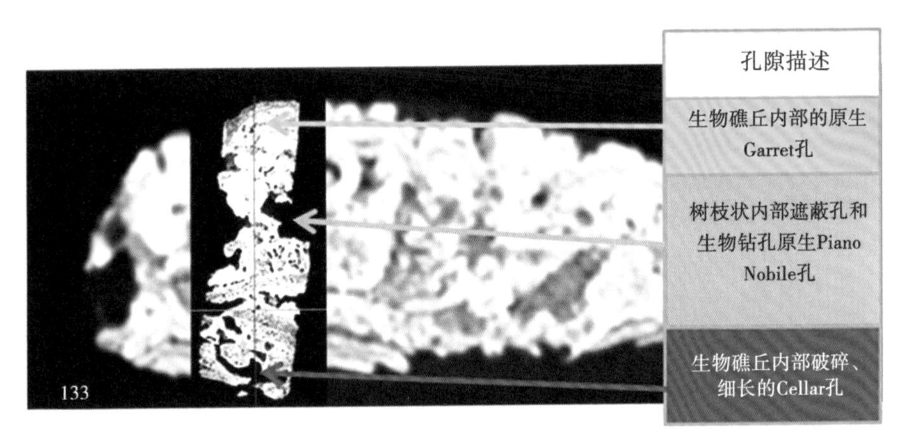

图 3.21　高分辨率微 CT 成像嵌套在低分辨率 CT 图像上

用较高分辨率可以区分孔隙类型的三层变化，它们是由于潟湖水深和水动力变化产生的生物结构演化导致的结果；顶部是相当"痛苦的""顶楼"孔隙；中部"主楼层"孔隙是最大的也是最显眼的；底部是"地下室"孔隙，在地下且目前为止连通性最好；每个孔隙类型对该系统的连通性和渗透率都有不同影响

(15%) 非常接近总孔隙度 (18%)，这可能是个巧合。这里展示的微生物碳酸盐岩 REV ($>5000mm^3$) 可能比多孔 (甚至溶孔) 碳酸盐岩精细 REV 研究 ($<1000mm^3$；Vik 等，2013) 更大。这个因素阐释了为什么微生物碳酸盐岩需要特别关注源于各种沉积组构的孔隙结构。这个实例具有有限的成岩作用，成岩作用很可能会改变 REV，但是可以预想，原生生物结构会持续影响孔隙 REV。

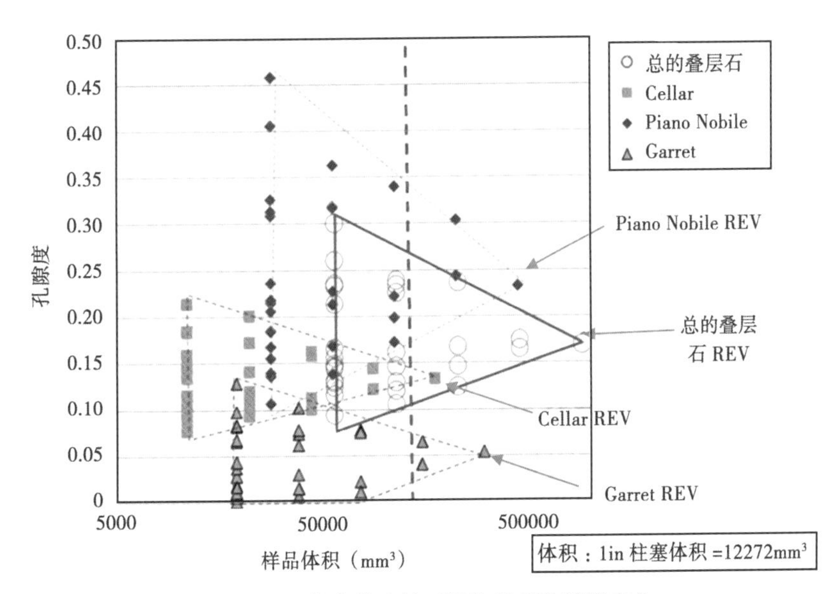

图 3.22　CT 体中提取的不同体元的孔隙度变化

(a) 随着体元增加，孔隙变化性下降，变化性消失发生在表征体积单元所能达到的地方；(b)"地下室"REV 达到接近 1in 柱塞体积，"顶楼"孔隙度也达到了接近 1in 柱塞体积，但是"主楼层"具有更大体积；注意该实例整个叠层石孔隙度 (18%) 接近"地下室"孔隙度 (15%)

3.8 结论

微生物沉积中的孔隙度测量值和孔隙贡献非常复杂，因为孔隙发育受原生格架、生物侵蚀、碎屑充填和胶结物等要素的综合影响。早期控制因素可能一直影响到现今孔隙分布。这些要素之间的保存和连接会对微生物碳酸盐岩储层渗透率产生强烈影响。

现代和古代叠层石是微生物沉积实例，以复杂的原生结构和微观结构控制孔隙发育为特征。一些古代实例显示叠层石中不连续纹层构造的原生特征在大于 1200Ma 后仍然能够持续影响孔隙发育。古代实例中的孔隙呈撕裂状。天然形成的微生物沉积建模需要对生物结构相关的变化性绘图和量化，用适当的统计学支撑尺度来评估岩石物理性质。这些微生物构造的尺度经常会大于常规岩心柱塞甚至整个岩心样品。这种情况下具有人为因素的建模成为比测量更加有用的方法。

微生物沉积中岩石物理分析越来越多地基于三维网络，需要理解生物结构控制和建模技术，它们能在各种尺度下获得这些组分的结构。

参考文献

Akhimona, N., Corbett, P. W. M. & Geiger, S. 2013. Numerical modelling of a ow-permeability, highly compactible waterflooded reservoir. *In*: *SPE* 163590, *SPE Reservoir Simulation Symposium held in The Woodlands*, Texas, 18-20 February 2013.

Alves, M. S. Y. 2015. *Geological modelling of biosedimentary structure in microbialites of the Irecê Basin, BA, Brazil*. Unpublished thesis, Universidade Federal do Rio de Janeiro.

Beucher, S. 1999. *Mathematical Morphology and Geology: A Review of Some Applications*. University of Liège, Belgium, Geovision'99.

Burne, R. V. & Moore, L. S. 1987. Microbialites: organosedimentary deposits of benthic microbial communities. *Palaios*, 2, 241-254.

Choquette, P. W. & Pray, L. C. 1970. Geologic nomenclature and classification of porosity in sedimentary carbonates. *AAPG Bulletin*, 54, 207-250.

Corbett, P. W. M. & Jensen, J. L. 1993. An application of probe permeametry to the prediction of two-phase flow performance in laminated sandstones (Lower Brent Group, North Sea). *Marine and Petroleum Geology*, 10, 335-346.

Corbett, P. W. M., Anggraeni, S. & Bowen, D. 1999. The use of the probe permeameter in carbonates-addressing the problems of permeability support and stationarity. *The Log Analyst*, 40, 316-326.

Guardiano, F. & Srivastava, R. M. 1993. Multivariate geostatistics: beyond bivariate moments. *In*: Soares, A. (ed.) *Geostatistics Troia* 92. Kluwer Academic, Dordrecht, 1, 133-144.

Hayashi, F. Y. 2014. *Evaluation of the representative elementary volume in a recent stromatolite (Lagoa Salgada, RJ)*. Unpublished thesis, Universidade Federal do Rio de Janeiro (in Portuguese).

Hayashi, M. Y. 2013. Pre-Salt: challenges and opportunities (A possible dream). *Interesse Nacional*, July/Sept, 34-40 (in Portuguese).

Iespa, A. A. C., Iespa-Damazio, C. M. & Borghi, L. 2009. Microstratigraphy of the stromatolite, thrombolite and oncoid Holocene Complex of Lagoa Salgada, Rio de Janeiro State, Brazil. *Revista de Gologia (Forteleza)*, 22, 7–13 (in Portuguese).

Iespa, A. A. C., Borghi, L. & Damazio Iespa, C. M. 2011. O plexo estromatólito–trombólito–oncoide, Lagoa Salgada, RJ, Brasil. *In*: Carvalho, I. S. et al. (eds) *Paleontologia: cenários da vida*. Interciência, Rio de Janeiro, 57–68 (in Portuguese).

Jiang, Z., Wu, K., Couples, G. D., van Dijke, M. I. J. & Sorbie, K. S. 2007. Efficient extraction of networks from 3d porous media. *Water Resources Research*, 43, W12S03, http://dx.doi.org/10.1029/2006WR005780.

Jiang, Z., van Dijke, M. I. J., Sorbie, K. S. & Couples, G. D. 2013. Representation of multi–scale heterogeneity via multi–scale pore networks. *Water Resources Research*, 49, 5437–5449, http://dx.doi.org/10.1002/wrcr.20304.

Kanevski, M. F. & Maignan, M. 2004. *Analysis and Modelling of Spatial Environmental Data*. Ecole Polytechnique Federal de Lausanne Press, Switzerland.

Knackstedt, M. A., Arns, C. H. et al. 2007. Archie's exponents in complex lithologies derived from 3D digital core analysis. *In*: *Transactions, SPWLA 48th Annual Logging Symposium*, Austin, Texas, paper no. UU 1–16.

Le Ber, E., Le Heron, D. P., Vining, B. A. & Kamona, F. 2013. Neoproterozoic Microbialites in a Frontier Basin; The Rasthof Formation (Cryogenian). *In*: *Proceedings of Microbial Carbonates in Space and Time Workshop*. Geological Society, London, 19–20 June 2013.

Lucia, F. J. 1995. Rock fabric/petrophysical classification of carbonate pore space for reservoir characterisation. *AAPG Bulletin*, 79, 1275–1300.

Lucia, F. J. 1999. *Carbonate Reservoir Characterisation*. Springer, New York.

Mees, F., Swennen, R., van Geet, M. & Jacobs, P. 2003. *Applications of X–Ray Computed Tomography in the Geosciences*. Geological Society, London, Special Publications, 215.

Moore, C. H. 2011. *Carbonate Diagenesis and Porosity*. Developments in Sedimentology, 46. Elsevier, Amsterdam.

Pereira, C. P. 2012. *Carbonates of the Irecê Basin*. Associacão Brasileira de Geólogos do Petróleo, Rio de Janeiro (field course guide, June 2012).

Reid, R. P., Visscher, P. T. et al. 2000. The role of microbes in accretion, lamination and early lithification of modern marine stromatolites. *Nature*, 406, 989–992.

Dos Reis Neto, J. M., Fiori, A. P. et al. 2011. X–ray computed microtomography integrated with petropraphy in a three–dimensional study of porosity in rocks. *Revista Brasileira de Geosciencas*, 41, 498–508.

Remy, N., Boucher, A. & Wu, J. 2009. *Applied Geostatistics with SGeMS, A User's Guide*. Cambridge University Press, Cambridge.

Riding, R. 2008. Abiogenic, microbial and hybrid authigenic carbonate crusts: components of pre–Cambrian stromatolites. *Geologia Croatica*, 61, 73–103.

Riding, R. 2011*a*. Microbialites, stromatolites, and thrombolites. *In*: Reitner, J. & Thiel, V. (eds) *Encyclopedia of Geobiology*. Encyclopedia of Earth Science Series, Springer, Heidelberg, 635–654.

Riding, R. 2011*b*. The nature of stromatolites, 3500 million years of history and a century of research. *In*: Reitner, J., Queric, N. - V. et al. (eds) *Advances in Stromatolite Geobiology*. Lecture Notes in Earth Sciences, Springer, Heidelberg, 131, http://dx.doi.org/10.1007/978-3-642-10415-2_3.

Ringrose, P. S., Sorbie, K. S., Corbett, P. W. M. & Jensen, J. L. 1993. Immiscible flow behaviour in laminated and cross-bedded sandstones. *Journal of Petroleum Science and Engineering*, 9, 103-124.

Ryazanov, A. V., van Dijke, M. I. J. & Sorbie, K. S. 2009. Two-phase pore-network modelling: existence of oil layers during water invasion. *Transport in Porous Media*, 80, 79-99, http://dx.doi.org/10.1007/s11242-009-9345-x.

Serra, J. 1982. *Image Analysis and Mathematical Morphology*. Academic Press, London, I.

Stockham, T. G., Jr 1972. Image processing in the context of a visual model. *IEEE Proceedings*, 60, 828-842.

Teixeira, A. A. 2013. The exploration and production of petroleum in Brazil, 15 years since the opening up. *Interesse Nacional*, July/Sept, 34-40 (in Portuguese).

Vasconcelos, C., Warthmann, R., McKenzie, J. A., Visscher, P. T., Bittermann, A. G. & van Lith, Y. 2006. Lithifying microbial mats in Lagoa Vermelha, Brazil: modern Precambrian Relics? *Sedimentary Geology*, 185, 175-183.

Vasconcelos, C., Dittrich, M. & Mackenzie, J. A. 2013. Evidence of microbiocenoensis in the formation of laminae in modern stromatolites. *Facies*, 60, 3-13, May, ttp://dx.doi.org/10.1007/s10347-013-0371-3.

Vik, B., Bastesen, E. & Skauge, A. 2013. Evaluation of representative elementary volume for a vuggy carbonate rock - part 1: porosity, permeability, and dispersivity. *Journal Petroleum Science and Engineering*, 112, 36-47, http://dx.doi.org/10.1016/j.petrol.2013.03.029i.

Virgone, A., Broucke, O. et al. 2013. Continental carbonates reservoirs: the importance of analogues to understand Pre-Salt discoveries. *In*: *Proceedings of Microbial Carbonates in Space and Time Workshop*, Abstract, Geological Society, London, 19-20 June 2013.

Visscher, P. T. & Stoltz, J. F. 2005. Microbial mats as bioreactors, populations, processes and products. *Palaeogeography*, *Palaeoclimatology*, *Palaeoecology*, 219, 87-100.

Wright, V. P. 2013. To be or not to be, Microbial: Does it Matter? *In*: *Proceedings of Microbial Carbonates in Space and Time Workshop*, Abstract, Geological Society, London, 19-20 June 2013.

Wu, J. 2007. *Non-stationary Multiple-point Geostatistical Simulations with Region Concept*. Department of Geological and Environmental Sciences, Stanford University, Stanford, CA (Proceedings of the Stanford Center for Reservoir Forecasting, 20).

Zhang, T., Switzer, P. & Journell, A. 2006. Filterbased classification of training image patterns for spatial simulation. *Mathematical Geology*, 38, 63-80.

第4章　埃迪卡拉纪微生物碳酸盐岩同沉积变形构造的类型、起源及应用（纳米比亚 Nama 盆地）

G. WINTERLEITNER[1*], D. P. LE HERON[1], B. MAPANI[2], B. A. VINING[1]
K. J. W. McCAFFREY[3]

1. Department of Earth Sciences, Royal Holloway University of London, Egham, Surrey, TW20 0BY, UK
2. Geology Department, University of Namibia, Windhoek, Namibia
3. Department of Earth Sciences, Durham University, Durham, DH1 3LE, UK
[*]通信作者（e-mail：gerd. winterleitner@gmail. com）

摘要： 纳米比亚西南部的 Nama 盆地出露了古老的震旦纪（埃迪卡拉纪）凝块石—叠层石生物块礁和层状生物礁露头。野外工作密切结合了遥感和地面激光雷达（LiDAR）测量技术，表征了裂缝网络的演化过程，确定了裂缝体系的相对时代。研究结果表明微生物碳酸盐岩均受到强烈的同沉积脆性和塑性变形的影响。早期的脆性破裂最易出现在发生早期微生物岩岩化作用的沉积物上。这些沉积物由于早期岩化作用过程中内部脆性而易于发生重力垮塌。生物块礁和层状生物礁同沉积破裂定年被开放式裂缝中同期微生物在角砾物质上的过度发育所证实。塑性变形优先发生在块状凝块石穹顶和柱体周围，表现为泥质为主的沉积物在柱体间出现卷曲。次生裂缝形成于 Nama 盆地长期的构造历史时期，形成了一个次生裂缝叠加在同沉积裂缝上的复杂裂缝网络。这些发现对微生物岩储层中的微生物碳酸盐岩储层表征和地下流体的测定具有重要意义。观测的同沉积破裂是由于微生物系统固有的体积力而形成的，不需要外部的构造作用驱动。

自文献（Kalkowsky，1908）中首次描述以来，对微生物碳酸盐岩便开始深入研究。许多研究聚焦在前寒武系和寒武系微生物岩（Aitken，1967；Fairchild，1991；Glumac 和 Walker，1997；Grotzinger 和 Knoll 1999；Riding，2000）。它们代表了延续 3400Ma 的地球生命的初次记录（Allwood 等，2007）。微生物群落产生的有机体沉积构造为最早期的生物演化提供视野，并且能够反映前寒武纪期间的化学和物理条件（Fairchild 等，1990；Summons 等，1999；Schröder 等 2004；Le Heron 等，2013）。在冰期冰川作用期间随着碳酸盐岩台地的破坏作用之后，这些强大的群落快速重建、繁盛，拥有复杂的形态（Le Ber 等，2013）。

巴西国家石油公司（Petrobras）和 BG 公司 2006 年在巴西 Santos 盆地发现蕴藏在微生物碳酸盐岩中巨大的石油储量（Gomes 等，2009；Beglinger 等，2012；Wright，2012）。这引发了对微生物碳酸盐岩两个方面更加普遍的兴趣：（1）建立全球相模型，包括新元古代地层（Le Ber 等，2013）；（2）理解横切微生物建造的模式。对于前者来说，微生物碳酸盐岩众所周知具有非均质性，因此对其层序地层背景、储层格架和非均质性解释的努力是必须的

(Parcell, 2003; Mancini 等, 2004; Schroöder 等, 2005; Al Haddad 和 Mancini, 2013)。这项研究的目的是解释孔隙几何结构和它们对流体流动特征的影响。与它们的形变有关，许多碳酸盐岩是天然的裂缝性油藏。裂缝系统在储层物性中扮演重要角色，因为裂缝既可以显著地促进也可以显著地阻止流体流动，这取决于局部背景。这是本文的主题，文中展示了既受脆性变形又受塑性变形影响的纳米比亚 Nama 盆地震旦系碳酸盐岩台地的一个高质量露头实例研究（图 4.1a）。同时还有纳米比亚 Nama 盆地的详细说明（图 4.1a），重点为结构特征。目的是为微生物岩在早期压实和成岩作用中的变形响应提供格架。本文将不同的断裂模式结合到微生物碳酸盐岩系统的独特生长模式和几何结构，为微生物岩储层中的断裂系统提供了一个宝贵的模拟数据库。

4.1 研究区、地质背景和露头综述

研究区位于纳米比亚中心南部，Nama 盆地西北缘的 Zebra 河峡谷系统中（图 4.1a）。新元古代末—早寒武世 Nama 盆地解释为前陆盆地充填，形成于泛非洲 Damara 和 Gariep 造山运动（Germs, 1974）。Damara 造山带和 Gariep 造山带进积的推覆体前缘覆盖了 Kalahari 克拉通西北部，引起了大约 550Ma 前 Kalahari 克拉通之上碳酸盐岩—碎屑岩混合沉积的 Nama 沉积序列（Grotzinger 和 Miller, 2008）。沉积序列的年龄是由数个定年的火山灰岩层以及寒武系 Namacalathus 和 Cloudina 实体化石确定的（Grotzinger 等, 2000; Wood 等, 2002; Wood, 2011）。Nama 盆地的寒武系边界位于 Schwarzrand 亚群上部 Nomtas 组，确定在年龄用 U-Pb 定年的（542.68+2.80）Ma 和（540.61+0.88）Ma 的两个火山灰岩层之间（Narbonne 等, 2012）（图 4.1b）。位于冈瓦纳大陆西南部泛非洲体系地球动力学演化的详细说明由 Frimmel 等（2002, 2010）、De Wit 等（2008）、Pedrosa-Soares 等（2008）和 Scotese（2009）提供。

Nama 前陆盆地充填的大体构架和地层已经在一系列文章中概括（Germs, 1972, 1974, 1995; Gresse 和 Germs, 1993）。Nama 可以划分成两个次级盆地，即北部的 Zaris 次级盆地和南部的 Witputs 次级盆地（图 4.1a）。两个次级盆地被 Osis 山脊分开，Osis 山脊是前陆盆地的外围前缘隆起。从 Osis 山脊（厚 1km）到更深的次级盆地底部（厚 3km）沉积序列变厚：分别为向北部 Zaris 次级盆地（图 4.1c），向南部 Witputs 次级盆地。

Nama 群分为三个亚群。从下向上地层顺序为 Kuibis 亚群、Schwarzrand 亚群和 Fish River 亚群。亚群通常是以前陆盆地充填为特征，以向上的剖面上整体沉积成熟度减小为代表。最下部的 Kuibis 亚群以浅海混合碳酸盐岩、碎屑岩序列为特征。盆地初次变深导致河流沉积物变为浅海碎屑沉积，展示了克拉通内部物源（Blanco 等, 2011）。初次海侵事件之后，两个次级盆地均发育广阔的碳酸盐岩台地：Zaris 次级盆地的 Kuibis 台地（Adams 等, 2004, 2005; Dibenedetto 和 Grotzinger, 2005），以及 Witputs 次级盆地的 Huns 台地（Saylor 等, 1995; Saylor, 2003）。随着 Nama 盆地的不断加深和增长的碎屑物质输入，碳酸盐岩停止生长，首先是 Zaris 次级盆地，随后的一个时期是 Witputs 次级盆地（Grotzinger 和 Miller, 2008）。总结 Schwarzrand 亚群的序列，表现为源于 Damara 带和 Gariep 带的前进造山带前缘复理石沉积。在 Schwarzrand 亚群最上部发现磨拉石沉积，代表了大约 542Ma 前的大陆碰撞（Blanco 等, 2009）。Nama 盆地最年轻的亚群——Fish River 亚群，代表该盆地最终充填，以更加接近源于 Damara 造山带和 Gariep 造山带的磨拉石典型沉积为特征（Blanco 等, 2011）。

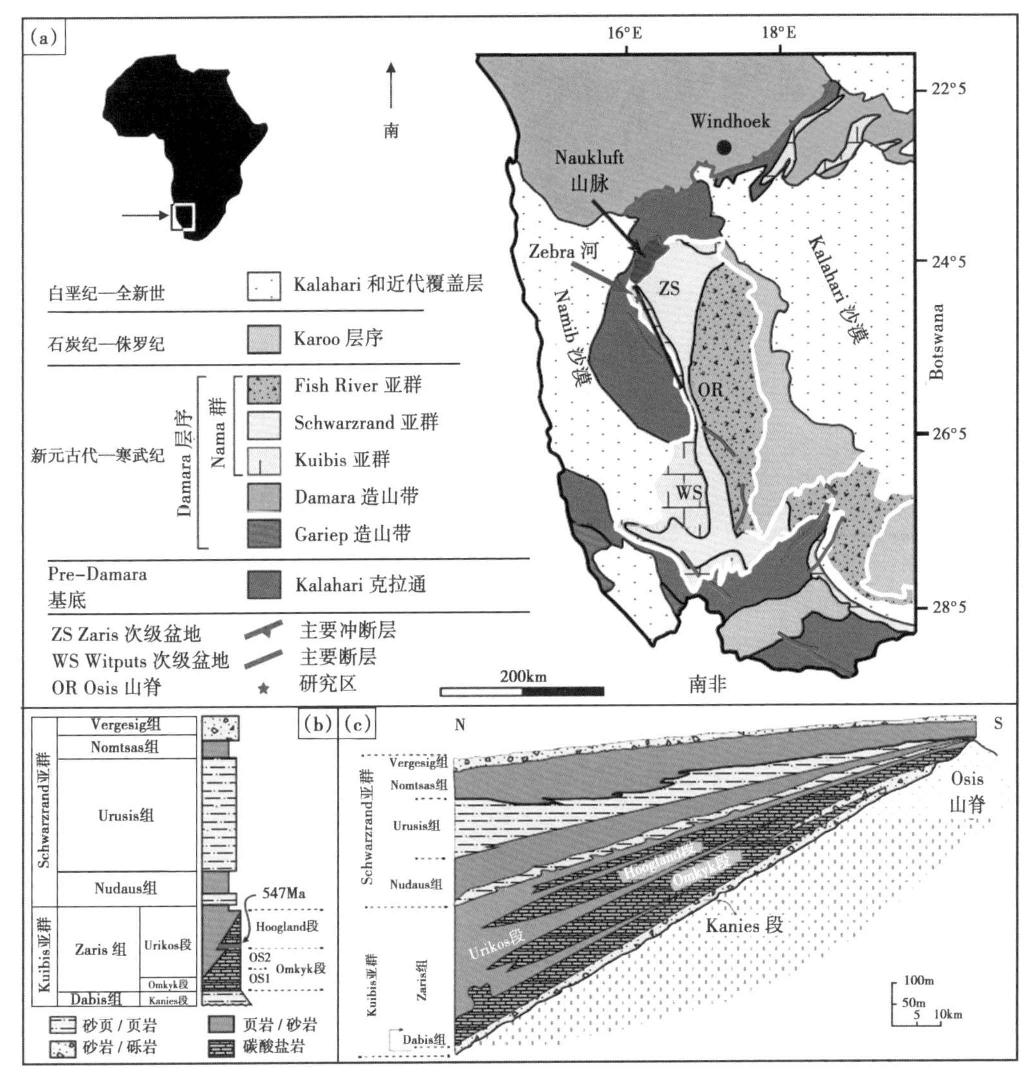

图 4.1 研究区地质图

(a) 纳米比亚南部地质图，白色轮廓指示 Nama 盆地范围（据 Adams 等，2005，修改）；(b) Zaris 次级盆地地层（据 Blanco 等，2011，修改），Hoogland 组底部的红线表示 U-Pb 锆石定年的火山灰岩层年龄为（547.32+0.65）Ma（据 Narbonne 等，2012）；(c) Zaris 次级盆地 Kuibis 和 Schwarzrand 亚群横剖面图，横剖面位置如图 4.1a 所示（据 Gresse 和 Germs，1993，修改）

Nama 群出露于纳米布（Namib）沙漠南部，与只有一点角度的区域微弱倾角一致，这使得它们成为研究沉积和构造的理想地点。深部的解剖地貌（图 4.2）揭示了 Zebra 河地区。峡谷被快速的洪水冲刷，有些伴随着区域断层，其他的形成局部更加发育的裂缝体系。峡谷网络产出超过 100m 高的暴露面，使沉积和构造现象能够绘制成三维图形（图 4.3a）。

4.1.1 Kuibis 亚群

研究层位位于 Kuibis 亚群下部，是 Nama 群的基底单元（图 4.1b）。在纳米比亚中心南部的 Zebra 河峡谷体系可以找到 Kuibis 碳酸盐岩台地的优秀露头（图 4.1a）。树枝状峡谷体

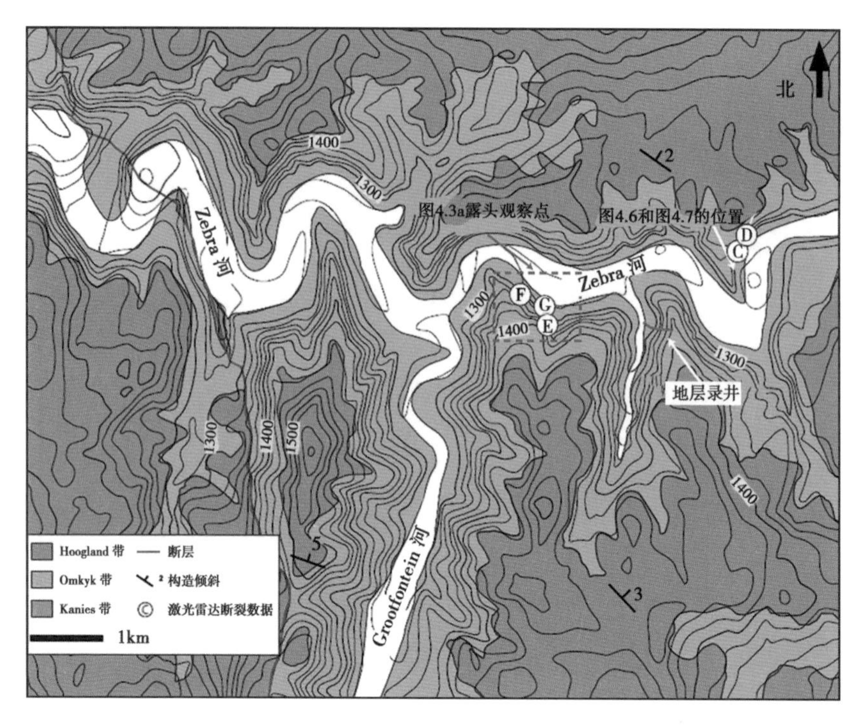

图 4.2　研究区 Zebra 河峡谷体系地质图（据 Adams 等，2005，修改）

系里露头的极佳质量为研究 Kuibis 碳酸盐岩台地 Omkyk 组和 Hoogland 组（图 4.3a）提供了独特机遇。

该亚群划分为 Dabis 组和上覆的 Zaris 组（图 4.1b）。Kuibis 序列的基底单元，Dabis 组，上覆在前 Nama 群底部地层之上不整合接触，在研究区以 Kanies 段为代表。Kanies 段解释为 Nama 盆地 Kalahari 克拉通的首次海侵，以褐色和绿色未成熟砂岩为特征，最大厚度达 1~3m。将它们解释为辫状河沉积（Germs，1983）。随着盆地的不断加深，该序列叠加形成 Zaris 组，包含三个段：Urikos 段、Omkyk 段和 Hoogland 段。已经将后两个段解释为碳酸盐岩斜坡体系（Burchette 和 Wright，1992），古地理倾角为北西向（Germs，1983）。Kuibis 台地的年龄在 Hoogland 段的最底部直接被 U-Pb 锆石定年约束为（547.32+0.65）Ma（Narbonne 等，2012）。

碳酸盐岩地层朝北西向下超到 Urikos 段碎屑岩之上。Urikos 段反映了远端相，为盆地页岩和外斜坡到中斜坡泥岩。Urikos 段上倾，与邻近的 Omkyk 段和 Hoogland 段碳酸盐岩为主的序列交叉。后两个段包括 Zaris 次级盆地的 Kuibis 碳酸盐岩台地。靠近 Osis 山脊台地厚度大约 150m，向北到 Naukluft 山加厚到大于 500m（Germs，1983；Grotzinger 等，2005）。文中展现了一个穿过部分 Omkyk 段的精细的测井剖面（图 4.4）。内斜坡相沉积在晴天浪底之上，代表了最浅的沉积相。它由凝块石、叠层石层状生物礁和生物块礁及其伴生的中—粗粒泥粒岩和颗粒岩组成，视为生物块礁间相（图 4.4，37~52m）。内斜坡的障壁后和潮缘沉积包括泥岩、粉砂屑灰岩和少量页岩。中斜坡相沉积在风暴浪底和晴天之间，以泥岩、泥灰岩和少量页岩为特征。划分的风暴层理通常具有丘状交错层理（图 4.4，13m）。外斜坡序列沉积在风暴浪底之下，记录了 Urikos 段向盆地页岩过渡区域主要由绿色页岩和少量泥岩组成，与一些风暴沉积互层。在整个 Zaris 组都发现微生物碳酸盐岩，但在 Omkyk 段上半段最为发育。

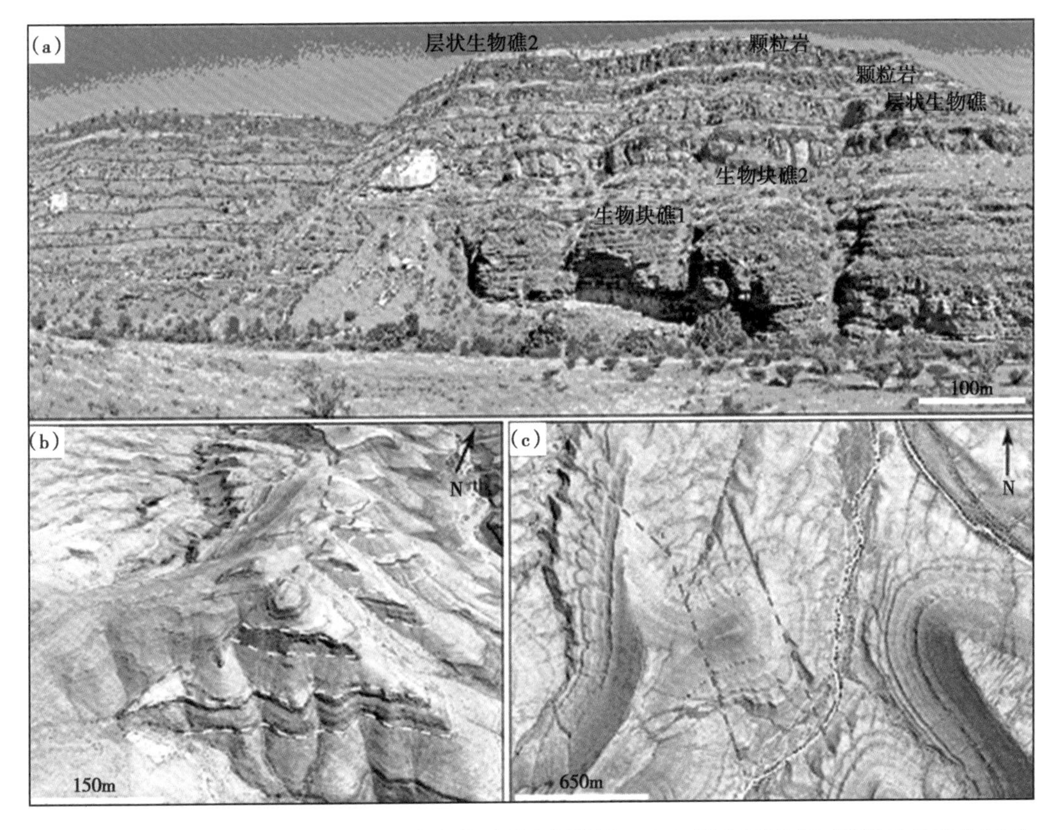

图 4.3 (a)带有地层解释的 Zebra 河峡谷体系露头概览图；(b) 研究区西部正断层的谷歌地图卫星图（东南方视角），见图 4.2 中的位置，由于垂向位移该正断层很容易认出，黄色虚线表示 Omkyk 组水平层，Hoogland 组（该正断层以西）显示了大约 120m 的垂向位移；(c) 谷歌地图上识别的走滑断层实例，注意明显具有 NW-SE 趋势断层的右旋位移

4.1.2 Omkyk 段

Omkyk 段被 John Grotzinger 带领的一组研究人员非常详细地检测（Grotzinger 等，2000；Adams 等，2004，2005；Dibenedetto 和 Grotzinger，2005；Grotzinger 等，2005）。图 4.4 是 Zebra 河地区 Omkyk 段新的沉积纪录，沿走向距离约长 1km（Adams 等，2005）。以下是该序列关键的沉积和层序地层方面的特征，这些特征不可避免会与 Adams 等（2005）的描述重叠。Omkyk 段斜坡碳酸盐岩形成两个向上变粗的浅水层序，Omkyk 层序 1（OS1）和 Omkyk 层序 2（OS2）（Grotzinger 等，2005）。OS1 的下部以中临滨丘状交错层理夹风暴成因页岩和泥岩层为特征。它上覆在 Dabis 组河道砂岩沉积之上，代表了 Zaris 次级盆地的首次碳酸盐岩沉积事件。OS1 向上划分为受波浪影响的临滨颗粒岩，具有粗粒和交错层理特征。另一个向上变浅的层序是 OS2，进一步分为五个层序地层单元（Adams 等，2005）（图 4.4）；文中对地层单元 1 到 5 做了标记。三个相组合代表了 OS2 的每个地层单元：(1) 富泥相，(2) 富颗粒相，(3) 凝块石—叠层石相。富泥相由碎屑页岩、绿色泥岩、内碎屑角砾岩和不规则薄层组成。富颗粒相以粗粒颗粒岩和少量细—中粒颗粒岩为主。颗粒岩由毫米尺度球粒、内碎屑和异化颗粒组成（Adams 等，2005）。凝块石—叠层石相代表微生物碳酸盐岩，分别发育

生物块礁和层状生物礁。

在 Omkyk 段数个层位中发现凝块石—叠层石碳酸盐岩（Grotzinger 等，2000；Adams 等，2004，2005）。OS2 中发现有微生物碳酸盐岩的四个层位，在 Zebra 河农场露头中同时由生物块礁（图 4.3a，生物块礁 1 和生物块礁 2）和层状生物礁（图 4.3a，层状生物礁 1）组成。在 OS2 的最后阶段侧向广泛的凝块石层状生物礁开始形成，记录了 Omkyk 段顶部沉积（图 4.3a，层状生物礁 2）。

生物块礁在横剖面图上展示了一个似丘状几何结构，侧向不连续（图 4.3a）。生物块礁高 1~20m、宽数十米。单个丘被生物块礁间相分离，平面视角上可以看到生物块礁的形状被解释成圆形（Adams 等，2005）。生物块礁的内部结构大部分可以归结为穹顶状或柱状凝块石。总之单个穹顶和柱体的核心为凝块构造，向边缘具有变成叠层石构造的趋势。平面视角形状为圆形或椭圆形，短轴有数分米，长轴有数米。柱体间充填多变，取决于它们组成的地层位置，有页岩、泥岩和交错互层的泥粒—颗粒岩，以及 Namacalathus 和 Cloudina 碎屑（Grotzinger 等，2000；Wood 等，2002；Wood，2011）。

生物块礁开始生长时期代表了海侵体系域的最后阶段（图 4.4，37~45m）。该阶段中生物块礁加积，伴随富泥相沉积，如页岩和泥岩。因此，认为生物块礁的成核现象发生在最大的可容纳空间和背景沉积物减少时期（Adams 等，2005；Grotzinger 等，2005）。高位体系域

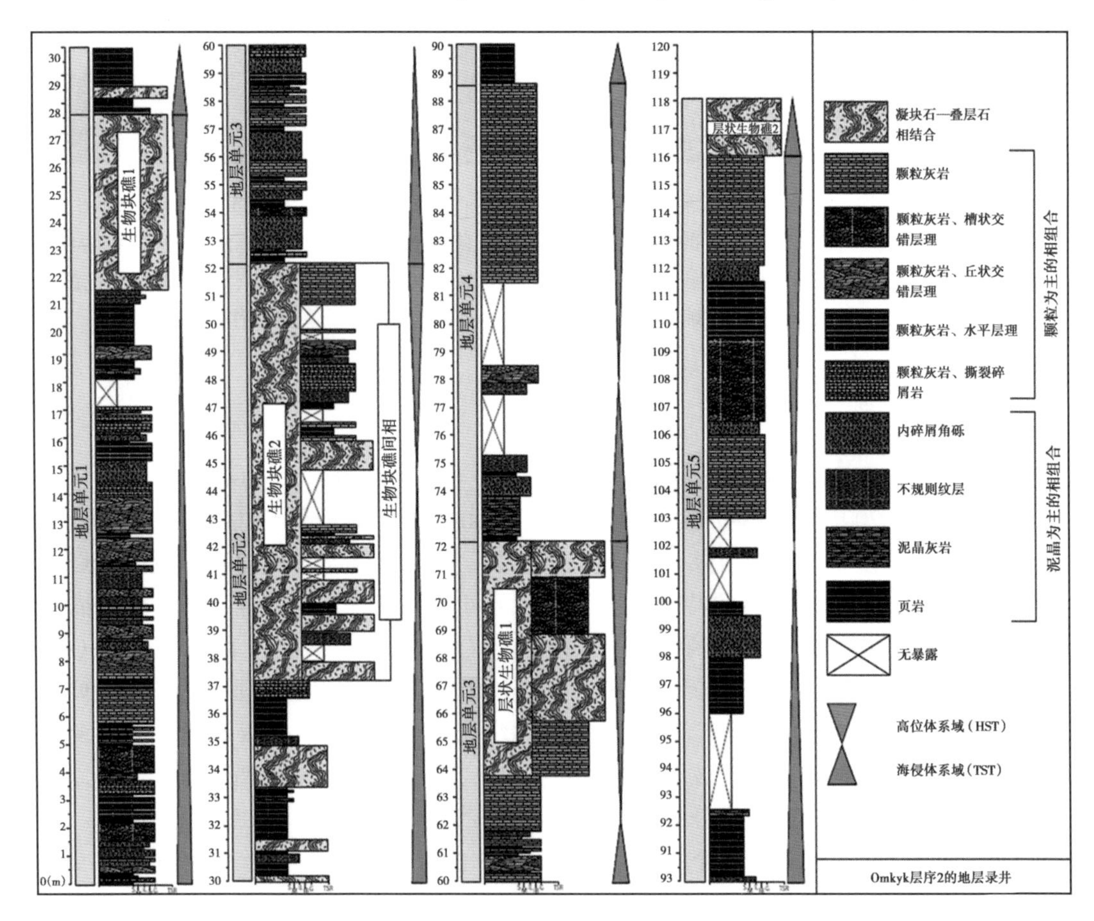

图 4.4　Omkyk 层序 2 的沉积记录

（测量剖面的位置在图 4.2 上显示）

（HST）和数个可容纳空间减少期间，生物块礁变得越来越接近富颗粒相，随后开始进积。在地层单元 2 的最后阶段越来越多的沉积物输入，微生物生长停止，颗粒岩覆盖生物块礁。层状生物礁以扁平、席状结构为特征，为侧向连续的地质体（横向长达数千米）（图 4.3a）。它们在 Zebra 河地区厚 11~13m。内部结构定义为合并的凝块石状小规模柱体（高为数厘米到数分米）。研究区两个层状生物礁与富颗粒相相连，反映较浅水深和高能环境。因此层状生物礁的演化解释为形成于 HST 地层单元的数次可容纳空间减少和高沉积物输入时期（图 4.4，64~72m 和 116~118m）（Adams 等，2005）。

OS2 微生物碳酸盐岩显示没有岩溶作用的证据。层状生物礁和生物块礁均受到强烈的选择性白云化作用影响。研究区的碳酸盐岩通常为石灰岩，仅在微生物碳酸盐岩附近部分发生白云石化。

4.2 方法

通过谷歌地图和数字化轮廓的基础遥感研究，以及 Mariental 地质图上的裂缝数据（Schalk 和 Germs，1980），Zebra 河峡谷体系对应它的区域构造背景。荧幕上绘制轮廓没有用到最小的长度标尺。谷歌地图图像的超高分辨率及 Zaris 山脉的无植被覆盖，使得追踪断层（图 4.3b、c）和裂缝成为可能。总共绘制并分析了地质图上 278 条裂缝（图 4.5a、b）和 108 个轮廓（图 4.5f），以及卫星图上 723 条裂缝（图 4.5c、d）和 106 个断层（图 4.5e）。需要注意的是，这仅是该区域初步的裂缝分析，并没有尝试研究构造历史。遥感的目的是确定断裂和裂缝的区域走向。

在露头上，野外工作目标是描述 Zebra 河峡谷体系微生物碳酸盐岩的几何结构和形态，以及内部构造。因此在层序地层背景下开展了微生物格架发育的详细调查。除了沉积观察外，还分析了 Zebra 河峡谷碳酸盐岩体系的构造特征。包括微生物岩脆性和塑性变形的详细描述，以及与微生物结构相关的生物块礁相。搜集了超过 500 个裂缝走向—倾角测量值（图 4.5g），集中在生物块礁间区域（图 4.5h）和颗粒岩层。微生物碳酸盐岩形成陡峭的几乎垂直的峭壁，仅能获得少量基于野外的裂缝测量。为了从微生物岩中获得精确的裂缝数据，应用了陆地激光扫描仪（Riegl Z420i）进行了激光雷达（LiDAR）测量，该扫描仪具有 800m 的额定范围（参见 Jones 等（2010）方法综述）。生成的数字露头模型平均分辨率为 10cm。用 2cm 的分辨率详细测量了兴趣剖面。按照 Wilson 等（2011）陈述的手工方法，在虚拟露头模型网格化的裂缝面上直接开展裂缝绘图。数字化绘制了总共四个剖面：（1）生物块礁间区域（182 条裂缝，图 4.5l），（2）颗粒岩层（74 条裂缝，图 4.5k），（3）地层单元 2 的生物块礁（210 条裂缝，图 4.5j），（4）地层单元 3 的部分层状生物礁（75 条裂缝，图 4.5i）。

拍摄了选择的生物块礁和层状生物礁的高分辨率照片（图 4.6 和图 4.7）。在全景照片和后来的实地激光雷达（LiDAR）数据库上开展裂缝解释，来获得精确的几何图形。拼接的照片上总共绘制了 628 条裂缝线（图 4.6）。后期将其分组，分析它们的切割关系和裂缝端点。在空间参考的裂缝线（图 4.6）上应用水平扫描线（长度 101m），进行了一个简单的裂缝线密度（单位长度上的裂缝数量）分析。

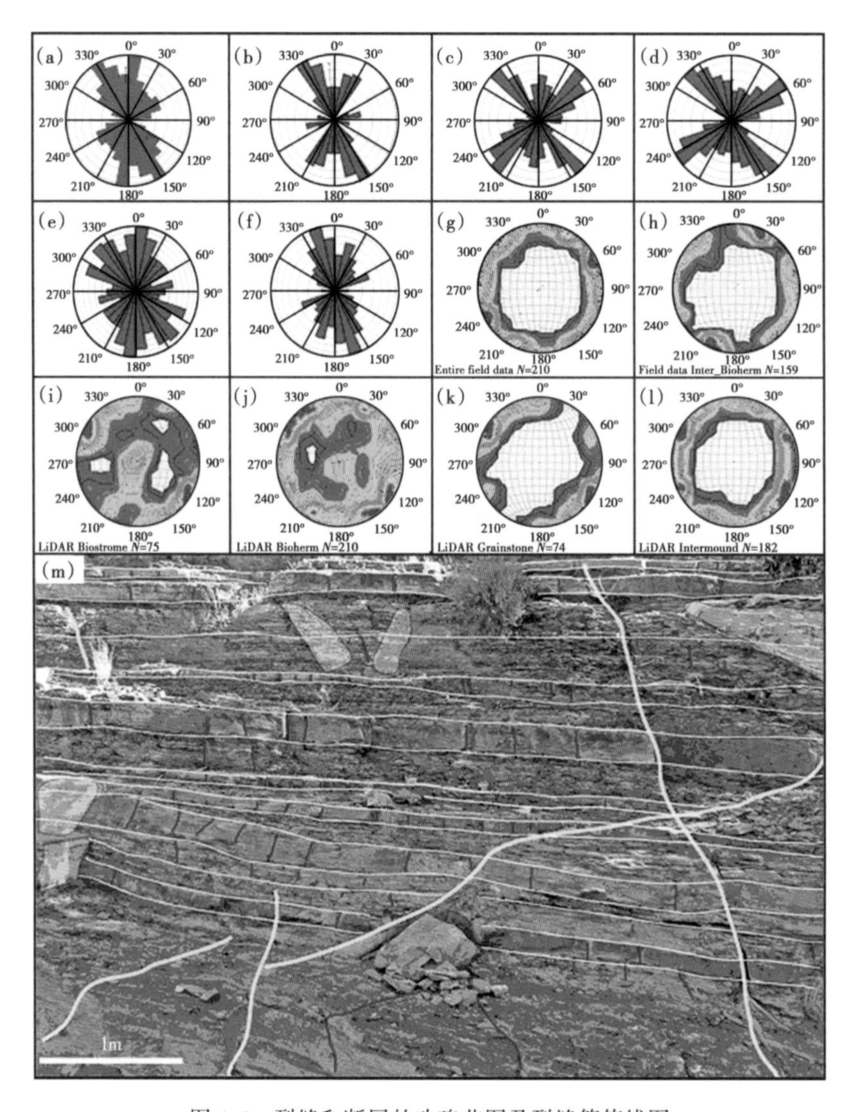

图 4.5　裂缝和断层的玫瑰花图及裂缝等值线图

(a) Hoogland 段裂缝玫瑰花图，根据 Mariental 地质图数字化，间隔尺度 12，$N=217$；(b) Naudus 组裂缝玫瑰花图，根据 Mariental 地质图数字化，间隔尺度 12，$N=61$；(c) Hoogland 段裂缝玫瑰花图，根据谷歌地球卫星图数字化，间隔尺度 12，$N=295$；(d) Hoogland 段裂缝玫瑰花图，根据谷歌地球卫星图数字化，间隔尺度 12，$N=428$；(e) 断层玫瑰花图，根据谷歌地球卫星图数字化，间隔尺度 12，$N=106$；(f) 断层玫瑰花图，根据谷歌地球卫星图数字化，间隔尺度 12，$N=108$。图 (g) 至图 (l) 为裂缝数据点等值线图，色度表示裂缝点相对丰度：红色相当于高密度，蓝色为低密度，测量裂缝的位置如图 4.2 所示。等值线图如下：(g) 整个裂缝数据来源于野外测量，$N=528$；(h) 裂缝数据来源于地点 C 的生物块礁间的野外测量；$N=159$；(i) 裂缝数据来源于地点 G 层状生物礁水平的激光雷达解释，$N=75$；(j) 裂缝数据来源于地点 F 生物块礁水平的激光雷达解释，$N=210$；(k) 裂缝数据来源于地点 E 层状生物礁水平的激光雷达解释，$N=74$；(l) 裂缝数据来源于地点 D 生物块礁间的激光雷达解释，$N=182$。(m) 地点 D 生物块礁相裂缝线和裂缝面照片解释，黄色裂缝线和裂缝面相当于类别 1 的次级裂缝，注意这些裂缝横切数个层面（白色水平线），红色裂缝线和裂缝面表示次级裂缝的类别 2 裂缝，它们大都邻近层面，位置如图 4.2 所示

图 4.6　一个复杂生物块礁构造的照片拼接图像和裂缝解释

（位置如图 4.2 所示，蓝色阴影区表示地层单元 2 的组合丘体，橘黄色阴影区勾绘了地层单元 1 的下伏生物块礁，黄色线为主裂缝，红色线为次生裂缝，黑色线为页岩和泥岩层，白色虚线表示扫描线的位置（长度 101m）；注意地层单元 1 上面的生物块礁区域较高的次生裂缝密度，主裂缝的位移错开了页岩活脱层

4.3　沉积学综述

野外工作结果和拼接照片解释显示了叠加类型复杂体系和微生物碳酸盐岩的内部结构。贯穿 Zebra 河峡谷体系的整个层序，这可以在数个尺度上观测到。接下来关注三个观测尺度：（1）整个 OS2 级别和微生物岩的各种叠加类型；（2）微生物层级别及微生物岩和它们彼此之间相互作用的不同；（3）微生物岩演化过程中，生长形态变化造成的微生物岩内部构造尺度的级别。

4.3.1　生物块礁

由于地层单元 1 有限的生物块礁露头，下面的描述主要源于 OS2 地层单元 2 的生物块礁观测。早期学者解释在 HST 的最后阶段地层单元 1 生物块礁停止生长（Adams 等，2005）。因此生物块礁被解释为在各个地层单元是受限的。然而观测的数个生物块礁在 HST 的地层单元 1 和 TST 的地层单元 2 追平增多的沉积输入。残余的丘状构造形成地貌高部位，随后在地层单元 2 微生物生长时期，成为生物块礁的优先生长位置（图 4.7）。这样依次进行导致了堆积生物块礁的形成，一个丘生长在残余下伏丘体坚硬的地形之上（图 4.7）。

生物块礁演化的初始阶段，微生物岩与富泥相同时发育，生物块礁仅加积。在该阶段，微生物碳酸盐岩为微生物点礁。这些小规模丘体以联合的块状柱体（图 4.8a）、穹隆和杯状凝块石构造为特征。这些构造通常是孤立的，既不分叉也不合并。柱体间宽度达数米，丘体之间的距离从小于 10m 到大于 100m。富颗粒物质的初始输入使得微生物岩超越柱体间充填和整个生物块礁间区域侧向延伸。如果是空间封闭的微生物点礁，侧向延伸区域混合在一起（图 4.7）。这些“混合区带”定义为下超和上超几何结构。从富泥到富颗粒背景沉积的依次变化在地层单元 2 中非常普遍。在数次碳酸盐岩沉积期间，微生物岩趋于侧向延伸并混合在一起。与此对比，页岩和绿色泥岩沉积与其同时加积。在这种情况下微生物岩垂向生长，未发生侧向延伸。页岩和泥岩层可以在整个生物块礁体之上追踪，但优先沉积在局部地貌低部位，如混合区带。富泥沉积的输入局部终止了微生物活动，其生长限制在地貌高部位（例如生物块礁核心）。微生物结构格架演化因此直接与背景沉积相关，并可以细分为富泥沉积期间的加积相和富颗粒沉积期间的侧向延伸相。

图 4.7　一个复合生物块礁构造的照片拼接图像和裂缝解释

（位置如图 4.2 所示，图片显示生物块礁 2 单元一个复合生物块礁构造内的横向扩展及合并区带，部分开始生长在生物块礁 1 丘体之上，黄色裂缝线表示主裂缝，黑色水平线是页岩和泥岩层，注意主裂缝与页岩和泥岩层交会处的溶洞和孔洞

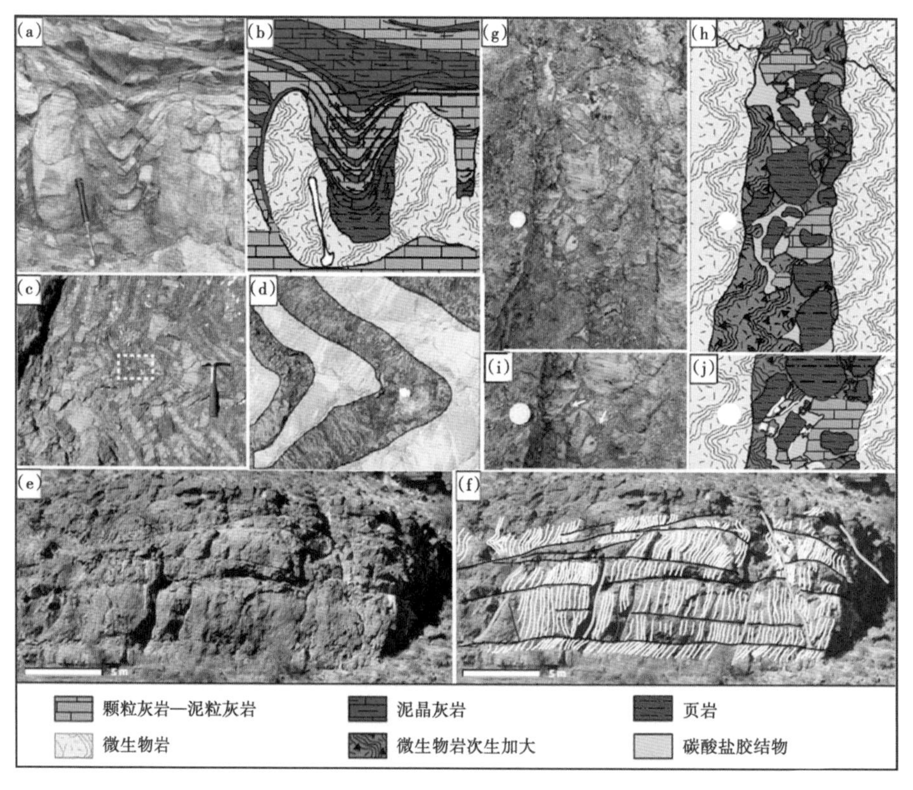

图 4.8　生物块礁的野外照片和结构示意图

（a）和（b）：（a）块状凝块石柱体周围同沉积变形野外照片，注意柱体间沉积层“卷曲”形成柱体间卷曲；（b）野外照片结构解释，标尺为地质锤。（c）和（d）：（c）野外照片显示微生物碳酸盐岩脆性变形，标尺为地质锤；（d）野外照片放大剖面，白色阴影区域代表柱体间充填，在（c）中的白色矩形表示放大区域的尺寸和位置，注意破裂和旋转小规模凝块石柱体。（e）和（f）：（e）地层单元 2 的生物块礁野外照片；（f）照片解释，白线表示凝块石和叠层石柱体，注意球体顶部柱体卷曲的不同方向，黑线为页岩和泥岩层，黄线为原生裂缝，红线为次生裂缝；（g）和（h）：（g）生物块礁 2 的一个开启缝野外照片；（h）构造解释，断裂被泥岩和颗粒—泥粒碎屑充填，微生物过度生长，被一个白云岩胶结和白色块状方解石胶结的黑色薄层环绕，硬币为比例尺（硬币直径为 2.5cm）。（i）和（j）：图（g）的缩放剖面和重画的结构，注意（i）中箭头和（j）白线表明微生物过度生长

给予充足时间后，这些过程最终导致个体的微生物构造混合成生物块礁，在更大的尺度上成为复合生物块礁。侧向延伸、生物块礁混合和生长终止重复三次，导致地层单元2下半部分复杂的生物块礁和复合生物块礁内部叠加类型（图4.7）。

地层单元2的上半部分以富颗粒沉积背景为特征，微生物岩的生长类型变成较小尺度的柱体（图4.8c）。HST的地层单元2中间的柱体直径1~2dm，但在到达地层单元顶部的过程中不断减小（1~5cm）。这种生长类型趋于侧向分叉，并在丘体和复合生物块礁中形成连续合并体。普遍沉积泥粒岩和颗粒岩。图4.9a为复合生物块礁示意图。

4.3.2 层状生物礁

地层单元3微生物碳酸盐岩形成侧向连续的层状生物礁通常比地层单元2微生物岩更均匀。层状生物礁1在地层单元3的整个HST层序与颗粒岩伴生，主要生长类型为细尺度分枝柱体。层状生物礁2覆盖在OS2顶部，形成于地层单元5HST的最后阶段。该阶段层状生物礁为树枝状凝块石柱体。随着富泥沉积汇入增多，它们在层状生物礁顶部和Hoogland段初始海侵期变化为穹顶和杯状凝块石。

生物块礁的构造框架以凝块石柱体形成的树枝状构造为特征，具有丰富的颗粒岩沉积囊体和颗粒通道。

4.4 构造

4.4.1 遥感

在地质图上识别了Omkyk段和Hoogland段两个主要的线性构造，分别是NNE—SSW向和SSE—NNW向。两个次级构造方向为NE—SW和SW—NW（图4.5f）。卫星图像解释显示相同的四个主方向（图4.5e）。研究区Nama群植被的缺乏和近水平层使得绘制的多数线性构造认定为是陡峭的走滑断层（卫星图上没有明显的垂直位移，比较图4.3c）。基于该区近水平层的明显垂直位移能够鉴别出少量正断层。研究区西部的正断层显示大约Hoogland段与Omkyk段120m的位移，能够在卫星图上很容易识别出来（图4.3b）。卫星图解释的裂缝线显示主要裂缝集合为正交关系，走向为NE—SW和SW—NW，次集合走向为南北向和SSE—NNW向（图4.5c、d）。在地质图上数字化的Hoogland段裂缝显示主要方向为SSE—NNW向和南北向（图4.5a）。

4.4.2 基于野外的裂缝数据

野外分析显示两类裂缝——原生和次生，由它们的切割关系确定。原生裂缝仅在微生物碳酸盐岩中可见，切割整个生物块礁和层状生物礁，也切割微生物岩中页岩和泥岩水平层。裂缝为典型的张开缝（开度为厘米级到分米级），角砾状柱体间物质充填。它们没有固定走向，倾角主要表现为陡峭到垂直的。地貌高部位之上的区域（例如堆积的生物块礁）原生裂缝倾向与早期地貌相同，导致中到高倾角（60°~85°）（图4.10a）。在裂缝切割泥岩和页岩水平层处可见裂缝的厘米到分米级位移（图4.6）。裂缝充填角砾和胶结物（图4.8g）。在堆积的生物块礁复合体和上覆在生物块礁间相上的层状生物礁区域可见原生裂缝的优秀实例（图4.7）。横剖面上这些裂缝显示楔形几何形状（图4.10a）。在原生裂缝切割生物块礁间的页岩和泥岩层常见孔洞和溶洞（图 4.7）。在横剖面上它们以开启的圆形到椭圆形为特征，数厘米到几分米宽。孔洞仅在微生物碳酸盐岩中，在生物块礁间相或上覆的颗粒岩水平层中未见。

总共识别出 9 组次生裂缝集，它们根据四个主要方向分组：（1）北南向；（2）NE—SW 向；（3）东西向；（4）SE—NW 向。所有裂缝都是 80°~90°的垂直和近垂直倾角（图 4.5g、h；表 4.1）。由于贯穿整个显生宙的多次地质事件和相似的地层段活动（Viola 等，2012），单组次生裂缝集的年龄和相对年龄不能确定。然而可以识别出两类裂缝集：（1）贯穿缝（高 5~20m），切割数个层面；（2）细层控裂缝处于层理面和类型 1 裂缝的终止处（表 4.1、图 4.5m）。

表 4.1　平均走向识别裂缝组

裂缝组	走向	类别
裂缝组 1	约 5°	1
裂缝组 2	约 30°	2
裂缝组 3	45°~50°	1
裂缝组 4	约 75°	2
裂缝组 5	约 90°	2
裂缝组 6	约 110°	2
裂缝组 7	约 135°	1
裂缝组 8	约 155°	1
裂缝组 9	165°~170°	2

4.4.3　LiDAR 裂缝数据

在两个位置开展 LiDAR 裂缝绘图，裂缝绘制在生物块礁间相、生物块礁和层状生物礁水平层及地层单元 4、地层单元 5 的颗粒岩水平层中（参见图 4.5i 至 k）。在地点 C 和地点 D 的生物块礁间区域，野外观察的所有 9 组裂缝集均在 LiDAR 中解释（参见图 4.2）。在地点 E、地点 F 和地点 G（参见图 4.2）仅鉴定出 5 组裂缝集。原因可能是 LiDAR 扫描的分辨率较低（在数字化露头模型生物礁间的区域中 10cm 浊点间距至 2cm 间距。

在生物块礁和层状生物礁水平层中发现原生裂缝（注意图 4.5i、j 中值线图的低倾角）。微生物碳酸盐岩在原生裂缝中没有明显的固定走向。在拼接照片上鉴定了原生裂缝和次生裂缝（图 4.6）。次生裂缝的丰度出现明显不同：注意到明显的高密度次生裂缝（1）在堆积的生物块礁复合体中出现，（2）在丘状结构间的数个泥岩和页岩层出现（图 4.6）。在后者情况下，次生裂缝终止在页岩水平层。为了量化相对裂缝丰度，裂缝在虚拟露头模型合并，并开展扫描线分析（参见图 4.6 扫描线位置）。整个复合生物块礁的总裂缝密度是 0.664 条/m，而丰富的页岩层的堆积生物块礁层具有差不多双倍的裂缝密度 1.155 条/m。

4.4.4　微生物碳酸盐岩产能

根据构造观点，凝块石—叠层石建造外部形态的解释和内部构造是解释脆性和塑性变形及微生物岩中复杂裂缝类型发育的重要方法。

微生物岩的构造行为主要受微生物骨架影响。生物块礁和层状生物礁内部非均质性强，如上文所说，是由于微生物骨架内部较柔软易于发生变形（图 4.9b）。此外，微生物岩的叠加类型影响早期变形。包括两种情况：（1）层状生物礁上覆在层状生物礁之上；（2）堆积生物块礁复合体内部。在第一种情况下层状生物礁的显著特征为差异压实构造（图 4.9c）。压实期间，下伏的丘体比生物块礁间沉积压缩量更少，形成生物块礁间相之上层状生物礁内的变形区域。这些区域以不断增多的原生裂缝为特征，倾向洼地和圆形的凝块石块体和柱体图（4.9c）。

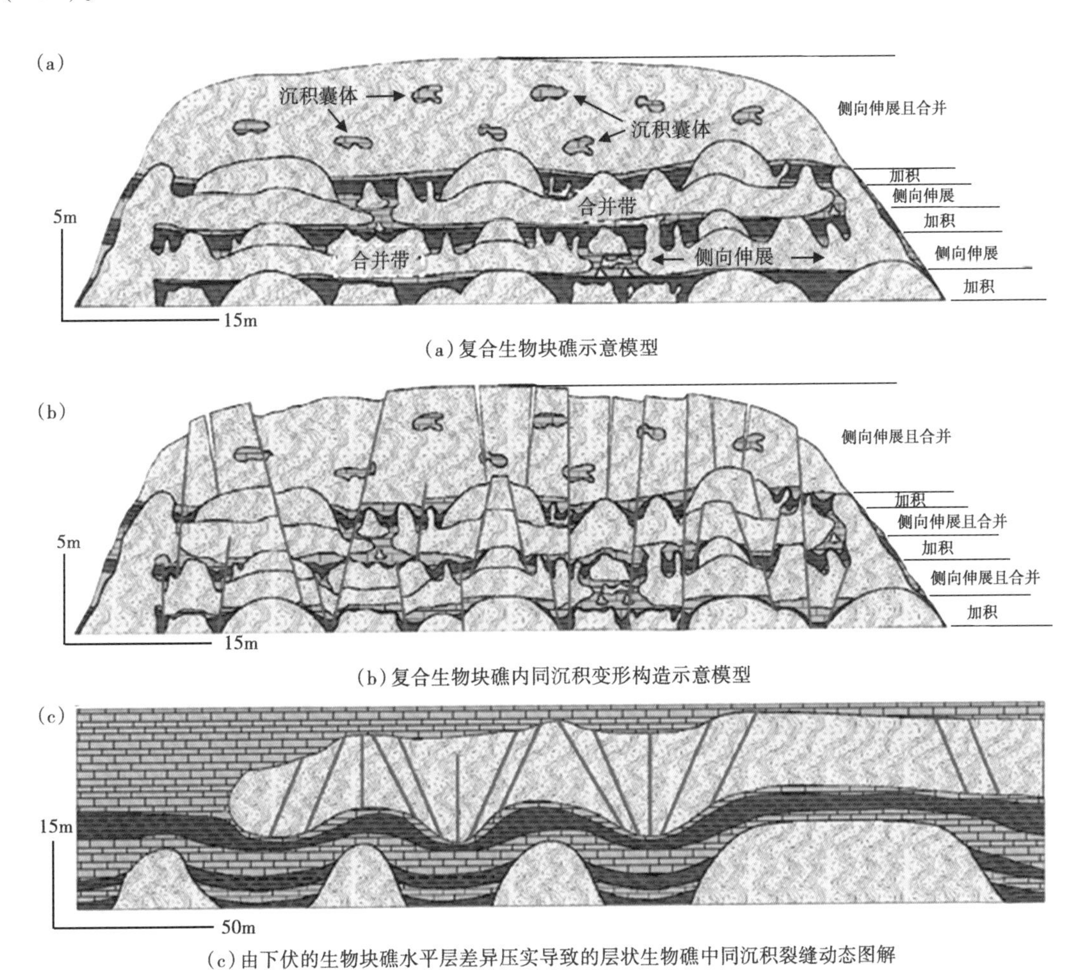

(a) 复合生物块礁示意模型

(b) 复合生物块礁内同沉积变形构造示意模型

(c) 由下伏的生物块礁水平层差异压实导致的层状生物礁中同沉积裂缝动态图解

图 4.9　复合生物块礁上覆叠加类型示意图

图例参见图 4.8

第二种情况的堆积生物块礁，过度生长的生物块礁中原生裂缝和变形非常明显（图 4.10a、b）。开启缝倾向下伏的早期构造高部位顶部。丘体间的接触区域出现强烈变形，如裂缝和卷曲（图 4.10a）。变形发生的附加区域出现在堆积丘体的两翼，上覆在生物块礁间相之上，表现为生物块礁内垂直或近垂直的原生裂缝（图 4.10a、b）和生物块礁间相内小规模凝块石柱体周围的卷曲（图 4.8a、b）。

脆性和塑性变形构造具有微生物骨架的内部破碎特征。不同微生物生长类型存在明显不同。与富泥相伴生的孤立的块状凝块石柱体和顶部较发育，而小尺度柱体趋于不发育。孤立

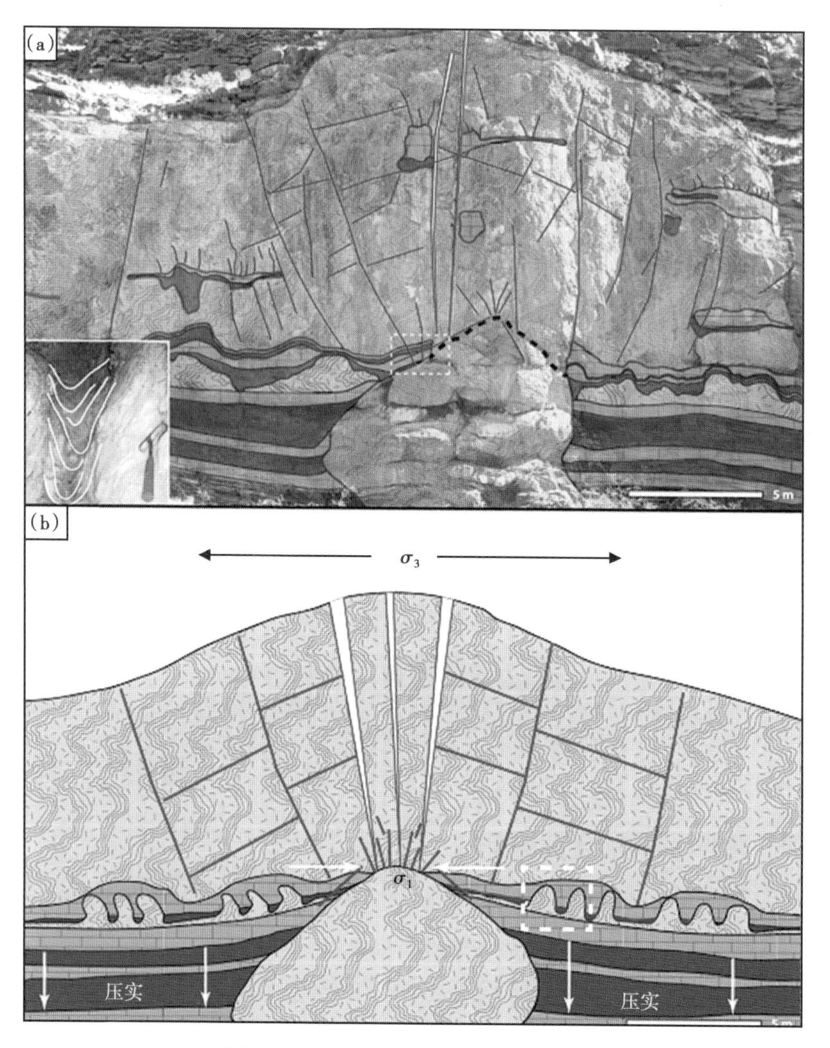

图 4.10　堆积生物块礁复合物示意图

(a) 地层单元 1 和地层单元 2 的一个堆积生物块礁构造的照片解释：注意绘制的丘状构造内部沉积囊体，黑色虚线代表源于地层单元 1 的丘状构造上部边缘；注意靠近下伏的丘状结构的微生物岩的第一个侧向延伸，由于页岩输入而终止；红线为绘制的裂缝；下伏生物块礁之上的裂缝白色充填表示楔形几何结构；放大照片显示堆积生物块礁接触带的细粒沉积卷曲（位置为白色矩形虚线）。(b) 图解显示同沉积裂缝形成于古地貌高部位差异压实和变形，白色矩形虚线表示图 4.8a、b 的位置。图例参见图 4.8

的块状凝块石穹隆和柱体间沉积物的区别为后者是典型的覆盖在凝块石穹隆地貌之上，侧向变厚，上超到顶部边缘的特征（图 4.8a、b）。图 4.10a 的放大剖面展示了堆积的生物块礁复合体接触区这种塑性、压实的卷曲。许多凝块石出现柱体构造倾向低于正常的层位现象，这显示了脆性变形证据。图 4.8c 和图 4.8d 显示一个生物块礁内破碎和圆形的凝块石柱体，形成凝块石柱体卷曲构造。未见这些卷曲的固定倾向或走向。相反，地层单元 2 生物块礁照片拼接的解释显示了发生在同一个丘体上的不同的卷曲方向，大部分发育在页岩和泥岩层之上（图 4.8e、f）。

页岩和泥岩层的厚度高达数厘米，侧向与生物块礁间富泥沉积相当。以数厘米振幅的缝合线，以及发育小尺度卷曲构造为特征。原生开启缝横切页岩层，而次生裂缝终止在这些地层上（图 4.6）。原生裂缝的近水平位移范围从数厘米到几分米，发生在这些层上。这证明沿页岩层的滑动发生在原生裂缝形成之后，滑动的证据为卷曲构造。

整个微生物碳酸盐岩常见开启缝（图 4.8g、h）。裂缝被生物块礁间沉积的角砾物质充填。在数个位置发现的裂缝中微生物围绕碎屑过度生长。注意图 4.8i 的白色箭头和图 4.8j 的白线表示微生物岩。围绕碎屑的过度生长是以层状微生物构造形式发生，生成裂缝中的孔洞。这表明开启缝发育在沉积作用活跃的碳酸盐岩台地。过度生长之后为薄层黑色白云石质边缘胶结物和块状海相方解石胶结（图 4.8g、h）。

4.5 讨论

4.5.1 局部裂缝

从遥感分析和野外工作中共同识别了构造的两个主要方向。Zaris 次级盆地西北部的主要方向为 NE—SW 和 NW—SE。绘制的大部分轮廓为陡峭近垂直的走滑断层。仅识别出少量正断层。所有的次生裂缝集都是近垂直的，与南北向和东西向次集合具有相同的主方向。Nama 盆地西北部的精细结构解释暂未开展。

一个近期研究集中在 Nama 盆地西南缘 Namaqualand 地区变质岩复合体的脆性构造演化上，由 Viola 等（2012）领导，接下来的概述源于他们。专家们总共识别了 10 次变形事件，发生在泛非洲造山旋回的开始至今。泛非洲事件表现为四期挤压运动，由高陡走滑断层确定：一个最初的 NW-SW 挤压事件（D_1），随后挤压区域顺时针旋转（D_2 和 D_3，分别向 NNW-SSE 和南北向）。前寒武纪最后一期挤压事件（D_4）主方向为 ESE-WSW。这四个最早的事件与北部 Damara 造山带和西部 Gariep 带的形成相关。显生宙扩张事件与南大西洋的张开有关：主扩张方向为 NE-SW 和东西向，与后来的边缘抬升伴生。

Zebra 河研究区距离 Namaqualand 北部大约 450 km，Viola 等（2012）的研究表明 Nama 盆地西南缘很可能经历了相似的长时间活动的构造史。然而现在不可能将 Zebra 河区域单个断层或裂缝集与单个非洲西南部构造事件联系起来。远程研究和裂缝分析的目的不是解释 Zaris 次级盆地的构造史，而是为原生裂缝和次生裂缝差异提供基础研究。然而，结果显示具有固定走向和倾角所有近垂直裂缝集暂时可以与非洲西南更具有区域性的变形事件联系起来。

4.5.2 早期裂缝

通过清晰对比，原生缝具有较低倾角、随机走向并限制在微生物岩中，不能与区域构造事件联系起来。开启缝中微生物的过度生长是一个关键证据，表明原生缝形成于沉积早期。另外，原生缝切穿微生物岩中的页岩和泥岩层，并产生错断。这表明原生缝形成早于：（1）这些层中平行层面的滑动；（2）临近次生裂缝的生物块礁内力学边界的演化。Omkyk 段微生物岩中类海绵多细胞动物 *Namapoikia rietoogenesis* 也提供了同沉积变形构造的证据，它们生长在开放型接口的保护下（Wood 等，2002）。此外，Johnson 和 Grotzinger（2006）提供 Zebra 河区域凝块石柱体早期脆性变形和地块旋转的证据。Korn 和 Martin（1959）提供了 Nama 盆地西北部 Kanies 段同沉积断层和裂缝。基于这些证据与我们的实测，讨论了原生裂缝为同沉积的，并且是 Zebra 河地区最古老的构造特征。

碳酸盐岩中同沉积变形和裂缝发育普遍认为是重要过程（Cozzi，2000；Hunt 等，2003；Underwood 等，2003；Frost 和 Kerans，2009，2010；Berra 和 Carminati，2012；McNeill 和 Eberli 2012）。碳酸盐岩中同沉积裂缝发育分为三类：（1）重力缝，（2）古地貌缝，（3）构造缝（Frost 2007；Guidry 等，2007）。重力缝机理包括：越过台地边缘及由于盆内沉积压实与不稳定、盆地倾斜相关，以及沿着倾斜层滑动（Kosa 和 Hunt，2005，2006）。

与古地貌缝相关的过程是源于斜坡和盆地沉积的差异压实。在早期坚硬的古地貌高部位胶结地层上产生的变形：包括台地陡坡、生物块礁复合体、淹没礁和结晶基底高部位（Frost 和 Kerans，2009；Boro 等，2012）。

三种同沉积裂缝组均为碳酸盐岩沉积物的早期胶结和岩化作用，使碳酸盐岩能够在早期阶段发生脆性变形。这些作用是重要因素，尤其对微生物碳酸盐岩来说。微生物碳酸盐岩通过沉积颗粒捕获和粘结，以及碳酸钙沉淀形成（Fairchild，1991；Riding，2000，2008；Dupraz 和 Visscher，2005；Nose 等，2006；Russo 等，2006；Dupraz 等，2009）。化学沉淀促进了微生物沉积，因其提供了允许微生物群落超过周围沉积物的刚性结构。因此，微生物碳酸盐岩随即发生岩化作用，要早于周围沉积物。故而形成了早期岩化固结的微生物格架。从露头尺度到微观尺度可知，由于生物块礁间沉积，以及生物块礁自身内部捕获的沉积物的后期压实，它们倾向于内部脆性。

4.5.3 生物块礁裂缝

Adams 等（2005）解释生物块礁为简单的半球形构造。对于需要建立近似的地质单元模型的学者们来说，这种假设是必要的。然而，对这种方法要多加小心。生物块礁的复合结构表明这些构造不像是简单的圆形或椭圆形图，而是表现为不规则的，即使这些形态仅在有限的露头中描绘出来。横剖面上微生物岩的观察结果显示了一个简单的三级模型：（1）初期生物块礁最初分散于联合的穹隆状和杯状凝块石穹隆（图 4.8a）；（2）前积期初期生物块礁开始分叉并侧向延伸（图 4.7 和图 4.9a）；（3）充足时间后，初始形态的侧向融合，产生合并的复合生物块礁。这种原生模型影响重大，因为合并和复合的生物块礁很可能形成高度不规则的微生物复合体。是否会形成生物块礁几何结构仍在测试。除了丘体几何结构的结果之外，这种模型还指出了生物块礁内部结构。合并的生物块礁和复合的生物块礁（图 4.9a）是垂向加积和侧向延伸的周期性变化的结果，最终导致复合微生物格架的形成。这种脆弱体系因为内部脆弱而不稳定（图 4.9b）。

Johnson 和 Grotzinger（2006）研究了随着 Zebra 河地区沉积背景变化微生物生长形态的响应。显示了页岩沉积期，微生物群落趋向于孤立的离散穹隆和大型柱体。碳酸盐岩沉积偏向形成小规模柱体，趋于分叉并形成树枝状联合网络。将这些观察结果合并到我们的模型，结果凝块石穹隆形成于加积阶段，联合柱体形成于扩展阶段。因此合并的生物块礁和复合生物块礁中均发生脆性和塑性变形。穹隆周围富泥沉积的卷曲和杯状凝块石表现为脆性变形。包裹在微生物建造周围的页岩和泥岩层曾被报道过，解释为同沉积特征（Goldhammer 等，1985）。差异压实和加积微生物体系的同沉积变形轮流影响联合的微生物体。凝块石穹顶在压实丘体中形成地貌高部位，由于差异压实导致过度生长的联合微生物岩两翼的不稳定性和破裂。两盒柱体间的沉积囊体是导致上覆地层裂缝带增加和柱体旋转的内部不稳定性的另一缘由。一个复合生物块礁同沉积变形构造的示意图如图 4.9b 所示。

在更大的尺度上，该层序中两个不同背景下均发现古地貌相关同沉积裂缝：（1）地层单元 2 中的生物块礁，开始生长在地层单元 1 生物块礁（堆积的生物块礁）之上；（2）在地层单元 3 层状生物礁，层状生物礁上覆在生物块礁构造上。在第一个例子的堆积生物块礁中，周围和下伏的沉积物的差异压实导致同沉积变形（图 4.10a）。Johnson 和 Grotzinger（2006）详细测量了图 4.10 位置中的生物块礁间沉积和同期生物块礁层。计算的生物块礁间总压实率超过 40%，而生物块礁本身仅约 10%。由于差异压实，丘体受该构造上半部分水平层变形（σ_3）和接触带压缩变形（位置 σ_1）影响。由于这种弯曲应力类型，发育相互切割的同沉积张开缝，倾向下伏的生物块礁顶部（图 4.10a、b）。复合生物块礁可见类似过程，仅有部分融合构造在生物块礁之上（比较图 4.6）。此外，复合生物块礁间的泥岩和页岩层水平滑动，证据为小规模卷曲。滑动沿局部地貌，证据为变形和破坏的微生物柱体走向不定。最终导致压实期间整个复合生物块礁体的重力破碎。在上覆于生物块礁之上的层状生物礁的例子中，走滑断层中常发育原生裂缝和地块旋转（图 4.9c）。由于生物块礁间相压实量比坚硬的微生物丘更多，生物块礁形成古地貌高部位。

上述特征与重力诱发的变形密切相关，原因有两个：（1）坚硬的早期胶结微生物格架重力破碎；（2）通过泥岩和页岩层水平滑动引起的生物块礁破碎。这也解释了为什么原生裂缝没有固定走向，因为原生缝的形成与内部构造和局部古地貌有关。两个因素都归结于微生物体系，因此走向随机。然而值得关注的是，重力缝和古地貌缝没有清晰的界限，它们彼此影响并互为因果。例如，堆积生物块礁中的差异压实在生物块礁间相中产生空间，这反过来促进了页岩水平层层面滑动。可以认为是一个事件影响另一个事件的循环，反之亦然。

碳酸盐岩力学层的时间演化也相当重要（Frost 和 Kerans，2010）。力学层通常解释为具有相同力学性质（例如硬度）的一个地层单元，但是不必对比岩性和层面。这些力学界面随时间推移而形成，裂缝通常终止在这些界面上。特别在早期成岩和埋藏期间，界面可能变化。这种力学层随时间演化出现在生物块礁 2 中。早期的同沉积裂缝在不同方向切割整个丘体，以及次生沉积后裂缝丘体间的页岩和泥岩层中（图 4.6）。因此页岩层影响力学层。这意味着生物块礁在早期成岩和原生缝形成期间充当了力学层。丘体中多重力学层的演化形成于后期，以泥岩和页岩层为界。

4.5.4 溶蚀特征

优先出现在原生缝交叉处的孔洞，仅出现在微生物碳酸盐岩中，文中解释为溶蚀特征。周围的生物块礁间和上覆的颗粒岩未出现溶蚀或岩溶，未见孔洞。此外，次生裂缝集也未受溶蚀影响。因此，我们解释原生裂缝交叉处的孔洞形成于早期微生物岩内流动网络中的流体溶蚀。逐渐认识到同沉积裂缝网络对早期流体流动网络（Guidry 等，2007；Ortega 等，2010；Frost 等，2012），特别是对碳酸盐岩油气藏（Narr 等，2004；Carpenter 等，2006；Collins 等，2006）的重要性。此外，这种网络可以长期充当成岩流体通道，并很可能在区域构造活动中再次开启（Frost 等，2012；Budd 等，2013）。微生物碳酸盐岩体系很可能受强烈的早期裂缝网络形成影响，因此这种网络很可能显著增加或减少流体流动。

有趣的是，研究区唯有微生物岩和靠近微生物岩的碳酸盐岩受到选择性白云石化作用影响。同沉积裂缝可能为白云石化流体提供了早期通道，流体仅影响生物块礁和层状生物礁，但不影响周围地层。然而，这些假设需要对 Omkyk 段更详细的成岩研究证实。因此目前不能忽视微生物岩白云石化作用。

4.6 结论

（1）纳米比亚 Nama 盆地微生物碳酸盐岩由多种生物块礁、层状生物礁和丘体间相组成。微生物岩由一系列叠层石和凝块石丘体组成，丘体间相包括顶部垮塌形成的颗粒岩—泥粒岩、波状和交错层理层。解释丘体的垂向和侧向分布很有必要，因为这影响了裂缝网络的性质和分布。

（2）识别了一个重要的同沉积构造阶段。原生裂缝体系形成与成岩早期，是古地貌高部位差异压实的结果。原生缝仅出现在微生物岩中，直接毗邻或上超在高部位上。原生裂缝交叉点处大的溶蚀孔洞和原生张开缝的广泛胶结证明这种裂缝网络充当了早期的流体通道。原生裂缝形成是由于微生物岩体系自身体积力、内部脆弱和几何结构。因此，不需要外部动力。

（3）Nama 盆地超过 500 Ma 的长期构造演化期间形成 9 组近垂直次生裂缝集。原生裂缝和次生裂缝的叠加形成生物块礁和层状生物礁中复杂的裂缝网络系统。

（4）观测结果显示出微生物岩具有储层特征，因为原生的张开缝能够提供优先的流体通道，具有显著增加储层性质的能力。此外，同沉积裂缝很可能会在后期变形中重新活动。再者，同沉积裂缝网络形成与区域构造历史分离，可能在不易形成裂缝的区域被忽视或没有引起重视。因此，需要仔细表征早期同沉积裂缝体系，以便精细预测微生物碳酸盐岩储层流体流动。

致谢

笔者非常感谢我们的行业伙伴 Sonangol 和 NAMCOR 共同给 DPLeH 的两项拨款来发起该研究。我们院感谢他们批准野外数据的刊出。

参 考 文 献

Adams, E. W., Schröder, S., Grotzinger, J. P. & McCormick, D. S. 2004. Digital reconstruction and stratigraphic evolution of a microbial-dominated, isolated carbonate platform (terminal Proterozoic, Nama Group, Namibia). *Journal of Sedimentary Research*, 74, 479-497, http://doi.org/10.1306/122903740479.

Adams, E. W., Grotzinger, J. P., Watters, W. A., Schröder, S., McCormick, D. S. & Al-Siyabi, H. A. 2005. Digital characterization of thrombolitestromatolite reef distribution in a carbonate ramp system (terminal Proterozoic, Nama Group, Namibia). AAPG *Bulletin*, 89, 1293-1318, http://doi.org/10.1306/06160505005.

Aitken, J. D. 1967. Classification and environmental significance of cryptalgal limestones and dolomites, with illustrations from the Cambrian and Ordovician of southwestern Alberta. *Journal of Sedimentary Research*, 37, 1163-1178, http://doi.org/10.1306/74d7185c-2b21-11d7-8648000102c1865d.

Al Haddad, S. & Mancini, E. A. 2013. Reservoir characterization, modeling, and evaluation of Upper Jurassic Smackover microbial carbonate and associated facies in Little Cedar Creek field, southwest Alabama, eastern Gulf coastal plain of the United States. AAPG *Bulletin*, 97, 2059-

2083, http: //doi. org/10. 1306/07081312187.

Alkmim, F. F. , Marshak, S. , Pedrosasoares, A. , Peres, G. , Cruz, S. & Whittington, A. 2006. Kinematic evolution of the Araçuaí-West Congo orogen in Brazil and Africa: Nutcracker tectonics during the Neoproterozoic assembly of Gondwana. *Precambrian Research*, 149, 43-64, http: //doi. org/10. 1016/j. pre camres. 2006. 06. 007.

Allwood, A. C. , Walter, M. R. , Burch, I. W. & Kamber, B. S. 2007. 3. 43 billion-year-old stromatolite reef from the Pilbara Craton of Western Australia: ecosystem-scale insights to early life on Earth. *Precambrian Research*, 158, 198-227, http: //doi. org/10. 1016/j. precamres. 2007. 04. 013.

Beglinger, S. E. , Doust, H. & Cloetingh, S. 2012. Relating petroleum system and play development to basin evolution: Brazilian South Atlantic margin. *Petroleum Geoscience*, 18, 315-336, http: //doi. org/10. 1144/1354-079311-022.

Berra, F. & Carminati, E. 2012. Differential compaction and early rock fracturing in high-relief carbonate platforms: numerical modelling of a Triassic case study (Esino Limestone, Central Southern Alps, Italy) . *Basin Research*, 24, 598-614.

Blanco, G. , Rajesh, H. M. , Germs, G. J. B. & Zimmermann, U. 2009. Chemical composition and tectonic setting of Chromian Spinels from the Ediacaran-Early Paleozoic Nama Group, Namibia. *The Journal of Geology*, 117, 325-341, http: //doi. org/10. 1086/597366.

Blanco, G. , Germs, G. J. B. , Rajesh, H. M. , Chemale, F. , Dussin, I. A. & Justino, D. 2011. Provenance and paleogeography of the Nama Group (Ediacaran to early Palaeozoic, Namibia): petrography, geochemistry and U-Pb detrital zircon geochronology. *Precambrian Research*, 187, 15-32, http: //doi. org/10. 1016/j. precamres. 2011. 02. 002.

Boro, H. , Bertotti, G. & Hardebol, N. J. 2012. Distributed fracturing affecting isolated carbonate platforms, the Latemar Platform Natural Laboratory (Dolomites, North Italy) . *Marine and Petroleum Geology*, 40, 69-84.

Budd, D. A. , Frost, E. L. , Huntington, K. W. & Allwardt, P. F. 2013. Syndepositional deformation features in high-relief carbonate platforms: long-lived conduits for diagenetic fluids. *Journal of Sedimentary Research*, 83, 12-36.

Burchette, T. P. & Wright, V. P. 1992. Carbonate ramp depositional systems. *Sedimentary Geology*, 79, 3-57.

Carpenter, D. G. , Guidry, S. A. , Degraff, J. D. & Collins, J. 2006. Evolution of Tengiz rim/flank reservoir quality: new insights from systematic, integrated core fracture and diagenesis investigations. Giant hydrocarbon reservoirs of the world: From rocks to reservoir characterization and modeling. AAPG Annual Meeting, 15, 18.

Collins, J. , Kenter, J. , Harris, P. , Kuanysheva, G. , Fischer, D. & Steffen, K. 2006. Facies and reservoir-quality variations in the Late Visean to Bashkirian Outer Platform, Rim, and Flank of the Tengiz Buildup, Precaspian Basin, Kazakhstan. *In*: Harris, P. M. & Weber, L. J. (eds) *Giant Hydrocarbon Reservoirs of The World: From Rocks to Reservoir Characterization and Modeling*. AAPG Memoir, Tulsa, OK, 88, 55-95.

Cozzi, A. 2000. Synsedimentary tensional features in Upper Triassic shallow-water platform carbonates of the Carnian Prealps (northern Italy) and their importance as palaeostress indicators. *Basin Research*, 12, 133–146.

DeWit, M. J., De Brito Neves, B. B., Trouw, R. A. J. & Pankhurst, R. J. 2008. Pre-Cenozoic correlations across the South Atlantic region: (the ties that bind). *In*: Pankhurst, R. J., Trouw, R. A. J., De Brito Neves, B. B. & De Wit, M. J. (eds) *West Gondwana: Pre-Cenozoic Correlations Across the South Atlantic Region*. Geological Society, London, Special Publications, 294, 1–8, http://doi.org/10.1144/sp294.1.

Dibenedetto, S. & Grotzinger, J. 2005. Geomorphic evolution of a storm-dominated carbonate ramp (c. 549 Ma), Nama Group, Namibia. *Geological Magazine*, 142, 583–604, http://doi.org/10.1017/s0016756805000890.

Dupraz, C. & Visscher, P. T. 2005. Microbial lithification in marine stromatolites and hypersaline mats. *Trends in Microbiology*, 13, 429–438, http://doi.org/10.1016/j.tim.2005.07.008.

Dupraz, C., Reid, R. P., Braissant, O., Decho, A. W., Norman, R. S. & Visscher, P. T. 2009. Processes of carbonate precipitation in modern microbial mats. *Earth-Science Reviews*, 96, 141–162, http://doi.org/10.1016/j.earscirev.2008.10.005.

Fairchild, I. J. 1991. Origins of carbonate in Neoproterozoic stromatolites and the identification of modern analogues. *Precambrian Research*, 53, 281–299.

Fairchild, I. J., Marshall, J. D. & Bertrand-Sarafati, J. 1990. Stratigraphic shifts in carbon isotopes from Proterozoic stromatolitic carbonates (Mauretania): influences of primary mineralogy and diagenesis. *American Journal of Science*, 290-A, 46–79.

Frimmel, H. E., Foelling, P. G. & Eriksson, P. G. 2002. Neoproterozoic tectonic and climatic evolution recorded in the Gariep Belt, Namibia and South Africa. *Basin Research*, 14, 55–67.

Frimmel, H. E., Basei, M. S. & Gaucher, C. 2010. Neoproterozoic geodynamic evolution of SW-Gondwana: a southern African perspective. *International Journal of Earth Sciences*, 100, 323–354, http://doi.org/10.1007/s00531-010-0571-9.

Frost, E. L. 2007. *Facies Heterogeneity, Platform Architecture and Fracture Patterns of the Devonian Reef Complexes, Canning Basin, Western Australia*. PhD thesis, University of Texas at Austin, Texas.

Frost, E. L. & Kerans, C. 2009. Platform-margin trajectory as a control on syndepositional fracture patterns, Canning Basin, Western Australia. *Journal of Sedimentary Research*, 79, 44–55.

Frost, E. L. & Kerans, C. 2010. Controls on syndepositional fracture patterns, Devonian reef complexes, Canning Basin, Western Australia. *Journal of Structural Geology*, 32, 1231–1249.

Frost, E. L., Budd, D. A. & Kerans, C. 2012. Syndepositional deformation in a high-relief carbonate platform and its effect on early fluid flow as revealed by dolomite patterns. *Journal of Sedimentary Research*, 82, 913–932.

Germs, G. J. B. 1972. The stratigraphy and paleontology of the lower Nama Group, South West Africa. *Bulletin*, *Precambrian Research*, 12, 1–250.

Germs, G. J. B. 1974. The Nama Group in South West Africa and its relationship to the Pan-African geosyncline. *The Journal of Geology*, 82, 301–317.

Germs, G. J. B. 1983. Implications of sedimentary facies and depositional environmental analysis of the Nama Group in South West Africa/Namibia. *Geological Society of South Africa*, *Special Publication*, 11, 89-114.

Germs, G. J. B. 1995. The Neoproterozoic of southwestern Africa, with emphasis on platform stratigraphy and paleontology. *Precambrian Research*, 73, 137-151.

Glumac, B. & Walker, K. R. 1997. Selective dolomitization of Cambrian microbial carbonate deposits: a key to mechanisms and environments of origin. *PALAIOS*, 12, 98-110.

Goldhammer, R. K. , Hardie, L. A. & Nguyen, C. 1985. Compactional features in Cambro-Ordovician Carbonates of Central Appalachians and their significance. *AAPG Bulletin*, 69, 257-258.

Gomes, P. O. , Kilsdonk, B. , Minken, J. , Grow, T. & Barragan, R. 2009. *The outer high of the Santos Basin*, *Southern São Paulo Plateau*, *Brazil*: *pre-salt exploration outbreak*, *paleogeographic setting*, *and evolution of the syn-rift structures*. AAPG International Conference and Exhibition, Cape Town, South Africa, October 26-29, 2008, Abstracts CD. http: //www. searchanddiscovery. net/documents/2009/10193 gomes/images/gomes. pdf (last accessed 17/09/2011).

Gresse, P. G. & Germs, G. J. B. 1993. The Nama foreland basin: sedimentation, major unconformity bounded sequences and multisided active margin advance. *Precambrian Research*, 63, 247-272.

Grotzinger, J. P. & Knoll, A. H. 1999. Stromatolites in Precambrian carbonates: evolutionary mileposts or environmental dipsticks? *Annual Review of Earth and Planetary Sciences*, 27, 313-358, http: //doi. org/10. 1146/annurev. earth. 27. 1. 313.

Grotzinger, J. P. & Miller, R. M. 2008. The Nama Group. *In*: Miller, R. M. (ed.) *The Geology of Namibia*. Ministry of Mines and Energy, Geological Survey Windhoek, Namibia, 13, 229-272.

Grotzinger, J. P. , Watters, W. A. & Knoll, A. H. 2000. Calcified metazoans in thrombolite-stromatolite reefs of the terminal Proterozoic Nama Group, Namibia. *Paleobiology*, 26, 334-359.

Grotzinger, J. P. , Adams, E. W. & Schröder, S. 2005. Microbial-metazoan reefs of the terminal Proterozoic Nama Group (c. 550-543 Ma), Namibia. *Geological Magazine*, 142, 499-517, http: //doi. org/10. 1017/s0016756805000907.

Guidry, S. A. , Grasmueck, M. , Carpenter, D. G. , Gombos, A. M. , Bachtel, S. L. & Viggiano, D. A. 2007. Karst and early fracture networks in carbonates, Turks and Caicos Islands, British West Indies. *Journal of Sedimentary Research*, 77, 508-524.

Hunt, D. W. , Fitchen, W. M. & Kosa, E. 2003. Syndepositional deformation of the Permian Capitan reef carbonate platform, Guadalupe Mountains, New Mexico, USA. *Sedimentary Geology*, 154, 89-126.

Johnson, J. & Grotzinger, J. P. 2006. Affect of sedimentation on stromatolite reef growth and morphology, Ediacaran Omkyk Member (Nama Group), Namibia. *South African Journal of Geology*, 109, 87-96.

Jones, R. R. , Pringle, J. K. , McCaffrey, K. J. , Imber, J. , Wightman, R. , Guo, J. & Long, J. 2010. Extending digital outcrop geology into the subsurface. In: Martinsen, O. J. , Pulham, A. J. , Haughton, P. & Sullivan, M. D. (eds) *Outcrops Revitalized*: *Tools*, *Techniques and Applications*. Society for Sedimentary Geology, 10, 31-50.

Kalkowsky, E. 1908. Oolith und Stromatolith im norddeutschen Buntsandstein. *Zeitschrift der deutschen geologischen Gesellschaft*, 60, 68-125.

Korn, H. & Martin, H. 1959. Gravity tectonics in the Naukluft Mountains of South West Africa. *Geological Society of America Bulletin*, 70, 1047 - 1078, http://doi.org/10.1130/0016-7606(1959)70[1047:gtitnm]2.0.co;20.co;2.

Kosa, E. & Hunt, D. W. 2005. Growth of syndepositional faults in carbonate strata: Upper Permian Capitan platform, New Mexico, USA. *Journal of Structural Geology*, 27, 1069-1094, http://doi.org/10.1016/j.jsg.2005.02.007.

Kosa, E. & Hunt, D. W. 2006. Heterogeneity in fill and properties of karst-modified syndepositional faults and fractures: Upper Permian Capitan Platform, New Mexico, USA. *Journal of Sedimentary Research*, 76, 131-151.

Le Ber, E., Le Heron, D. P., Winterleitner, G., Bosence, D. W. J., Vining, B. A. & Kamona, F. 2013. Microbialite recovery in the aftermath of the Sturtian glaciation: insights from the Rasthof Formation, Namibia. *Sedimentary Geology*, 294, 1 - 12, http://doi.org/10.1016/j.sedgeo.2013.05.003.

Le Heron, D. P., Busfield, M. E., Le Ber, E. & Kamona, A. F. 2013. Neoproterozoic ironstones in northern Namibia: biogenic precipitation and Cryogenian glaciation. Palaeogeography, *Palaeoclimatology*, *Palaeoecology*, 369, 48-57, http://doi.org/10.1016/j.palaeo.2012.09.026.

Li, Z. X., Bogdanova, S. V. et al. 2008. Assembly, configuration, and break-up history of Rodinia: a synthesis. *Precambrian Research*, 160, 179-210, http://doi.org/10.1016/j.precamres.2007.04.021.

Mancini, E. A., Llinas, J. C., Parcell, W. C., Aurell, M., Badenas, B., Leinfelder, R. R. & Benson, D. J. 2004. Upper Jurassic thrombolite reservoir play, northeastern Gulf of Mexico. *AAPG Bulletin*, 88, 1573-1602, http://doi.org/10.1306/06210404017.

McNeill, D. F. & Eberli, G. P. 2012. Early load-induced fracturing in a prograding carbonate margin. *In*: Swart, P. K., Eberli, G. P. & McKenzie, J. A. (eds) *Perspectives in Carbonate Geology: A Tribute to the Career of Robert Nathan Ginsburg* (*Special Publication* 41 *of the International Association of Sedimentologists*). Wiley-Blackwell, Chichester, UK, 327-336.

Narbonne, G. M., Xiao, S., Shields, G. A. & Gehling, J. G. 2012. The Ediacaran Period. *In*: Gradstein, F. M., Schmitz, J. G. O. D. & Ogg, G. M. (eds) *The Geologic Time Scale*. Elsevier, Boston, 413-435.

Narr, W., Fischer, D., Harris, P. M. M., Heidrick, T., Robertson, B. & Payrazyan, K. 2004. *Understanding and predicting fractures at Tengiz giant, naturally fractured reservoir in the Caspian Basin of Kazakhstan*. AAPG Hedberg Conference, Abstracts. El Paso, Texas, March 14-18.

Nose, M., Schmid, D. U. & Leinfelder, R. R. 2006. Significance of microbialites, calcimicrobes, and calcareous algae in reefal framework formation from the Silurian of Gotland, Sweden. *Sedimentary Geology*, 192, 243-265, http://doi.org/10.1016/j.sedgeo.2006.04.009.

Ortega, O. J., Gale, J. F. & Marrett, R. 2010. Quantifying diagenetic and stratigraphic controls on fracture intensity in platform carbonates: an example from the Sierra Madre Oriental, northeast Mexico. *Journal of Structural Geology*, 32, 1943-1959.

Parcell, W. C. 2003. Evaluating the development of Upper Jurassic reefs in the Smackover Formation, Eastern Gulf Coast, U. S. A. through fuzzy logic computer modeling. *Journal of Sedimentary Research*, 73, 498–515, http: //doi. org/10. 1306/122002730498.

Pedrosa-Soares, A. C. , Alkmim, F. F. , Tack, L. , Noce, C. M. , Babinski, M. , Silva, L. C. & Martins-Neto, M. A. 2008. Similarities and differences between the Brazilian and African counterparts of the Neoproterozoic Aracuai-West Congo orogen. *In*: Pankhurst, R. J. , Trouw, R. A. J. , De Brito Neves, B. B. & De Wit, M. J. (eds) *West Gondwana*: *Pre-Cenozoic Correlations Across the South Atlantic Region*. Geological Society, London, Special Publications, 294, 153–172, http: //doi. org/10. 1144/sp294. 9.

Riding, R. 2000. Microbial carbonates: the geological record of calcified bacterial-algal mats and biofilms. *Sedimentology*, 47, 179–214, http: //doi. org/10. 1046/j. 1365-3091. 2000. 00003. x.

Riding, R. 2008. Abiogenic, microbial and hybrid authigenic carbonate crusts: components of Precambrian stromatolites. *Geologia Croatia*, 61, 73–103.

Russo, F. , Gautrct, P. , Mastandrea, A. &Perri, E. 2006. Syndepositional cements associated with nannofossils in the Marmolada Massif: evidences of microbially mediated primary marine cements? (Middle Triassic, Dolomites, Italy) . *Sedimentary Geology*, 185, 267–275, http: //doi. org/10. 1016/j. sedgeo. 2005. 12. 017.

Saylor, B. Z. 2003. Sequence stratigraphy and carbonate-siliciclastic mixing in a terminal Proterozoic foreland basin, Urusis Formation, Nama Group, Namibia. *Journal of Sedimentary Research*, 73, 264–279.

Saylor, B. Z. , Grotzinger, J. P. & Germs, G. J. B. 1995. Sequence stratigraphy and sedimentology of the Neoproterozoic Kuibis and Schwarzrand Subgroups (Nama Group), southwestern Namibia. *Precambrian Research*, 73, 153–171.

Schalk, K. & Germs, J. 1980. *The Geology of the Mariental area. Explanation of Sheet* 2416 (*scale* 1:250000) . Geological Survey of Namibia, Windhoek.

Schröder, S. , Schreiber, B. C. , Amthor, J. E. & Matter, A. 2004. Stratigraphy and environmental conditions of the terminal Neoproterozoic-Cambrian Period in Oman: evidence from sulphur isotopes. *Journal of the Geological Society*, *London*, 161, 489–499, http: //doi. org/10. 1144/0016-764902-062.

Schröder, S. , Grotzinger, J. , Amthor, J. & Matter, A. 2005. Carbonate deposition and hydrocarbon reservoir development at the Precambrian – Cambrian boundary: the Ara Group in South Oman. *Sedimentary Geology*, 180, 1–28, http: //doi. org/10. 1016/j. sedgeo. 2005. 07. 002.

Scotese, C. R. 2009. Late Proterozoic plate tectonics and palaeogeography: a tale of two supercontinents, Rodinia and Pannotia. *In*: Craig, J. , Thurow, J. , Thusu, B. , Witham, A. & Abutarruma, Y. (eds) *Global Neoproterozoic Petroleum Systems*: *The Emerging Potential in North Africa*. Geological Society, London, Special Publications, 326, 67–83, http: //doi. org/10. 1144/sp326. 4.

Summons, R. E. , Jahnke, L. L. , Hope, J. M. & Logan, G. A. 1999. 2-Methylhopanoids as biomarkers for cyanobacterial oxygenic photosynthesis. *Nature*, 400, 554–557.

Underwood, C. A. , Cooke, M. L. , Simo, J. A. & Muldoon, M. A. 2003. Stratigraphic controls on vertical fracture patterns in Silurian dolomite, northeastern Wisconsin. *AAPG Bulletin*, 87, 121–

142, http: //doi. org/10. 1306/072902870121.

Vasconcelos, C. , Warthmann, R. , McKenzie, J. A. , Visscher, P. T. , Bittermann, A. G. & van Lith, Y. 2006. Lithifying microbial mats in Lagoa Vermelha, Brazil: modern Precambrian relics? *Sedimentary Geology*, 185, 175–183, http: //doi. org/10. 1016/j. sedgeo. 2005. 12. 022.

Viola, G. , Kounov, A. , Andreoli, M. A. G. & Mattila, J. 2012. Brittle tectonic evolution along the western margin of South Africa: more than 500 Myr of continued reactivation. *Tectonophysics*, 514–517, 93–114, http: //doi. org/10. 1016/j. tecto. 2011. 10. 009.

Wilson, C. E. , Aydin, A. et al. 2011. From outcrop to flow simulation: constructing discrete fracture models from a LIDAR survey. *AAPG Bulletin*, 95, 1883–1905, http: //doi. org/10. 1306/03241108148.

Wood, R. A. 2011. Paleoecology of the earliest skeletal metazoan communities: Implications for early biomineralization. *Earth–Science Reviews*, 106, 184–190, http: //doi. org/10. 1016/j. earscirev. 2011. 01. 011.

Wood, R. A. , Grotzinger, J. P. & Dickson, J. A. D. 2002. Proterozoic modular biomineralized metazoan from the Nama Group, Namibia. *Science*, 296, 2383–2386, http: //doi. org/10. 1126/science. 1071599.

Wright, V. P. 2012. Lacustrine carbonates in rift settings: the interaction of volcanic and microbial processes on carbonate deposition. *In*: Garland, J. , Neilson, J. E. , Laubach, S. E. & Whidden, K. J. (eds) *Advances in Carbonate Exploration and Reservoir Analysis*. Geological Society, London, Special Publications, 370, 39–47, http: //doi. org/10. 1144/SP370. 2.

第5章 纳米比亚成冰系 Rasthof 组微生物格架对微生物相的影响

E. LE BER*, D. P. LE HERON & N. H. OXTOBY

Earth Science Department, Royal Holloway University of London, Egham Hill, Egham TW20 0EX, Surrey, UK

*通信作者（e-mail：e. leber@es. rhul. ac. uk）

摘要：纳米比亚 Rasthof 组为中成冰世 Sturtian 冰川事件之后沉积的盖帽碳酸盐岩。它包含一个微生物岩段，其厚度通常大于 100m 并具扭曲特征。该微生物岩段可分为上、下两个非正式的单元：下部单元（微生物岩段 1，MM1）为厚层（1～6mm）纹层状微生物岩；上部单元（MM2）为薄层（层厚为亚毫米级）纹层状微生物岩。微生物岩沉积物的扭曲（该套地层中反复出现的特征）被解释为软沉积物变形的结果。变形层段及样式的规模可从 MM1 分米级—米级的杂乱褶皱至 MM2 局部分布的厘米级上卷构造。MM1 和 MM2 微相研究揭示了两种截然不同的构型：在 MM1 中，微生物相以薄层泥晶纹层和厚层胶结层的频繁交替为特征。这一特征可能使得沉积物的硬度比 MM2 低；而在 MM2 中，虽然存在上述纹层构造，但它们在垂向上相连通而形成连续的格架。我们认为格架的连通性限制了软沉积物变形的频率和规模，因此，Rasthof 组的微构型差异造成了大相中的硬度差别。

叠层石通常被认为受环境控制（Logan 等，1964；Andres 和 Reid，2006；Bosak 等，2013a），然而很难找到微生物与微相或微相与大相之间的关系（Knoll 和 Semikhatov，1998）。尽管如此，微生物碳酸盐岩的微观观察对于破解微生物群落的发展与环境控制因素之间的关系至关重要。例如，通过这一尺度的研究可以对微生物群落降解和石化作用的时间进行评估（Turner 等，2000；Harwood 和 Sumner 2012）。本文的目的是建立纳米比亚地区中成冰世 Rasthof 组盖帽碳酸盐岩露头中微观和宏观结构之间的关系，这些盖帽碳酸盐岩为 Sturtian 冰川事件之后沉积的。Rasthof 组发育两类主要的微生物相（Pruss 等，2010）：（1）厚层纹层状严重变形相，（2）薄层纹层状无变形相。为此，我们提出了 Rasthof 组微相和大相之间的关系。

对成冰系碳酸盐岩（例如 Rasthof 组）中的微生物相进行研究具有重要的意义。第一，它们为纳米比亚北部和安哥拉南部 Owambo 盆地边缘现实油气勘探目标；第二，与其同年代的微生物碳酸盐岩属于巴西地区新元古界潜在的含油气系统（Bertoni，2014）；第三，在盆地尺度上，这些碳酸盐岩出露良好，可以很好地记录大相和微相之间的关系。

5.1 地质背景

Rasthof 组沉积于中成冰世冰期之后，在刚果克拉通的西南部沉积了 Chuos 组（Hoffman 和 Halverson，2008）。Rasthof 组为台地相碳酸盐岩沉积，其底部为一套盖帽白云岩，这些沉积物被认为是非生物成因，是由于地球从“雪球”事件开始出现时碱性水的流入导致的（Hoffman 和 Halverson，2008）。非生物成因纹层之上为厚约 150m 的微生物碳酸盐岩，本文将对其进行宏观尺度的描述和微观尺度的研究。Rasthof 组的上部以浅水—潮上带沉积为主（包括颗粒岩、帐篷构造、交错层理），可能记录了台地水体的变浅（Hoffman 和 Halverson，2008；Pruss 等，2010）。Rasthof 组整体上被解释为单个高位体系域（Halverson 等，2005）。

Rasthof 组作为 Sturtian 冰川事件之后沉积的盖帽碳酸盐岩，尽管它具有重要的地层学意义，然而对其详细的沉积学研究工作还比较少。Rasthof 组由 Hedberg（1979）建立，他对卡布尼亚市东北部 33km 处 Rasthof 农场地区（图 5.1）的层型进行了描述；Le Ber 等（2013）对该剖面进行了更详细的描述。在本项工作之前，Hoffman 和 Halverson（2008）对台地内部至台地边缘微生物段的基本岩相进行了描述。Pruss 等，（2000）对台地西部微生物段的岩相进行了详细描述，Bosak 等（2011，2012）和 Dalton 等，（2013）展示了上述地层中可能存在早期真核生物的证据。

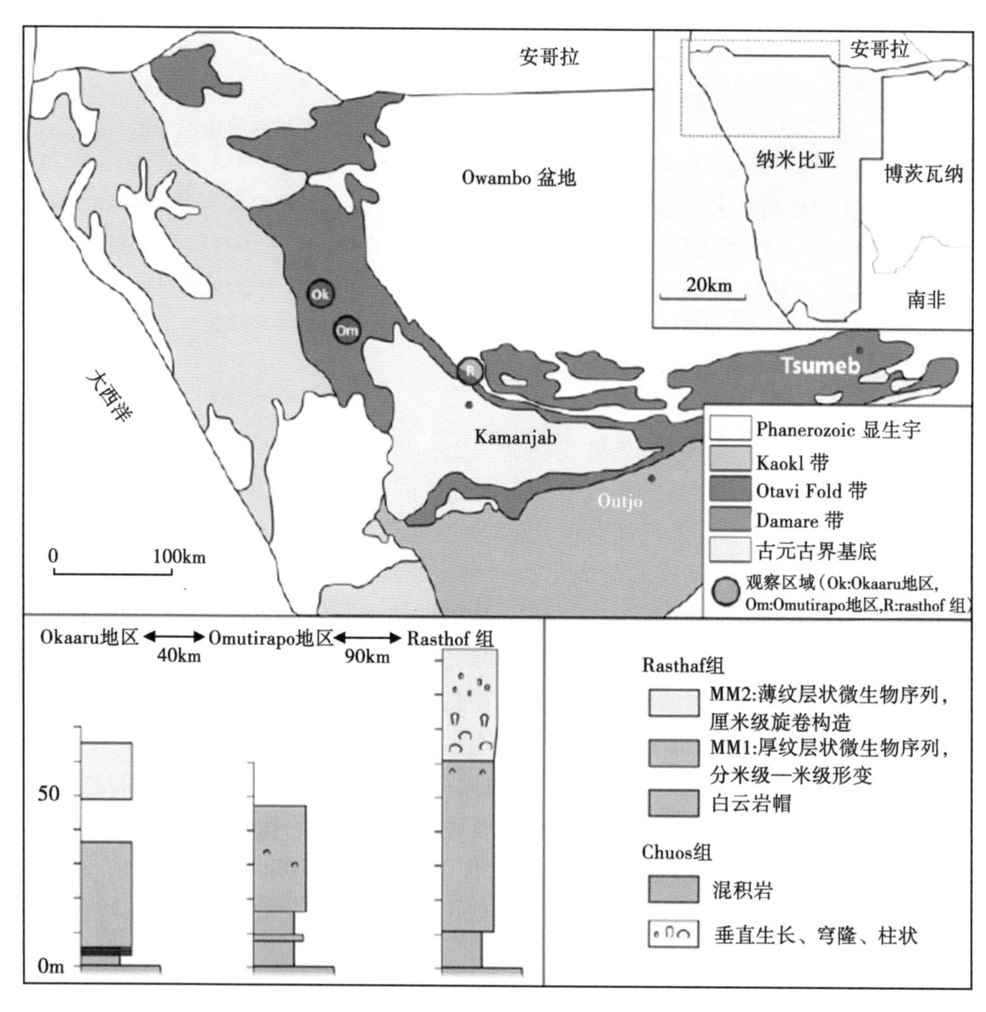

图 5.1 纳米比亚北部地质图（据 Hoffman 和 Prave，1996，修改）

采样点的位置如红圈所示，地质图下方为其对应的综合柱状图

目前对微生物段的古环境解释尚存在争论。相关的解释从近海（Hoffman 和 Halverson，2008）至浪基面下深水（Pruss 等，2010；Bosak 等，2013b）、潮下（Le Ber 等，2013）和浅水环境（Hedberg，1979）。尽管上述解释来自同一台地，但在许多情况下研究地点不同，因此位置的变化可能是产生复杂化的因素之一。本文将展示 Rasthof 组、Omutirapo 地区和 Okaaru 地区 3 个地点的数据（图 5.1）。然而，对微生物段古环境解释的详细讨论不是本文的范畴。

Pruss 等（2010）曾对微生物岩段的微相进行过尝试性的表征。厚纹层相由（1）1~4mm 厚的粗晶白云石（100~200μm）构成的浅色层和（2）亚毫米厚度的细晶白云石（<20μm）构成的暗色层交替分布而组成。薄纹层相也具有类似的交替分布特征，但浅色层要薄得多（20~50μm）。这里我们将对此进行补充性描述，并结合其他研究和分析，目的是建立 Rasthof 组微相与大相之间的关系。特别地，我们将探索不同的微构型如何影响沉积物的硬度并进一步影响它们在宏观尺度上的表现。

5.2 材料和方法

对纳米比亚北部 Rasthof 组、Omutirapo 和 Okaaru 等 3 个地区进行了野外考察和采样，并对样品开展了透射光和阴极发光岩相学分析。在透射光分析过程中，利用 Nikon Microphot-FX 显微镜及 Nikon DS Camera Head DS-5M 和 Nikon Digital Sight DS-L1 照相系统拍摄了微观照片，由于原始组构和沉积构造已发生白云石化，透射光观察过程中在薄片下方放置一片白纸，将有助于解释原始的组构和构造（Delgado，1977）。阴极发光分析通过 Nikon Optiphot 岩相学显微镜和 Technosyn 8200 MkII 阴极发光仪进行。

5.3 相描述

5.3.1 MM1

在 3 个剖面中，Rasthof 组的底部为一套盖帽白云岩，与下伏的 Chuos 组之间存在非常明显的界线。盖帽白云岩发育平直的细纹层（<2mm），在该段最上部的几厘米部分纹层变厚（2~6cm）并且局部有起伏，指示了第一微生物段（MM1）的开始。MM1 厚度为 40~60m，通常发生变形（Hedberg，1979；Hoffman 和 Halverson，2008；Pruss 等，2010；Le Ber 等，2013）而表现为分米级至米级的层内褶皱，且褶皱无方向性（图 5.2）。平直的纹层不超过 2m：它们具有厘米级至分米级的振幅及分米级至米级的周期。尽管存在强烈的变形，MM1 并未发生破裂，只是由于局部存在岩墙的侵入而被刺穿（Pruss 等，2010）。在 Rasthof 组附近的 Pioneer 组地区，见有少量分米大小的 MM1 内碎屑被纹层相包裹。

其他相由分米规模的具锥状或穹隆状构造的纹层组成，它们仅发现于 Omutirapo 地区和 Rasthof 组。穹隆状和锥状构造指向上方，这与杂乱变形相截然不同。

镜下可见由细晶白云石构成的暗色薄纹层（<200μm）和由粗晶白云石构成的浅色厚纹层（>2mm）呈交替分布（图 5.3a 至 c）。暗色纹层通常具褶皱，并发生起伏致使局部变厚。MM1 中宏观尺度的锥状和穹隆状构造具暗色纹层并发育更复杂的微构造，形成在垂向上和侧向上连续的格架（图 5.3d）。锥状和穹隆状构造的暗色泥晶层通常比 MM1 褶皱相要厚，

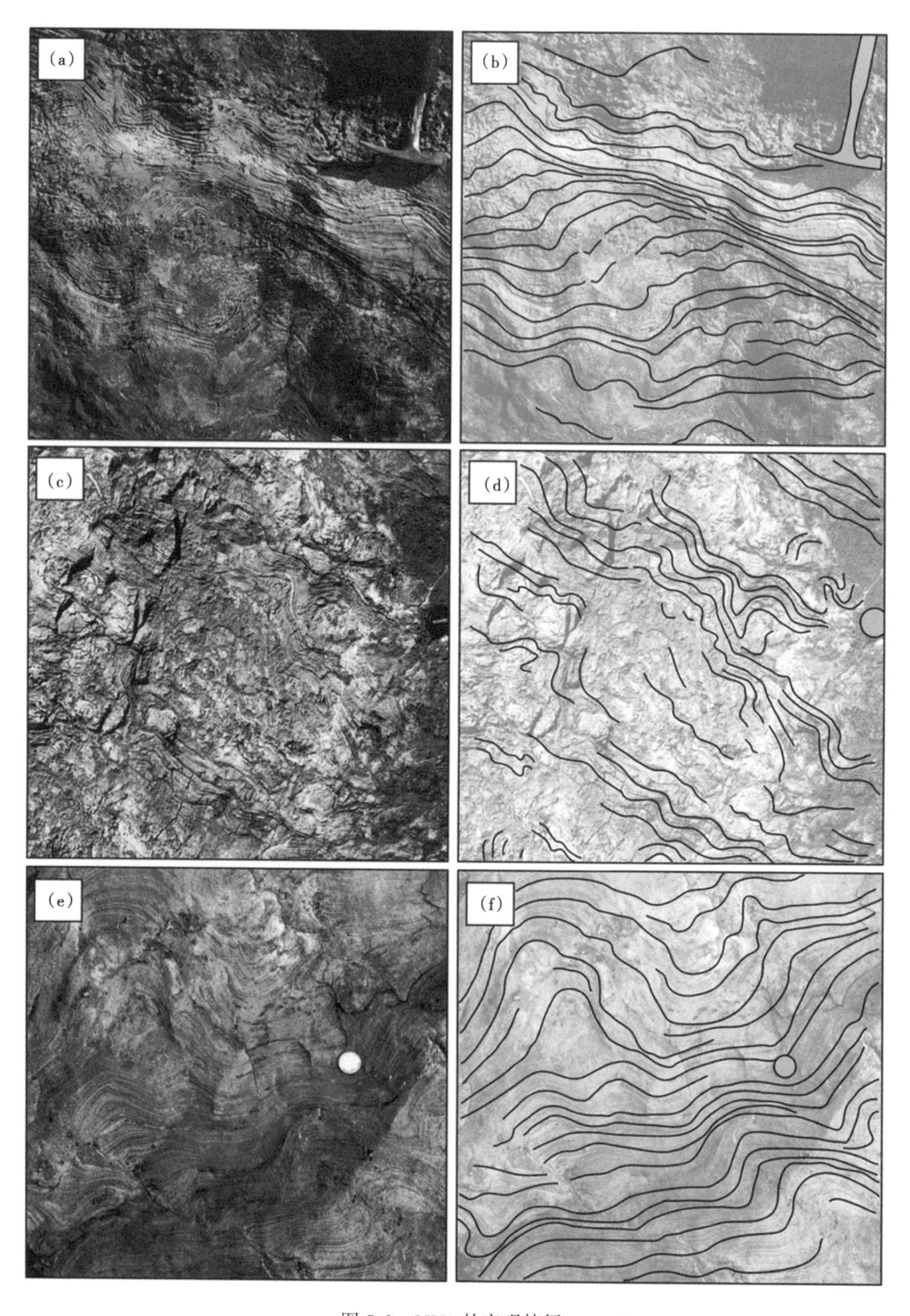

图 5.2　MM1 的宏观特征

（a）和（b）、（c）和（d）、（e）和（f）分别为 Rasthof 组、Okaaru 地区、Omutirapo 地区变形席的照片和素描

且更加发散（图 5.3a 至 c）。这些暗色纹层可发生破碎而形成毫米级的内碎屑。总体上，后一种微相在 MM1 较少见。

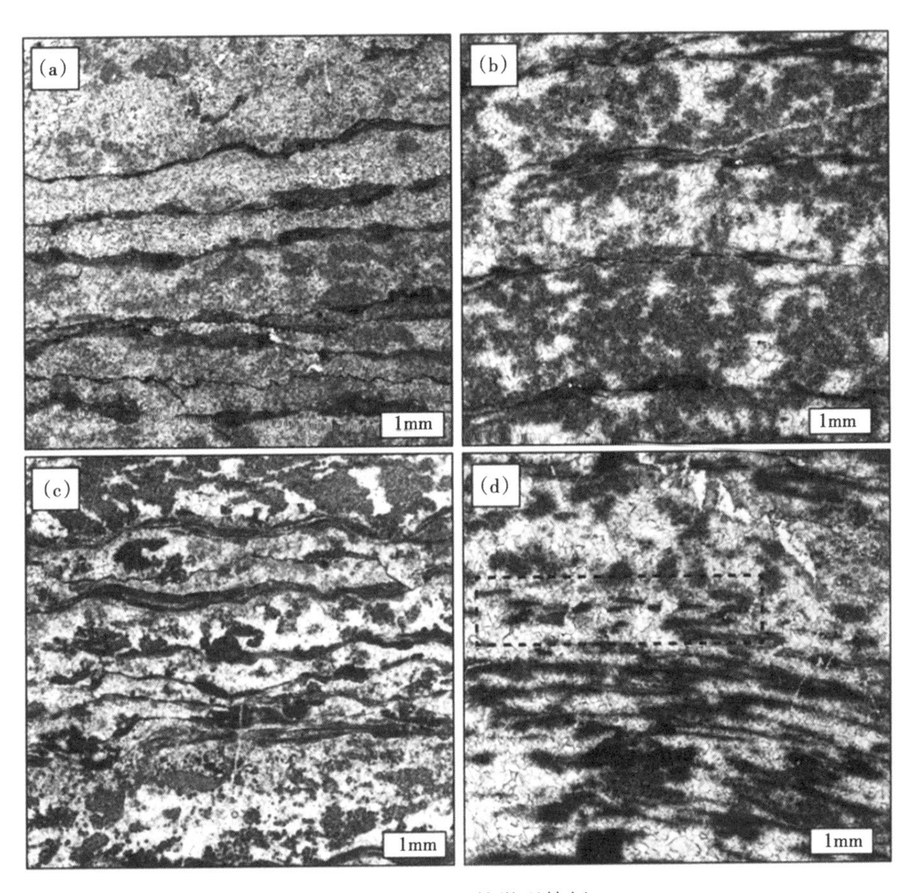

图 5.3　MM1 的微观特征

(a)、(b)、(c) 和 (d) 分别为 Rasthof 组［图 (a)］、Okaaru 地区［图 (b)］、Omutirapo 地区［图 (c) 和图 (d)］透射光显微照片；除照片 (d) 以外，其他照片的暗色纹层之间具有明显的纹层组构和 grumeaux（Turner 等，2000），照片 (d) 中的纹层在垂向上连通或破碎（方框所示）；照片 (d) 代表了未发生明显变形的微相

5.3.2　MM2

该单元整合覆盖于 MM1 之上。由于 Omutirapo 地区 MM2 出露情况不好，因此在接下来的讨论中未对该地区进行描述。MM2 中的纹层比 MM1 中更加平直，未见到分米级—米级的褶皱。上卷构造（图 5.4a 至 c）为软沉积物变形而导致的唯一特征。发育上卷构造的层段较局限，厚度通常小于 10cm，侧向延伸不过几分米（图 5.4b、c）（Pruss 等，2010；Bosak 等，2013b）。然而在 Rasthof 组地区，它们与穹隆状或柱状叠层石相邻（Le Ber 等，2013）（图 5.4a），并且包含破碎的纹层（图 5.4a）。破碎的纹层在局部被完全分割成数个厘米级—分米级的扁平状内碎屑。除柱状（图 5.5a、b）和穹隆状构造外，还发育其他类型和强度的变形，包括上卷构造、薄纹层相内碎屑（图 5.5c）和未变形（完全保存）的薄纹层相（图 5.5d）。

薄片观察揭示，在薄纹层相中浅色和暗色纹层间的排列形式比 MM1 要复杂。MM2 中以

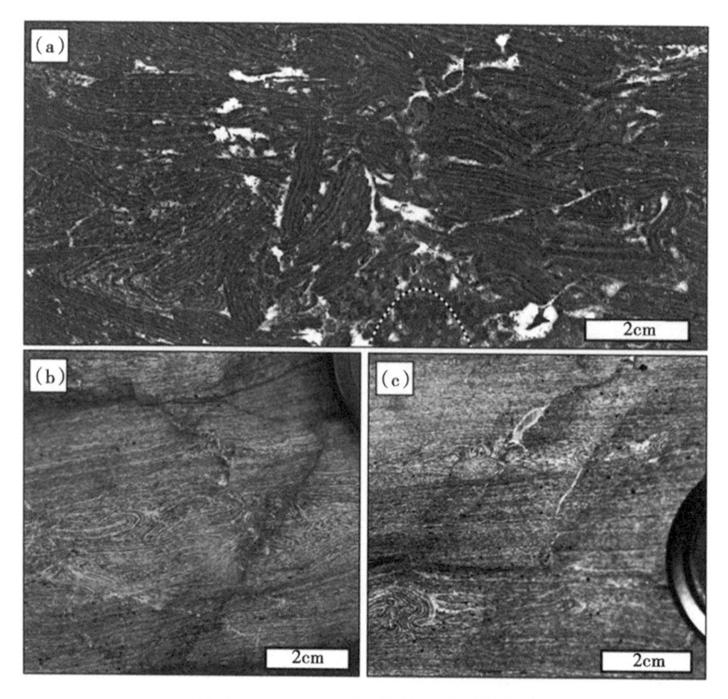

图 5.4　MM2 上卷构造的宏观特征

（a）Rasthof Farm 地区一柱状叠层石上部（虚线）密集发育的上卷纹层；（b、c）Okaaru 地区与 MM2 平直细纹层相呈互层分布的、经典的上卷构造，上卷构造是由这些平直纹层相的破坏而形成的

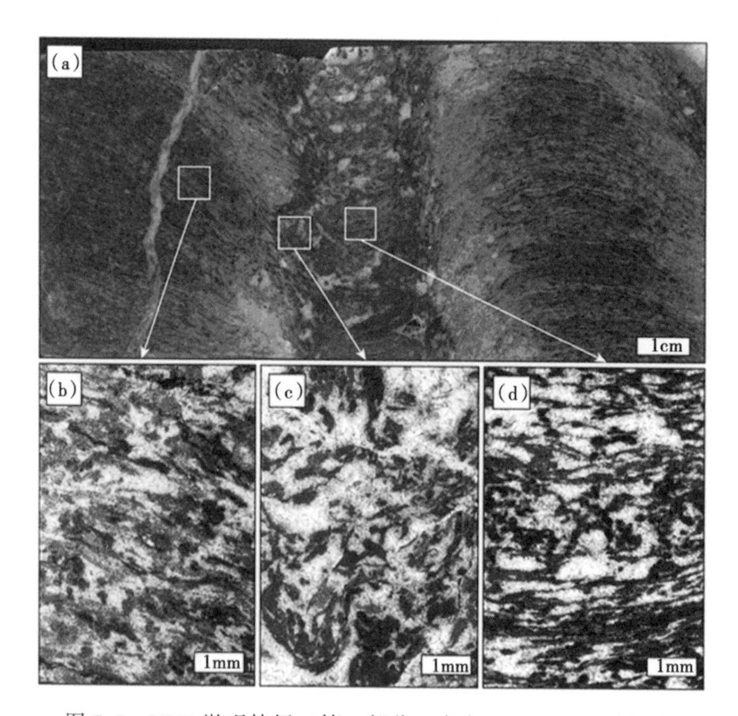

图 5.5　MM2 微观特征（第一部分，来自 Rasthof Farm 地区）

（a）两个柱状构造的光面照片，在柱状构造内部及之间可见纹层组构；（b）柱状构造的微观照片；（c）柱状构造边缘部分的微观照片，包含大量的纹层内碎屑；（d）柱状构造之间的纹层相的微观照片

暗色泥晶纹层和凝块为主，它们形成致密而连续的格架，不过纹层构造依然十分清楚（图5.6）。白云石化作用使沉积构造在透射光下难以辨认，但是利用 Delgado（1977）方法可清楚地区分泥晶纹层、凝块和胶结物（图 5.6a 至 d）。薄纹层相中的暗色纹层常呈波浪状，具有亚毫米级的振幅和毫米级的周期（图 5.6e、f）。普遍发育小孔隙，在靠近上卷构造的区域孔隙变大（图 5.6a、b）。Rasthof 组剖面样品中，由数个亚毫米—毫米级、磨圆很好的内碎屑构成的颗粒岩与穹隆状和柱状构造接触，从而形成薄纹层相和生长相（the growths）之间的过渡带。穹隆状和柱状构造的纹层组构在镜下不像薄纹层相那么明显和连续，但孔隙中胶结物数量要比后者高，尽管胶结物中混有泥晶纹层和微凝块（图 5.6c、d）。

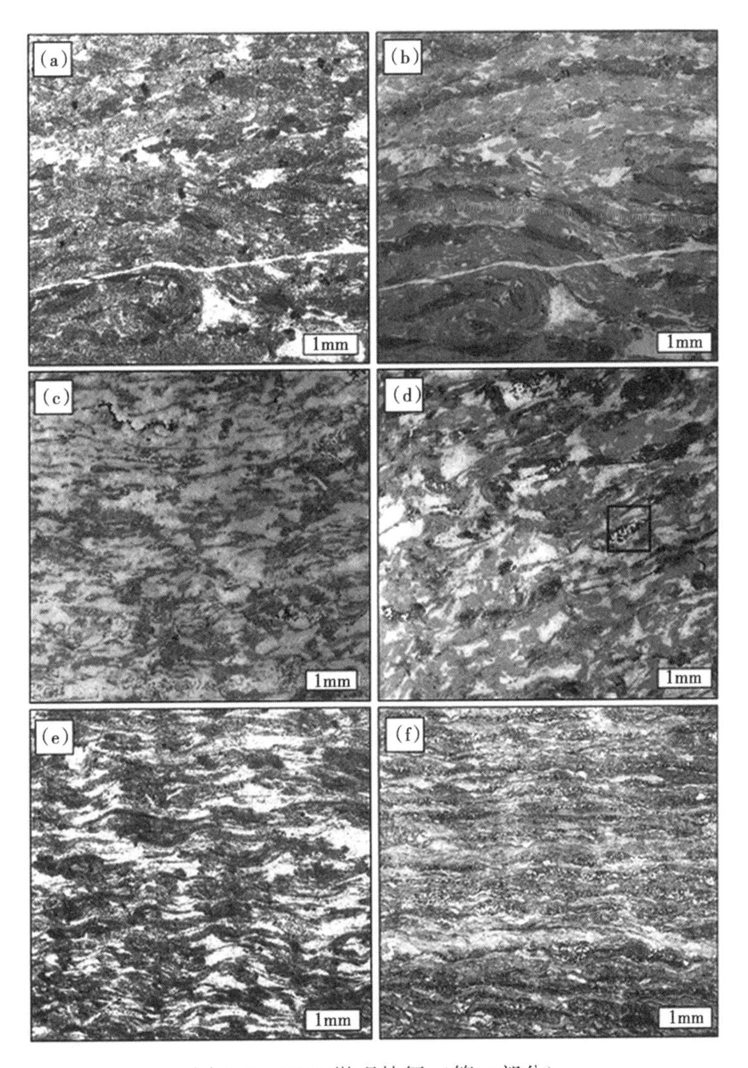

图 5.6　MM2 微观特征（第二部分）

（a）某个上卷构造的中央部位，Rasthof 组，透射光；（b）同照片（a），但在薄片下方放置一片白纸已突出显示岩石结构，上卷构造位于照片左下方，泥晶相占主体地位并形成连续格架；（c）穹隆状叠层石中见到的连续格架，Rasthof 组；（d）柱状叠层石中见到的连续格架，Rasthof 组，注意连续的浅灰—深灰色泥晶格架，照片（c）和照片（d）中胶结物含量不同，反映了原始孔隙度有别，照片中方框圈出的部分详见图 5.7；（e）MM2 中的未变形相，发育波状纹层并在垂向上连通，Omutirapo 地区；（f）同照片（e），但是来自 Okaaru 地区；所有来自 MM2（包括来自 Rasthof 组的柱状和穹隆状叠层石）的照片中均发育矩形的长 50~100μm 的深色晶体（似球粒组分），详见图 5.7

Delgado（1977）的方法揭示，在 MM2 的空隙中存在矩形似球粒组分，但它们在透射光下不易辨认。似球粒组分的长度小于 100μm，宽度小于 30μm（图 5.6d 和 5.7a、b），呈深色半透明。似球粒组分在 MM2 中有发现，在 MM1 中未见到。通过阴极发光可以揭示似球粒组分的内部构造（图 5.7c 至 f）：具有长度小于 60μm 呈褐色或暗红色发光的泥晶核心，外

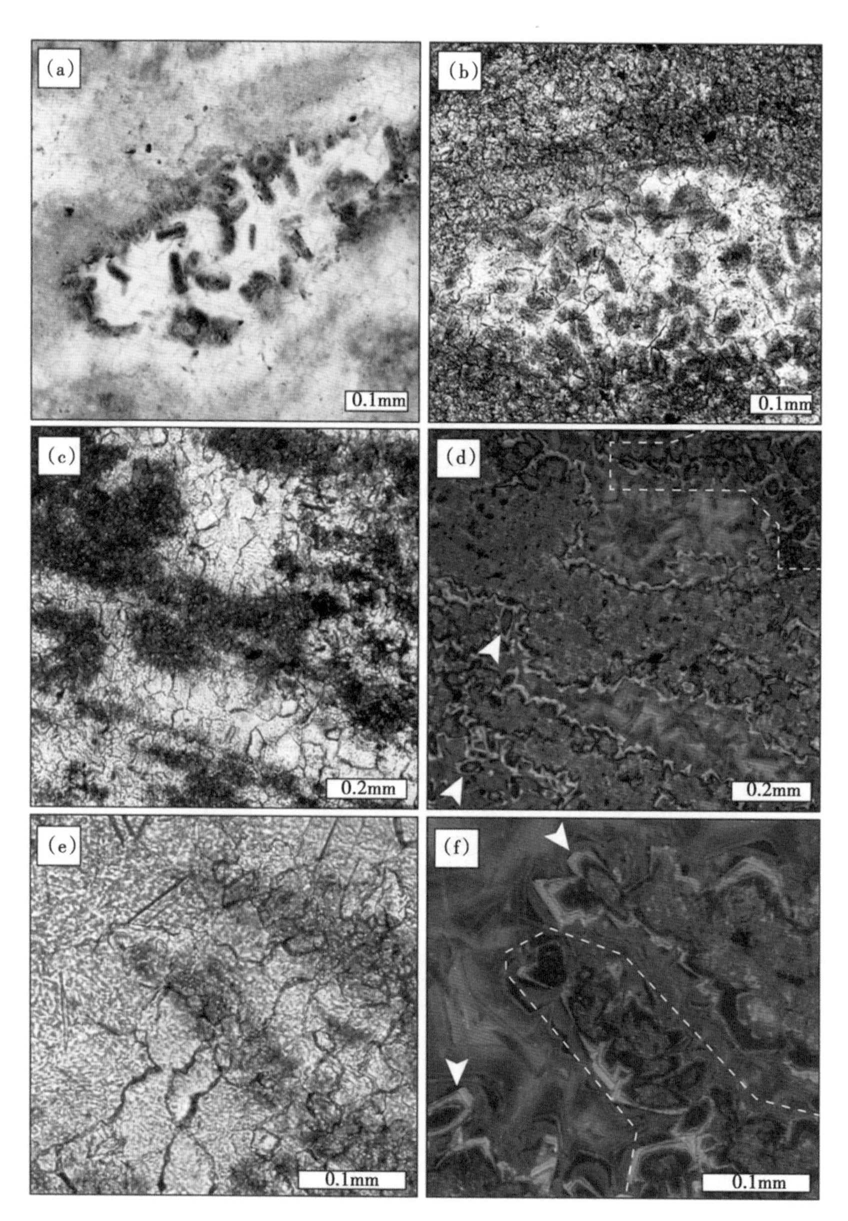

图 5.7　MM2 的微观特征（第三部分）

(a) 图 5.6d 中展示的孔隙中矩形晶体（似球粒组分）的细节特征，拍照时薄片下方放置一纸片；(b) Okaaru 样品中的类似现象；(c) Rasthof 组地区某柱状叠层石的显微照片；(d) 照片 (c) 对应的阴极发光照片，照片 (a) 和照片 (b) 中见到的似球粒组分在阴极发光下也可看到（例如白色箭头指示的部分），这些似球粒组分集合在一起形成泥晶纹层（如虚线圈出的部分）；(e) Rasthof 组穹隆状叠层的细节；(f) 照片 (e) 对应的阴极发光照片，似球粒组分（例如白色剪头所指）具有卵圆形、呈红色至棕色阴极发光的核心，以及黑色和黄色阴极发光的次生加大边，这些似球状组分集合在一起形成纹层（虚线）

部有一黑色泥晶套并具次生加大。尽管似球粒组分在空隙中很明显，但在泥晶席中难以辨认。利用经典的岩相学方法（透射光）很难准确示踪泥晶格架的边缘。阴极发光揭示了泥晶格架边界及空隙中胶结物的环带构造。透射光下的暗色纹层在阴极发光下呈褐色或红色，它们被一薄层黑色共轴边缘包覆，后者又被具有黄色阴极发光的共轴晶体包覆（图 5.7d），上述两种相的厚度均不超过 20μm。泥晶格架和空隙中的似球粒组分呈现相图的阴极发光和结构，以及具有相同的黑色和黄色阴极发光边缘，因此它们可能是同一种物质。暗色纹层实际上是由紧密堆积的椭圆形颗粒组成（图 5.7e、f），与空隙中的似球粒组分具有相似的大小和形状。而空隙后被多期具有红色阴极发光的晶簇状胶结物充填。

5.4 解释

5.4.1 沉积物的硬度

下面将对使微生物席发生变形的事件进行讨论。由于变形相缺乏方向性，因此它们不是同沉积期滑塌变形的结果（Hoffman 和 Halverson，2008）。其他可能的机制包括流体逃逸（Pruss 等，2010；Bosak 等，2013b）和水动力应力（Le Ber 等，2013）。下面的讨论将集中于沉积物的硬度，而不是变形过程。

MM1 和 MM2 中的暗色泥晶纹层似乎是微生物活动的结果（Pruss 等，2010）。在 MM1 中，浅色纹层代表了微生物群落无法与胶结作用或其他沉积作用匹敌的时期。另一方面，MM2 中浅色胶结物较少（Rasthof 组地区除外），另外 MM2 中的暗色纹层在垂向上连通形成格架，指示了微生物群落的持续发展。

目前普遍认为微生物段中的扭曲相是由于变形期间沉积物的弹性和黏性造成的，而上述性质则归因于沉积物与微生物有关（Hoffman 和 Halverson，2008；Pruss 等，2010；Le Ber 等，2013；Bosak 等，2013b）。MM1 中的变形样式不同地区之间略有差异，但总体表现为分米至米级的起伏和褶皱。MM2 通常是平直的，仅在某些位置发育厘米级的上卷构造。

为什么会存在两种不同的变形样式和变形尺度？纹层的变形厚度或许能给出部分答案。在 MM2 中，海底只有刚开始的圈层容易变形而从下伏沉积物中剥离开来。在此模式下，毫米至厘米级厚度的纹层（MM2）比分米至米级厚度的纹层（MM1）弹性要好，这好比卷起一摞 10 张纸比卷起一摞 50 张纸要省事一样。上述原因导致 MM2 发生强烈扭曲而形成大量上卷构造。在 Rasthof 组地区，水动力强度足以使纹层发生破碎，此处变形层的厚度通常为几分米。MM1 虽然弹性较差，但其中分米级厚度的岩层发生变形并从下伏沉积物中剥离开来形成上卷构造，并形成大尺度的褶皱。

接下来将探索为什么连续变形的发育厚度在 MM1 中为分米至米级，而在 MM2 中为厘米级。MM1 的典型微相由微生物成因泥晶席和非微生物成因碳酸盐层交替而成，两个微生物纹层之间缺乏垂向连通，连续的微生物席不能形成连续而坚硬的生物建造。MM2 中的微生物群落形成在垂向上和侧向上连续的格架，留下了在宏观尺度上所见到的纹层组构。MM2 中的格架阻止了大型软沉积物变形构造的发育，另外，这种连续的格架可能限制了该岩相发生破裂形成厘米级的上卷构造和内碎屑。我们认为与流动冲刷有关的这样构型可能促进了垂向堆积（例如 Rasthof 组）及未发生大规模变形的微生物席的生长。垂向生长本身为微生物格架、凝块和亚毫米级内碎屑混合的结果（图 5.5b 和图 5.6c、d）。

注意，MM1 中局部发育未变形的锥状和穹隆状构造，它是一种由极好纹层组成的中间微相，局部存在明显的垂向连通性（图 5.3d）。它可能有助于形成连续的生物建造并进一步增加 MM1 的硬度。

5.4.2 似球粒组分

矩形晶体的阴极发光分析揭示了由椭圆形泥晶核及其外部所包绕的具黄色阴极发光的共轴加大边形成的富包裹体构造。泥晶核跟泥晶席具有相似的阴极发光特征，并可以紧密堆积形成泥晶纹层或凝块（图 5.7f）。泥晶核是现有技术条件下 MM2 微生物席中能识别出来的最小组分。

椭圆形构造的丰度特征及它们具有统一的形状和大小，在其他情况下可能指示它们为某些无脊椎动物的粪球粒。然而在本文中，这种情况似乎不可能：在 Rasthof 组发现的真核动物也是微小的，其大小可以同椭圆形组分对比（Bosak 等，2011，2012；Dalton 等，2013）。另外，已报道的其他宏观真核动物例如成冰纪普通海绵和海绵变种（Maloof 等，2010；Brain 等，2012）并不与粪球粒相伴生，因此认为它们不会产生粪球粒。

这些椭圆形组分的大小（长 60~40μm）要大于大部分细菌变种，像无色菌属之类的变种在大小上可与之对比（Schulz 和 Jørgensen，2001；Lindtke 等，2011）。对现代微生物席的分析展示了微生物群落的多样性，大小不一的细菌变种对叠层石的产生均有贡献（Papineau 等，2005；Khodadad 和 Foster，2012）。椭圆形组分尚未进行扫描电镜观察，荧光显微镜无法分辨鞘和内部结构。

第三种可能性是，这些椭圆形组分为微生物活动或微生物凝集产生的微凝块。它们在大小、形状和分布上不能与其他已知的受微生物影响的凝集似球粒（Chafetz，1986；Spadafora 等，2010）进行很好的对比。不过，对该现象可以这样理解，即本文所观察到的沉积物与先前报道的实例在年代上是不同的，其中可能涉及不同的微生物群落和过程。

5.5 讨论

MM2 中软沉积物的变形远不如 MM1 中普遍，露头上仅见厘米级的上卷构造。垂向连通的微生物格架可能限制了沉积物的变形。微生物格架的形成机制是个复杂的问题：它们是否代表了一系列微小变化的微生物群落、环境参数抑或是二者的组合？与 MM1 相比，MM2 中的微生物格架可能加快了石化速率或沉积物的硬度。由于 MM2 中的沉积物相对要硬或更易石化，因此只有紧邻海底几厘米范围内的沉积物才能发生变形形成上卷构造及少量内碎屑。MM1 和 MM2 在成分上也是不同的：MM2 中普遍发育似球粒组分，而在 MM1 中未有发现。这些椭圆形组分可解释为大的细菌变种或凝集在一起的微生物群落，其本身可形成微生物席。

另外值得注意的是，Rasthof 组地区的穹隆状和柱状叠层石的阴极发光特征清楚地表明它们具有大量沉积孔隙度。所有的孔隙现今已被完全胶结，然而在沉积期间，垂向生长的 MM2 中可能发育一系列相互连通的微孔，由于这些孔隙网的存在，MM2 的孔隙度和渗透率要高于 MM1。在 MM1 中，因沉积物中捕集的水不容易沿垂直路经循环而使饱和度升高，可能延缓了石化作用，从而有利于形成大规模的软沉积物变形构造。

5.6 结论

Rasthof 组发育两种主要的微生物相（Hoffman 和 Halverson，2008；Pruss 等，2010），它们在不同地区略有差别（Le Ber 等，2013）。厚纹层相（MM1）普遍发育分米级—米级变形构造，薄纹层相（MM2）通常为平直的，仅局部发育厘米级的上卷构造。MM1 和 MM2 中均发育垂直、未变形的穹隆状和柱状构造，但它们在 MM1 中极少见，在 MM2 中也仅发现于 Rasthof 组地区。Rasthof 组微生物段的微相分析揭示了多种泥晶格架（图 5.8）。微生物群落的丰度与沉积—沉淀背景强度之间的相对关系促进了连续格架的发育。

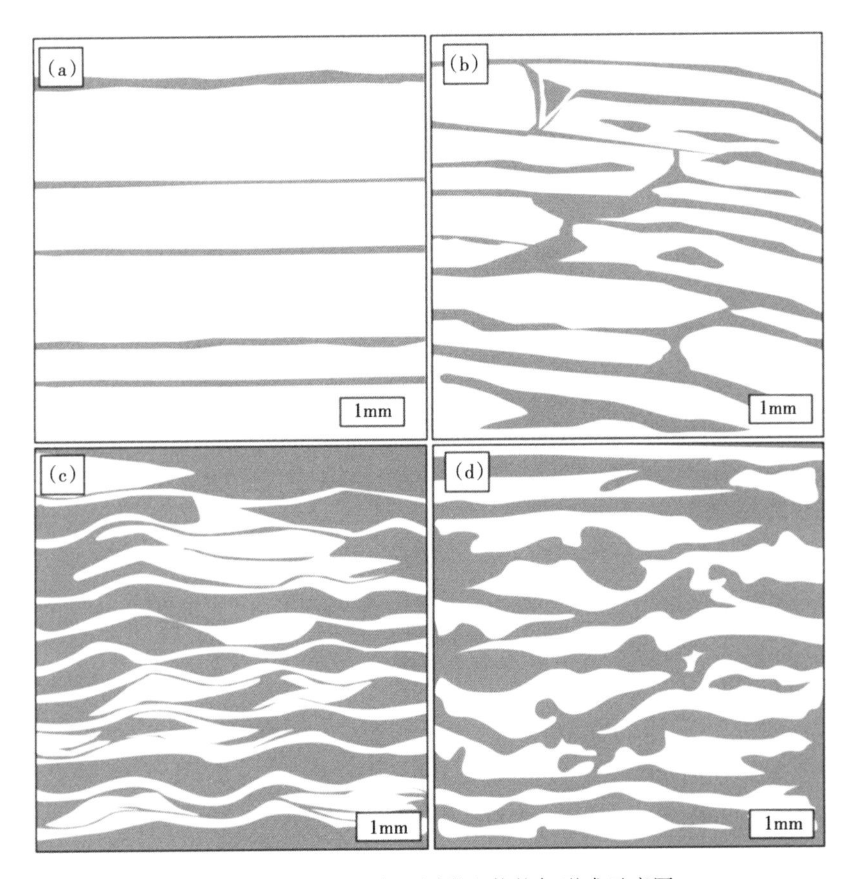

图 5.8　Rasthof 组中不同微生物格架形成示意图

白色代表胶结物，灰色代表泥晶层；（a）MM1 中的典型纹层微相，见于波状、变形大相中；（b）MM1 中局部发育的坚硬锥状构造形成连续的格架；（c）MM1 中的典型微相，见于平直、未变形的大相中，该微相发育纹层构造，垂向连通形成连续的格架；（d）Rasthof 组柱状和穹隆状叠层石中见到的格架

笔者认为，变形的样式与发生变形沉积物的厚度之间具有直接关系。由于 MM1 未被造架微生物固结，数分米至数米厚度的沉积物可发生变形。相反，MM2 沉积过程中形成的微生物格架限制了垂向变形的规模。变形作用仅影响到沉积物的上表层，每次仅使几毫米至几厘米厚度的沉积物剥离开来。因变形沉积物的厚度有限，有利于上卷构造的发育。变形段的厚度及在地层中出现的频率取决于微生物格架的存在或缺失。

参考文献

Andres, M. S. & Reid, R. P. 2006. Growth morphologies of modern marine stromatolites: a case study from Highborne Cay, Bahamas. *Sedimentary Geology*, 185, 319–328.

Bertoni, M. E. 2014. *Aspect of the Neoproterozoic petroleum system in the Saõ Francisco Basin, Brazil.* PhD thesis, Royal Holloway, University of London, 431.

Bosak, T., Lahr, D. J. G., Pruss, S. B., Macdonald, F. A., Dalton, L. A. & Matys, E. 2011. Agglutinated tests in post–Sturtian cap carbonates of Namibia and Mongolia. *Earth and Planetary Science Letters*, 308, 29–40.

Bosak, T., Lahr, D. J. G., Pruss, S. B., Macdonald, F. A., Gooday, A. J., Dalton, L. A. & Matys, E. D. 2012. Possible early foraminiferans in post – Sturtian (716 – 635 Ma) cap carbonates. *Geology*, 40, 67–70.

Bosak, T., Knoll, A. H. & Petroff, A. P. 2013*a*. The meaning of stromatolites. *Annual Review of Earth and Planetary Sciences*, 41, 3. 1–3. 24.

Bosak, T., Mariotti, G., Perron, J. T., MacDonald, F. A. & Pruss, S. B. 2013*b*. Microbial sedimentology of stromatolites in the Neoproterozoic cap carbonates. *In*: Bush, A. M. et al. (eds) *Ecosystems Paleobiology and Geobiology*. Paleontological Special Papers, The Paleontological Society, Boulder, CO, USA, 19, 51–75.

Brain, C. K., Prave, A. R. et al. 2012. The first animals: c. 760–million–year–old sponge–like fossils from Namibia. *South African Journal of Science*, 108, 1–8.

Chafetz, H. S. 1986. Marine peloids: a product of bacterially induced precipitation of calcite. *Journal of Sedimentary Petrology*, 56, 812–817.

Dalton, L. A., Bosak, T., Macdonald, F. A., Lahr, D. J. G. & Pruss, S. B. 2013. Preservational and morphological variability of assemblages of agglutinated eukaryotes in Cryogenian cap carbonates of Northern Namibia. *Palaios*, 28, 67–79.

Delgado, F. 1977. Primary textures in dolostones and recrystallized limestones: a technique for their microscopic study. *Journal of Sedimentary Petrology*, 47, 1339–1341.

Halverson, G. P., Hoffman, P. F., Schrag, D. P., Maloof, A. C. & Rice, A. H. N. 2005. Toward a Neoproterozoic composite carbon–isotope record. *GSA Bulletin*, 117, 1181–1207.

Harwood, C. L. & Sumner, D. Y. 2012. Origins of microbial microstructures in the Neoproterozoic Beck Spring Dolomite: variations in microbial community and timing of lithification. *Journal of Sedimentary Research*, 82, 709–722.

Hedberg, R. M. 1979. Stratigraphy of the Ovambol and Basin South West Africa. Chamber of Mines Precambrian Research Unit. *Bulletin*, 24, 325.

Hoffman, P. F. & Halverson, G. P. 2008. Otavi Group of the western Northern Platform, the Eastern Kaoko Zone and western Northern Margin Zone. *In*: Miller, R. M. (ed.) *The Geology of Namibia*. Ministry of Mines and Energy, Geological Survey, 2, 13. 69–13. 134.

Hoffmann, K. H. & Prave, A. R. 1996. A preliminary note on a revised subdivision and regional correlation of the Otavi Group based on glaciogenic diamictites and associated cap dolostones. *Communications of the Geological Survey of Namibia*, 11, 77–82.

Khodadad, C. L. M. & Foster, J. S. 2012. Metagenomic and metabolic profiling of nonlithifying and lithifying stromatolitic mats of Highborne Cay, the Bahamas. *PLoS One*, 7, 1-13.

Knoll, A. H. & Semikhatov, M. A. 1998. The genesis and time distribution of two distinctive Proterozoic stromatolite microstructures. *Palaios*, 13, 408-422.

Le Ber, E., Le Heron, D. P., Winterleitner, G., Bosence, D. W. J., Vining, B. A. & Kamona, F. 2013. Microbialite recovery in the aftermath of the Sturtian glaciation: Insights from the Rasthof Formation, Namibia. *Sedimentary Geology*, 294, 1-12.

Lindtke, J., Ziegenbalg, S. B., Brunner, B., Rouchy, J. M., Pierre, C. & Peckmann, J. 2011. Authigenesis of native sulphur and dolomite in a lacustrine evaporitic setting (Helín basin, Late Miocene, SE Spain). *Geological Magazine*, 148, 655-669.

Logan, B. W., Rezak, R. & Ginsburg, R. N. 1964. Classification and environmental significance of algal stromatolites. *The Journal of Geology*, 72, 68-83.

Maloof, A. C., Rose, C. V. et al. 2010. Possible animalbody fossils in pre-Marinoan limestones from South Australia. *Nature Geoscience*, 3, 653-659.

Papineau, D., Walker, J. J., Mojzsis, S. J. & Pace, N. R. 2005. Composition and structure of microbial communities from stromatolites of Hamelin Pool in Shark Bay, Western Australia. *Applied and Environmental Microbiology*, 71, 4822-4832.

Pruss, S. B., Bosak, T., Macdonald, F. A., Mclane, M. & Hoffman, P. F. 2010. Microbial facies in a Sturtian cap carbonate, the Rasthof Formation, Otavi Group, northern Namibia. *Precambrian Research*, 181, 187-198.

Schulz, H. N. & Jørgensen, B. B. 2001. Big bacteria. *Annual Review of Microbiology*, 55, 105-137.

Spadafora, A., Perri, E., Mckenzie, J. A. & Vasconcelos, C. 2010. Microbial biomineralization processes forming modern Ca: Mg carbonate stromatolites. *Sedimentology*, 57, 27-40.

Turner, E. C., James, N. P. & Narbonne, G. M. 2000. Taphonomic control on microstructure in Early Neoproterozoic reefal stromatolites and thrombolites. *Palaios*, 15, 87-111.

第6章　微生物群落及初始—早成岩期的矿物相

——以阿曼 Qarn Alam 新元古代微生物岩为例

M. METTRAUX[1*], P. HOMEWOOD[1], C. DOS ANJOS[2], M. ERTHAL[2], R. LIMA[2], N. MATSUDA[4], A. SOUZA[2] & S. AL BALUSHI[3]

1. GEOSOLUTIONS TRD c/o Petrobras E&P-EXP/GEO, Av. Republica do Chile 330, Centro, RJ 20031-170, Brazil

2. CENPES/PDGEO/IRPS, Petrobras, Av Horacio de Macedo Cidade Universitaria, 950, Ilha do Fundaõ, RJ 21941-915, Brazil

3. PDO, Mina Al Fahal, POBox 100, Muscat, Sultanate of Oman

4. Petrobras E&P-EXP/GEO/ES, Av. Republica do Chile 330, Centro, RJ 20031-170, Brazil

*通信作者（e-mail：moho1959@yahoo.fr）

摘要：阿曼 Qarn Alam 10m 尺度规模大小向上变浅的一个新元古代碳酸盐岩旋回记录了一个微生物岩的结构及相应的微生物群落。它主要记录了4种主要微生物沉积相。不论它们的年代，这些微生物表现出保存极为完整的微生物化石和矿物组合（主要是含少量磷酸盐的方解石和白云石、海绿石、坡缕石、赤铁矿和针铁矿），它们是一套微生物群落的纪录，从薄壳型微生物膜（平面纹层）到藻席和凝胶（波状纹层、层状叠层石和块状凝块石），并在凝块石繁盛阶段可能包含一个海绵状结构更复杂的微生物群落。矿化胞外聚合物（EPS）类似于现代微生物席。矿物组合以及阴极发光表明水平纹层岩和波状纹层岩对应沉积和早成岩期的氧化—亚氧环境，但旋回顶部的凝块石阶段对应更高的蒸发盐阶段—高盐环境。不同氧化还原条件下的早期胶结阻止了有机矿化阶段。

Qarn Alam 是阿曼中部一个刺穿表面的盐丘（图6.1），发育新元古代至早寒武世石灰岩，以及石灰岩和白云岩的互层（Peters 等，2003）。借助于早期石油和天然气地质勘查工作，建立了暴露在 Ghaba 盐丘不同的沉积相类型。（Peters 等，2003），而且明确了晚埃迪卡拉—早寒武世的岩石类型（Amthor 等，2003）。随后 Qarn Alam 地区凝块石、叠层石及纹层微生物岩相被详细研究（Al Balushi，2005），而且 Ghaba 盐丘的构造演化历史也被详细研究（Reuning 等，2009）。Mettraux 等（2014），从 Qarn Alam 微生物岩中观察到丝状和球菌微生物化石及矿化 EPS 泡沫结构，并认识到方解石和白云石是形成这些岩石的主要原生矿物。

白云石在现代环境没有广泛沉淀（与方解石相比较），而且难以在实验室沉淀（Land，1998；Burns 等，2000）。原生白云石的产生长期以来一直是争论的主题（McKenzie 和 Vasconcelos，2009）。然而，最近已有研究表明：微生物的活动有利于或调解白云石和方解石沉淀，不论是在自然环境（Vasconcelos 和 McKen-zie，1997；Warthmann 等，2000；Saánchez-Roman，2006；Bontognali 等，2010），还是在实验室（Vasconcelos 等，1995；Saánchez-Ro-

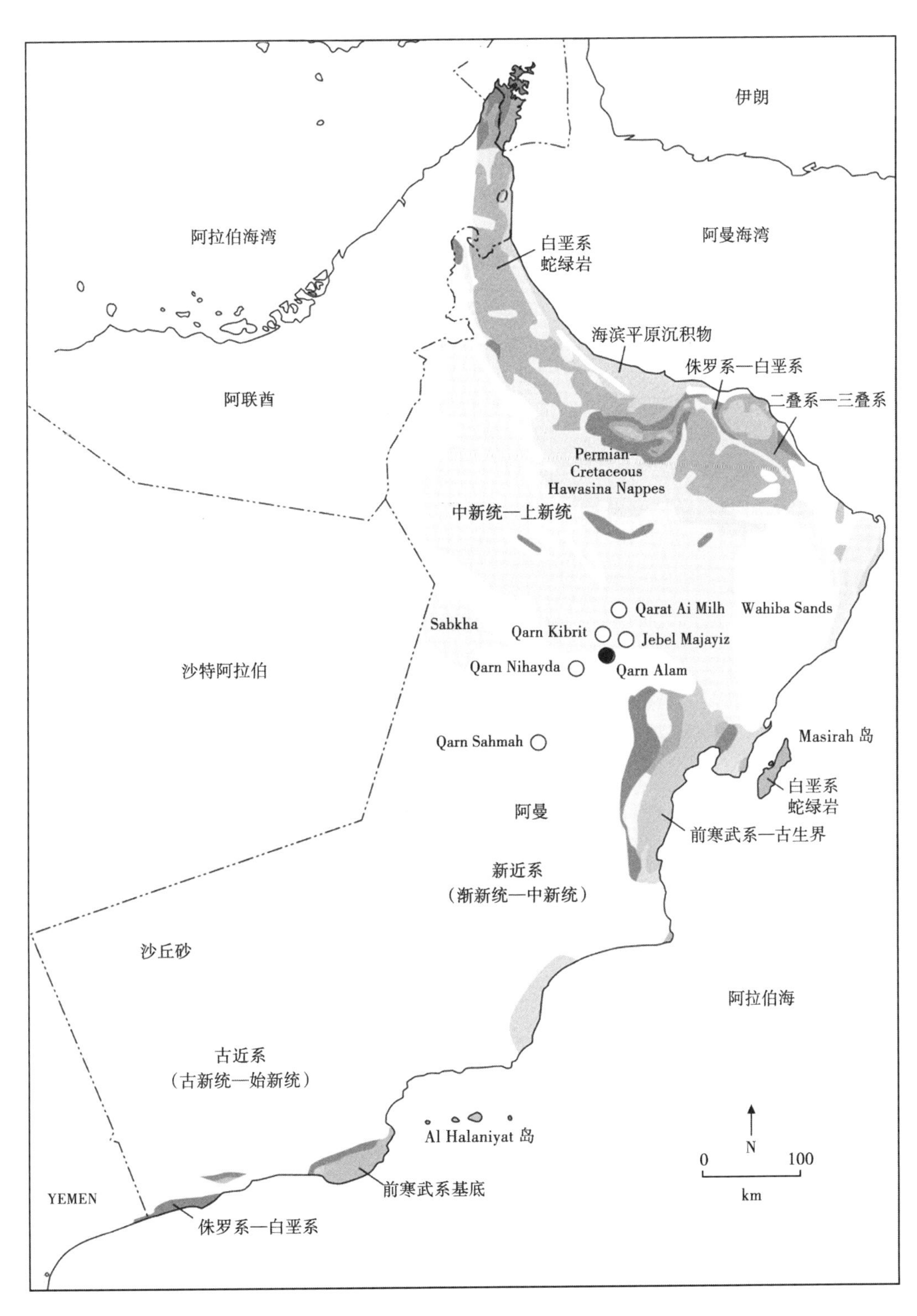

图 6.1　地质概况图（据 Peters 等，2003，修改）

该图展示了北阿曼内部 6 个刺穿盐丘的位置及主要构造地层单元的分布；

Qarn Alam 地区以黑色高亮显示；转载并经 GeoArabia 授权

man，2006；Bontognali 等，2012）。证明矿物、沉积物及岩石微生物来源，通常是困难的。因为微生物化石是罕见的，而且微生物活动的地球化学特征也不明显，相对于物理—化学作用的微生物作用，就相似的形态而言也不易判断（Grotzinger 和 Knoll，1999）。对于元古宙碳酸盐，微生物的活动被普遍认为是大多数碳酸盐岩沉淀的原因，然而却很少有从微生物到碳酸盐成岩的依据（Grotzinger 和 Knoll，1999）。Qarn Alam 碳酸盐一直被认为是微生物来源的一个很好的例证（Peters 等，2003；Al-Siyabi，2005），而且最近的研究成果更加支持这种观点（Mettraux 等，2014）。

前人对 Qarn Alam 地区的微生物岩进行了细致的研究，包括其独特的原始沉积保存及早成岩特征，以及它们保存完好的微生物化石，包括矿化 EPS 结构。沉积学和高分辨率地层支持向上变浅的低能海岸进积旋回周期，浅潮下水平纹层和波状纹层，潮坪的叠层石、凝块石滩涂，以及在广泛的萨布哈—潟湖环境中形成的浓缩凝块石。Mettraux 等（2014）详细研究了，区域地质背景的各个方面，露头规模的沉积特征和高分辨率地层，以及方解石和白云石的基本特征等。他们也记录了原始沉积到早期成岩结构和化学特征，以及微生物化石成因的微生物岩。Peters 等（2003）、Al Balushi（2005）和 Mettraux 等（2014）对 Qarn Alam 地区进行了沉积学和地层学野外考察，包括野外地质填图和实地勘测等。对于南阿曼盐盆地新元古界地下沉积模式普遍认为：向盆地方向为一个低角度斜坡，从一个低能量，浅潟湖，过渡到高能的叠层石生长成因的障壁，并向深水盆地环境过渡到纹层及浊流沉积（Al-Siyabi，2005）。然而，Qarn Alam 新元古代微生物岩的研究为这些露头提供了更精确的沉积模式：低能海岸潮坪、潟湖凝块石及萨布哈（图 6.2）。Qarn Alam 微生物岩揭示出的模式，可能与 AlSiyabi（2005）提出的一般模式不同，或许把 Qarn Alam 的微生物岩与南阿曼盐盆地的新元古微生物岩直接类比不合适（Peters 等，2003；Al Balushi，2005；Mettrauxet 等，2014）。

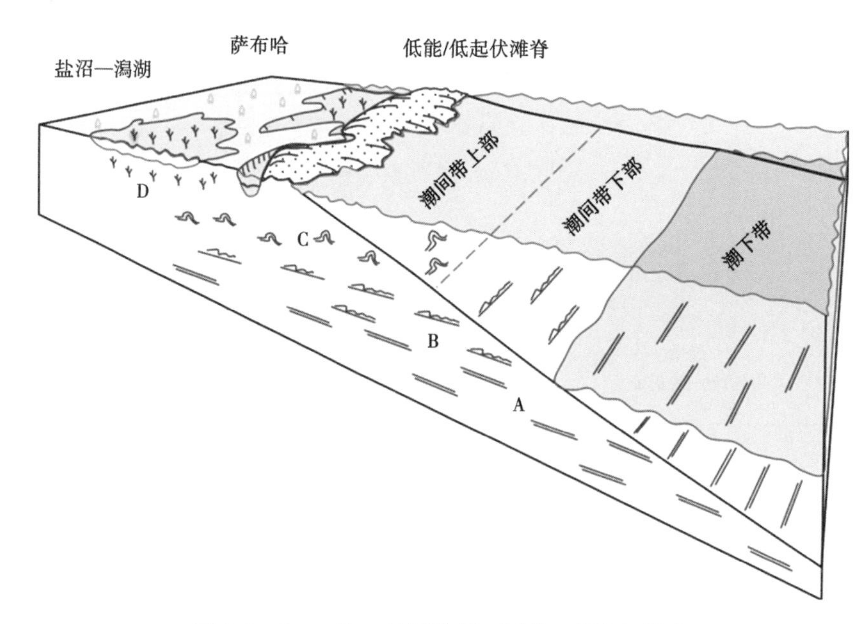

图 6.2　Qarn Alam 地区纹层—凝块—蒸发相模式

表明在一个低能量和非常低角度的沉积体系，发育有浅的潮下环境、萨布哈环境下广泛的潟湖或盐沼，以及它们之间广泛分布的潮坪；A—水平纹层岩；B—波状纹层岩；C—层状叠层石及块状凝块石；D—树枝状凝块石

在本文中，探讨了新元古代微生物群落和相转变之间的联系，以及从同沉积到早成岩过程及条件，它们支配了向上变浅的旋回沉积过程中微生物群种类。这些条件被记录在与生物膜和生物席相关的不同矿物组合中，并有可能影响微生物有机物的同期降解。

6.1 沉积相、微生物结构及主量和微量元素组合

本文的重点是纹层石、叠层石、凝块石等4种沉积相，沉积相主要参考（图6.3；Al Balushi（2005）中提及的区块6）对Qarn Alam地区的研究。Peters等（2003）的研究成果

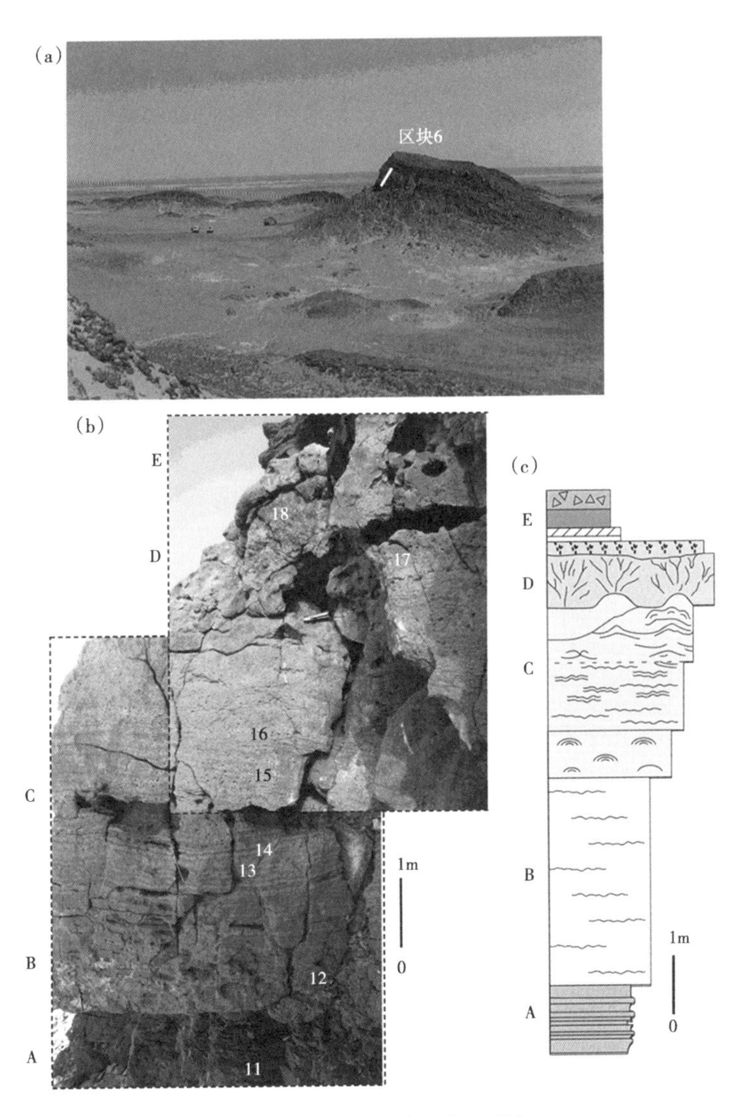

图6.3 Qarn Alam地区盐丘露头

（a）Qarn Alam野外露头典型剖面（据Al Balushi，2005，区块6），白线所示为实测剖面；（b）薄层—凝块石序列的宏观特征，数字11-18代表取样位置（横向相当于层位），铅笔代表的尺度大约14.5cm；（c）薄层—凝块石—蒸发岩实测剖面示意图：A代表水平纹层岩，B代表波状纹层岩，C代表叠层石、层状及块状凝块石；D代表指状—树枝状凝块石；E代表指状—树枝状凝块石，方解石外壳及其他相（蒸发岩、白云石及坍塌角砾岩）覆盖在凝块石上；（b，c）转引并经GeoArabia许可略做修改

详细交代了 Qarn Alam 露头的情况，Al Balushi（2005）对沉积学和高分辨率地层进行了系统的介绍，以及相和相的转变。这些被记录在 Mettraux 等（2014）的文章中。

一个低能和非常低角度沉积剖面包括广泛的浅潮下带至潮上带，以及萨布哈环境广泛的潟湖或盐沼。微米级矿物组合的详细分析已经可以识别出不同环境条件，例如在沉积物—水界面（有氧到贫氧），以及早期成岩环境和微观环境（海洋、高盐度、大气、好氧和低氧）。

据区块 6 的 4 种沉积相，在下面（图 6.4 和图 6.5）中举例说明、解释及讨论。(1) 水平纹层；(2) 波状纹层；(3) 层状叠层石及大规模凝块石；(4) 繁盛的凝块石。描述观察整合的岩相信息从露头尺度到纳米级（扫描电子显微镜，SEM）。

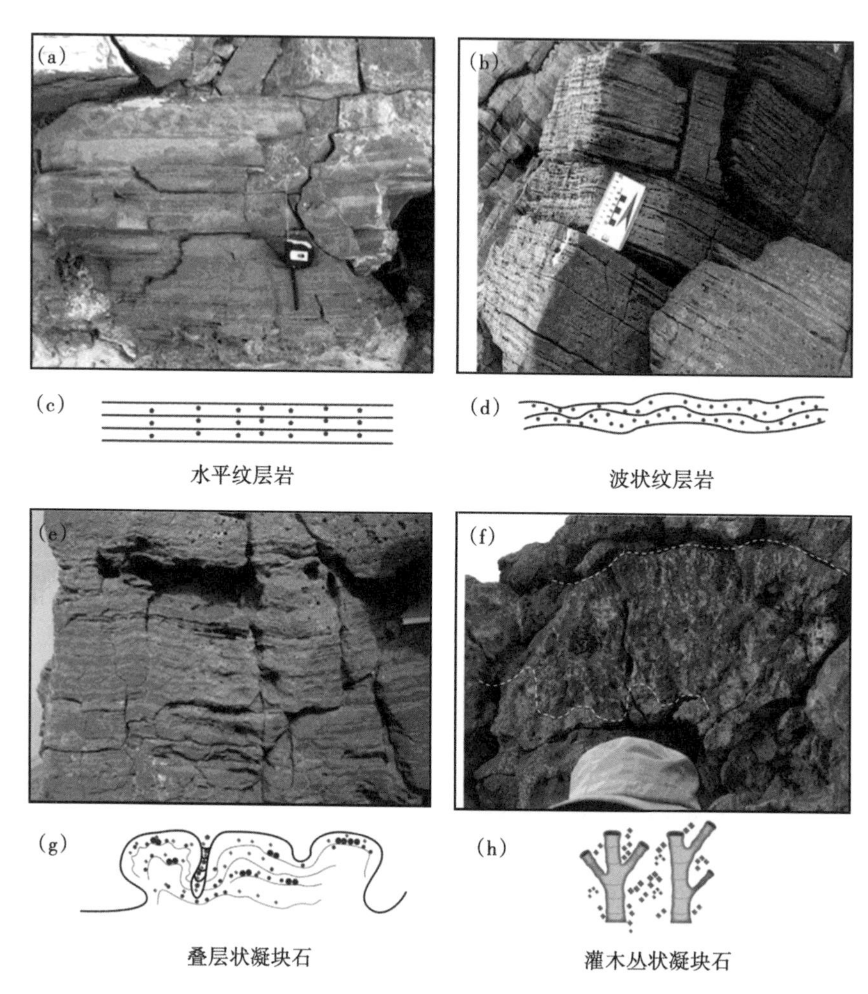

图 6.4　水平纹层岩、波状纹层岩、叠层石及树枝状凝块石的野外露头照片

(a) 水平纹层岩，单层组合厚度达 25cm；(b) 波状纹层岩，表面风化提高了层理模式及溶洞孔隙度；(c) 图 (a) 中的微生物结构素描图；(d) 图 (b) 中的微生物结构素描图；(e) 具早期凝结结构的叠层状凝块石与和穹隆—柱状叠层石；(f) 指放射状或树枝状凝块石呈现一个 60cm 宽的穹隆（横跨 19cm）；(g) 图 (e) 中的微生物结构素描图；(h) 图 (f) 中的微生物结构素描图；图 (a)、图 (b)、图 (e)、图 (f) 转引并经 GeoArabia 许可略做修改

4 种沉积相在结构、微生物遗迹类型、矿物学（方解石、白云石）和相关的微量矿物类型方面均存在差异。借助 SEM 可观测并鉴别微米尺度的不同黏土矿物组合（海绿石、坡缕石），以及识别在全岩 X 射线衍射（XRD）下不能有效鉴定的其他少量或微量矿物（萤石、

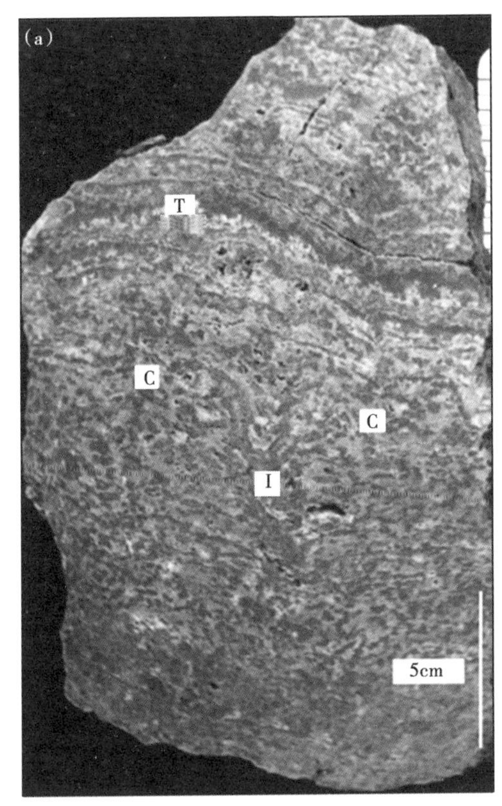

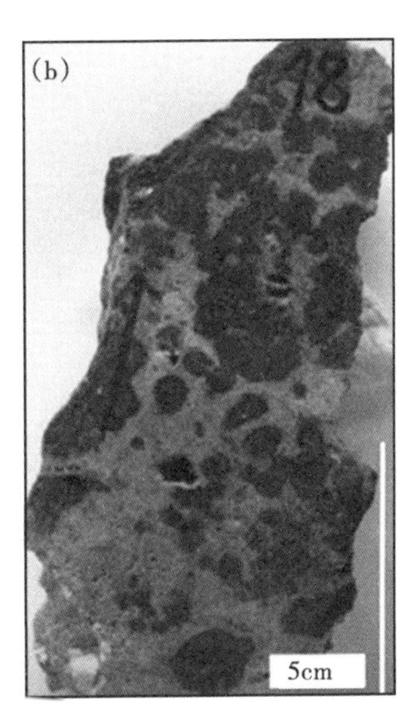

图 6.5 叠层石及树枝状凝块石样品抛光

(a) 两个柱状叠层石顶部约有 10cm 高，标注 C 的位置，被一个狭窄的柱间洼地（标记 I 的位置）分开，由凝块状方解石组成的相对水平的微生物席（标注 T 的位置）覆盖在叠层石之上，凝块状的叠层石表明较暗色的方解石凝块石被较浅色的微孔白云石基质包绕；(b) 指放射状或者树枝状凝块石是由白色微孔白云石基质中 0.5~1cm 大小的中等凝块石组成，指状格架分支具有一个圆形的横截面；转引并经 GeoArabia 许可略做修改

磷酸盐)。这些沉积相也保留了由微生物活动形成的原始沉积结构，无论是矿化 EPS 泡沫结构或其他微生物化石。

6.1.1 水平纹层岩

水平纹层岩是指呈薄层状、规则、水平、毫米级纹层和厘米级一套薄层石灰岩。如图 6.4a 露头所示，水平纹层岩具有较小的晶洞和颗粒间孔隙沿纹层界面分布的特点。染色的薄片由微晶方解石和泥晶灰岩组成（图 6.6a），并与 X 射线衍射分析结果一致。薄片（图 6.6a）中暗色纹层包含微量的有机质，它们可在荧光下被检测（灰度图像中浅色部分；图 6.7a）。它是 4 种沉积相中唯一包含有机质的岩相，尽管只是极少量的非晶态物质（体积含量，0.03%）。

水平纹层岩（图 6.7b）在 SEM 下分析并用能量散射 X 射线谱（EDS）确认其元素组成。有一个清晰的很细粒状结构（图 6.7c，d），包括“马蹄型”碎片，可能是钙质黏液鞘的破碎遗迹（Kazmierczak 等，2011）。针状晶簇（图 6.7e）分布在方解石颗粒之间，它们部分在原地重结晶成方解石（图 6.7f）。X 射线衍射分析表明文石的存在，因此这些针状晶簇可能是文石，它的保存条件可能与有机物质有关系（Sandberg 和 Hudson，1983；Mettraux

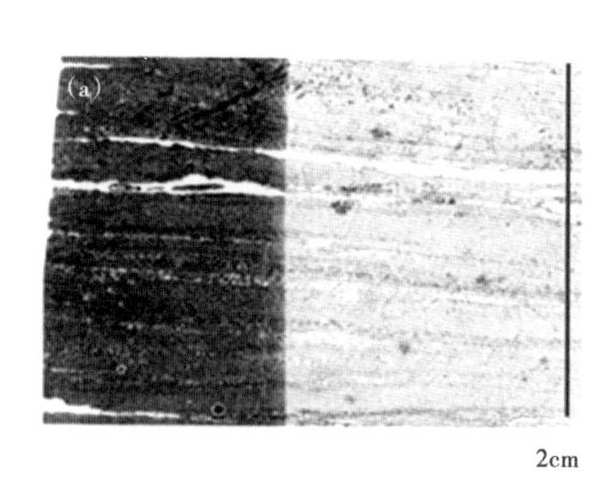

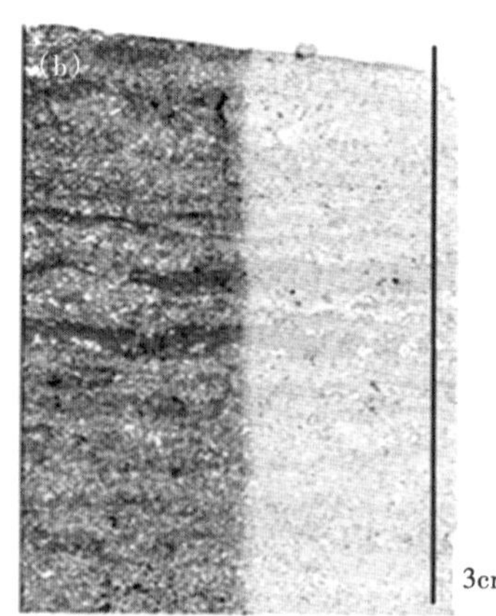

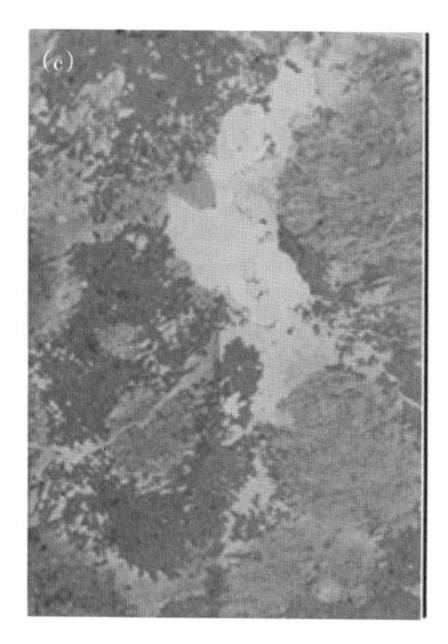

图 6.6　水平纹层岩、波状纹层岩及树枝状凝块石的染色薄片

(a) 水平纹层岩的染色薄片所示方解石组分及有规律的纹层；(b) 染色薄片揭示方解石组分包括较暗色的细颗粒微晶方解石和较浅色的粗粒方解石，亮白色斑点是孔隙度；(c) 蓝色树脂铸体片（左部分染色），高微孔的白云石由于树脂的浸渗呈现蓝色，中等凝块石（圆形横截面）是染成粉红色的方解石，基质是未染色的白云石，裂缝切割了中等凝块石及基质，并被粉红色的方解石胶结物充填，剩余的晶洞孔隙未被树脂侵染；(d) 整个薄片（左侧染色）用透明树脂浇铸，高微孔的白云石基质颜色较浅，中等凝块石（圆形横截面）及裂缝胶结物是染成粉红色的方解石；图 (a) 至图 (c) 转引并经 GeoArabia 许可略做修改

等，1989）。单个薄片的 SEM 图像（图 6.8a）显示出微米级大小的杆状细菌化石沿方解石晶体的表面聚集分布（图 6.8b 至 d）。块状方解石和纤维黏土矿物在方解石晶体呈搭桥状（图 6.8e、f），可与有机矿化的 EPS 模板类比（Dupraz 和 Visscher，2005；Schaudinn 等，2007；Dupraz 等，2009）。

用 SEM 可识别出黏土矿物、海绿石和坡缕石（图 6.9a、b、c、e、f），以及铁氧化物/氢氧化物（图 6.9d）。通过对定向黏土矿物制剂的 XRD 分析，可确认黏土矿物组成（图 6.10）。海绿石和坡缕石在沉积岩里的体积比重不足 1%，但值得一提的是，这些黏土矿物的成因与富有机物质纹层有关，包括方解石有机矿化 EPS 结构和细菌化石。

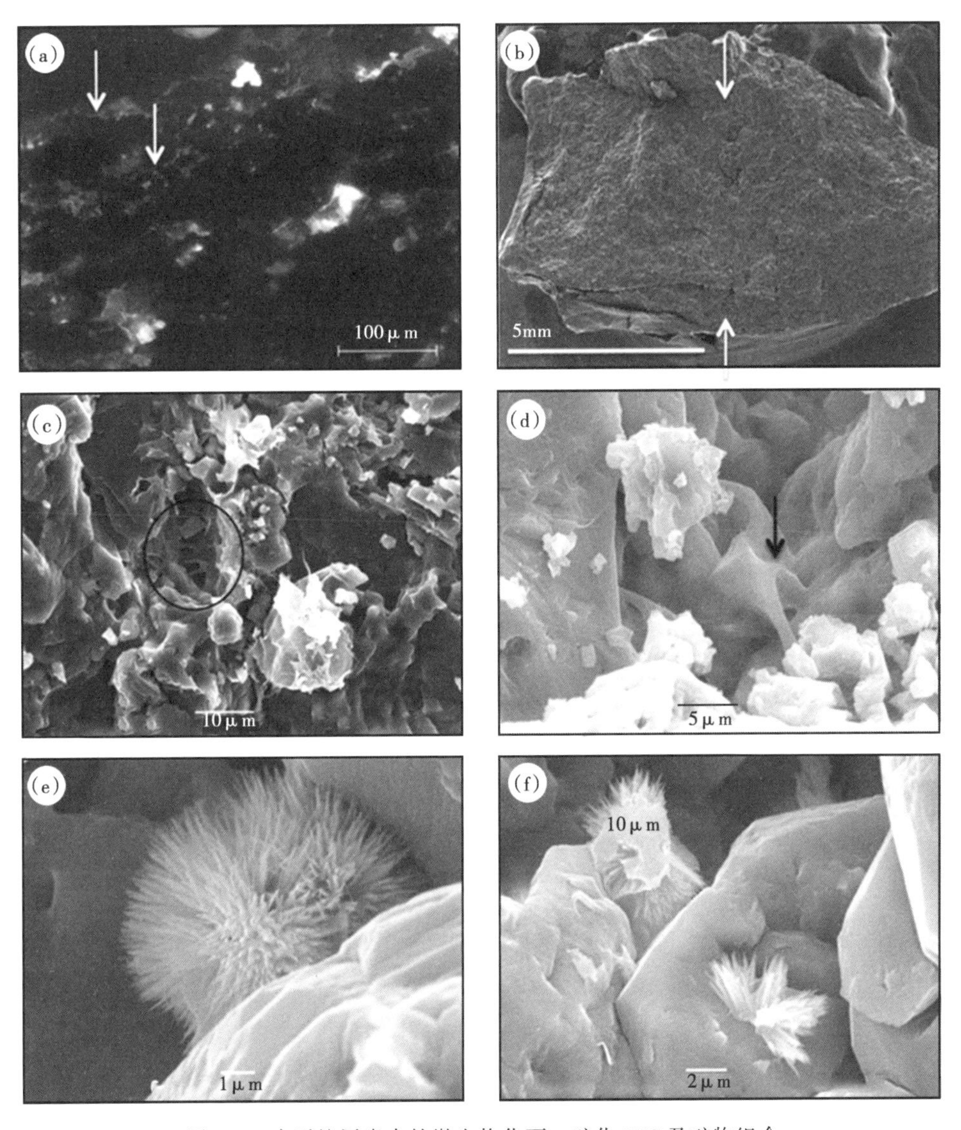

图 6.7　水平纹层岩中的微生物化石、矿化 EPS 及矿物组合

(a) 荧光显微镜下可见有机质集中于薄层表面（颜色较浅）；(b) 水平纹层岩新鲜的断口面，白色箭头所示为在扫描电镜下观察薄层；(c) 粒状结构及小的马蹄形碎片，可能是破碎的钙质黏液鞘（黑圈所示），扫描电镜图像；(d) 破碎的钙质黏液鞘（EPS），马蹄形碎片的放大，扫描电镜图像；(e) 文石晶体（XRD 分析表明样本中有 1%的文石），扫描电镜图像；(f) 针状文石局部重结晶成方解石，扫描电镜图像；图 (a)、图 (c)、图 (d) 转引并经 GeoArabia 许可略做修改

6.1.2　波状纹层岩

波状纹层岩是指呈薄层状、不规则、波浪状、毫米级纹层到厘米级一套石灰岩。Qarn Alam 地区（图 6.4a）的高孔波状纹层岩与南阿曼盐盆地下波状纹层岩明显不同（后者富含有机质及波状纹层白云岩；Schröder 等，2005）。在 Qarn Alam 地区波状纹层岩是由凝块和不规则的微晶方解石凝块及很细的晶粒和细泥晶灰岩层（图 6.4a）组成的韵律交替层。染色薄切片（图 6.6b）及 X 射线衍射分析表明该相由方解石矿物组成。EPS 泡沫结构是由微生

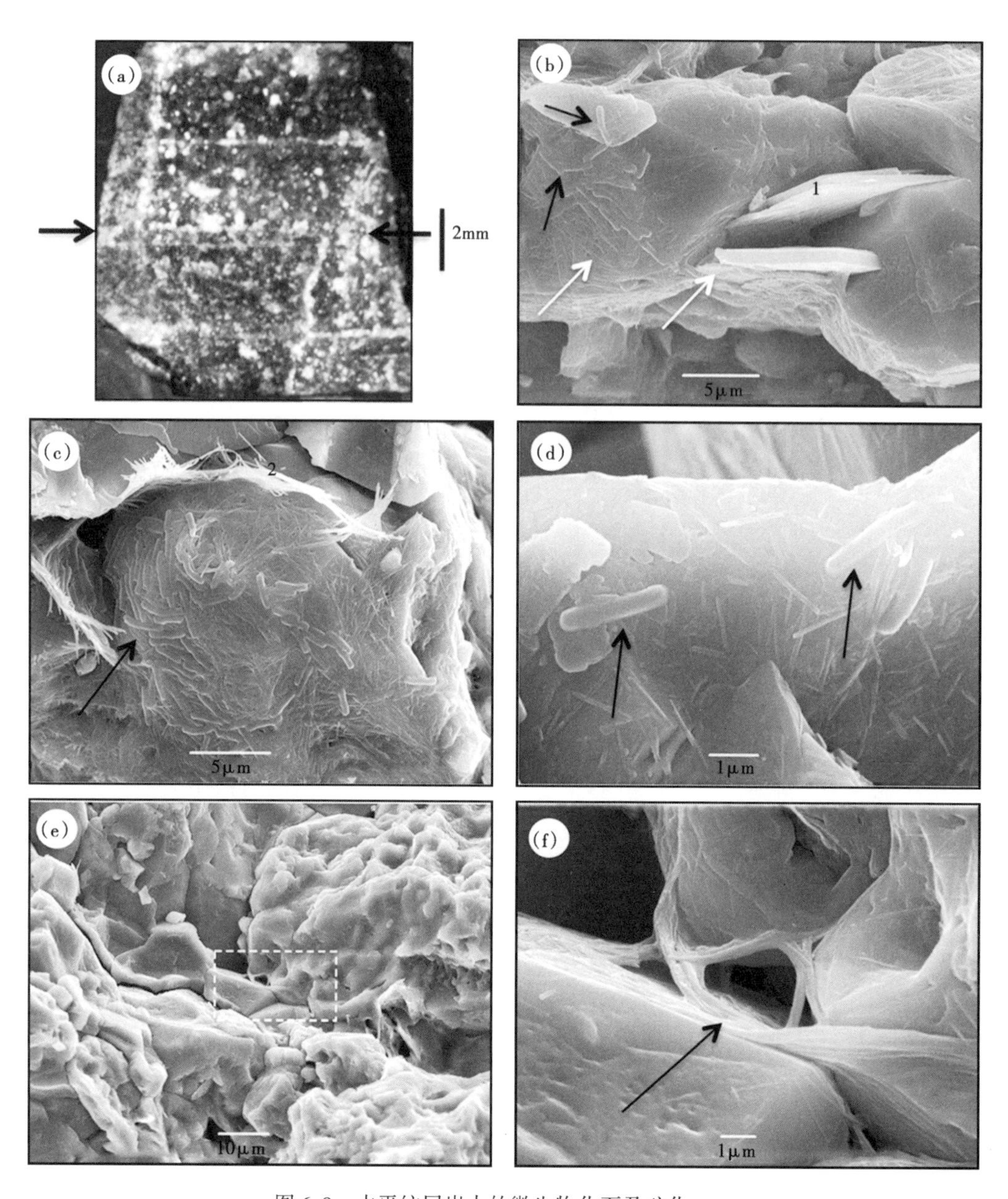

图 6.8　水平纹层岩中的微生物化石及矿化 EPS

(a) 水平纹层岩的碎片，双筒显微镜下照相，黑色箭头所示以下扫描电镜图像沿着纹层分布；(b) 方解石颗粒中的云母片（标注 1），周围被丝状的方解石包绕（白色箭头），以及杆状细菌变形的方解石化石（黑色箭头）；(c) 杆状细菌变形的方解石化石（黑色箭头）聚集分布在方解石矿物和相关的黏土矿物表面（标注 2）；(d) 杆状细菌变形的方解石化石（黑色箭头）特写；(e) 方解石及黏土矿物在矿化 EPS 上过度生长，与 Glunk 等（2011）的研究一致；(f) 图（e）的局部放大，黏土矿物结构（黑色箭头，坡缕石?），微晶方解石是有机矿化 EPS；图（d）和图（f）转引并经 GeoArabia 许可略做修改

物矿化的方解石和黏土矿物组成（图 6.11c 至 f），并在 SEM 观察和元素分析（EDS）中针对该纹层重点高亮显示（图 6.11a、b）。这些微生物成因的岩石比那些水平纹层岩中观察到的更为丰富，并且在三端元组分中以高镁方解石多面体为主（图 6.11d），非常类似于由

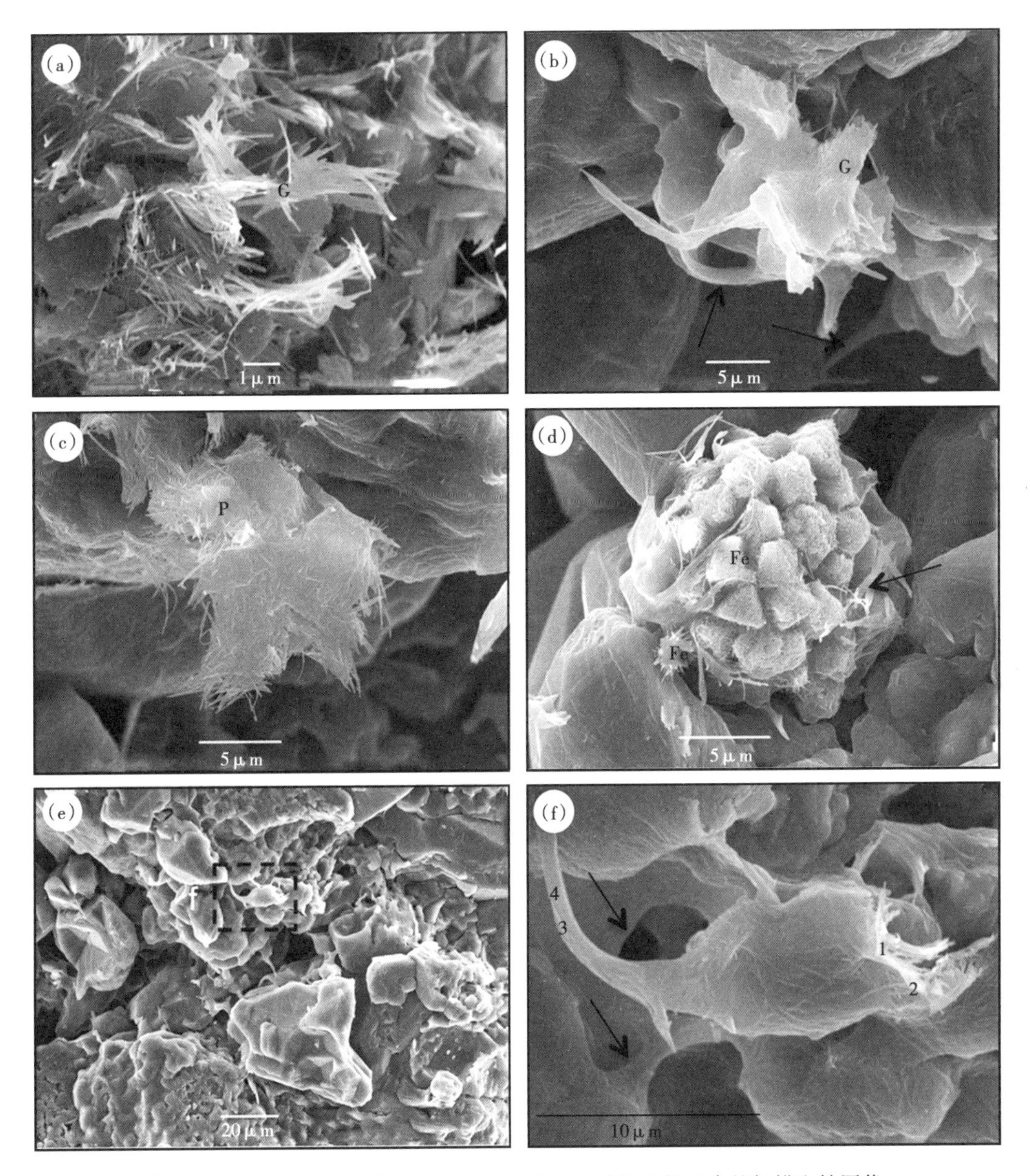

图6.9　水平纹层岩中矿化EPS、黏土矿物及其他矿物组合的扫描电镜图像

详细的矿物分析请参照图6.10；(a)标注G的为海绿石（EDS分析表明元素是K、Fe、Mg、Al和Si)；(b)矿化EPS周围的钙质EPS及海绿石（标注G)；(c)标注P的为混合纤维状的坡缕石；(d)由黏土矿物包裹的是铁氧化物或氢氧化物（铁)（黑色箭头)，EDS分析表明不含有硫，从而表明这不是黄铁矿；(e)方解石结构的宏观特征，颗粒包括钙质黏液鞘的碎片；(f)图（e)的局部放大，被坡缕石包绕的钙质EPS（黑色箭头)，EDS分析表明含有Ca、Mg、Al和Si；图（a)转引并经GeoArabia许可略做修改

Spadafora等（2010）所描述的巴西现代凝块泥晶结构的Lagoa Vermelha叠层石。其他微小量的矿物如自形的六方晶磷酸盐及自形程度稍差的棒状磷酸盐晶体（图6.12a至f）均与这些薄片中的矿化EPS有关。可识别极少量的细菌变种（图6.12f），但其他的可能隐藏在较厚的（虽然只有几微米厚）有机矿化EPS下方。元素分析显示磷酸盐仅显示磷和碳，但没

有镁，也没有任何氟的存在，因此，磷酸盐矿物可以被解释为磷灰石的形式。铁的氧化物（图 6.13a 至 e）和氢氧化物（图 6.13c、d、f）分析认为是微小的星形赤铁矿晶体及更多的棒状或针状铁矿石晶体（Welton，1984）。元素分析谱中的钙尖峰来自围绕那些微米级大小针铁矿晶体的方解石矿物。

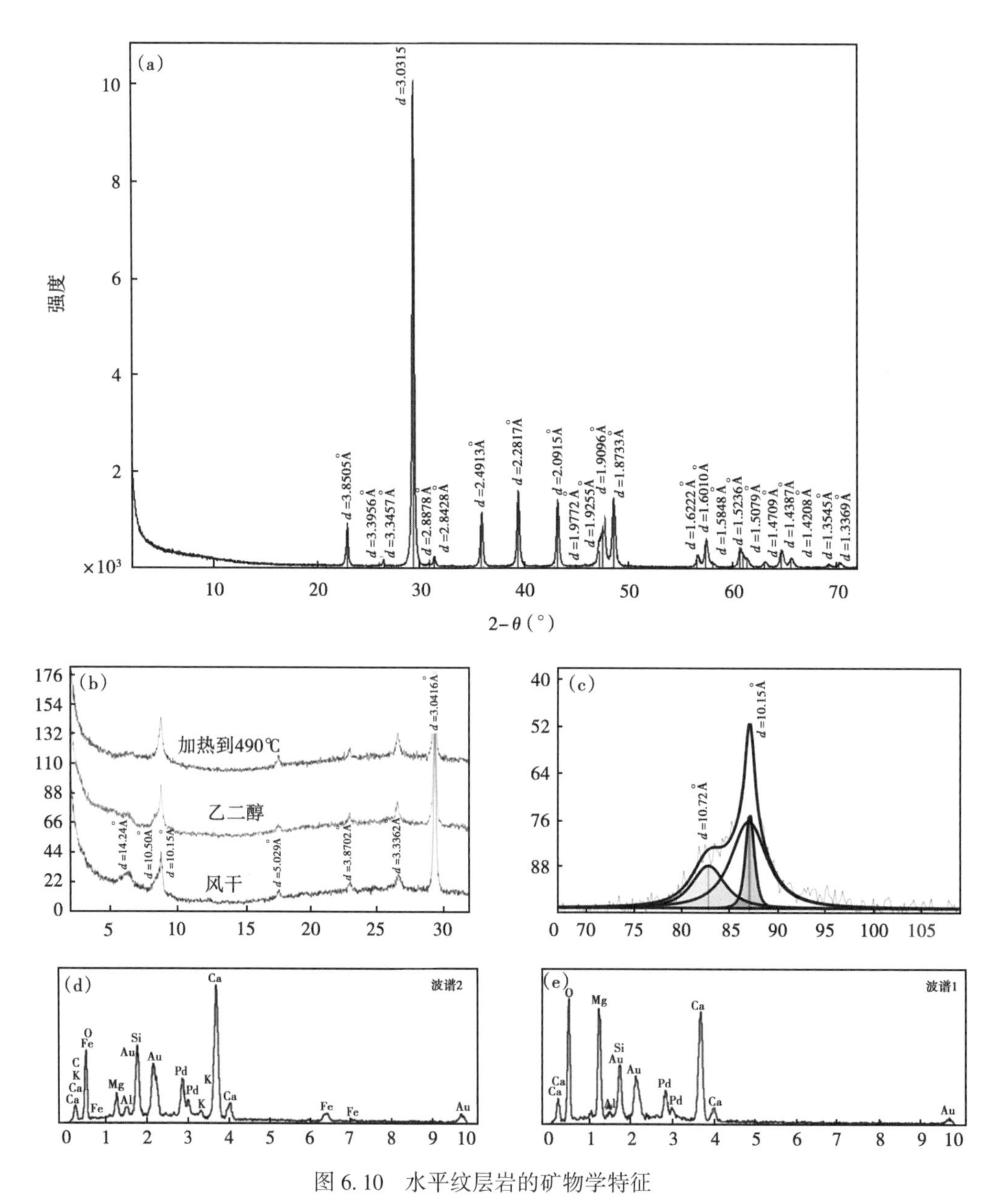

图 6.10 水平纹层岩的矿物学特征

（a）全岩 XRD 谱表明 98.91%为方解石矿物、1.09%的文石保存下来，以及痕量的白云石和石英；（b）定向黏土矿物谱指示出包含海绿石和坡缕石，体积含量很微小，仅在扫描电镜下可观察到（图 6.9），海绿石峰的位置在 d=10.15Å 和 d=5.02Å，坡缕石峰的位置在 d=10.5Å，并证实加热时反射消失；（c）乙二醇的谱分解印证了坡缕石的反射位置（d=10.72Å）和海绿石的反射位置（d=10.15Å）；（d）海绿石的元素分析表明含有 K、Fe、Si、Al 和 Mg；（e）坡缕石的元素分析表明含有 Mg、Al 和 Si

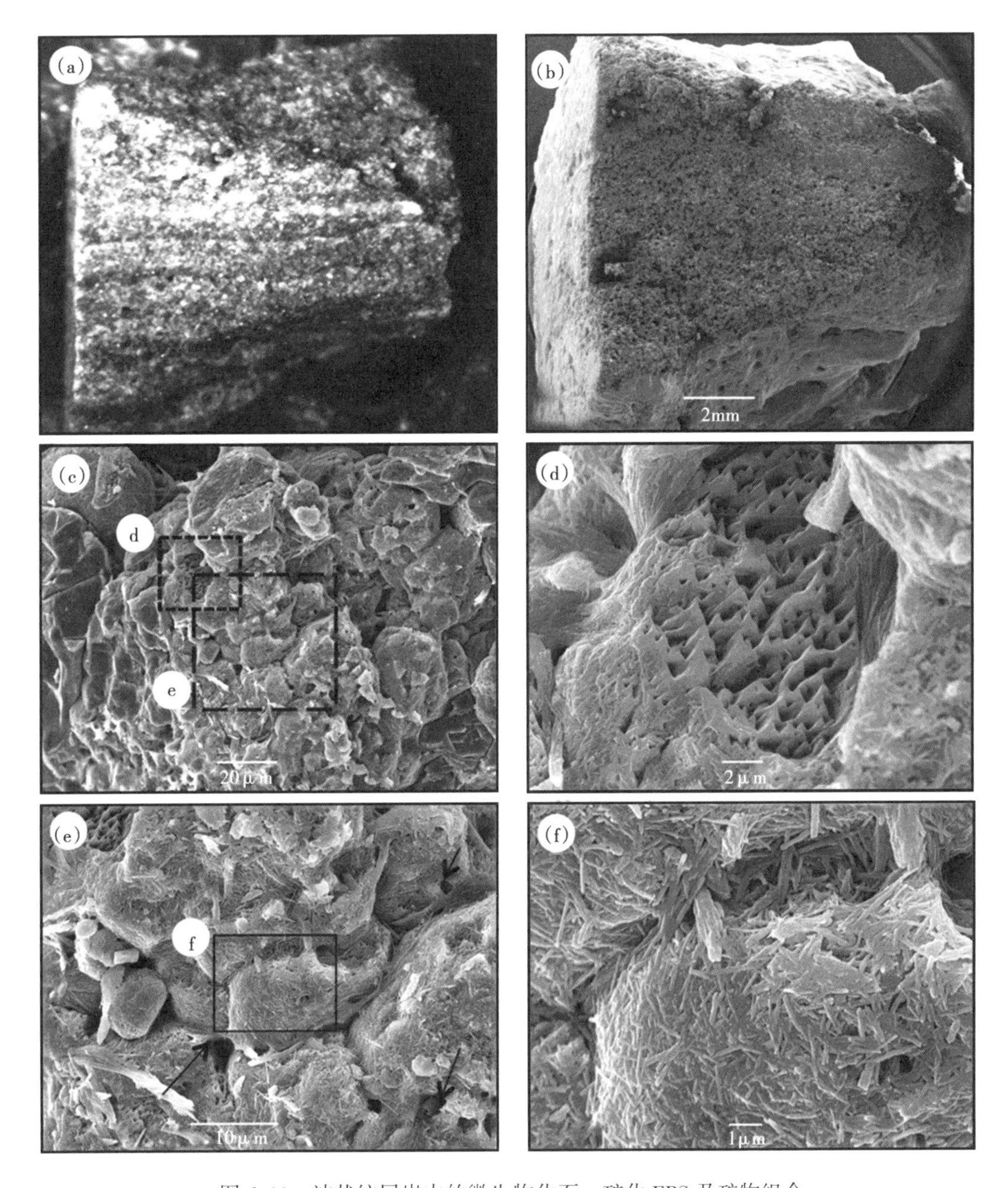

图 6.11　波状纹层岩中的微生物化石、矿化 EPS 及矿物组合

(a) 双目显微镜下观测到的厘米级大小的波状纹层岩碎片，不规则的较浅色多孔纹层及较暗色的凝块结构纹层；(b) 由较暗斑点代表孔隙，扫描电镜图像；(c) 颗粒结构及矿化 EPS 的总体扫描电镜特征，详见图 (d) 和图 (e)；(d) 方解石晶体的三方晶多面体的局部放大；(e) 被矿化 EPS 结构泊位的颗粒（黑色箭头指示颗粒间的肺泡结构）；(f) 图 (e) 的局部放大所示为坡缕石和方解石的毡层，推测为微生物有机矿化成因

6.1.3　层状叠层石及块状凝块石

与水平纹层岩及波状纹层岩相比，层状叠层石和块状的凝块石在野外更容易识别。这是由于深色凝块石外观呈片状、斑块状、斑点状，而且周围岩相或基质的颜色相对较浅。叠层凝块石是垂向几个凝块石相序列中的第一个（图 6.3），紧接着是层状及块状凝块石。Mettraux 等（2014）描述了三种不同的凝块石类型，文中力求简洁将它们组合在一起。它们

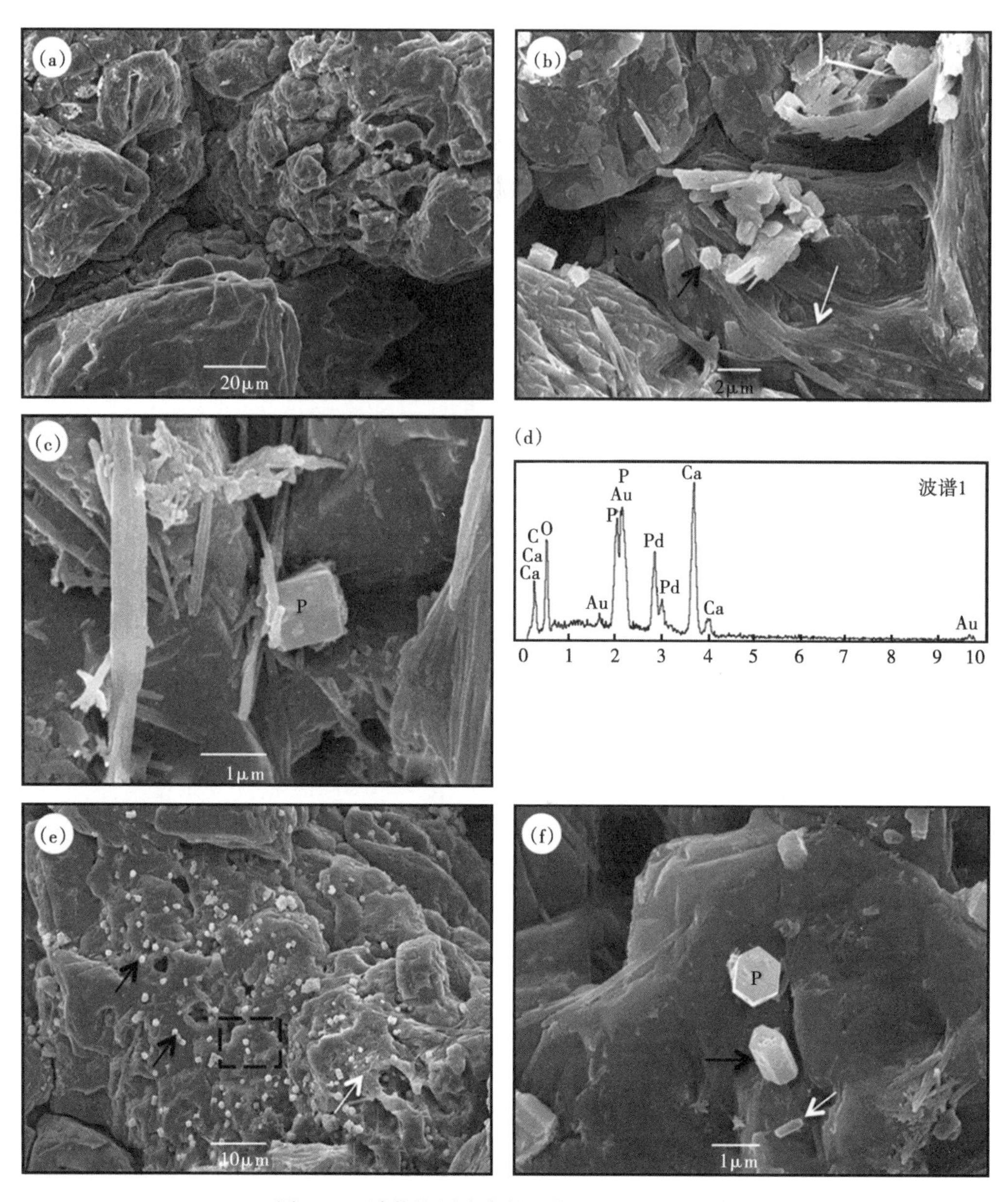

图 6.12　波状纹层岩中的矿化 EPS 及矿物组合

(a) 颗粒结构及包绕颗粒矿化 EPS 结构的宏观扫描电镜特征；(b) 矿化 EPS 结构（白色箭头）和磷酸盐六方晶体（黑色箭头）；(c) 矿化 EPS 结构及磷酸盐他形晶，标注为 P；(d) 元素分析谱证实图图 (b)、图 (e)、和图 (f) 晶体中钙和磷的存在；(e) 矿化 EPS 结构包绕分散的磷酸盐晶体（黑色箭头）；(f) 图 (e) 的局部放大，自形的磷酸盐六方晶体（磷灰石?），更多孔的细长磷酸盐晶体（黑色箭头），白色箭头所示为细菌变种化石（棒状方解石）

的下伏为纹层岩，上覆是树枝凝块石（后面将讨论）。层状叠层石与块状凝块石从岩石学和矿物学上讲没有差异，但它们在沉积特征上具体差异明显。柱状叠层出现在叠层凝块石，成套的薄厚层多是层状凝块石，块状结构可能指示块状凝块石中更高能的颗粒灰岩（也许是海滩沉积物）（Mettraux 等，2014）。

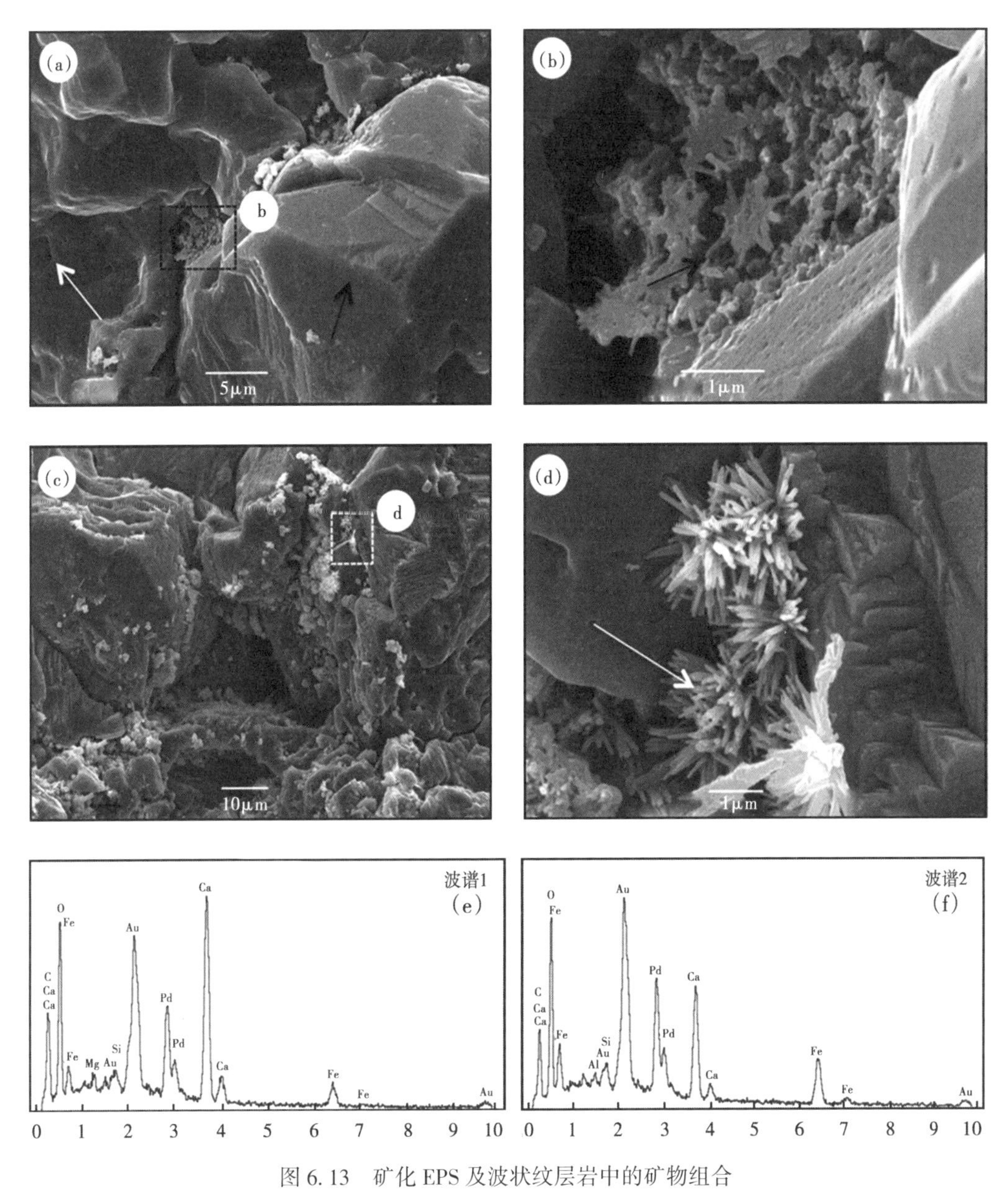

图 6.13 矿化 EPS 及波状纹层岩中的矿物组合

(a) 扫描电镜图像，白色箭头指向方解石晶体外层的矿化 EPS，黑色的箭头表示方解石晶体和位于矩形内的其他微小晶体，详细如图（b）所示；(b) 星型赤铁矿晶体（据 Welton，1984）主要由铁离子组成，这个晶体的大小不到 1mm，超过了 EDS 元素检测光斑的分辨率（2~5mm）；(c) 局部被矿化 EPS 覆盖的方解石晶体宏观特征及针状晶体；(d) 位于图（c）中的白色矩形的局部放大，它们是针铁矿晶体（据 Welton，1984），但它们大小不到 2mm，同样它们也超过了 EDS 元素检测光斑的分辨率（2~5mm）；(e) EDS 分析结果表明图（b）的主要成分是铁离子；(f) EDS 分析结果表明图（d）的主要成分是铁离子

这些凝块石是由不规则的斑块状毫米级叠层石组成的（图 6.4c 和图 6.5a）。较暗凝块层和凝结团块（二者均为方解石）交替浅色多孔白云岩层或以基质的形式嵌入浅色多孔白云岩（图 6.14）。局部叠层石凝块形成 10cm 高的叠层石隆起，但一般来说，这些凝结较为均匀的薄层呈现出较小的凸叠层石特征。凝块石是垂向序列中第一个岩相，碳酸盐矿物学上

表现混合特征，主要是方解石和白云石。规则的薄层叠层石置于柱状叠层石和柱间低洼之上，并被填充，如图6.14a所示（1张10cm宽的薄片）。特别是连续层的凝块泥晶方解石被解释为一个丛生席（见讨论部分）。这个丛生席、凝块和凝结团块（均为方解石），以及薄纹层白云岩，均被方解石胶结的后期裂缝切割（图6.14a至e）。白云岩是高孔的，因此蓝色树脂铸体显示彩色色调。白云石和方解石的分布，以及小部分的石英和萤石，均可通过EDS衍生元素图表征（图6.14b、c）。萤石的微小晶体仅分布于方解石凝块或凝结团块中，而石英无论在白云石岩相和早期方解石相中都有随机分布。裂缝中充填物为纯的方解石胶结物，分析过程中没有检测到其他元素。平面偏振光下观察到裂缝（图6.14d）被清晰透明的方解石填充，并且裂缝同时切穿富含包裹体的“脏”的凝结方解石和“脏”的细晶白云石。阴极发光图像可以直观区分（图6.14e）凝结的纤维方解石（不发光—暗淡光）、微晶白云石（偏红发光）、萤石（蓝色发光），以及裂缝中充填的不发光的方解石。明亮黄色发光方解石是早期的成岩胶结物，下文中将会详细讨论。

6.1.4 树枝状凝块石

与之前的层状—块状凝块石相比较，树枝状凝块石的粘结灰岩格架更为典型。较暗方解石凝块向上形成不规则的分支指状结构，具有圆形横截面，并由浅色白云石基质包围（图6.4d和图6.5b）。这些树枝凝块石揭示了在盐沼或盐潟湖中生长的海绵状生物（Mettraux等，2014）。凝块石序列消失并被钙质及蒸发岩（主要是白云岩或者崩塌角砾岩）覆盖。这一层像白色条带一样，在整个盐丘露头微生物岩中比较明显（Peters等，2003；Al Balushi，2005；Mettraux等，2014）。树枝凝块石的厚度差异明显，从0.5m到数米，甚至更厚。树枝凝块石的顶面相对规则平坦（在白色蒸发岩底部），底面被侵蚀（数米深及数米宽的侵蚀沟道）或平面上急剧过渡到层状或块状岩，置于叠层凝块石之上。

树枝凝块石混合了方解石及白云石矿物（图6.4d和图6.5b）。在薄片下观察白云岩由于其高微孔而发蓝（蓝色铸体，图6.6c）。横截面呈圆形的方解石凝块，周围伴有条纹状微晶白云石（图6.6c、d）。这些条纹与白云石基质具有相同的解理方向，这对于揭示凝块和基质的生长至关重要（见解释和讨论）。后期的裂缝被方解石胶结物充填（与叠层凝块石类似），孔隙类型包括较大的残余孔（部分粒间孔）和基质中的微孔。高孔白云岩与致密胶结的方解石凝块可通过SEM/EDS分析鉴别（图6.15）。呈蜂窝状肺泡结构的多孔白云岩的形成与黏土矿物密切相关（图6.15d）。这些黏土矿物（图6.16）包绕白云岩颗粒并且粘连白云岩颗粒呈现泡沫结构。矿物含量分析表明方解石和白云石是主要的矿物类型（图6.17a），但全岩X射线衍射分析表明含有一定量的坡缕石。10.5Å的尖峰来自定向制剂，加热样品后反射峰消失证实了这一点（图6.17b）。在乙二醇中溶解后，残留物的XRD分析具有10.72Å高峰（图6.17c）。元素分析谱（图6.17d）指示出含有Si、Al，还有来自周围白云岩的Mg及Ca。

在靠近方解石斑块附近，可识别出球菌和链球菌等细菌变种成因的高镁方解石（图6.18c、d）。白云石基质由凝块之间的有机矿化EPS及稍大（50~60mm）白云石菱面体组成（图6.18b、e），并含有分散的细菌生物化石（图6.18d）。

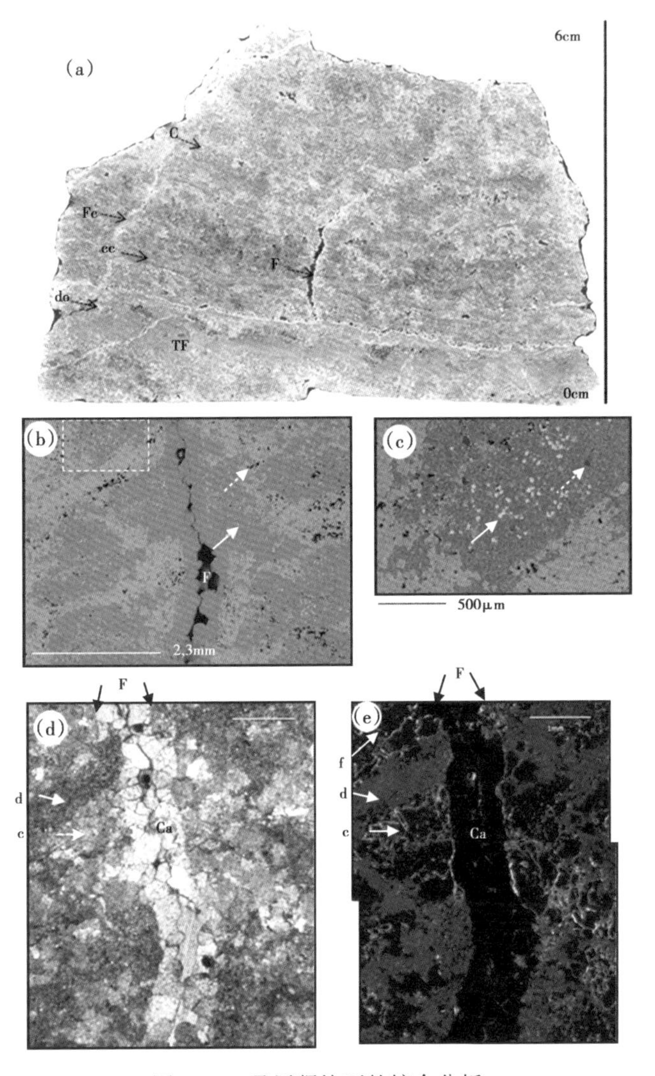

图 6.14 叠层凝块石的综合分析

图（a）为制成片的宏观特征，图（b）和图（c）为扫描电镜及 X 射线衍射分析打点图，图（d）和图（e）为单偏光及相同视阈下、围绕图（b）中裂缝的阴极发光图像；（a）图 6.5a 中所示的厚层的顶部的大薄片（蓝色树脂浸渍），标注 TF 的为一个 0.5cm 厚的连续的微生物席，方解石凝块层（标注为 C）及团块状凝块层（标注为 cc）与淡蓝色薄层的高微孔白云石（标注为 do）互层交替，白云石基质局部围绕凝块及团块状凝块石分布，薄互层在微生物席之上呈现出厚度逐渐加大的趋势，后期的裂缝有的被充填（标注为 Fc），有的未被充填（标注为 F）；（b）叠层凝块石中的 SEM XR 打点图（Mg、Ca、F、Al、Si），其中一个断裂（标记为 F）被部分填充方解石（蓝色，残留孔隙空间是黑色）切穿凝块方解石（蓝色）和白云石（绿色），石英（红色，白色虚线箭头）分散在方解石和白云石中，萤石（浅蓝色，全白箭头）被限制在大部分的方解石相中；（c）图（b）白色矩形的局部放大，萤石（浅蓝色）位于主方解石相（蓝色）；（d）发育裂缝（标注为 F 与黑色虚线箭头，表示裂缝）的薄片，平面偏振光，局部被方解石充填（标注为 ca），裂缝切割切穿凝块方解石（标注为 c）和较“脏”的白云石（标注为 d）；（e）于图（d）为相同视阈下的阴极发光，裂缝（标注为 F 与黑色虚线箭头，表示裂缝）局部被不发光的方解石（标注为 ca）充填，主要的白云石（标记为 d，白色虚线箭头）偏红，凝块方解石（标注为 c，白色虚线箭头）几乎不发光，发明亮色光的早期成岩方解石胶结物替代针形文石，围绕着凝块方解石和填充细的裂缝，沿着后期裂缝墙（标注为 F），明亮色发光的胶结物是方解石基质，而不是白云石基质，萤石微小晶体的分布由白色虚线箭头所示（标注为 f）；

图（a）、图（d）和图（e）转引并经 GeoArabia 许可略做修改

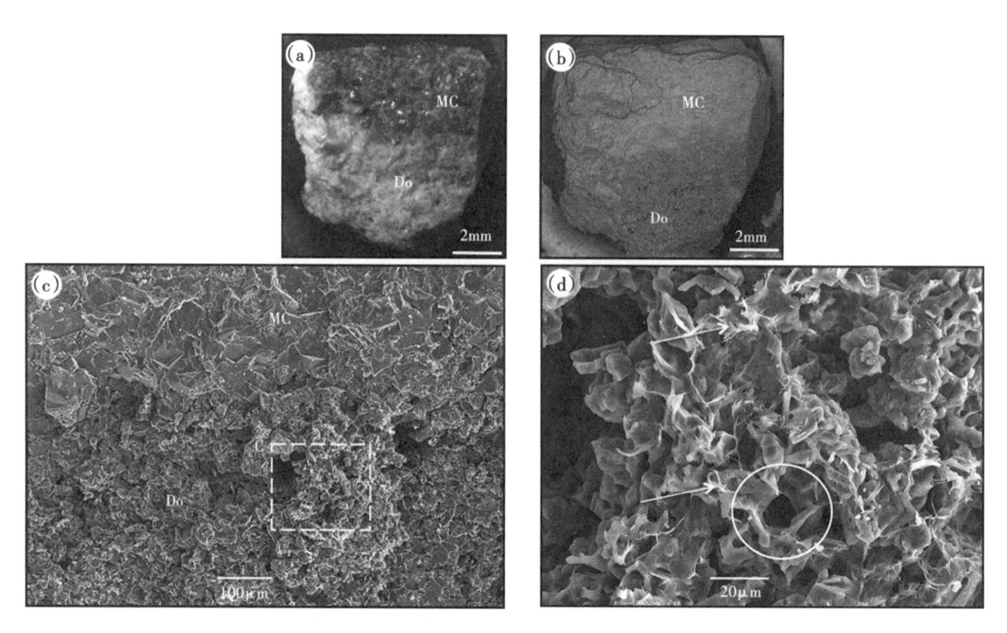

图 6.15　树枝状凝块石中的矿化 EPS

(a) 双目显微镜下观测到的树枝状凝块石厘米级大小的片段，较暗区域（标记为 MC）对应于方解石凝块，较暗色区域（标记为 Do）对应于微孔白云石基质；(b) 与图 (a) 相同的片段，扫描电镜图像，方解石凝块（标记为 MC）及微孔白云石基质（标记为 Do）；(c) 方解石凝块（标记为 MC）及微孔白云石基质（标记为 Do）之间极限高倍的 SEM 图像，白云石的多孔性清晰可见；(d) 图 (c) 白色矩形的局部放大，高倍 SEM 图像清楚地揭示有机矿化白云质 EPS 的肺泡结构（圆形白色圆圈），以及相关的黏土矿物（坡缕石，白色箭头）；图 (c) 和图 (d) 转引并经 GeoArabia 许可略做修改

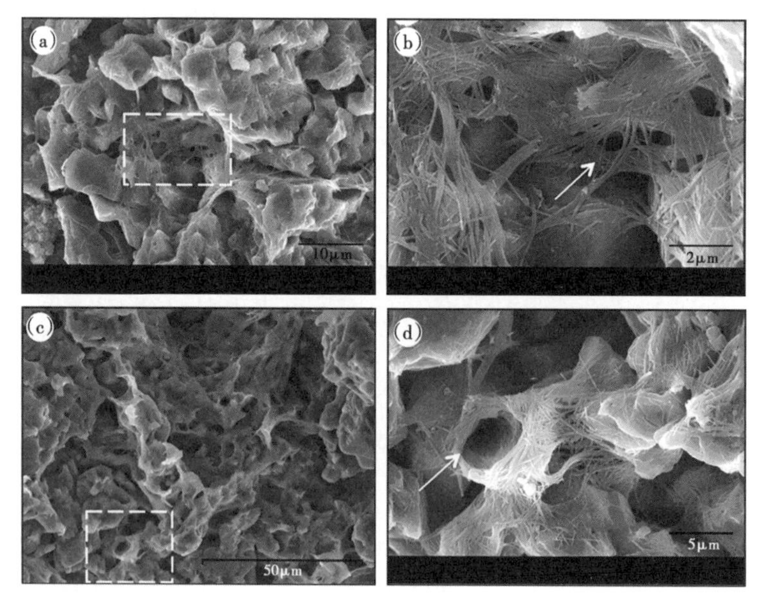

图 6.16　树枝状凝块石中的矿化 EPS 及黏土矿物

(a) 坡缕石和白云石形成肺泡结构；(b) 图 (a) 中白色矩形的局部放大，白云石及黏土矿物（白色箭头）形成肺泡结构；(c) 白云石和坡缕石组成中等凝块之间的多孔基质；(d) 图 (c) 中白色矩形的局部放大，白色箭头指示纤维状坡缕石形成肺泡结构；XRD 分析确认矿物类型（图 6.17）；图 (d) 转引并经 GeoArabia 许可略做修改

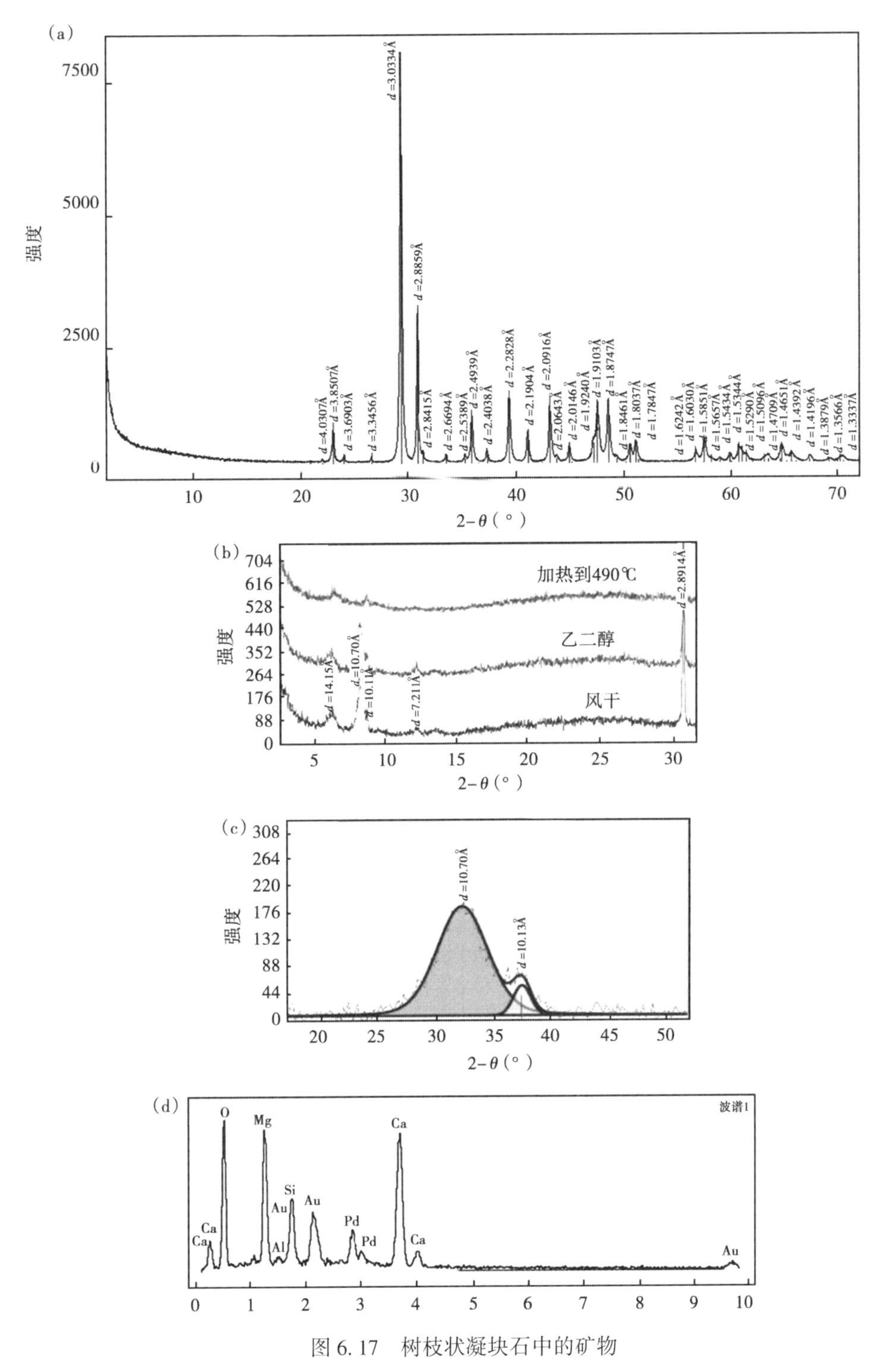

图 6.17　树枝状凝块石中的矿物

(a) XRD 分析表明，以方解石和白云石为主，但石英的含量小于 1%；(b) 定向黏土矿物 XRD 分析，风干样品，用乙二醇处理并加热到 490℃，全岩分析未检测到黏土矿物，但通过 SEM 检测到了，坡缕石是由 10.5Å 峰值证实，加热时消失；(c) 乙二醇的谱分解明确了坡缕石 10.72Å 的位置，坡缕石 EDS 谱表明：硅、镁和很少量的铝（部分镁及钙来自附近白云石）

图 6.18 树枝状凝块石中的细菌变种化石

(a) 厘米级大小的片段，双目显微镜拍摄的照片，较暗的区域对应于方解石凝块和白色区域对应白云石基质；(b) 多孔白云石质结构，伴有稍大的菱形白云石晶体（白色箭头）和矿化 EPS；(c) 矿化 EPS 的宏观特征；(d) 图（c）中黑色矩形的局部放大，所示为细菌变种（白色虚线箭头，高镁方解石，一些萤石），以及细菌形态圆球链（两个完整的白色箭头，非化学计量的白云石）；(e) 与图（b）类似，为方解石凝块和白云石基质分界的局部放大，稍大晶形较好的白云石是在多孔白云石基质的边缘；(f) 在凝块状方解石晶体中，图（e）黑色矩形的局部放大，注意在图像的中心位置三方晶系方解石形成于晶面上；图（d）和图（e）转引并经 GeoArabia 许可略做修改

6.2 早成岩矿物相

微生物凝结方解石和多孔微晶微生物白云岩分别在阴极发光下表现为非常暗淡的褐色和暗淡的浅红色。它们是主要的沉积物（图 6.14 和图 6.19；Mettraux 等，2014）。那些覆盖两种主要微生物成因或微生物介质相的胶结物，属于早成岩沉积。胶结物有一个清晰的生长环带及中间截断面。

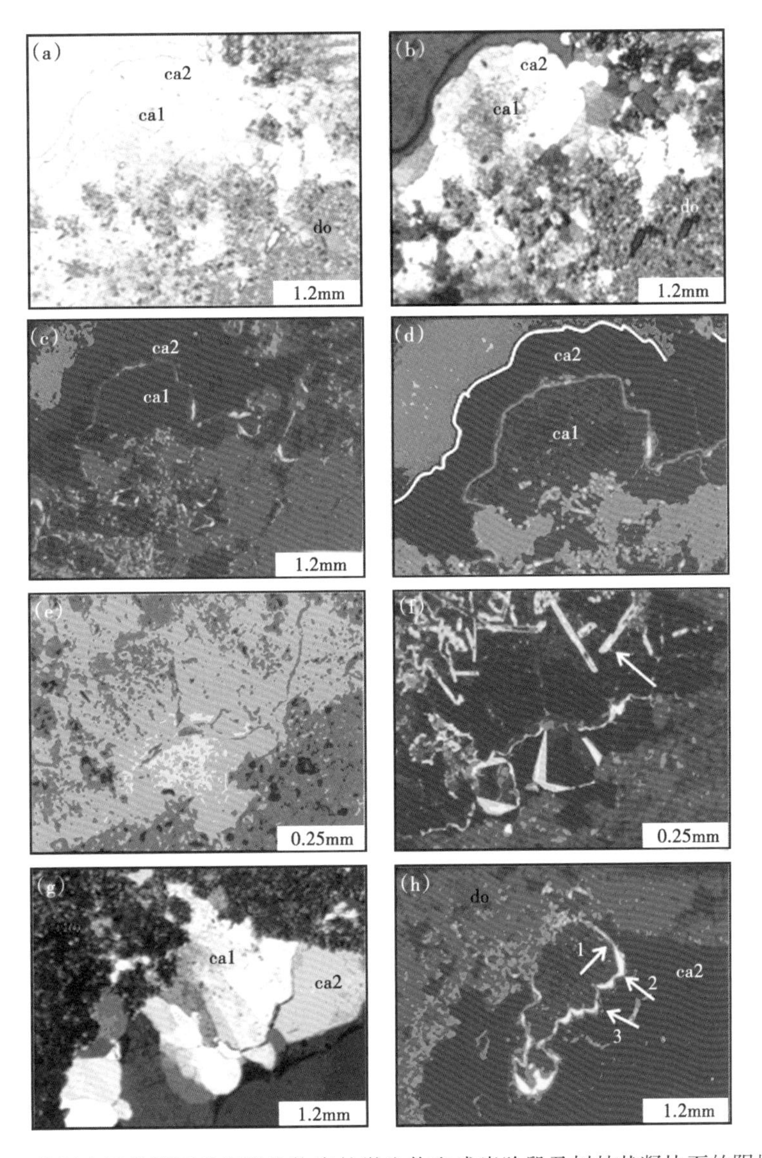

图 6.19　偏振光显微镜下观察微生物岩的微生物和成岩阶段及树枝状凝块石的阴极发光

(a) 微生物白云石（做标记为 do）、方解石相（标记为 ca1 和 ca2）和成岩胶结物（标记为 ca1 和 ca2），树枝状凝块石，平面偏振光；(b) 与图（a）是同一视图，正交偏光，分析比较图（a）和图（b）表明粗束状光学晶体一直横渡到孔洞的边缘；(c) 阴极显微镜：微孔白云石发红色光，凝块状方解石（标记为 ca1）发暗红棕色光，截断面切割第一期的胶结物，并被一连续的发明亮、黄色光的胶结物覆盖，再往外的胶结物是不发光的（标记为 ca2），分析比较图（a）和图（b）表明重结晶并未改变原始沉积的化学分区及早期成岩胶结物；(d) 图（c）的局部放大，发类似的红色及暗红棕色光；(e) 微生物白云石、方解石相及成岩胶结物、树枝状凝块石，平面偏振光显微镜；(f) 相同视阈下的阴极发光，与图（c）发类似的红色及暗红棕色光，胶结物与图（c）类似，针形或针状晶体被发明亮光的成岩胶结物替代，显示文石晶体习性（白色箭头）；(g) 微生物白云石（做标记为 do）、方解石相和成岩胶结物（标记为 ca1 和 ca2），树枝状凝块石，偏振光，正交光，表明粗束状光学晶体一直横渡到孔洞的边缘；(h) 相同视阈下的阴极发光，微孔白云石发红色光，凝块状方解石发暗红棕色光，第一层发暗棕色光胶结物包围凝块方解石（白色箭头 1），截断面切割第一期的胶结物，并被一连续的发明亮、黄色光的胶结物覆盖（白色箭头 2），第二个截断面切割明亮的胶结物，并被发暗棕色光胶结物覆盖（白色箭头 3），再往外的胶结物是不发光的（标记为 ca2）；图（f）和图（h）转引并经 GeoArabia 许可略做修改

叠层及凝块方解石相（但不包括白云石）通常在光学显微镜下表现出一定程度上新相态（图6.19）。阴极发光显微镜揭示重结晶方解石呈粗分支光束，从早期凝结结构到切割原始胶结物，并没有发生相应的化学性质改变，正如阴极发光下胶结相中的化学信号得到保存（图6.19）。

详细地说，阴极发光图像清楚地显示了早期成岩胶结物序列。包绕着凝结结构的第一期方解石胶结物（图6.19h；白色箭头1）在阴极发光下具有相当平滑，圆形发光区域，随机分布在凝结结构及胶结物之间的界面上。棱角状晶体末端表现为暗棕色发光相。在暗褐色相截断面附近为明亮黄色荧光胶结物（图6.19h；白色箭头2），包含棱角状的晶体生长面。第二截断面切割明亮黄色相，而且形成更明显的晶体，呈现出暗淡色—不发光的相（图6.19h；白色箭头3）。截断面的发光特征揭示出在连续的胶结相之间至少存在两期溶蚀事件。在第一个暗棕色相之后形成晶体与粗的丛生方解石，在单偏光和正交光下（图6.19a、b）均表现出或多或少的光学一致性。

束状光学束凝结方解石发一个非常暗色的光，在偏振光下或正交光下看观察到其内带富含包裹体（图6.19a、b、g）。发光的强度可与后期不发光的方解石胶结物对比，后者可作为不发光的一个参照标准（图6.19c、d、h）。通过连续发光颜色所示的胶结物分带表明不同的流体组分，存在或不存在活化剂和淬灭剂（Machel，1997，2000）。有趣的是第一个暗棕色和明黄色的发光胶结物分别对应围绕方解石颗粒的普通包壳，4类相中的凝块，以及在较大方解石凝块中的充填裂缝。这些方解石胶结物在白云岩相的凝块石中是相对匮乏，甚至是罕见的。值得一提的是，第一个暗棕色相并没有从线性方解石基质延伸到邻近的白云岩基质，明黄色胶结物相也没有延伸到白云岩基质，裂缝切穿两种矿物（图6.14e）。明黄色发光方解石胶结物不仅充填微细缝、周围凝块及圆管内的丛生凝块，而且包括了与凝块方解石共生的针状晶体（图6.19f）。

萤石在叠层石及层状凝块石中的含量不可忽略，在波状纹层岩中或许也含有一定量的萤石（但在水平纹层岩、块状凝块石及树枝状凝块石中均不含有萤石）。有关其他序列的相这里不再赘述，但是有明显含量的萤石充填并切穿了钙质表层及树枝状凝块石（Mettraux 等，2014）。

针对每种相进行了碳氧稳定同位素分析，来自裂缝充填胶结物。白云石，取自凝块的方解石，取自团块凝块的方解石及裂缝中充填的方解石通过微钻分别取样。如果条件允许的话，样品取自每类相的相同层的每一个矿物相（图6.20）。地层分散的数据表明，在成岩期间主要的数值几乎没有被重置或叠加改造（Mettraux 等，2014），而且阴极发光特征足以记录早期成岩胶结物。分析了来自白色蒸发岩层的白云石样品及树枝状凝块石顶部的方解石表层壳体样品。结合 Al Balushi（2005）的含量分析结果，Mettraux 等也进行了报道，下文中将会进一步讨论。

6.3 解释和讨论

6.3.1 沉积和保存

在观察描述基础上，通过露头及 SEM 等，综合建立沉积模式，并总结早期成岩条件。详见表6.1及图6.20。矿物组合表明在水平纹层岩及波状纹层岩沉积期间为低氧—贫氧环境，在连续相的底部；但在层序顶部的凝块石发育阶段为蒸发、盐水环境。尽管有微生物活动的充足证据，总体而言有机物质保存情况较差，而且缺少黄铁矿及其他矿物。这些都表明

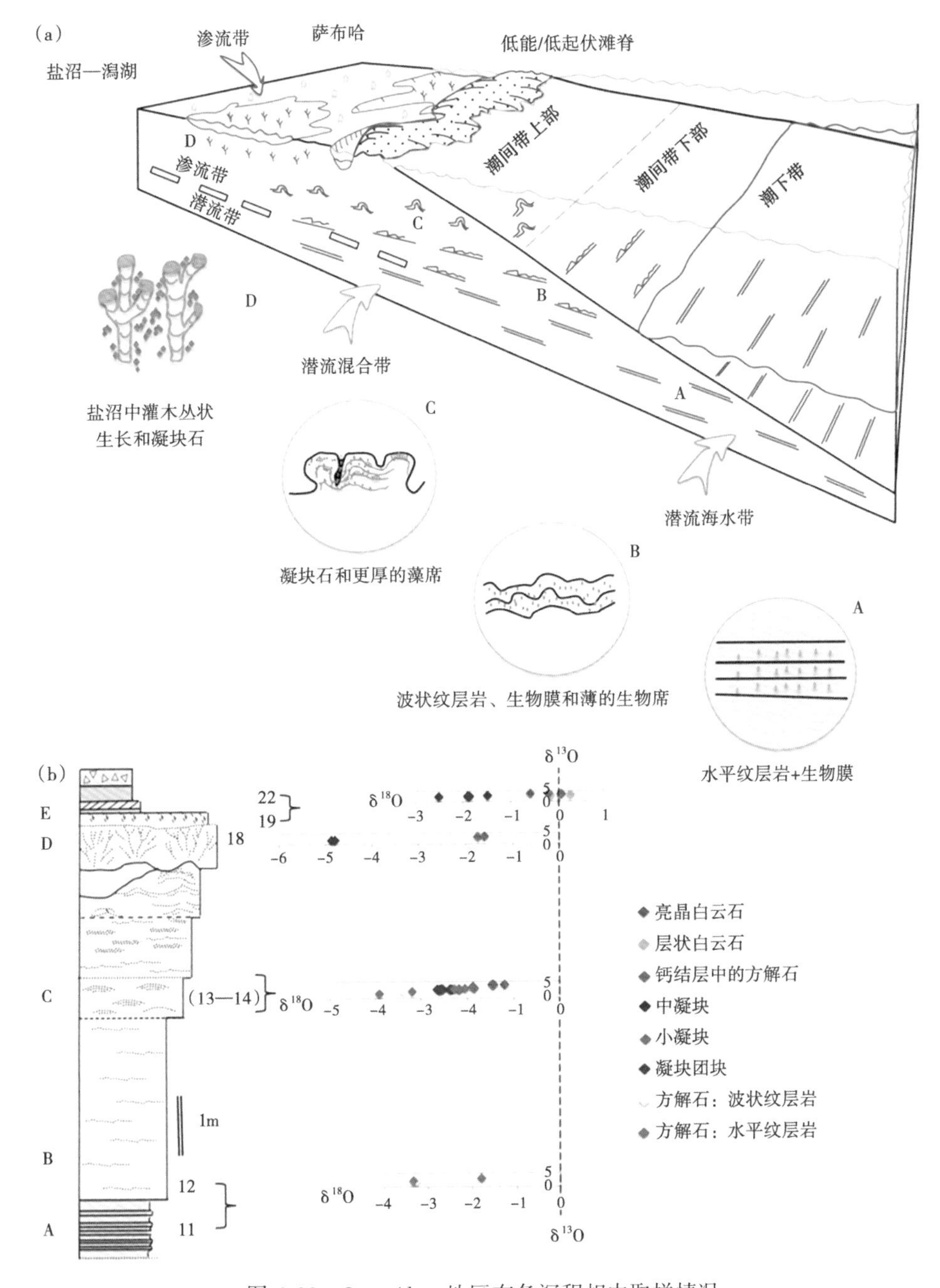

图 6.20　Qarn Alam 地区在各沉积相中取样情况

(a) Qarn Alam 地区纹层岩—叠层石—蒸发岩等沉积相与微生物群落和早期成岩作用的关系，实测部分显示了沿沉积剖面分布的连续相组合，草图表示如图 6.4 所示的不同微生物相；水平纹层岩（标记为 A）是浅的潮下带，与微生物膜的发育有关；波状纹层岩（标记为 B）是潮间带下部，与薄层微生物席的发育有关；叠层凝块石及层状凝块石（标记为 C）是潮间带上部，与厚层微生物席的发育有关；树枝状凝块石（标记为 D）发育在潮道及盐沼及潟湖环境，具有海绵状未矿化生物体、白云石及微生物群落。(b) 氧和碳的稳定同位素，数值对应地层测量部分，后期裂缝中充填的胶结物未被考虑在内，方解石外壳及树枝状凝块石顶部的白色条纹包含在内，有限分布的 $\delta^{13}C$ 及分散的 $\delta^{18}O$ 表明几乎没有对原始数值叠加改造，在白色条带正的 $\delta^{18}O$ 值显示蒸发环境；$\delta^{18}O$数据比较分散可能是由于在微钻过程中早期成岩胶结物与凝块石混合了。转引并经 GeoArabia 许可略做修改

沉积物在埋藏之前经历了普遍的氧化环境。对埋藏在这个复杂构造环境（在表面刺穿盐丘发育的剪切和褶皱断块）、540Ma 的岩石而言，保存状况比较丰富，不仅有单个微生物化石的形式，还有特定的有机矿化 EPS。

表 6.1 Qarn Alam 地区微生物相中矿物、沉积特征及稳定同位素的分布范围

	灌木丛状凝块石	叠层石状凝块石	波状纹层岩	水平纹层岩
有机质	—	—	—	V
方解石	V	V	V	V
文石	—	—	—	V
白云石	V	V	—	—
坡缕石	V	V	?	?
海绿石	—	—	—	V
磷酸盐	—	—	V	—
铁氧化物	—	—	V	V
铁氢氧化物	—	—	V	V
萤石	—	V	V	—
碎屑石英	—	V	—	—
石盐	—	V	—	—
沉积环境	蒸发性盐湖	潮间带上部	潮间带下部	浅的潮下带
沉积物—水界面	氧化	氧化	氧化	氧化—次氧化
孔隙水流体	混合大气水利超咸渗流水	混合大气水和海水潜流	海水	海水
方解石 $\delta^{18}O$	1.4~-4.8	-2.0~-3.2	-1.7~-3.3	-3.2
白云石 $\delta^{18}O$	-0.1~-1.7	-1.0~-1.8	无	无
方解石 $\delta^{13}C$	1.8~2.5	1.4~2.8	2.3	2.2~3.0
白云石 $\delta^{13}C$	3.2~3.6	2~4	无	无
孔隙	孔洞和粒间孔	粒间孔和孔洞	粒间孔	粒间孔

准同生期和早成岩胶结物在这种环境条件下不易保存，而且微生物结构及早期胶结物的保存程度是关键。Mettraux 等（2014）已经对沉积体系、地层、微生物化学及方解石和白云石的成因进行了详细讨论。然而，关于这些岩石中主要微生物结构及早期成岩特征（准同生期）如何保存等细节仍有待讨论。

据 Reuning 等（2009），将近 8km 的 Qarn Alam 地区微生物岩的埋藏深度仍有争议。显然，岩石仍然紧密地分布于蒸发岩中，经历了从早期埋藏到近期暴露，而这些条件有效阻止了其他成岩流体作用及最近的表面风化作用。矿物的保存比如文石（在水平纹层岩中）的含量尽管很低，或许可以表明 EPS 泡沫结构的明显石化作用与有机物质密切相关。（Sandberg 和 Hudson，1983；Mettraux 等，1989）。然而，类似的微生物 EPS 结构保存的例子，从古生代和中生代到近代已经有报道（Bontognali，2008；Sadooniet 等，2010；C. Strohmenger，pers. comm，2014），而且与蒸发岩相关的沉积物里微生物特征的石化作用，未必与众不同。

6.3.2 微生物及微生物群落

微生物群落的影响作用主要体现在 Qarn Alam 地区微生物岩中，与向上变浅旋回中相的变化一致。这让人想起了 Kah 和 Knoll（1996）报道的基于微生物群落的元古宙潮坪相分布。在浅水潮下环境的水平纹层岩中，微生物薄膜层覆盖沉积物表面，形成生物膜（Davey 和 O’Toole，2000；Schaudinn 等，2007）。在稍浅低的潮间环境中的波状纹层岩（图 6.20）指示出来自微生物 EPS 诱捕和粘结的凝胶或席垫物质。它比微生物薄层更厚。叠层石及层状凝块石（图 6.20）形成于浅水潮间带的相对高能带，这一点可从“反复冲刷和其生长特征”得到印证。不规则形状的凝块及纹层岩厚度的差异指示出微生物的生长。树枝状凝块石分析认为形成于浅水的潮道及潟湖或盐水环境。这一系列的相（Mettraux 等，2014）引出了一个问题：当环境发生变化时，微生物群落的类型是否变化很大？矿化 EPS 的结构是否决定了矿物组合的类型（来自相同群落的生物降解成因或多或少的代谢产物）？正如地质微生物学家指出（Dupraz 和 Visscher，2005），这些不同的矿物组合或许指示出不同群体的微生物代谢成因。事实上，生物和环境因素控制了细菌的生物矿化作用。Défarge 等（1994）研究表明证实了这一点，特定的矿物组合与具体的生物种群的代谢有关，为更好地研究过去地质微生物及古生态提供了有力支撑。

不管 Qarn Alam 地区不同结构的成因如何，微生物诱发或微生物影响导致的方解石或白云石的沉淀是具有选择性的。譬如不同的相，少量的黏土矿物（坡缕石或绿泥石）和其他痕量矿物如针铁矿、赤铁矿、“磷灰石”、萤石和岩盐。这些痕量矿物与主要矿物相及它们的结构有关，而且纹层结构也没有受到后期的叠加改造，譬如 EPS 蜂窝状结构。它们可能同时有方解石和白云石的产出。因此，这些矿物是至关重要的线索，除了特定的生物群落之外，至少可以揭示导致微生物矿化阶段的化学条件。与此相反，盐岩及其他痕量矿物被观测到，它们或许反应在变浅序列中更加蒸发的环境。表 6.1 总结了所观察到的岩石学，在下面的讨论中描述了矿物序列和地球化学特征。

6.3.3 水平纹层岩

在水平纹层岩中，非晶类有机物质被保存在多套颗粒状灰岩薄层的表面。分析认为属于微生物薄层的记录（Davey 和 O’Toole，2000），伴有一个矿化 EPS 结构的薄层及微量的海绿石、坡缕石和非常微量的铁的氧化物。分选较好的颗粒层和保留下来的生物薄层产物，以及没有暴露的特征，均表明这些微生物薄层长期处于水下（浅潮下带）。虽然没有强流体活动的证据，但是微生物薄层有比较稳定的颗粒沉积物（图 6.6a）。有机物的分解和微生物活动的调解发生在沉积物表面之下数千米之内，并在最初阶段可能导致氧化还原反应。

Coleman（1985）揭示了在最初阶段好氧细菌是如何分解有机物质，并参与接下来低氧的微生物反应（锰的亏损、硝酸盐还原和三价铁还原）。在水平纹层岩中发现了富含 Fe^{2+} 和 Fe^{3+} 的绿泥石，充分说明了主要沉积物沉积后的氧化还原反应为贫氧环境。

6.3.4 波状纹层岩

在波状纹层岩中，观测到了氧化铁（图 6.13a、b、e）和氢氧化物（图 6.13c、d、f），它们与 Welton（1984）观察到的非常类似，分析认为是赤铁矿（Fe_2O_3）和铁矿［FeO（OH）］。这些独特的微量星形赤铁矿和含量稍多的棒状和纤维状针铁矿晶体超出了本次研究中使用的矿物元素分析系统的分辨率（牛津 INCA X 射线光谱仪），Welton（1984）的研究中也有类似情况。铁被确定为主要元素，通过比较铁氧化物表面和铁无氧化物表面的 EDX 光谱分析（Welton，1984，第 220 页）。本研究中的钙尖峰来自针铁矿晶体周围那些微米级大小的方解石矿物。磷酸盐矿物，如磷酸铵（$MgNH_4PO_4 \cdot 6H_2O$）已经从富含有机残余物的沉积物中被报道发现（Sánchez-Román 等，2007，2009）。

在实验室实验中，Gallagher 等（2013）已经通过矿物元素分析证明有磷酸铵的沉淀，但使用高浓度磷酸盐作为缓冲剂（P. T. Visscher，pers. comm，2013）。Gallagher 等（2013）也表明，在分批培养中使用的高浓度磷酸盐（0.1～5.8μmol）可能不仅会影响碳酸盐矿物形态，也可导致其他矿物产物如磷灰石或磷酸铵的沉淀。自然环境下包含的磷酸盐数量级比实验条件下少 3～6 级，低磷酸盐条件下以典型三方晶系（方解石）和斜方晶系（文石）晶体习性为特征（Gallagher 等，2013，第 41 页）。在 Qarn Alam 地区，波状纹层岩包括自形较好的六方晶系的磷酸盐、晶形欠缺的棒状晶体磷酸盐（磷灰石）及三方晶系的方解石晶体。Brasier 等（2010）认为，Qarn Alam 地区的岩石不是一个假象，但它确实表明这些新元古代地层流体不寻常的地球化学条件。然而，磷可以简单地由沉积物中有机物降解产生。在波状纹层岩中明确的证据表明捕获和粘结有方解石颗粒和凝块（Mettraux 等，2014），但没有保存下来的有机物质。波状纹层岩中的原始成因的席垫或凝胶原以为比水平纹层岩中的薄壳型生物薄层厚度大，从较厚的有机矿化 EPS 层可以证明（但只有微米厚的颗粒包壳）。然而凝胶形成一个厘米级—分米级厚度的层，这个层浸润有软黏液的 EPS 结构，席垫形成一个类似微生物成因的更紧密、更坚硬的层。

沉积物里有机物质早期的分解作用，或许会导致沉积物里的一些溶解，从而提高孔隙度。既然这些多孔的薄层包括有机矿化的 EPS、三方晶系的方解石晶体、铁氧化物或氢氧化物及磷酸盐晶体，早期的溶解和沉淀作用认为是在有氧到贫氧微环境条件下在席垫内部发生的（Coleman，1985），这与席垫里的微生物群落和席垫内部的降解作用密切相关。然而，波状纹层岩中没有海绿石和还原铁的证据表明它比水平纹层岩的氧化条件更强。

6.3.5 层状叠层石及块状凝块石

在 Qarn Alam 地区，纹层岩、叠层石及凝块石中明显记录了微生物群落的方解石化及白云石化作用，但是叠层石及凝块石不易区分，这是由于毫米级—厘米级的凝块结构与厘米级到 10 厘米级别的岩层夹杂在叠层石凝块相中。

凝块结构产生在元古宙末期，Grotzinger 等（2005）对 Namibia 地区进行了研究，古元古代凝块生长的例子在其他地方已经有报道（Kah 和 Grotzinger，1992）。Qarn Alam 地区微生物岩中普遍缺乏生物扰动肯定是主要结构保存的一个因素，而且表明凝块结构在这种情况下是微生物活动的一个直接结果，而不是后期叠层结构破裂而成（Kennard 和 James，1986；Planavsky 和 Ginsburg，2009）。

叠层石、层状及块状的凝块石主要包括白云石和方解石。它们通过方解石凝块和凝结团块的化石作用保存了丛生—席垫特征（图 6.14a），并呈现出粘结的白云石薄层与凝块方解石交替出现。有类似的文献记载可比较，这与 Strohmenger 等（2011）描述的潮间带的丛生席垫在形态上（毫米级尺度到几十厘米级尺度）类似。然而，Qarn Alam 地区的岩性组合与 Knoll 等（2013）描述的中元古代潮间微生物结构，在岩性组合及分布的规模形态上都有所不同。少量的萤石分散在这类相中，但在后期裂缝充填的胶结物中没有萤石（图 6.14b、 c)。萤石仅仅分布在方解石凝结相中，在白云石基质中没有，而且研究发现与球菌的细菌变种有关（图6.18d）。因此，萤石肯定是准同生沉积成因的，而且与凝块结构的有机矿化密切相关。萤石更常见的是与热液碳酸盐岩密切相关的，而与原始沉积无关，也可能是蒸发矿物，但是在Tanzania地区Natron湖的湖相叠层石中（Icole等，1990）及佛罗里达地区始新世碳酸盐岩潮上坪沉积的石膏中都发现了萤石（Cook等，1985）。

凝块石的微生物成因，要么是生物诱导，要么是生物矿化作用的影响，或者受二者共同的影响（Dupraz等，2009）。由于白云石中的矿化EPS结构和凝块状结构的方解石的出现，这一点是比较清楚的。然而，Qarn Alam地区在沉积学、岩石学和地球化学方面，并没有揭示出微生物席垫或凝胶的厚度，也没有揭示出白云石的EPS石化作用是微生物代谢活动的产物，还是微生物有机物质后期的降解产物。由于这些岩相的位置是在向上变浅层序的顶部，并且底部两个薄层相从一个简单的生物薄层过渡到较厚的席垫，厚度更大的席垫可能会更好的表征这些凝块石。较厚的席垫或凝胶可以让白云石形成的EPS结构聚集，而不是产生有机矿化的方解石凝块和团块状凝结岩。

白云石优势相与凝块方解石优势相组成的交互层或许是由每月或每年的潮汐涨落引起的，并且控制了蒸发岩条件下或薄或厚微生物席的发育（萤石和更为典型的白云石就是很好的证据）。Qarn Alam地区有机矿化EPS的特征与Abu Dhabi地区萨布哈环境微生物席形成的白云石非常类似（Bontognali等，2008，2010），后者被认为是有机物质腐烂成因的微生物EPS。Bontognali等（2012）认为矿化EPS应该考虑微生物化石。而且，不同的白云石类型与Abu Dhabi地区沿海萨布哈环境下的黏土矿物密切相关（Sadooni等，2010），分析认为其形成于类似于近代到现代的碳酸盐岩沉积环境。

6.3.6 树枝状凝块石

树枝状凝块石揭示了微生物生长、腐烂、有机矿化、溶解及沉淀的复杂过程，与之相反叠层石及凝块石中的叠层岩相及微生物矿化EPS结构只是简单的微生物诱捕及粘结。Mettraux等（2014）描述及阐述了7个岩相，其中，第6个是树枝状凝块石。早期有机微生物体（阶段1）生长成型后，随着有机质的降解，同生期微生物白云岩中的圆柱形—管状孔隙形成（阶段2）。然后，簇状和针状文石晶体成型（阶段3）。由于孔隙中微生物活动的再度活跃，伴有凝结方解石的形成（阶段4）。由于固结的沉积物易碎并破裂而形成细裂缝（阶段5），并且这些裂缝被暗色—明亮色发光的胶结物充填（阶段6）。后期的破裂和胶结（阶段7）保留了一些残留的晶洞孔隙空间。树枝状凝块石是微生物群落从浅潮下到高能的潮间带及盐沼环境分层的一个重要标志，这是由于与微生物薄层及微生物席垫相比较，指状及树枝状凝块石是一个新的特征。但是，它们都被同生期微生物白云石基质包围，白云石与其他凝块石在结构上类似，而且类似的凝块方解石充填了指状结构的孔隙，这些孔隙是有机物质腐烂后形成的。这个新增加的海绵状没有矿化的有机物（Arp等，2003，2004；Mettraux等，2014）表明或许是一系列不同的群落，而不仅仅是薄厚不同的微生物薄层、席垫及凝胶。在南阿曼盐盆地的Ara油田确实发现了海绵的一些生物标志物（Love等，2009），因此大化石的发现不足为奇，或者是近代有机地层与之相关的一些微量元素。

凝块状方解石包含指状方解石凝结团块及高孔的原生白云石基质（具有泡沫结构的EPS），它们都是原生的并被充填有第一期方解石胶结物的裂缝切割（图6.6及图6.19）。从这些微生物岩的生物群落特征地质角度出发，早期的沉淀主要为发光的胶结物相，它覆盖在凝结方解石和微孔的白云石之上，二者都是微生物成因或受到微生物影响。在树枝凝块石中，海绵状格架中有机物质的降解成因孔比早期的指状方解石要晚。然而，二者都是同期形成的原始沉积。原始的生物体没有保存下来，但是对于凝块方解石、微晶白云石、自生碳酸盐岩黏土矿物及其他痕量组分的形成起着关键的作用。矿化 EPS 被认为是白云石及自生碳酸盐岩黏土矿物形成的关键因素（T. Bontognali，pers. comm，2013）。

除了微孔白云石的矿化 EPS 结构（图 6.18b），晶形更好的三方晶系白云石围绕微孔分布（图 6.18e）。白云石层的形成经历了两个阶段：从原始沉积到早期的成岩环境。发暗红色光的胶结物一般是缺乏白云石；其次，明黄色荧光胶结物直接覆盖较大的白云石菱面体上。这说明，有机矿化微晶白云石与晶形更好的白云石晶体，与第一个发暗棕色光的方解石胶结物是同期的。

Qarn Alam 地区野外露头观测表明树枝状叠层石主要为潮道中低能的建造，并且横跨萨布哈环境中低能的盐沼或者潟湖（Mettraux 等，2014）。树枝状叠层石中的矿化 EPS 结构，在微生物群落之后形成，在有机质生长的过程中，因为之前的有机体腐烂后留下了一个具格架孔洞的微孔白云石。第一个有机矿化结构形成于水—沉积物界面下几厘米范围内（Sánchez-Román，2006）。在经历了数厘米的埋藏之后，过渡为硫酸盐还原环境（Sánchez Román，2006；Bontognali，2008），并且凝块状有机矿化的方解石随后充填早期有机质腐烂孔。潟湖环境中观测到了坡缕石及白云石矿化 EPS 结构（Amorim 和 Angélica，2011）。据 Garcia-Romero 和 Suárez（2010），富镁离子的坡缕石与矿化 EPS 结构混合形成镁坡缕石。关于 Qarn Alam 地区的样本，X 射线衍射分析表明不含海泡石，它是纤维状黏土矿物组中另一个末端单元，多出现于更加富镁离子的环境中。

6.3.7 早期成岩

原始沉积到早期成岩化学及氧化还原条件可通过阴极发光（Mettraux 等，2014）、C/O 稳定同位素、SEM、元素及矿物分析综合判断。方解石凝块及团块状凝块石，以及微孔的白云石基质都是同沉积的，这一点从厘米级到微米级尺度的沉积物特征、结构及相互关系可以作证，比如它们组成的丛生藻席及矿化 EPS 组构等。与此相反，有机矿化相外层暗色—明亮色发光的胶结物很明显是非生物成因的，对应早成岩的改造，虽然很早，但也是同沉积的（图 6.19）。

第一个发暗棕色的胶结物，在树枝状凝块石中特征明显，具有葡萄状环带，与有机矿化的凝块状方解石的界面是连续的。虽然当铁离子含量足够低时茜素红 S 和铁氰化钾染色后没有变化，但是水平纹层岩中的海绿石（反映低氧环境）显示表明一些铁离子可能进入方解石晶格，导致原本发光的微生物岩淬火。然而，波状纹层岩中的针铁矿和赤铁矿表明了来自海水孔隙流体的氧化环境。因此，在波状纹层岩及叠层石中没有铁离子导致淬火荧光（Machel，1997，2000）。这些胶结物有可能是在渗流海水（潮间带）到潜流海水（潮下带）环境中沉积（Mettraux 等，2014）。

发明黄色光的胶结物沉淀在截断面上，指示一期淋滤事件及明显的流体改造。明黄色的方解石胶结物在向上变浅的旋回中均有发育，从树枝状凝块石到水平纹层岩。明亮的荧光或许是由于大量的活化剂引起的，比如由于倒灌地下水带来的锰离子，源于混合的淡水及海水，但随着接近沉积物水界面演变为低氧环境（图 6.20）。第三个暗色—不发光的胶结物是由于沉积体系向海进积时候，淡水侵入大陆潜流带刚固结的沉积物引起的（Amieux 等，

1989)。不断生长的早期成岩胶结物晶体与丛生的放射状方解石紧密分布表明二者是共生的。

稳定同位素的分布数据（表6.1，图6.20）与原始沉积密切相关，并较好地解释了凝块状方解石与微孔白云石的成因，但是与白云石及较细的团块相比较（0~22），凝结团块及较大的团块中 $\delta^{18}O$ 分散的数据趋于变轻（22~25）。当方解石凝块、团块状凝块及中等凝块越大，它们越倾向具有细裂缝，并且被发明黄色光的胶结物充填（详见下文讨论）。在样品制备过程中，即使微钻也很难把早期裂缝胶结物与凝块方解石分离（Mettraux 等，2014）。因此，$\delta^{18}O$ 的数据分散或许是由于较轻的早期大气淡水胶结物与偏重的凝块状微生物方解石混合了的缘故。

Qarn Alam 地区整个剖面上 $\delta^{13}C$ 集中分布在+2~+4，最浅的相带中 $\delta^{18}O$ 相对分散在-5~+0.5，表明与前人的研究报告（Derry 等，1992；Jacobson 和 Kaufman，1999）相比较，新元古代海水中 $\delta^{18}O$ 数据相对较重。然而，相对较重的新元古代 $\delta^{13}C$ 数据分析认为，相对于其他的全球限制性环境，大陆架和盆地环境是去耦合的（Bartley 和 Kah，2004）。钙质外壳及白云岩中较重的数值甚至正值与石膏、白色条纹硬石膏相带揭示的蒸发环境密切相关（图6.20；Peters 等，2003；Mettraux 等，2014）。阴极发光及薄片分析表明二次浸出事件把发明亮色光的胶结物与发暗棕色光的方解石胶结物同后期成岩裂缝和孔洞充填的几乎不发光的方解石区别开来。同样不发光的胶结物充填了后期相互切割的裂缝，而且后期胶结物表现出较轻的、更多负值的 $\delta^{18}O$（-11~-8）及 $\delta^{13}C$（-6~-2）。后期裂缝中充填的方解石胶结物揭示埋藏环境与原始沉积环境中所测出较轻的数值是明显不同的（图6.20；Mettraux 等，2014）。它们都揭示出早期与晚期成岩特征的明显不同。

6.4 结论

Qarn Alam 地区 Ara 组向上变浅的旋回从潮下带过渡到潮间带，包括水平纹层岩、波状纹层岩、层状叠层石及块状凝块石、树枝状凝块石。这些岩石相是由微生物影响或者微生物诱导的有机矿化，主要是由于大量的细菌变种、微生物化石和矿化 EPS 引起的。每种岩石相类型都记录了不同的微生物群落，有机矿化的类型从单一的方解石、白云石或者二者均有，到微量或者痕量的其他重要的矿物。

方解石质的潮下带水平纹层岩中的微生物群落形成了一套薄层微生物膜，它包含非常少量的有机物质及保存下来的文石。薄层中的钙质碎屑流包含钙化黏液鞘和球菌变种体的碎片。微量和痕量的黏土矿物包含海绿石和坡缕石。这些海绿石指示出在沉积面之下的低氧环境。相对于微生物膜，厚层的微生物席通过诱捕及粘结作用形成波状纹层岩（主要成分是方解石），并且矿化的 EPS 泡沫结构保存完好。

微量及痕量的矿物包含坡缕石，还有赤铁矿、针铁矿、三方晶系方解石及磷灰石。叠层石中的凝块结构、层状及块状的凝块石，以及团块状的凝块石被高孔的微晶白云石包围或与之互层。较厚的凝块层形成数毫米的丛生微生物席。厚层微生物席促使白云石 EPS 结构加积形成方解石凝块、丛生凝块及白云石或者方解石为主的岩石薄层的互层，它是通过潮汐的波动间接控制厚层或薄层微生物席的发展。在此岩相中有少量的粉砂级或更细的（可能是风成的）的石英碎屑。

树枝状叠层石的成岩格架记录了原来有机体的原型，或许是海绵，它们生长在一起，形成具微孔的白云石基质并得以保存。细菌变种、微生物化石及矿化 EPS（白云石相关的黏土矿物）都是微生物活动导致的有机矿化的证据。并且凝块状微生物方解石充填有机体的原型指示出微生物活性具有多个生长阶段，从而形成了原始沉积。坡缕石是该类相中主要的痕量矿物，但是该类针状的晶体被早期成岩明亮色的胶结物替代，说明在早成岩叠加改造之前文石晶体已经充填了有机体的原型。树枝状凝块石集合体比之前的薄层及叠层石的结构更为复杂，它形成于一个更加蒸发的环境。更加蒸发的环境可通过上覆方解石外壳、蒸发岩及具白条纹的层理白云石的氧同位素数值佐证。

薄层微生物膜、微生物席、较厚的席及更为复杂的群落包含海绵状的微生物构成的沉积序列表明这个沉积剖面上的潮下带、低潮间带、上潮间带及盐沼—潟湖环境被一系列越来越复杂的微生物群落所统治繁衍。然而，白云石的有机矿化（不含方解石）或许是由于厚层的微生物席降解而成，而不是更为复杂的微生物群落控制的。

矿物组合，尤其是微量及痕量矿物组分，指示出在沉积相序列底部，水平纹层岩及波状纹层岩沉积过程中低氧—亚低氧的环境，但是在相序顶部为凝块石沉积过程中更加蒸发到盐沼的干旱环境。早期成岩胶结物有效充填了有机矿化方解石及白云石相，是它们免于遭受后期成岩作用的叠加改造。

Qarn Alam 地区是一个白云石和方解石都是同沉积的典型例子，原始沉积到非常早期微生物活动的产物。微生物化石，包括细菌变种和矿化 EPS 结构，从薄层到凝块石整个向上变浅的旋回中保存下来。潮下带到潮间带下部的水平纹层岩及波状纹层岩都是方解石，然而叠层石及凝块石均由原始沉积的白云石及方解石组成。微生物 EPS 结构是微生物活动的一种主要的指示依据。微生物 EPS 控制的矿物使得泡沫结构及粘液外壳结构得以保存，这与现今微生物岩的特征非常类似。

参考文献

Al-Siyabi, H. A. 2005. Exploration history of the Ara intrasalt carbonate stringers in the South Oman Salt Basin. *GeoArabia*, 10/4, 39-72.

Al-Balushi, S. K. 2005. *Sedimentological and Stratigraphical Analysis of the 'Infracambrian' Carbonate Slabs in the Qarn Alam and Qarat Kibrit Salt Domes, Central Oman.* MSc thesis, Sultan Qaboos University, Muscat.

Amieux, P., Bernier, P., Dalongeville, R. & de Medwecki, V. 1989. Cathodoluminescence of carbonate cemented Holocene beachrock from the Togo coastline (West Africa): an approach to early diagenesis. *Sedimentary Geology*, 65, 261-272.

Amorim, K. B. & Angélica, R. S. 2011. Mineralogia e geoqúlmica da ocorrência de palygorskita de Alcân-tara, bacia de S. Lúls-Grajaú, Maranhão. *Cerâmica*, 57, 483-490.

Amthor, J. E., Grotzinger, J. P., Schröder, S., Bowring, S. A., Ramezani, J., Martin, M. W. & Matter, A. 2003. Extinction of Cloudina and Nama-calathus at the Precambrian-Cambrian boundary inOman. *Geology*, 31, 431-434.

Arp, G., Reimer, A. & Reitner, J. 2003. Microbialite for-mation in seawater of increased alkalinity, Satonda Crater Lake, Indonesia. *Journal of Sedimentary Research*, 73, 105-127.

Arp, G., Reimer, A. & Reitner, J. 2004. Microbialite For-mation in seawater of increased alkalinity, Satonda Crater Lake, Indonesia-reply. *Journal of Sedimentary Research*, 74, 318-325.

Bartley, J. K. & Kah, L. C. 2004. Marine carbon reservoir, $C_{org}-C_{carb}$ coupling, and the evolution of the Proterozoic carbon cycle. *Geology*, 32/2, 129-132.

Bontognali, T. R. R., 2008. *Microbial Dolomite Formation within Exopolymeric Substances*. PhD thesis, ETH Zürich 17 775.

Bontognali, T. R. R., Vasconcelos, C., Warthmann, R. J., Dupraz, C., Bernasconi, S. & McKenzie, J. A. 2008. Microbes produce nanobacteria-like structures, avoiding cell entombment. *Geology*, 36, 663-666.

Bontognali, T. R. R., Vasconcelos, C., Warthmann, R. J., Bernasconi, S., Dupraz, C., Strohmenger, C. J. & McKenzie, J. A. 2010. Dolomite formation within microbial mats in the coastal sabkha of Abu Dhabi (United Arab Emirates). *Sedimentology*, 57, 824-844.

Bontognali, T. R. R., Vasconcelos, C., Warthmann, R. J., Lundberg, R. & McKenzie, J. A. 2012. Dolomite-mediating bacterium isolated from the sabkha of Abu Dhabi (UAE). *Terra Nova*, 24, 248-254.

Brasier, M. D., Antcliffe, J. B. & Callow, R. H. T. 2010. Evolutionary trends in remarkable fossil preservation across the Ediacaran-Cambrian transition and the impact of metazoan mixing. In Allison, P. A. & Bottjer, D. J. (eds) *Taphonomy: Process and Bias Through Time*. Springer, Berlin, 519-567.

Burns, S. J., Mckenzie, J. A. & Vasconcelos, C. 2000. Dolomite formation and biogeochemical cycles in the Phanerozoic. *Sedimentology*, 47, 49-61.

Coleman, M. L. 1985. Geochemistry of diagenetic nonsilicateminerals: kinetic considerations. *Philosophical Transactions of the Royal Society of London*, A315, 39-56.

Cook, D. J., Randazzo, A. F. & Sprinkle, C. L. 1985. Authigenic fluorite in dolomitic rocks of the Floridan aquifer. *Geology*, 13, 390-391.

Davey, M. E. & O' Toole, G. A. 2000. Microbial biofilms: from ecology to molecular genetics. *Microbiology and Molecular Biology Reviews*, 64, 847-867.

Défarge, C., Trichet, J. & Coute, A. 1994. On the appearance of cyanobacterial calcification in modern stromatolites. *Sedimentary Geology*, 94, 11-19.

Derry, L. A., Kaufman, A. J. & Jacobsen, S. B. 1992. Sedimentary cycling and environmental change in the Late Proterozoic: evidence from stable and radiogenic isotopes. *Geochimica et Cosmochimica Acta*, 56, 1317-1329.

Dickson, J. A. D. 1966. Carbonate identification and genesis as revealed by staining. *Journal of Sedimentary Petrology*, 36, 491-505.

Dupraz, C. & Visscher, P. T. 2005. Microbial lithification in marine stromatolites and hypersaline mats. *Trends in Microbiology*, 13/9, 429-438.

Dupraz, C., Reid, R. P., Braissant, O., Decho, A. W., Norman, R. S. & Visscher, P. T. 2009. Processes of carbonate precipitation in modern microbial mats. *Earth-Science Reviews*, 96, 141-162.

Gallagher, K. L., Braissant, O., Kading, T. J., Dupraz, C. & Visscher, P. T. 2013. Phosphate-related artifacts in carbonate mineralization experiments. *Journal of Sedimentary Research*, 83, 37-49.

Garcia-Romero, E. & Suárez, M. 2010. On the chemical composition of sepiolite and palygorskite. *Clays & Clay Minerals*, 58, 1-20.

Glunk, C., Dupraz, C., Braissant, O., Gallagher, K. L., Verrechia, E. P. & Vissher, P. T. 2011. Microbially mediated carbonate precipitation in a hypersaline lake, Big Pond (Eleuthera, Bahamas). *Sedimentology*, 58, 720-738.

Grotzinger, J. P. & Knoll, A. 1999. Stromatolites in Precambrian carbonates: evolutionary mileposts or environmental dipsticks? *Annual Review of Earth and Planetary Science*, 27, 313-358.

Grotzinger, J. P., Adams, E. & Schröder, S. 2005. Microbial-metazoan reefs of the terminal Proterozoic Nama Group (*c.* 550-543 Ma), Namibia. *Geological Magazine*, 142, 499-517.

Icole, M., Masse, J. P., Perinet, G. & Taieb. 1990. Pleistocene lacustrine stromatolites, composed of calcium carbonate, fluorite, and dolomite, from Lake Natron, Tanzania; depositional and diagenetic processes and their paleoenvironmental significance. *Sedimentary Geology*, 69, 139-155.

Jacobson, S. B. & Kaufman, A. J. 1999. The Sr, C and O isotopic evolution of Neoproterozoic seawater. *Chemical Geology*, 161, 37-57.

Kah, L. C. & Grotzinger, J. P. 1992. Early Proterozoic (1.9 Ga) thrombolites of the Rocknest Formation, Northwest Territories, Canada. *Palaios*, 7, 305-315.

Kah, L. C. & Knoll, A. H. 1996. Microbenthic distribution in Proterozoic tidal flats: environmental and taphonomic considerations. *Geology*, 24, 79-82.

Kazmierczak, J., Kempe, S., Kremer, B., LópezGarcla, P., Moreira, D. & Tavera, R. 2011. Hydrochemistry and microbialites of the alkaline crater Lake Alchichica, Mexico. *Facies*, 57, 543-570.

Kennard, J. M. & James, N. P. 1986. Thrombolites and stromatolites: two distinct types of microbial structures. *Palaios*, 1, 492-503.

Knoll, A. H., Wörndle, S. & Kah, L. C. 2013. Covariance of microfossil assemblages and microbialite textures across an upper mesoproterozoic carbonate platform. *Palaios*, 28, 453-470.

Land, L. S. 1998. Failure to precipitate dolomite at 25℃ from dilute solution despite 1000-fold oversaturation after 32 years. *Aquatic Geochemistry*, 4, 361-368.

Love, G. D., Grosjean, E. et al. 2009. Fossil steroids record the appearance of Demonspongiae during the Cryogenian period. *Nature*, 457, 718-722.

Machel, H. G. 1997. Recrystallization v. neomorphism, and the concept of 'significant recrystallization' in dolomite research. *Sedimentary Geology*, 113, 161-168.

Machel, H. G. 2000. Application of cathodoluminescence to carbonate diagenesis. *In*: Pagel, M., Barbin, V., Blanc, P. & Ohnenstetter, D. (eds) *Cathodoluminescence in Geosciences*. Springer, Berlin, 271-301.

McKenzie, J. A. & Vasconcelos, C. 2009. Dolomite Mountains and the origin of the dolomite rock of which they mainly consist: historical developments and new perspectives. *Sedimentology*, 56, 205-219.

Mettraux, M., Homewood, P. & Weissert, H. 1989. An oxygen-minimum paleoceanographic signal from early Toarcian cavity fills. *Journal of Geological Society*, *London*, 145, 333-344.

Mettraux, M., Homewood, P. W., Al Balushi, S., Erthal, M. & Matsuda, N. 2014. Microbialites of Qarn Alam, Sultanate of Oman. *GeoArabia*, 19, 17-76.

Peters, J. M., Filbrandt, J., Grotzinger, J., Newall, M., Shuster, M. & Al - Siyabi, H. 2003. Surfacepiercing salt domes of interior North Oman, and their significance for the Ara carbonate 'Stringer' hydrocarbon play. *GeoArabia*, 8, 231-270.

Planavsky, N. & Ginsburg, R. N. 2009. Taphonomy of modern marine bahamian microbialites. *Palaios*, 24, 5-17.

Reuning, L., Schoenherr, J., Heimann, A., Urai, J. L., Littke, R., Kukla, P. A. & Rawahi, Z. 2009. Constraints on the diagenesis, stratigraphy and internal dynamics of the surface-piercing salt domes in the Ghaba Salt Basin (Oman): a comparison to the Ara Group in the South Oman Salt Basin. *GeoArabia*, 14, 83-120.

Sadooni, F. N., Howari, F. & El-Saiy, A. 2010. Microbial Dolomites from Carbonate-Evaporite Sediments of the Coastal Sabkha of Abu Dhabi and their Exploration Implications. *Journal of Petroleum Geology*, 33/4, 289-298.

Sánchez-Román, M. 2006. *Calibration of Microbial and Geochemical Signals Related to Dolomite Formation by Moderately Halophilic Aerobic Bacteria: Significance and Implication of Dolomite in the Geologic Record*. PhD thesis, ETH Zürich 16875.

Sánchez-Román, M., Rivadeneyra, M. A., Vasconcelos, C. & Mckenzie, J. A. 2007. Biomineralization of carbonate and phosphate by moderately halophilic bacteria. FEMS *Microbiology Ecology*, 61, 273-284.

Sánchez - Román, M., Vasconcelos, C., Warthmann, R. J., Rivadeneyra, M. & Mckenzie, J. A. 2009. Microbial dolomite precipitation under aerobic conditions: results from Brejo do Espinho Lagoon (Brazil) and culture experiments. *In*: Swart, P., Eberli, G. P. & McKenzie, J. A. (eds) *Perspectives in Carbonate Geology*. International Association of Sedimentologists, Special Publications, Wiley-Blackwell, Oxford, UK, 41, 167-178.

Sandberg, P. A. & Hudson, J. D. 1983. Aragonite relic preservation in Jurassic calcite-replaced bivalves. *Sedimentology*, 30, 879-892.

Schaudinn, C., Stoodley, P. et al. 2007. Bacterial biofilms, other structures seen as mainstream concepts. *Microbe*, 2, 231-237.

Schröder, S., Grotzinger, J. P., Amthor, J. E. & Matter, A. 2005. Carbonate deposition and hydrocarbon reservoir development at the Precambrian Cambrian boundary: the Ara Group in South Oman. *Sedimentary Geology*, 180, 1-28.

Spadafora, A., Perri, E., Mckenzie, J. A. & Vasconce los, C. 2010. Microbial biomineralization processes forming modern Ca: Mg carbonate stromatolites. *Sedimentology*, 57, 27-40.

Strohmenger, C. J., Shebl, H. et al. 2011. Facies stacking patterns in a modern arid environment: a case study of the Abu Dhabi sabkha in the vicinity of Al Rafeq Island, United Arab Emirates. *In*: Kendall, C. G. St. C. & Alsharan, A. (eds) *Quaternary Carbonate and Evaporate Sedimentary Facies and Their Ancient Analogues: A Tribute to Douglas James Shearman*. International Association of Sedimentologists, Special Publications, Wiley-Blackwell, Oxford, UK, 43, 149-183.

Vasconcelos, C. & McKenzie, J. A. 1997. Microbial mediation of modern dolomite precipitation and diagenesis under anoxic conditions (Lagoa Vermelha, Rio de Janeiro, Brazil). *Journal of Sedi-*

mentary Research, 67, 378-390.

Vasconcelos, C., McKenzie, J. A., Bernasconi, S., Grujic, D. & Tien, A. J. 1995. Microbial mediation as a possible mechanism for natural dolomite formation at low temperatures. *Nature*, 377, 220-222.

Warthmann, R. J., van Lith, Y., Vasconcelos, C., McKenzie, J. A. & Karpoff, A. M. 2000. Bacterially induced dolomite precipitation in anoxic culture experiments *Geology*, 28, 1091-1094.

Welton, J. E. 1984. *SEM Petrology Atlas. Chevron Oil Field Research Company*. American Association of Petroleum Geologists, Tulsa, OK, Methods in Exploration Series, 1-237.

第7章 以微生物—硅质海绵为主的碳酸盐岩台地沉积相格架：西班牙莫斯卡都恩中侏罗统巴柔阶

M. AURELL* & B. BÁDENAS

Departamento Ciencias de la Tierra, Universidad de Zaragoza, 50009 Zaragoza, Spain

*通信作者 (e-mail: maurell@unizar.es)

摘要：我们对位于西班牙东北部伊比利亚（Iberian）盆地莫斯卡都恩（Moscardon）附近的露头开展了详细的岩相分析，对中侏罗统巴柔阶的碳酸盐台地沉积相格架进行了精确重建，发现不同类型的微生物岩出现在碳酸盐岩台地浅水至较深水的过渡区域，分别位于浪基面上下，而微生物岩大量出现的区域主要位于台地斜坡区浪基面之下，水体深度在30~50m的范围内。在斜坡的下部沉积空间快速增加阶段，各个层状建造单元的垂直加积，形成了25m厚的微生物—硅质海绵建造。在海平面上升的高位域阶段，各个建造单元以侧向（下坡）进积为主，形成平缓的透镜状构造。在斜坡上部和浅水台地之间的过渡区域主要是微生物包裹的内碎屑—生物碎屑泥粒灰岩。微生物外壳的发育有助于稳定海底，使波基面以上的砂级颗粒得以最终堆积和保存。

含不同比例微生物岩的生物建造生长在沿西特提斯发育的侏罗纪碳酸盐岩台地的浅水至较深水区域。微生物岩是珊瑚礁和硅质海绵丘的主要格架贡献者。在这些生物建造中微生物结壳的比例由许多因素控制，其中包括背景沉积速率、营养物含量、能量和含氧量（Leinfelder 等，1993，1996；Dupraz 和 Strasser，1999，2002；Parcell，2002；Olivier 等，2008）。

一般来说，与微生物—硅质海绵丘不同，珊瑚微生物礁发育在浅水区。珊瑚微生物礁的这种分布特点受到营养供给控制，珊瑚相与稳定、中度贫营养—中营养条件有关，而硅质海绵能够忍受波动的海平面，并在极贫营养—高营养背景下发育。富营养化或缺氧条件可能排除了后生动物，从而使得纯微生物岩发育。此外，微生物岩增长与低堆积速率有密切关系，因为微生物群落无法在高沉积供给环境中生存（Sun 和 Wright，1989；Dromart，1992；Keupp 等，1993）。在现代礁环境中，高营养浓度有利于底栖微生物群落繁盛（Hallock 和 Schlager，1986；McCook，2001）。因此，高营养浓度阶段往往与侏罗纪台地中微生物岩和硅质海绵发育相关，并不利于珊瑚的生长（Olivier 等，2006）。

与上侏罗统相比，微生物海绵丘在中—下侏罗统中比较缺乏（Leinfelder 和 Schmid，2000）。Della Porta（2013）等证实海绵微生物丘在摩洛哥大阿特拉斯山地区下侏罗统普林斯巴阶碳酸盐岩台地的斜坡区域有发育。Olivier 等（2006）在描述法国东部的巴柔阶（中侏罗世）珊瑚微生物岩中指出该套地层可能包含大量微生物岩，高达70%。

尽管巴柔阶微生物—硅质海绵相在西班牙东北伊比利亚（Iberian）盆地比较普遍（Giner 和 Barnolas，1980；Freibe，1995；Bersán 和 Aurell，1997；Aurell 等，2003；Gómez 和 Fernández-López，2006），但还没有对他们进行详细描述。本研究旨在对巴柔阶开展精细的沉积学研究。伊比利亚盆地的微生物—海绵为主的岩相几乎覆盖了碳酸盐台地低角度倾斜段，在浅水至较深水的过渡区域中发育。本文着重分析整个伊比利亚巴柔阶台地中上述过渡区域的沉积相，因其在莫斯卡都恩（Moscardon）附近连续暴露（图 7.1）。特别是，莫斯卡都恩露头可以开展从台地浅水区至台地远端不同相态类型的精细重建。这项研究工作的目标是：(1) 描述了莫斯卡尔巴柔阶微生物海绵沉积物的不同的形态和结构；(2) 分析巴柔阶碳酸盐岩台地的整个地层结构和相态演化中微生物岩的空间分布；(3) 讨论区域巴柔阶海平面变化和微生物为主的沉积相结构之间的关系。

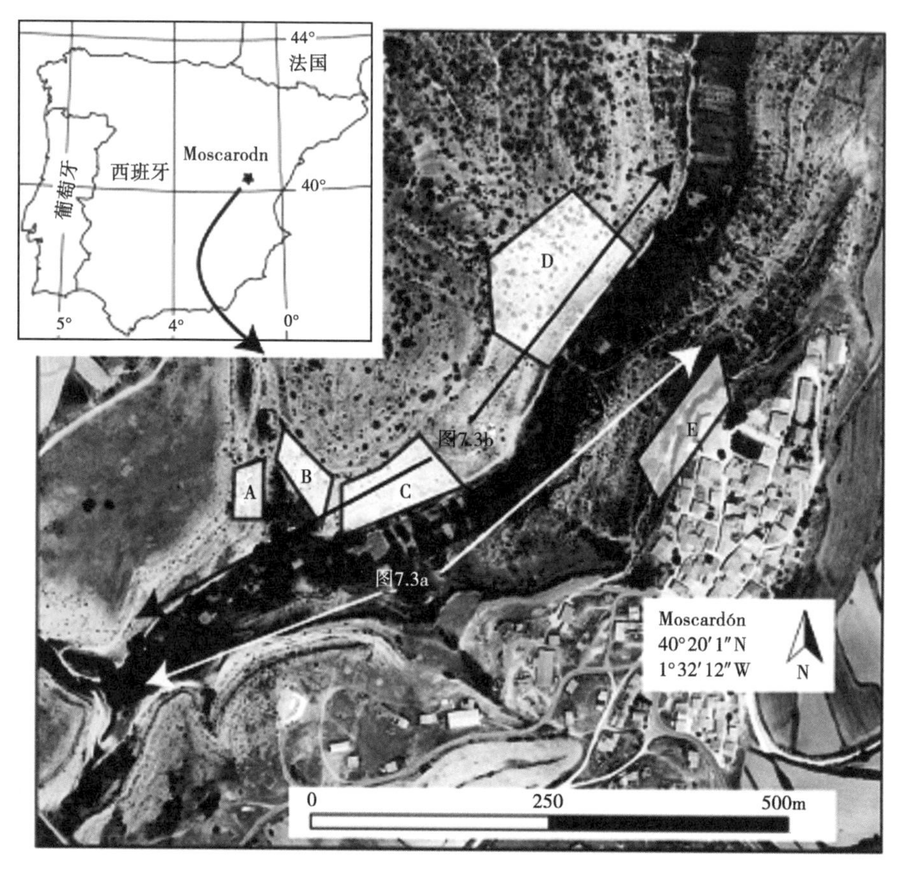

图 7.1　西班牙西北莫斯卡尔（Moscardón）附近露头位置图

指示两条下倾台地横切面（西南至西北）（图 7.3）和研究区 A-E（图 7.5、图 7.6、图 7.8）

7.1　地质背景

巴柔阶以微生物—海绵为主的台地主要分布在西班牙东北部伊比利亚盆地的中央部分（图 7.2）。伊比利亚盆地沉降模式受中生代伸展断裂活动的控制。这种构造阶段与大西洋中部和阿尔卑斯特提斯早期开放阶段有关（Stampfli 和 Borel，2004）。中侏罗世，伊比利亚盆地中部的特点是出现西北—东南向沉降的开阔台地（Aragonese 台地和 Castillian 台地），与一个以浅水、颗粒支撑相为主的中央隆起接壤（Maestrat 中央隆起；图 7.2）。中侏罗统地台的断裂分段与受末期裂谷相控制发生在阿尔卑斯特提斯早期开放阶段之前的伸展构造有关（Aurell 等，2003；Gómez 和 Fernández-López，2006）。

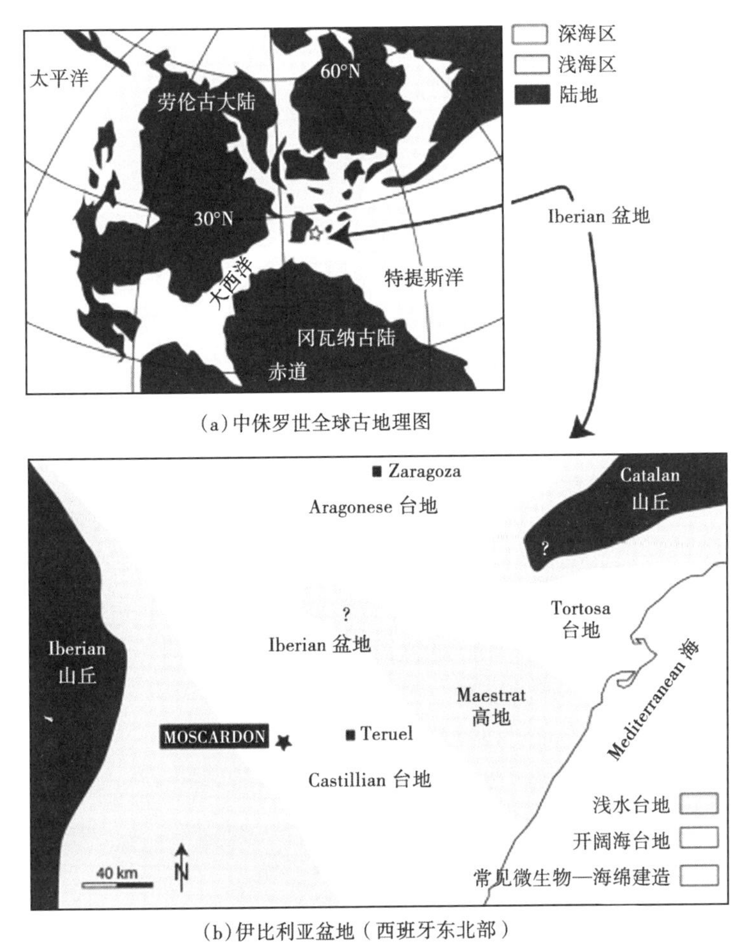

(a) 中侏罗世全球古地理图

(b) 伊比利亚盆地（西班牙东北部）

图 7.2　北半球中侏罗世古地理图

图中指示伊比利亚盆地的位置和伊比利亚盆地中部巴柔阶的古地理面貌

主要环境的变化出现在西部特提斯的碳酸盐岩台地的巴柔阶沉积时期。特别是，在中侏罗世最早期（阿林阶）的不连续沉积，早巴柔期的末期（Humphresianum 区）的特点是形成大量碳酸盐岩，局部发育珊瑚礁和海绵微生物丘。碳酸盐岩和礁在温暖条件下有利生长（Dromart 等，1996；Brigaud 等，2009）。在纬度高于 25°～30°N，中生代时期，第一次形成造礁珊瑚，几乎都是浅海条件下的大礁（Leinfelder 等，2002）。在早巴柔期的末期，西部特提斯海水温度达到最高热事件（Brigaud 等，2009）。此外，一个主要的区域性海平面上升发生在巴柔阶沉积中期（Aurell 等，2003）。这次海平面上升事件后，海水温度记录在箭石类和双壳类化石中，显示晚巴柔期时在西欧呈现下降趋势，以及区域性的海水冷却 5°（Brigaud 等，2009；Dera 等，2011）。

伊比利亚微生物硅质海绵丘主要在两个阶段发育：晚巴柔期末期（humphresianum 区）和早巴柔期（niortiense 带和 garantiana 带）。硅质海绵在这两个阶段的分类组成是不同的。一般来说，巴柔阶下部海绵丘以六射海绵为主，而石海绵在巴柔阶上部海绵丘中非常常见（Freibe 1995）。微生物—海绵丘发育的这两个阶段发生在两个海浸海退周期的海浸高峰（Aurell 等，2003；Gómez 和 Fernández-López，2006）。两个海浸海退周期的时间大概是在晚阿林期—早巴柔期（Baj-1 序列）和晚巴柔期（Baj-2 序列）。研究的地层区间包括巴柔阶下部的上半部至整个巴柔阶上部（Niortiense、Garantiana 和 Parkinsoni 带）。因此，研究地层覆盖了 Baj-1 序列上部和整个 Baj-2 序列。

7.2 方法和数据

莫斯卡都恩附近的露头提供了一个极好的分析巴柔阶碳酸盐岩台地相结构的机会，其在两个平行剖面中，1km 长，SW—NE 向，沉积倾向方面暴露（图 7.1）。岩相和边界表面均采用连续照片拼图来记录，关键地区（图 7.1 中 A—E 区）采用测井和采样分析来详细重建沉积相。100 多个抛光片和薄片的岩石学分析作为一个重要部分。时间框架的确定是通过 Fernández-López 等（1978）在两个单独的可测部分（相距 0.5km）进行精确的菊石生物地层分析，分别位于所研究露头的西南和东北边缘（图 7.1 中 B 区和 D 区）。

研究地层的整个结构在图 7.3 中的两张照片拼图和一张简化的地层剖面图中展示。在莫斯卡都恩研究的地层从连续的厚层石灰岩地层以上 10m 开始，在山谷东北缘很好出露（图 7.3b，右侧 D 区）。这石灰岩地层标志着 humphresianum 区的开始（Fernández-López 等，1978）。研究的系列地层由四套以沉积不整合面为界的连续沉积单元组成，可在露头尺度被追踪（图 7.3，1-4 单元）。这些沉积单元的时代可以通过菊石生物地层学很好的限定。

所研究地层的上边界（即单元 4 顶部）是位于巴柔阶—巴通阶边界的主要区域性不整合。这不整合与横跨伊比利亚盆地不同时间和幅度的地层间断有关（Aurell 等，2003）。在莫斯卡都恩，于这种不整合之上发现巴通阶下部的地层记录是强压实和非连续的（Fernández-López 等，1978）。

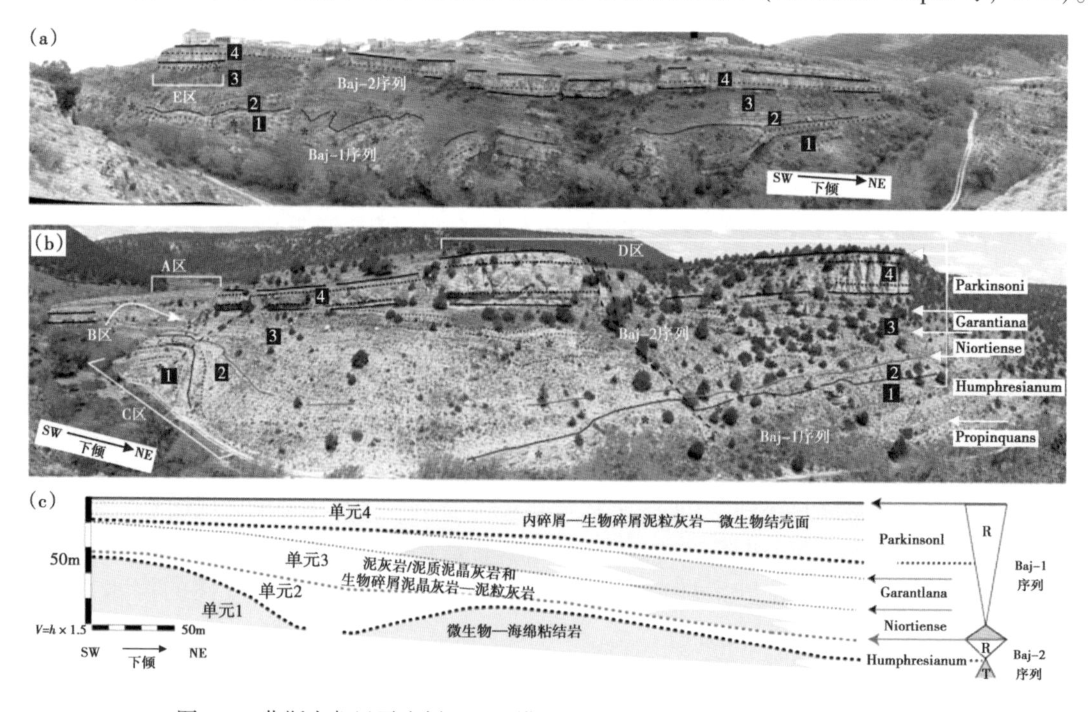

图 7.3 莫斯卡都恩露头剖面图和横穿沉积单元 1-4 的沉积相分布简化图

（a）和（b）展示 A 区—E 区的分布，沉积序列 Baj-1 和 Baj-2 及沉积单元 1—单元 4 边界（图 7.1）的分布；（c）不同颜色指示不同的区域，蓝色是指微生物海绵粘结灰岩，白色指灰泥支撑的岩相，黄色代表内碎屑—生物碎屑泥粒灰岩，包括微生物壳；巴柔阶菊石化石分布特征是根据 Fernández-López 等（1978）的研究结果

7.3 微生物—硅质海绵相：常见特征

微生物—海绵建造的几何性质、尺寸和叠加模式在莫斯卡都恩地区地层1—4单元是不同的（图7.3）。在下一节中详细描述了每个单元。微生物—硅质海绵相与一些其他地方类似的侏罗系沉积在一些主要特征上有相似之处。两种岩相（即硅质海绵和微生物结壳）的共同特征如下（图7.4）。

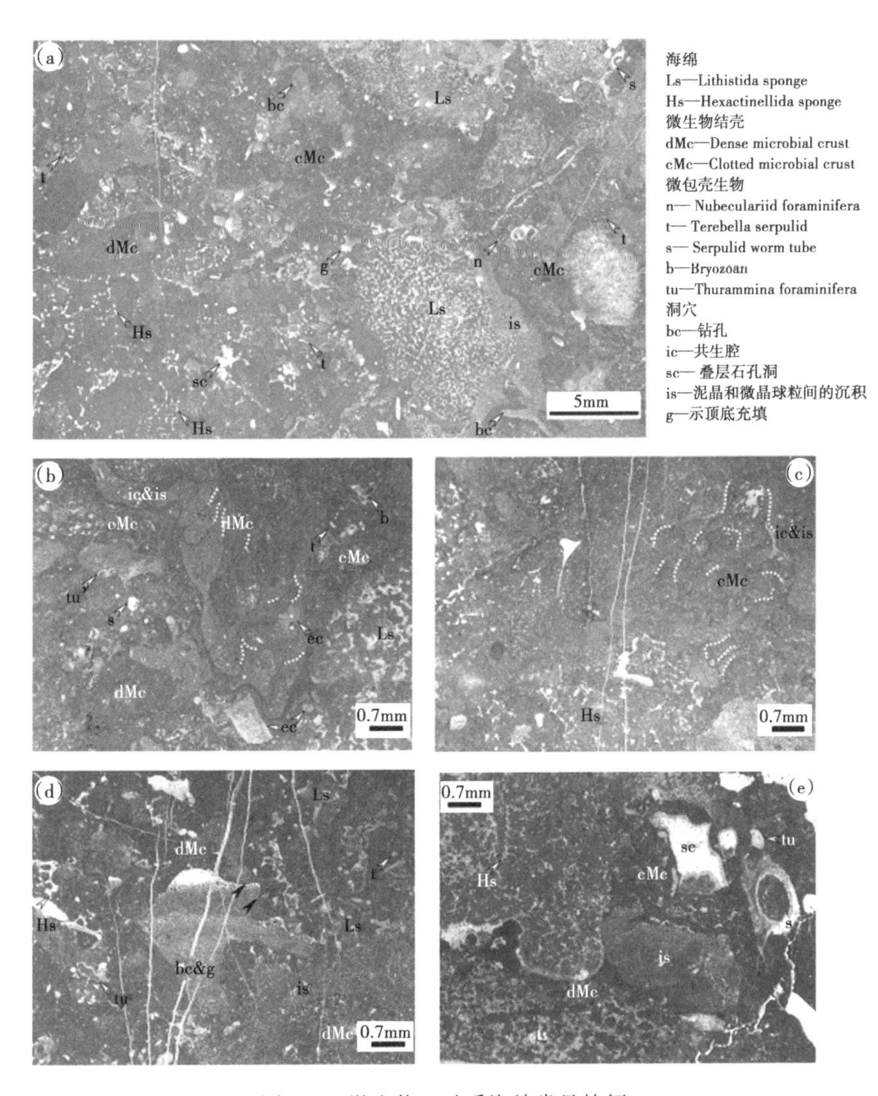

图7.4 微生物—硅质海绵常见特征

(a) 薄片中显示微生物海绵粘结灰岩相，由不同比例的玻璃硅海绵亚目（Hs）和石海绵亚目（Ls）硅质海绵、致密—凝块状微生物结壳（dMc和cMc），以及伴生的微包壳生物（nubeculariid有孔虫、Terebella龙介虫和龙介虫虫管）组成，大部分可见的孔洞是在钻孔活动（bc）中形成，并被泥质的和微晶球粒状的内沉积物充填（is）；(b) 和（c）致密的和凝块状微生物结壳指示不规则生长和频繁压实结构，共生腔（ic）被泥质的和微晶球粒状内沉积物充填；(d) 生物钻孔有示顶底充填，致密—凝块状的微生物壳不规则分布，可见到不同类型的微生物结壳；(e) 叠层石孔洞（sc）被微生物结壳和不同类型的硅质海绵包裹

莫斯卡都恩地区海绵比较常见的有杯状和管状的形态。这种形态与快速的泥沙输入有关（Leinfelder 和 Keupp 1995；Delecat 和 Reitner 2005））。莫斯卡都恩侏罗纪硅质海绵的两个主要类型是玻璃海绵类和石海绵类（图 7.4）。石海绵是活跃的滤食性动物，以超微浮游生物为营养饲料，主要是细菌。因此，主要出现在浅水区，因为在水体中细菌随着深度变大而减少（Leinfelder 等，1996）。然而，玻璃海绵能吸收溶解性有机物，而这种食物在浅水中大大减少，是因为活的单细胞生物在透光区的消费，所以它在深水低能量的条件下富集，使大量玻璃海绵在这样的环境下生长（Krauter，1998）。莫斯卡都恩的硅质海绵有这样两种主要类型并存，虽然这里是低能深水陆棚区，但又不是深得使石海绵无法生存（Leinfelder 等，2002）。

硅质海绵的网状形态和生长模式通常保存在方解石里（图 7.4）。充填网状海绵里的孔隙的物质一般是致密的泥晶灰岩和微球粒状结构。早期岩化过程导致脆性的海绵骨架保存。海绵含有共生微生物，促使其代谢过程。这些微生物被认为在海绵死后腐烂和海绵组织早期钙化中扮演着重要的角色（Leinfelder 和 Keupp，1995；Reitner 和 Neuweiler，1995；Reitner 等，1995）。海绵组织的快速钙化可能是因为硫酸盐还原菌在有氧条件下，其代谢活动会增加碱度，有利于微晶球粒方解石的沉淀。微生物诱发碳酸钙沉积在海绵内部和周围都能发生，保留硅质骨针的原来结构（Flügel 和 Steiger，1981；Reitner 和 Schumann - Kindel，1997）。

微生物结壳在研究区域也是非常丰富的。结壳由深色致密不规则的层间（团块状）和较浅的凝块状的外壳（微晶球粒状）组成，通常呈现穹隆形态和层状结构（图 7.4）。包裹龙介虫（虫管、Terebella）、包裹有孔虫（Nubeculariids）和苔藓虫的出现与微生物结壳和硅质海绵相关。结壳也包括不同成因的孔洞（共生腔、生物钻孔和层状孔），被泥晶—微晶球粒状内沉积物充填。层状孔洞构造是毫米级宽的孔洞，有不规则的顶和常见的示顶底填充物，类似于 della Porta 等（2013）所描述的在摩洛哥普林斯巴阶的微生物岩。

微生物岩发育的有利条件是较低的沉积速率、营养和光照条件的变化（Leinfelder 和 Keupp，1995；Neuweiler 和 Bernoulli，2005；Reolid，2011）。微生物壳是在硅质海绵和微生膜降解过程中，通过生物诱导过程原位沉淀（Reitner 等，1995）。凝块状的泥晶微结构被解释为原位细菌调节碳酸钙沉淀的产物（Folk 和 Chafetz，2000；Riding，2000）。微生物岩的早期成岩可以通过以下特征指示：形成明显的海底地势变化，具示顶底充填物和共生结壳的叠层生物孔洞构造的出现。叠层生物孔洞与一系列过程有关，包括物理改造和侵蚀、柔软的海绵体降解、异构沉积物压实和下降（Matyszkiewicz，1993；Neuweiler 等，2001；Delecat 和 Reitner 2005；Aubrecht 等，2009）。

7.4 地层格架和沉积相演化

基于已有的菊石生物地层学（图 7.3），在盆地范围，莫斯卡都恩露头的四套沉积单元对应巴柔期连续的半旋回（Aurell 等，2003；Gómez 和 Fernández-López，2006）。沉积单元 1 对应的 baj-1 序列海侵半旋回的上部，在 humphresianum 区中部较发育。沉积单元 2 覆盖整个 baj-1 序列的海退半回旋（humphresianum 区上部），顶部的区域不整合界面发育在巴柔阶下部—巴柔阶上部的边界。沉积单元 3 对应的 baj-2 海侵半旋回和海退半回旋下部（巴柔阶上部 Niortiense 带、Garantiana 带和 Parkinsoni 带上部）沉积单元 4 对应的 baj-2 序列海退半旋回的上部，主要发育在巴柔阶上部（Parkinsoni 区上部）。

7.4.1 沉积单元 1：海浸半旋回上部（Baj-1 层序）

沉积单元 1 由一系列微生物—硅质海绵组成，厚达 25m，并向开阔海方向逐渐变薄（图 7.3）。在研究区东北部的出露区，微生物—硅质海绵丘缺失，开阔海相主要是由单一连续层理发育的泥晶灰岩以及含丰富菊石、腕足类和海百合的泥灰岩组成。

我们在露头区域 B 和 C 详细研究了沉积单元 1 的沉积建造（图 7.5 和图 7.6）。微生物—硅质海绵丘的几何形态在沉积倾向和走向两个方向清晰可见，形成了 25m 厚、50~100m 宽的透镜体。它们在沉积的倾向方向上不对称，在上倾方向两翼具有几度的倾角，而下倾方向的翼部倾角可达 25°。这些白云岩丘几何形态形成的原因是由于多套单层厚度 1~4m、与层面平行并具有突变之分层界面的小层（本文称之为“建造单元”）叠置造成的。在研究的露头区 B 和 C，至少可以识别出 7 个建造单元（图 7.5 中的 1a-1g）。每个建造单元都是由微生物—海绵造粘结灰岩形成，既包括下部的泥灰岩/泥灰质灰岩，又包括不连续的被微生物包裹的似球粒灰岩盖层。

微生物—海绵粘结灰岩由玻璃海绵和石海绵组成，被微生物壳包裹（图 7.4）。微生物壳下部成分主要由致密—凝块状（微晶球粒状）结壳形成，包括有 Terebella 龙介虫和 nubecullariid 有孔虫，以及局部的 Tubiphytes，和其他结壳有孔虫（Thurammina 和 Troglotella）；此外，龙介虫和苔藓虫在壳外表面非常丰富。毫米大小的内部空腔有多种来源，包括共生

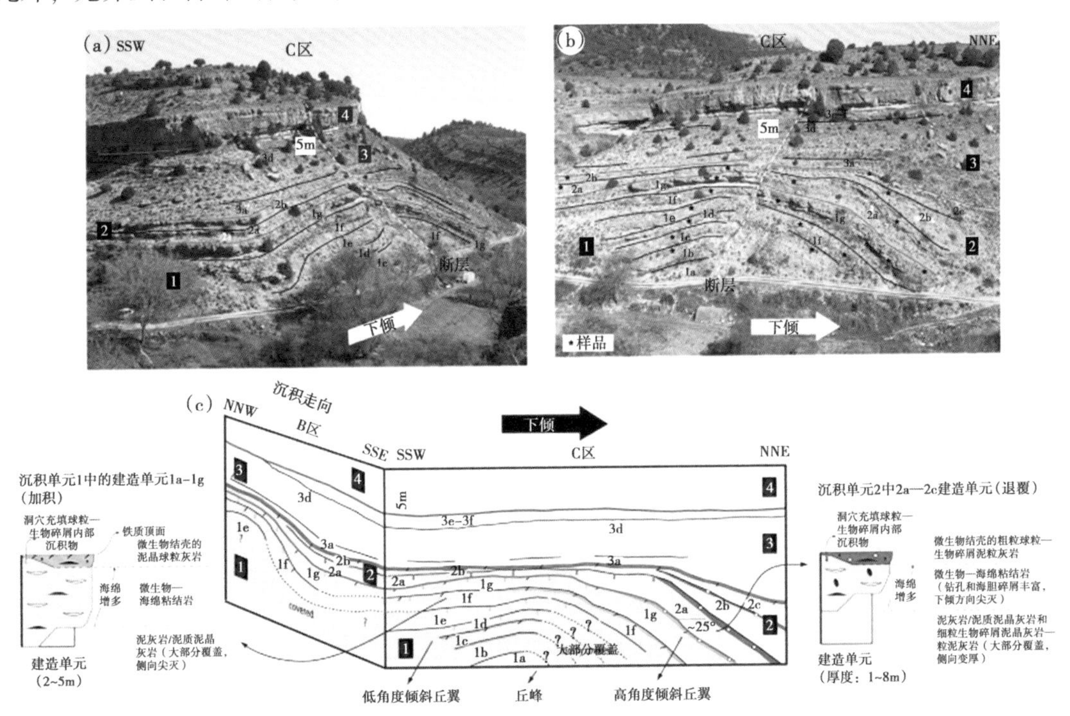

图 7.5 B 区和 C 区中沉积单元 1 和沉积单元 2 的沉积建造

（a）和（b）C 区沉积单元 1 和单元 2 的层状建造单元分布；（c）通过 B 区和 C 区野外勘察（图 7.6b）得出的沉积单元 1 和单元 2 的岩相和建造单元分布三维示意图，沉积单元 1 主要由微生物—海绵粘结灰岩组成，加积叠置形成 25m 厚的不对称微生物海绵泥丘，有 25°的下倾面，沉积单元 2 以灰泥支撑相为主，建造单元叠置堆积形成退覆形态，几乎将原先的古地形充填殆尽

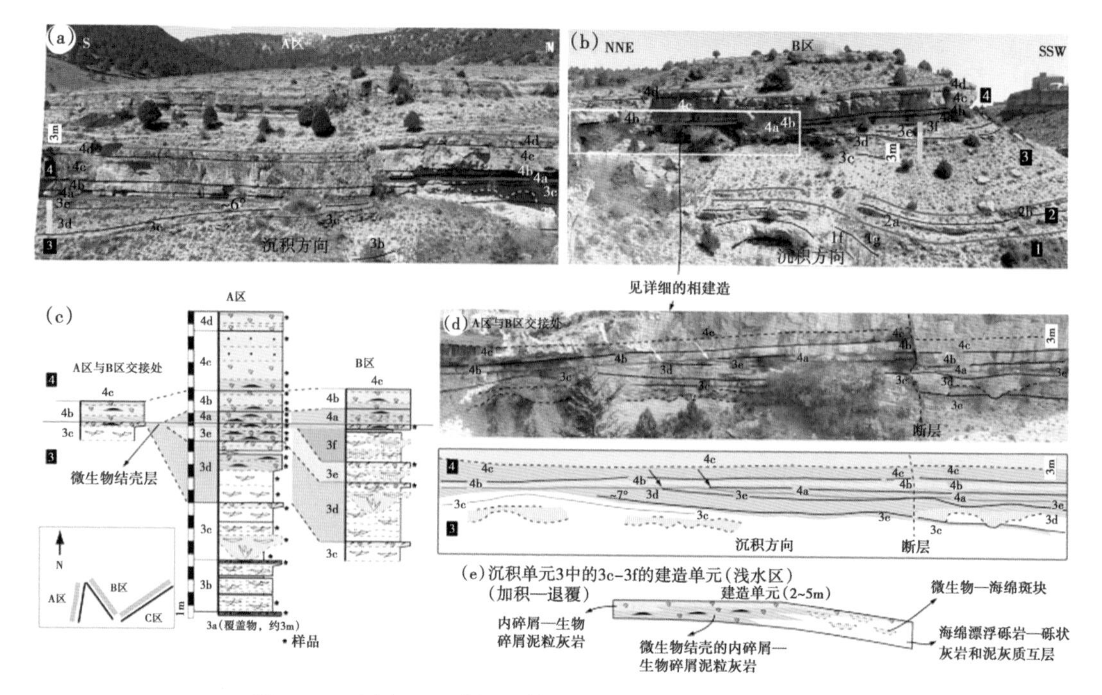

图 7.6　A 区和 B 区中沉积单元 3 和沉积单元 4 的沉积建造

A 区和 B 区的沉积单元 3 和沉积单元 4 的建造单元分布图（a、b）和测井剖面（c）显示了沉积单元 3 中的建造单元有 6°~7°的沉积倾角（图 a、图 d），以及横向和垂向上的变化；沉积单元 3（e）中的各个建造单元包括颗粒支撑相（疏松颗粒和微生物包裹的内碎屑—生物碎屑泥粒灰岩）沿下倾方向过渡到米级厚度的微生物—海绵礁块和海绵漂浮砾岩—砾状灰岩和泥灰质互层；沉积单元 4 也是由颗粒支撑相组成，微生物包裹的内碎屑—生物碎屑泥粒灰岩在下部占主导

腔、双壳钻孔和层状生物孔洞。它们是由微晶球粒状的和泥质的沉积物充填，通常呈现分层并形成示顶底的充填（图 7.4）。亚毫米至毫米级的生物碎屑，主要是棘皮动物、薄壳双壳类、海绵骨针、腹足类、腕足类、底栖有孔虫（Nodosaria）和介形虫，在壳体和内部沉积物中都有出现。

微生物包裹的球粒状泥粒灰岩盖层对应的是一套厘米级至分米级厚的不连续地层，由微生物壳和微晶球状生物碎屑泥粒灰岩为主的亚毫米级至毫米级纹层互层组成。泥粒灰岩纹层有明显的频繁生物扰动现象，包括亚毫米级大小的球粒和不同比例毫米级大小的内碎屑。内碎屑包括棘皮动物、双壳类、腹足类、海绵、海绵骨针，龙介虫和底栖有孔虫（Nubeculariids、Dentalina、Nodosaria、Trocholina）的微生物壳及生物碎屑。微生物层纹层具有致密和凝块状结构，包括 Terebella 和 Nubecullariid 有孔虫和毫米级大小的洞（生物钻孔和叠层生物孔洞），被微球粒和微生物碎屑泥粒灰岩充填。微生物壳包裹的球粒状泥粒灰岩地层一般在顶部表面含铁质。泥粒灰岩地层侧向不连续，同期地层主要特征是孔洞被球粒状生物碎屑内沉积物充填，分布在微生物—海绵粘结灰岩顶部。

尽管露头有一定局限性，但建造单元 1a—1g 的横向和垂直变化是可以被识别出来的（图 7.5）。在最初生长阶段（建造单元 1a—1d），丘体是由粘结灰岩/似球粒灰岩盖层的叠置而形成的。相比之下，建造单元 1e 和 1f 的粘结灰岩/球粒盖层相的建造单元往往是在丘体顶端区域互层，但在下部与泥灰岩相呈指状交错。在最后阶段（建造单元 1g），下部的泥灰岩地层覆盖在前一个建造单元 1f 的顶部和下倾侧翼面之上，最近的区域（图 7.5c 的 B 区）例外。建造单元 1g 包括顶部含生物钻孔的微生物—海绵粘结灰岩，以及侧向下倾面微生物壳包裹的似球粒状灰岩盖层，含有大量虫掘钻孔的海百合生物碎屑。建造单元 1g 的表面是沉积单元 1 的顶部。微生物结壳面位于沉积单元 1 结束时形成的建造单元的沉积补偿面之下，与 Baj-1 层序的海侵高峰期对应。

这种丘体的形成是之前的海绵和微生物群体在海底零星繁殖的结果（Gaillard，1983；Olivier 等，2006，2007；Reolid，2011）。这种局部生长产生一个后续海绵动物和微生物繁殖的有利地区，从而有利于厚层微生物壳的发育，并最终随着海底地势形成丘体。建造单元的层序加积与 Baj-1 层序的海侵半旋回阶段的长期沉积空间增加一致。

7.4.2 沉积单元 2：海退半旋回（Baj-1 层序）

沉积单元 2 主要由泥灰岩和含有大量海绵和微生物结壳的泥晶地层组成，在研究区域露头横向上厚度变化显著。本单元几乎填补沉积单元 1 末端剩余的沉积空间，因此在先前丘体顶部厚度减小（B 区和 C 区为 2~3m，D 区 7m，图 7.5），在之前丘体的丘间洼地厚度较大，达到 20m 以上（图 7.3，C 区和 D 区中间部分）。

B 区和 C 区中，沉积单元 2 的建造单元在岩相序列上与沉积单元 1 的建造单元非常相似，但也有一些明显差异（图 7.5）。在下伏的沉积单元 1 丘体顶部，沉积单元 2 变薄并由两套层状建造单元（2a-2b）局部合并而形成，缺少下部的泥灰质的层段；然而，下倾方向，沉积单元 2 逐步变厚，是由 3 个建造单元组成（2a-2c），具有退覆的几何形态。这些建造单元由一系列下倾逐渐增厚的泥灰岩—泥灰质灰岩地层组成。微生物—海绵粘结灰岩在这些建造单元中与沉积单元 1 中的相似，但生物钻孔明显增加。类似于沉积单元 1 中，内沉积物也是泥质的和微球粒状的，但在这里（沉积单元 2）还包括丰富的棘皮动物碎屑（特别是含钻孔的海百合）。与沉积单元 1 比较，沉积单元 2 的这些建造单元上部也有微生物包裹的似球粒状泥粒灰岩盖层，但还有更丰富、颗粒更粗大的生物碎屑（尤其是海百合类和腹足类）和微生物壳的内碎屑。建造单元 2a 还记录了微生物包裹的含海百合的泥粒灰岩的富集。

在更远端的下倾区域（D 区），沉积单元 2 不包括微生物—海绵粘结灰岩，而是由至少三个向上变粗的序列或被泥粒灰岩封盖的泥质层状建造单元形成。泥质相由泥灰岩—泥灰质灰岩和生物扰动结构的细粒生物碎屑泥岩—粒泥灰岩组成，主要包含薄壳双壳类、腕足类、棘皮动物、腹足类和菊石。它们上面的盖层是分米级至毫米级厚的微生物包裹的似球粒泥粒灰岩。这种观察使我们得出结论：微生物—海绵粘结灰岩相侧向向远处变薄，最有可能侧向粒度变化最后变成微生物镶嵌的球粒相。

沉积单元 2 是在 humphresianum 区上部沉积的，对应一个长期海平面高位的阶段（即在 baj-1 序列中的海退半旋回）。在这个沉积空间增加受抑制的阶段，微生物—海绵丘之间的空间被逐渐充填。结果，沉积单元 2 的上边界是一个倾斜的表面，稍倾斜向远端地台区域（达 10°），是一个不规则、微生物包裹、钻孔和铁染的不整合面，含铁化的海绵和内碎屑碎片（图 7.7a）。这个不整合面从近端（B 区和 C 区）到远端区域（D 区）是可识别的。主要发育在巴柔阶下部—巴柔阶上部边界，因此对应的区域不整合面可以追溯到整个伊比利亚盆地（Baj-1 层序和 Baj-2 层序之间的边界；图 7.3）。

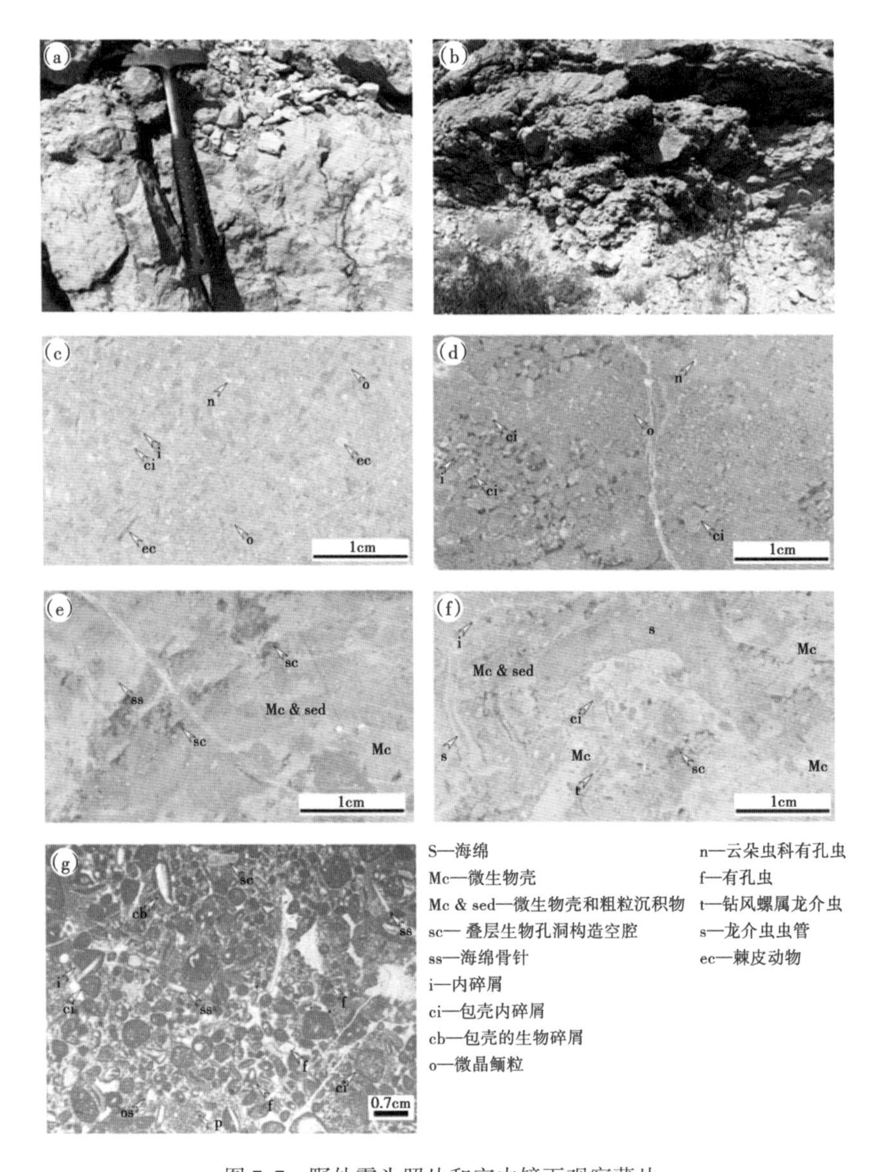

图 7.7　野外露头照片和室内镜下观察薄片

(a) 野外照片：沉积单元 2 顶部含生物钻孔富含铁的表面；(b) 一套米级厚度的杯状微生物—海绵礁出露在 A 区沉积单元 3；(c) 至 (f) 抛光片显示颗粒支撑相的不同面，沉积单元 3 的上部和整个沉积单元 4 的主要特征，细粒和粗粒的内碎屑—生物碎屑泥粒灰岩（图 (c)、图 (d) 主要由海绵碎片、棘皮动物 (ec)、微生物壳的内碎屑 (i)、包壳内碎屑 (ci)、云朵虫科有孔虫 (n) 和微晶鲕粒 (o) 组成，颗粒支撑相被微生物包裹 (e、f)；(g) 薄片显示较好分选的内碎屑—生物碎屑泥粒灰岩，包含大量包壳颗粒

7.4.3　沉积单元 3：海浸半旋回和海退半旋回下部（Baj-2 层序）

沉积单元 3 主要发育在巴柔阶沉积晚期。地台倾斜特征继承前一阶段，影响沉积单元的沉降。因此，本沉积单元所有地层表面显示一些下坡倾斜特征（倾斜地层平均 10°~15°，见图 7.3c 中虚线）。沉积单元 3 中下部菊石带（Niortense 带）的厚度在整个研究区是相对恒定的（即 9~13m 厚），而第二菊石带（Garantiana 带）的厚度变化较大，从研究区地台较远

处的 10~15m 到较近端区域的分米级厚度。Parkinsoni 区下部只是在较远端区域有出现（生物地层数据来自 Fernández-López 等，1978；图 7.3b、c）。

沉积单元 3 的下部（即层状建造单元 3a 和单元 3b；图 7.6，图 7.8）对应 Niortense 带下部，也就是在 Baj-2 序列海侵半旋回期间沉积。这两个建造单元的厚度在整个地台的下倾区域比较恒定（即从 6~9m），主要由近端处的泥灰岩和含丰富硅质海绵的灰泥支撑相组成（即 A 区，如图 7.6 所示），下倾方向粒度逐渐变为泥灰岩以及局部发育的微生物—海绵丘（D 区，图 7.8）。在近区（即 A 区），建造单元 3a 和单元 3b 的顶部有一套分米级厚的盖层，成分是微生物包裹的似球粒状—生物碎屑泥粒灰岩，与沉积单元 2 的建造单元相似（图 7.6c）。

在沉积单元 3 上部的建造单元有明显的厚度和岩相变化（建造单元 3c 至单元 3g；图 7.6 和图 7.8），对应的 Baj-2 序列早期海退半旋回（Niortiense 带上部、Garatiana 带和 Parkinsoni 带最下部；图 7.3）。建造单元 3c 至单元 3g 已经在相对较浅的 A 区和 B 区（图 7.6）和远端的 D 区（图 7.8）进行分析。纵向和横向示踪比较，A 区、B 区和 D 区在这些建造单元内岩相和沉积倾向具有明显的侧向变化特征。

在 A 区和 B 区，建造单元 3c 至单元 3f 由下部的海绵为主岩相和顶部颗粒支撑（局部微生物包裹）的岩相组成。详细的岩相分布变化，与沉积几何形态和建造单元的位置是一致的。B 区的建造单元（图 7.6b、c 的右侧）包括被一套分米级厚颗粒支撑的地层封盖的海绵相地层，有一个非常小的倾向。然而，在 A 区和 B 区之间的交界区，建造单元 3c 和单元 3d 有 7°的倾斜角度，使建造单元 3c 位于沉积单元 4 地层下面（图 7.6b 至 d 左侧）。这种现象也可以在 A 区观察到，建造单元 3c 具有沉积倾角 6°（图 7.6a）。在这方面，上覆建造单元 3d 和单元 3e 主要由微生物包裹的颗粒支撑相形成，并且沉积倾角很小。

海绵为主的沉积相包括微生物—硅质海绵粘结灰岩和海绵伴生的粒状灰岩—漂浮砾岩。粘结灰岩由米级厚的微生物—硅质海绵块礁形成，呈倒锥形（图 7.6a、d 和图 7.7b）。类似沉积单元 1 和单元 2 的粘结灰岩，主框架建设者是玻璃海绵和石海绵亚目海绵。在 A 区建造单元 3c 局部可以观察到群体珊瑚分支。在微观上，密集的微球粒状的微生物壳、孔洞、内沉积物与沉积单元 1 的微生物丘类似。微生物—硅质海绵块礁被海绵漂浮砾岩—粒状灰岩包围，包括双壳类、腕足类和菊石，排列在米级厚的地层里，与泥灰质互层。漂浮砾岩和粒状灰岩在同一地层里交替，盘状和杯状海绵经常上下颠倒。海绵碎片被一套生物碎屑粒泥灰岩以及富含双壳类的棘皮动物，还有含少量腕足类、腹足类、海绵骨针、有孔虫（Nubeculariids、Nodosaria、Dentalina、Textulariids）、龙介虫、苔藓虫和毫米级大小的内碎屑微生物结壳包裹。

这些建造单元顶部颗粒支撑的岩相在横向和垂直方向上是不同的。在建造单元 3c-3f，颗粒支撑岩相粒度更粗，由内碎屑—生物碎屑泥粒灰岩组成，在 A 区的 3d 和 3e 被微生物包裹。包括微生物包裹的和未包裹体的碎屑—生物碎屑泥粒灰岩都包含了分选差、磨圆差的毫米级至厘米级大小的海绵来源的内碎屑和生物碎屑，被球粒状生物碎屑基质包围（图 7.7）。最丰富的颗粒是富含钻孔的微生物包裹的海绵碎片，微生物壳的内碎屑及棘皮动物（主要是海百合）、双壳类、腹足类和云朵虫类的碎片。

包壳内碎屑（微生物层和云朵虫类）、腕足类、龙介虫、苔藓虫和其他有孔虫也可以分辨出来。在微生物包裹的泥粒灰岩中，颗粒被亚微米到几毫米厚的致密微球状微生物壳包裹，主要包括 *Terebella* 龙介虫、云朵虫科和海绵骨针，以及毫米级大小的生物钻孔和层状

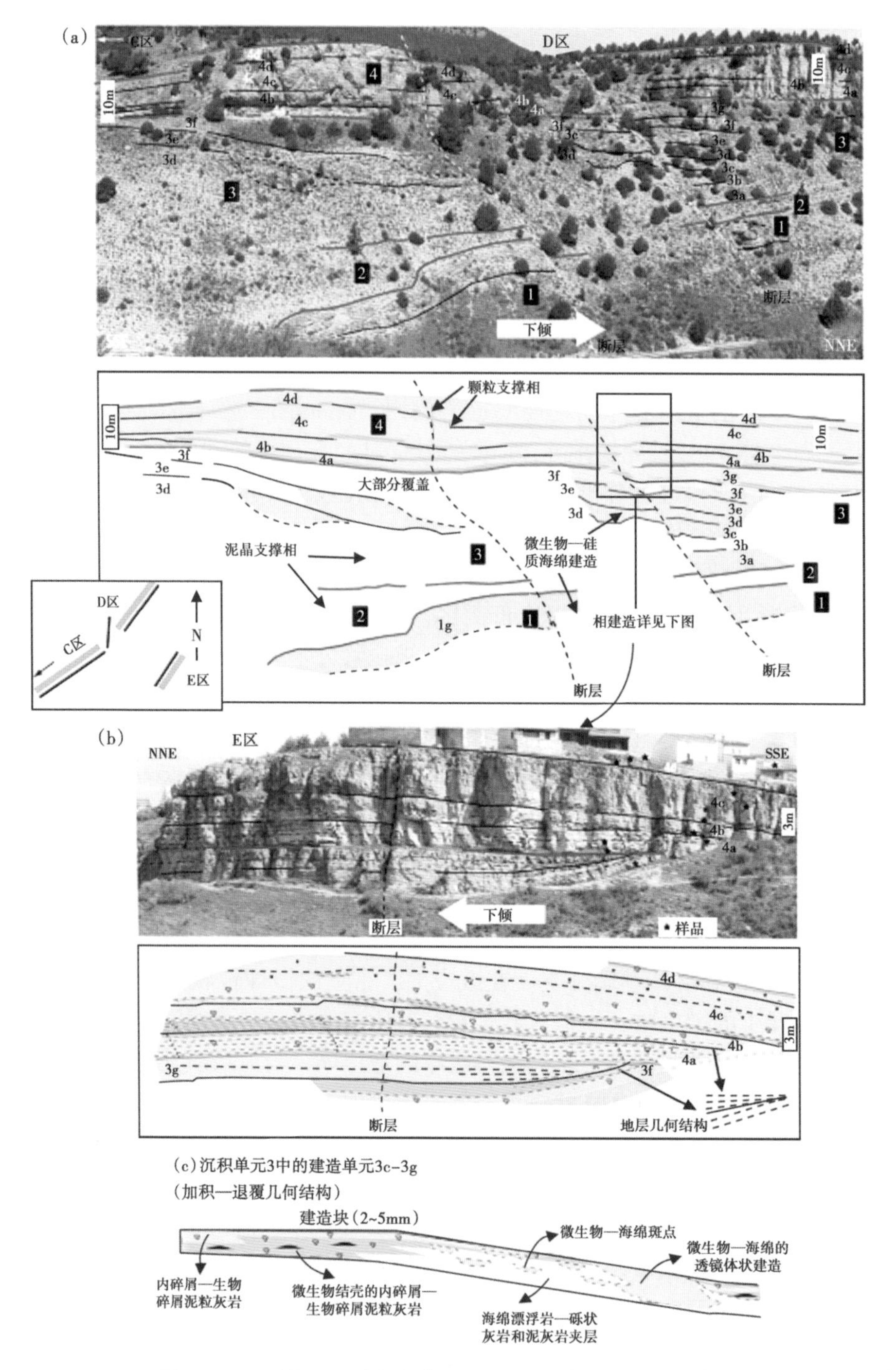

图 7.8 D 区和 E 区中沉积单元 3 和沉积单元 4 的沉积建造

(a) D 区沉积单元 1—沉积单元 4 的建造单元分布野外示意图；(b) E 区沉积单元 3 和沉积单元 4 最上部的建造单元分布图；(c) 在 D 区，沉积单元 2 填充沉积单元 1 的丘体的沉积洼陷，沉积单元 3 主要由透镜状的微生物海绵建造形成，是 A 区和 B 区近端出露的微生物海绵礁块和颗粒支撑相的远端同期地层；(a) 和 (b) 中内碎屑—生物碎屑泥粒灰岩的堆积主要在沉积单元 3 上部和沉积单元 4 的下部，周期性被微生物包裹，与下倾方向地层厚度和数量增加发生的时期一致，细粒颗粒支撑相包括微晶鲕粒，主要发育在沉积单元 4 的上部

孔洞。

在A区和B区（图7.6），建造单元3c-3f从内碎屑—生物碎屑泥粒灰岩（疏松颗粒）和微生物包裹的内碎屑—生物碎屑泥粒灰岩（微生物捕获颗粒）到微生物硅质海绵粘结灰岩和海绵伴生的砾状灰岩—漂浮砾岩，呈现一种侧向下倾的趋势。这些海绵粘结灰岩在较远地区沉淀，有几度的沉积倾角（图7.6e）。

在较远的D区（图7.8），沉积单元3较厚（约35m），同等建造单元3c-3f主要是由微生物—海绵粘结灰岩形成。一个附加的建造单元（3g）主要由内碎屑—生物碎屑岩相组成（参见图7.8a右侧）。3g和3f模块的沉积相填图指示，海绵建造向下倾方向过渡为透镜状建造，其倾斜的翼部垂向上交错叠置（图7.8c）。建造单元3f和单元3g的上部有一些沉积下倾，地层的几何形态（图7.8b的E区）说明微生物—海绵建造倾斜的翼部沉积洼陷是海绵为主的碎片聚集场所（内碎屑—生物碎屑岩相）。

7.4.4 沉积单元4：海退半旋回上部（Baj-2层序）

沉积单元4在巴柔阶沉积晚期发育（Parkinsoni区）。在近区（A-C区；图7.3），下部边界是一个明显沉积倾斜的侵蚀面，该侵蚀面截断第三沉积单元斜坡地层的上段。一套分米级厚度的微生物包裹的地层覆盖着截断面（图7.6c）。这个表面下倾过渡为一个相互整合接触（如图7.8中D区和E区建造单元3g和单元4a的边界）

这套沉积单元是由颗粒支撑相组成，包括一套变化多样的骨骼和非骨骼组分组成，粗—细粒内碎屑—生物碎屑泥粒灰岩到微生物包裹的内碎屑—生物碎屑泥粒灰岩，与第三沉积单元类似（图7.7）。这些岩相分布在胶结较好的板状地层中，向盆地方向逐渐变厚（图7.3）。因此，整个沉积单元的厚度从近端处的9m（A-C区，图7.6）变化到远端区域的27m（D区和E区，图7.8）。

沉积单元4的板状地层在层状建造单元4a-4d中有明显的层理面作为分界。在A区（图7.5），建造单元4a、单元4b和下部的单元4c以微生物包镶的粗粒泥粒灰岩石为主。上部的建造单元4c和单元4d主要由细或粗粒内碎屑—生物碎屑泥粒灰岩（微生物结壳、海绵、棘皮动物、双壳类和有孔虫的内碎屑）组成，包括不同比例的微晶鲕粒、珊瑚和层孔虫碎屑。向远端区域（D区和E区），微生物包裹的地层主要集中在建造单元的最上部和最下部，较细粒的内碎屑—生物碎屑泥粒灰岩主要分布在沉积单元的上部（图7.8）。

E区沉积单元4的沉积相填图（图7.8b）显示在建造单元4a和单元4b中堆积极粗粒的内碎屑—生物碎屑泥粒灰岩（含大量海绵和海百合碎屑），伴随下倾方向地层数量和厚度的增加。因此，这些地层可能在沿着之前沉积单元3微生物—海绵丘下倾面的古地形低处沉积。与A区比较，D区和E区的建造单元4c和单元4d地层更厚，反映沉积物堆积发生在继承性的高位沉积空间，但是没有显示成层的几何形态以及类似单元4a和单元4b里所见到的随下倾方向地层数量增加的特征。在A区，细粒岩相包括地层顶部的微晶鲕粒，反映骨骼和内碎屑岩屑的再沉积作用增加和更高的流体动力能量。

沉积单元4的上边界是一个区域性不整合面，发育在巴柔阶—巴通阶接触面。这个不整合面是一个平整表面，说明在Baj-2层序的沉积末期，沉积斜坡消失。

7.5 讨论：沉积相格架，浪基面和海平面变化

莫斯卡都恩巴柔阶的沉积相可分为三组：（1）微生物硅质—海绵粘结灰岩，形成碳酸盐岩台地斜坡的不同地貌的建造单元；（2）灰泥支撑的岩相（泥灰岩、泥灰质灰岩和潜穴泥岩至粒泥灰岩/漂浮砾岩），含不同数量的海绵、薄壳双壳类、腕足类、棘皮动物、有孔虫、腹足类和菊石，也包括少量的微生物壳；（3）颗粒支撑相，由不同含量的微晶鲕粒的细粒—粗粒内碎屑—生物碎屑泥粒灰岩/砾灰岩组成，通过周期性的微生物壳包裹而稳定(如微生物包裹的内碎屑—生物碎屑泥粒灰岩)。

所描述的沉积相架构反映了海底之上的幕式波浪再沉积是控制整个沉积相分布的主要因素。颗粒支撑相位于风暴浪基面之上，而灰泥支撑相和微生物—海绵建造位于风暴浪基面之下。在克拉通地区（如大陆边缘盆地）发育的半封闭盆地（伊比利亚盆地）里（图 7.2），由于摩擦作用所以晴天浪基面是可以忽略的，在海底之上只有因风暴引起的波浪有明显的再沉积效应（Immenhauser，2009）。

在晚侏罗世伊比利亚盆地，风暴浪基面的最大水深被认为位于 30~60m 之间（Aurell 等，1998）。这个数字与观测到的莫斯卡都恩地区巴柔阶一致。莫斯卡都恩地区的露头中可以估计风暴浪基面的最小深度。考虑到沉积单元 4 的总厚度（在远端区 D 和 E 厚度达到 27m，图 7.8），并假设浪基面的第一个出现特征是在沉积单元 4 的开端是颗粒支撑相，风暴浪基面的最小水深估计为 30m 是合理的。这是一个最小数值，因为沉积单元 4 沉积末期没有地表出露的明显证据，也因为巴柔阶沉积末期海退阶段会造成由于海平面下降引起的沉积空间减少。

岩相演化和建造单元的沉积相格架变化通过分析莫斯卡都恩地区出露的巴柔碳酸盐岩台地进行重建，与控制海底之上的浪基面作用的海平面变化的逐个阶段有关（图 7.9）。沉积单元 1~4 的整个沉积相构架也受到沉积空间发育的控制。在研究控制沉积演化因素的模型中，我们主要用前人对整个伊比利亚盆地研究得出的巴柔阶长期海平面变化作为主要因素(Aurell 等，2003；Fernández-López 和 Gómez，2006)。如上所述，根据已有的生物地层数据，Baj-1 层序和 Baj-2 层序的依次海侵和海退半旋回与沉积单元 1~4 有关。另一方面，在沉积单元 1~4 中各个建造单元之间沉积间断面的出现（清晰的地层分层界面，通常被微生物包裹）说明短期海平面变化叠加在长期海平面变化背景之上。在讨论中，我们尝试基于整个巴柔期 2Ma 的时间间隔对各个建造单元进行大概年龄标定（Gradstein 等，2012）。

微生物硅质—海绵丘在海底之上的高度有几十米，主要生长期是在 Baj-1 层序的海浸半旋回阶段（沉积单元 1）。这些丘体向上生长至接近浪基面（深度<30m）。发育在地台斜坡，丘体主要发现在较远区域 D 区和 E 区的一个较深的沉积深度（至少约 50m 深；图 7.3 和图 7.8）。莫斯卡都恩丘体的最小沉积深度为 30~50m，小于 Della Porta 等（2013）发表的普连斯巴奇碳酸盐岩台地（下侏罗统，高阿特拉斯，摩洛哥）斜坡上部的海绵—微生物丘体的沉积深度范围（60~140m）。

在沉积单元 1 中沉积空间增加阶段，连续上涨的浪基面导致各个建造单元（1a-1g）的垂向加积（图 7.9）。丘体生长的幕式中断通过微生物包裹的似球粒状泥粒灰岩盖层得以记录，发育在连续建造单元的顶部。在这些盖层之上的泥灰岩地层厚度变化指示在细粒陆源沉积物的阶段性输入，不利于微生物和海绵生长。这些低沉积速率旋回（微生物盖层）之后

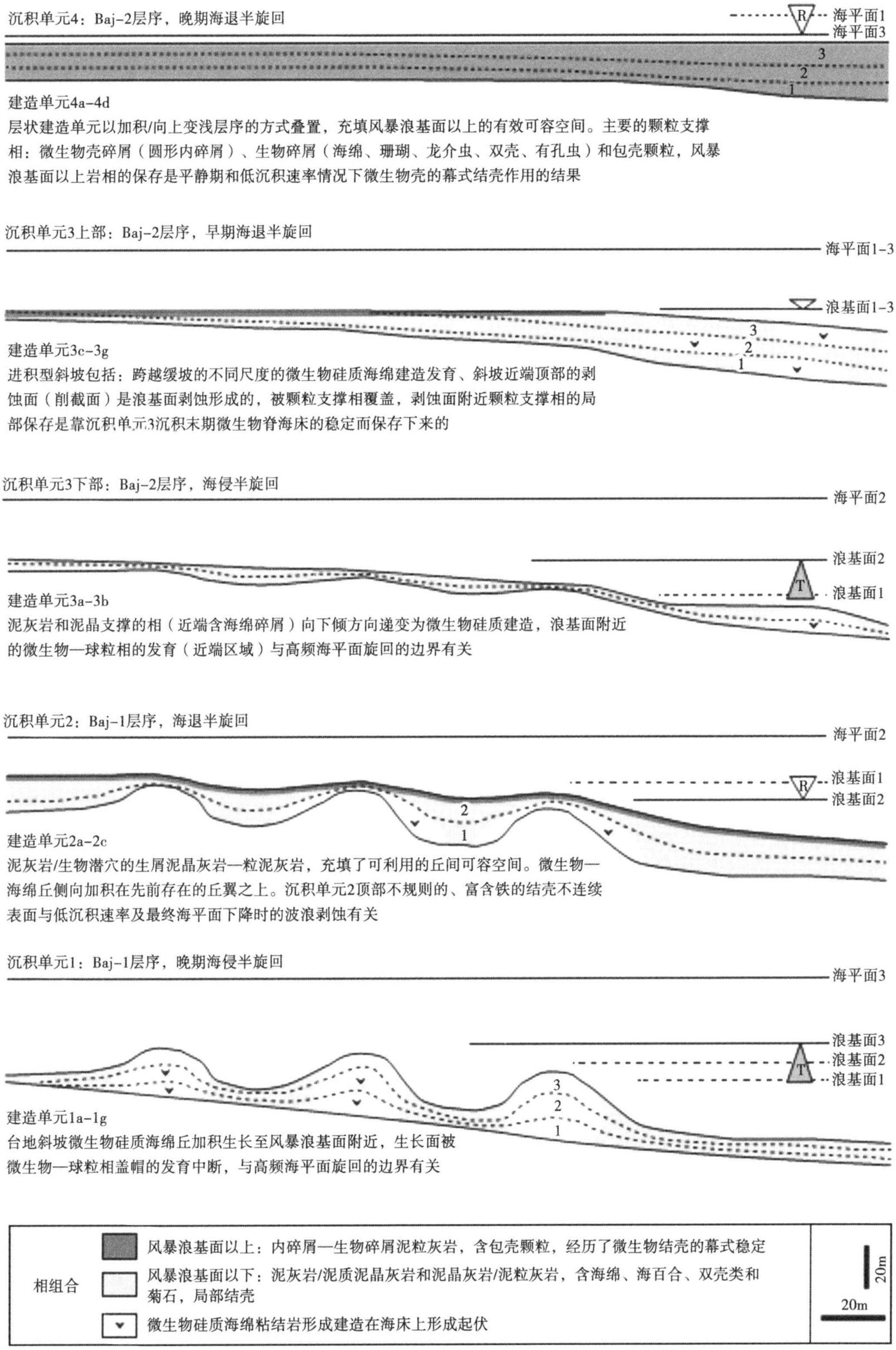

沉积单元4：Baj-2层序，晚期海退半旋回

R 海平面1
海平面3

3
2
1

建造单元4a-4d

层状建造单元以加积/向上变浅层序的方式叠置，充填风暴浪基面以上的有效可容空间。主要的颗粒支撑相：微生物壳碎屑（圆形内碎屑）、生物碎屑（海绵、珊瑚、龙介虫、双壳、有孔虫）和包壳颗粒，风暴浪基面以上岩相的保存是平静期和低沉积速率情况下微生物壳的幕式结壳作用的结果

沉积单元3上部：Baj-2层序，早期海退半旋回

海平面1-3

浪基面1-3

3
2
1

建造单元3c-3g

进积型斜坡包括：跨越缓坡的不同尺度的微生物硅质海绵建造发育、斜坡近端顶部的剥蚀面（削截面）是浪基面剥蚀形成的，被颗粒支撑相覆盖，剥蚀面附近颗粒支撑相的局部保存是靠沉积单元3沉积末期微生物脊海床的稳定而保存下来的

沉积单元3下部：Baj-2层序，海侵半旋回

海平面2

浪基面2
T 浪基面1

建造单元3a-3b

泥灰岩和泥晶支撑的相（近端含海绵碎屑）向下倾方向递变为微生物硅质建造，浪基面附近的微生物—球粒相的发育（近端区域）与高频海平面旋回的边界有关

沉积单元2：Baj-1层序，海退半旋回

海平面2

R 浪基面1
浪基面2

2
1

建造单元2a-2c

泥灰岩/生物潜穴的生屑泥晶灰岩—粒泥灰岩，充填了可利用的丘间可容空间。微生物—海绵丘侧向加积在先前存在的丘翼之上。沉积单元2顶部不规则的、富含铁的结壳不连续表面与低沉积速率及最终海平面下降时的波浪剥蚀有关

沉积单元1：Baj-1层序，晚期海侵半旋回

海平面3

浪基面3
T 浪基面2
浪基面1

3
2
1

建造单元1a-1g

台地斜坡微生物硅质海绵丘加积生长至风暴浪基面附近，生长面被微生物—球粒相盖帽的发育中断，与高频海平面旋回的边界有关

相组合	风暴浪基面以上：内碎屑—生物碎屑泥粒灰岩，含包壳颗粒，经历了微生物结壳的幕式稳定	20m
	风暴浪基面以下：泥灰岩/泥质泥晶灰岩和泥晶灰岩/泥粒灰岩，含海绵、海百合、双壳类和菊石，局部结壳	20m
	微生物硅质海绵粘结岩形成建造在海床上形成起伏	

图 7.9　莫斯卡都恩地区伊比利亚碳酸盐岩台地巴柔阶沉积演化图

陆源输入，可能与高频率的海平面波动有关。通过标定单个建造单元的年龄，可以理解轴向生长环对这些变化之原因的制约作用。沉积单元 1 是在 Humphresianum 带下半部发育的，假定 7 个 Bajocian 菊石层中每一个形成时间平均需要 0.29Ma，可以推断 7 个基本模块形成的时间大致为 0.02Ma。

沉积单元 2 形成于 Humphresianum 带上半部（即 Baj-1 层序的上部海退半周期）短暂的高位域及后续的海平面下降期。台地上部斜坡带标志性的模块 2a-2c（图 7.5 中 C 带）在下部有向微生物—海绵丘翼部尖灭的泥灰岩和泥灰质灰岩段。细粒陆源碎屑和细粒碳酸盐岩在浪基面以下堆积，逐渐充填丘内沉积空间。此外，在海平面高位期丘体连续侧向加积，发生在海退的开始阶段。这种侧向加积与发生在沉积空间增加阶段的丘体垂向生长截然不同。丘体的侧向加积会发生幕式中断，如建造单元 2a-2c 顶部微生物包裹的似球粒状泥粒灰岩盖层。这些建造单元的沉积相和厚度都与前一沉积单元类似（建造单元 1a-1g；图 7.5）。但是，把建造单元 2a-2c 的形成时间定为 0.02Ma 具有很大的讨论空间，而且无法通过定年方法来标定。在 B 带识别出了 3 个高频韵律，但在 C 带和 D 带覆盖的下部斜坡带肯定还有多个未知的韵律层。

沉积单元 2 和沉积单元 3 之间的分界是一个不规则、含微生物包裹体的、富含铁的表面。这个不整合面，发育在巴柔阶上部和巴柔阶下部的交界处，相应地代表 Baj-1 层序和 Baj-2 层序的分界。这个沉积中断与 Ba1-j 层序末海平面下降期浪基面的降低有关。浪基面影响范围包括大部分研究区的斜坡区域，并引起幕式再沉积和风选作用，沉积速度很低甚至为零，有利于微生物发育。

沉积单元 3 的下部沉积空间快速增加的短时期沉积，在巴柔阶沉积晚期开始发生（Niortiense 带下部，Ba2-j 层序海浸半旋回）。3a 和 3b 两个建造单元在斜坡近区（A 区；图 7.6）和斜坡远区（D 区；图 7.8）明显不一样。尤其是在近区，3a 和 3b 建造单元的顶部有一套分米厚的盖层，主要由微生物包裹的似球粒状生物碎屑泥粒灰岩组成，说明沉积速度小。在斜坡外部区域，局部发育微生物—海绵丘，在浪基面以下生长。

沉积单元 3 的下部包括一大套层状地层（Niortense 带上部和整个 Garantiana 带），发育在 Baj-2 层序的海退半旋回早期。在图 7.9 的模式图中，建造单元 3c-3g 的发育阶段解释为海平面稳定期和碳酸盐岩主要形成阶段，导致富含微生物—海绵沉积物的进积而形成斜坡区的侧向加积。丘体发育在锥形斜坡上，从斜坡上部的块礁逐渐变化为地台外部的大的透镜状建造。建造单元最上部有一个削蚀的表面，是因为波浪风选和再沉积作用的阶段性暴露而形成的（图 7.6，图 7.8）。在侵蚀面周围存在局部保存的由颗粒支撑的内碎屑—生物碎屑相是海底被微生物壳包裹后达到稳定的结果。

沉积单元 4 在 baj-2 层序末期沉积，发生在巴柔阶沉积末期（Parkinsoni 带）的大面积海退和最终的海平面下降阶段。建造单元 4a-4d 由颗粒支撑相组成，含大量磨圆差、分选差的微生物壳碎片以及底栖动物群落的骨骼碎片，这些动物群落出现在正常浪基面上下，包括硅质海绵、层孔虫、珊瑚、海百合、双壳类、龙介虫和有孔虫。通过微生物壳的周期性包裹达到稳定使得浪基面以上的内碎屑和生物碎屑得以保存和聚集，从而形成颗粒支撑的微生物壳层段，该层段往往集中在建造单元最上部和最下部（图 7.8）。水平平行层理形成一个整体加积向上变浅的对应几何形态（图 7.9），是底栖动物群落周期性波浪再沉积、破坏以及随后海底微生物群落包裹和稳定后的产物。在颗粒支撑相中交错层理未见到。

Baj-2 层序中的建造单元一般比 Baj-1 层序中的建造单元更厚（图 7.6 和图 7.8），因此也可能代表一个更长的时间间隔。Baj-2 层序对应整个巴柔阶上部，大约对应 1Ma 的时间间隔。因此，在沉积单元3 和沉积单元4 中的 11 个建造单元（建造单元3a-3g、建造单元4a-4d）可以暂定为 0.1Ma 的偏心率周期。与轨道周期同期形成气候/海平面波动可以用来解释在低沉积速率、高营养含量或高的含量变化情况下微生物包裹壳的周期性发育。

7.6 结论

莫斯卡都恩（伊比利亚盆地，西班牙西北部）周围露头巴柔阶的沉积相分析，使得关键地区的碳酸盐岩台地的地层格架和岩相分布得以重建，它的主要特点是大面部分布微生物岩。野外数据对进一步分析风暴浪基面以上和以下的碳酸盐岩台地浅水区和深水区过渡带的沉积过程、岩相和层序特征提供了重要信息。

微生物岩发育在碳酸盐岩台地不同地区。在浅水区由于阶段性浪基面再沉积作用暴露的是一套平整的、侧向连续的富含微生物地层，厚度达 1m。微生物壳的发育有助于稳定海底，使得浪基面以上的内碎屑和生物碎屑颗粒支撑相最终得以保存和聚集。平整稳定的基底周期性形成，可以解释浅水台地区域的整个几何形态，即一套层面平行的、连续的地层，在没有或仅有少量沉积空间的时候建立在浪基面以上。

主要的微生物岩发育在沿着碳酸盐岩台地斜坡的浪基面以下，在斜坡外部区域，深度为 30~50m，微生物壳以及硅质海绵，构成透镜状建造，厚达 6m，叠置形成大规模的丘体。丘体的整个几何形态根据沉积空间的发育会发生变化。在沉积空间快速增加的阶段（海侵半旋回），米级厚的层状微生物—海绵建造的垂向加积会导致形成 25m 厚的丘体，在下坡方向侧翼倾角达 25°。在海平面高位阶段（海退半旋回），各个海绵—微生物建造显示侧向（下坡）进积，会形成 20m 厚的呈透镜状几何形态。在斜坡上部，位于浪基面下方（深度约 30m），微生物壳以及硅质海绵和群体珊瑚形成单个的、米级厚的倒锥形的礁块。浪基面以上，斜坡上部和台地浅水区的过渡区域，岩石类型主要是微生物包裹的内碎屑—生物碎屑泥粒灰岩。

在盆地范围的两个巴柔期海侵—海退旋回对碳酸盐岩台地的几何形态和整个沉积相格架有很重要的控制作用，虽然最后的几何形态受到浪基面位置的影响而发生变化。在 Baj-1 层序中，研究区浪基面以下，海浸半旋回加积后形成堆积模式，随后海退半旋回阶段充填沉积空间就地形成退覆形态。相反，在 Baj-2 层序的海退半旋回早期，使得斜坡区域一个稳定的海平面和碳酸盐岩高产区，最后形成一个斜坡型的进积顶超形态。在海退阶段，斜坡上部位于浪基面附近，被波浪削蚀。在 Baj-2 层序的海退半旋回晚期，浅水相沉积在浪基面以上，形成一个层状建造单元垂向加积叠置（和向上变浅）的超覆形态。

参考文献

Aubrecht, R., Schlögl, J., Krobicki, M., Wierzbow-ski, H., Matyja, B. A. & Wierzbowski, A. 2009. Middle Jurassic stromatactis mud-mounds in the Pieniny Klippen Belt (Carpathians) - a possible clue to the origin of stromatactis. *Sedimentary Geology*, 213, 97-112.

Aurell, M., Bádenas, B., Bosence, D. W. J. & Waltham, D. A. 1998. Carbonate production and off-shore transport on a Late Jurassic carbonate ramp (Kimmeridgian, Iberian basin, NE Spain): evidence from outcrops and computer modelling. *In*: Wright, V. P. & Burchette, T. P.

(eds) *Carbonate Ramps*. Geological Society, London, Special Publications, 149, 137–161.

Aurell, M., Robles, S., Bádenas, B., Rosales, I., Quesada, S., Meléndez, G. & García-Ramos, J. C. 2003. Transgressive-regressive cycles and Jurassic palaeogeography of northeast Iberia. *Sedimentary Geology*, 162, 239–271.

Bersán, R. & Aurell, M. 1997. Origen y desarrollo de los montículos de esponjas y algas del Bajociense Superior de Ricla (Cordillera Ibérica Septentrional). *Cuadernos de Geología Ibeérica*, 22, 65–80.

Brigaud, B., Durlet, C., Deconinck, J. F., Vincent, B., Pucéat, E., Thierry, J. & Trouiller, A. 2009. Facies and climate/environmental changes recorded on a carbonate ramp: a sedimentological and geochemical approach on Middle Jurassic carbonates (Paris Basin, France). *Sedimentary Geology*, 222, 181–206.

Delecat, S. & Reitner, J. 2005. Sponge communities from the lower Liassic of Adnet (Northern Calcareous Alps, Austria). *Facies*, 51, 385–404.

Della Porta, G., Merino-Tomé, O., Kenter, J. A. M. & Verwer, K. 2013. Lower Jurassic microbial and skel-etal carbonate factories and platform geogetry (Djebel Bou Dahar, High Atlas, Morocco). *In*: *Deposits, Archi-tecture and Controls of Carbonate Margin, Slope and Basinal Settings*. SEPM, Tulsa, OK, Special Publi-cations, 13, http://dx.doi.org/10.2110/sepmsp.105.01.

Dera, G., Brigaud, B. et al. 2011. Climatic ups and downs in a disturbed Jurassic world. *Geology*, 39, 215–218.

Dromart, G. 1992. Jurassic deep-water microbial bios-tromes as flooding markers in carbonate sequence stratigraphy. *Palaeogeography, Palaeoclimatology, Palaeoecology*, 91, 219–228.

Dromart, G., Allemand, P., Garcia, J. P. & Robin, C. 1996. Cyclic fluctuation of carbonate production throughthe Jurassic along a Burgundy-Ardechecross-section, eastern France. *Bulletin de la Sociélé Géologi-que de France*, 167, 423–433.

Dupraz, C. & Strasser, A. 1999. Microbialites and micro-encrusters in shallow coral bioherms (Middle to Late Oxfordian, Swiss Jura Mountains). *Facies*, 40, 101–130.

Dupraz, C. & Strasser, A. 2002. Nutritional modes in coral-microbialite reefs (Jurassic, Oxfordian, Switzer-land): evolution of trophic structure as a response to environmental change. *Palaios*, 17, 449–471.

Fernaández-López, S. & Gómez, J. J. 2006. The Iberian Middle Jurassic carbonate-platform systems: synthe-sis of the palaeogeographic elements of its eastern margin (Spain). *Palaeogeography, Palaeoclimatology, Palaeoecology*, 236, 190–205.

Fernández-López, S., Meléndez, G. & Suárez-Vega, L. C. 1978. El Dogger y Malm en Moscardón. *In*: Goy, A. (ed.) *Grupo Español del Mesozoico, Jurásico Cordillera Ibérica* (Excursions Guide). Universidad Complutense de Madrid, Madrid, Ⅵ, Ⅵ. 1–Ⅵ. 20.

Flügel, E. & Steiger, T. 1981. An Upper Jurassic sponge-algal buildup from the northern Frankenalb, West Germany. *In*: Toomey, D. F. (ed.) *European Fossil Reef Models*. SEPM, Tulsa, OK, Special Publi-cations, 30, 371–397.

Folk, R. L. & Chafetz, H. S. 2000. Bacterially induced microscale and nanoscale carbonate precipitates. *In*: Riding, R. E. & Awramik, S. M. (eds) *Microbial Sedi-ments*. Springer, Berlin, 40-49.

Freibe, A. 1995. Die Schwammfazies im Mitteljura des nordöstlichen Keltiberikums (Spanien). *Profil*, 8, 239-279.

Gaillard, C. 1983. Les biohermes a spongiaires et leur environment dans l' Oxfordien du Jura meridional. *Documents des Laboratoires de Géologie de Lyon*, 90, 515.

Giner, J. & Barnolas, A. 1980. Los biohermes de espongiarios del Bajociense Superior de Moscardón (Teruel). *Acta Geológica Hispánica*, 4, 105-108.

Gómez, J. J. & Fernández-López, S. R. 2006. The Iberian Middle Jurassic carbonate-platform system: synthesis of the palaeogeographic elements of its eastern margin (Spain). *Palaeogeography, Palaeocli-matology, Palaeoecology*, 236, 190-205.

Gradstein, F. M., Ogg, J. G., Schmitz, M. D. & Ogg, G. M. 2012. *The Geologic Time Scale* 2012. Elsevier, Oxford.

Hallock, P. & Schlager, W. 1986. Nutrient excess and the demise of coral reefs and carbonate plateforms. *Palaios*, 1, 389-398.

Immenhauser, A. 2009. Estimating palaeo-water depth from the physical rock record. *Earth Sciences Reviews*, 96, 107-139.

Keupp, H., Jenisch, A., Herrmann, R., Neuweiler, F. & Reitner, J. 1993. Microbial Carbonate Crusts- a key to the environmental analysis of fossil spongiolites? *Facies*, 29, 41-54.

Krauter, M. 1998. Ecology of siliceous sponges-appli-cation to the environmental interpretation of the Upper Jurassic sponge facies (Oxfordian) from Spain. *Cua-dernos de Geología Ibérica*, 24, 223-239.

Leinfelder, R. R. & Keupp, H. 1995. Upper Jurassic mudmounds: allochthonous sedimentation v. autoch-thonous carbonate production. *In*: Reitner, J. & Neu-weiler, F. (coord.) *Mud Mounds: A Polygenetic Spectrum of Fine-Grained Carbonate Buildups*. Facies, 32, 17-26.

Leinfelder, R. R. & Schmid, D. U. 2000. Mesozoic reefal thrombolites and other microbiolites. *In*: Riding, R. E. & Awramik, S. M. (eds) *Microbial Sediments*. Springer, Berlin, 289-294.

Leinfelder, R. R., Nose, M., Schmid, D. U. & Werner, W. 1993. Microbial crust of the late Jurassic: compo-sition, palaeoecological significance and importance in reef constructions. *Facies*, 29, 195-230.

Leinfelder, R. R., Werner, W. et al. 1996. Paleo-ecology, growth parameters and dynamics of coral, sponge and microbolite reefs from the Late Jurassic. *Gottinger Arbeiten zur Geologie und Palaontologie Sonderband*, 2, 227-248.

Leinfelder, R. R., Schmid, D. U., Nose, M. & Werner, W. 2002. Jurassic reef patterns - the expression of a changing globe. In: Kiessling, W., Flü gel, E. & Golonka, J. (eds) *Phanerozoic Reef Patterns*. SEPM, Tulsa, OK, Special Publications, 72, 465-520.

Matyszkiewicz, J. 1993. Genesis of stromatactis in an Upper Jurassic carbonate buildup (Mlynka, Cracow Region, Southern Poland): internal reworking and erosion of organic growth cavities. *Facies*, 28, 87-96.

McCook, L. J. 2001. Competition between corals and algal turfs along a gradient of terrestrial influence in the nearshore central Great Barrier Reef. *Coral Reefs*, 19, 419-425.

Neuweiler, F. & Bernoulli, D. 2005. Mesozoic (Lower Jurassic) red stromatactis limestones from the Southern Alps (Arzo, Switzerland): calcite mineral authigenesis and syneresis-type deformation. *International Journal of Earth Sciences*, 94, 130-146.

Neuweiler, F., Mehdi, M. & Wilmsen, M. 2001. Facies of Liassic sponge mounds, Central High Atlas, Morocco. *Facies*, 44, 243-264.

Olivier, N., Lathuilieère, B. & Thiry-Bastien, P. 2006. Growth models of Bajocian coral-microbialite reefs of Chargey-lès-Port (eastern France): palaeoenvironmen-tal interpretations. *Facies*, 52, 113-127.

Olivier, N., Pittet, B., Gaillard, C. & Hantzpergue, P. 2007. High-frequency palaeoenvironmental flu-ctuations recorded in Jurassic coral-and sponge- microbialite bioconstructions. *Comptes Rendus Palevol*, 6, 21-36.

Olivier, N., Pittet, B., Werner, W., Hantzpergue, P. & Gaillard, G. 2008. Facies distribution and coral- microbialite reef development on a low-energy carbon-ate ramp (Chay Peninsula, Kimmeridgian, western France). *Sedimentary Geology*, 205, 14-33.

Parcell, W. C. 2002. Sequence stratigraphic controls on the development of microbial fabrics and growth forms-implications for reservoir quality distribution in the Upper Jurassic (Oxfordian) Smackover For-mation, Eastern Gulf Coast, USA. *Carbonates and Evaporites*, 17, 166-181.

Reitner, J. & Neuweiler, F. 1995. Mud mounds: a poly-genetic spectrum of fine-grained carbonate buildups. *Facies*, 32, 1-70.

Reitner, J. & Schumann-Kindel, G. 1997. Pyrite in mineralized sponge tissue - product of sulfate redu-cing sponge-related bacteria? *In*: Neuweiler, F., Reitner, J. & Monty, C. (eds) *Biosedimentology of Microbial Buildups*. IGCP Project No. 380, *Proceed-ings of 2nd Meeting. Facies*, 36, 272-276.

Reitner, J., Neuweiler, F. & Gautret, P. 1995. Modern and fossil automicrites: implications for mud mound genesis. *In*: Reitner, J. & Neuweiler, F. (coord.) *Mud Mounds: A Polygenetic Spectrum of Fine-Grained Carbonate Buildups*. Facies, 32, 4-17.

Reolid, M. 2011. Interactions between microbes and siliceous sponges from Upper Jurassic buildups of External Prebetic (SE Spain). *In*: Reitner, J. *et al.* (eds) *Advances in Stromatolite Geobiology*. Lecture Notes in Earth Sciences, 131, Springer, Berlin, 343-354.

Riding, R. 2000. Microbial carbonates: the geological record of a calcified bacterialalgal mats and biofilms. *Sedimentology*, 47, 179-214.

Stampfli, G. M. & Borel, G. D. 2004. The TRANSMED transects in space and time: constraints on the paleotec-tonic evolution of the mediterranean domain. *In*: Cavazza, W., Roure, F. M., Spakman, W., Stamp-fli, G. M. & Ziegler, P. A. (eds) *The TRANSMED Atlas-The Mediterraean Region from Crust to Mantle*. Springer, Berlin, 53-80 and CD-ROM.

Sun, S. Q. & Wright, V. P. 1989. Controls on reservoir quality of an Upper Jurassic reef mound in the Palmers Wood Field area, Weald Basin, Southern England. *American Association of Petroleum Geologists Bulle-tin*, 82, 497-515.

第8章　巴西桑托斯盆地 Sugar Loaf 隆起早白垩系湖相碳酸盐岩台地构造背景和地层架构

J. P. BUCKLEY[1,2*], D. BOSENCE[2] & C. ELDERS[2,3]

1. CGG, Crompton Way, Manor Royal Estate, Crawley, West Sussex, RH10 9QN, UK

2. Department Earth Sciences, Royal Holloway University of London, Egham, Surrey, TW20 0EX, UK

3. Department of Applied Geology, Curtin University of Technology, GPO Box U1987, Perth, WA 6845, Australia

* 通信作者（e-mail: james. buckley@cgg. com）

摘要： Sugar Loaf 隆起是巴西滨岸桑托斯（Santos）盆地内一广阔的基底构造，并存在典型的盐下油气成藏区。早期碎屑控制的同生断陷期沉积之后，晚期的同生断陷和坳陷期沉积以基底隆起之上强烈的非海相碳酸盐岩台地为特征。新的三维地震数据覆盖的研究区涵盖了与 Lula 和 Sapinhoa 油田储层相当的碳酸盐岩地层。三维地震数据分析表明，盐下碳酸盐岩超覆于 Sugar Loaf 隆起的基底之上，并在台地上形成了加积结构，近端到远端的宽度约为 100km，解释厚度约为 900m。该碳酸盐岩台地具加积的丘状向盆斜坡沉积冲沟边缘。前积单元反映在台地顶部，岩性可能为碳酸盐岩沉积，也可能为碎屑岩沉积。该台地保存于蒸发岩之下，而后者形成了桑托斯盆地的区域盖层。在巴西桑托斯盆地和坎波斯（Campos）盆地盐下地层之外，以往没有在湖相环境发现此种规模的台地。

自 2006 年在 Lula 油田发现数十亿桶储量后，巴西海上桑托斯盆地盐下油气储层的全球重要性已经开始显现（图 8.1）。随后，一系列油田被发现，包括 Júpiter、Carcará、Iara、Libra、Franco 和 Sapinhoá（图 8.2），2014 年 6 月这些油田的原油总当量每天超过 50×10^4bbl（Formigli，2014）。这一非凡成功是该区存在顶级烃源岩、孔渗均优的碳酸盐岩储层、多种类型圈闭、巨厚并且分布广泛的蒸发岩盖层的综合结果。但是，也有一些钻井结果不尽如人意，主要是由于非海相碳酸盐岩储层的非均质性。因此，该油气储层区碳酸盐岩储层品质的预测非常关键。超深水环境钻井时通常需钻透厚于 1.5km 的盐下带，这是非常巨大的挑战。因此，钻井前精准预测储层质量尤其重要。针对那些大胆的钻井方案，例如巴西石油公司 2014 年预计的 22 口新井，储层质量预测模型的重要性更为突出（Busquet，2014）。正由于这些原因，相当多的学术研究和行业调研聚焦于分析非海相碳酸盐岩的沉积和保存作用。自 2006 年开始，露头规模的类比物及纳米级别生物和非生物组织的解释受到了前所未有的关注。

桑托斯盆地 Outer 隆起是诸多重要盐下带的主要发现地（图 8.1 和图 8.2）。目前正在生产的 Lula 油田位于此构造的北部，估计现存地质储量为 5×10^8～8×10^8bbl（能源信息管理局，2014）。本文采用位于 Lula 油田南部的 Sugar Loaf 隆起的最新三维地震数据（图 8.2），其中包含了大部分 Outer 隆起的面积。本文的目的是检验和解释地震地层学，用以促进下一步对非寻常的、可能是独特的湖相油气区的研究，该区处于巴西边境从断陷到漂移相的盆地演化带。地震数据展示了从同生断陷到坳陷阶段盆地演化史上基底隆起之上沉积的大的盐下碳酸盐岩台地（Moreira 等，2007）。研究区地层与 Lula 油田和 Sapinhoá 油田储层相当（图 8.2；Gomes 等，2013）。笔者相信这些图像的出版是桑托斯盆地盐下带非海相碳酸盐岩细节的首次展示。大规模台地（数十千米宽）具有向盆陡坡边缘，加积的和前积的地层形式与之前只被描述为海相碳酸盐岩台地的特征相同。

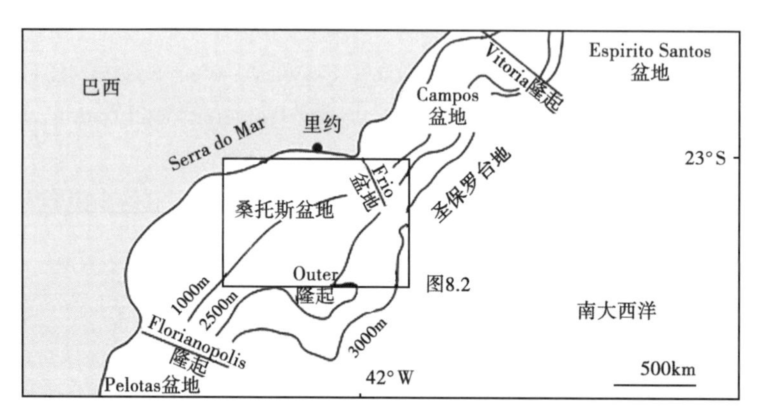

图 8.1　西南大西洋巴西海域桑托斯盆地和圣保罗台地及图 8.2 的位置

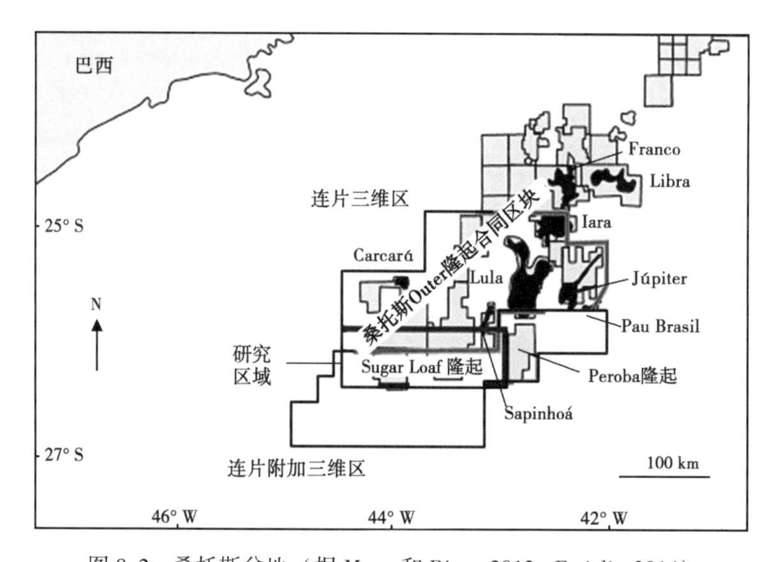

图 8.2　桑托斯盆地（据 Mann 和 Rigg，2012；Forigli，2014）

图中标出了隆起、2011 年时在桑托斯 Outer 隆起上的合同区块、文字中提及的油气田（黑色）、连片三维和连片附加三维采集；以及本研究的工区位置；Tupi 油田和 Lula 油田是同一油田的两种叫法

8.1　地质背景

桑托斯盆地覆盖面积接近 $35\times10^4km^2$，从马尔山脉滨岸地区延伸到圣保罗台地外围。此

盆地是一个伸展的陆壳和火山复合区（Scotchman 等，2010；Gomes 等，2013），并在盆地外缘形成了一个构造隆起区。桑托斯盆地与坎波斯盆地由北部的 Cabo Frio 隆起分隔开，并由南部的 Florianopolis 隆起与佩罗塔斯盆地分开。桑托斯盆地、坎波斯盆地，和圣埃斯皮里图（Espirito Santo）盆地统称为大坎波斯盆地（Mello 等，2002），代表了一个世界级的油气区，并造成了西冈瓦那大陆晚侏罗世—早白垩世的分裂。

Florianopolis 断裂带为南大西洋的主要断裂，勾勒出了南大西洋盐盆的南部边缘（Scotchman 等，2010）。桑托斯盆地比坎波斯盆地北部包含了更大规模的厚层蒸发岩沉积（Davison，2007）。蒸发岩序列对活跃的油气系统的重要性在于不仅提供了一个区域圈闭，同时，蒸发岩的导热系数降低了深层盐下段的温度，从而防止烃源岩过熟。

桑托斯盆地盐下段的勘探聚焦于圣保罗（Sao Paulo）台地（图 8.1）。勘探与生产更是关注于 Outer 隆起（图 8.1 和图 8.2），Outer 隆起也可被称为桑托斯外部隆起（Carminatti 等，2008；Gomes 等，2013）或 Alto Externo（Mohriak 等，2009）。该基底隆起，由区域内与蒸发岩序列基底不整合的相关地震线划分出来，可以很好地反映出阿普特阶古地形特征（Gomes 等，2013）。圣保罗台地被认作为形成于 Florianopolis 构造带北部海底扩张的失败期，证据为桑托斯盆地南部和圣保罗台地西南部现存的原始大洋地壳解释（Scotchman 等，2010；Gomes 等，2013）。后期的海底扩张远至圣保罗台地的东侧，成为仍然附属于南美边缘薄的陆壳的一部分。

桑托斯盆地 Outer 隆起是一个抬升的基底构造，记录了巴雷姆阶和阿普特阶从早期火山碎屑沉积转变成基本为连续碳酸盐岩沉积的过程。同时也记录了大西洋中部海底扩张从断裂到漂移构造中热量下沉（或下降）的一个阶段（Liro 和 Dawson，2000）。Outer 隆起的远端部位的显著提升导致了碳酸盐岩沉积可能发展的碎屑环境（Moreira 等，2007；Gomes 等，2013）。早期盐下碳酸盐岩是富含壳灰岩地层、富含化石的湖相灰岩，某种程度上类似于附近的坎波斯盆地（Carvalho 等，2000；Muniz 和 Bosence，待刊）。坳陷期沉积发生于盐度增加的非海相环境，虽然其形成的精确机制仍在讨论中（Rezende 和 Pope，2015；Wright 和 Barnett，2015）。随后，水体逐渐咸化的盐湖环境发育起来，在阿尔布阶上覆蒸发岩序列沉积时到达顶峰（Davison，2007）。在断陷和坳陷层序见到的沉积为陆相或浅水沉积，表明在整个巴雷姆阶和阿普特阶的沉积顶面与基准面高程大致相似（Quirk 等，2012）。

8.2 数据库及研究区

本文研究所用的新数据来自 Sugar Loaf 隆起（SLH，约 13500km^2），也就是形成 Outer 隆起上两个大定点之中较大的那个（图 8.2）。临近的 Tupi 隆起覆盖了约 3700km^2 的面积，是 Lula 油田的主要产区。东部有一系列基底地层翻转形成的断块群，构成了一系列包括 Jupiter、Peroba 和 Pau Brasil 隆起的较小规模的构造（图 8.2）。

只有有限的桑托斯盆地盐下带地震数据实例之前已经发表过（例如，Carminatti 等局部剖面，2009；Gomes（2013）及 Mann 和 Rigg（2012）等详细一些的剖面及图片）。但是，该区目前已被 42000 km^2 的三维地震数据覆盖（图 8.2），可以实现区域尺度的构造及上覆碳酸盐岩序列内大量不同地震相的解释。数据采自于连片三维及连片附加三维对 Outer 隆起的野外研究（图 8.2），包含运用 CBM、Kirchhoff 和 Reverse Time 偏移算法处理的 3D PSDM 地震数据。目前尚无井资料。

8.3 构造演化

桑托斯盆地的断裂作用推测至少有两期：Kusznir 和 Karner（2007）提出为贝里阿斯期—早巴雷姆期（145—126Ma）和晚巴雷姆期—阿普特期（125—112Ma）。早晚断裂陷期和上覆坳陷序列都可以从地震数据上识别出来，因为存在特征的与不整合相关的组合（图 8.3）。另一个不整合面指示从坳陷序列碳酸盐岩到蒸发岩的转换。基底由褶皱的变质沉积层序和剪切的前寒武纪岩石组成，含有相当厚度的太古宙和元古宙侵入岩。该活动带基底与北部的克拉通区域相比，形成于较弱的下部地壳，在坎波斯盆地和桑托斯盆地区形成了较宽的、大面积延展的断陷边缘（Brune 等，2014）。基底构造形成了岩性脆弱带的轮廓，易在断陷期重新激活（Versfelt，2010）。但是，该前寒武纪构造的 ENE-WSW 走向与中生代东西走向明显不同（Meisling 等，2001），形成了倾斜的断裂边缘。

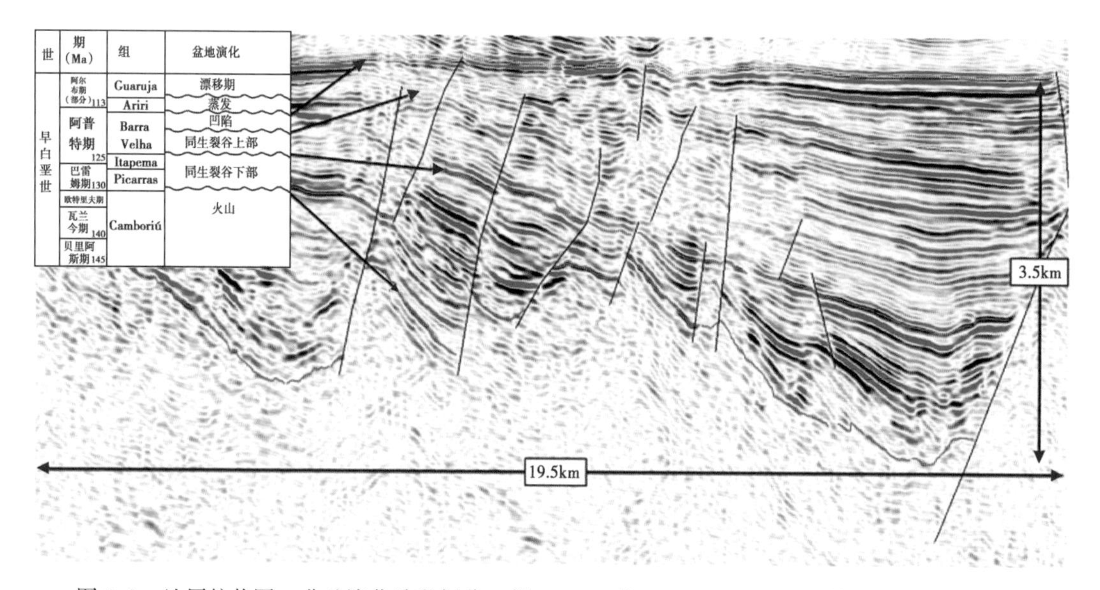

图 8.3　地层柱状图，盆地演化阶段划分（据 Moreira 等，2007；Carminatti 等，2009；Wright 和 Barnett，2015），以及 Sugar Loaf 隆起代表性地震剖面揭示地震相和地震界面

同生断陷期以基底相关的正断层为特征，这些正断层随大陆分裂的同时区域性机械下降（Karner，2000）。第一期抬升相当于一期火山作用，形成了断层和沉积序列充填在新的沉积盆地中（图 8.3 和图 8.4）。这一期以穿过桑托斯盆地厚度不同的同生断层和反向断层为特征，说明 SLH 期的构造形成自此时开始。可见一个厚的沉积楔形向盆的 SLH 断层（图 8.5a），以及上升和旋转的下盘断层块。这些构成了 SLH 东部一系列小型基底核心的构造高地，例如 Peroba 隆起（图 8.2）。从几何学上观察上盘（图 8.5a），可以看出 SLH 的上升大概起始于同生断陷期，其生长边缘也说明上盘在热降期发生了相关的沉降。

SLH 自身的上部 Barra Velha 组同生断陷沉积没有下部的生长突出（图 8.4）。这可能说明了不同的断层运动速率，并由此形成一定的空间，也意味着同生断陷晚期的碳酸盐岩沉积速率增加。SLH 上的断层包含了与东部主断层（枢纽带）相关的同生断层和反向断层，然而，Tupi 次隆起北部只被同生断层分割开来（Gomes 等，2009）。

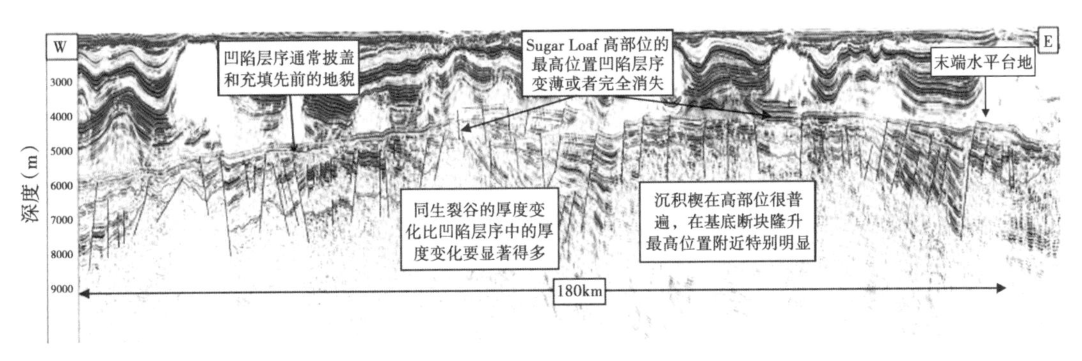

图 8.4　Sugar Loaf 隆起通过研究区的东西向地震剖面揭示主要构造和地层单元

图例与图 8.3 相同：洋红为同生断陷底界；绿色为同生断陷内部；黄色为坳陷底界；蓝色为盐底界

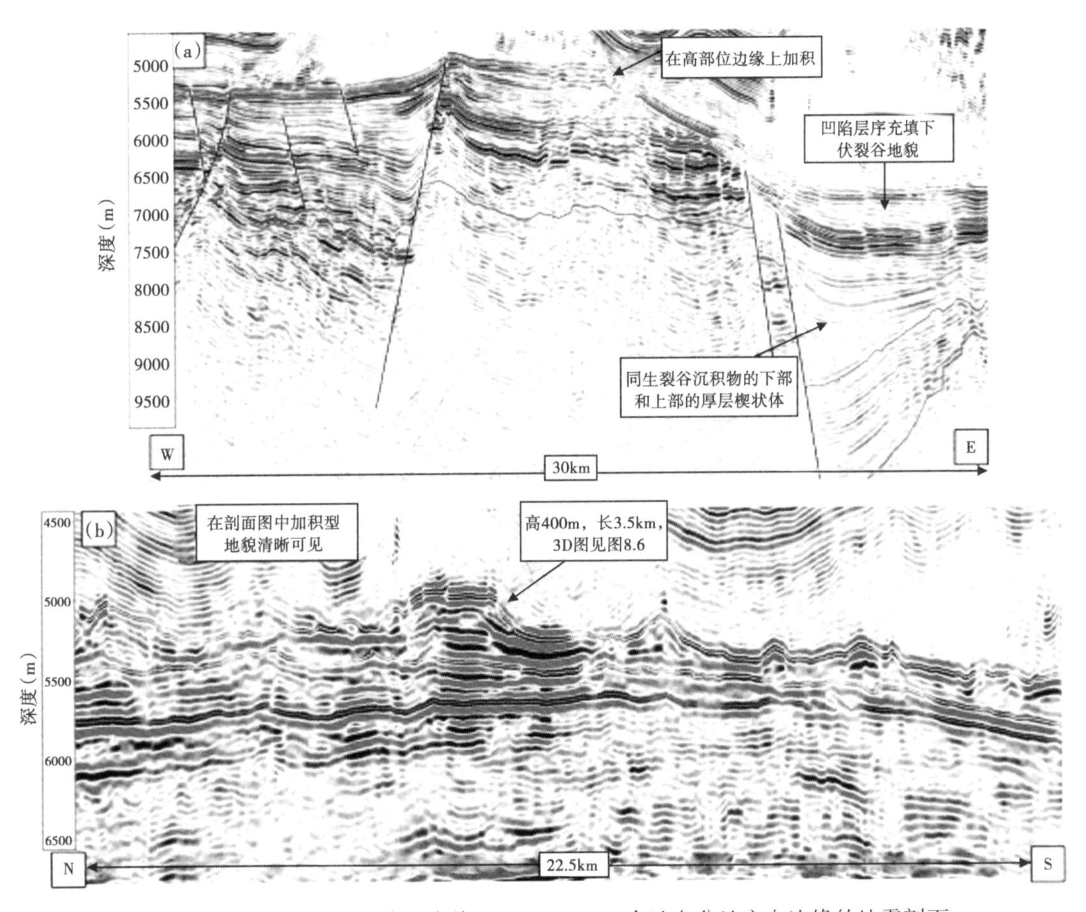

图 8.5　穿过 Sugar Loaf 隆起东缘 Terminal Horst 台地向盆地方向边缘的地震剖面

（a）横剖面由西向东倾斜指示 Terminal Horst 建造形成于坳陷期，位于东边向东倾伏的斜坡相顶部，下边有断层切割，注意台地边缘从同生断陷期到坳陷期逐步后退；（b）走向剖面指示退积形态，上面被蒸发岩叠加和覆盖；图例颜色与图 8.3 相同

桑托斯盆地的被动边缘在分裂期和漂移期经历了侵入和喷出火山作用。火成活动被认为发生在从巴雷姆阶到阿普特阶：137—131Ma（Camboriú 组；图 8.3），120—119Ma 和 115—110Ma（Moreira 等，2007；Scotchman 等，2010）。北美大陆架最南端的上升与（陆上）巴拿

马、坎波斯和桑托斯盆地溢流玄武岩侵入相关（Cainelli 和 Mohriak，1999）。

边缘在抬升之后、漂移之前进入到过渡期（Moreira 等，2007）。过渡期时碳酸盐岩系统内有两种最重要的岩相沉积：Barra Velha 组非海相碳酸盐岩储层（Carminatti 等，2009），以及 Ariri 组厚的上覆蒸发岩盖（图 8.3）。这两个序列被区域不整合面分隔开，可由盐下基底来确定位置（Karner 和 Gamboa，2007）。桑托斯盆地是南大西洋最宽的盐盆，Outer 隆起估计距离非洲和巴西未分离前的枢纽线至少 200km（Gome 等，2013）。该盐盆的异常宽度可能是由于早期演化中山脊突升（Szatmari 等，1996）。干旱的阿普特阶气候导致一系列盐盆的拓展，被侵入的岩浆和火山块分隔开（Mohriak 等，2008）。陆上和海上的水周期性的汇聚到盆地中，形成了至少 1km 厚的蒸发岩沉积，在主要的沉积中心由于热降，可能达到 2km 厚（Szatmari 等，1996；Davison 等，2007）。向盆的岩流大规模向东沉积，沿内陆盆地边缘几乎零厚度，而在外部边缘抬高至 2000~4000m。

Florianopolis 隆起（图 8.1）将桑托斯盆地从 Pelotas 盆地至南部的海水中独立出来，形成了完全不同的演化史。但是，北部坎波斯盆地的构造和地层史与桑托斯盆地相似（Mohriak 和 Fainstein，2012），即使桑托斯盆地是坎波斯的 3 倍大，并且具有 2 倍的伸展陆壳。

过渡期也被认为代表了桑托斯外部隆起相对于盆地其余部分局部抬升的时期（Gomes 等，2009）。Outer 隆起上以火山岩为底界的次级盆地指示该隆起发育早期出现过海底扩张，并很快就结束了，而这一大地构造—岩浆活动进程的结束最终导致圣保罗台地的抬升。剧烈的陆壳延展解释为是周围火山地壳高度松散导致的地壳均衡提升（Gomes 等，2009，2013）。

自过渡期结束后，漂移构造在巴西被动边缘非常普遍。最初的漂移相是以 112—110Ma 大西洋中脊断陷的终止和洋壳的增生为标志（Moreira 等，2007；Scotchman 等，2010）。在其漫长的构造史中，Outer 隆起一直是一个正向构造，对过渡相坳陷期碳酸盐岩和蒸发岩及上覆晚白垩纪—新近纪的沉积物厚度和堆积模式具有重要影响（Gomes 等，2009）。

8.4 SLH 的地层演化

现今圣保罗台地内的 SLH 和其他隆起记录了很多类似的地层演化，每个基底隆起都为碳酸盐岩沉积物形成提供了抬高的地形。这些隆起位于盆地远端，因此具有独立的外部碎屑输入和有利于碳酸盐沉积的条件。

变质基底上覆的 Camboriú 组 Valanginian-Hauterivian 玄武岩（Moreira 等，2007）形成了巴拉那火山区的一部分。玄武岩序列厚约 400m（Quirk 等，2012）。断陷期之前和早同生断陷期的火山活动非常强烈，并伴生有冈瓦纳大陆早分裂期喷出的玄武岩（Riley 和 Knight，2001）。在地震数据上，Camboriú 组玄武岩和伴生的火山碎屑标志了同生断陷序列在反射类型上不同的变化（图 8.3）。

同生断陷沉积由两部分构成，反映了被不整合面分开的两个断陷阶段（图 8.3）。不整合面被 Wright 和 Barnett（2015）认为等同于 Pre-Alagoas 不整合。下部同生断陷表示出穿过 SLH 的高频强断层的上盘楔入构造（图 8.3 和图 8.4）。这些沉积物质为 Piçarras 组和 Itapema 组的河—湖相砂岩、砾岩和泥岩，也包含一些喷出火山岩（Moreira 等，2007；Carminatti 等，2009）。

同生断陷的上部是由各种岩性组成的碳酸盐岩序列（Barra Velha 组），包括与坎波斯盆地 Lagoa Feia 组相当的顶级烃源岩和含软体动物化石的贝壳灰岩，该石灰岩也可形成较好的储层（Carvalho 等，2000）。这套地层被解释为形成于湖相环境（Carminatti 等，2009）。

从地震数据上看，同生断陷和上覆坳陷序列通过下降期构造演化静止来实现（图 8.3 和图 8.4）。不整合面的底部不整合面可能与 Intra-Alagoas 不整合面相当（Wright 和 Barnett，2015）。同生断陷内可见到的不整合面底部的 SLH 大部分张性断层和成长楔在坳陷层序中大量缺失。坳陷期碳酸盐岩包括了很多不同的地震相；最常见的构型是坳陷期沉积在前期断陷地形上超覆、充填和披覆（图 8.3 和图 8.4）。加积建造和延伸的斜坡沉积在下文中也有细节展示和讨论。坳陷沉积可能持续了大约 7Ma（Karner 和 Gamboa，2007）。

Barra Velha 组的上部经历了从湖相贝壳灰岩到微生物岩/化学沉淀非海相碳酸盐岩的演变（Wright 和 Barnett，2015）。明显缺乏古生态学意义明确的化石、硅镁石矿物的存在而不是海相来源的蒸发岩（硫酸盐和氯化物），指示了火山源区域的碱性湖相环境（Wright 和 Barnett，2015）。Barra Velha 组厚度超过 500m，它和下伏的 Itapema 组和 Piçarras 组一起形成了约 4200m 的沉积地层（Wright 和 Barnett，2015）。

8.5 SLH 地震地层学及坳陷序列

最老的地震界面解释位于基底和同生断陷底部之间，是一个典型的峰顶反射（SEG Normal），代表了岩性从基底同生断陷填充碎屑岩到下伏 Camboriú 组火山岩转变的声波阻抗增加（图 8.3 和图 8.4）。

同生断陷的下部和上部单元是被发育程度变化很大的不整合面分隔开的（图 8.3）。在地震数据解释上特征有时并不明显。下部同生断陷充填一般比上部厚，具有更陡的倾斜和楔入形构造。另一个不整合面将同生断陷上部和坳陷序列分隔开，坳陷序列沉积了大量的断陷与漂移期之间的过渡相。这套地层的反射界面多没有错断，通常平行或低角度上超于不整合面之上（图 8.3 至图 8.5）。

坳陷序列记录了一系列地震特征，可以帮助建立盆地内区域构造演化和沉积模式。下文中有详细的细节讨论。坳陷序列的厚度受到隆起上不同沉积环境的强烈影响，并主要受到湖水基准面的控制。在 SLH 范围内沉积和侵蚀的关系复杂，并存在近源碎屑沉积物混入的可能性。

如图 8.4 所示，坳陷序列没有完全出现在整个 SLH 中。这也成为之前 Lula 油田已发表图片的一个证据（Carminatti 等，2009；Scotchman 等，2010），其中坳陷序列变薄并且上超于倾斜的基底断块之上，基底断块之上为底部蒸发岩不整合面。

在 SLH 顶部的坳陷序列分布可能与侵蚀和沉积都有关系，虽然很难区分二者的相对重要性。坳陷层序顶部的截顶反射说明大部分 SLH 最初的沉积来自高部位的侵蚀。最高部位可能没有接受沉积，虽然没有证据证明。SLH 顶部的主控岩性可能是暴露的抬升基底和早期同生断陷沉积的结合。在这个隆起顶部的下倾方向，除了坳陷层序的上超和披覆构造以外，是一个具有向东的陡坡边缘和同向斜坡区的 Terminal Horst 台地，下文将详细讨论。

8.6 Terminal Horst 台地

坳陷序列内一个显著的特征是具有一系列 SLH 东部边缘建造的加积平顶区（图 8.4 和图 8.5）。这标注了 Terminal Horst 台地而其东部边缘标志了圣保罗平原与深部盆地相接处的斜坡断裂。台地覆盖在较薄的同生断陷上，其厚度薄于邻近的本地垒同生断陷序列（图8.5a）。这意味着同生断陷沉积时 Terminal Horst 台地的正积构造。该台地是沿 SLH 南北向延伸的平顶构造，长约 65km，宽约 10km（东—西；图 8.6）。研究区内未见台地的北部和南部终端。

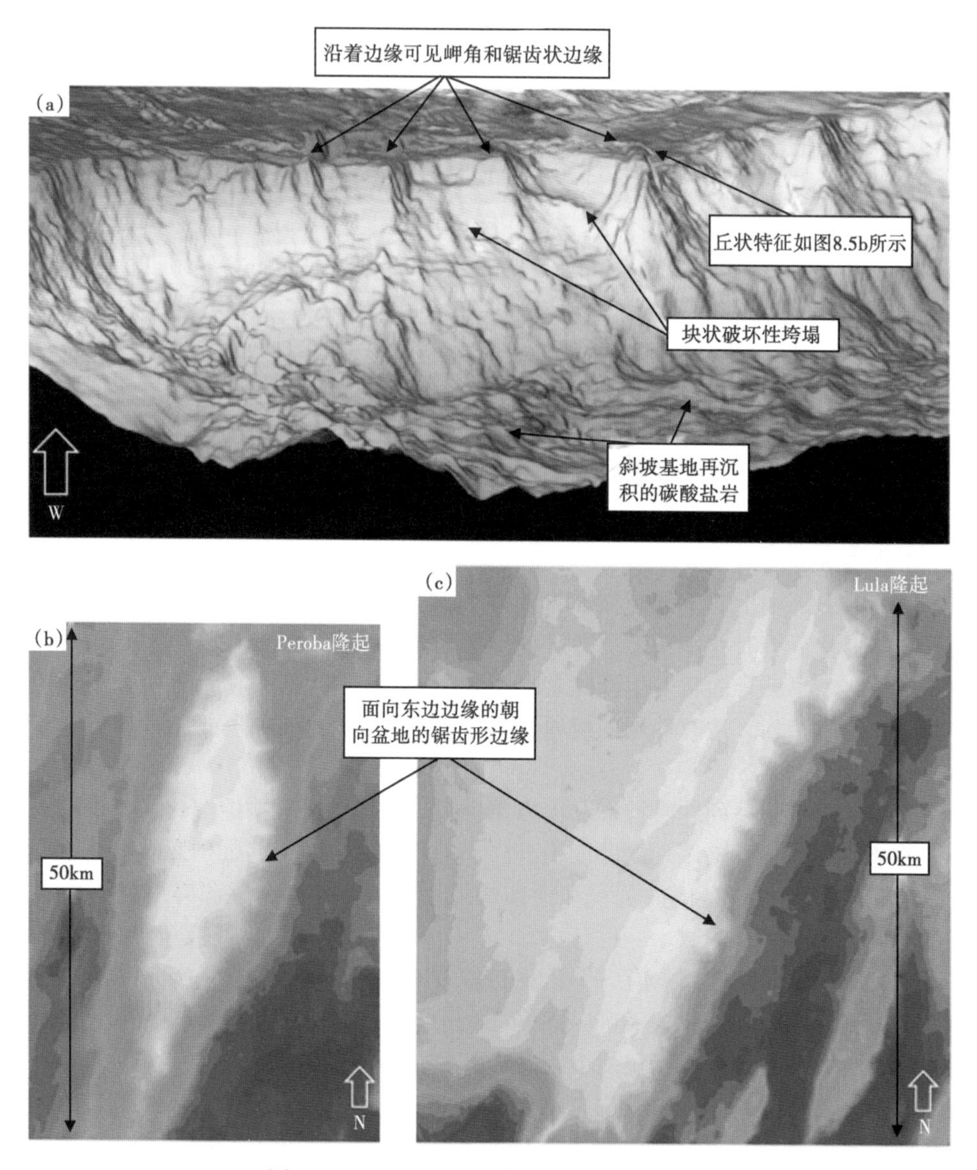

图 8.6　Terminal Horst 台地及周边地区图像

（a）Terminal Horst 台地蒸发岩底面三维图像，向西看，台地的东缘建造位于斜坡之上，可能经过垮塌，重新沉积到坡下相带（视域宽度大致为 36km）；（b）和（c）分别是附近 Peroba 和 Lula（Tupi）隆起区的锯齿状台地边缘（对应于蒸发岩底界深度的切片，隆起位置如图 8.2 所示）

东西向剖面表明其保存了上部同生断陷半覆盖的边缘和斜坡，说明从坳陷序列到蒸发岩不整合底面是加积堆积。台地的一个突出特征是向东或向盆的齿状。齿状为一系列隆起，具有间断的沟渠，间隔为 5～12km（图 8.5b、图 8.6）。隆起的形状不同，有横向的短的（15km），也有向东倾向盆地的三角形的（图 8.5b、图 8.6）。坡下区域则或者粗糙或者平滑。在横截面处，隆起大概有300m高，横向上宽为2~5km（图8.5b、图8.6a）。形状则有尖锐陡峭的角峰和圆的缓和的顶部。

隆起的内反射似乎是加积，具本质的平的基部反射，后来发展为垂直的和凸起反射，最终与隆起表面一致（图8.5b、图8.6a）。侧截面上的一些反射层可解释为加积建造或构造 。后来的侵入形成了冲沟（图8.5b、图8.6）。基底蒸发岩反射面上超并充填了冲沟。所有对下盘到边界断层的测深数据约为900m，最大斜坡角为16°~21°。

具体做如下讨论。

这些构造均未钻井，笔者也并不知道其他南大西洋盆地的其他特征，所有可能的解释需进一步证实。地震数据说明隆起是分层的，所以可被认为其包含硅质碎屑、蒸发岩或碳酸盐岩沉积及火山岩地层。虽然纵剖面上隆起与火山岩加积反射面类似（Burgess等，2013）而平顶到锯齿形边的整个形态学并不符合火山建造。硅质碎屑地层充填了底部而不是隆起构造，如果地层是硅质的，并且锯齿形边和整个陡坡是完全侵蚀形成的，隆起的反射面间隔将会与坳陷不整合底部平行。横截面表明情况不是这样。蒸发岩可能是底辟构造，并与上覆蒸发岩特征完全不同，上覆蒸发岩的特征已经由钻井证明（Carminatti等，2009）。碳酸盐岩烃源岩似乎可能性更大，并且符合对桑托斯盆地Barra Valha组沉积晚期同生断陷的认识沉积Moreira等，2007；Carminatti等，2009；Terra等，2009）。此观点在等同于SLH的Lula油田钻井所得的区域地震线得到进一步证明（Gomes等，2013）。碳酸盐岩台地通常形成近垂直的或海相环境平顶构造的陡坡边缘（James和Ginsburg，1979；Read，1985）。与其他构造相对照，隆起有很多完全不同的形态学特征，内部构造与上覆地层的关系（Burgess等，2013）。

类似的锯齿形边出现在向西的Tupi次隆起和小型的Peroba隆起（图8.2和图8.6b、c），这种形态在任一西向斜坡上并无证据。因此，西向的斜坡可能为每个台地优势的进积场所。

这些进积构造似乎与台地半覆盖边缘坳陷界面类似（图8.5a）。这些边缘出现于晚同生断陷期，Terminal Horst台地边界断层的下盘，之后后退并最终加积于现今位置。因此，虽然最初堆积接近于断层，但是大部分时期都是向西后退，导致加积建造可见于东部断层的西边5km处（图8.6a）。

坡下的锯齿形边是一系列被解释为大规模无效孤岩（图8.6a）。基底斜坡的坳陷界面表明较厚的坳陷期序列，同时，大规模碎屑流形态表征了陡坡边缘的坍塌。这些情况在数据库（约65km）中频繁可见。与相关的向西斜坡相比，台地东部边缘侵蚀的斜坡趋于更陡，使得侵蚀作用影响了不稳定的斜坡相带。值得注意的是，东部边缘出露的基底岩石相（Terminal Horst台地南部）并没有展示出这种齿状形态。因此看起来这些特征是依赖于岩石学的，并可能产生于部分岩化碳酸盐岩的重力崩塌，从而形成台地东部边缘半覆盖相。

SLH盆向边缘表征了很多类似的海相碳酸盐岩台地冲沟，例如大巴哈马浅滩（Mulder等，2012）和中新世Luconia台地近海NW波罗洲（Vahrenkamp等，2004）。这些海相和非海相环境中齿状形态的相似性说明了类似的进程。发生于现代碳酸盐岩台地边缘的原地累积的增加速率，削峭作用和后来斜坡崩塌的结合可能可以用来解释隆起截断的出现。

8.7 进积式的斜坡沉积

SLH东部终端峰顶出露基底的下坡发育一系列进积式的斜坡沉积。Terminal Horst台地上构造沉积（10km）南部边缘陆坡至西部陡坡边缘上斜坡沉积发育最优（图8.7a）。斜坡向北部和北东部进积至沉积中心，并延伸到南部边缘约 10km 处，厚度达到 450m（图 8.7b）。斜坡沉积部分充填并终止于北部深水湖相区。

最好的斜坡沉积例子位于坳陷南部边缘，厚度和面积沿西部边缘直达北部。西部山脊的斜坡沉积实例，限定了坳陷北部截面边界，其厚度和面积都很显著。

斜坡沉积具有上凹的外形，平均最大斜坡角为 13°。记录了进积型沉积序列上可见的上超和进积几个基底面的波动（图 8.7b）。因此，长期静水或水落中基底面偶发上升。接下去的基底面是下降的，形成干旱和蒸发积累。

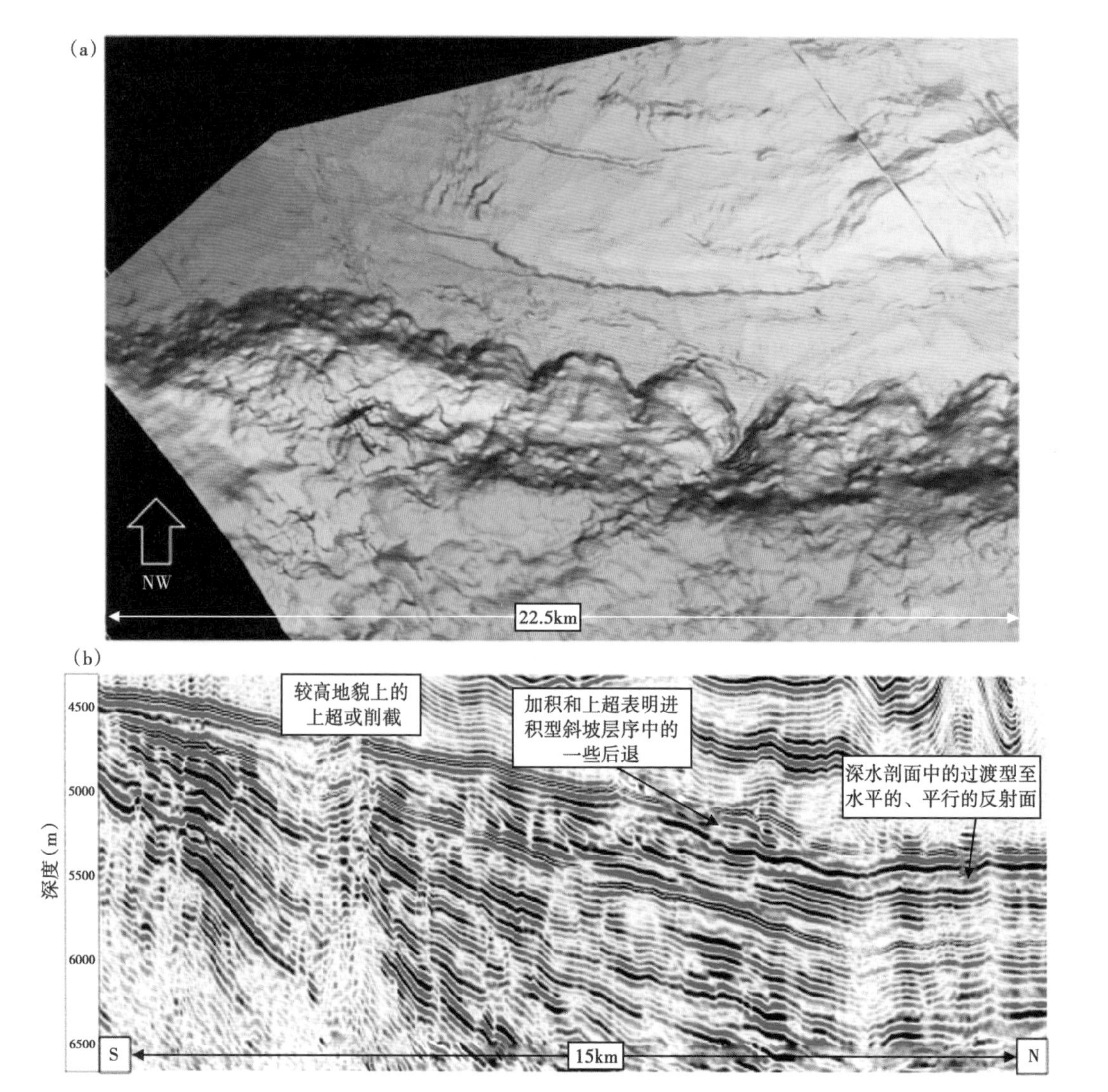

图 8.7 进积式斜坡沉积三维图像和地震剖面

（a）Terminal Horst 台地顶部向西的三维成像，台地顶面的低位在锯齿状边缘和斜坡的西北部，斜坡从西南方向向台地低位进积；（b）SW-NE 向剖面，指示向台地低位进积构型，颜色图例与图 8.3 相同

具体做如下讨论。

斜坡沉积的岩相不能单独由地震数据确定。区域数据表征出坳陷序列是碳酸盐岩主控的（Moreira 等，2007；Carminatti 等，2009；Gomes 等，2013）。但是，斜坡沉积临近的出露基

底和侵蚀同生断陷截面说明它们可能为碎屑岩、碎屑碳酸盐岩或湖相碳酸盐岩沉积。最大的斜坡可见角可能发育于任何岩相中。下文展开不同的假设。

SLH 顶部区域覆盖了约 2000km^2 区域。基底和削顶的同生断陷由地下露头的蒸发岩不整合面控制（图 8.4）。贯穿隆起的张性断层形成了一系列裂缝，这些裂缝可能聚焦于由南部上倾隆起向北部低的下倾构造的沉积转换（图 8.7a）。这一现象与地震数据上更厚、更广的斜坡沉积一致。坳陷西部边缘与南部边缘相比，具有明显的、更小的上倾沉积源区，可能用来解释斜坡沉积此处不太发育的原因。如果主控因素是碎屑注入而不是碳酸盐沉积，那斜坡沉积可能代表了古沉积期边缘上或边缘附近的一个冲积扇或扇三角洲的形成。

另外一个关键问题是尝试证实这个假说，同时同生断陷反射面可以用来截断基底蒸发岩，基底在地震数据本质上是毫无特征的，因此任何碎屑基底沉积不能通过大量平衡计算来量化。

接近隆起峰顶的同生断陷反射面的截顶侵蚀说明这里有潜在的碎屑岩—碳酸盐岩混合序列斜坡再沉积。但是，无论是受到侵蚀的碳酸盐岩还是与之对照的非沉积物均难以识别，碳酸盐岩序列可见上超填平和下部区域抬升基底，同时上超沉积的上部界面并不清晰。地震数据说明至少有一些来自晚同生断陷期和坳陷期的大区出露基底的碎屑输入。但是，现有数据不能推断出其数量。图 8.4 说明坡下更厚的同生断陷单元以及它们与出露的高部位地形的关系。一些同生断陷的侵蚀截平非常明显，可能成为部分斜坡沉积的源岩。如果截平地层是早期的同生断陷岩相，那么大量的低部位同生断陷碎屑可能进入了碳酸盐岩主控的上部同生断陷系统。无论是下部同生断陷的碎屑输入还是出露基底的可能贡献，对于坡下碳酸盐岩沉积已经具有足够有力的作用，并不能单纯从地震数据中分解出来。

SLH 中大量的坳陷相物质在东部中枢的盆地内是可见的，证明大量侵蚀和再沉积沿边缘发育。但是，基底碎屑和解释为碳酸盐岩的 Terminal Horst 台地的体积贡献并不清楚。漏斗作用影响的北—南向抬升可能意味着碎屑岩主控沉积受限于 SLH 构造坳陷边缘相对小的区域上。

或者可以这样来看，如果 SLH 顶部的碎屑岩输入最小，那么斜坡沉积将由碳酸盐物质组成。这一物质可能来自浅滩碳酸盐岩上坡区，随后侵蚀或原地沉积为湖相碳酸盐岩。斜坡沉积代表了原地的过度供给和台地低部位构造进积充填。斜坡沉积的降阶式结构及上倾侵蚀表明其形成于基底面上升的还原期。但是，无论如何，情况符合高压回退或下降期体系域。但是，这些特征在碎屑岩和碳酸盐岩系统中均已知（Hunt 和 Tucker，1992）。

8.8 结论

8.8.1 大地构造背景

本文描述的 SLH 隆起区盐下的下白垩统与桑托斯盆地其他地区类似（Carminatti 等，2009）。与基地呈不整合接触的是一套同生断陷沉积层序，主要分布在多个半地堑之中。这些沉积与早期东西向拉张运动有关，既见到了同向断层又见到了反向断层。根据区域性资料，早期的同生断陷沉积岩性为火山岩、碎屑岩或碳酸盐岩。在研究区内，没有见到指示早期同生断陷碳酸盐岩沉积的地震相，低洼处充填的主要是一套碎屑岩堆积。文献推测（Moreira 等，2007）早期同生断陷沉积被后续的晚期同生断陷碳酸盐岩逐渐增多的地层覆盖，这或许可以从断陷内不整合面之上低角度楔状体得到验证。本研究剖析的断陷沉积被后续的坳陷层序叠加、披覆或充填，同时也显示出典型碳酸盐岩沉积的堆积形态。根据区域性资料，这套地层主要由湖相碳酸盐岩构成（Carminatti 等，2009；Terra 等，2009；Gomes 等，2013），其岩性在本研究中主要是靠地震形态解释的。SLH 隆起在东部靠近盆地方向的边缘受高陡断层控制，通过一个半地堑与断层控制的 Peroba 隆起相隔，这个半地堑中也有同生断陷期和坳陷期沉积。坳陷期断层活动强度减弱，从而导致在台地顶部南北向断层控制的地堑中有沉积物充填。

随着断裂活动减弱，形成了陆相沉积物、火山岩，以及后期的碳酸盐岩。隆起区经历长时期的沉降。在此阶段，SLH 在一个分布范围广阔的湖泊系统中形成了一个孤立的隆起，从而奠定了后期大型碳酸盐岩台地的基础。

8.8.2 湖相碳酸盐岩台地

本文描述的在 SLH 之上和周围的碳酸盐岩地层沉积从形态上看与海相碳酸盐岩台地相似，包括平顶构造、特征的台地边缘局部堆积建造、高陡的斜坡上具有剥蚀痕迹和再沉积的沉积物（图 8.8）。该构造的大小与海相碳酸盐岩建造相近。SLH 的前沿相与盆地相宽度约为 100km，沿着走向可以延伸超过 200km，高差大致为 900m。这样的构造在古代或现代湖相系统中未见报道，但其规模与巴西海上其他盐下台地相似（Carminatti 等，2009；Muniz 和 Bosence，本书，待发表）。

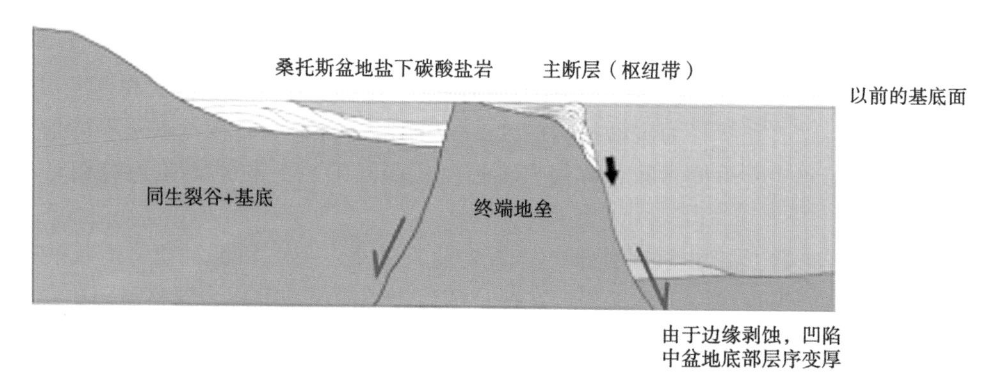

图 8.8 Sugar Loaf 隆起坳陷期斜坡沉积和 Terminal Horst 碳酸盐岩台地的地层形态及位置示意图
图中显示了坳陷层序最终的地层展布及以前的基准线

已经发表的湖相碳酸盐岩模型主要聚焦在原地建造聚集的三个部位：湖泊周边的生物灰岩/生物层、浅水湖底的生物灰岩/生物层，以及与温泉相关的（地热、地下水）建造（Wright，2012；Della Porta，2015）。本文解释出来的在 SLH 台地东边的堆积建造既可能是选择性堆积在 SLH 断层下盘的水下堤/生物灰岩，也可能被断层控制的东部边缘之上由于温泉补给形成的地热建造。后一种解释与地震资料不符，因为多数边部建造的下边没有断层。这些建造从平缓的地震反射界面上升起，与东边的边界断层相距 5km 左右。这些建造因此更像沉积型生物灰岩/生物层（Baskin 等，2015；Bucheim 和 Awramik，2015），而不是钙华（Della Porta，2015 及其中的参考文献）。相对平坦的上部顶面及垮塌前边缘堆积相条带稳定的厚度指示其水下成因，受前期湖平面的制约。地热成因的碳酸盐岩可以是水下成因（如 Pyramid 湖）或者近地表（如意大利石灰华），但它们沿着边部的厚度一般变化很大，这与水量和水化学成分密切相关。

在 SLH 东部边缘的剥蚀和边缘沉积物到盆地中再沉积与盆地中地层变厚直接相关，指示在这个边缘碳酸盐岩生长快于沉积空间。这种关系可以从存在斜坡沉积得到验证（图 8.8），尽管它们成因上可以是碳酸盐岩、混合的碳酸盐岩/碎屑岩，或者纯粹的碎屑岩。完全依靠地震资料，没法确定它们的岩性。斜坡的角度太低（13°），不特征；清晰的生物层/堆积建造没有见到，从假定的物源向南也没有见到补给沟道。

8.8.3 SLH 的地质演化

8.8.3.1 SLH 剥蚀

在这个基底隆起上下白垩统沉积之前遭受了长期剥蚀。基底从同生断陷期、可能到坳陷期一直遭受剥蚀。在断陷中截平的地震反射界面指示 SLH 下盘肩部和鞍部有剥蚀。

8.8.3.2 洪泛与 SLH 淹没

SLH 的鞍部在同生断陷和坳陷期很可能暴露于地表，但这个靠近深水区的基底隆起形成了一个正向构造，最终由于湖平面上升而沉入水下。在这个孤立的、基本上不含碎屑岩的湖泊碳酸盐岩台地存在着加积和堆积组合指示其被水淹没的证据。台地东部边缘上的加积层定界和堆积建造顶面代表了此时的湖平面（图 8.8）。位于隆起边部的碳酸盐岩在这个位置为退积型的，在台地边缘形成了一个露出水面的环带，代表了本地达到的最高湖平面。由于它们的高度基本一致，一般不把它们当成地面上的石灰华或是与断层相关的钙华塔尖或者脊，而是水下的台地边缘的生物层/生物灰岩。

8.8.3.3 湖平面退缩

湖平面下降有两个方面的证据。一是坳陷期顶部形成的前积层显示下行的“S”形构型，指示基准面下降。这种下降不是连续的，小型的进积沉积物指示幕式的湖平面上升。台地边缘也可以见到一些与基准面下降有关的现象：侵蚀痕、再沉积的斜坡相，以及在相邻盆地区加厚的地层单元。

8.8.3.4 蒸发岩堆积

上覆的 Albian 蒸发岩代表了早白垩世最后一次基准面上升，从而形成近 2km 的蒸发岩覆盖到盐下碳酸盐岩之上。

8.8.4 经济意义

本文根据地震资料描述的 Terminal Horst 台地与已经具有重大商业发现的 Lula（或 Tupi）油田既有相似性又有差异性。对这个油田公开发表的资料极其有限，只能见到 Carminatti 等（2009）和 Gomes 等（2013）两篇文章，其储层是在基底隆起上叠积的坳陷期湖相碳酸盐岩，而盖层为上覆的蒸发岩。根据区域性地震资料，坳陷层序横向上可以追溯到 SLH，这里经过研究也存在一个叠积的坳陷层序和上覆的蒸发岩。但是，这些研究还把碳酸盐岩 SLH 东部边缘上的 THP 解释成一个平顶的台地，同时具有突出的或者堆积的边缘，而向盆地斜坡方向倾角很陡。尽管不知道它们的岩性是什么，从盆缘到台地应该处于浅水高能地带，生物层应该具有原始的格架孔隙度，无论它们是以格架岩，还是胶结岩，或者二者兼而有之的形式出现都是如此（Bosense 等，本书）。这种储集条件，再加上蒸发岩盖层，使得台地边缘生物层成为重要的勘探目的层。还有台地顶部的加积沉积单元。这些单元的上部应该是浅水高能湖相沉积，无论颗粒是碳酸盐岩、碎屑岩，还是碎屑碳酸盐岩，它们都应该能够保存一些原始孔隙度。这两种目标都位于解释出来的碳酸盐岩地层的顶部，在靠近底部蒸发岩不整合面处地震反射同相轴遭受了剥蚀削顶，因此在基准面下降期间它们可能是遭受了地面侵蚀。尽管没有见到喀斯特的证据，在这个剥蚀阶段应该形成了一些次生孔隙。但是，如果这些盐下碳酸盐岩的原始矿物组成以方解石为主，而不是文石类，次生孔隙可能有限。

最后，粗粒岩相在台地的东向斜坡具有大量的再沉积碳酸盐岩。尽管这类含油气组合常常由于向上倾方向的油气运移存在盖层问题，还是可能存在某些地层或者构造圈闭的机制使得这些斜坡相碳酸盐岩具有潜力。

参考文献

Baskin, R. L., Driscoll, N. W. & Wright, V. P. 2013. Controls on lacustrine microbialite distribution in Great Salt Lake, Utah. *In*: Vining, B., Gibbons, K., Morgan, W., Bosence, D., Le Heron, D., Le Ber, E. & Pritchard, T. (eds) *Microbial Carbonates in Space and Time: Implications for Global Exploration and Production.* Programme and Abstract Volume, 70-71, http://www.geolsoc.org.uk/pgresources.

Bosence, D. W. J., Gibbons, K., Le Heron, D. P., Pritchard, T. & Vining, B. In press. Microbial carbonates in space and time: introduction. *In*: Bosence, D. W. J., Gibbons, K., Le Heron, D. P., Pritchard, . T. & Vining, B. (eds) *Microbial Carbonates in Space and Time: Implications for Global Exploration and Production.* Geological Society, London, Special Publications, 418, http://dx.doi.org/10.1144/SP418.14.

Brune, S., Heine, C., Pérez-Gussinyé, M. & Sobolov, S. 2014. Rift migration explains continental margin asymmetry and crustal layer hyper-extension. *Nature Communications*, 5, http://dx.doi.org/10.1038/ ncomms5014.

Buchheim, H. B. & Awramik, S. M. 2013. Microbialites of the Eocene Green River Formation as analogs to the South Atlantic pre-salt carbonate hydrocarbon reservoirs. *In*: Vining, B., Gibbons, K., Morgan, W., Bosence, D., Le Heron, D., Le Ber, E. & Pritchard, T. (eds) *Microbial Carbonates in Space and Time: Implications for Global Exploration and Production.* Programme and Abstract Volume, 64-65, http:// www.geolsoc.org.uk/pgresources.

Burgess, P. M., Winefield, P., Minzoni, M. & Elders, C. 2013. Methods for identification of isolated carbonate buildups from seismic reflection data. *American Association of Petroleum Geologists Bulletin*, 97, 1071-1098.

Busquet, F. 2014. *In the pre-salt layer, in* 2013, *the proven reserves of Petrobras increased* 43% *and production hit record with* 371 000 *barrels of oil per day.* http:// www.presalt.com/en/component/content/article/255-english-texts/presaltexplorationproduction/2513-in-thepre-salt-layer-in-2013-the-proven-reserves-of-petrobrasincreased-43-and-production-hit-record-with-371-000-barrels-of-oil-per-day.html.

Cainelli, C. & Mohriak, W. 1999. Some remarks on the evolution of sedimentary basins along the eastern Brazilian continental margin. *Episodes*, 22, 206-216.

Carminatti, M., Wolff, B. & Gamboa, L. A. P. 2008. New exploratory frontiers in Brazil. *In*: 19*th World Petroleum Congress*, Madrid, 29 June to 3 July 2008.

Carminatti, M., Dias, J. L. & Wolf, B. 2009. From turbidites to carbonates: breaking paradigms in deep waters. *In*: *Offshore Technology Conference*, Houston, TX, OTC 20124.

Carvalho, M. D., Praca, U. M., Silva-Telles, A. C., Jahnert, R. J. & Dias, J. L. 2000. Bioclastic carbonate lacustrine facies models in the Campos Basin (Lower Cretaceous), Brazil. *In*: GierlowskiKordesch, E. H. & Kelts, K. R. (eds) *Lake Basins Through Space and Time*. American Association of Petroleum Geologists, Tulsa, OK, Studies in Geology, 46, 245-256.

Davison, I. 2007. Geology and tectonics of the south Atlantic Brazilian salt basins. *In*: Ries, A. C., Butler, R. W. H. & Graham, R. H. (eds) *Deformation of the Continental Crust*: *The Legacy of Mike Coward*. Geological Society, London, Special Publications, 272, 345-359.

Della Porta, G. 2015. Carbonate build-ups in lacustrine, hydrothermal and fluvial settings: comparing depositional geometry, fabric types and geochemical signature. *In*: Bosence, D. W. J., Gibbons, K., Le Heron, D. P., Pritchard, T. & Vining, B. (eds) *Microbial Carbonates in Space and Time*: *Implications for Global Exploration and Production*. Geological Society, London, Special Publications, 418, first published online March 3, 2015, http://dx.doi.org/10.1144/SP418.4.

Energy Information Administration 2014. *Overview*; *Brazil is the 8th largest total energy consumer and 10th largest producer in the world*. http://www.eia.gov/countries/cab.cfm? fips=br.

Formigli, J. 2014. 500 *mil barris de óleo por dia no Pré-Sal*. http://investidorpetrobras.com.br/en/presentations/500-thousand-barrels-per-day-in-the-pre-saltjose-formigli-head-of-upstream-available-only-in-portuguese-version.htm.

Gomes, P. O., Kildonk, B., Miken, J., Grow, T. & Barragan, R. 2009. The Outer High or the Santos Basin, Southern São Paulo Plateau, Brazil: Pre-Salt Exploration Outbreak, Paleogeographic Setting, and Evolution of the Syn-Rift structures. *In*: *AAPG International Conference and Exhibition*, Cape Town, 26-29 October, 2008. http://www.searchanddiscovery.com/documents/ 2009/10193gomes/images/gomes.pdf.

Gomes, P. O., Kilsdonk, W., Grow, T., Minken, J. & Barragan, R. 2013. Tectonic evolution of the outer high of the Santos Basin, southern São Paulo Plateau, Brazil, and implications for hydrocarbon exploration. *In*: Gao, D. *Tectonics and Sedimentation*; *Implications for Petroleum Systems*. American Association of Petroleum Geologists, Tulsa, OK, Memoirs, 100, 125-142.

Hunt, D. & Tucker, M. E. 1992. Stranded parasequences and the forced regressive wedge systems tract: deposition during base-level fall. *Sedimentary Geology*, 81, 1-9.

James, N. P. & Ginsburg, R. N. 1979. *The Seaward Margin of Belize Barrier and Atoll Reefs*. International Association of Sedimentologists, Special Publications, 3, Oxford, UK.

Karner, G. D. 2000. Rifts of the Campos and Santos Basins, Southeastern Brazil: distribution and timing. *In*: Mello, M. R. & Katz, B. J. (eds) *Petroleum Systems of South Atlantic Margins*. American Association of Petroleum Geologists, Tulsa, OK, Memoirs, 73, 301-315.

Karner, G. D. & Gamboa, L. A. P. 2007. Timing and origin of the South Atlantic pre-salt sag basins and their capping evaporites. *In*: Schreiber, B. C., Lugli, S. & Babel, M. (eds) *Evaporites through Space and Time*. Geological Society, London, Special Publications, 285, 15-35.

Kusznir, N. J. & Karner, G. D. 2007. Continental lithospheric thinning and breakup in response to upwelling divergent mantle flow: application to the Woodlark, Newfoundland and Iberia mar-

gins. In: Karner, G. D., Manatschal, G. & Pinheiro, L. M. (eds) *Imaging, Mapping and Modelling Continental Lithosphere Extension and Breakup.* Geological Society, London, Special Publications, 282, 389–419.

Liro, L. M. & Dawson, W. C. 2000. Reservoir systems of selected basins of the South Atlantic. *In*: Mello, M. R. & Katz, B. (eds) *Petroleum Systems of the South Atlantic Margin.* American Association of Petroleum Geologists, Tulsa, OK, Memoirs, 73, 77–92.

Mann, J. & Rigg, R. D. 2012. New geological insights into the Santos Basin. *GEO ExPro*, 9, 39–40.

Meisling, K. E., Cobbold, P. R. & Mount, V. S. 2001. Segmentation of an obliquely rifted margin, Campos and Santos basins, southeastern Brazil. *American Association of Petroleum Geologists Bulletin*, 85, 1903–1924.

Mello, M. R., Macedo, J. M., Requejo, R. & Schiefelbein, C. 2002. The Great Campos: a Frontier for New Giant Hydrocarbon accumulations in the Brazilian Sedimentary Basins (Abstract). *American Association of Petroleum Geologists Bulletin*, 85, 13.

Mohriak, W. U. & Fainstein, R. 2012. *Phanerozoic Regional Geology of the Eastern Brazilian Margin. Phanerozoic Passive Margins, Cratonic Basins and Global Tectonic Maps.* Elsevier, Oxford.

Mohriak, W. U., Nemcok, M. & Enciso, G. 2008. South Atlantic divergent margin evolution: rift-border uplift and salt tectonics in the basins of SE Brazil. *In*: Pankhurst, R. J., Trouw, R. A. J., Brito Neves, B. B. & De Wit, M. J. (eds) *West Gondwana: Pre-Cenozoic Correlations Acroiss the South Atlantic Region.* Geological Society, London, Special Publications, 294, 365–398.

Mohriak, W. U., Szatmari, P. & Couto Anjos, S. M. 2009. *Sal Geologia e Tectônica.* Beca, São Paolo, Brazil.

Moreira, J. L. P., Madeira, C. V., Gil, J. A. & Machado, M. A. P. 2007. Bacia de Santos. *Boletim de Geociencas da Petrobras*, 15, 531–549.

Mulder, T., Ducassou, E. et al. 2012. New insights into the morphology and sedimentary processes along the western slope of Great Bahama Bank, *Geology*, 40, 603–606.

Muniz, M. C. & Bosence, D. W. J. In press. Pre-salt microbialites from the Campos Basin (Offshore Brazil); Image Log Facies, Facies Model and Cyclicity in Lacustrine Carbonates. *In*: Bosence, D. W. J., Gibbons, K., Le Heron, D. P., Pritchard, T. & Vining, B. (eds) *Microbial Carbonates in Space and Time: Implications for Global Exploration and Production.* Geological Society, London, Special Publications, 418, http://dx.doi.org/10.1144/SP418.10.

Quirk, D. G., Schodt, N., Lassen, B., Ings, S. J., Hsu, D., Hirsch, K. K. & von Nikolai, C. 2012. Salt tectonics on passive margins: examples from Santos, Campos & Kwanza basins. *In*: Alsop, G. I., Hartley, A. J., Grant, N. T. & Hodgkinson, R. (eds) *Salt Tectonics, Sediments and Prospectivity.* Geological Society, London, Special Publications, 363, 207–244.

Read, J. F. 1985. Carbonate platform facies models. *American Association Petroleum Geologists Bulletin*, 69, 1–21.

Rezende, M. F. & Pope, M. C. 2015. Importance of depositional texture in pore characterization of subsalt microbialite carbonates, offshore Brazil. *In*: Bosence, D. W. J., Gibbons, K., Le Heron, D. P., Pritchard, T. & Vining, B. (eds) *Microbial Carbonates in Space and Time: Implications for Global Exploration and Production*. Geological Society, London, Special Publications, 418. First published online February 26, 2015, http://dx.doi.org/10.1144/SP418.2.

Riley, T. R. & Knight, K. B. 2001. Age of break-up Gondwana magmatism. *Antarctic Science*, 13, 99–110.

Scotchman, I. C., Gilchrist, G., Kusznir, N. J., Roberts, A. M. & Fletcher, R. 2010. The breakup of the South Atlantic Ocean; formation of failed spreading axes and blocks of thinned continental crust in the Santos Basin, Brazil and its consequences for petroleum system development. *In*: Vining, B. A. & Pickering, S. C. (eds) *Petroleum Geology: From Mature Basins to New Frontiers*. Proceedings of the 7th Petroleum Geology Conference, Geological Society, London, 855–866.

Szatmari, P., Guerra, M. C. M. & Pequeno, M. A. 1996. Genesis of large counter-regional normal fault by flow of Cretaceous salt in the S. Atlantic Santos Basin, Brazil. *In*: Alsop, G. I., Blundell, D. J. & Davison, I. (eds) *Salt Tectonics*. Geological Society, London, Special Publications, 100, 259–264.

Terra, G. J. S. et al. 2009–10. Carbonate rock classification applied to Brazilian sedimentary basins. *Boletim de Geosciencias da Petrobras*, 18, 9–29.

Vahrenkamp, V., David, F., Duijndam, P., Newall, M. & Crevello, P. 2004. Growth architecture, faulting, and karstification of a middle Miocene carbonate platform, Luconia Province, offshore Sarawak, Malaysia. *In*: Eberli, G., Masaferro, J. L. & Sarg, J. F. (eds) *Seismic Imaging of Carbonate Reservoirs and Systems*. American Association of Petroleum Geologists, Tulsa, OK, Memoirs, 81, 329–350.

Versfelt, J. W. 2010. South Atlantic Margin Rift Basin Asymmetry and Implications for Pre-Salt Exploration. *In*: *American Association Petroleum Geologists International Conference and Exhibition*, Rio de Janeiro, 15–18 November 2010 (abstract).

Wright, V. P. 2012. Lacustrine carbonates in rift settings: the interaction of volcanic and microbial processes on carbonate deposition. *In*: Garland, J., Neilson, J. E., Laubach, S. E. & Whidden, K. J. (eds) *Advances in Carbonate Exploration and Reservoir Analysis*. Geological Society, London, Special Publications, 370, 39–47.

Wright, V. P. & Barnett, A. 2015. An abiotic model for the development of textures in some South Atlantic early Cretaceous lacustrine carbonates. *In*: Bosence, D. W. J., Gibbons, K., Le Heron, D. P., Pritchard, T. & Vining, B. (eds) *Microbial Carbonates in Space and Time: Implications for Global Exploration and Production*. Geological Society, London, Special Publications, 418. First published online February 26, 2015, http://dx.doi.org/10.1144/SP418.3.

第9章　巴西近海盐下微生物碳酸盐岩孔隙中沉积结构的重要性

M. F. REZENDE[1,2*] & M. C. POPE[2]

1. PETROBRAS, Leopoldo Americo Miguez de Mello Research Centre (CENPES), Rio de Janeiro, 21941-915, Brazil

2. Department of Geology and Geophysics, Texas A&M University, College Station, TX 77843, USA

*通信作者（e-mail：marceloderezende@tamu.edu）

摘要：微生物碳酸盐岩（如叠层石、凝块石、晶体灌木丛和球粒石）受水深、水化学和相对能量等沉积环境的强烈影响。桑托斯（Santos）盆地（巴西）下白垩统盐下微生物碳酸盐岩具复杂的生长骨架孔，其生长骨架与生物和非生物作用的碳酸盐沉淀有关，并受胶结作用和溶解作用影响。复杂的孔隙系统和储层强烈的非均质性导致储层总孔隙度在2%~27%之间，最小渗透率小于0.01mD，最大渗透率可达4.9D。灌木状结构的粒度、分选和充填等结构差异产生不同的孔隙系统，从而控制岩石物理性质。胶结作用和溶解作用也可减少或增加孔隙大小和孔喉结构，从而调整受组构控制的孔隙系统。灌木状结构的粒度是孔隙大小变化和影响渗透率的主控因素，分选则影响原生孔隙度和次生渗透率。充填作用间接控制孔隙度。因此，对于相同孔隙度区间又分选好，并被致密充填的小型灌木状结构来说，其渗透率要比相同特性的大型灌木状结构低。

近年来，地质学家深入研究微生物岩，以了解碳酸盐沉淀特性（Dupraz 等，2009），微生物岩沉积体的分布与形态（Harris 等，2013），建立微生物诱导碳酸盐岩油气藏的基岩与岩石物理性质关系的重要性（Tonietto 和 Pope，2013）。研究的核心内容是孔隙系统。微生物岩的孔隙由微生物作用、沉积作用和成岩作用形成或调整，其孔隙系统非常复杂（Parcell，2002；Ahr，2008）。这些作用的内在因素引起碳酸盐岩结构和组构差异，同时影响孔隙和孔喉大小（Lønøy，2006；Lucia，2007；Ahr，2008；Verwer 等，2011）。因此，在孔隙发育过程中，上述作用孰轻孰重是理解储层岩石物理性质的关键（Melim 等，2001；Parcell，2002；Mancini 等，2004；Ahr，2008）。

然而，不同沉积环境、生物和非生物作用（Monty，1976；Burne 和 Moore，1987；Riding，2000，2011），以及成岩作用的调整使微生物岩结构和组构具非均质性。这种非均质性与微生物岩结构、孔隙和岩石物理性质直接相关。组构控制孔隙特征，并可粗略刻画碎屑碳酸盐岩的岩石物理性质（McCreesh 等，1991；Luo 和 Machel，1995；Durrast 和 Siegesmund，1999；Melim 等，2001）。因为基本结构和赋存模式影响每类结构的孔隙系统和岩石物理性质差异，所以描述基本结构和赋存模式可以更好地理解微生物岩储层。（Melim 等，2001；Ahr，2008；Rezende 等，2013）。

本文运用上述方法评价桑托斯盆地（图 9.1）下白垩统过渡相—海相盐下微生物碳酸盐岩（Dias，2005）。依照生物和非生物作用可导致碳酸盐沉淀这个观点，微生物碳酸盐岩的起源和特征一直是科学界争论的话题（Chafetz 和 Guidry，1999；Pope 等，2000；Dupraz 等，2009；Rainey 和 Jones，2009；Mancini 等，2013；本书的 Wright 和 Barnett，在刊）。本文提到的盐下碳酸盐沉积体与微生物岩相似，是生物和非生物碳酸盐沉淀作用及碎屑颗粒共同作用的产物（Burne 和 Moore，1987）。这种碳酸盐岩在结构、孔隙和成岩史方面具强烈的非均质性。在岩心截面具相应结构和组构的位置上钻取柱塞样测定其孔隙度、渗透率和毛细管压力，以了解微生物岩与连通孔隙之间的关系。结果表明，诸如粒度、分选、充填和形态等结构特征是控制储层孔隙度、渗透率和孔喉分布的主要因素。

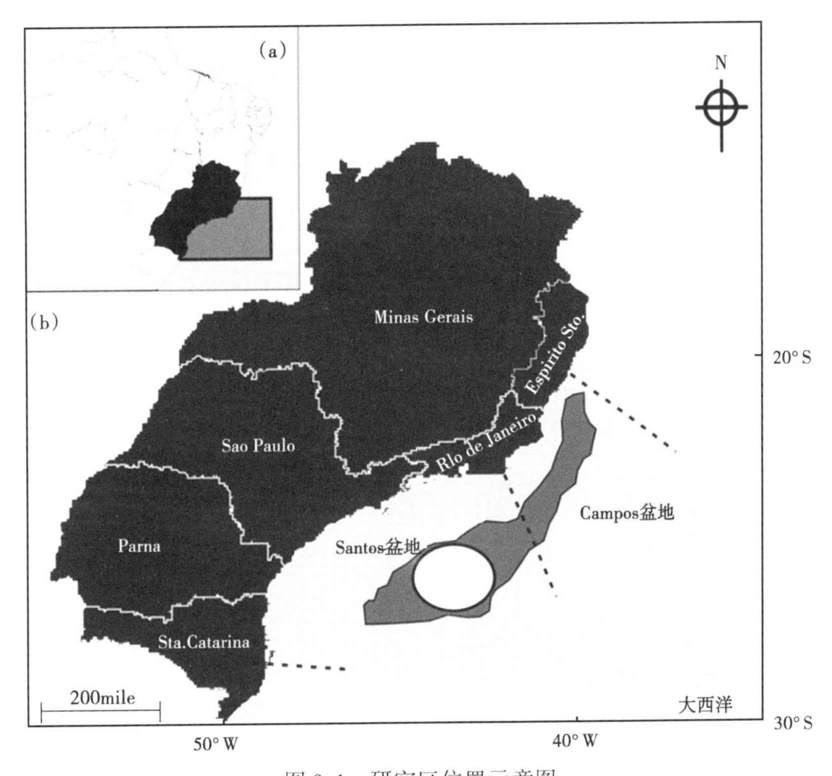

图 9.1 研究区位置示意图

（a）巴西东海岸位置图；（b）巴西东南部边缘桑托斯盆地和坎波斯盆地位置图；白圈为研究区，为深水盐下储层（暗灰色阴影区域）

9.1 地质背景

巴西东南沿海凹陷盆地的浅水环境形成下白垩统广阔的盐下碳酸盐沉积体（图 9.1）（Bueno，2004；Dias，2005；Campos Neto 等，2007；Moreira 等，2007；Araujo 等，2009）。古生物资料表明，特提斯海向北进入盆地（Araı，2009）。微生物岩和碎屑碳酸盐岩形成于过渡相浅水环境，由早先扇三角洲和湖泊相沉积物（如介壳灰岩滩）过渡至上覆海相盐岩的过渡相环境（Winter 等，2007）。桑托斯盆地碳酸盐岩为 Barra Velha 组（Moreira 等，2007）。

干旱场所的蒸发作用使浅水环境出现超盐度条件（Franca 等，2007；Araujo 等，2009；Beglinger 等，2012）。此外，沉积盆地划分为近源区和远源区，近源区沉积硅质碎屑，远源区的硅质碎屑很少，以碳酸盐岩占绝对优势（Dias，2005；Franca 等，2007；Moreira 等，2007；Gomes 等，2013）。

这些盐下微生物碳酸盐岩具不同的外部形貌和结构（Terra 等，2009）。微生物碳酸盐岩的外部形貌与水体深度、水化学和环境能量有关（Dias，2005；Araujo 等，2009）。而且，微生物岩沉积结构的粒度、形貌、分选和充填特征具多样性（Terra 等，2009）。文中微生物岩结构涵盖了由微生物纹层到不同形态的灌木状微生物岩范畴（图 9.2）。环境变化驱动微生物生长和碳酸盐沉淀，并引起结构多样性（Schmid，1996；Konhauser，2007；Dupraz 等，2009）。

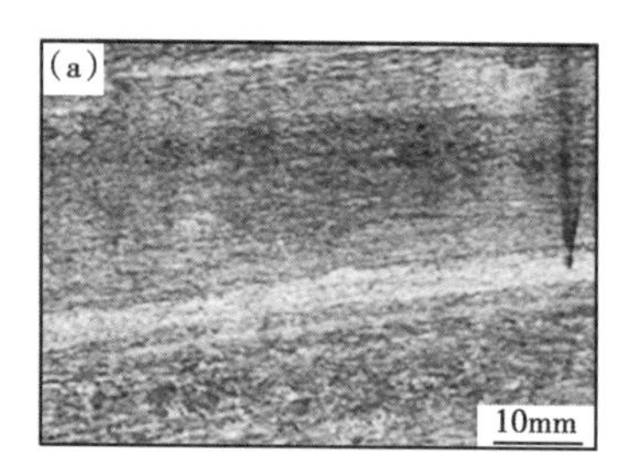

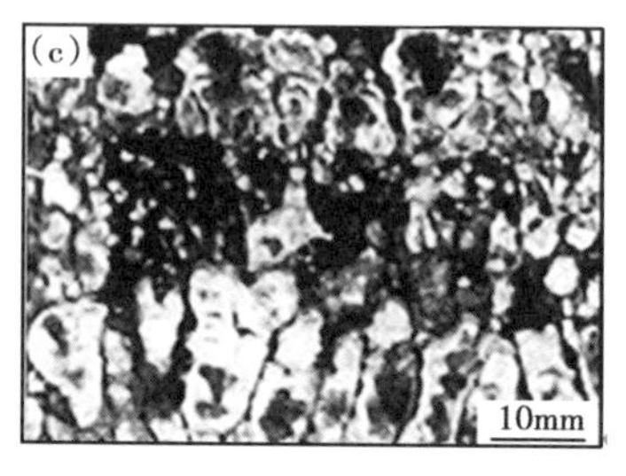

图 9.2 南大西洋盐下微生物碳酸盐岩中三类常见结构

（a）微生物纹层，泥晶纹层由平缓到褶皱；（b）中型灌木状微生物岩，灌木状结构高 5~10mm，位于照片上半部分；（c）大型灌木状微生物岩（灌木状结构>10mm）；因为不同粒度的微生物构造共存，所以以粒度为基础分类的结构也具差异性

微生物碳酸盐岩的同沉积作用和成岩作用非常常见，导致孔隙系统由沉积孔隙变化至成岩孔隙（图 9.3）。通常，溶解作用通过溶解扩大或产生新孔隙，来提高碳酸盐岩孔隙系统

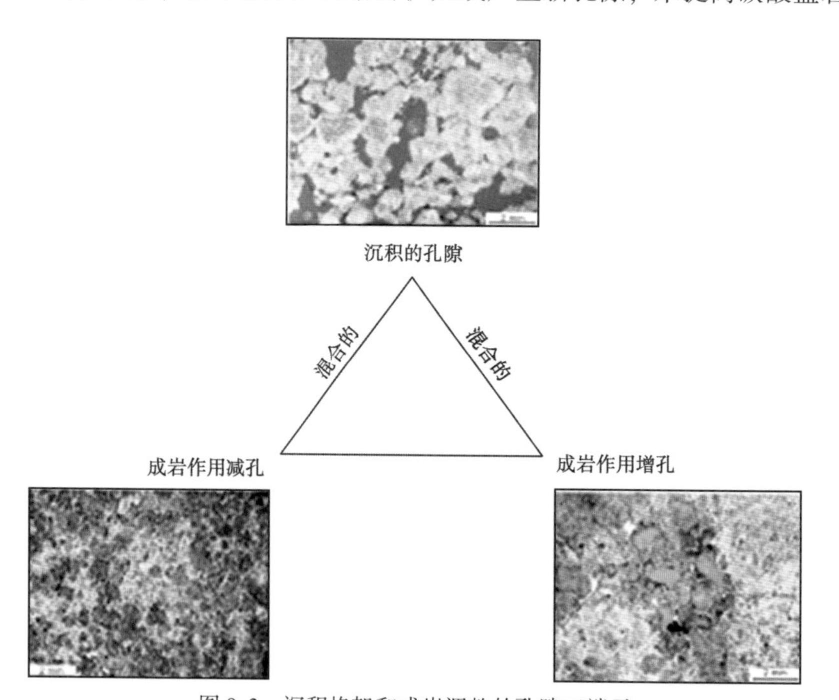

图 9.3 沉积格架和成岩调整的孔隙三端元

照片分别表示大型指状叠层石的孔隙端元。孔隙呈蓝色；沉积孔隙表现为明显的组构选择性；成岩增孔的原因是溶解作用形成扩大孔和新生孔隙（粒内孔、铸模孔和孔洞）；成岩减孔的原因为孔隙空间被胶结（如方解石）；混合孔的特点介于成岩增孔和成岩减孔之间

(Araujo 等，2009 年)。白云石、方解石和二氧化硅作为胶结物和置换物产出。同沉积作用和埋藏作用形成的胶结物往往使孔隙减少。然而，大多数情况下，这些孔隙系统可用 Ahr(2008) 的方法分类，判断沉积和成岩混合作用下处于增孔还是减孔。

9.2 方法

桑托斯盆地盐下碳酸盐岩具结构多样性（Terra 等，2009)。结构多样性对研究沉积环境非常重要，可以在更加复杂的结构与岩石物理性质间建立相关性。但由于大量结构具有相似的孔隙特征，使上述相关性更加复杂。为了简化结构与岩石物理性质间的相关性，笔者通过形貌特征——长宽比（h/w）(Hofmann，1976）重新分类沉积结构。这种分类方案考虑了微生物碳酸盐岩中纹层状、球粒状和灌木状等基本结构（图 9.4)。为了简化结构分类标准和评价孔隙体系中灌木状结构的粒度和分选，灌木状微生物岩结构分为三类：高度小于 5mm 为小型；高度 5~10mm 为中型；高度大于 10mm 为大型。

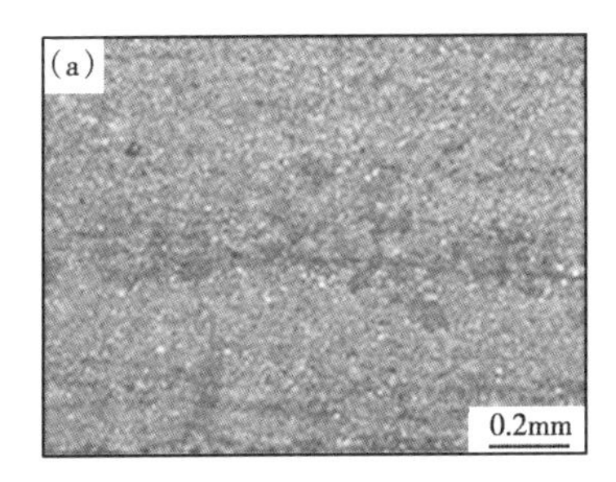

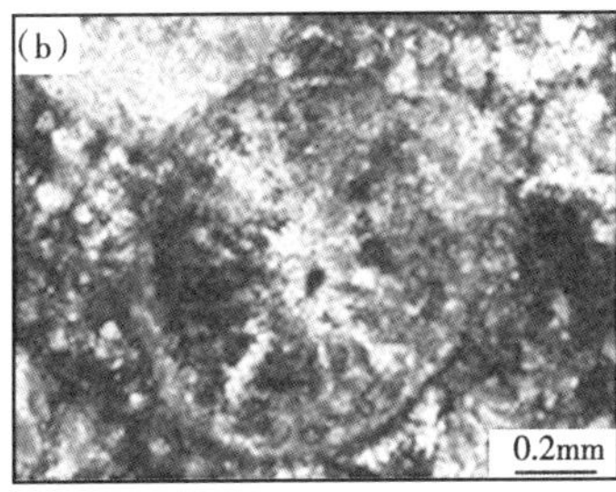

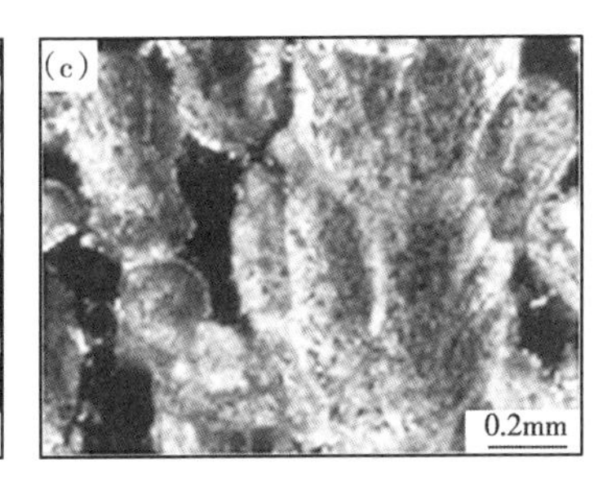

图 9.4　南大西洋盐下微生物碳酸盐岩的三类主要结构成分

(a) 泥晶纹层；(b) 放射纤维状球粒，白云石悬浮于球粒周边；(c) 放射状扇形灌木状结构，伴生似球粒；黑色部分为孔隙；所有照片均为正交偏光

在下白垩统盐下微生物碳酸盐岩的不同油气田中，选取 46 个岩心柱塞样进行研究。根据结构均一性和成岩改造作用选取柱塞样品，并进行岩心观察和薄片描述。描述了岩心中每种结构的宏观和微观特征，碳酸盐沉淀率方案如图 9.5 所示。此方案由早先的研究工作得出，地貌越复杂及构造发育越快速，则越对微生物生长、生物/非生物碳酸盐沉淀及高碳酸盐饱和度有利（Dupraz 等，2006)。

取心井段具结构非均质性，主要表现为灌木状结构的粒度分选差异，而形貌和充填特征可以忽略，因此可以更直观地阐述结构特征、孔隙特征和岩石物理性质间的相关性。沉积孔隙被胶结物减少或充填的井段不能参加统计，因为取心井段孔隙特征与岩石物理性质的相关性由孔隙中胶结物的存在来确定，用 Corelabw Ultrapore-300 孔隙度测定仪和 Corelabw Ultra-perm 400 氮气渗透率仪测定柱塞样品的岩石物理性质。渗透率测量值用克林肯伯格气体滑脱效应进行校正。

在最初选取的 46 个柱塞样中挑选了 5 组样品，每组样品分别具有 4 类沉积组构（如纹层、小型灌木状微生物岩结构、中型灌木状微生物岩结构和大型灌木状微生物岩结构)，孔隙为单纯沉积孔—成岩增强孔。根据结构特征、成岩强化作用和岩石物理性质来选取柱塞样品。每类结构中，剔除相似的样品。详细描述这 20 个柱塞样的结构和孔隙特征，并进行毛细管压力孔隙度测定和孔喉半径计算。毛细管压力由测量范围为 1cm^3 的 MicromeriticsR AutoPore IV 9500 孔隙率测定仪测定。压力可增加至 60000psi。由这些压力数据可得到孔喉半径。Luo 和 Machel（1995）、Basan 等（1997）对实验室操作过程和计算步骤做了详细报道。所有测试分析在巴西里约热内卢巴西石油公司试验中心完成。

从三类微生物岩结构中选取 15 个样品，描述其结构、组构、微生物含量、矿物成分、孔隙特征和成岩特点，如图 9.5 所示。灌木状结构具自身特点，如粒度（高和宽）和充填（宽度与相邻空间比），以及由柱塞样相邻区域（达 10cm）分类而得的实验分析结果和地貌特征（简单或复杂的分支）。每类灌木状结构特征都经过 80 次最小化定量模型分析和岩石物理性质相关性分析。高度和宽度由假定更长的线性长度（垂直和水平）作为属性值来测量。灌木状结构间的空间由两个相邻灌木状结构空间的线性长度来假定。微生物碳酸盐岩中灌木状结构的空间分布为三维排列，并不等同于二维测量的结果。然而，在盐下微生物碳酸盐岩中，诸如灌木状结构粒度、充填和形貌等方面的基本结构特征，足以确定控制孔隙和岩石物理性质的基本结构。

结构		图像		宏观特征							微观特征		相对碳酸盐岩沉淀率
		照片	二元图像	主要构造	内部构造大小	内部构造形貌	充填性	灌木结构分选	组构	孔隙系统	似球粒/晶体	泥晶灰岩/胶结物	
微生物岩	微生物纹层			纹层	不适用	简单	致密	不适用	平行	简单	高	高	慢
	小型灌木状结构			灌木状结构	高度<5mm	通常为复杂的分支	通常致密	好—中等	垂直	复杂	中等	高	慢
	中型灌木状结构			灌木状结构	高度 5~10mm	简单—复杂分支	疏松—致密	中等	垂直	复杂	低	低	中等
	大型灌木状结构			灌木状结构	高度>10mm	简单—复杂分支	疏松—致密	中等—差	垂直	复杂	低	低	快

图 9.5　用于描述不同微生物碳酸盐岩结构及相对碳酸盐沉淀率的宏观特征和微观特征

沉积孔隙照片配有二元图像，用红色+标出；照片（左边）的灰色和白色部分为碳酸盐，黑色区域为孔隙；右边的二元图像中，蓝色表示孔隙，白色表示碳酸盐

将灌木状结构的标准偏差作为内部变异指数，以计算相同结构分类中样品的差异。因为孔隙调整和岩石物理参数变动都会出现偏差，所以计算结果 δ 可能存在异常值。灌木状结构的粒度由其高度决定。样品中灌木状结构的粒度变异指数用于确定其分选性（灌木状结构的粒度分选指数）。分选指数由归一化高度确定，通过测量值与固定的最大值之比计算而来。这个过程可以评价同一数量级不同高度灌木状结构的粒度分选。粒度分选指数越高，表示结构分选性越差，反之，粒度分选指数越低，则结构分选性越好。灌木状结构相邻空间的高度与宽度比用于计算充填性。该值越低，表示灌木状结构越致密，该值越高则表示越疏松。充填性差异指数是空间与宽度比，表示充填性由致密到疏松。因此，充填指数越接近 1，则充填越致密，该值越接近 0，充填越疏松。

灌木状结构的粒度和充填指数（图 9.6）显示样品具结构非均质性。因此，测定结构和形貌特征可以更好地研究微生物岩的结构和孔隙特征。然而，强烈的结构非均质性和三维孔隙分布也影响正确估算表征单元体积（REV），表征单元体积说明了微生物碳酸盐岩的流体流量和渗透率。这种情况一般发生于小尺度的样品；而且，岩心测量不了其内部三维互连孔隙。

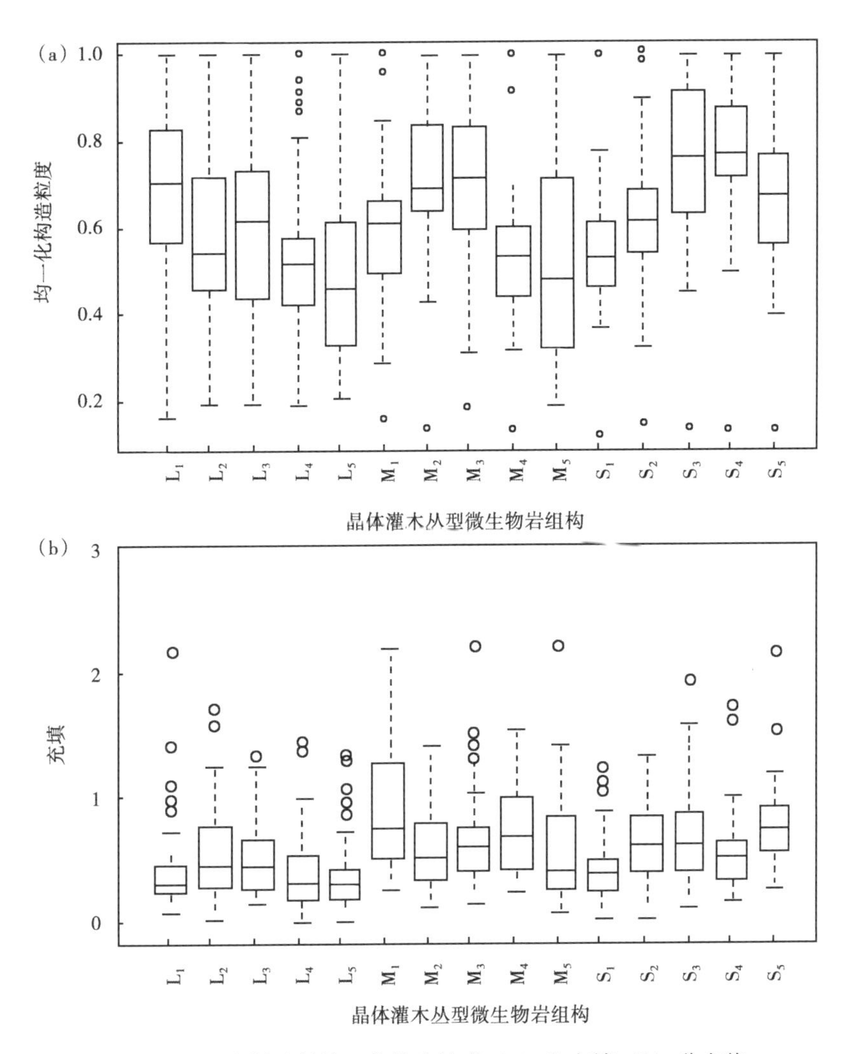

图 9.6　15 个样品的均一化构造粒度（a）和充填（b）分布值

数据框的宽度和延长线表明，由于内部属性的差异引起个别样品值出现异常；数据框代表测量数据的第一和第三个四分位数之间的数值；数据框越长，表示样品的内部差异越大，数据框越短，则样品的差异越小；黑条表示样品分析中值；延长线的最小值为第三个四分位数 1.5 倍，最大值为第一个四分位数 1.5 倍；圆圈代表剩余的数据；研究过程中，这些数据没有作为异常值被剔除；每个柱塞样的相邻区域经过详细描述，并用结构和代码分类：L 为大型灌木状结构微生物岩，M 为中型灌木状结构微生物岩，S 为小型灌木状结构微生物岩

9.3　数据

9.3.1　碳酸盐岩结构

纹层、球粒和灌木状结构是微生物岩三大基本结构成分（图 9.4）。因为这三种基本成分在样品中往往同时存在，所以通过岩心描述和岩相分析，由占优势的结构成分决定微生物岩结构。这种过程可归纳为一个简化的结构分类表（图 9.5），由四类结构组成：微生物纹层和三类灌木状结构（小型、中性和大型）。灌木状结构分类差异由平均粒径而定。球粒分

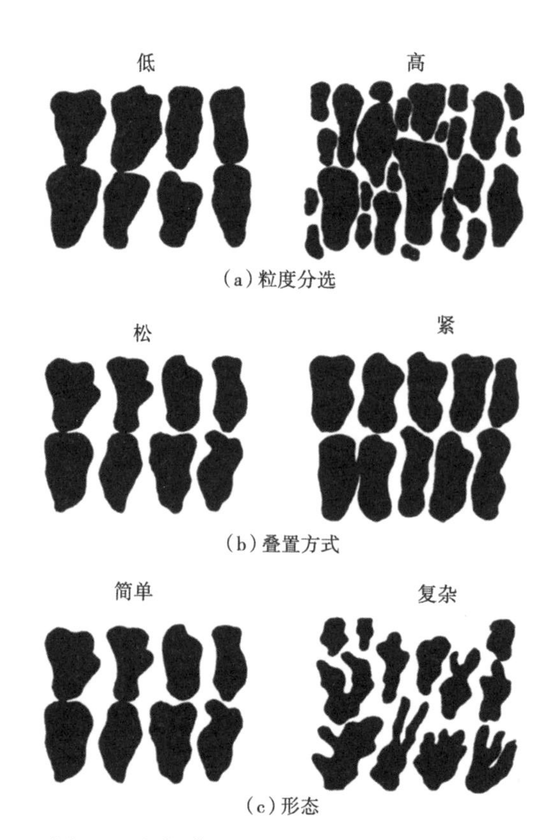

图 9.7 根据灌木状结构的粒度、分选、充填和形态分组的微生物碳酸盐岩结构

黑色区域表示微生物岩骨架；这种结构分组很重要，因为这些特征的变化导致孔隙特征如孔隙大小、孔喉半径和迂回度的变化

散在微生物纹层和灌木状结构中，是一种常见的结构成分，但在本文的样品中不占主导地位。

纹层发育为泥晶和球粒水平层理（图 9.4a），伴有面状和波状特征。球粒石直径通常小于 5mm，由不同晶核的方解石组成（图 9.4b），具放射状—纤维状特征。灌木状结构形态多样，具简单到复杂的分支；粒度变化大，由高度小于 5mm 的球粒/小型灌木状结构到高度大于 10mm 的大型灌木状结构，通常由泥晶球粒和纤维状扇形方解石组成（图 9.4c）。此外，结构可根据粒度分选、致密或疏松充填，以及复杂或简单形态来分类（图 9.7）。

9.3.2 孔隙特征

根据 Ahr（2008）提出的成因分类法，每个样品的孔隙可分为沉积型、混合型、成岩增强型或减弱型（图 9.3）。这种分类法描述了从原位微生物碳酸盐岩结构和成岩蚀变继承下来的孔隙总量。此外，孔隙的形态可由空间结构（如水平的、垂直的和复杂的）和粒度（图 9.8）来描述。由于样品尺寸的限制，对诸如洞穴和通道、成岩孔洞和裂缝等岩石物理性质没有进行研究。

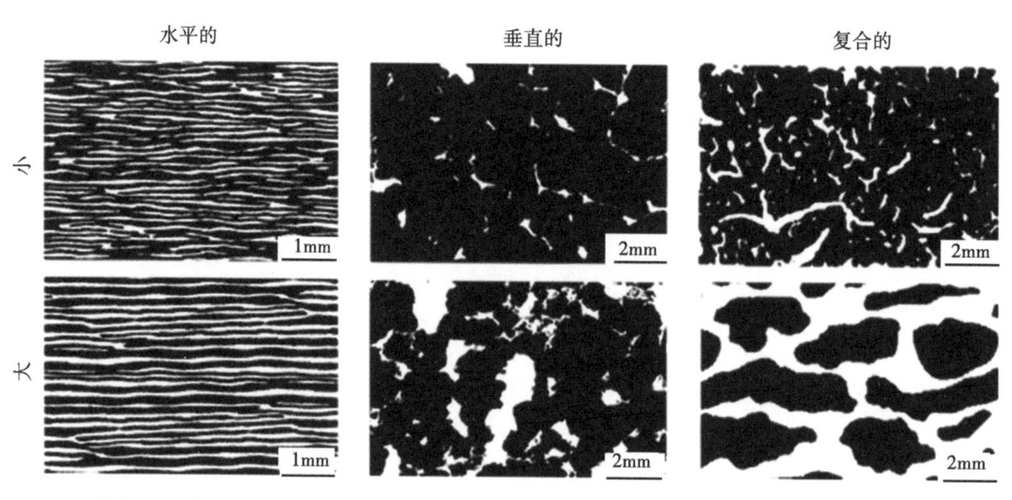

图 9.8 与不同微生物碳酸盐岩结构相关的孔隙形态（据 Hofmann，1976，修改）

纹层通常具水平孔隙；灌木状结构微生物岩具垂直孔隙—复杂孔隙；孔隙大小、孔喉半径和迂回度由诸如粒度、分选和充填等特征决定；图中，白色为孔隙，黑色为岩石骨架

9.4 分析结果

所有样品的孔隙度和渗透率分布范围较宽（ϕ 为 5.5%～27%；K 为 3mD～4.9D）。通常，胶结程度较高的井段，孔隙度和渗透率值都较低（图 9.9）。相反，成岩增强型井段（如孔隙增大、颗粒溶解和新生洞穴）的孔隙度和渗透率值都较高（图 9.9）。而且，每种结构（如纹层、小型灌木状微生物岩结构、中型灌木状微生物岩结构和大型灌木状微生物岩结构）都与孔隙度和渗透率值呈不同斜率的正相关关系（图 9.9）。

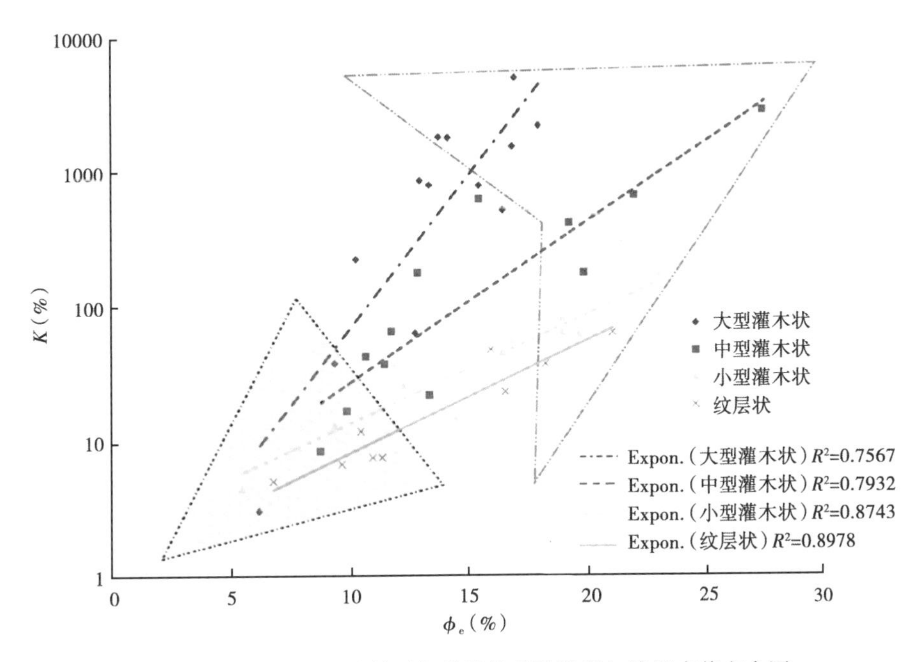

图 9.9　盐下微生物岩储层每类结构的孔隙度与渗透率值交会图

数值分布较广，并具正相关关系，然而，每类结构的趋势线具不同斜率，这些关系表明，若成岩调整适当或较少，结构控制孔隙特征并影响岩石物理性质，图中只显示储层的孔渗值；由岩相分析可见，灰色区域代表更多的溶解作用（右上）和更强的胶结作用（左下）；区域外的样品说明成岩作用对沉积孔隙影响较小；灌木状结构尺度如下：小型灌木状结构<5mm，中型灌木状结构 5～10mm，大型灌木状结构>10mm

四类结构毛细管压力曲线测定的平均孔喉值显示，由纹层状到大型灌木状微生物岩结构，孔喉半径逐渐增加（图 9.10a）。若将成岩增强型孔隙从平均孔喉半径值中剔除，这种趋势依然存在（图 9.10b）。只有小型灌木状微生物岩结构的孔喉半径值呈双峰分布，其原因是纹层占较高比例。

四类结构的对比趋势说明，在孔隙度相同情况下，大型灌木状结构具更高的渗透率（图 9.9）。这一特点同样被大型灌木状微生物岩结构的最大孔喉半径所证实（图 9.10a）。

盐下碳酸盐岩灌木状结构的粒度和孔喉半径也具上述特点（图 9.10c）。不同测量尺度下，孔喉半径和灌木状结构的粒度分布相似。纹层不具这个特点。

然而，在灌木状结构中，平均粒度与孔隙度之间无相关性（图 9.11a）。相反，渗透率与平均粒度具正相关关系（图 9.11b）。虽然每一种灌木状结构的粒度与渗透率呈正相关，但在小型灌木状和大型灌木状结构中均出现离散值（图 9.11b）。

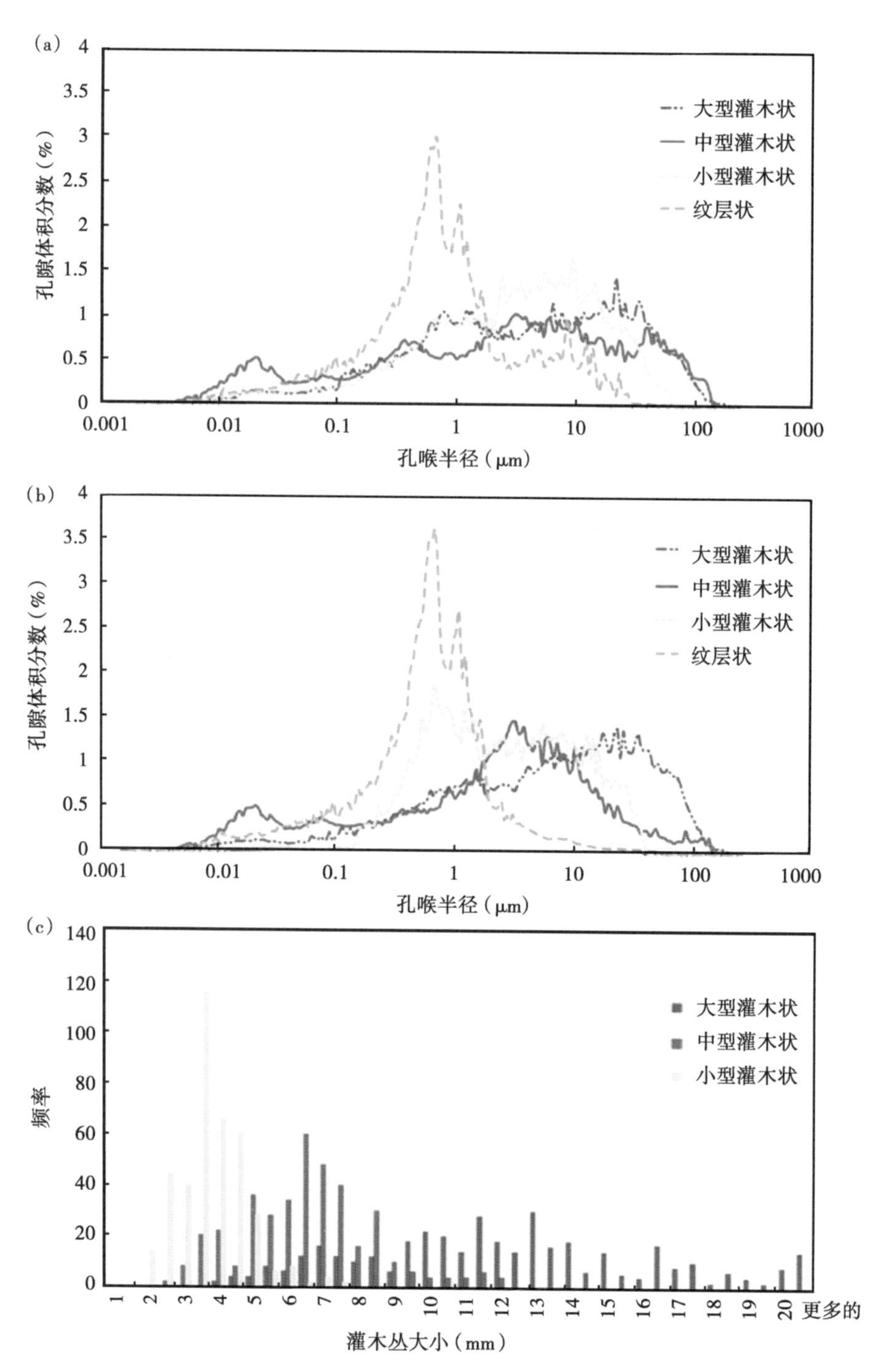

图 9.10　四类结构的物性特征

(a) 每类结构的平均孔喉半径分布图，包含沉积型、混合型和成岩增强型孔隙。(b) 每种结构的平均孔喉半径分布图，剔除成岩增强型孔隙；当结构由纹层向大型指状叠层石转变，孔喉半径值越来越大；具成岩增强型结构的纹层、小型指状叠层石和中型指状叠层表现为更大的孔喉峰值；在大型指状叠层石结构中，这种效果不明显。(c) 图 (a) 中不同粒度灌木状结构的孔喉半径分布值；虽然通过不同尺度测定这两种属性的孔喉半径，但由小型灌木状结构向大型灌木状结构转变，其孔喉半径逐渐增大这个特点是相似的，说明构造控制孔隙和孔喉大小

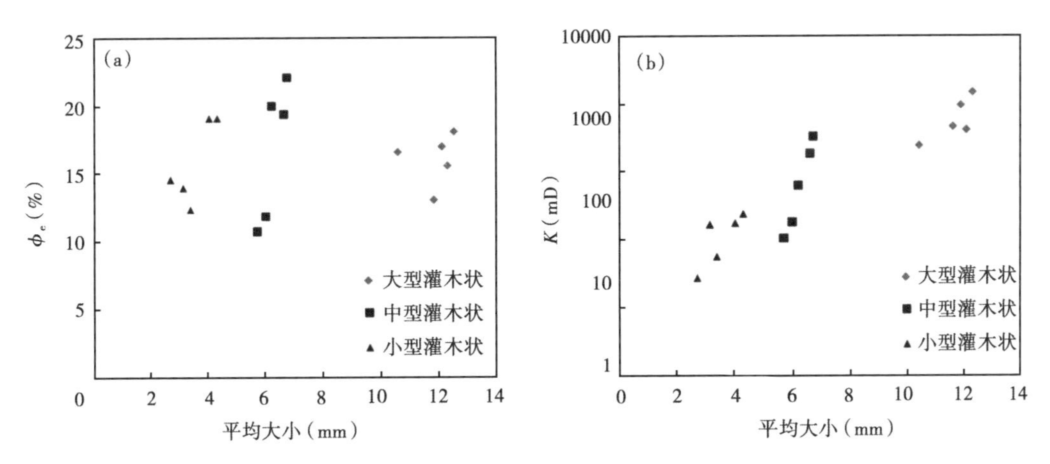

图 9.11　灌木状结构的特性特征

(a) 灌木状结构平均粒度与有效孔隙度交会图，数据点呈离散状态，所以粒度与孔隙度间无相关性；(b) 灌木状结构平均粒度与绝对渗透率交会图，结果显示，由于粒度控制孔隙大小和孔喉半径，灌木状结构的粒度与渗透率具相关性

孔隙度与灌木状结构的粒度分选系数（图 9.12a）呈弱的负相关性。分选较差的样品孔隙度较低，分选较好的样品孔隙度较高。因此，灌木状结构的粒度分选是控制孔隙度的主要因素。在粒度分选和孔隙度交会图中（图 9.12a），低孔隙度值分布较离散，说明胶结程度较高的样品，孔隙体积减小。此外，灌木状结构的粒度分选系数与渗透率呈弱的负相关关系（图 9.12b），说明，除了粒度，分选是控制渗透率的次要因素。所以，分选越高，渗透率越高。

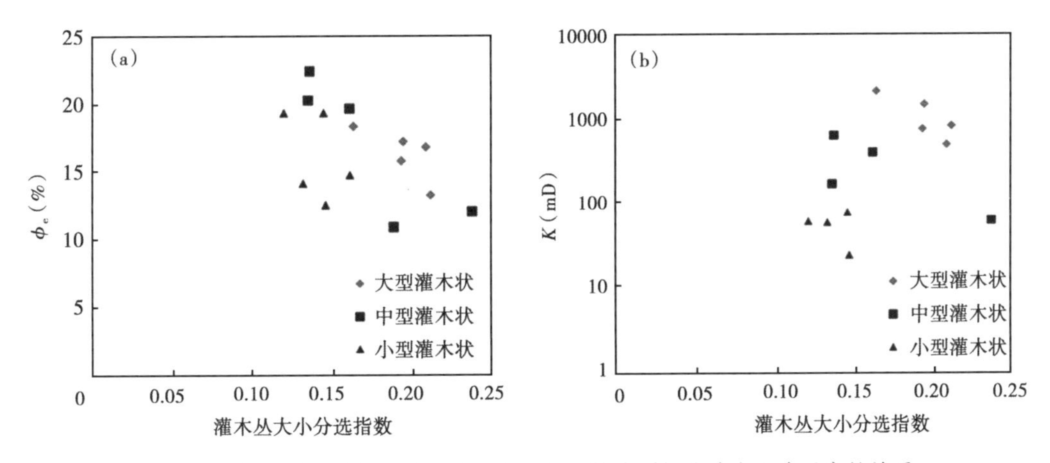

图 9.12　各类灌木状结构灌木丛大小分选指数分别与孔隙度和渗透率的关系

(a) 灌木状结构粒度分选系数与有效孔隙度交会图，数值越高，说明分选越差。(b) 灌木状结构粒度分选系数与渗透率交会图；由这两个散点图可见，灌木状结构粒度分选影响孔隙度和渗透率；因为与分选好的灌木状结构相比，不同粒度共存的灌木状结构在同样的体积中占据更多的空间，所以，分选差的结构，其孔隙体积减小，孔喉更小，迂回度更高

灌木状微生物岩结构中，充填性是控制孔隙度的第三个因素，因为充填系数与孔隙度之间具微弱的正相关性（图 9.13a）。孔隙度越高，充填越疏松。小型灌木状和中型灌木状微生物岩结构的样品，其孔隙度最高，是遭受成岩溶解作用最强的类型。大于平均值的孔隙，

其充填系数越大。因为大部分数据离散，所以充填性和渗透率之间的相关性较差（图9.13b）。

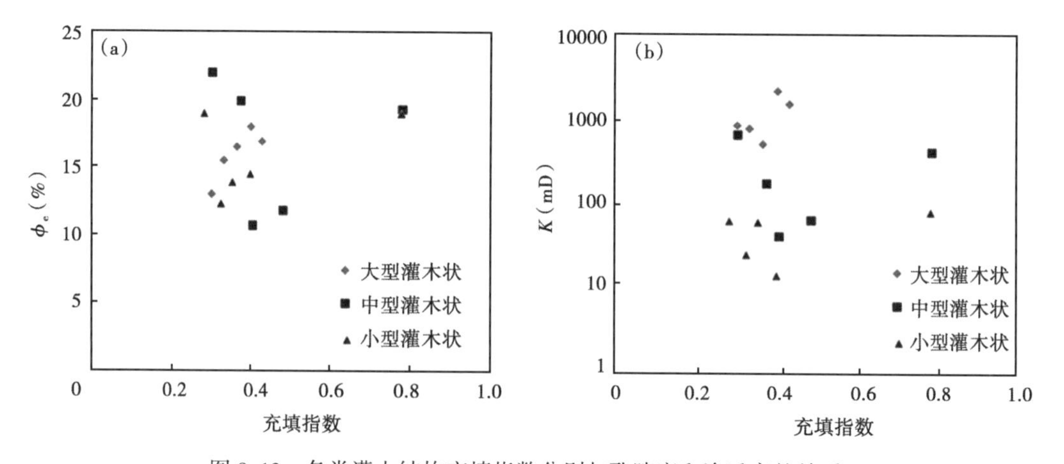

图9.13　各类灌木结构充填指数分别与孔隙度和渗透率的关系

（a）各类灌木状微生物岩结构的充填系数和有效孔隙度交会图；孔隙度与充填性之间具弱相关性，孔隙度增加则充填更疏松（更高的充填系数），每类结构均具这个特点；离散点代表相邻灌木状结构间存在较大空间的样品。（b）充填系数和渗透率值交会图，图中，充填性和渗透率不具相关性

9.5　讨论

桑托斯盆地下白垩统盐下微生物岩中诸如组构、灌木状结构的粒度、分选和充填性等特点控制沉积孔隙的发育，影响岩石物理性质。用结构特点和岩石物理性质定义了四类微生物岩结构（如微生物纹层、小型灌木状微生物岩结构、中型灌木状微生物岩结构和大型灌木状微生物岩结构）（图9.8）。孔隙度和渗透率的离散值与样品中结构非均质性有关（图9.6）。

灌木状结构的粒度控制孔喉大小（图9.10），从而影响渗透率（图9.11b），而灌木状结构的粒度分选控制孔隙度（图9.12a）。此外，灌木状结构的粒度分选也是控制渗透率的次要因素（图9.12b），增加弱分选结构的孔喉迂回度。充填性影响孔隙度，充填疏松的结构其孔隙度较大（图9.13a）。然而，充填性对渗透率的影响不大。通常，本文提到的结构差异，如大型灌木状结构的粒度、好分选和疏松填充等，使灌木状微生物岩结构具更高的孔隙度和渗透率值（图9.14），因为结构控制孔隙特征（如孔隙、孔喉大小和迂回度）。

复杂和简单的结构成分（如灌木状结构）形貌需进一步研究，因为复杂的形貌可能产生封闭孔隙和弯曲通道的复杂孔隙网络，引起渗透率降低。此外，需要详细研究微生物岩形貌实际影响了多少岩石物理性质。而二维分析为灌木状结构的粒度、分选和充填性提供基本手段，用于理解控制孔隙的结构，通过三维方法（如计算机层析成像技术）可以更精确的分析结构和孔隙特征。

当沉积孔隙没有被胶结作用和溶解作用完全改变，这些结构能有效控制沉积孔隙和混合孔隙（图9.9和图9.10）。控制孔隙的结构可能被完全掩盖，而岩石物理性质能有效反映成岩作用对孔隙的调整。总的来说，最高的渗透率值和孔隙度值对应成岩增强型孔隙（图9.9和图9.10a、b），因为成岩孔扩容并新生孔隙，如孔洞和粒内孔。

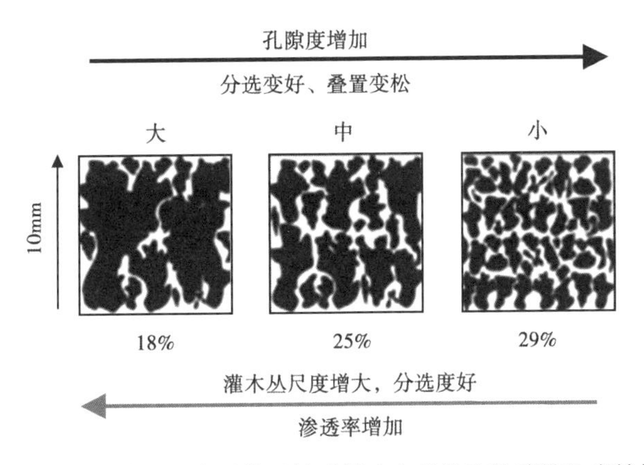

图 9.14　由结构、孔隙特征和岩石物理性质等建立的微生物碳酸盐岩结构通用模式图
方框下边的数字表示二维图像分析计算的总孔隙度值；分选性一定的灌木状结构，其粒度主要控制孔隙大小和渗透率；结果是，大的结构构造产生较大的孔隙和孔喉。灌木状结构的分选粒度控制孔隙度，因为与分选好的结构相比，分选差的结构由多种粒度的灌木状结构组成；其原因是在分选较差的结构中，孔隙体积减小，孔喉半径降低，迂回度增加

下一步研究将重点关注沉积结构、成岩结构和孔隙的测井曲线评价。为此，与成岩相关的矿物含量可以对不同作用（如白云石化、硅化）引起的孔隙变化提供更好的解释。此外，露头的结构空间分布可以预测微生物碳酸盐岩结构和孔隙的横向变化。

9.6　结论

通过结构、粒度、分选和充填性，评价了桑托斯盆地下白垩统盐下微生物碳酸盐岩的孔隙特征（如孔隙大小和孔喉半径）。由组构和粒度差异定义的四类微生物岩结构，具不同的孔隙度和渗透率关系，以及孔喉分布区间。

灌木状微生物岩结构的粒度是控制渗透率的主要因素。更大的结构使孔隙和孔喉更大，从而导致更高的渗透率值。此外，灌木状结构的粒度控制孔隙度，也是影响渗透率的第二大因素。分选较差的结构说明有更多灌木状结构占据了单元体积的有效空间，降低总孔隙度，影响孔喉半径，增加孔喉迂回度。充填性降低了有效空间，从而影响孔隙度。然而，对渗透率的影响作用不明显。因此，与相同孔隙度范围的大型灌木状结构相比，分选好、致密充填的小型灌木状结构的渗透率更低。

这些成岩孔隙被成岩作用所调整，降低或增加了孔隙度值和渗透率值。研究发现，被溶解作用增强的混合孔隙，比单纯的成岩孔隙具更高的孔隙度值和渗透率值。这种溶解增强作用加大了孔喉半径。相反，孔隙中胶结物的沉淀降低了孔隙度值和渗透率值。最低的孔隙度值和渗透率值代表孔隙中胶结物占比高的样品。

参 考 文 献

Ahr, W. M. 2008. *Geology of Carbonate Reservoirs*. John Wiley & Sons, New York.

Araí, M. 2009. Aptian Carbonates of Carmopolis Field, Sergipe-Alagoas Basin: stratigraphy and depositional model. *Boletim de Geociências da Petrobras*, 17, 331-351.

Araújo, C. C., Moretti Júnior, P. A., Madrucci, V., Carramal, N. G., Toczeck, A. & Almeida,

Â . B. 2009. Aptian carbonates of Carmopolis Field, Sergipe- Alagoas Basin: stratigraphy and depositional model. *Boletim de Geociências da Petrobras*, 17, 311-330.

Basan, P. B. , Lowden, B. D. , Whattler, P. R. & Attard, J. J. 1997. Pore-size data in petrophysics: a perspective on the measurement of pore geometry. *In*: Lovell, M. A. & Harvey, P. K. (eds) *Development in Petrophysics*. Geological Society, London, Special Publications, 122, 47-67, http: //dx. doi. org/10. 1144/gsl. sp. 1997. 122. 01. 05.

Beglinger, S. E. , Doust, H. & Cloetingh, S. 2012. Relating petroleum system and play development to basin evolution: Brazilian South Atlantic margin. *Petroleum Geoscience*, 18, 315 - 336, http: //dx. doi. org/ 10. 1144/1354-079311-022.

Bueno, G. V. 2004. Event diachronism in the South Atlantic rift. *Boletim de Geociências da Petrobras*, 12, 203-229.

Burne, R. V. & Moore, L. S. 1987. Microbialites: organosedimentary deposits of benthic microbial communities. *Palaios*, 2, 241-254, http: //dx. doi. org/10. 2307/3514674.

Campos Neto, O. P. d. A. , Lima, W. S. & Cruz, F. E. G. 2007. Sergipe-Alagoas Basin. *Boletim de Geociências da Petrobras*, 15, 405-415.

Chafetz, H. S. & Guidry, S. A. 1999. Bacterial shrubs, crystal shrubs, and ray-crystal shrubs: bacterial vs. abiotic precipitation. *Sedimentary Geology*, 126, 57-74, http: //dx. doi. org/10. 1016/S0037-0738 (99) 00032-9.

Dias, J. L. 2005. Tectônica, estratigrafia e sedimentção no Andar Aptiano da margem leste brasileira. *Boletim de Geociências da Petrobras*, 13, 7-25.

Dupraz, C. , Pattisina, R. & Verrecchia, E. P. 2006. Translation of energy into morphology: simulation of stromatolite morphospace using a stochastic model. *Sedimentary Geology*, 185, 185-203, http: //dx. doi. org/10. 1016/j. sedgeo. 2005. 12. 012.

Dupraz, C. , Reid, R. P. , Braissant, O. , Decho, A. W. , Norman, R. S. & Visscher, P. T. 2009. Processes of carbonate precipitation in modern microbial mats. *Earth-Science Reviews*, 96, 141-162, http: //dx. doi. org/10. 1016/j. earscirev. 2008. 10. 005.

Dürrast, H. & Siegesmund, S. 1999. Correlation between rock fabrics and physical properties of carbonate reservoir rocks. *International Journal of Earth Sciences*, 88, 392 - 408, http: //dx. doi. org/10. 1007/ s005310050274.

França, R. L. , Del Rey, A. C. , Tagliari, C. V. , Brandão, J. R. & Fontanelli, P. d. R. 2007. Espitio Santo Basin. *Boletim de Geociências da Petrobras*, 15, 501-509.

Gomes, P. O. , Kilsdonk, B. , Grow, T. , Minken, J. & Barragan, R. 2013. Tectonic evolution of the outer high of Santos basin, southern Sao Paulo Plateau, Brazil, and implications for hydrocarbon exploration. *In*: Gao, D. (ed.) *Tectonics and Sedimentation*: *Implications for Petroleum Systems*. American Association of Petroleum Geologists, Tulsa, OK, Memoirs, 100, 125-142.

Harris, P. M. M. , Ellis, J. & Purkis, S. J. 2013. Assessing the extent of carbonate deposition in early rift settings. *American Association of Petroleum Geologists Bulletin*, 97, 27-60.

Hofmann, H. J. 1976. Stromatoid morphometrics. *In*: Walter, M. R. (ed.) *Stromatolites*. Developments in Sedimentology, Elsevier, Oxford, 20, 45-54.

Konhauser, K. 2007. *Introduction to Geomicrobiology*. Blackwell, Oxford.

Lønøy, A. 2006. Making sense of carbonate pore systems. *American Association of Petroleum Geologists Bulletin*, 90, 1381–1405.

Lucia, F. J. 2007. *Carbonate Reservoir Characterization: An Integrated Approach*. Springer, Berlin.

Luo, P. & Machel, H. G. 1995. Pore size and pore throat types in a heterogeneous dolostone reservoir, Devonian Grosmont Formation, Western Canada sedimentary basin. *American Association of Petroleum Geologists Bulletin*, 79, 1698–1719.

Mancini, E. A., Llinás, J. C., Parcell, W. C., Aurell, M., Bádenas, B., Leinfelder, R. R. & Benson, D. J. 2004. Upper Jurassic thrombolite reservoir play, northeastern Gulf of Mexico. *American Association of Petroleum Geologists Bulletin*, 88, 1573–1602.

Mancini, E. A., Morgan, W. A., Harris, P. M. M. & Parcell, W. C. 2013. Introduction: American Association of Petroleum Geologists Hedberg Research Conference on Microbial Carbonate Reservoir Characterization – Conference summary and selected papers. *American Association of Petroleum Geologists Bulletin*, 97, 1835–1847, http://dx.doi.org/10.1306/intro070913.

McCreesh, C. A., Ehrlich, R. & Crabtree, S. J. 1991. Petrography and reservoir physics II: relating thin section porosity to capillary pressure, the association between pore types and throat size. *American Association of Petroleum Geologists Bulletin*, 75, 1563–1578.

Melim, L. A., Anselmetti, F. S. & Eberli, G. P. 2001. The importance of pore type on permeability of Neogene carbonates, Great Bahama Bank. *In*: Ginsburg, R. N. (ed.) *Subsurface Geology of a Prograding Carbonate Platform Margin Great Bahama Bank: Results of the Bahamas Drilling Project*. Society for Sedimentary Geology, Tulsa, OK, Special Publications, 70, 217–238.

Monty, C. L. V. 1976. The origin and development of cryptalgal fabrics. *In*: Walter, M. R. (ed.) *Stromatolites*. Developments in Sedimentology, Elsevier, Amsterdam, 20, 193–249.

Moreira, J. L. P., Madeira, C. V., Gil, J. A. & Machado, M. A. P. 2007. Santos Basin. *Boletim de Geociências da Petrobras*, 15, 531–549.

Parcell, W. 2002. Sequence stratigraphic controls on the development of microbial fabrics and growth forms–implications for reservoir quality distribution in the Upper Jurassic (Oxfordian) Smackover Formation, eastern Gulf Coast, USA. *Carbonates and Evaporites*, 17, 166–181, http://dx.doi.org/10.1007/bf03176483.

Pope, M. C., Grotzinger, J. P. & Schreiber, B. C. 2000. Evaporitic subtidal stromatolites produced by in situ precipitation: textures, facies associations, and temporal significance. *Journal of Sedimentary Research*, 70, 1139–1151.

Rainey, D. K. & Jones, B. 2009. Abiotic v. biotic controls on the development of the Fairmont Hot Springs carbonate deposit, British Columbia, Canada. *Sedimentology*, 56, 1832–1857, http://dx.doi.org/10.1111/j.1365-3091.2009.01059.x.

Rezende, M. F., Tonietto, S. N. & Pope, M. C. 2013. Three-dimensional pore connectivity evaluation in a Holocene and Jurassic microbialite buildup. *American Association of Petroleum Geologists Bulletin*, 97, 2085–2101, http://dx.doi.org/10.1306/05141312171.

Riding, R. 2000. Microbial carbonates: the geological record of calcified bacterial-algal mats and biofilms. *Sedimentology*, 47, 179–214, http://dx.doi.org/10.1046/j.1365-3091.2000.00003.x.

Riding, R. 2011. Microbialites, stromatolites and thrombolites. *In*: Reitner, J. & Thiel, V. (eds) *Encyclopedia of Geobiology*. Springer, Berlin, 635–654.

Schmid, D. U. 1996. Marine Mikrobolite und Mikroinkrustierer aus dem Oberjura. *Profil*, 9, 101–251.

Terra, G. J. S., Spadini, A. R. et al. 2009. Carbonate rock classification applied to Brazilian sedimentary basins. *Boletim de Geociências da Petrobras*, 18, 9–29.

Tonietto, S. N. & Pope, M. C. 2013. Diagenetic evolution and its influence on petrophysical properties of the Jurassic Smackover Formation thrombolite and grainstone units of Little Cedar Creek Field, Alabama. *Gulf Coast Association Geological Societies Journal*, 2, 68–84.

Verwer, K., Eberli, G. P. & Weger, R. J. 2011. Effect of pore structure on electrical resistivity in carbonates. *American Association of Petroleum Geologists Bulletin*, 95, 175 – 190, http://dx.doi.org/10.1306/0630 1010047.

Winter, W. R., Jahnert, R. & França, A. B. 2007. Campos Basin. *Boletim de Geociências da Petrobras*, 15, 511–529.

Wright, V. P. & Barnett, A. In press. An abiotic model for the development of textures in some South Atlantic early Cretaceous lacustrine carbonates. In: Bosence, D. W. J., Gibbons, K. et al. (eds) *Microbial Carbonates in Space and Time: Implications for Global Exploration and Production*. Geological Society, London, Special Publications, 418, http://dx.doi.org/10.1144/SP418.3.

第10章　用非生物模式解释南大西洋部分地区早白垩世湖相碳酸盐岩中组构的发育

V. PAUL WRIGHT[1,2*] & ANDREW J. BARNETT[3]

1. PW Carbonate Geoscience, 18 Llandennis Avenue, Cardiff CF23 6JG, UK

2. Natural Sciences, National Museum of Wales, Cardiff CF10 3NP, UK

3. BG Group, 100 Thames Valley Park, Reading RG6 1PT, UK

*通信作者（e-mail：v. vpw@btopenworld. com）

摘要：超碱性环境中湖泊的化学演化怎样控制沉积相的发育？南大西洋地下早白垩世裂谷—凹陷期湖相碳酸盐岩中各种类型碳酸盐岩和镁黏土岩的旋回性分布为此项研究提供了新的视野。典型的10m以下级别的对称和非对称的韵律层展示了三种主要的成分：泥级纹层状碳酸盐岩、毫米级直径的球晶（有证据显示基质为镁硅酸盐）和毫米—厘米级方解石（灌木丛状生长样式）。纹层岩中包含大量的介形虫和脊椎动物遗迹，纹层岩是由短期的洪积事件产生的，导致浅水湖泊扩张。侧向蒸发触发了镁硅酸盐的沉淀，以及凝胶中方解石的成核从而形成球晶结构。当凝胶沉淀率下降或停止时，方解石生长受到抑制，形成了灌木丛状的方解石，类似于现代钙华中非生物成因的方解石，尽管仍然有一些证据表明前期存在一些镁硅酸盐。这些沉积物的物理重组导致凝胶分散和碎屑碳酸盐岩组分集中。不管以前有何认识，微生物作用形成碳酸盐岩的证据在这些白垩系湖泊沉积物中非常罕见，基于现代和古代微生物岩类比的相模式的应用或许会出错。

南大西洋白垩系（Aptian阶）裂陷湖泊盆地已有微生物成因的碳酸盐岩储层的报道（Carminatti等，2008，2009；Nakano等，2009）。Dias（2005）阐述了巴西海上Campos盆地微生物碳酸盐岩的结构，Terra等（2010）对Santos盆地Barra Velha组的微生物碳酸盐岩进行了分类。这些碳酸盐岩通常非正式地被称为“微生物岩（Microbialites）”，在这些盆地中发育在盐沉积（Ariri组；图10.1）之前，因此也被称为“盐下微生物岩（Pre-Salt Microbialites）”。Terra等（2010）报道了既似灌木丛又呈球粒状的结构，它们被划分为形成过程中就与微生物粘结在一起。然而，迄今为止关于这些碳酸盐岩没有公开发表详细的研究。更加典型的微生物相的阐述和讨论来自巴西海上盆地的下白垩统。例如，Muniz和Bosence（本书，印刷中）描述了Campos盆地南部Aptian阶Macabu组洼陷中的微生物岩，可能是边缘相的海相沉积物。笔者对这些微生物碳酸盐岩建立了基于成像测井的相模式和旋回。这些米级旋回的碳酸盐岩代表了从陆相到海相的过渡相，陆源碎屑冲积扇紧邻海岸线，更多向盆的碳酸盐岩沉积在浅水受限非海相环境中。向上变浅的韵律层为：微生物纹层岩和生物扰动的泥灰岩（深水下）—凝块石—生屑颗粒灰岩（含鲕粒）—叠层石（含丘间颗粒灰岩）—微生物纹层岩和地表暴露帽（具干裂特征）。

Sergipe-Alagoas 盆地 Carmópolis 油田 Aptian 阶 Muribeca 组也是洼陷相碳酸盐岩，被 de Araújo 等（2012）解释为过渡边缘相/潟湖相沉积物。Carmópolis 油田位于基底构造高部位（Aracaju 高点），Ibura 组底部含有微生物粘结岩。沉积环境解释为较高的边缘区域，具有基底暴露和一系列浅水池塘，偶尔有盐水注入，可能来自附近的潟湖，称为湖泊—潟湖复合体。存在硫酸盐，碳酸盐岩普遍白云石化。

海上 Congo 盆地 Barremian（巴雷姆）阶 Toca 组碳酸盐岩中也有湖相微生物岩储层（Harris，2000），Wasson 等（2012）最近描述了 Kambala 油田的湖相微生物岩储层。这里 Toca 组由含化石的颗粒灰岩—粒泥灰岩组成，含有变量的微生物做媒介的颗粒，包括核形石和微生物粘结岩。识别出的粘结岩相包含叠层石、树枝石和凝结的微生物生长体。

Terra 等（2010）描述的 Barra Velha 组碳酸盐岩明显不同于其他案例中描述的那样，本文的目的在于为该组中出现的结构的成因和变化提供一种供选择的解释方案。

Barra Velha 组在年龄上完全属于 Aptian 阶，属于 Brazilian Alagoas 期（图 10.1；Moreira 等，2007）。在底部以 Pre-Alagoas 阶不整合为界，该不整合将 Alagoas 阶与下伏 Jiquia 阶分割开来，将与众不同的“微生物岩”湖泊体系与更老的、变化更频繁的双壳类贝壳灰岩湖泊分割开来。上覆地层为 Ariri 组蒸发岩，它是海水最初注入 Santos 盆地的标志（Davison 等，2012）。Barra Velha 组内部也被 Intra-Alagoas 阶不整合分开，非正式地定义为：下部为裂谷微生物岩，上部为洼陷微生物岩。Barra Velha 组的厚度变化显著，从盆地 500m 到断块高部位的 55m，局部可能缺失。

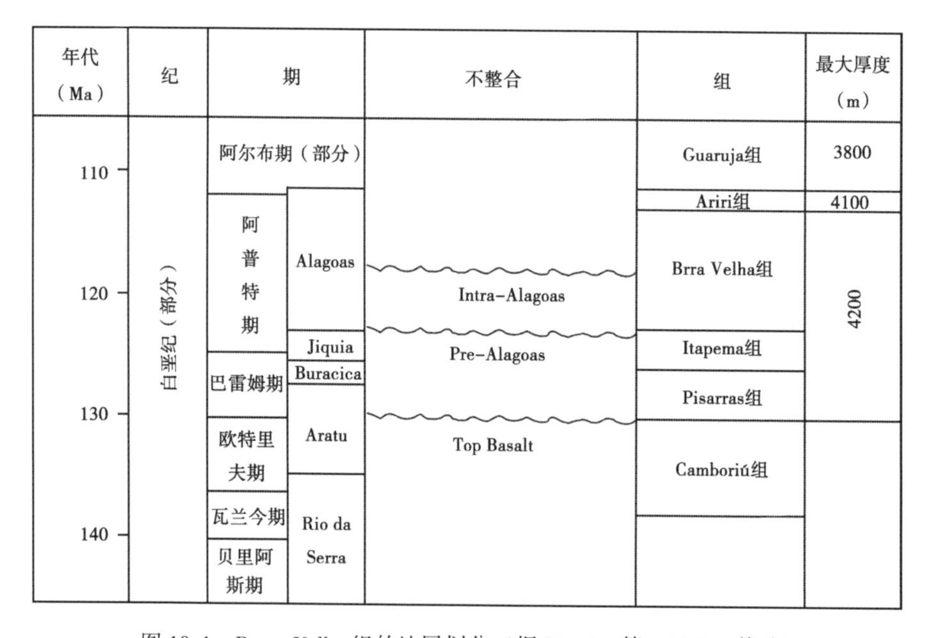

图 10.1　Barra Velha 组的地层划分（据 Moreira 等，2007，修改）

10.1　海相或非海相?

迄今为止，获得的证据支持 Barra Velha 组是非海相湖泊成因的。缺乏化石，包括典型的局限海相指示物，例如粟孔虫有孔虫。存在介形虫，但是介形虫具有很广的耐盐性，也能在非海相中出现。早期硫酸盐矿物（例如石膏和硬石膏）缺失，暗示了这套碳酸盐岩不是从海水中沉淀的。

10.2 微生物成因或非微生物成因?

微生物的宏观结构多式多样，分为均一石（隐晶质的）、叠层石（层积的）、凝块石（凝结的）和树枝石（树枝状的）（Riding，2000，2011）。这些宏观结构的其中一些可以由除微生物诱导作用之外的其他作用形成（Grotzinger 和 Knoll，1995；Grotzinger 和 Rothman，1996）。Hofmann 等（1999）与 Awramik 和 Grey（2005）对似微生物岩的碳酸盐岩成因的评估标准进行了综述。事实上，一些叠层石的特征也能在陆相成壤碳酸盐岩中见到（Read，1976；Wright，1989），有些是微生物成因的，有些是由根垫的钙化作用形成的（Wright 等，1988）。

微观结构可能更加具有诊断性，各种不同的微生物结构记录在现代和古老微生物岩中（Monty，1976；Flügel，2004；Riding，2008）。稀有而简单的结构包含沿着弯曲的乃至垂直的纹层排列的沉积物，暗示了沉积物是被活动的微生物捕获和粘结的（粘结的颗粒显微结构，参见 Riding（2011））。丝状的微生物留下痕迹，例如丝状体模具（Monty，1976），碳酸盐沉淀在 EPS（胞外聚合物）中，形成包含藻丝（毛状体）的丝状体铸型。很多情况下，丝状体周围的 EPS 局部钙化，形成微晶管结构（孔层藻），例如葛万藻中所见的。极少数情况下，实际的藻丝钙化留下极细的微晶细线（Wright 和 Wright，1985）。一些凝结的结构（绵层藻）也会出现（Monty，1976），有些情况下，记录有特别的微球粒胶结物（Sun 和 Wright，1989）。附加的标准可以用来识别碳酸盐岩中特殊的微生物的行为，例如利用微生物行为学方法来表征与形成叠层石相关的微生物的特定行为。比如，Mayall 和 Wright（1981）与 Wright 和 Mayall（1981）将英国西南部三叠系叠层石碳酸盐岩与现代鞘丝藻（林氏藻）直接对比，识别出前者的微生物活动表现出非常活跃的、趋光性的反应。Wright 和 Wright（1985）在南威尔士石炭系叠层石中识别出八面体纹层和趋光性，类似于现代席藻（Phormidium）叠层石。

10.3 Barra Velha 组碳酸盐岩的成分

笔者对 Santos 盆地众多井中合计 1400m 岩心进行了观察，薄片观察超过 3400 片。一家合作公司所设的限制条件阻止了笔者使用显微照片，而采用线形图精确追踪来代替。Barra Velha 组缺乏典型的微生物特征。微生物宏观结构很稀少：像经典的叠层石在测井剖面上只占地层厚度的 0.5%；微生物纹层岩只占 1%；核形石只占 0.1%。与上述微生物碳酸盐岩相关的微观结构类型极其稀少，实际上缺失。与这些灌木丛（如下）相关的是一些稀有的微生物结构，像孔层类（微生物丝状体铸模）或者绵层类（例如微球粒和凝块结构）。这些丝状体铸模直径一般小于 5mm，恰好是蓝细菌藻丝的直径，但是它们很稀少，在 1:2000 薄片中能找到。微球粒结构同样很稀少。

碳酸盐岩包括三种主要组分和岩屑物质，岩屑物质来自：灌木丛（晶体灌木丛，如下）、毫米级纤维状纹层和球晶。成分上为典型的不含铁的、富含包裹体和局部假多色性的碳酸盐，指示了高含量的包裹体，类似于新生变形的软体动物文石，现在为方解石(如下)。

灌木丛被定义为毫米级—厘米级（可达 20mm）稠密生长的、放射纤状—刃状的方解石，以单一结构或者原始分枝状样式出现［Dias，2005，图 9b、c；Terra 等（2010）中的图 16 和图 17］。很多样式呈现出简单放射结构，产生集合体样式，具有很高的灌木丛间孔隙度，但是其他的是羽毛状的。波状消光少见，弯曲双晶面/解理（像放射性纤状方解石和丛生光学方解石）也很少见。纹层状地层由灌木丛组成，厚度可达几米。灌木丛间的格架空腔通常是开放的，或者部分被松散的白云石菱面体充填，看起来像漂浮在孔隙中一样，具有晶间孔隙度。这些灌木丛出现在有生长位置的层中，但通常已成碎片状，与球晶混合（岩相 2，如下）形成颗粒灰岩—粒泥灰岩。它们与球粒灰岩和纹层岩互层，具有旋回叠置样式(如下)。灌木丛通常由亚毫米级纤状方解石纹层发育而来或者不对称的球晶生长发育而成。这些灌木丛主要以水平层出现，但岩心中能见到穹隆状结构（由厘米级厚的灌木丛层构成）(如树木状的叠层石；Terra 等，2010)，岩心直径限制了观察。从岩心来看，小穹隆上可见的起伏在 300mm 以下，但是评估这些丘上的简要的起伏（生长起伏）是很难的。这些特征总的形态难确定，但是成像测井中倾向选择性显示其陡峭倾斜（>10°）变化的多孔的区间，具有显著的向上倾斜增强和向上倾斜减弱的样式，可能代表穹隆状灌木丛的发育，研究的剖面中平均达 25%。成像测井地层倾角中一些高角度地层倾角表明其为相对孤立的生物丘的陡峭边缘，而其他低角度倾角指示独立的丘联合形成更像薄片状的地层单元，具有轻微波状起伏的上表面。因此，这些特征可能与丘和联合的丘发育在一起，也可以与相对薄的平面薄片状地层发育在一起。岩心中见到了一处象小尖塔的特征，此处从顶部到侧翼（甚至是悬伸的向下的定向面）层是等厚的。

Chafetz 和 Guidry（1999）描述的灌木丛与晶体丛（不是细菌灌木丛）非常相似，具代表性的是钙华。有限的阴极发光信息不能够指示大尺度碳酸盐岩的再结晶过程，需要进一步研究。截至目前没有发现微白云石包裹体用以指示其前身为高镁方解石。白云石菱面体出现在很多晶体灌木丛中。晶体灌木丛中也出现铸模孔或微孔。小尺度扫描电镜研究揭示其中含有大量微孔，这是细菌及其相关碳酸盐形成的晶体灌木丛的典型特征（Chafetz 和 Guidry，1999；Bosak 等，2004)。Barra Velha 组中的微孔大多数直径为 0.3mm，或者宽 0.3mm（如果偏线型的)，不是杆状的，具有不规则—平直的边缘。没有证据显示微孔代表以前晶体的位置，包括黄铁矿。石内生物活动证据同样非常少见。视觉上判断，沉积的有机质含量很低。

纤状纹层为毫米级联合的纤状方解石构成放射状拉长的晶体从而形成等厚的纹层，它们是平坦的或者有轻微起伏。它们以单个纹层出现，晶体灌木丛通常由此成核。

球晶是另外一种主要成分，由放射状纤维方解石球体构成，直径达 0.15mm［图 10.2；Terra 等（2010）的图 20 和图 21］。这些放射状结构将它们与经典的鲕粒区分开来，鲕粒在 Barra Velha 组中很稀少。球晶构成富含包裹体的方解石，具有与灌木丛方解石相似的光学性质。它们为颗粒灰岩（具有粒间孔和微孔）—泥粒灰岩—粒泥灰岩（球晶直径小于 3mm)。尽管这些方解石呈现出局部的假多色性及其他与众不同的光学性质，放射性微结构的保存和典型铸模孔的缺乏说明其原始矿物最可能为方解石，而不是文石。球晶为主的层叠置出现，厚达几米。某些情况下，球晶以基质的形式出现，具有高—低双折射大型黏土层［图 10.2；Terra 等（2010）的图 21a］，很可能为滑石—硅镁石（平行层面排列)，含有丰富的主要为细—中晶（0.125mm）菱形白云石。通常球晶出现在孔隙中，孔隙中也漂浮着同样类型的菱形白云石，拉长的板状多晶白云石（具有波状消光）在球晶之间形成桥梁［图 10.2；Terra 等（2010）的图 20 和图 21，特别是图 20b］。这些白云石板晶尽管通常是弯曲的，还是近似平行于纹层的。这种复杂组构中的孔隙空间可能是开放的（形成一个假的窗格构造）或者被二氧化硅和/或白云石充填［Terra 等（2010）的图 21b、c］。纹层和像桥的结构类似于粘结岩。球晶也出现在颗粒灰岩—泥粒灰岩—粒泥灰岩结构中，但是有更多重结晶、破碎，以及缺乏白云石菱面体和白云石板晶。

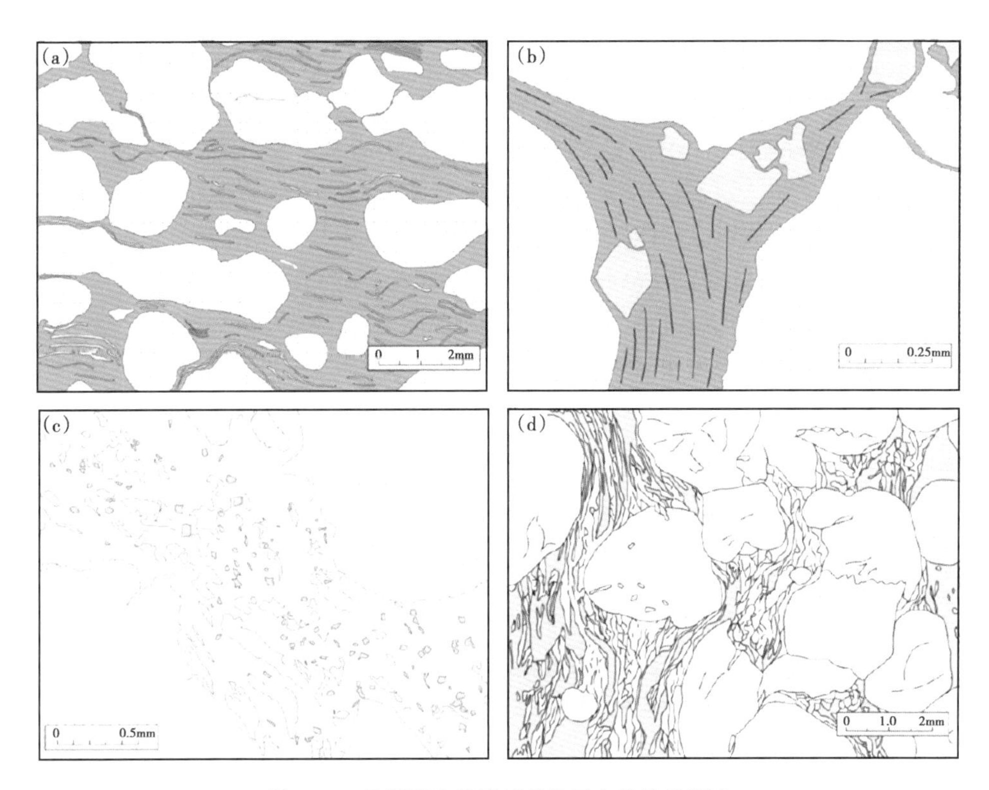

图 10.2　显微照片显示球晶单元中结构的痕迹

（a）镁硅酸盐（棕色）基质中被压溶改造的球晶（细点），黏土片晶平行于纹理，基质中可见白云石菱形体，参见 Terra 等（2010）的图 21a；（b）局部放大后的白云石菱形体（灰色），处于镁硅酸盐基质（棕色）和球晶（细点）之间；（c）致密的泥晶白云岩基质在球晶（细点）之间形成细矿脉（灰白色），注意孔隙是蓝色的，半自形—他形白云石菱面体是深灰色的，球晶的边缘受到了压溶作用和一些后期侵蚀作用的影响；（d）球晶（细点）被压溶作用和后期侵蚀作用影响，且被细矿脉和非常细的桥梁状白云石围岩分隔开，可见一些大一点的白云石菱面体（纤细型、灰色），蓝色部分表示孔隙，这类结构的更清晰图像参见 Terra 等（2010）的图 20b，同样展示参见 Terra 等（2010）的图 20a 和图 21a

具体解释如下。

这些晶体灌木丛非常近似于钙华沉积物中常见到的那些晶体灌木丛（Chafetz 和 Folk，1984；Guo 和 Riding，1994，1998；Chafetz 和 Guidry，1999）。在钙华沉积物中，有各种各样类似于灌木丛的沉淀物存在，有些明显是生物成因的，其他更多地解释为非生物成因的（微生物学家援引排气作用导致的快速沉淀作用作为主要因素）（Pentecost，2005）。它们更加相似于 Chafetz 和 Guidry（1999）描述的晶体灌木丛。很多情况下与钙华伴生，特别是常见的针状晶体，反映了泄水的排气作用导致的快速沉淀作用（Pentecost，2005）。Chafetz 和 Guidry（1999）强调了晶体形貌控制因素的范围，Rainey 和 Jones（2009）指出了一种可能性，就是生物成因和非生物成因影响的差异性取决于流体运动的流体动力学、饱和程度和生长速率的相互作用。在快速沉淀的地方（高度饱和溶液），非生物作用可能是主要的，但是在沉淀速率低一些的地方，微生物相互作用变得更加重要。这里利用某些钙华沉淀物产物所做的类比并不说明这些晶体灌木丛成因上是钙华，关于“钙华”这个术语的使用很少达成一致（Pentecost，2005；Jones 和 Renaut，2010），而是想说明其结构非常地相似，那么沉淀机制（非生物成因、快速沉淀）可能也很相似。

另一个问题就是晶体灌木丛是文石还是方解石，影响次生孔隙的发育。无论是方解石还是文石沉淀物，都取决于一系列复杂因素，包括温度、二氧化碳分压（p_{CO_2}）、饱和度和镁/钙比值（Jones 和 Renaut，2010）。诊断性成岩现象的缺乏（例如晶体灌木丛中广泛分布的孔隙）说明原始矿物为方解石。尽管显微镜下没有见到直接的生物影响，局部晶体灌木丛丘状体需要解释。随着放射性晶体生长，在生长面上，沉积物的中断会引起不规则的生长，最终形成弯曲的和穹隆状的特征（Grotzinger 和 Rothman，1996）。如下讨论，在晶体灌木丛生长期间，镁—硅酸盐会沉淀（至少斑状）在湖底。

放射状结构可以形成于微生物纹层中的二次生长（Kendall 和 Iannace，2001）。这种结构可以解释为没有引起任何普遍的新生变形作用，反映了高饱和碱性溶液中的快速生长，很可能是因为快速形成的晶体中晶体生长缺陷引起的（Rainey 和 Jones，2009）。对于非常高密度的包裹体的另一种解释就是晶体生长快速、结合有缺陷。

晶体的斑状生长在纤维状纹层中也可以见到，典型特征是很薄，为晶体灌木丛的生长提供基底。这些纹层也可以解释为非生物成因的，它们也缺乏典型的微生物结构。

众所周知，微米级的球晶在现代微生物席中可以形成，但是通常直径只有几十微米（Spadafora 等，2010；Wanas，2012），因此与 Barra Velha 组中所见到的极其不同。后来的作者在巴西的现代潟湖中所描述的实例与 Barra Velha 组中见到的差异迥然，在 Barra Velha 组中呈现出多种多样的典型的微生物组构。球晶生长得益于高碱度溶液中的高浓度镁和二氧化硅，外加快速的方解石晶体生长，有或无任何微生物影响（Garcia-Ruiz，2000；Beck 和 Andreassen，2010 Meister 等，2011），以及特别是在黏性介质中（Sanchez-Navas 等，2009）。实验研究显示树枝状方解石样式（能够长成球晶）是碱性和富硅溶液中非生物成因方解石生长的产物。Rossi 和 Canaveras（1999）描述了西班牙 Ager 盆地（古新世）和 Madrid 盆地（中新世）球晶的形成，将其解释为与富镁黏土和白云石有关的晶体分裂生长所致。滑石—硅镁石的前身可能就是镁—硅酸盐凝胶，是球晶生长的理想介质。因此那些与白云石菱面体相关的球晶好像漂浮于孔隙空间中，像桥的板晶解释为可能形成于最初的镁—硅酸盐凝胶中或新形成的黏土板晶中。这种像桥的结构总是平行或者近平行于纹层和黏土板的长轴方向，或者可能形成于黏土之后（黏土形成于镁—硅酸盐凝胶）。球晶易于重结晶形成颗粒灰岩—泥粒灰岩—粒泥灰岩。笔者很少见到没有球晶的黏土纹层，所以假设它们是同时形成的。不常见的分散的漂浮状白云石菱面体和晶体灌木丛之间的镁—硅酸盐黏土的存在指示了：至少一些镁—硅酸盐在晶体灌木丛沉积期间是存在的，但是没有发现桥状的结构。可能就是晶体灌木丛之间不规则的空间（存在少量硅酸盐）不是形成桥状结构的理想场所，因为它们形成于黏土板晶之间。最近，Bahniuk 等（待发表）描述了巴西东北部下白垩统 Coda 组露头中的球晶，它们与白云石和镁—硅酸盐伴生。他们的记录中没有有机质和微生物遗迹与这些球晶伴生，与同一序列中的叠层石形成对比。

10.4 韵律层

一些井中识别出明显的韵律层，厚度为0.75~5m。它们包括三种主要的岩相（图10.3）。

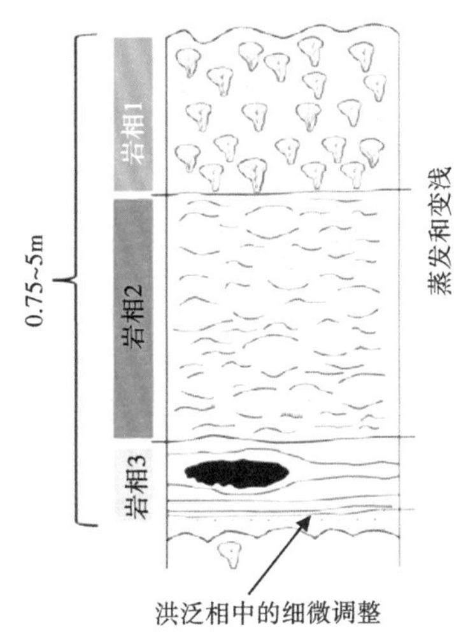

图10.3　韵律层示意图

岩相1主要由原位晶体灌木丛组成。层的厚度平均为0.6m，但有个别案例中成像测井显示层厚为5m［Terra 等（2010）的图16b和图17b］。岩相2是球晶为主的岩相，构成Santos盆地Barra Velha组的一大部分。伴生少量晶体灌木丛（通常破碎的）、破碎的球晶和粉晶—细晶碎屑碳酸盐。可见少量介形虫。岩相2层的平均厚度为0.7m，但在非旋回组合中和一些厚的旋回中厚度可以接近3m，如成像测井中所示［Terra 等（2010）的图20a和图21a］。岩相3由纹层状碎屑灰岩组成，成分为非常细的砂—粉砂级球晶碎片和晶体灌木丛作为基质，泥粒灰岩（粒泥灰岩更常见）—泥晶灰岩，含有更粗的碎片，主要为球晶。这种岩相在Terra 等（2010）的图23a中有详细阐述。伴生的颗粒包括粉砂级石英、黏土、磷酸盐物质（毫米级长，直径毫米级，空的或者压实的骨骼状碎片）、鱼类遗迹（包括保存完好的整个样本）和非海相的广盐性的介形虫。这种岩相形成相对薄的单元，一般不足0.3m厚。硅化作用是这种岩相中的一个普遍特征，似乎与二氧化硅结核周围的可观的压实变形有关。可见少量泥裂。存在少量分散的镁—黏土。

每个韵律层都始于含有急剧变化的基底入侵的岩相3，顶部为岩相1（原位晶体灌木丛），有些井中被薄层颗粒灰岩（主要为重结晶的晶体灌木丛）分隔开来，尽管晶体灌木丛覆盖了下伏的韵律层，但很少见到削截和剥蚀。

具体解释如下。

岩相3可能积聚在一些局限环境或者可能位于浪基面以下，但能见到泥裂，说明水体环境相对较浅。非海相的广盐性介形虫常见（岩相1和岩相2中罕见），说明湖泊可能变得更清淡，足以使介形虫大量繁殖发育。尽管岩相3中鱼的遗骸很常见，然而一些磷酸盐遗迹的成因悬而未决。鳞屑和鱼粪球粒极其罕见，很多鱼骨头碎片好像是空的（在鱼中不常见）。压实前的二氧化硅的存在可能意味着间隙期硅酸盐凝胶的形成，是由于湖泊变淡pH值下降而引起的。

岩相3到岩相2的变化一定经受了pH值的显著变化，因为镁—硅酸盐（硅镁石）一般在pH值为9的条件下形成（Jones，1986；Khoury等，1982；Wilson，2013）。磷酸盐遗迹的相对缺乏也说明了环境的局限性。镁—硅酸盐（这里指滑石—硅镁石）沉淀于湖泊中，在凝胶中球晶成核并生长。镁—黏土沉淀过程中，基底不适合晶体灌木丛成核和生长。然而，当镁—硅酸盐沉积作用减弱时，生长的球晶到达凝胶—水界面，在水层中的生长相较于凝胶中更快，从而在岩相2顶部附近一些球晶不对称生长，长成晶体灌木丛或者晶体灌木丛脱离纤维壳。图10.4显示了镁—硅酸盐沉淀作用控制组构发育的地方，方解石在凝胶中成核，形成球晶结构。当凝胶沉淀率下降或者停止沉淀时，方解石生长，形成灌木丛状的方解石，类似于现代钙华中非生物成因的那种方解石。凝胶生产率的降低可能反映了镁—硅酸盐储存的损耗或者pH值的降低。晶体灌木丛之间白云石菱面体的存在暗示了镁—硅酸盐也是以更为分散的数量存在，即使是在它们生长过程中，但还不足以抑制晶体灌木丛的生长。原位晶体灌木丛的格架孔被滑石—硅镁石完全堵塞，这种现象罕见也支持了上述观点。这些沉积物的物理再调整造成了凝胶体的分散和碎屑碳酸盐组分的聚集。

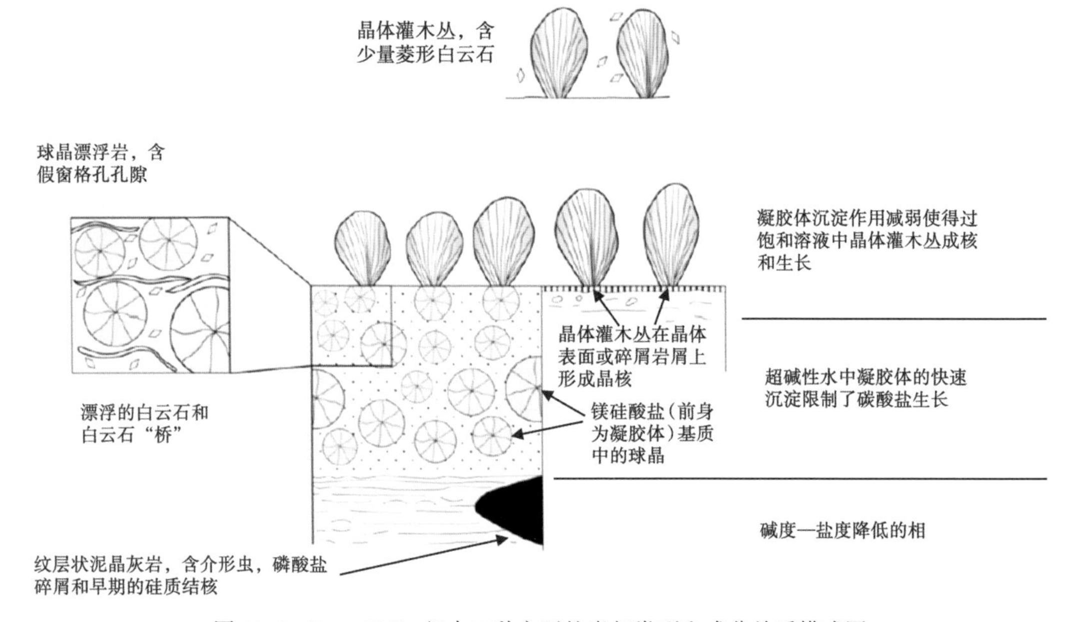

图10.4　Barra Velha组中三种主要的岩相类型和成分关系模式图

10.5　讨论

很少见到与Barra Velha组中所见到的相似的组构，考虑其可观的厚度，加上排除典型碳酸盐湖泊沉积物的可能性，反映了这些碳酸盐形成于不同寻常的条件下。硫酸盐和氯化物的缺乏是指示性的。正如Wright（2012）所指出的，三八面体镁—硅酸盐和方解石的存在是火山湖的标志。Cerling（1994）利用东非裂谷的数据强调火山汇水区地质的重要性，它影响了湖泊地球化学性质。他的数据强调，火山汇水区的排水缺乏硫酸盐和氯化物，限制了蒸发岩的沉积。基本的火山地形排水到河流，供给到湖泊，加上温泉—周围泉水注入和干旱气候，形成高CO_2注入、高碳酸盐碱度、高二氧化硅溶解量，高镁和高钙的环境条件——形成独特的 Barra Velha 组沉积物的理想条件。

方解石生长，被镁—硅酸盐干扰（现今大部分被搬走）是一种不现实的模式，缺乏类比物。主要基于次生组构的存在，由白云石组成，前身被认为是那些硅酸盐。在滑石—硅镁石基质中能清晰见到球晶，为这个非同寻常的模式提供局部证据。考虑这些碳酸盐岩的厚度，大量的镁—硅酸盐很可能沉积在这些白垩纪的湖泊中。这种现象以及黏土的缺乏再次暗示了那个时期非常特殊的地球化学条件。

尽管微生物作用对 Santos 盆地 Barra Velha 组中主要组构形成的影响（相对于典型的微生物组构而言）缺乏直接证据，然而排除微生物的影响是不明智的。Arp 等（2003）记录了印度尼西亚一个受海水影响的火山口湖中准化石的微生物叠层石中 Mg-Si 交代了一些生物膜纹层，Bontognali 等（2010）研究了阿布扎比近期的微生物席，识别出在微生物席中的 EPS（胞外聚合物）里面 Mg 和二氧化硅聚积的可能性，Tosca 等（2011）解释了新元古代碳酸盐岩中微生物和早期滑石的组合，可能反映了微生物活动影响了孔隙水的地球化学性质。最近，Burne 等（2014）记录了西澳大利亚 Clifton 湖现代凝块石中的镁—硅酸盐（硅镁石），在那里硅镁石为凝块石的生长提供了结构坚固性，凝块石是生物膜矿化而成，文石在硅镁石基质中生长。

很可能实际情况就是镁—硅酸盐的形成部分是由微生物活动诱发的，为碳酸盐沉淀创造不同寻常的媒介，影响非生物生长样式和后期成岩作用。然而，可论证的微生物碳酸盐岩的缺乏是极端环境的指示剂，例如高 pH 值，或者（如果存在）微生物以这种方式进行新陈代谢，到不了诱导大多数微生物碳酸盐岩那种典型的碳酸盐沉淀的程度。相反地，极其罕见的微生物特征不应该作为微生物成因的指示剂。Demicco 和 Hardie（1994）提出，现代不同环境中几乎所有的生物成因的和非生物成因的叠层石中都有微生物群落生活在其中或者依靠它们生存。然而，很多（如果不是绝大多数）碳酸盐生产主要是生理化学的。因此，丝状体或球菌可能被包壳并保存在沉积物中，即使它们与沉积作用无关。

与钙华组构的相似性很显著，但是与钙华相关的特征（比如小瀑布特征、豆粒、漂浮碳酸盐岩、泄气孔和气泡）都没有见到。这两类特征都不能说明其前身为大型植物。不幸的是关于术语“钙华（travertine）”的使用没有达成一致意见（Pentecost，2005；Jones 和 Renaut，2010）。有些作者倾向将它用作温泉水/热液，而其他人强调钙华展示了非生物成因晶体组构的优势但可能包括化石遗迹。与某些非生物成因钙华组构的相似性可能反映了相似的过程（比如高度饱和溶液中的快速沉淀），但未必是相似的沉积环境。这种沉淀作用的触发机制还不明确。在温泉供给的钙华中，通常随着流体的排气排到地表，但是钙华流动结构的缺乏暗示了这种成因是不太可能的。蒸发作用更可能是其原因，但是深度指示器的缺乏限制了笔者的能力去理解这些沉淀物形成的地方。同样不明确的是旋回性的原因。这些旋回能够代表湖泊水的地球化学演化吗？这些地球化学演化是由蒸发作用及湖平面变化引起的，或者球晶转换为晶体灌木丛的情况下，仅仅是因为湖泊水中的镁和二氧化硅耗尽，镁—硅酸盐作为基底的堆积率简单下降。

关于这些经济上重要、科学上具有挑战性的碳酸盐岩还有很多未知，以至于需要一种协调的综合方法跨越一系列分支学科。对于不同寻常的组构，在此笔者只能够提供建议。对这些碳酸盐岩使用“微生物岩”这个标签需要全面的判别，引用基于现代和古老微生物岩类比物的相模式去理解它们可能会出错。

10.6 结论

巴西海上 Santos 盆地白垩系 Barra Velha 组中非海相碳酸盐岩构成了不同寻常的相序列，主要是一系列非常有限的相类型和组构。这些碳酸盐岩和伴生的相（例如镁—硅酸盐）的奇特性暗示了极其局限的环境条件，需要构想非现实模型。这些碳酸盐岩部分旋回性叠置，呈次十米级对称和不对称的韵律层显示三种岩相：泥晶级纹层状碳酸盐岩（岩相 3）、包含毫米级直径的球晶（证实基质为镁—硅酸盐）的单元（岩相 2）和毫米级—厘米级方解石晶体灌木丛（岩相 1）。纹层岩代表了短暂的洪水事件，导致浅水湖泊的扩张和变深，证据就是普遍发育的介形虫、鱼类和其他未确定的磷酸盐遗迹。形成高度饱和和高碱度的蒸发作用，引起了镁—硅酸盐的沉淀作用，起初为凝胶体，方解石球晶形成于凝胶体中。随着凝胶体沉淀作用减缓或停止，方解石晶体灌木丛发育成水柱，尽管仍然有些证据证实其前身为镁—硅酸盐。这些晶体灌木丛类似于那些现代钙华中非生物成因的晶体丛，但是缺乏与流出的温泉相关的证据：与钙华组构的相似性被认为是仅仅反映了其从高度饱和溶液中快速沉淀出来。这些沉积物的物理再调整作用导致凝胶体的分散和碎屑碳酸盐组分的聚集。微生物参与生产碳酸盐的宏观和微观证据非常少，将这些碳酸盐岩非正式命名为“微生物岩”被认为用词不当。关于湖泊的性质目前知之甚少，评价水深的标准也少见。这些碳酸盐岩极其具有挑战性，需要齐心协力去阐明其一定是迄今为止地质纪录中更加极端的湖泊沉积体系之一。

参 考 文 献

Arp, G., Reimer, A. & Reitner, J. 2003. Microbialite formation in seawater of increased alkalinity, Satonda Crater Lake, Indonesia. *Journal of Sedimentary Research*, 73, 105-127.

Awramik, S. M. & Grey, K. 2005. Stromatolites: biogenicity, biosignatures and bioconfusion. *In*: Hoover, R. B., Levin, G. V., Rozanov, A. Y. & Randall Gladstone, G. (eds) *Astrobiology and Planetary Missions. Proceedings of SPIE*, 5906, 59060P1-9, http://dx. doi. org/10. 1117/12. 625556.

Bahniuk, A. M., Anjos, S., Franca, A. B., Matsuda, N., Eiler, J., McKenzie, J. A. & Vasconcelos, C. In press. Development of microbial carbonates in the Lower Cretaceous Codo Formation (north-east Brazil): Implications for interpretation of microbialite facies associations and palaeoenvironmental conditions. *Sedimentology*, http://dx. doi. org/10. 1111/sed. 12144.

Beck, R. &Andreassen, J. -P. 2010. Spherulitic growth of calcium carbonate. *Crystal Growth and Design*, 10, 2934-2947.

Bontognali, T. R. R., Vasconcelos, C., Warthmann, R. J., Bernasconi, S. M., Dupraz, C., Strohmenger, C. J. & McKenzie, J. A. 2010. Dolomite formation within microbial mats in the coastal sabkha of Abu Dhabi (United Arab Emirates). *Sedimentology*, 57, 824-844.

Bosak, T., Souza-Egipsy, V., Corsetti, F. A. & Newman, D. K. 2004. Micron-sized porosity as a biosignature in carbonate crusts. *Geology*, 32, 781-784.

Burne, R. V., Moore, L. S., Christy, A. G., Troitzsch, U., King, P. L., Carnerup, A. M. & Hamilton, P. J. 2014. Stevensite in the modern thrombolites of Lake Clifton Western Australia: a missing link in microbial mineralization? *Geology*, 42, 575-578, http://dx. doi. org/10. 1130/G35484. 1.

Carminatti, M., Wolff, B. & Gamboa, L. 2008. New exploratory frontiers in Brazil. *In*: *Proceedings of the 19th World Petroleum Congress*, Madrid.

Carminatti, M., Dias, J. L. & Wolff, B. 2009. From turbidites to carbonates: breaking paradigms in deep waters. *In*: *Offshore Technology Conference*, Houston, TX, 4-7 May 2009, OTC 20124.

Cerling, T. E. 1994. Chemistry of closed basin lake waters: a comparison between African Rift Valley and some central North American rivers and lakes. *In*: Gierlowski-Kordesch, E. H. & Kelts, K. (eds) *The Global Geological Record of Lake Basins*. Cambridge University Press, Cambridge, 1, 29-30.

Chafetz, H. S. & Folk, R. L. 1984. Travertines: depositional morphology and the bacterially constructed constituents. *Journal of Sedimentary Petrology*, 54, 289-316.

Chafetz, H. S. & Guidry, S. A. 1999. Bacterial shrubs, crystal shrubs and ray-crystal shrubs: bacterial v. abiotic precipitation. *Sedimentary Geology*, 126, 57-74.

Davison, I., Anderson, L. & Nuttall, P. 2012. Salt deposition, loading and gravity drainage in the Campos and Santos salt basins. *In*: Alsop, G. I., Archer, S. G., Hartley, A. J., Grant, N. T. & Hodgkinson, R. (eds) *Salt Tectonics, Sediments and Prospectivity*. Geological Society, London, Special Publications, 363, 159-173.

De Araújo, C. C., Moretti, P. A., Madrucci, V., da Silva, N. C., Toczeck, A. & Almeida, A. B. 2012. *Pre-salt Facies in the Carmópolis Area, Northeast Brazil: stratigraphy and Depositional Model*. American Association of Petroleum Geologists, Tulsa, OK, Search and Discovery, article #50544.

Demicco, R. V. & Hardie, L. A. 1994. *Sedimentary Structures and Early Diagenetic Features of Shallow Marine Carbonate Deposits*. Society for Sedimentary Geology, Tulsa, OK, Atlas Series, 1.

Dias, J. L. 2005. Tectonica, estratigrafia e sedimentacao no Andar Aptiano da margem leste brasileira. *Boletin Geociencias Petrobras*, 13, 7-25.

Flügel, E. 2004. *Microfacies of Carbonate Rocks: Analysis, Interpretation and Application*. Springer, Berlin.

Garcia-Ruiz, J. M. 2000. Geochemical scenarios for the precipitation of biomimetic inorganic carbonates. *In*: Grotzinger, J. P. &James, N. P. (eds) *Carbonate Sedimentation and Diagenesis in the Evolving Precambrian World*. Society for Sedimentary Geology, Special Publications, Tulsa, OK, USA, 67, 75-89.

Grotzinger, J. P. & Knoll, A. H. 1995. Anomalous carbonate precipitates: is the Precambrian the key to the Permian? *Palaios*, 10, 578-596.

Grotzinger, J. P. & Rothman, D. R. 1996. An abiotic model for stromatolite morphogenesis. *Nature*, 383, 423-425.

Guo, L. & Riding, R. 1994. Origin and diagenesis of Quaternary travertine shrub fabrics, Rapolano Terme, central Italy. *Sedimentology*, 41, 499-520.

Guo, L. & Riding, R. 1998. Hot-spring travertine facies and sequences, Late Pleistocene, Rapolano Terme, Italy. *Sedimentology*, 45, 163-180.

Harris, N. B. 2000. Toca carbonate, Congo Basin: response to an evolving rift lake. *In*: Mello, M. R. & Katz, B. J. (eds) *Petroleum Systems of South Atlantic Margins*. American Association of

Petroleum Geologists, Tulsa, OK, Memoirs, 73, 341–360.

Hofmann, H. J. , Grey, K. , Hickman, A. H. & Thorpe, R. I. 1999. Origin of 3. 45 Ga coniform stromatolites in the Warrawoona Group, Western Australia. *Geological Society of America Bulletin*, 111, 1256–1262.

Jones, B. & Renaut, R. W. 2010. Calcareous spring deposits in continental settings. *In*: Alonso–Zarza, A. M. & Tanner, L. H. (eds) *Carbonates in Continental Settings*. Developments in Sedimentology, 61. Elsevier, Amsterdam, 177–224.

Jones, B. F. 1986. Clay mineral diagenesis in lacustrine settings. *In*: Mumpton, F. A. (ed.) *Studies in Diagenesis*. US Geological Survey, Reston, VA, Bulletins, 1578, 291–300.

Kendall, A. C. & Iannace, A. 2001. Sediment–cementation relationships in a Pleistocene speleothem from Italy: a possible analogue for replacement cements and *Archaeolithoporella* in ancient reefs. Sedimentology, 48, 681–698.

Khoury, H. N. , Eberl, D. D. & Jones, B. F. 1982. Origin of magnesium clays from the Armargosa Desert, Nevada. *Clays and Clay Minerals*, 30, 327–336.

Mayall, M. J. & Wright, V. P. 1981. Algal tuft structures in stromatolites from the Upper Triassic of south–west England. *Palaeontology*, 24, 655–660.

Meister, P. , Johnson, O. , Corsetti, F. & Nealson, K. H. 2011. Magnesium inhibition controls spherical carbonate precipitation in ultrabasic springwater (Cedars, California) and culture experiments. *In*: Reitner, J. , Queric, N. –V. & Arp, G. (eds) *Advances in Stromatolite Geobiology*. Springer, Berlin, 101–121.

Monty, C. L. V. 1976. The origin and development of cryptalgal fabrics. *In*: Walter, M. R. (ed.) *Stromatolites*. Developments in Sedimentology, 61. Elsevier, Amsterdam, 193–249.

Moreira, J. L. P. , Madeira, C. V. , Gil, J. A. & Machado, M. A. P. 2007. Bacia de Santos. *Boletin Geociencias Petrobras*, 15, 531–549.

Muniz, M. C. & Bosence, D. W. J. In press. Presalt microbialites from the Campos Basin (offshore Brazil): image log facies, facies model and cyclicity in lacustrine carbonates. *In*: Bosence, D. W. J. , Gibbons, K. A. et al. (eds) *Microbial Carbonates in Space and Time: Implications for Global Exploration and Production*. Geological Society, London, Special Publications, 418, http: //dx. doi. org/10. 1144/ SP418. 1034.

Nakano, C. M. F. , Pinto, A. C. C. , Marcusso, J. L. & Minami, K. 2009. Pre–Salt Santos Basin–extended well test and production pilot in the Tupi area–the planning phase. *In*: *Offshore Technology Conference*, Houston, TX, 4–7 May 2009, OTC 19886.

Pentecost, A. 2005. *Travertine*. Springer, Berlin.

Rainey, D. & Jones, B. 2009. Abiotic v. biotic controls on the development of the Fairmont Hot Springs carbonate deposit, British Columbia, Canada. *Sedimentology*, 56, 1832–1857.

Read, J. F. 1976. Calcretes and their distinction from stromatolites. *In*: Walter, M. R. (ed.) *Stromatolites*. Developments in Sedimentology, 61. Elsevier, Amsterdam, 55–71.

Riding, R. 2000. Microbial carbonates: the geological record of calcified bacterial–algal mats and biofilms. *Sedimentology*, 47, 179–214.

Riding, R. 2008. Abiogenic, microbial and hybrid authigenic carbonate crusts: components of Precambrian stromatolites. *Geologia Croatica*, 61, 73-103.

Riding, R. 2011. Microbialites, stromatolites, and thrombolites. *In*: Reitner, J. & Thiel, V. (eds) *Encyclopaedia of Geobiology*. Encyclopaedia of Earth Science Series, Springer, Heidelberg, 635-654.

Rossi, C. & Canaveras, J. C. 1999. Pseudospherulitic fibrous calcite in paleo-groundwater, unconformityrelated diagenetic carbonates (Paleocene of the Ager Basin and Miocene of the Madrid Basin, Spain). *Journal of Sedimentary Research*, 69, 224-238.

Sanchez-Navas, A., Martin-Algarra, A., Rivadeneyra, M. A., Melchor, S. & Martin-Ramos, J. D. 2009. Crystal-growth behaviour in Ca-Mg carbonate bacterial spherulites. *Crystal Growth and Design*, 9, 2690-2699.

Spadafora, A., Perri, E., McKenzie, J. A. & Vasconcelos, C. 2010. Microbial biomineralization processes forming modern Ca: Mg carbonate stromatolites. *Sedimentology*, 57, 27-40.

Sun, S. Q. & Wright, V. P. 1989. Peloidal fabrics in Upper Jurassic reefal limestones, Weald Basin, southern England. *Sedimentary Geology*, 65, 165-181.

Terra, G. J. S., Spadini, A. R. et al. 2010. Classificaçao de rochas carbonáticas aplicável às bacias sedimentares. *Boletin Geociencias Petrobras*, 18, 9-29.

Tosca, N. J., Macdonald, F. A., Strauss, J. V., Johnston, D. T. & Knoll, A. H. 2011. Sedimentary talc in Neoproterozoic carbonate successions. *Earth and Planetary Science Letters*, 306, 11-22.

Wanas, H. A. 2012. Pseudospherulitic fibrous calcite from the Quaternary shallow lacustrine carbonates of the Farafra Oasis, Western Desert, Egypt: a primary precipitate with possible bacterial influence. *Journal of African Earth Sciences*, 65, 105-114.

Wasson, M. S., Saller, A., Andres, M., Self, D. & Lomando, A. 2012. Lacustrine Microbial Carbonate Facies in Core from the Lower Cretaceous Toca Formation, Block 0, Offshore Angola. *In*: *Hedberg Conference*: *Microbial Carbonate Reservoir Characterization*, Houston, TX, 3-8 June 2012. American Association of Petroleum Geologists, Tulsa, OK, Search and Discovery, article # 90153.

Wilson, M. J. 2013. *Sheet silicates*: *Clay Minerals. Volume 3C Rock Forming Minerals*. Geological Society, London.

Wright, V. P. 1989. Terrestrial stromatolites: a review. *Sedimentary Geology*, 65, 1-13.

Wright, V. P. 2012. Lacustrine carbonates in rift settings: the interaction of volcanic and microbial processes on carbonate deposition. *In*: Garland, J., Neilson, J. E., Laubach, S. E. & Whidden, K. J. (eds) *Advances in Carbonate Exploration and Reservoir Analysis*. Geological Society, London, Special Publications, 370, 39-47.

Wright, V. P. & Mayall, M. J. 1981. Organism-sediment interactions in stromatolites: an example from the Upper Triassic of south-west Britain. *In*: Monty, C. L. V. (ed.) *Phanerozoic Stromatolites*. Springer, Berlin, 74-84.

Wright, V. P. & Wright, J. M. 1985. A stromatolite built by *Phormidium*-like alga from the Lower Carboniferous of South Wales. *In*: Toomey, D. F. & Nitecki, M. H. (eds) *Paleoalgology*. Springer, Berlin, 40-54.

Wright, V. P., Platt, N. H. &Wimbledon, W. A. 1988. Biogenic laminar calcretes: evidence of root mats in paleosols. *Sedimentology*, 35, 603-620.

第11章　巴西近海 Campos 盆地盐下微生物岩：湖相碳酸盐岩中的成像测井相、相模式和旋回

M. C. MUNIZ[1*] & D. W. J. BOSENCE[2]

1. Petrobras, Avenida República do Chile, 330–10th Floor, 20031–170 Rio de Janeiro, Brazil

2. Royal Holloway, University of London, Egham, Surrey TW20 0EX, UK

[*]通信作者（e–mail：mcalazans@petrobras.com.br）

摘要：本文采用井眼成像测井以及有限的井壁取样，并用传统的电缆测井建立巴西 Campos 盆地南部 Aptian（阿普特）阶 Macabu 组的盐下微生物碳酸盐岩的相模式和地层模式。本书支持已被广泛接受的观点，那就是这些储层是非常重要的、不同寻常的、部分为微生物成因和湖泊相的。单井研究了 220m 盐下 Lagoa Feia 群非海相碳酸盐岩中的微生物岩相。连续井眼成像、可利用的井壁岩心数据、伽马射线测井和声波测井用于鉴别和表征井眼成像测井相。这些岩相被解释为形成于四种湖相沉积环境：深水水下、中等水深水下、浅水水下和地表。井眼测井相通常显示向上变浅的岩相趋势，顶部为暴露面。这种趋势被解释为米级高频旋回，根据伽马射线测井解释将旋回再分为低一级的沉积层序。高频旋回的 Fischer 绘图说明了整个 Macabu 组先是储集空间的减少然后是储集空间的增加。邻井 $\delta^{18}O$ 值的趋势与上述认识一致，$\delta^{18}O$ 值表明了最初是增强的蒸发作用，然后是淡水注入增强（$\delta^{18}O$ 变轻，旋回增厚）。

井眼成像（BHI）测井绝对不能够取代岩心分析（Akbar 等，1995）。然而，电阻率成像在地下调查研究期间为非取心井岩石的鉴别和解释提供了重要工具（Thompson，2000；Muniz 和 Bosence，2008；Wilson 等，2013）。从这种意义上来说，高品质 BHI 数据提供了连续的记录：沉积结构和构造、沉积非均质性和重要特征，比如主要孔隙类型和裂缝密度（Al–Rhougha 等，2005）。另外，电阻率成像测井中还能识别出微裂缝、孔洞、裂缝、缝合线、薄纹层和递变层理，还有扭曲和滑塌特征（Al–Rhougha 等，2005）。

Wilson 等（2013）结合 BHI 和岩石学研究评估了澳大利亚地下建造的沉积和成岩趋势，它是最近发现的大气田的目标区。他们利用 BHI 分析及 5 口井的井壁取心和岩屑的薄片观察总结出：BHI 和岩石相之间具有"足够相关性"，但是碳酸盐岩沉积组构上的成岩印记在 BHI 相上有很强的反应。

因此，碳酸盐岩的组构非均质性可以利用高分辨率 BHI 测井来表征，特别是与井壁岩心的薄片、传统伽马射线测井和声波测井相结合时。Muniz 等（2008）利用 BHI 测井和井壁取心的薄片建立了巴西 Campos 盆地盐下碳酸盐岩的相模式和识别了小比例尺旋回。本项工作在本文中得以修正，伽马射线测井用来识别旋回的次一级堆积样式。

本项研究基于巴西海上 Campos 盆地南部的单井（20 井）的上部 220m。20 井穿透了 Aptian 阶 Lagoa Feia 群 Macabu 组（图 11.2；Winter 等，2007），非正式称其为盐下碳酸盐岩序列。此井没有常规的岩心，利用了一套电缆测井数据和有限的井壁取心及 BHI 测井形成了临时的沉积模型和地层模型。基于 BHI 的 9 种岩相用于表征和解释简单的相模式。研究的碳酸盐岩相序受控于原位微生物岩性和相关的外来的颗粒灰岩和砾状灰岩。基于 BHI 测井和薄片中海相化石的缺乏，以及报道的介形虫组合，这套相序被解释为堆积在非海相沉积环境中（Carvalho 等，2000；Winter 等，2007）。连续成像测井中的基于 BHI 测井的相分析揭示了高频米级旋回的存在，一般为向上变浅，顶部被角砾化（暴露）面所覆盖。利用伽马测井曲线，能识别出次一级旋回，整个 Macabu 组被解释为起初为湖退期，特征是旋回减薄，然后是湖侵期，旋回增厚。这与邻井的氧同位素结果一致，氧同位素显示其起初蒸发作用增强，盐度高（$\delta^{18}O$ 重），然后淡水注入增多，$\delta^{18}O$ 变轻。因此本文论证了 BHI 测井在解释碳酸盐岩相中的应用，结合伽马测井，以及岩相的叠置样式，识别出这种湖泊体系中沉积旋回的层次。

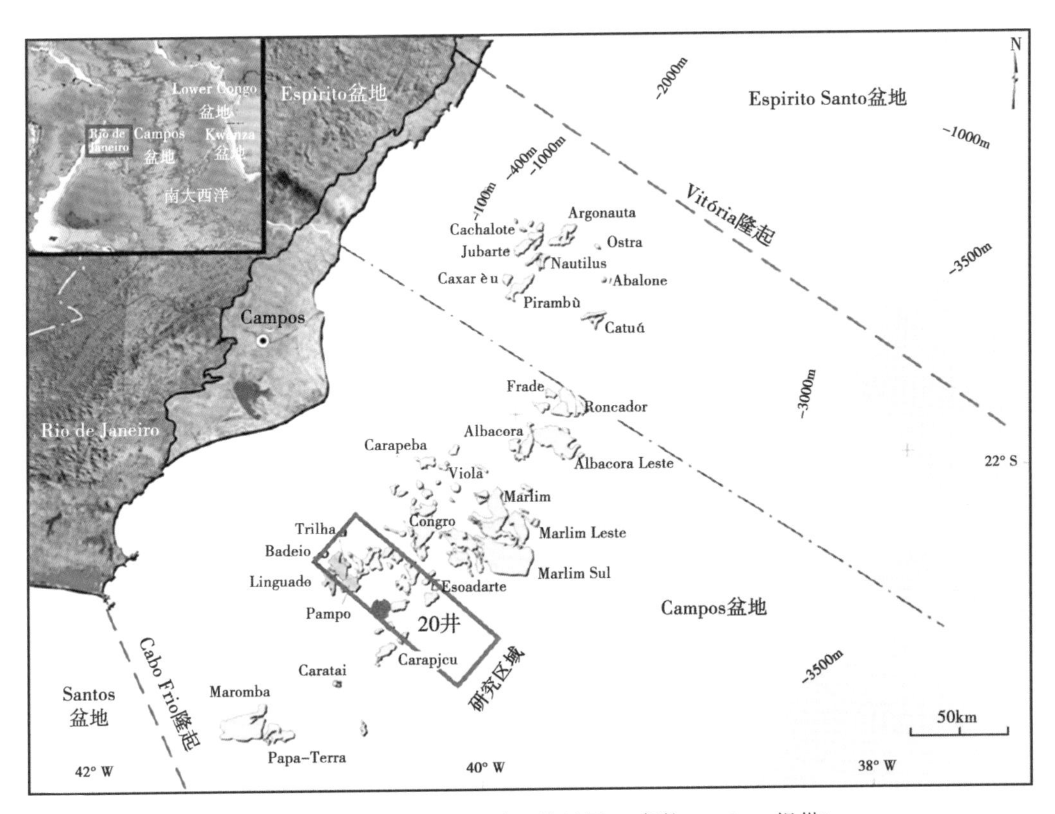

图 11.1　Campos 盆地主要油田位置图（感谢 Petrobras 提供）
红色矩形是研究区和 20 井的位置插图是研究区在南大西洋的位置

11.1　位置及地质背景

Campos 盆地是一个被动大陆边缘型盆地（Klemme，1980），是因早白垩世冈瓦纳大陆裂解而形成的（Guardado 等，2000）。它位于南大西洋的西边，在东边对应位置是 Lower Congo 盆地和 Kwanza 盆地（图 11.1）。

南大西洋的演化起始于大陆地壳的伸展和减薄，形成一个大陆裂谷，随后演化成洋底的伸展。尽管裂谷作用在侏罗纪是从南边（现今的阿根廷）开始再演化至赤道部分，Campos 盆地裂谷作用后（欧特里夫期）再开始（Rangel 等，1994；Davison，1999），但是 Campos 盆地与南边被海水分隔开来。东边大陆地壳在 Aptian 期之后开始显著下沉。Asmus（1975）和 Barros（1980）确定了三种主要构造期来表征 Campos 盆地的演化：同生裂谷大陆期（早期和晚期）、裂谷后过渡期（洼陷）和裂谷后海相期（既有湖侵又有湖退）。

本项研究集中于 20 井的上半部分（图 11.1），为晚 Aptian 期 Macabu 组 220m 厚的裂谷后过渡型洼陷微生物碳酸盐岩（117—112.5 Ma；图 11.2；Winter 等，2007）。本文所展示的所有分析数据综合来解释 Campos 盆地南部的地层，利用了邻井和三维地震数据（Muniz，2013），这些研究成果也会在别处发表。

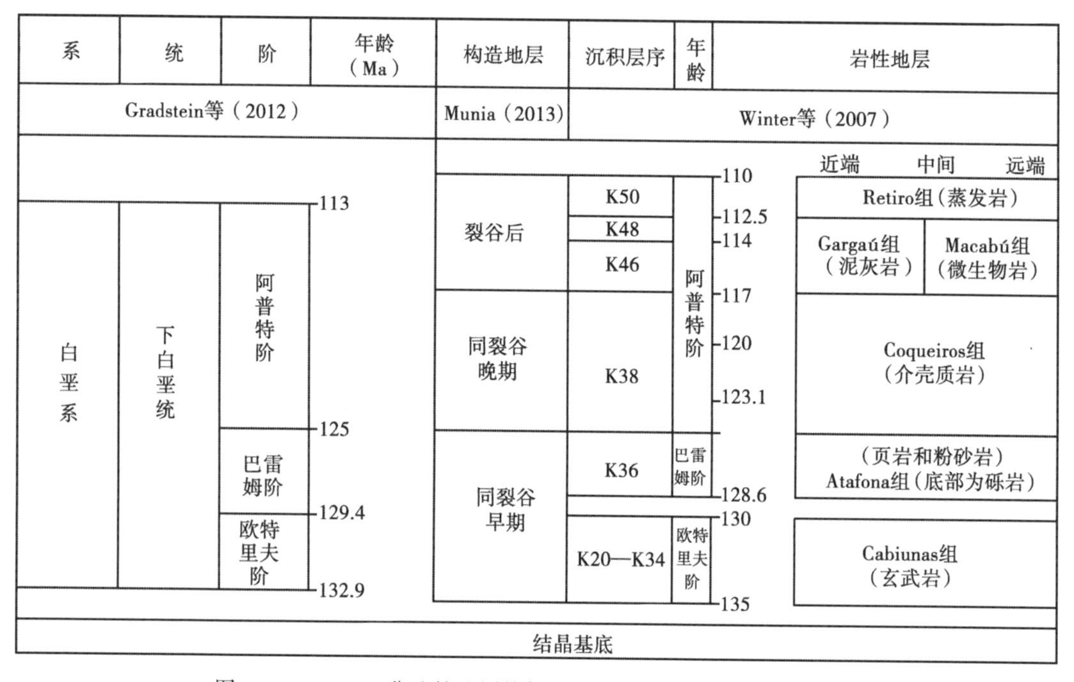

图 11.2　Campos 盆地的地层格架图显示 Macabu 组的位置和年龄

11.2　方法论

该项工作分三阶段完成：（1）20 井数据的收集和预处理；（2）数据的分析和解释；（3）数据的集成和最终的图形显示。数据现场采集由斯伦贝谢地层成像测井公司（FMI Log）完成，数据处理由巴西的石油公司 Petrobras（巴西石油）完成，利用了内部软件 Anasete。电缆测井（伽马和声波）及井壁取心的薄片作为附加数据用来解释 BHI 岩相并将其分类。

BHI 编码成不同颜色，从浅黄色到深褐色，既能动态显示又能静态显示（图 11.3）。颜色上的变化指示电阻率的差异和井中围岩的孔隙。浅颜色相当于电阻性的、致密的、凝固的岩石及多孔岩石中的有机质或烃类（Akbar 等，1995，2000/2001）。深褐色相当于导电的黏土和类似页岩的岩石，但是很多可能反映孔洞中的含水量和孔隙空间（Zhang 等，2005）。用于解释 BHI 相的标准主要是颜色变化、沉积结构和构造的成像、成岩构造。另外，电导率反映岩石的成分、孔隙和流体类型（图 11.3）。从 20 井电阻率成像测井分析中识别出 200m Aptian 阶碳酸盐岩相序中的 9 种 BHI 岩相（图 11.4）。高分辨率显示比例（1:10）用于图像解释（图 11.5 至图 11.7）。然后伽马测井用于指示黏土含量和旋回叠置趋势（图 11.8）。它们与 BHI 相分析一起用于建立相模式（图 11.9）、大比例尺向上变浅的趋势（颗粒粒径的增加、沉积构造显示伽马值的降低、局部被角砾面覆盖）、向上变深的趋势（颗粒粒径的减小、沉积构造显示伽马值的升高；图 11.10 和图 11.11）。

BHI岩相		解释的岩相	特征	颜色	结构	电阻率	备注
BHI-1	改造的	角砾岩	破碎、变形、不连续	浅棕色	棱角状碎屑、散布、扭曲	高	不规则形态、帐篷构造等
BHI-2	陆源的	页岩	薄纹层状	深棕色	纹层状	低	富含有机质或方解石结核时，是高电阻率
BHI-3		泥灰岩	粗粒、纹层状	浅棕色	生物扰动	中—高	
BHI-4		砾岩/岩屑/坍塌	均一的、混乱的、扭曲的	中等—深棕色	粗粒结构	中—高	
BHI-5	外来的	泥晶灰岩	块状形貌	浅棕色	均一、块状	高	
BHI-6		颗粒灰岩	颗粒状	浅—中等棕色	均一、成层	中等	井壁取心样品SC1（图11.8）
BHI-7	原地的	纹层岩	纹层状的，与BHI-2和BHI-3有区别	浅—中等棕色	细圆齿状的	高—中等	由于非均质性和孔隙结构的变化、电阻率发生变化（SC7）
BHI-8		叠层石	柱柱的	浅—中等棕色	纹层状的	高—中等	SC2、SC3、SC5和SC6
BHI-9		凝块石	不规则形态、混乱的	浅棕色	无结构的、发散的	高	SC4

图 11.3　20 井的井眼成像（BHI）测井识别出的 9 种 BHI 岩相的主要物理性质

改造相	陆源的			外来碳酸盐岩		原地碳酸盐岩		
BHI-1 角砾岩	BHI-2 纹层状页岩	BHI-3 泥灰岩	BHI-4 砾岩碎屑支撑	BHI-5 泥晶灰岩	BHI-6 颗粒灰岩/砾状灰岩	BHI-7 纹层状微生物岩	BHI-8 叠层石	BHI-9 凝块石

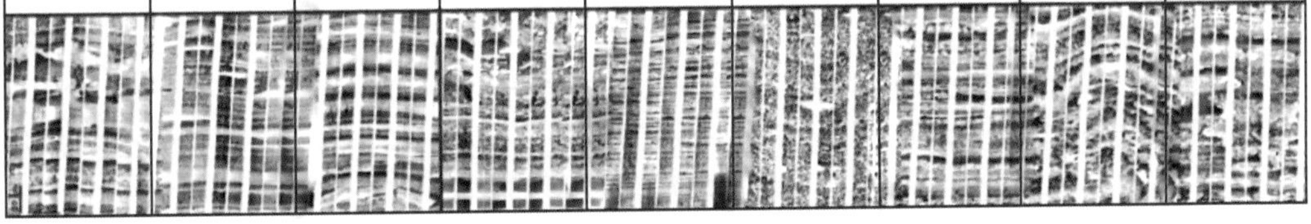

图 11.4　基于井眼成像测井解释的 9 种岩相

每一个成像高 120cm，宽 65cm，展示了整个井壁的动态成像

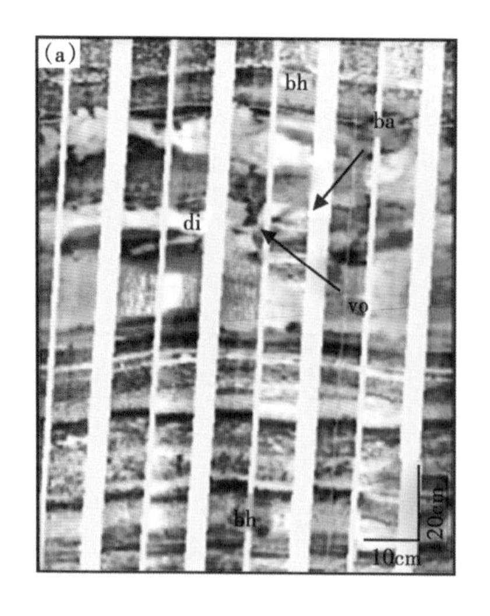

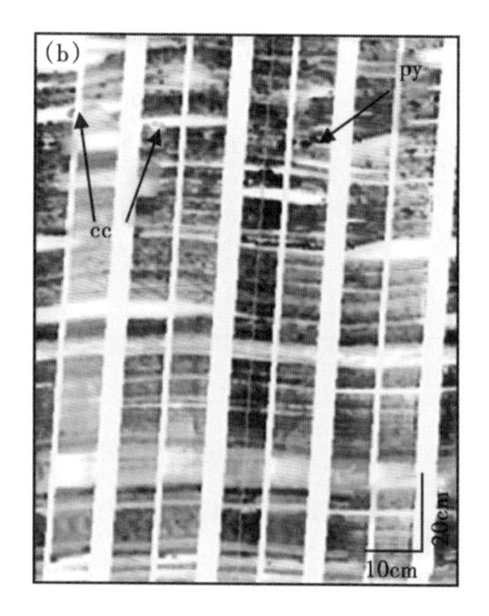

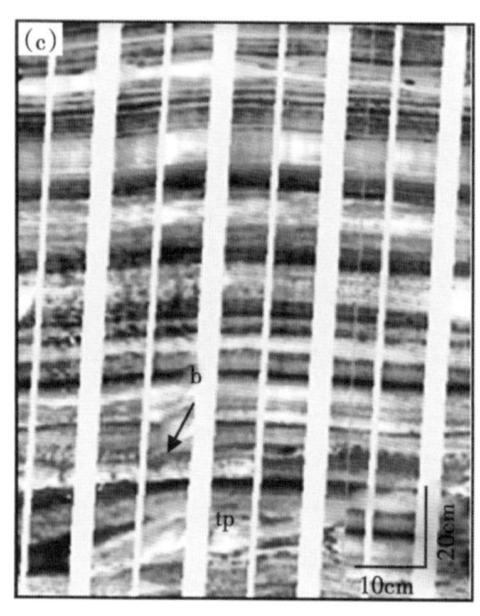

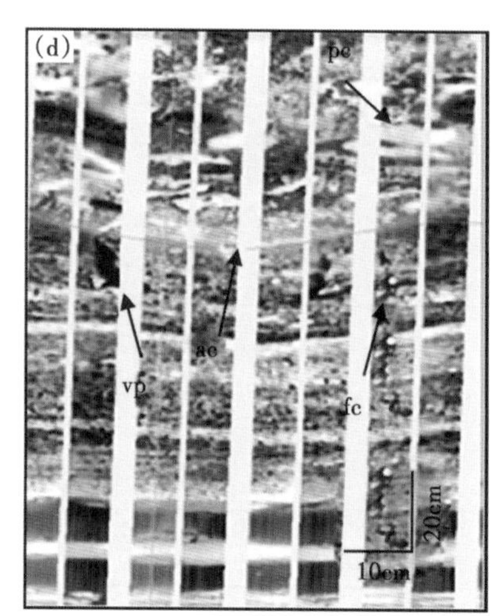

图 11.5　修正的 BHI 和陆源相的实例

每个成像高 120cm，宽 65cm；（a）BHI-1（3740m，图 11.8 中柱状录井图中的紫色轨迹）：在图中部，10cm 厚的层显示了不连续（di）和破碎（ba）或角砾化作用，孔洞中充填不同沉积物（vo），在其上下，此相为层状水平面（bh）；（b）BHI-2（3840m）：薄纹层状细粒物质，解释为页岩（深褐色），含黄铁矿（py）和方解石结核（cc），夹层为 BHI-3 和 BHI-5（底部 1cm 的层，浅褐色）；（c）BHI-3（3787m）：解释为厚纹层状泥灰岩，具有生物扰动（b），在图片的底部，有个帐篷构造（tp），暴露特征；（d）BHI-4：上部显示了泥晶—颗粒基质中一个拉长的面状的碎屑（pc）；突变接触（ac，绿线）的下伏层为颗粒灰岩，颗粒灰岩为纹层状，含有裂缝（fc）和孔洞型孔隙（vp）

这些趋势被解释为向上变浅或者变深的旋回，与湖平面变化相关。声波测井（图 11.8）主要用于将岩石成分和孔隙度或者成岩作用关联起来。

尽管使用的数据具有好品质，还是有一些局限性。例如一些 BHI 岩相的解释缺乏井壁取心样品，碳酸盐岩中关于 BHI 岩相解释及其相的识别缺少公开出版物。成岩影响，还有操作问题造成的伪影（例如钻孔和工具问题引起的噪声，图 11.11 中的红色轨迹）同样会妨碍解释。

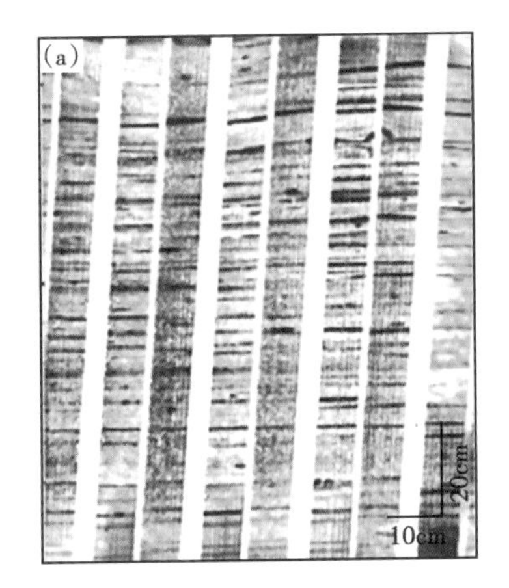

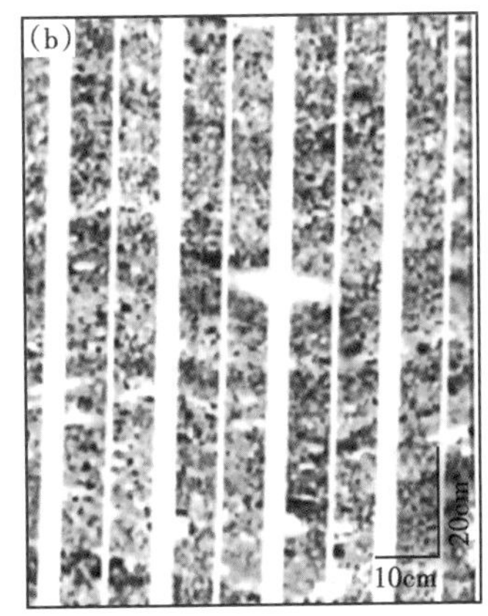

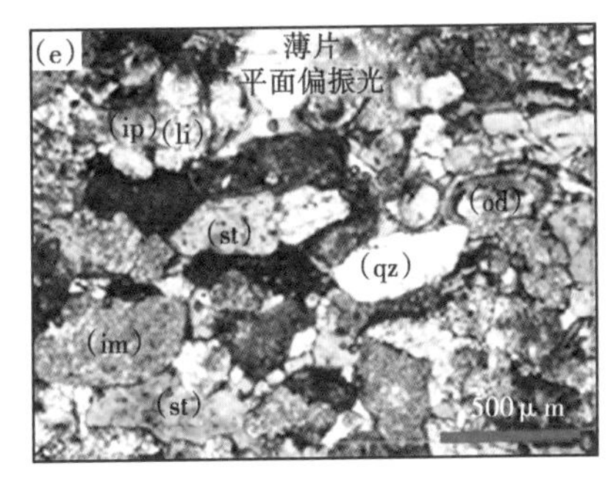

图 11.6　外来碳酸盐岩相的井眼成像测井实例

(a) BHI-5：薄纹层状泥晶灰岩间互电阻率更高的层；(b) BHI-6 (3665m)：圆点状样式反映了颗粒组构，分选好，有一些粒径和成分的变化，小黑孔解释为孔隙，也许是铸模孔、粒间孔或孔洞型孔隙，小的亮色高阻点解释方解石胶结物和石灰岩碎片；(c) BHI-6 (SC1，3640m)：颗粒灰岩的井壁取心显示无基质颗粒支撑组构中平行于平面的成层现象；(d) BHI-6 (3640m)：含球晶的颗粒灰岩显微照片（视域宽 2mm）；(e) BHI-6 (3640m)：颗粒灰岩的显微照片（视域宽 2mm）展示了微生物岩内碎屑（im）、鲕粒（od）和镁皂石（st），镁皂石发生机械变形，减小了颗粒灰岩的原始粒间孔隙度（ip），li—岩屑，qz—石英

11.3　20 井中 BHI 岩相的描述和解释

成像测井中解释出 9 个 BHI 岩相（BHI-1 至 BHI-9），其中几个有井壁岩心的 7 个薄片的支持（图 11.3 和图 11.8）。这些 BHI 岩相可能包括比成像测井中能识别出的更广范围的岩性，肯定比岩心和薄片建立的岩相的分辨率要低。BHI 岩相解释符合标准的硅质碎屑和碳

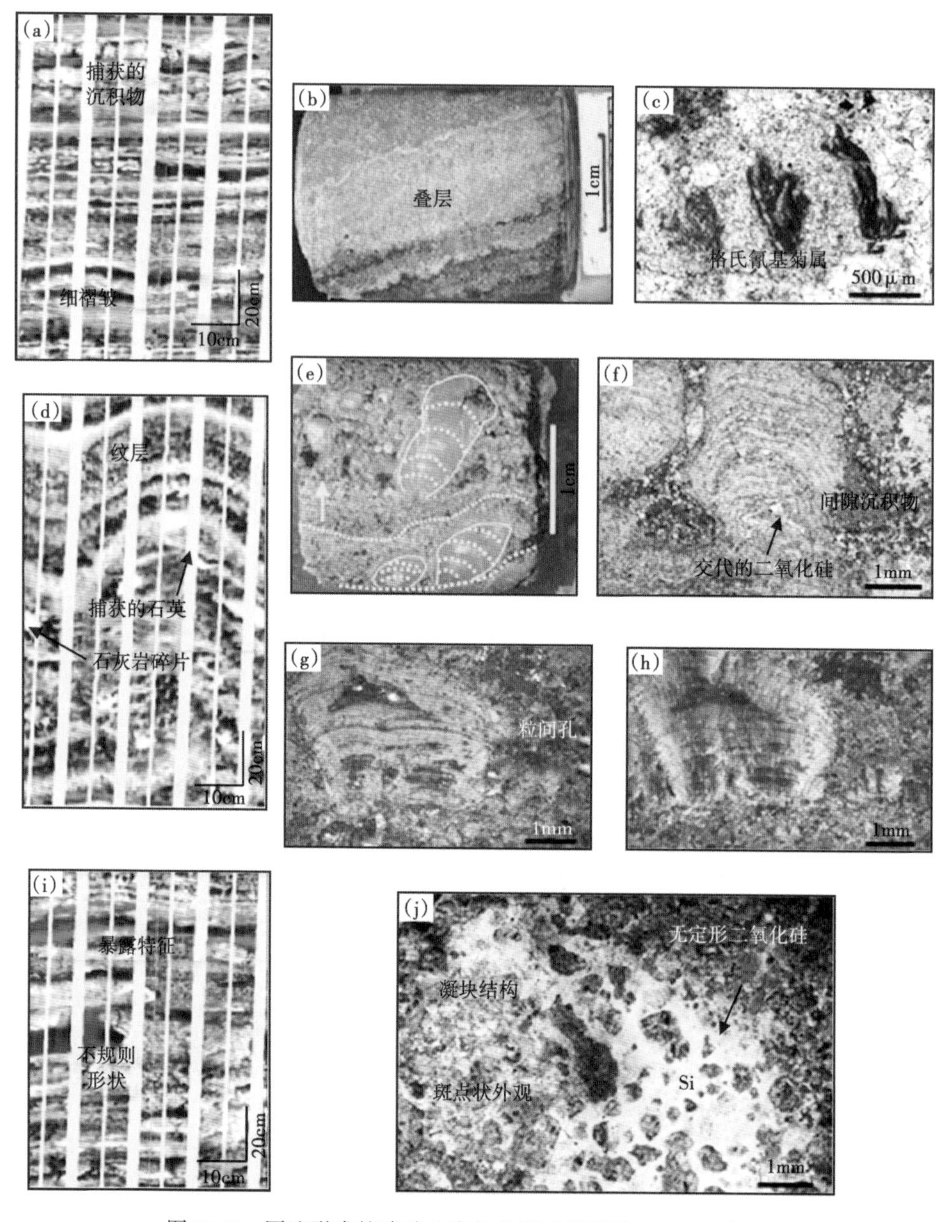

图 11.7 原地形成的碳酸盐岩的井眼成像测井（BHI）实例

(a) BHI-7 (3770m)：微生物纹层岩，1 型，在图片底部，纹层显示典型的细圆齿状组构，在顶部可见一个小的叠层石，以及捕获的石灰岩碎片，颜色的变化解释为是由富含有机质和方解石的区间变化引起的；(b) BHI-7 (SC7, 3843.5m)：井壁取心显示细圆齿状纹层，具有深色层和浅色层的变化；(c) BHI-7 (SC7, 3843.5m)：图 (b) 的显微照片，含有类似于葛万藻的丝状体；(d) BHI-8 叠层石 (3801m)：显示向上凸起的结构，含有捕获的石灰岩碎片 (lf)，沿着纹层分布的一些深色不规则孔洞被解释为窗格孔或者格架孔；(e) BHI-8 (SC5, 3761m)：井壁岩心显示厘米级的内部结构，叠层石被填隙沉积物充填；(f) BHI-8 (SC5, 3761m)：显微照片显示叠层石顶部的内部结构；(g) BHI-8 (SC3, 3707m)：显微照片显示叠层石组分的微米级结构，纹层和孔隙类型（单偏光）；(h) BHI-8 (SC3, 3707m)：显微照片显示叠层石组分的微米级结构，丝状体和生长线（正交光）；(i) BHI-9 (3720m)：凝块石显示不规则凝块外形和不定型形态，具有邻近的不规则和模糊的纹层；(j) BHI-9 (SC4, 3720m)：凝块石的显微照片（视域宽 2mm）显示凝结的组构和斑点状外形，局部已硅化

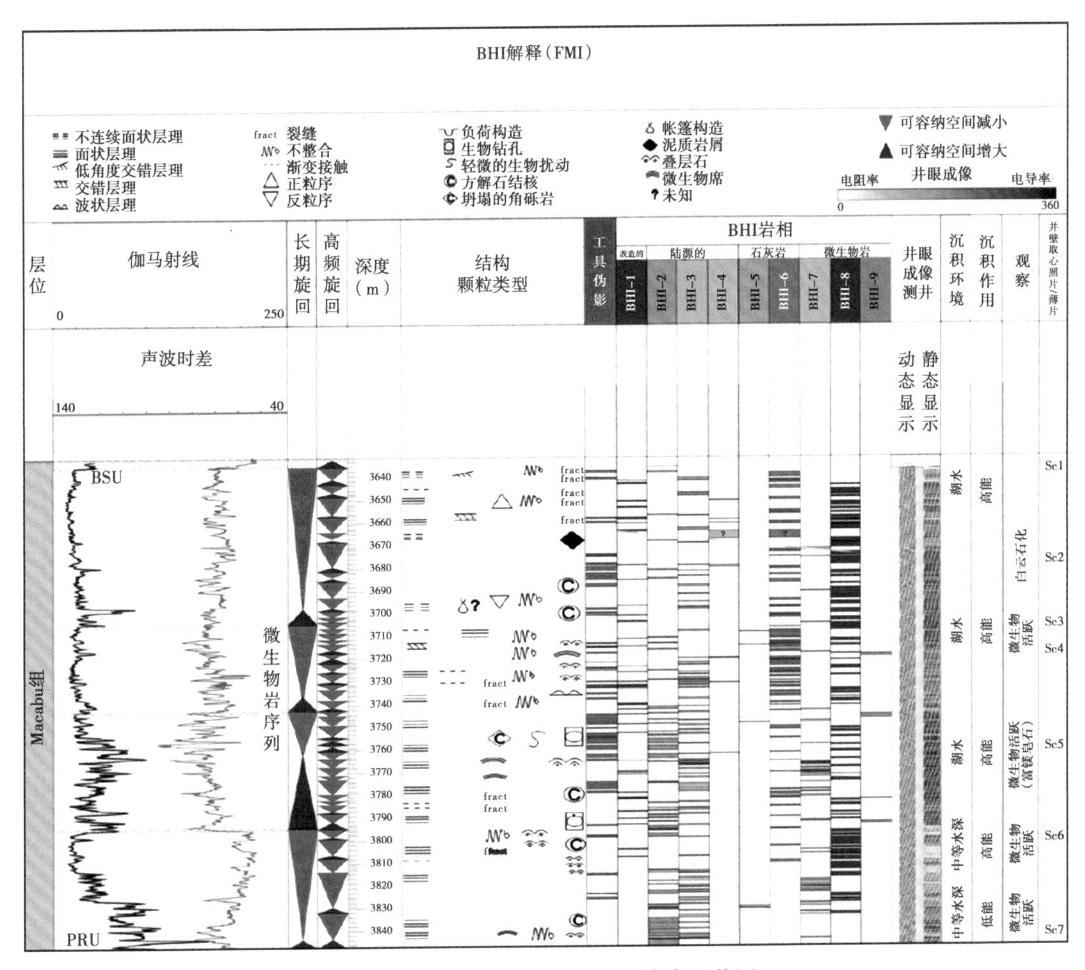

图 11.8　20 井盐下 Macabu 组综合录井图

基于 BHI 测井解释及井壁取心、伽马测井和声波测井；录井图中标明了结构和构造，是综合录井和 BHI 岩相排列而得出的；有的区段难以解释，因为工具伪影，用红色轨迹标绘；井中每个井壁取心样品的位置在井壁取心轨迹上标注，在图的右侧；PRU—裂谷后不整合；BSU—基底盐岩整合

酸盐岩分类（Tucker，1982）、结构范围从页岩（BHI-2）和泥晶灰岩（BHI-5）（与低能沉积环境有关）到颗粒灰岩（BHI-6）和砾状灰岩（解释为形成于高能环境，图 11.6）。根据外部形态和内部结构识别出原地生长的纹层岩（BHI-7）、叠层石（BHI-8）和凝块石（图 11.7）。也识别出变形的、扭曲的、重力流沉积的岩相（例如岩屑流沉积物）（BHI-4）和成岩改造的岩相（例如角砾岩）（BHI-1）（图 11.3 至图 11.5）。这些岩相的特征和一些物理标志用于解释图 11.3 中的 BHI 岩相和图 11.4 中列出的每个岩相的实例。

11.3.1　修正的 BHI 相

BHI-1 岩相（解释为角砾岩）：这个 BHI 岩相显示高电阻破碎的薄层和纹层（图 11.5a）。断裂之间的孔洞和裂缝通常被不同电阻率的物质充填。BHI-1 岩相出现在薄层中，偶尔出现在高频米级旋回的顶部（柱状测井中的紫色轨迹，图 11.8）。像这样的角砾岩可以具有多种成因（Flügel，2010）。下面就是所有可能的成因（仅仅根据 BHI 数据）：（1）钙

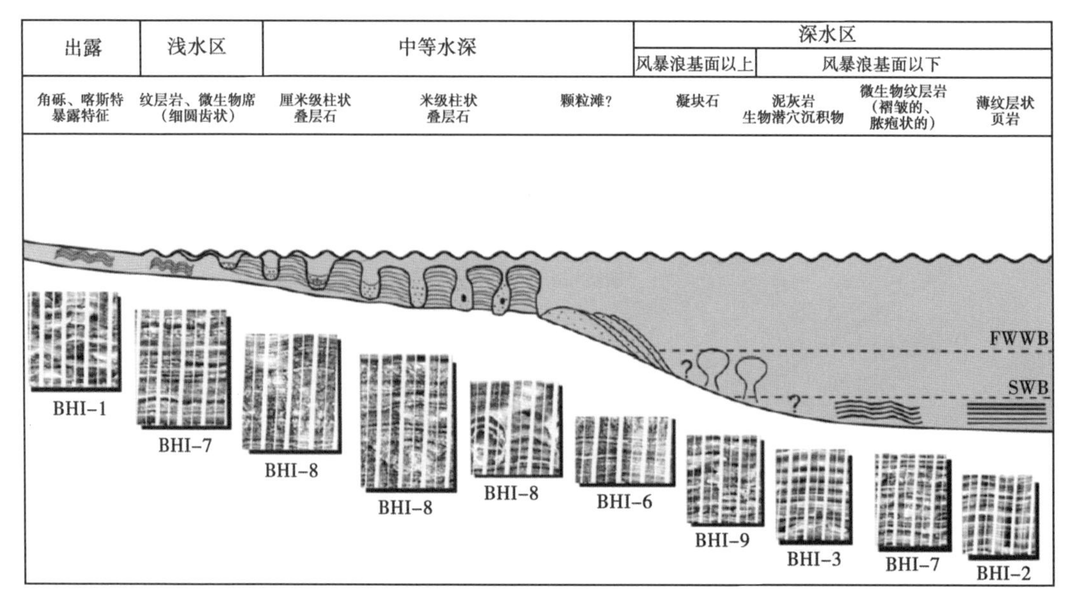

图 11.9　Campos 盆地 Aptian 阶 Macabu 组微生物岩 BHI 岩相的相模式示意图

该示意图考虑了湖平面、波浪活动的级别和相序列；同样观察了古代露头和现代沉积物相似的相的产状，如文中所讨论的；FWWB：正常浪基面；SWB：风暴浪基面

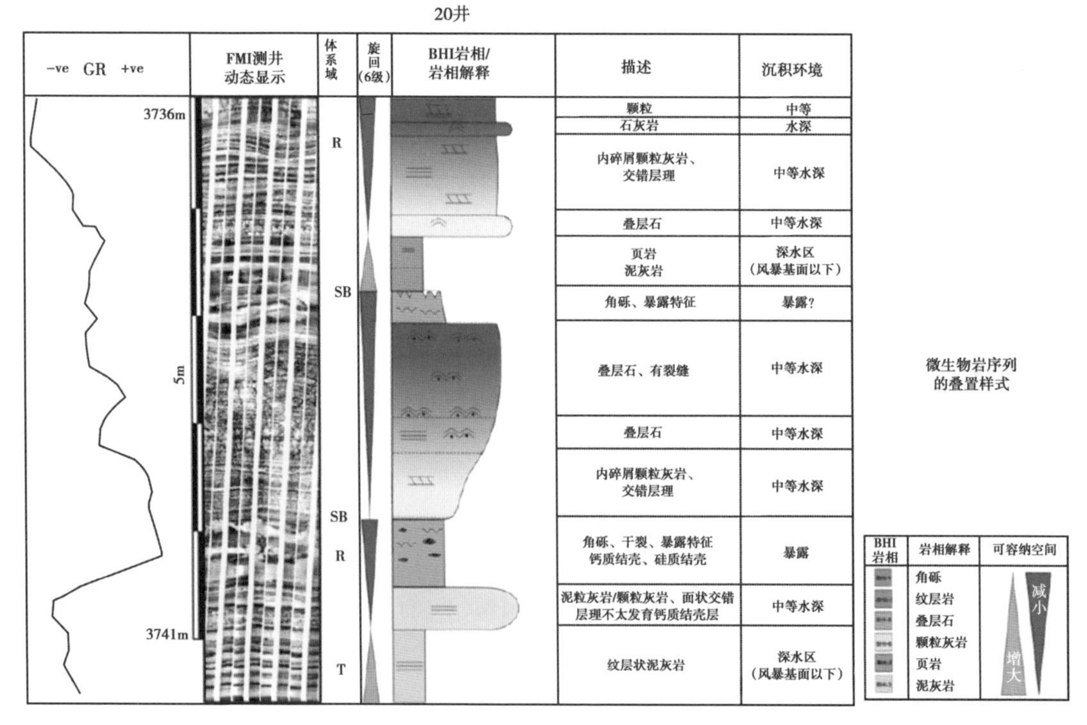

图 11.10　微生物岩相序中的湖侵—湖退（T−R）、湖退高频米级旋回（20 井，3737~3742m）

旋回边界确定在暴露面（由角砾化层面解释出来的），位于向上变浅的相序顶部（参见图 11.9 中的相模式）；BHI—井眼成像测井；FMI—全井眼地层微电阻率成像测井；GR—伽马测井；SBR—层序边界；SWBR—风暴浪基面

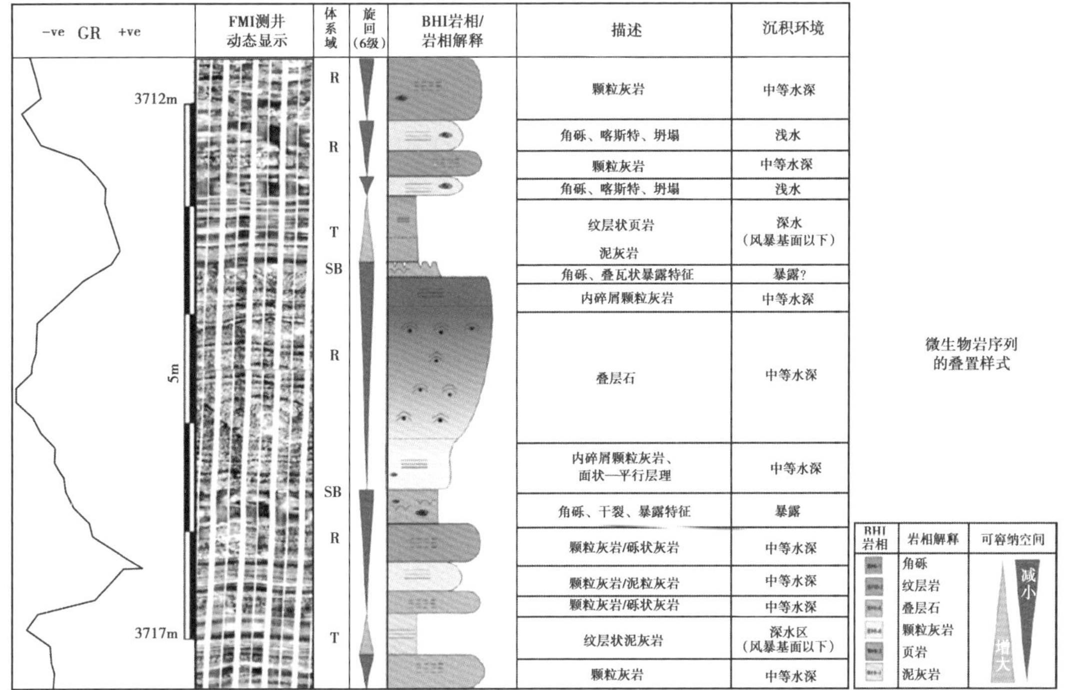

图 11.11 微生物岩相序中的湖侵—湖退（T-R）、湖退高频米级旋回（20 井，3712~3717m）

沉积于变浅的湖泊环境，具有暴露面，根据垂直裂缝和泥裂判断的；旋回组合：底部为湖侵—湖退（T-R）旋回，中间为湖退（R）旋回，上覆为湖侵—湖退（T-R）旋回，然后可能再是 3 个小的湖退（R）旋回；BHI—井眼成像测井；GR—伽马射线测井；SWB—风暴浪基面

结层角砾岩，形成于干旱和半干旱气候条件下的原地角砾化作用，被土壤化作用所控制，与广泛的风化作用、剥蚀、溶解和收缩相关；（2）坍塌角砾岩，由于有些层（例如蒸发岩）中易溶物质被溶掉而导致地层坍塌形成的；（3）构造角砾岩，与断层有关。

11.3.2 陆源 BHI 岩相

11.3.2.1 BHI-2 岩相（解释为页岩）

这个 BHI 岩相是细粒、薄纹层的，解释为页岩。在有些情况下，它具有细圆齿状纹层，说明有微生物活动。这种岩相一般是导电的，呈深色。但是有些情况下，它可能与电阻更高的方解石结核或者富有机质的岩性间互出现（图 11.5b）。当页岩富含有机质或者具有更高的碳酸盐含量，因其电阻率高而导致颜色变浅。局部页岩具有导电的黑点，解释为黄铁矿（图 11.5b）。相应的高伽马响应是解释这种岩相的一种附加标准。BHI-2 岩相在整个 Macabu 组中被解释为形成于风暴浪基面（SBW）以下，Macabu 组被解释为形成于深水湖泊环境中（Wright，1990）。

11.3.2.2 BHI-3 岩相（解释为泥灰岩）

泥灰岩具有中等电阻率，从比 BHI-2 岩相浅的颜色一直变到浅褐色（图 11.5c）。当富含有机质或者化石含量高时，颜色会变得浅一些。此相为细粒的，中层状（10~20cm），在 20 井中构成 10m 厚的单元。它不同于页岩 BHI 成像，具有更厚或者更薄的层（电阻更高），具有一些生物扰动。与页岩相比具有更低的伽马值。Wright（1990）称湖泊中底部长期有氧的话，湖底沉积物可能就有生物扰动。此相为中层状，解释为堆积于风暴浪基面以下，在分层的湖泊环境中。

11.3.2.3 BHI-4 岩相（解释为砾岩）

BHI-4 岩相由粗粒碎屑构成，这些碎屑呈长条状，平行于层面排列，基质为颗粒基质，呈浅色小颗粒（图 11.5d）。碎屑粒径达 10cm，相关的黑色小尺寸导电点（圆和次圆形）解释为石孔隙。不导电的、浅色的更大面状碎片解释为石灰岩碎片，导电的深色点解释为页岩碎屑。图 11.5d 成像的上部三分之一似乎显示不光滑基底、碎屑支撑的砾岩，差—中等分选，可能包含不同种类的岩石碎片，因为它的组分在粒径、形状和颜色上变化很大。碎屑平行于层面排列，或者更加无序排列，也具有扭曲构造。在 20 井中，这种相出现在整个测井段中，主要在伽马值高的井段。厚度可能达到 70cm。BHI 岩相相解释为由湖盆中高能事件形成的。这种事件导致下伏地层的剥蚀和粗粒的中砾级碎屑的再沉积。

11.3.3 外源碳酸盐 BHI 岩相

11.3.3.1 BHI-5 岩相（解释为泥晶灰岩）

此相典型特征是高电阻率、浅色、致密的细微纹层状岩性，解释为泥晶灰岩（图 11.6a）。这种 BHI 岩相通常具有块状结构，但是也可以间互深褐色页岩。厚度从 10cm 到 30cm。BHI 岩相相（如 BHI-3 岩相）被解释为沉积于深水场所，风暴浪基面以下的安静水体中。

11.3.3.2 BHI-6 岩相（解释为泥粒灰岩—颗粒灰岩—砾状灰岩）

此 BHI 岩相相具有粗粒、颗粒支撑的组构，解释为泥粒灰岩—颗粒灰岩—砾状灰岩。由于不同成分的电阻率差异而显示出中等电阻率和中等颜色（图 11.6b）。小黑点解释为被水充填的洞穴。否则，浅色微粒解释为生物碎屑，不规则形状的区域解释为方解石胶结物或者可能是硅质胶结物。视觉上结构看上去是中等分选—分选好的，相对均一。在 BHI 岩相和井壁取心中都可见到局部交错层理和平行层理（图 11.6b、c），表明水体能量高。这种相出现在不足 1m 厚的单元体中，但是，在汇合的地方，这些层形成的沉积体几十米厚（图 11.8）。视觉上，基底接触面一般是渐变的，顶部被剥蚀。

薄片中通常能观察到球晶（图 11.6d），在泥粒灰岩、颗粒灰岩和砾状灰岩中球晶与内碎屑、硅镁石颗粒、石英和长石伴生（图 11.6e）。在泥粒灰岩中，球晶可能与基质一起发生白云石化（图 11.6d）。在成像测井中，局部显示出大的不规则孔隙，解释为渗流成岩特征。地层类型和解释的及观察到的结构表明了高能沉积环境。干净水洗过的牵引沉积物，例如湖泊边缘环境中通常见到的这些，比如犹他州的 Great Salt 湖（Chidsey 等，本书，待发表）。

11.3.4 原地生长的碳酸盐岩 BHI 相

11.3.4.1 BHI-7 岩相（解释为微生物纹层岩）

此 BHI 岩相解释为细微纹层状碳酸盐岩（图 11.7a）。深色和浅色表明既有高电阻率也有低电阻率。纹层可能成捆出现，典型特征是细圆齿状（图 11.7a、b），局部具有低起伏的半球构造。薄片展示了类似葛万藻（泥晶围岩中的丝状体）中的微生物含量（图 11.7c）。因此被解释为微生物纹层，它与纹层状页岩和泥灰岩的纹层形态是迥然不同的（图 11.5b、c）。识别出两种纹层：第一种具有薄纹层，通常与页岩和泥灰岩相伴生；第二种，含有捕获的更粗的沉积物，与浅水相（例如角砾岩）伴生。它们被认为形成于不同的沉积作用和不同的沉积环境：第一种具有薄纹层，通常与页岩和泥灰岩相伴生，解释为形成于深水环境；第二种含有捕获的更粗的沉积物，与浅水相（如角砾岩）伴生，所以可能与浅水沉积环境相关。图 11.7a 的底部为第一种类型，顶部为第二种类型。Macabu 组中 BHI-7 岩相比较丰富（BHI 岩相轨迹中的浅紫色；图 11.8）。

11.3.4.2 BHI-8 岩相（解释为叠层石）

此相中主要由纹层状的、丘状的微生物沉积物组成（Riding，1999），包含捕获的石灰岩碎片，显示交替变化的颜色（Suarez-Gonzales 等，2014），反映了其中不同碳酸盐物质的电阻率变化（图 11.7d）。深褐色表示充填了水的洞穴，而浅色表示连续的碳酸盐纹层。浅色斑点表示叠层石顶部捕获的钙质碎片。叠层石成像显示了厚 1.5m 的构造。小的、拉长的、平行于层面的孔洞可能是窗格孔或格架孔（图 11.7d、g、h）。更小的，也象树枝状的结构与 Terra 等（2010）描述的 Santos 盆地中 Barra Velha 组叠层石中的相似。这些可能出现在形成柱状和穹隆状的构造中（图 11.7d、e、f）。它们的凸面通常向上，反映了向上变浅的趋势（图 11.7d）。微生物岩（Burnc 和 Moore，1987；Riding，2000）主要以叠层石出现，在这里最初是根据 BHI 解释，以及井壁取心和纹理中所见到的内部结构来判断（图 11.7d 至 h；Riding，1999，2008）。在 Macabu 组实例中，整个叠层石的薄片中能识别出放射状的丝状体（图 11.7g 至 h），表明了其微生物为中介的结构。在 220m 研究井段，BHI 测井中能观察到不同形态和尺寸的叠层石，但是关于这些叠层石的全面认识需要更加详细的分析。

相似的岩相通常也出现在湖泊水下，中等—高能环境中（Riding，1999）。Macabau 组中此相总是与颗粒灰岩沉积物相伴生。这种组合在始新统 Green River 组中也有报道，在那里最初的湖盆特征是滨岸—近滨岸相的鲕粒灰岩—泥晶鲕粒灰岩。然而，在中间咸湖相阶段，互层的鲕粒灰岩、内碎屑砾状灰岩、微生物叠层石和凝块石的混积也很常见。

11.3.4.3 BHI-9 岩相（解释为凝块石）

该相通常显示不规则的颜色分布（图 11.7i）。电阻率因岩石的非均质性和结构而变化。它具有凹凸不平和凝块状的形态，常与叠层石伴生，因为这个原因，解释为凝块石。石灰岩碎片捕获在凝块石头部之间，窗格孔常见。在薄片中，能见到斑状或凝结状组构，没有颗粒的优先排列性（图 11.7j）。方解石和硅质胶结物及交代作用很常见，中等大小的洞穴显示深颜色。这种岩相在 20 井中不常见（BHI-9 岩相轨迹；图 11.8），但是，当它们存在时，以 0.5~2.0m 厚的层出现，只见到 4 层。解释为形成于风暴浪基面以下的中等—低能环境（Feldmann 和 McKenzie；1998；Riding，1999）。

11.4 基于 BHI 岩相的 Aptian 阶 Macabu 组的相模式

图 11.8 概述了 20 井 BHI 测井解释的上半部分。包括了整个 Macabu 组（Lagoa Feia 群的上半部分）。BHI 岩相主要为微生物岩，该相在 Campos 盆地邻近的取心井中发育不好（Winter 等，2007；Muniz，2013）。叠层石（BHI-8 岩相）是最丰富的相，凝块石罕见，发育第二丰富的相是颗粒灰岩—砾状灰岩（BHI-6 岩相）。根据 BHI 岩相的观察和解释及测井中 BHI 岩相重叠的垂向组合建立了简化的相模式（图 11.9）。这些趋势通常也体现在伽马和声波测井中。同时，与深度相关的二维相示意图是相关系最简单的表示，侧向相变也期望能展示，但不能够在单井研究中评估。

尽管关于 Campos 盆地相的研究有些人认为相是潮控的（Dias 等，1988），然而本次研究中没有发现海相环境的证据。因此没有采用如在 Shark Bay 使用的那些基于潮汐的环境术语（Jahnert 和 Collins，2013）。所有海洋生物、淡水生物（轮藻类）和非海相介形虫的出现表明了 Campos 盆地 Lagoa Feia 群的半咸水—湖水的沉积环境（Muniz，2013）。从 20 井的 9 个 BHI 岩相中解释出 4 种沉积环境（图 11.9）：深水区（正常浪基面（FWWB）以下）、中等水深区（正常浪基面（FWWB）以上）、浅水区（局限浅水）和出露区（或地表）。

11.4.1 深水区

细纹层页岩（BHI-2 岩相）中化石少见，但是富含有机质和黄铁矿，伽马测井上显示高值（图 11.8）。与该相相关的是脓疱状和多褶皱的微生物纹层岩（BHI-7 岩相），有些情况下含有微生物丝状体（图 11.7a 至 c），表明这些沉积物是生物成因的，而不是物理化学成因的。此相被认为形成于风暴浪基面以下的深水环境中。

稍微浅一些的环境解释为适合纹层状泥灰岩（BHI-3 岩相），因为生物扰动的出现表明具有一定程度的氧合作用（图 11.5c）。在 20 井中，它们被认为接近风暴浪基面，垂向上与凝块石相邻。凝块石在 20 井中少见。它们通常以不足 30cm 的层出现（综合录井图中的浅紫色轨迹；图 11.8）。尽管有文献报道凝块石形成于更高能的环境（Feldmann 和 McKenzie，1997，1998），然而 Mancini 等（2004）认为凝块石建造于低能深水环境中。相似地，Cohen 和 Thouin（1987）在现今 Tanganyika 湖中发现凝块石建造在深水环境中。本文认为凝块石出现在深湖环境，因为它与其他细粒、低能 BHI 岩相相伴生（BHI-2 岩相，BHI-3 岩相和很少的 BHI-8 岩相）。然而，相关的热液流体或者湖底热泉产生凝结结构的可能性不能不考虑，因为 20 井附近有长期断裂。

11.4.2 中等水深区

中等水深区解释为位于正常浪基面以上（图 11.9）。主要为叠层石，伴生粗粒颗粒岩相（BHI-6 岩相）。这些沉积物显示牵引构造，例如交错层理和平行层理（图 11.6b、c），指示中等—高能湖泊边缘环境。向岸方向，这些岩相变成更为局限的浅水相。由于 BHI 测井中叠层石厚度的不断减薄，向上变浅的趋势常见，因此接近湖岸线的浅色区域被认为含有小一点（不足 1m）的叠层石（Logan 等，1970）。所以，这种条件下的生物建造的尺寸可能成为湖泊边缘和水深的很好的指示器。

11.4.3 浅水区

本区解释为位于正常浪基面以上的浅水低能环境（图 11.9）。尽管非海相，这种沉积环境的沉积相和几何特征与潮间带上部还是很相似（Logan 等，1970）。在这些可容纳空间有限的浅水区，生物建造比之前描述的深水区的更小而且层更薄。在浅水环境中，存在面状微生物岩，例如微生物纹层岩（BHI-7 岩相）。这些岩相易于与陆源沉积物相伴生，厚度达 1m。局部发育干裂，由于湖平面的波动导致接近地面的零星暴露而形成的。这些微生物纹层岩通常为细圆齿状的（图 11.7a、b）。这些相在结构上与深水区的那些纹层岩截然不同。在浅水环境，细圆齿状纹层岩组构更粗糙，一般会捕获粗粒的陆源沉积物，常常具有一些生物扰动和相当多的窗格孔。

11.4.4 出露区

位于沼泽带中具有更高地形起伏的区域，本区只是偶尔被水淹没。出露环境的诊断性特征是地表暴露特征，例如喀斯特、坍塌角砾岩、收缩裂缝和帐篷构造（BHI-1 岩相；图 11.5a）。这种环境中的一些典型特征可以与海相模式中的潮上带环境相类比（Logan 等，1970）。这种相（BHI-1 岩相）通常被页岩（BHI-2 岩相）或泥灰岩（BHI-3 岩相）又或微生物纹层岩所覆盖，指示湖侵事件和湖平面的上升。

11.5 Aptian 阶碳酸盐岩相序中的旋回性和叠置样式

基于 BHI 测井的相模式和接近连续的垂向记录，研究的下一步是识别旋回和旋回变化的叠置样式。基于 BHI 测井解释和电缆测井分析鉴别出向上变粗和向上变细的趋势和重复的岩相（图 11.10）。成像测井记录中，这些结构和岩相被剥蚀面和/或暴露面分隔开来。这种重复的趋势解释为沉积旋回。旋回也能通过规模的等级来鉴别，从高频米级旋回（通常向上变浅；图 11.10 和图 11.11）到低频几百米的旋回性（根据电缆测井解释；图 11.8）。根据旋回的大小（厚度），建立了 4 级旋回：低级（1 级旋回）到高级（4 级旋回）。有效的生物地层学不允许笔者确定高频旋回的时间尺度，但是整个 Macabu 组的长期旋回被认为是相当于 Vail 等（1991）定义的 3 级旋回，持续时间 4.5 Ma（图 11.2、图 11.12、图 11.13）。本项研究中，米级旋回（4 级旋回）根据 BHI 测井来描述和解释，而长期旋回根据伽马测井来识别（图 11.12）。旋回的厚度通常无规律，很可能不完全，因为上半部分已经被剥蚀掉。微生物碳酸盐岩相序中识别出 4 级旋回，显示既有湖侵体系域又有湖退体系域，或者仅有湖退体系域。

（1）湖侵—湖退（T-R）旋回：在底部具有纹层状、细粒岩相（如 BHI-2 岩相、BHI-3 岩相或 BHI-5 岩相），表明沉积于深水环境。这些旋回向上变成更粗的岩性，解释为颗粒灰岩和砾状灰岩（BHI-6 岩相），间互叠层石沉积单元，指示了中等—浅水沉积环境，顶部可能被角砾面覆盖，指示地表暴露（图 11.10）。这些旋回显示最初为向上变细的趋势，然后是向上变粗变厚的趋势。它们因此被解释为湖侵—湖退（T-R）高频旋回。

（2）湖退旋回：通常在底部具有低能相，向上递变为更粗的高能相带沉积物。在微生物岩相序中，旋回通常从颗粒灰岩（具有交错层理和平行层理）变到叠层石（1.5m 厚），上覆层具有出露特征，例如叠瓦状结构和角砾岩（图 11.10 至图 11.12）。BHI 测井的连续记录可与伽马测井相对比，伽马测井在细粒岩相也能显示正位移（图 11.10）。周期性的相趋势（旋回）记录在叠置样式中，还有它们的厚度变化，这个可能与旋回顶部最浅相的原始厚度或保存厚度相关。

11.5.1 旋回的性质和成因

Macabu 组中高频 4 级旋回是清楚的，含有很多相似特征。包括原地沉积的纹层状碳酸盐岩，被认为是大量的微生物活动形成的。厘米级—分米级叠置的半球内丰富的藻丝体铸模表明了捕获和粘结作用（图 11.7），嵌入亮晶胶结物和微生物影响的胶结物。这些纹层状构造被解释为叠层石，伴生比较少见的凝块状构造解释为凝块石。这些岩石之间的夹层为内碎屑和球粒颗粒灰岩和砾状灰岩。米级旋回起始于页岩或泥灰岩，上覆为角砾化的暴露面，然

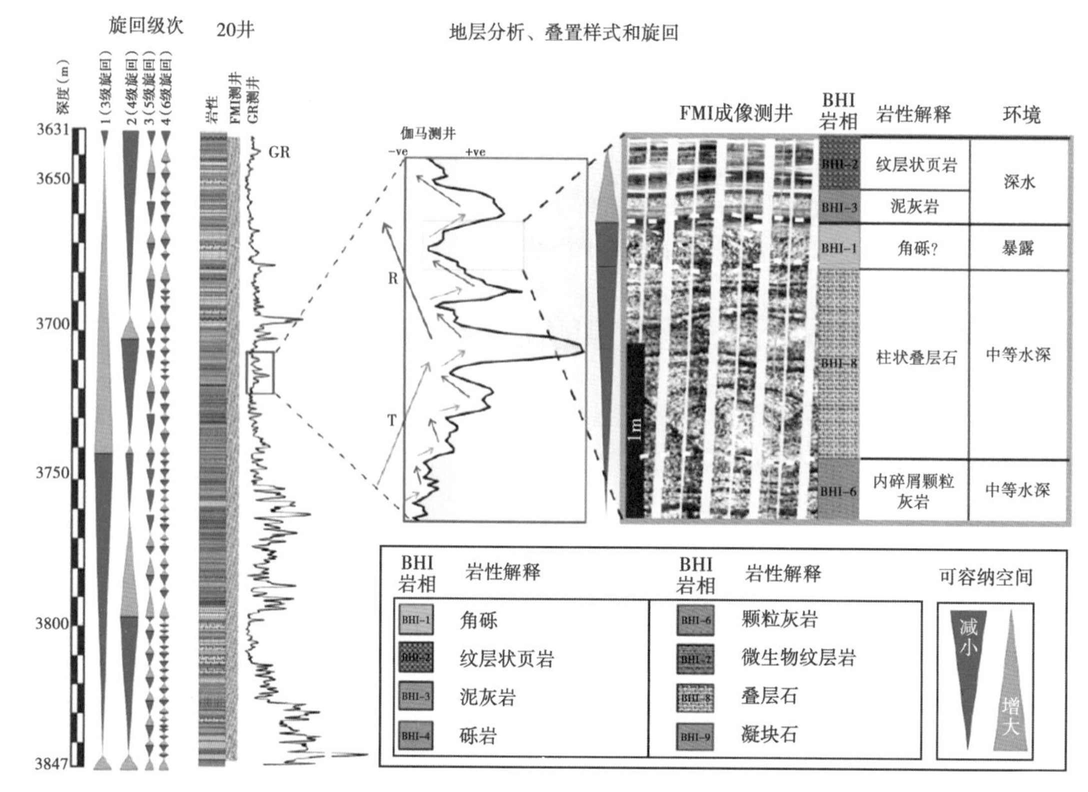

图 11.12　Campos 盆地 20 井中记录的 Macabu 组旋回等级

展示的整个井厚度是 Macabu 组，相当于湖退（1 级旋回整个伽马值减低的趋势），层序边界，然后是另一个 1 级旋回的湖侵部分；在这些湖退和湖侵体系域中，包括 4 个 2 级旋回，也记录在伽马测井中；伽马测井中更不规则的空间、对称波动被认为是 3 级旋回；4 级旋回构成高频米级旋回，在 BHI 测井中可见

后是微生物岩、颗粒灰岩和砾状灰岩到旋回顶部（图 11.10 和图 11.11）。微生物岩、颗粒灰岩和砾状灰岩被解释为形成于非常浅的水体环境，具有广泛的微生物活动。然而，这样初级的高频巡回非常不规律，经常发育不完整，旋回中微生物岩相之前可能起始于泥粒灰岩和颗粒灰岩。然后旋回被角砾岩盖帽，解释为地表暴露面，是由于相对海平面下降使得水下的岩相暴露而形成的。

除了高频（米级）旋回以外，从伽马测井曲线变化中还能见到低一级的旋回（图 11.8）。共识别出 23 个 3 级旋回和 4 个 2 级旋回，具有正位移，对应于细粒的 BHI-2 岩相、BHI-3 岩相和 BHI-5 岩相，随后是伽马射线向上变干净的趋势（第 2 列至第 4 列，图 11.8；图 11.12）。前两个 2 级旋回特征是厚度向上减薄，表明可容纳空间长期下降。整个 Macabu 组（1 级旋回）从裂谷后不整合到基底盐岩不整合整个呈现伽马值减低的趋势（图 11.8 和图 11.12）。

11.5.2　旋回等级、旋回形成的控制因素和地层分析

浅水碳酸盐岩台地的主要特征之一是周期性重复的碳酸盐岩相中地层的排列（Wilson，1975；Algeo 和 Wilkinson，1988；Lehmann 和 Goldhammer，1999）。关于湖相碳酸盐岩的研究报道非常少（Platt 和 Wright，1991；Sarg 等，2012；Terra 等，2012；Wright 和 Barnett，本

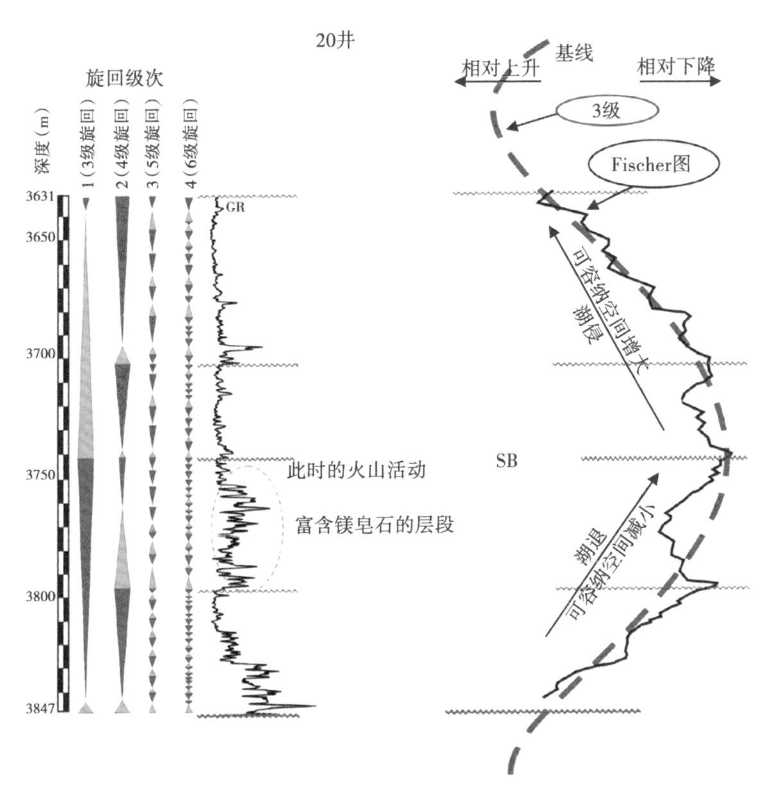

图 11.13　Macabu 组微生物岩的 1 级、2 级、3 级、4 级旋回的叠置样式和周期性分析图

采用 Sadler 等（1993）的方法在 1 级旋回到 4 级旋回中建立了厚度变化的 Fischer 图，Macabu 组中整个下降和上升的储集空间趋势（旋回厚度变化趋势）对应于 1 级旋回，也就是 Vail 等（1991）所说的三级尺度；SB—层序边界

卷，待发表）。甚至关于非海相裂谷盆地地层学的研究都很少，在裂谷盆地中，构造作用是裂谷几何结构、构造单元及变化的盆地沉降率的控制因素。气候也是旋回形成的异周期性控制因素，潮湿期和干旱期的波动影响流量和湖平面、碳酸盐沉积物的生产及陆源供给。最后，生物或者非生物沉淀率也控制旋回的形成，因为旋回发育的样式通常与可容纳空间和生产率之间的平衡有关。然而，从诸如此类的单井研究中，这些控制因素都能识别出来那是不可能的，或者说要打一些折扣。

从 20 井成像分析中建立了 Macabu 组的旋回发育模式。旋回被解释为四级：1 级、2 级、3 级和 4 级，在尺度上可能分别与 Vail 等（1991）提出的 3 级、4 级、5 级和 6 级旋回相当（图 11.12）。

220m 厚的 Macabu 组 1 级旋回（根据伽马测井解释出来的），被认为是陆源和碳酸盐岩相的交替。Macabu 组代表了整个向上变干净然后变深的趋势，Muniz（2013）在 Campos 盆地也描述了相似尺度的旋回。他认为，在更潮湿的气候条件下，会有更多的陆源沉积物注入，这被高伽马值所证实。因此，潮湿气候形成这些旋回的湖侵部分。在干旱期，这些环境更有益于堆积碳酸盐岩，它们通常呈向上变浅的组合，湖退相。1 级旋回气候变化是区域性的，在研究区是普遍性的，横向 100km 可对比（图 11.1；Muniz，2013）。

2 级旋回和 3 级旋回厚 2～100m（图 11.8 和图 11.12），根据伽马值重复的对称变化来判别。与 BHI 岩相对比，伽马值升高对应于细粒沉积物，可能是富陆源物质的岩相，而伽马值降低对应于更干净的碳酸盐岩相（包括微生物岩）（图 11. 12）。因此，伽马值的波动能对应 BHI 岩相中的旋回性。这些旋回被认为是湖平面变化引起的，可能是比 1 级旋回中的更高频旋回的气候变化，或者是周期性的构造沉降产生了可容纳空间或者改变了排水通道。

4 级旋回一般厚 1~2m，根据 BHI 测井分析在湖退旋回或者湖侵—湖退（T-R）旋回上描述（图 11. 10 和图 11. 12）。相似的基本旋回单元在浅水海相碳酸盐岩相序中常见，一般具有向上变浅的相序叠置样式（Pratt 等，1992；Lehmann 和 Goldhammer，1999）。它们与基本向上变浅旋回（Strasser，1991）或准层序（Spencer 和 Tucker，2007），还有高频旋回（Lehmann 和 Goldhammer，1999）具有相似性。

然而，浅水海相米级旋回能够形成于各种各样的作用：浅水沉积作用内在的沉积过程（称之为自旋回作用）或者由于海平面波动或局部构造运动引起的异旋回控制因素（Bosence 等，2009）。在湖泊环境中，这些控制因素与影响湖平面变化的其他机制同时存在。正如上文中所讨论的。在一口井数据基础上，不可能识别出影响这些旋回的作用，成因上它们既可能是自旋回的（湖泊边缘和/或浅滩和岛屿的进积作用），又可能是异旋回的（高频气候变化、断层引起的脉冲式沉降）。

当 BHI 测井中识别的旋回与伽马测井中次一级旋回相比较时，也许能够看出它们是怎样彼此叠加的（图 11. 12）。该图中 BHI 测井显示 4 级基本上向上变浅的旋回，厚 2m。这个单元主要由颗粒灰岩（BHI-6 岩相）和柱状叠层石（BHI-8 岩相）构成。解释为形成于中等水深环境中。之上是角砾岩单元（BHI-1 岩相），代表旋回顶部为出露环境，随后是洪泛事件，下一个旋回沉积泥灰岩和页岩（BHI-3 岩相和 BHI-2 岩相）。这些趋势也能在伽马测井中识别出来，它们构成一系列湖侵—湖退（T-R）趋势的一部分，由 3 级旋回构成，厚 10m。3 级旋回解释为与湖平面变化（Fitchen ，1997）和硅质碎屑供给相关。3 级旋回也是组成叠置的 4 个 2 级旋回的一部分，构成 1 级旋回（Macabu 组）中整个不整合界限单元。

20 井中 4 级旋回厚度变化与整个 Macabu 组之间的关系见 Fischer 图（图 11. 13）。旋回厚度是根据解释的暴露面以后向盆地相的转换再到深水湖泊相来确定的（高频沉积层序），在没有暴露证据的情况下也可能是洪泛面（准层序）（图 11. 10 和图 11. 11）。Fischer 图通常用于海相旋回/准层序厚度数据的图示，为了确定可容纳空间的变化趋势（Fischer，1964；Read 和 Goldhammer，1988；Sadler 等，1993）。分析井段显示的趋势：先是旋回厚度减薄，然后是旋回厚度增厚。很多旋回显示向上变浅的趋势，顶部被暴露面盖帽，旋回厚度反映了可容纳空间。因此，大尺度的变化趋势显示了长期（4. 5Ma）的 1 级旋回趋势，对于 Aptian 阶（117—112. 5 Ma）Macabu 组，可容纳空间先是减小后来逐渐增大。这个长期（1 级旋回）曲线在尺度上与 3 级（Vail 等，1991）旋回相似，代表了它是一个旋回上部的湖退部分和另一个旋回下部的湖侵部分（图 11. 13），层序边界在可容纳空间从减小到增大的转换位置。

研究井段 160~200m 的沉积序列中富含硅镁石，这部分说明了伽马值升高的原因。这种矿物（三八面体的镁蒙脱石）指示富镁的湖泊水体，可能是同时期火山活动造成的（Winter 等，2007）。因此 1 级旋回的可容纳空间可能是由火山相关的抬升所控制的，在 Aptian 阶碳酸盐岩相序的中部和解释的层序边界，可容纳空间减小（图 11. 13）。

Rodrigues（2005）研究了 Campos 盆地 Aptian 阶几口井中的碳氧稳定同位素。这项工作论证了这些井中的其中一口井 $\delta^{18}O$ 先富集后亏损的趋势（图 11. 14）。这些趋势解释为 $\delta^{18}O$ 重时蒸发作用增强、盐度升高，然后 $\delta^{18}O$ 变轻时表明淡水注入量增加。$\delta^{18}O$ 的变化趋势与同井段 Fischer 图曲线的变化趋势相似，早期湖退期显示 $\delta^{18}O$ 正值增大，湖侵期显示 $\delta^{18}O$ 值减小。这种相关性支持了以下假设：先是更封闭的湖退体系域，然后是更开放的湖侵体系域。Sarg 等（2012）提出了相似的稳定同位素变化趋势，但是尺度更小，表明了始新统 Green River 组为更加封闭的和更加开放的湖泊古环境。

11.6 讨论和结论

11.6.1 BHI 岩相分类

关于 BHI 测井用于识别和分类微生物碳酸盐岩的文献很少，这可能与行业中此类数据的不可用性或机密性相关。本项研究的挑战和动机是实现综合研究，包括电阻率成像测井、有限的井壁岩心样品和常规的电缆测井（例如伽马和声波）。这种综合分析能够识别出 9 个 BHI 岩相，并建立了相模式，显示了不同微生物岩相的组合，浅水环境是颗粒碳酸盐岩，深湖环境是泥晶级岩相。然后相模式和 BHI 岩相的叠置样式用来判别 Macabu 组中微生物岩为主的石灰岩一系列等级的旋回（图 11.12 至图 11.14）。旋回厚度变化从米到几百米。最大尺度旋回相当于 Vail 等（1991）的 3 级旋回或者地震尺度的沉积层序。

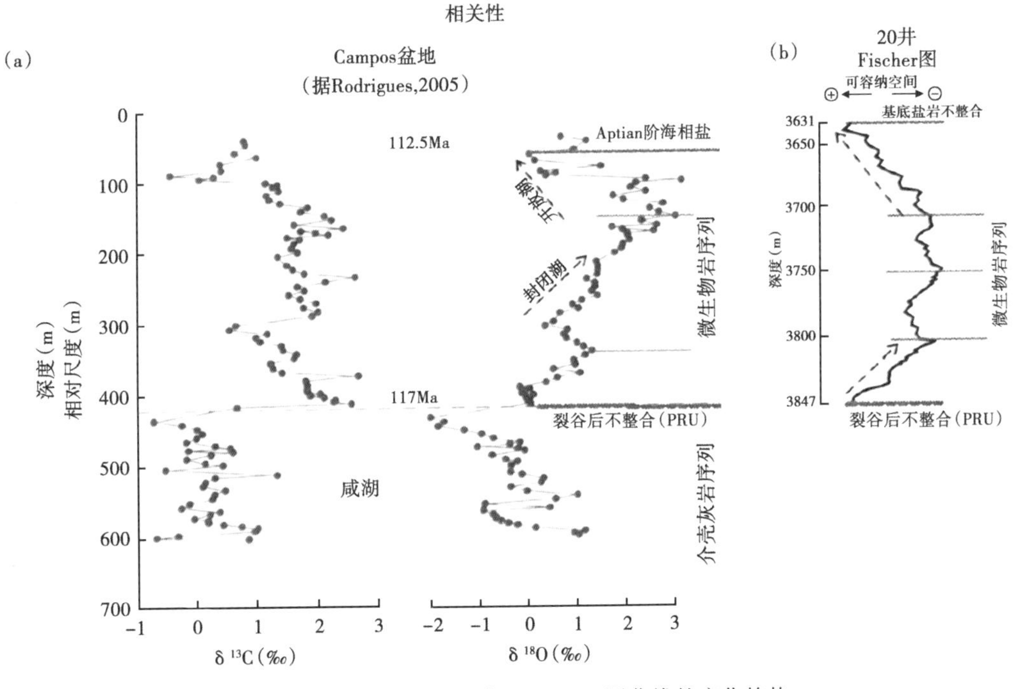

图 11.14 碳氧稳定同位素和 Fischer 图曲线的变化趋势

（a）Campos 盆地中 Aptian 阶末定位井的稳定同位素分析（据 Rodrigues，2005）；

（b）20 井 Aptian 阶的高频旋回中可容纳空间的 Fischer 图分析

尽管关于非海相碳酸盐岩这一主题的文献很少，Wilson 等（2013）还是综述了 BHI 岩相用于海相碳酸盐岩相序的工作，发表了 BHI 岩相与岩石学的比较研究，利用的是电阻成像测井、井壁取心和岩屑的薄片。尽管这两种方法存在尺度上的差异性，他们还是认为：薄片岩石学和BHI数据在确定主要相边界和解释斜坡和盆地沉积环境时具有“足够的相关性”。然而，对于具有较强成岩印记的浅水碳酸盐岩，以及BHI岩相品质差的区域，他们提出，根据电阻率成像测井的初始解释需要修正才能理解成岩印记、小型相边界和台地洪泛事件。对于Campos盆地BHI和井壁岩心，井壁取心只有少量的岩石学数据可以利用，BHI岩相不需要做很大修正。薄片中颗粒粒径和组分的更多信息可以利用，但是电阻率成像测井提供了层厚、层接触关系、微生物生长样式和大体组构变化的信息。另外，零星井壁取心的岩相叠置关系也不可用。因此，当BHI测井描述不能得到井壁取心支持时，笔者没有证据认为BHI岩相数据中漏过了重要沉积特征或者成岩特征，或者识别错了。笔者同意Wilson等（2013）的看法，除了BHI数据，基于样品的岩石学分析依然是需要的，是为了提供沉积相和成岩印记的详细描述和解释，包括碳酸盐岩相序中的孔隙体系。笔者也认同，BHI数据能够独立解释很多BHI岩相的成因，特别是Campos盆地的研究。对于角砾岩，它们可能形成于出露的高能沉积事件或者构造作用。

11.6.2 相模式

相的垂向叠置样式通过BHI测井来研究，常见的垂向过渡可见，没有明显的中断（即角砾化），遵循Walther定律，认为这些岩相在沉积环境中侧向上是相邻的。建立的相模式（图11.9）描述了相序的范围：从深水（正常浪基面以下）的页岩、泥灰岩、起皱的微生物纹层岩和凝块石，到中等水深（正常浪基面以上）的叠层石、泥粒灰岩、颗粒灰岩和砾状灰岩，再到浅水区和出露的细圆齿状微生物纹层岩和角砾岩。薄片中唯一可见的生物相是介形虫，微生物丝状体保存在叠层石中，轮藻类似乎缺失。没有文献报道Macabu组中存在海相生物。

在颗粒支撑岩相中常见鲕粒和球晶。球晶与Terra等（2010，其中的图21）及Wright和Barnett（本书，待发表）描述的那些很相似。然而，Campos盆地Macabu组的球晶与Santos盆地Barra Velha组中的球晶截然不同，因为它们通常被发现作为搬运颗粒，伴生内碎屑、硅镁石，以及颗粒灰岩和砾状灰岩中的石英和长石。没有识别出更多原地沉积相。在泥粒灰岩中，球晶通常与基质一起发生白云石化。在薄片中，球晶看上去不具有任何微生物组构，与伴生的鲕粒一起，被认为是非生物沉淀物［与Terra等（2010）相反］。

叠层石似乎与Terra等（2010，其中的图17c）描述的Santos盆地Barra Velha组的“Arbustiforme叠层石”非常相似。它们具有保存完好的向上分支的丝状体，成因上同样认为是微生物形成的。

这个相序堆积的整个环境背景明显是非海相的，并且缺乏淡水湖泊的证据。因为有硅镁石的存在，因此碱湖（有时富镁）被认为可能是沉积环境。同时，有些BHI岩相与不同现代湖泊（如犹他州的Great Salt湖，Chidsey等，本书，待发表；Della Porta，2015）描述的相表面上很相似。岩心零散的取样阻碍了详细的对比，但是做了一些大体的对比，如前文所述。同样地，没有找到Macabu组中发现的相序列和颗粒类型的现代类比物。

根据安哥拉近海下白垩统Toca组的岩心，Wasson等（2012）识别出微生物碳酸盐岩相：树枝状的叠层石、颗粒灰岩、鲕粒/核形石和内碎屑。在英格兰南部晚侏罗世—早白垩世的Purbeck组中发现了相似的沉积相（凝块石、放射性鲕粒和介形虫）（Bosence，1987），但是在这里没有发现硅镁石和相似的叠层石，盆地中也出现硫酸盐和氯化物。氯化物在Macabu组中未知（Muniz，2013）。

11.6.3 旋回、旋回等级和地层分析

在本次研究中，Macabu 组的整个研究井段都有旋回的沉积记录。从 4 个不同等级观察到旋回性，采用 Embry 和 Johannessen（1992）的湖侵—湖退（T-R）模式定义了层序。高频旋回构成了建造块和叠置样式及次一级的湖侵—湖退（T-R）层序。这样不同级别的旋回性很可能在发育过程中具有不同的控制因素，包括自旋回、气候和构造。尽管不同级别的旋回在一种测井曲线上很明显，试图单独利用这些数据或者通过一口井来了解导致旋回形成的地质作用是不明智的。

笔者不知道以前的文献，就是综合利用 BHI 测井和其他电缆测井来建立基于 BHI 岩相的相序列。然而，这种方法可能在以后会变得更加常用，因为更多电阻率成像测井研究已经进入公共领域。Wright 和 Barnett（本书，待出版）描述了 Santos 盆地下白垩统 Barra Velha 组中的旋回层，厚度为 0.75~5m。旋回起始于纹层状碎屑灰岩（球粒、石英、黏土、磷酸盐颗粒和介形虫），然后是球粒为主的岩相，最后是原地沉积的晶体灌木丛，具有截然不同分界面，比上覆的碎屑灰岩优先沉积。这些不同寻常的旋回是根据浅湖能量的波动和化学性质来解释的（Wright 和 Barnett，本书，待出版），但是不考虑它们的规模，它们似乎与本文 Campos 盆地描述的那些迥然不同。

Terra 等（2012）列出了阿根廷盆地古新统湖相碳酸盐—硅质碎屑沉积物基于野外露头研究的三个级别的旋回。这些旋回是根据垂向相变趋势确定的，从深湖硅质碎屑到沼泽相组合，每个旋回是对称的，显示既变深又变浅的趋势。没有描述地表暴露相。这些旋回被认为是因不断交替的潮湿和干旱气候导致湖平面发生变化而形成的。在更干燥的时期，也记录有次一级的气候变化，典型特征是旋回由薄层深湖沉积物、薄层叠层石层（但是厚度大于层组）及更趋向于层状的叠层石构成。

Sarg 等（2012）描述了美国科罗拉多州 Piceance Creek 盆地始新统 Green River 组比较厚的旋回（10~30m）。这些旋回不同于滨岸环境（既有碎屑岩又有碳酸盐岩）和深水环境，解释为向上不断变深。滨岸相富石英的介壳灰岩或者骨骼—鲕粒颗粒灰岩形成于最初的“淡水湖泊”期，然后是滨岸区的凝块石丘、叠层石和纹层岩，向上变成次滨岸带的油页岩，堆积于湖泊高水位期。

这三项最近的研究，连同 Campos 盆地南部的数据，每一个都展示了不同类型的旋回（变深的或变浅的又或变深变浅对称的）、不同的岩性和不同的相组合。这些前人的研究在解释旋回的发育时，涉及气候引起的湖平面波动或者湖水化学性质的变化。Campos 盆地主要为向上变浅的旋回，可能是波动的低水位干旱期导致旋回底部暴露和角砾化，然后潮湿高水位期引起洪泛，再在湖泊边缘进积形成向上变浅的旋回（图 11.9）。然而，构造运动引起的可容纳空间的增加或许也能够形成旋回，在基底是断层相关的可容纳空间的增加，然后是湖泊边缘的进积作用，从而形成向上变浅的旋回。很显然，关于湖泊旋回的性质还需要做很多工作，力图区分开不同的驱动机制。然而，看起来似乎是湖泊相序列，即使那些形成于地球气候变化的温室期的相序，典型特征是高频旋回，它们可能在潜在的储层井段形成显著的分层非均质性。

总而言之，笔者相信，利用 BHI 数据结合井壁岩心来鉴别湖相相序中的一系列岩相、建立相模式和确定沉积旋回是可行的。另外，再结合常规电缆测井，分析能够升高一级，可以鉴别次一级沉积层序，这可以用于湖相盆地的勘探。

参考文献

Akbar, M., Petricola, M. et al. 1995. Classic interpretation problems: evaluating carbonates. *Oilfield Review*, 7, 38-57.

Akbar, M., Vissapragada, B. et al. 2000/2001. A snapshot of carbonate reservoir evaluation. *Schlumberger Oilfield Review*, 12, 20-41.

Algeo, T. J. & Wilkinson, B. H. 1988. Periodicity of mesoscale Phanerozoic sedimentary cycles and the role of Milankovitch orbital modulation. *Journal of Geology*, 96, 313-322.

Al-Rhougha, H. B., Shebi, H. & Chakravorty, S. 2005. Heterogeneity quantification, fine-scale layering derived from image logs and cores. *World Oil Online*, 226, 10, http://www.worldoil.com/October-2005-Heterogeneity-quantification-fine-scale-layeringderived-from-image-logs-and-cores.html.

Asmus, H. E. 1975. Controle estrutural da deposição mesozoica nas bacias da Margem Continental Brasileira. *Revista Brasileira de Geociências*, 5, 160-175.

Barros, M. C. 1980. Geologia e Recursos Petroıferos da Bacia de Campos. Anais do XXXI. *Congresso Brasileiro de Geologia*, Camboriu (SC) SBG, Sociedade Brasileira de Geologia, 1, 254-265.

Bosence, D. W. J. 1987. Portland and Purbeck Formations of the Isle of Portland. *In*: Riding, R. (ed.) 4*th International Symposium on Fossil Algae*. Cardiff, July, 1987, Pre-Symposium Field Excursion, Excursions Guide.

Bosence, D. W. J., Procter, E. et al. 2009. A dominant tectonic signal in high-frequency, peritidal carbonate cycles? A regional analysis of Liassic platforms from western Tethys. *Journal of Sedimentary Research*, 79, 389-415.

Burne, R. V. & Moore, L. S. 1987. Microbialites: organosedimentary deposits of benthic microbial communities. *Palaios*, 2, 241-254.

Carvalho, M. D., Praça, U. M., Silva-Telles, A. C., Jahnert, R. J. & Dias, J. L. 2000. Bioclastic carbonate lacustrine facies models in the Campos Basin (Lower Cretaceous), Brazil. *In*: Gierlowski-Kordesch, E. H. & Kelts, K. R. (eds) *Lake Basins through Space and Time*. American Association of Petroleum Geologists, Studies in Geology, Tulsa, Oklahoma, USA, 46, 245-246.

Chidsey, T., Vanden Berg, M. &Eby, D. In press. Petrography and characterization of microbial carbonates and associated facies from modern Great Salt Lake and Uinta Basin's Eocene Green River Formation. *In*: Bosence, D. W. J., Gibbons, K. A., Le Heron, D. P., Morgan, W. A., Pritchard, T. & Vining, B. (eds) *Microbial Carbonates in Space and Time: Implications for Global Exploration and Production*. Geological Society, London, Special Publications, 418, http://dx.doi.org/10.1144/SP418.7.

Cohen, A. S. & Thouin, C. 1987. Nearshore carbonate deposits in Lake Tanganyika. *Geology*, 15, 414-418.

Davison, I. 1999. Tectonics and hydrocarbon distribution along the Brazilian South Atlantic margin. *In*: Cameron, N. R., Bate, R. H. & Clure, V. S. (eds) *The Oil and Gas Habitats of the South Atlantic*. Geological Society, London, Special Publications, 153, 133-151, http://doi.org/10.1144/GSL.SP.1999.153.01.08.

Della Porta, G. 2015. Carbonate buildups in lacustrine, hydrothermal and fluviatile settings: comparing depositional geometry, fabric types and geochemical signature. *In*: Bosence, D. W. J., Gibbons, K. A., Le Heron, D. P., Morgan, W. A., Pritchard, T. & Vining, B. (eds) *Microbial Carbonates in Space and Time: Implications for Global Exploration and Production*. Geological Society, London, Special Publications, 418. First published on March 3, 2015, http: //doi. org/10. 1144/SP418. 4

Dias, J. L., Oliveira, J. Q. & Vieira, J. C. 1988. Sedimentological and stratigraphic analysis of the Lagoa Feia Formation, rift phase of Campos Basin, offshore Brazil. *Revista Brasileira de Geocieências*, 18, 252–260.

Embry, A. F. & Johannessen, E. P. 1992. T–R sequence stratigraphy, facies analysis and reservoir distribution in the uppermost Triassic–Lower Jurassic succession, western Sverdrup Basin, Arctic Canada. *In*: Vorren, T. O. et al. (eds) *Arctic Geology and Petroleum Potential*. Norwegian Petroleum Society Special Publication, Elsevier, Amsterdam, 2, 121–146.

Feldmann, M. & McKenzie, J. A. 1997. Messinian stromatolite–thrombolite associations, Santa Pola, SE Spain: an analogue for the Palaeozoic. *Sedimentology*, 44, 893–914.

Feldmann, M. & McKenzie, J. A. 1998. Stromatolitethrombolite associations in a modern environment, Lee Stocking Island, Bahamas. *Palaios*, 13, 201–212.

Fischer, A. G. 1964. The Lofer cyclothems of the Alpine Triassic. *Kansas Geological Survey Bulletin*, 169, 107–149.

Fitchen, W. M. 1997. Carbonate sequence stratigraphy and its application to hydrocarbon exploration and reservoir devlopment. *In*: Palaz, I. & Marfurt, K. J. (eds) *Carbonate Seismology*. Geophysical Developments Series, Society of Exploration Geophysicists, 6, 121–178.

Flügel, E. 2010. *Microfacies of Carbonate Rocks*. 2nd edn. Springer–Verlag, Berlin, Germany.

Gradstein, F. M., Ogg, J. G., Schmitz, M. D. & Ogg, G. M. 2012. *The Geologic Time Scale*. Elsevier, Oxford, UK.

Guardado, L. R., Spadini, A. R., Brandão, J. S. L. & Mello, M. R. 2000. Petroleum system of the Campos Basin. *In*: Mello, M. R. & Katz, B. J. (eds) *Petroleum Systems of South Atlantic Margins*. American Association of Petroleum Geologists Memoir, Tulsa, Oklahoma, USA, 73, 317–324.

Jahnert, R. J. & Collins, L. B. 2013. Controls on microbial activity and tidal flat evolution in Shark Bay, Western Australia. *Sedimentology*, 60, 1071–1099.

Klemme, H. D. 1980. Petroleum basins: classification and characteristics. *Journal of Petroleum Geology*, 3, 187–207.

Lehmann, D. J. & Goldhammer, R. K. 1999. Secular variation in parasequence and facies stacking patterns of platform carbonates: a guide to application of stacking pattern analysis in strata of diverse ages and settings. *In*: Harris, P. M., Saller, A. H. & Simo, J. A. (eds) *Advances in Carbonate Sequence Stratigraphy*. Society of Economic, Paleontologists and Mineralogists, Tulsa, OK, Special Publication, 63, 187–225.

Logan, B. W., Read, J. F. & Davies, G. R. 1970. Carbonate sedimentation and environments, Shark Bay, Western Australia. *American Association of Petroleum Geologist, Memoir*, 13, 38–84.

Mancini, E. A. , Llinas, J. C. , Parcell, W. C. , Aurell, M. , Badenas, B. , Leinfelder, R. R. & Benson, D. J. 2004. Upper Jurassic thrombolite reservoir play, northeastern Gulf of Mexico. *American Association of Petroleum Geologists Bulletin*, 88, 1573–1602.

Mohriak, W. , Nemcok, M. & Enciso, G. 2008. South Atlantic divergent margin evolution: rift–border uplift and salt tectonics in the basins of SE Brazil. *In*: Pankhurst, R. J. , Trouw, R. A. J. , De Brito Neves, B. B. & De Wit, M. J. (eds) *West Gondwana: Pre–Cenozoic Correlations across the South Atlantic Region*. Geological Society, London, Special Publications, 294, 365–398.

Moura, J. A. 1987. Biocronoestratigrafia da sequencia não–marinha do Cretáceo Inferior da Bacia de Campos, Brasil: ostracodes. *In*: *10th Congresso Brasileiro de Paleontologia*, Rio de Janeiro, SBP, 1987, 10, 717–731.

Muniz, M. C. 2013. *Tectono–Stratigraphic evolution of the Barremian–Aptian Continental Rift Carbonates in Southern Campos Basin, Brazil*. PhD thesis, Royal Holloway University of London.

Muniz, M. C. & Bosence, D. W. J. 2008. Sedimentary evolution in the Aptian of the Campos Basin, Brazil. Paper presented at the 14th British Sedimentological Research Group Annual General Meeting, Liverpool, UK. Abstract available at http: //www. bsrg. org. uk/meetings_ agms_ reviews/BSRG2008_Programme_Ab stracts_Volume. pdf.

Muniz, M. C. , Oliveira, F. R. B. , Souza Cruz, C. E. &Matsuda, N. S. 2008. *Stratigraphic Analysis and Facies Distribution Model in the Aptian of Campos Basin, Brazil*. American Association of Petroleum Geologists. International Conference and Exhibition, Cape Town, South Africa.

Platt, N. H. & Wright, V. P. 1991. Lacustrine carbonates: facies models, facies distributions and hydrocarbon aspects. *In*: Anadón, P. , Cabrera, L. &Kelts, K. (eds) *Lacustrine Facies Analysis*. International Association of Sedimentologists, Special Publication, Blackwell, Oxford, 13, 57–74.

Pratt, B. R. , James, N. P. & Cowan, C. A. 1992. Peritidal carbonates. *In*: Walker, R. G. & James, N. P. (eds) *Facies Models: Response to Sea Level Change*. Geological Association of Canada, St. John' s, Newfoundland, 303–322.

Rangel, H. D. , Martins, F. A. L. , Esteves, F. R. & Feijó, F. J. 1994. Carta Estratigráfica da Bacia de Campos. *Boletim de Geociências da Petrobras*, 8, 203–217.

Read, J. F. & Goldhammer, R. K. 1988. Use of Fischer plots to define third–order sea level curves in peritidal cyclic carbonates, Ordovician, Appalacians. *Geology*, 16, 895–899.

Riding, R. 1999. The term stromatolite: towards an essential definition. *Lethaia*, 32, 321–330.

Riding, R. 2000. Microbial carbonates: the geologicalrecord of calcified bacterial–algal mats and biofilms. *Sedimentology*, 47, 179–214.

Riding, R. 2008. Abiogenic, microbial and hybrid authigenic carbonate crusts: components of Precambrian stromatolites. *Geologia Croatica*, 61, 73–103.

Rodrigues, R. 2005. Chemostratigraphy. *In*: Koutsoukos, E. A. M. (ed.) *Applied Stratigraphy*. Springer, Dordrecht, The Netherlands. Topics in Geobiology, 23, 165–178.

Sadler, P. M. , Osleger, D. A. & Montañez, P. 1993. On the labeling, length, and objective basis of Fischer plots. *Journal of Sedimentary Research*, 63, 360–368.

Sarg, J. F. , Huang, S. , Tanavsuu–Milkeviciene, K. & Feng, J. 2012. Lacustrine carbonates – facies evolution, diagenesis: Eocene Green River Formation, Piceance Creek Basin, Colorado. *American Association of Petroleum Geologists, Hedberg Conference: Microbial Carbonate Reservoir Characterization*, 3-8 June 2012, Houston, Texas, Abstracts, http: //www. search anddiscovery. com/abstracts/pdf/2012/90153hedberg/ abstracts/ndx_sarg. pdf.

Spencer, G. H. & Tucker, M. E. 2007. Perspectives - a proposed integrated multi-signature model for peritidal cycles in carbonates. *Journal of Sedimentary Research*, 77, 797.

Strasser, A. 1991. Lagoonal-peritidal sequences in carbonate environments: autocyclic and allocyclic processes. *In*: Einsele, G., Ricken, W. & Seilacher, A. (eds) *Cycles and Events in Stratigraphy*. Springer, Heidelberg, 709-721.

Suarez - Gonzales, P., Quijada, I. E., Benito, M. I., Mas, R., Merinero, R. & Riding, R. 2014. Origin and significance of lamination in Lower Cretaceous stromatolites and proposal for a quantitative approach. *Sedimentary Geology*, 300, 11-27.

Terra, G. J. S., Rodrigues, E. B., Freire, E. B., Lykawka, R., Raja Gabaglia, G. P., Hernández, R. M. & Hernández, J. I. 2012. Salta Basin, Argentina: A good analog for Phanerozoic lacustrine microbialite-bearing reservoirs. *American Association of Petroleum Geologists, Hedberg Conference: Microbial Carbonate Reservoir Characterization*, 3-8 June 2012, Houston, Texas, Abstracts, http: //www. search anddiscovery. com/abstracts/pdf/2012/90153hedberg/abstracts/ndx_terra. pdf.

Terra, G. J. S., Spadini, A. R. et al. 2010. Carbonate rock classification applied to Brazilian sedimentary basins. *Boletin de Geociências da Petrobras, Rio de Janeiro*, 18, 9-29.

Thompson, L. 2000. *Atlas of Borehole Imagery*. American Association of Petroleum Geologists Discovery Series, 4. Tulsa, Oklahoma, USA.

Tucker, M. 1982. *Sedimentary Rocks in the Field*. The Geological Field Guide Series. John Wiley & Sons, West Sussex, England.

Vail, P. R., Audemard, F., Bowman, S. A., Eisner, P. N. & Perez-Cruz, C. 1991. The stratigraphic signatures of tectonics, eustasy and sedimentology-an overview. *In*: Einsele, G., Ricken, W. & & Seilacher, A. (eds) *Cycles and Events in Stratigraphy*. Springer-Verlag, Berlin, 617-659.

Wasson, M. S., Saller, A., Andres, M., Self, D. & Lomando, A. 2012. Lacustrine microbial carbonate facies in core from the Lower Cretaceous Toca Formation, Block 0, offshore Angola. *American Association of Petroleum Geologists, Hedberg Conference: Microbial Carbonate Reservoir Characterization*, 3-8 June 2012, Houston, Texas, Search and DiscoveryArticle No. 90153, http: //www. searchanddiscovery. com/abstracts/pdf/2012/90153hedberg/abstracts/ dx _ wasson. pdf.

Wilson, J. L. 1975. *Carbonate Facies in Geologic History*. Springer-Verlag, New York.

Wilson, M. E. J., Lewis, D., Yogi, O., Holland, D., Hombo, L. & Goldberg, A. 2013. Development of a Papua New Guinean onshore carbonate reservoir: a comparative borehole image (BHI) and petrographic evaluation. *Marine and Petroleum Geology*, 44, 164-195.

Winter, W. R., Jahnert, R. J. & França, A. B. 2007. Carta Estratigrafica da Bacia de Campos. *Boletim de Geociâncias da Petrobras, Rio de Janeiro*, 15, 511-529.

Wright, V. P. 1990. Syngenetic formation of grainstones and pisolites from fenestral carbonates in peritidal settings-discussion. *Journal of Sedimentary Petrology*, 60, 309-310.

Zhang, R., Zheng, X. & Chen, L. 2005. Major Chinese field evaluated using combined seismic and well logging methods (Reservoir Characterization). *World Oil Online*, 228, http://www.worldoil.com/October-2007-Major-Chinese-field-evaluated-using-combinedseismic-and-well-logging-methods.html.

第12章 巴西里约热内卢 Brejo do Espinho 潟湖微生物镁碳酸盐沉淀及早成岩白云石结壳形成期间的环境条件表征

ANELIZE BAHNIUK[1,2*], JUDITH A. MCKENZIE1, EDOARDO PERRI[3], TOMASO R. R. BONTOGNALI[1], NATALIE VÖGELI[4], CARLOS EDUARDO REZENDE[5], THIAGO PESSANHA RANGEL[5] & CRISOGONO VASCONCELOS[1]

1. Geological Institute, ETHZ, 8092 Zurich, Switzerland
2. Universidade Federal do Paraná, UFPR/DGEOL/LAMIR, 81651-980 Curitiba, Brazil
3. Dipartimento di Biologia, Ecologia, e Scienze Della Terra, Università della Calabria, Rende (CS), Italy
4. Institut des Sciences de la Terre, Université Joseph Fourier, BP53, 38041 Grenoble Cedex, France
5. Universidade Estadual do Norte Fluminense, Centro de Biociências e Biotecnologia, Laboratório de Ciências Ambientais, UENF, 28013-602 Campos dos Goytacazes, Rio de Janeiro State, Brazil

*通信作者 (e-mail: anelize. bahniuk@ufpr. br)

摘要：沉积白云岩多年来一直被认为是由组成原始石灰岩的 $CaCO_3$ 组分被交代的结果，这一过程称为次生交代白云石化作用。虽然在地质记录中有大量白云岩是由泥晶白云石组成的，但是白云石成因的另一可能机制（即直接沉淀作用）通常被排除在外，其原因是缺少直接沉淀的明显或地球化学证据。本次研究展示了巴西里约热内卢海岸带 Brejo do Espinho 高盐度潟湖的研究结果。Brejo do Espinho 潟湖位于特殊的气候带，此处分为明显的雨季和旱季。在低温咸水条件下，高镁方解石和富钙白云石泥的直接沉淀与生活在该局限环境中的微生物有关。在潟湖边缘，这些碳酸盐泥发生早期成岩转变，形成100%的白云石结壳。利用生物矿化作用观测和同位素分析对白云石泥和白云石结壳形成期间的早成岩期环境条件进行了研究。碳同位素数据指示了植物呼吸作用产生的有机碳贡献，其对白云石包壳（$\delta^{13}C=-9.5‰$，VPDB）的贡献要高于白云石泥（$\delta^{13}C=-1.2‰$，VPDB）。氧同位素数据（$\delta^{18}O=1.1‰$，VPDB）反映了白云石泥形成期间存在中等强度的蒸发作用，早成岩白云石结壳形成期间蒸发强度增大（$\delta^{18}O=4.2‰$，VPDB）。二元同位素测试结果表明，Brejo do Espinho 潟湖白云石泥的形成温度为34℃，而白云石结壳形成温度为32℃。这些温度结果与潟湖旱季处于最高盐度状态期间的温度上限一致。

现代地表条件下，仅有少数几个环境可以发生白云石矿物的沉淀。由于在古代海洋或湖泊生态系统中这些环境可能更加普遍，因此对这些环境开展研究具有重要的意义。虽然白云石在地质记录中很常见并在时空上具有广泛性，但对于促进白云石生长和成岩作用的环境因素的认知依然很有限。基于几个现代局限环境的研究人们提出了微生物白云石化模式，认为生活在相对极端环境下的微生物对低温条件下白云石的沉淀具有促进作用（Vasconcelos，1994；Vasconcelos 和 McKenzie，1997；van Lith 等，2003；Moreira 等，2004；Vasconcelos 等，2006；Sanchez-Román 等，2009；Bontognali 等，2012；Delfino 等，2012）。如果这一假说是正确的，那么古代沉积岩中分布的微生物白云岩可为认识过去微生物生态系统打开一扇窗户。提高对微生物矿化过程认识的一种途径是对现代白云石形成地点的基本环境条件和年度水循环进行表征。本研究的目的是加强对巴西里约热内卢 Brejo do Espinho 潟湖现代高盐度海岸带环境下成岩作用的认识。

12.1 地质背景

Brejo do Espinho 位于里约热内卢市以东约 100km 的大西洋海岸带（图 12.1），是一个很浅的（<0.5m）的高盐度潟湖，湖水中白云石正在形成。Brejo do Espinho 潟湖处于更新世沙丘体系内，近陆一侧 Lagoa Arauama 潟湖及靠海一侧大西洋中的水皆可渗入其中，从而影响水文地质特征。该地区年平均降雨量和蒸发量分别约为 830mm 和 1400mm（Barbiere 和 Coe Neto，1999），为半干旱气候，有利于高盐度条件的发育（Barbiere，1985）。图 12.2 为 Brejo do Espinho 潟湖及特殊样品采样位置图。

图 12.1 Brejo do Espinho 潟湖位置图（据谷歌地球，修改）
研究区位于大西洋沿岸里约热内卢以东约 100km

前人对 Brejo do Espinho 潟湖的物理条件、水化学和矿物学开展过研究（van Lith 等，2003；Moreira 等，2004；Vasconcelos 等，2006；Sanchez-Román 等，2009，Bahniuk，2013）。不同季度间的月平均水温为 27～32℃，盐度差别非常大：雨季期间最低为 20‰，旱季末期最高可达 100‰。水体 pH 值平均约为 7.7，沉淀的自生矿物主要为高镁方解石和富钙白云石。在地表以下，富钙白云石的数量随深度增加而增加，至深度 25cm 处可达 100%（Moreira 等，2004；Vogeli，2012）。

对 Lagoa Vermelha 潟湖（位于 Brejo do Espinho 潟湖以西约 15km，具有与后者类似的海岸环境）富有机碳海洋沉积物的 ^{14}C 定年结果表明，潟湖中最早的全新世碳酸盐沉积物的年龄距今不超过 3600 年。此后，潟湖从海洋中孤立出来并接受陆源物质的影响，碳酸盐开始沉淀（Vasconcelos 和 McKenzie，1997）。

本次研究获得了 2011 年度水循环期间的温度和地球化学数据，目的是探索近地表沉积条件，并更好地认识白云石泥和早成岩白云石结壳的形成机制。

12.2 采样和研究方法

12.2.1 水样

从 2011 年 1 月至 12 月，每月一次从 Brejo do Espinho 潟湖中心约 50cm 深度处采集水样。水柱最大深度为 50cm 并且混合良好，因此不必从不同深度处进行采样。在野外，利用手持 Multi 3430 型仪器对电导率和 pH 值进行了测量，该项工作由 Wissenschaftlich-Technische Werkstatten GmbH 完成。测量前利用标准溶液对仪器进行校正。2011 年的月数据见表 12.1，与之对应的地区月降水数据来自巴西国家气象水文研究院。

表 12.1 Brejo do Espinho 潟湖的物理—化学参数

2011 年	降雨量* (mm)	电导率† (mS/cm)	pH 值†	$\delta^{18}O$ (‰，VSMOW)‡
1 月	13	41.4	8.3	2.52
2 月	0	73.5	8.3	4.84
3 月	168	60.7	8.0	1.06
4 月	136	38.1	8.3	-0.89
5 月	158	42.4	8.1	0.76
6 月	25	45.9	7.7	1.70
7 月	7	53.1	8.2	2.10
8 月	18	57.4	8.2	3.19
9 月	7	85.4	7.6	2.52
10 月	140	59.5	7.4	2.80
11 月	129	137.6	7.8	
12 月	151	71.4	8.1	

注：* 西国家气象水文研究院；† 数据来自 Vogeli（2012）；‡ 维也纳标准平均大洋海水。

12.2.2 水样的氧同位素分析

在 25℃、约 18h 条件下，利用 CO_2 平衡法对水样的氧同位素值进行测定（Hindshaw 等，2011）。实验在苏黎世联邦理工学院稳定同位素实验室进行，仪器为 Thermal 公司 Gas Bench II 和 Delta V Plus 同位素比质谱仪。同位素数据以 VSMOW 标准报道并列于表 12.1。样品的标准偏差（$2\sigma_{SD}$）小于 0.1‰。2011 年的 11 月和 12 月期间采集的样品由于在前处理过程中受到了污染，未能进行氧同位素测试。

12.2.3 水温检测

2010 年 5 月在 Brejo do Espinho 潟湖中安放了 2 个 Tinytag Aquatic 2 型数据记录仪，用以记录湖水/沉积物界线和孔隙水的温度。其中一个安放于湖水/沉积物界线位置，另一个埋在沉积物中20cm深度。记录仪每10min测量一次数据，并且保存2年时间（2010年和2011年）。每年的2月和8月在原地对数据进行下载（Bahniuk，2013）。水温数据见表12.2。2011年6月和7月期间，安放于湖水/沉积物界面的仪器未记录到任何温度数据。其原因要么是仪器出现了技术问题，要么是这段时间因蒸发作用导致湖面过低而使仪器无法测量湖水/沉积物界线位置的温度。

表12.2 Brejo do Espinho潟湖2010年和2011年间湖水/沉积物界面温度和孔隙水温度

（单位:℃）

	1月	2月	3月	4月	5月	6月	7月	8月	9月	10月	11月	12月
水/沉积物（2010）												
平均					24.64	22.21	23.46	21.19	22.62	24.34	26.51	29.36
最小					22.55	19.63	21.59	18.34	20.46	20.61	22.19	25.29
最大					28.22	24.26	24.96	24.26	25.07	29.82	31.56	32.62
水/沉积物（2011）												
平均				26.67	24.21			22.22	22.34	24.64	24.45	
最小				22.85	21.07			17.56	16.23	18.28	18.20	
最大				34.14	29.33			27.35	30.75	33.33	32.89	
孔隙水（2011）												
平均	28.36	27.89	26.46	26.67	24.62	22.57	22.11	22.75	22.36	24.48	23.37	
最小	27.94	27.14	25.04	25.24	21.58	21.39	19.53	20.81	19.99	21.79	21.89	
最大	29.08	28.86	28.36	27.96	27.29	23.99	23.79	29.47	24.77	27.03	26.80	

12.2.4 沉积物采样

2010年1月、2011年8月和2012年1月从Brejo do Espinho潟湖中采集了沉积物样品。从潟湖边界采集了白云石结壳样品，并在潟湖中央位置采集了钻孔样品，后者进一步分为微生物席和微生物泥（图12.2c）。

12.2.5 矿物学研究

对沉积物全岩样品开展了XRD矿物学研究，仪器为AXS D8 Advance型Bruker X射线衍射仪并配置LynxEye检测器。采用5°~90°的2θ角进行扫描，速率为每0.02°扫描0.8s，使用发射狭缝V12，并在苏黎世联邦理工学院通过XRD Wizard软件进行矿物识别。利用Zhang等（2010）的方法，根据XRD图谱中晶面间距计算$MaCO_3$的摩尔含量。在苏黎世联邦理工学院，使用Nikon Optiphot显微镜对白云石包壳样品的薄片开展了薄片分析。

在卡拉布里亚大学使用FEI-Philips ESEMFEG Quanta 200F型扫描电镜对白云石结壳的新鲜断面开展了SEM分析，实验中工作电压为5~20kV、工作距离为6~15mm。根据工作目的（微观分析或结构分析），对样品进行镀碳或镀金。在SEM观察过程中，利用EDAX型能谱仪对微米级测点开展元素半定量分析，工作电压为20kV、工作间距为12mm。

12.2.6 碳酸盐的二元同位素和稳定同位素分析

近年来，国际上兴起了一种名为“碳酸盐二元同位素温度计”的技术（Wang等，2004；Eiler，2006a，b；Ghosh等，2006a，b；Schauble等，2006）。该项技术主要依据碳酸盐

图 12.2 Brejo do Espinho 潟湖及特殊样品采样位置图

（a）Brejo do Espinho 潟湖鸟瞰图，方框代表采样位置；（b）结壳和钻孔样品采样位置图；（c）白云石结壳和白云石泥采样剖面示意图，未加比例尺；（d）钻孔样品照片，指示了表层微生物席覆盖于碳酸盐泥之上；（e）微生物席和碳酸盐泥放大图；（f）白云石结壳手标本，HMC 为高镁方解石

矿物内部$^{13}C-^{18}O$键的分布特征。也就是说，该项技术不仅检测碳酸盐中的$^{13}C/^{12}C$和$^{18}O/^{16}O$比值，而且检查进入相同碳酸根离子（$^{13}C^{18}O^{16}O_2$）中的^{13}C和^{18}O原子分数（表达为Δ47）。该项技术比经典的“碳酸盐—水温度计”具有优越性，而后者要获得矿物的形成温度，必须知道碳酸盐和水的氧同位素值。使用二元同位素方法可以直接从碳酸盐中获得古温度，并可能对沉淀碳酸盐的水体的同位素组成进行解释。时至今日，二元同位素技术已应用于古气候（Came 等，2007）、古高度（Ghosh 等，2006b）、古生物学（Eagle 等，2011）、大气化学（Affek 等，2008）和成岩作用（Ferry 等，2011）等研究领域。

本次研究将二元同位素地球化学技术运用于 Brejo do Espinho 潟湖的白云石泥和白云石结壳样品中（每种样品分别为 1 块），目的是获得该现代环境下碳酸盐沉积的信息，并检验该项技术能否适用于古代类似环境下形成的碳酸盐。同位素测试工作分别于 2010 年 1 月和 2 月、2012 年 1 月在加州理工学院稳定同位素地球化学实验室完成。

将样品与磷酸在 90℃ 酸浴下进行反应，利用 Passey 等（2010）描述的自动装置对产生的 CO_2 进行净化。使用 Thermo IRMS 253 质谱仪对净化后的 CO_2 气体进行 $\delta^{13}C$、$\delta^{18}O$ 和 Δ47 分析。白云石在 90℃ 条件下的酸溶分馏系数设为 1.0093（Rosenbaum 和 Sheppard，1986），与白云石样品平衡的水的同位素组成（$\delta^{18}O_{VSMOW}$）通过如下方程计算：$100\ln\alpha_{白云石—水}=2.73\times10^6T^{-2}+0.26$（Vasconcelos 等，2005），其中，$\alpha$ 为白云石和水之间的分馏系数，T 为绝对温度（K）。碳酸盐的 $\delta^{13}C$ 和 $\delta^{18}O$ 记为 VPDB，水的 $\delta^{18}O$ 记为 VSMOW。

利用 Huntington 等（2009）描述的方法，通过在 1000℃ 条件下将 CO_2 加热至少 2h，对 Δ47 测试进行标准化。这些数据无法相对于 Dennis 等（2011）的绝对参照系进行直接标准化。但是，笔者确实做过一些 Dennis 等（2011）研究中涉及的碳酸盐标样的分析。因此，可以使用“二次参考系”将笔者的结果转化为绝对参照系。

通过周期性测试实验室内标（Carmel Chalk、Carrera Marble 和 102GC-AZ01）对 Brejo do Espinho 潟湖两块白云石泥和白云石结壳样品进行重复性测试，平均标准误差为 ±0.01（1SE）。平均误差跟预料中的计数统计一致，表明不存在明显的额外实验误差。两块天然样品的平均标准误差对应的温度差值约 ±1.6℃。使用 Ghosh 等（2006a）描述的方程将测试到的 Δ47 值换算为相应的温度。

12.3 结果

12.3.1 水的温度、电导率、pH 值和 $\delta^{18}O$

图 12.3 为 2011 年期间 Brejo do Espinho 潟湖湖水/沉积物界面和孔隙水温度及平均月降雨量。表 12.2 给出的数据显示该地区温度和降雨量的季节性变化紧密相关（图 12.3a、b）。由于未采集到 2011 年 6 月和 7 月间的湖水/沉积物界面温度数据，因此将 2010 年 6 月和 7 月间采集到的温度数据插入该图中顶替缺失的数据（图 12.3a）。湖水/沉积物界面温度和降雨量数据表明，6 月至 9 月为相对干冷季节，3 月至 5 月及 10 月至 12 月为相对湿热季节（图 12.3a）。相比之下，1 月和 2 月要干旱得多。孔隙水温度数据与湖水/沉积物界面温度数据具有类似的趋势，但在一个月内变化较小（图 12.3b）。可以注意到孔隙水温度变化很小，最大值和最小值之间相差不过 5℃；而湖水/沉积物界面温度在某些特定月份差值高达 15℃（图 12.3a）。湖水/沉积物界面温度与孔隙水温度之间大约相差 3℃。

电导率是反映水体盐度的一个良好参数，并与潟湖环境下的碳酸盐沉淀有关（Vasconcelos 和 McKenzie，1997）。对每个月的表层湖水进行了电导率测量，目的是更好地评估电导率与降雨量季节变化之间的关系。图 12.4 展示了湖水的电导率并不随降雨量发生季节性变化，表明潟湖中水和/或盐类的缓冲依赖于除降雨量和蒸发量之间平衡的其他因素。旱季期间湖水电导率呈稳定增加：2011 年 6—8 月，降雨量跌破平均降水线，而这一时期湖水的电导率持续增加（图 12.4）。然而，在雨季到来的时候（9—12 月），电导率先降后增。这些数据说明雨水对湖水的稀释作用造成电导率的降低，而后旱季沉淀的蒸发盐矿物的溶解导致电导率增加。

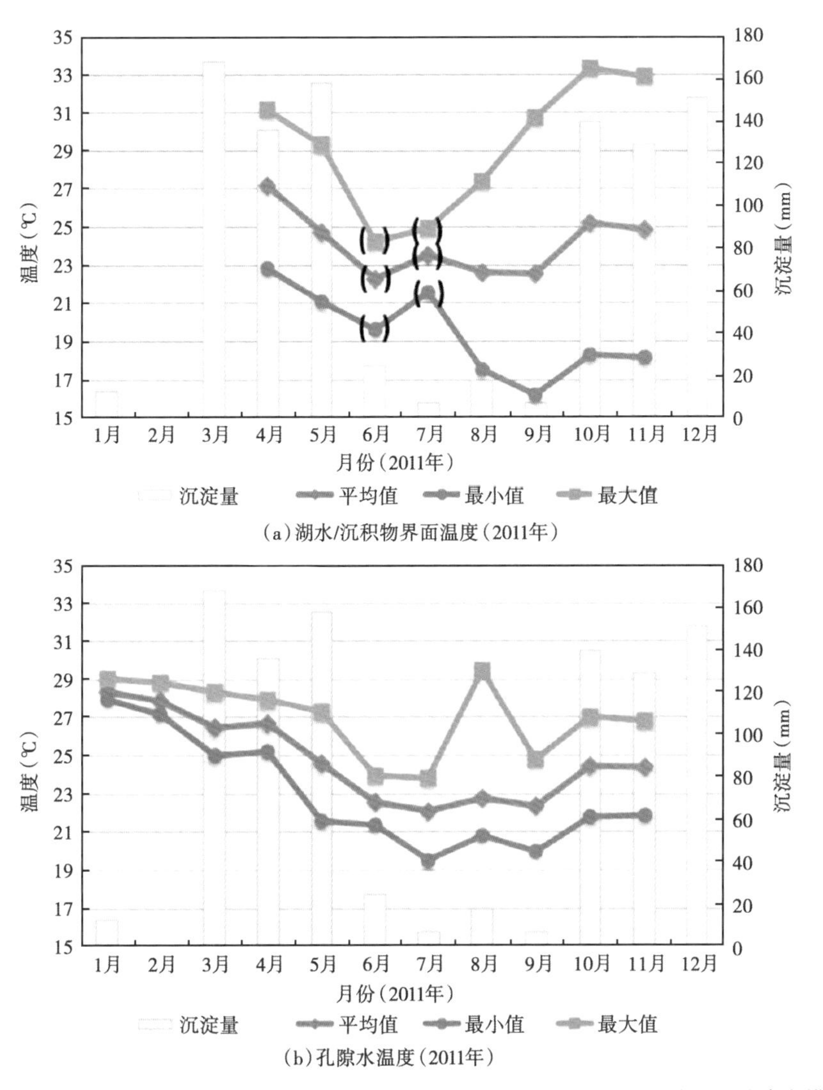

（a）湖水/沉积物界面温度（2011年）

（b）孔隙水温度（2011年）

图 12.3　2011 年间 Brejo do Espinho 潟湖湖水/沉积物界面和孔隙水温度及其与区域降水模式对比

降水数据来自巴西国家气象水文研究院

图 12.4 还包括了 2011 年水样的 $\delta^{18}O$ 值与电导率和降雨量之间的关系。数据显示，水的 $\delta^{18}O$ 值与降雨量之间具相关性，最低的 3 个 $\delta^{18}O$ 值分布在雨季（3—5 月）；另外，电导率与 $\delta^{18}O$ 值存在协变关系，即 2011 年 4 月电导率最低值对应了 $\delta^{18}O$ 最低值。笔者认为 $\delta^{18}O$ 值很好地记录了湖水的缓冲：蒸发作用使 $\delta^{18}O$ 值升高，降雨或地表径流的注入使 $\delta^{18}O$ 值降低。电导率还随着蒸发量和降水量的变化而变化，但这一关系要复杂得多，它反映了先前潟湖边缘沉淀的蒸发盐矿物的溶解。

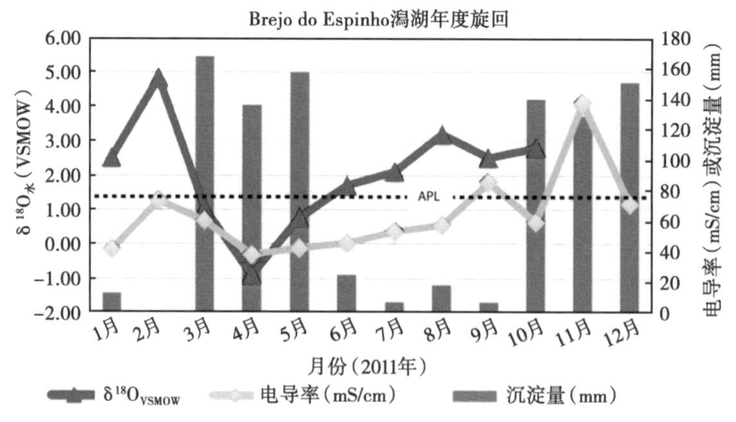

图 12.4 电导率、沉淀量和水的 $\delta^{18}O$（VSMOW）值之间的关系图

样品为 2011 年间采集；降雨量数据来自巴西国家气象水文研究院；APL—年平均降水线，VSMOW—维也纳标准平均大洋海水

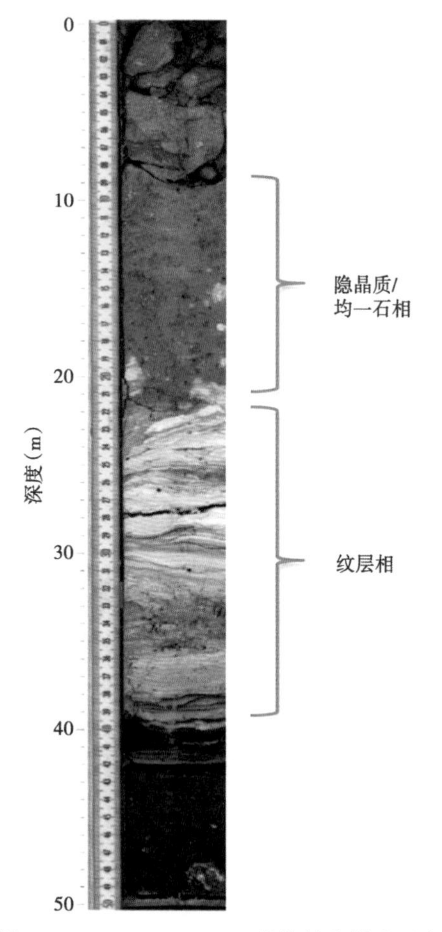

图 12.5 Brejo do Espinho 潟湖钻孔样品照片

自上而下由深灰色隐晶相过渡为浅灰色纹层相，底部为海相沉积的黑色富有机碳弱纹层相砂质沉积物

12.3.2 碳酸盐矿物学和 SEM

钻孔样品由碳酸盐矿物组成，主要为高镁方解石、高钙白云石和/或白云石，并含少量方解石。钻孔的顶部为一层红色、富水、极软的微生物席，其主要成分为碳酸盐（图 12.2d）。正如在钻孔样品（深度范围 8~20cm）观察到的那样（图 12.5），沉积物主要是由细粒高镁方解石和高钙白云石组成的深灰色均一混合物，称为隐晶相。微生物席之下的碳酸盐泥由方解石、高镁方解石［$MgCO_3$ 含量约 25%（mol）］和高钙白云石［$MgCO_3$ 含量约 47%（mol）］组成，三者比例约为 30∶60∶10。微生物席下方 2cm 处一块典型碳酸盐泥样的 XRD 谱图显示了原地沉淀的碳酸盐矿物混合物（图 12.6）。在大约 20cm 深度处，沉积物过渡为浅灰色纹层相白云石（Moreira 等，2004；Vogeli，2012）。在深度 40cm 以下，钻孔中包含黑色富有机碳、弱纹层相的砂质沉积物，它们是在 Brejo do Espinho 潟湖还与大洋相连通的时候沉积的（图 12.5）。沿 Brejo do Espinho 潟湖边缘采集的早成岩白云石包壳由 100%的白云石［$MgCO_3$ 含量约 48%（mol）］组成，但样品中通常残留一些未发生成岩改造的高镁方解石。包壳样品的 XRD 谱图显示，白云石几乎为化学计量，它们是碳酸盐泥经早期成岩作用而形成的（图 12.6）。根据 Tucker（1988）的分类方法，方解石可分为两类：$MgCO_3$ 含量 0~4%（mol）者为低镁

方解石，$MgCO_3$ 含量高于 4%（mol）者为高镁方解石，后者以 $MgCO_3$ 含量 11%～19%（mol）最为常见。白云石的分类采用 Vasconcelos 和 McKenzie（1997）的方案，$MgCO_3$ 含量 30%～45%（mol）者为高钙白云石，$MgCO_3$ 含量 45%～50%（mol）者为白云石。

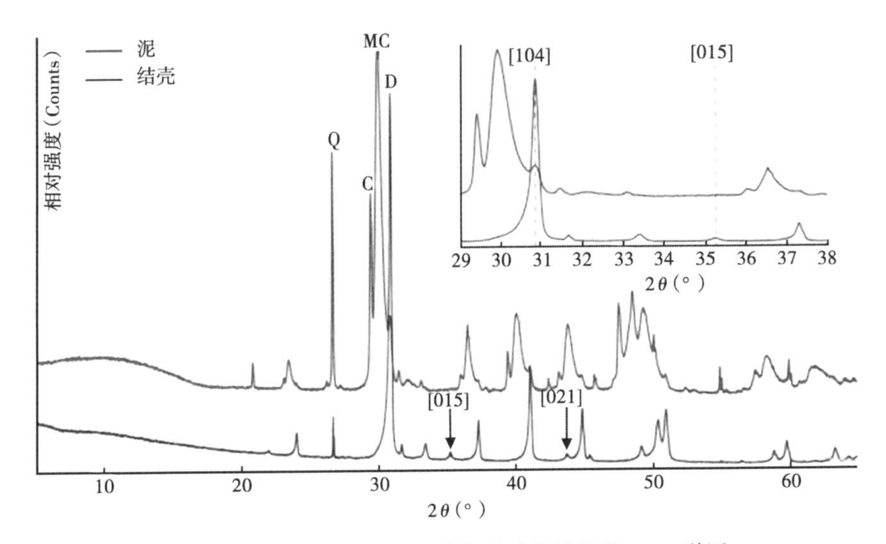

图 12.6 Brejo do Espinho 潟湖碳酸盐样品的 XRD 谱图

红色谱图为微生物席之下 2cm 处混合碳酸盐泥样品（参见图 12.2e），C—方解石，MC—高镁方解石，D—高钙白云石，Q—石英；蓝色谱图为早成岩白云石结壳样品，它由 100%的有序白云石（D）组成；（104）代表白云石中 Mg∶Ca=1∶1，注意（015）和（021）超结构有序反射（箭头所示）；右上角小图为 29°～38° 2θ 角之间谱图的放大，它显示了混合碳酸盐泥向白云石结壳的转化

对近期沉积的多数泥样（未固结）所做的 SEM 观察显示，高镁方解石呈针状，局部形成球状集合体（图 12.7a）。在这些球状集合体的中心部位存在大量胞外聚合物（EPS），表明 EPS 可能促进了晶体成核。对球状晶体进行的 EDX 点分析显示镁和钙的峰值相当，说明碳酸盐中 $MgCO_3$ 的摩尔含量很高（图 12.7b）。对视域中的似球粒和针状晶体进一步所做的点分析表明，这两种不同结构中的 Mg∶Ca 比值仅存在微小差别。

沿潟湖边缘采集的结壳样品呈浅灰色，由 100%的白云石组成（图 12.8a）。由于结壳为隐晶质且不具有明显的构造，因此制作了一块薄片用作岩相学观察。该样品显示了似球粒结构，深色泥晶集合体被微晶包裹（图 12.8b、c）。在薄片的某些部位可观察到由泥晶和微晶构成的纹层（图 12.8d）。窗格孔与微晶胶结物伴生（图 12.8e）。根据对西班牙东南部上中新统的研究（Braga 等，1995），Brejo do Espinho 潟湖白云石结壳中观察到的现象称为织物结构。

对白云石结壳新鲜面进行的 SEM 观察表明，结壳具似球粒结构，并伴有非碳酸盐颗粒（硅质、石英碎屑）（图 12.9a）。针状晶体（长度小于 10μm）组成的等厚环边胶结物包绕白云石似球粒（图 12.9b），似球粒大小 50～100μm。泥晶集合体构成了似球粒和环边胶结物。SEM 观察揭示泥晶由明显的他形矿物单元组成，直径小于 1μm（图 12.9d）。这种纳米级构造绝大多数由 80～300nm 的纳米级球粒组成，球粒局部联合在一起形成杆状体或六面体（图 12.9d）。结壳样品中发现一种与细菌极像的简单生物化石（图 12.9c、d），由空的铸模孔和矿化的球菌状体组成，大小 1～5μm。

SEM 分析揭示了似球粒和针状胶结物中残留有分散有机质。有机质残留物为富碳物质，

(a)近期沉积的高镁方解石和高钙白云石泥的SEM图像，显示具圆球状矿物集合体和针状构造

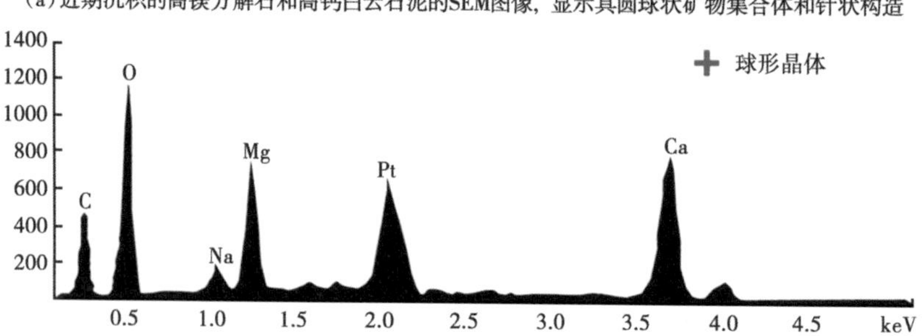

(b)球状矿物的EDX点分析显示Mg峰和Ca峰相当，说明碳酸盐中$MgCO_3$摩尔含量很高

图 12.7　对泥样进行 SEM 观察

在 SEM 高真空状态下达到脱水。有机残留物呈厚度小于 1μm、宽度数十微米的席膜状，或者呈细丝状，指示了其原始物为黏液，可能代表了 EPS 残留（图 12.9c）。有机席膜和细丝可以包裹矿化的细菌化石（图 12.9d）。亚微米级细菌结构与纳米级球状矿物单元或小六面体具有严格而密切的共生关系（图 12.9d）。此外，在纳米尺度上，普遍存在有机基质被纳米级白云石交代的现象（图 12.9c，d）。

12.3.3　碳酸盐泥和结壳样品的二元和稳定同位素研究

这里将通过碳酸盐泥和结壳样品的稳定同位素分析和二元同位素温度数据来提炼解释。Brejo do Espinho 高镁方解石和高钙白云石泥的 $\delta^{13}C$ 值平均为-1.2‰（VPDB）、$\delta^{18}O$ 值平均为 1.1‰（VPDB），相对之下，白云石结壳显示了亏损的 $\delta^{13}C$ 值和富集的 $\delta^{18}O$ 值，两者分别为-9.5‰（VPDB）和 4.2‰（VPDB）。碳酸盐泥的氧同位素值相对较低，暗示了它们沉淀时可能与欠蒸发海水达到平衡；结壳形成期间水体遭受蒸发，因此氧同位素值偏正。此

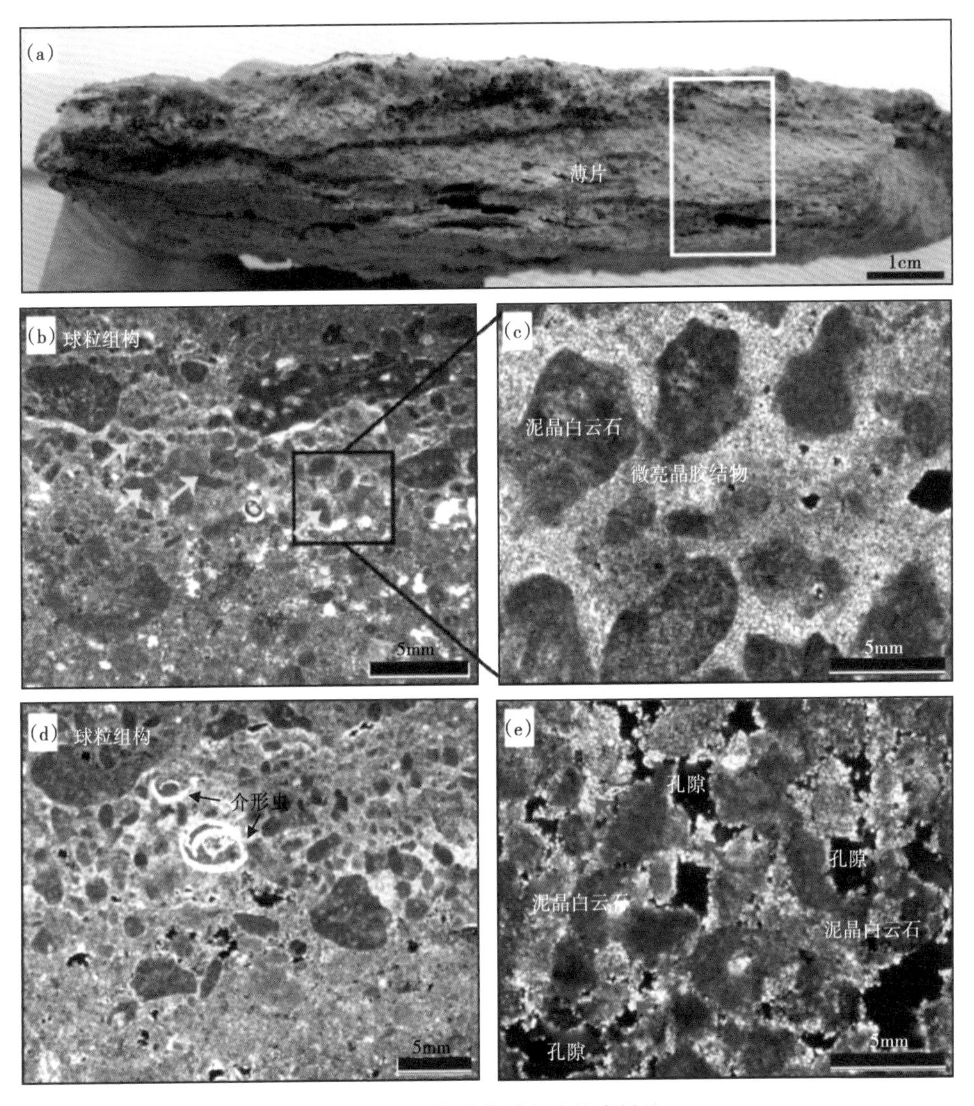

图 12.8　潟湖边缘采集的结壳样品

(a) 白云石结壳的手标本照片，方框指示薄片的切片位置；(b) 和 (c) 白云石结壳的微观照片，可以观察到似球粒，黄色箭头指示暗色白云石泥晶似球粒，被浅色微晶矿物（红色箭头）包绕；(d) 和 (e) 白云石结壳的微观照片，可以观察到似球粒和介形虫，以及与微晶胶结物溶蚀有关的窗格孔

外，碳同位素数据指示结壳形成期间存在来自生物呼吸作用产生的富^{12}C有机碳的贡献。二元同位素测试结果表明，Brejo do Espinho 潟湖碳酸盐泥的形成温度为 34℃，结壳的形成温度为 32℃。根据这些温度数据及碳酸盐泥和结壳的平均 $\delta^{18}O$ 值，可以通过校正后的白云石氧同位素古温度计（Vasconcelos 等，2005）计算二者形成时水的 $\delta^{18}O$ 值。运用该公式时，假设高镁方解石和高钙白云石与地层水之间存在相似的氧同位素平衡。因此，碳酸盐泥沉淀时水的蒸发强度较低（$\delta^{18}O_{VSMOW}=2.4‰$），而结壳形成时水的蒸发强度极高（$\delta^{18}O_{VSMOW}=5.1‰$）。

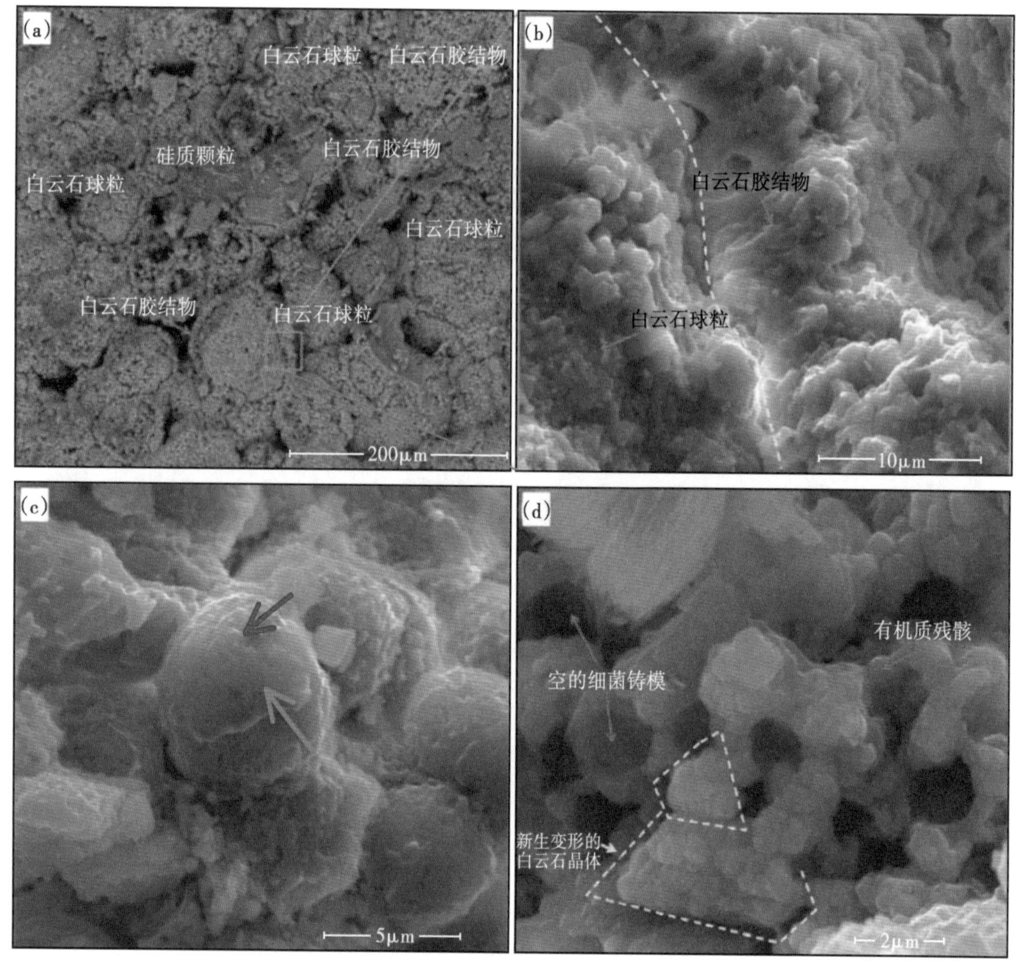

图 12.9 白云石结壳新鲜面的 SEM 观察

(a) 结壳样品的 SEM 照片显示与白云石似球粒伴生的硅质 (Si) 颗粒, 较大的孔隙中充填针状晶体; (b) 似球粒及等厚环边胶结物的放大, 注意二者均为白云石; (c) 矿化的球状菌, 其表面残留少量有机质 (蓝色箭头) 并部分被纳米级白云石晶体 (红色箭头) 交代; (d) 白云石晶体通常形成小的四面体, 并凝集为椭球体, 注意残留的有机质及可能的细菌体腔

12.4 讨论

2010—2011 年间采集的物理—化学数据可以同该地区前人的研究进行对比。Vasconcelos 和 McKenzie (1997) 采集了雨水、潟湖边缘水、井水和大西洋水并确定了巴西 Lagoa Vermelha 潟湖水的可能补给来源; van Lith 等 (2003) 详细研究了 Brejo do Espinho 潟湖的水循环并将数据与 Lagoa Vermelha 潟湖进行对比, 得出的结论认为两个潟湖的水文系统十分相似。换句话说, 地理背景是相同的, 两个潟湖具有相似的形态, 控制水文循环的气候因素一模一样。由于 Brejo do Espinho 潟湖与 Lagoa Vermelha 潟湖同属一个水文体制, 其补给系统无疑是一样的。因此, Brejo do Espinho 潟湖在旱季期间的补给主要来自大西洋和 Araruama 潟湖 (图 12.2a)。即使到了雨季, 来自上述两个外部水体的盐水依然会持续渗入 Brejo do

Espinho 潟湖。潟湖水体的同位素组成反映了淡水和盐水注入之间的平衡，在雨季 $\delta^{18}O$ 值显著降低。

碳酸盐（包括由非经典结晶机制形成的纳米级白云石组成的矿物集合体）是现代和古代微生物碳酸盐岩中常见的生物特征（Lopez-Garcia 等，2005；Benzerara 等，2006，2010；Perri 和 Tucker，2007；Sanchez-Román 等，2007；Bontognali 等，2008；Manzo 等，2012；Perri 等，2012a，b，2013）。前人对 Brejo do Espinho 潟湖沉积物的研究提出了促使碳酸盐沉淀的多种机制。例如，van Lith 等(2002，2003）的研究认为高盐度是镁碳酸盐沉淀的一个重要因素；Moreira 等（2004）认为，在微生物席内，硫化物的氧化作用促使了白云石的有机矿化作用；Sanchez-Roman 等（2009）根据中等嗜盐喜氧细菌培养实验，认为镁碳酸盐可以在有氧条件下发生沉淀，并且描述了深度 10cm 上下的均一相和纹层相。前人的这些研究对矿物形成过程进行了描述，然而未对与碳酸盐泥和结壳形成相关的环境条件进行描述。本次研究仅考虑从地表采集的碳酸盐泥和结壳样品，目的是将分析结果与从附近气象站收集到的实际气象/水文数据进行更好的关联。

Brejo do Espinho 潟湖中发育由微生物群落组成的层状席（Delfino 等，2012）。在生物—有机层中散布由高镁方解石和高钙白云石等微晶碳酸盐沉淀物组成的白斑。海水注入最强之时，微生物席的发育尤为强烈。强烈的蒸发和盐度升高阻止了真核生物的生长，在此期间微生物的觅食最小。微生物的新陈代谢使水体 pH 值升高，促使碳酸盐发生沉淀。碳酸盐泥轻度偏负的 $\delta^{13}C$ 值（-1.2‰，VPDB）反映了来自有机质的碳酸根离子的贡献。雨季期间，由于盐度降低造成觅食生物（例如盐湖环境中常见腹足类和甲壳纲动物侵入微生物席并以其中的有机质为食）活跃，微生物席无法在 Brejo do Espinho 潟湖保存下来。残留下来的有机质在下一个旱季（图 12.10b）发生进一步暴露降解，然而高镁方解石和高钙白云石泥可以在原地残留下来，并堆积形成隐晶沉积物。

Brejo do Espinho 潟湖周缘的白云石包壳形成于旱季期间（图 12.2b），它们由 100%的高钙白云石组成并具有离散的内部纹层。干燥脱水期间，两种不同的机制可以解释包壳的形成（图 12.10c）：（1）蒸发作用导致表层水达到碳酸盐过饱和，和/或（2）“蒸发泵汲作用”，即在结壳形成地点，上涌的地下水带来了过饱和溶液（Hsu 和 Siegenthaler，1969）。上述两种机制均可使泥晶白云石胶结物沿似球粒发生沉淀（图 12.8c、e 和图 12.9a）。EPS 和细菌体的存在暗示了有机质在白云石结壳的沉淀中起到了主要作用（Bontognali 等，2010，2014）。极度偏负的 $\delta^{13}C$ 值（-9.5‰，VPDB）表明矿物形成过程中存在有机质降解来源的碳的贡献，印证了这一解释。

碳酸盐稳定氧同位素组分（$\delta^{18}O$ 值）的变化已被用来估算碳酸盐沉淀期间的古环境条件。该项工作的一个挑战是，碳酸盐的 $\delta^{18}O$ 值不仅取决于沉淀温度，而且取决于沉淀水体的 $\delta^{18}O$ 值。以上二者作为古环境的重要参数，倘若缺少其他约束条件，均无法通过碳酸盐的 $\delta^{18}O$ 值获得。因此，二元同位素方法可有助于该问题的解决。在本次研究中，通过二元同位素得到的碳酸盐泥和白云石结壳的形成温度分别为 34℃和 32℃。这两个温度数据位于原地实测的温度上限范围内（表 12.2、图 12.3）。此外，形成碳酸盐泥和结壳的水的 $\delta^{18}O_{VSMOW}$ 值（分别为 2.4‰和 5.1‰）与 2011 年旱季期间（1—2 月、7—10 月）采集的潟湖水的 $\delta^{18}O_{VSMOW}$ 值是吻合的（表 12.1、图 12.4）。旱季期间，潟湖水的 $\delta^{18}O_{VSMOW}$ 值介于 2.1‰和 4.8‰之间。因此，碳酸盐泥和白云石结壳 $\delta^{18}O_{VSMOW}$ 值与旱季的对应关系说明碳酸盐沉淀和早期成岩作用发生在季节循环期间的蒸发条件下。

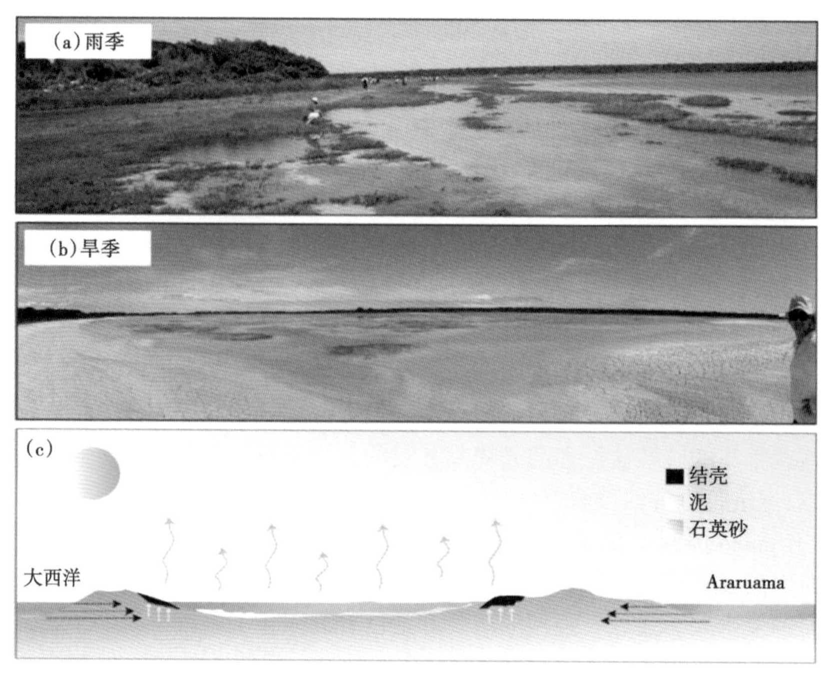

图 12.10　解释结壳形成机制

雨季（a）和旱季（b）期间 Brejo do Espinho 潟湖的照片；（c）旱季期间 Brejo do Espinho 潟湖边缘白云石结壳形成示意图；结壳有两种可能的形成机制：（1）表层水的蒸发导致湖水达到碳酸盐过饱和（橘色箭头），和/或（2）蒸发泵吸作用（黄色箭头）为结壳形成地点带来过饱和溶液

本次研究的一项重要结果是，二元同位素温度计结合已有的白云石—水之间氧同位素分馏方程得到的相关环境数据位于 2011 年实测的 Brejo do Espinho 潟湖水的温度和 $\delta^{18}O$ 值范围内，说明通过二元同位素和传统同位素分析结合可以准确重建古代白云石形成期间的古环境条件。最后，注意到碳酸盐二元同位素温度计测量的是晶格尺度的特征，重结晶作用或扩散作用可使这些特征发生改变即使矿物的结构无大的变化。因此，即使原始沉积组构（例如似球粒或纹层）保留十分完好的岩石，其二元同位素记录的也可能是泥晶化作用或其他次生作用导致的成岩温度。在本次研究中，结壳样品的岩相学特征（图 12.8）显示，在那些原始构造保留的地方，原始的同位素信息似乎可以保存下来。

12.5　结论

对现代微生物碳酸盐沉淀环境进行研究，可为认识与微生物相关的早期成岩作用及其环境条件提供良好机会。Brejo do Espinho 潟湖位于特殊的气候体制下，雨季和旱季分明。通过对该环境下物理—化学条件的变化进行评估，为与微生物新陈代谢有关的同位素研究增加数据。此外，基于同位素数据，可以辨别两种截然不同的白云石相（白云石泥和结壳）形成的环境条件。白云石结壳具有更高的 $\delta^{18}O$ 值，指示了潟湖将近或完全干涸时期盐水中 ^{18}O 的高度富集，其矿物学研究表明白云质似球粒被微晶白云石胶结物包绕（后者为暴露期间形成的特征），极像地质纪录中常见的织物结构。本次研究支持了结壳的形成环境比碳酸盐泥更极端干旱这一假说，碳酸盐泥沉淀于不太富集 ^{18}O 的潟湖水体中。尽管如此，根据二元同位素温度计，碳酸盐泥和结壳二者均形成于相对温暖的地表环境下，形成温度大于 30℃。此外，来自 Brejo do Espinho 潟湖的钻孔样品垂向上自下而上由纹层相过渡为织物相，可能指示了蒸发—沉淀这一水文平衡近期已发生改变。环境条件的变化对微生物席中的生产者和消费者之间的生态平衡具有重要影响，这些随机因素对沉积构造的保存具有重要的控制作用，例如与微生物席生长速率增加有关的事件有利于纹层构造保存，在掠食生物数量增加的环境下微生物结构的保存不利。

参考文献

Affek, H. P. , Bar-Matthews, M. , Ayalon, A. , Matthews, A. & Eiler, J. M. 2008. Glacial/interglacial temperature variations in Soreq cave speleothems as recorded by 'clumped isotope' thermometry. *Geochimica et Cosmochimica Acta*, 72, 5351-5360.

Barbiére, E. B. 1985. Condicões climáticas dominantes na porção oriental da Lagoa de Araruama - RJ e suas implicações na diversidade do teor de salinidade. *Caderno de Cieõncias da Terra*, 59, 9-39.

Barbiére, E. B. & Coe Neto, R. 1999. Spatial and temporal variation of rainfall of the East Fluminense Coast and Atlantic Serra do Mar, State of Rio de Janeiro, Brazil. *In*: Knoppers, B. A. , Bidone, E. D. & Abrão, J. J. (eds) *Environmental Geochemistry of Coastal Lagoon Systems*, *Rio de Janeiro*, *Brazil*. UFF/FINEP, Niteró i, 6, 47-56.

Bahniuk, A. M. 2013. *Coupling Organic and Inorganic Methods to Study Growth and Diagenesis of Modern Microbial Carbonates*, *Rio de Janeiro State*, *Brazil*: *Implications for Interpreting Ancient Microbialite Facies Development*. PhD thesis. ETHZ, Zürich.

Benzerara, K. , Menguy, N. et al. 2006. Nanoscale detection of organic signatures in carbonate microbialites. *Proceedings of the National Academy of Sciences*, 103, 9440-9445.

Benzerara, K. , Meibom, A. , Gautier, Q. , Kazmierczak, J. , Stolarski, J. , Menguy, N. & Brown, G. E. , Jr 2010. Nanotextures of aragonite in stromatolites from the quasi-marine Satonda crater lake, Indonesia. *In*: Pedley, H. M. & Rogerson, M. (eds) *Tufas and Speleothems*: *Unravelling the Microbial and Physical Controls*. Geological Society, London, Special Publications, 336, 211-224. http://doi. org/10. 1144/SP336. 10

Bontognali, T. R. R. , Vasconcelos, C. , Warthmann, R. J. , Dupraz, C. , Bernasconi, S. M. & McKenzie, J. A. 2008. Microbes produce nanobacteria - like structures, avoiding cell entombment. *Geology*, 36, 663-666.

Bontognali, T. R. R. , Vasconcelos, C. , Warthmann, R. J. , Bernasconi, S. M. , Dupraz, C. , Strohmenger, C. J. & McKenzie, J. A. 2010. Dolomite formation within microbial mats in the coastal sabkha of Abu Dhabi (United Arab Emirates) . *Sedimentology*, 57, 824-844.

Bontognali, T. R. R. , Vasconcelos, C. , Warthmann, R. J. , Lundberg, R. & McKenzie, J. A. 2012. Dolomite-mediating bacterium isolated from the sabkha of Abu Dhabi (UAE) . *Terra Nova*, 24, 248-254.

Bontognali, T. R. R. , McKenzie, J. A. , Warthmann, R. J. & Vasconcelos, C. 2014. Microbially influenced formation of Mg-calcite and Ca-dolomite in the presence of exopolymeric substances produced by sulfate-reducing bacteria. *Terra Nova*, 24, 72-77.

Braga, J. C. , Martìn, J. M. & Riding, R. 1995. Controls on microbial dome fabric development along a carbonate-siliciclastic shelf-basin transect, Miocene, S. E. Spain. *Palaios*, 10, 347-361.

Came, R. E. , Eiler, J. , Veizer, J. , Azmy, K. , Brand, U. & Weidman, C. R. 2007. Coupling of surface temperatures and atmospheric CO_2 concentrations during the Palaeozoic Era. *Nature*, 449, 198-202.

Delfino, D. O. , Wanderley, M. D. , Silva e Silva, L. H. , Feder, F. &Lopes, F. A. S. 2012. Sedimentology and temporal distribution of microbial mats from Brejo do Espinho, Rio de Janeiro, Brazil. *Sedimentary Geology*, 263-264, 85-95.

Dennis, K. J. , Affek, H. P. , Passey, B. H. , Schrag, D. P. & Eiler, J. M. 2011. Defining an absolute reference frame for 'clumped' isotope studies of CO_2. *Geochimica et Cosmochimica Acta*, 75, 7177-7131.

Eagle, R. , Tütken, T. et al. 2011. Dinosaur body temperatures determined from isotopic (^{13}C ^{18}O) ordering in fossil biominerals. *Science*, 333, 443-445.

Eiler, J. M. 2006*a*. 'Clumped' isotope geochemistry. *Geochimica et Cosmochimica Acta*, 70, A156.

Eiler, J. M. 2006*b*. A practical guide to clumped isotope geochemistry. *Geochimica et Cosmochimica Acta*, 70, A157.

Ferry, J. , Passey, B. , Vasconcelos, C. & Eiler, J. M. 2011. Formation of dolomite at 40-80 8C in the Latemar carbonate buildup, Dolomites, Italy, from clumped isotope thermometry. *Geology*, 39, 571-574.

Ghosh, P. , Adkins, J. et al. 2006*a*. $^{13}C^{18}O$ bonds in carbonate minerals: a new kind of paleothermometer. *Geochimica et Cosmochimica Acta*, 70, 1439-1456.

Ghosh, P. , Garzione, C. N. & Eiler, J. M. 2006*b*. Rapid uplift of the Altiplano revealed through $^{13}C^{18}O$ bonds in paleosol carbonates. *Science*, 311, 511-515.

Hindshaw, R. S. , Tipper, E. T. et al. 2011. Hydrological control of stream water chemistry in a glacial catchment (Damma Glacier, Switzerland) . *Chemical Geology*, 285, 215-230.

Hsu, K. J. & Siegenthaler, C. 1969. Preliminary experiments on hydrodynamic movement induced by evaporation and their bearing on the dolomite problem. *Sedimentology*, 12, 11-25.

Huntington, K. W. , Eiler, J. M. et al. 2009. Methods and limitations of 'clumped' CO_2 isotope (D47) analysis by gas-source isotope ratio mass spectrometry. *Journal of Mass Spectrometry*, 44, 1318-1329.

Lopez - Garcia, P. , Kazmierczak, J. , Benzerara, K. , Kempe, S. , Guyot, F. & Moreira, D. 2005. Bacterial diversity and carbonate precipitation in the giant microbialites from the highly alkaline Lake Van, Turkey. *Extremophiles*, 9, 263-274.

Manzo, E. , Perri, E. & Tucker, M. E. 2012. Carbonate deposition in a fluvial tufa system: processes and products (Corvino Valley - southern Italy) . *Sedimentology*, 59, 553-577.

Moreira, N. F. , Walter, L. M. , Vasconcelos, C. , McKenzie, J. A. & McCall, P. J. 2004. Role of sulfide oxidation in dolomitization: sediment and porewater geochemistry of a modern hypersaline lagoon system. *Geology*, 32, 701-704.

Niederberger, M. & Cölfen, H. 2006. Oriented attachment and mesocrystals: non-classical crystallization mechanisms based on nanoparticle assembly. *Physical Chemistry Chemical Physics*, 8, 3271-3287.

Passey, B. H., Levin, N. E., Cerling, T. E., Brown, F. H. & Eiler, J. M. 2010. High-temperature environments of human evolution in East Africa based on bond ordering in paleosol carbonates. *Proceedings of the National Academy of Sciences*, 107, 11245-11249.

Perri, E. & Tucker, M. E. 2007. Bacterial fossils and microbial dolomite in Triassic stromatolites. *Geology*, 35, 207-210.

Perri, E., Manzo, E. & Tucker, M. E. 2012*a*. Multi-scale study of the role of the biofilm in the formation of minerals and fabrics in calcareous tufa. *Sedimentary Geology*, 263-264, 16-29.

Perri, E., Tucker, M. E. & Spadafora, A. 2012*b*. Carbonate organo-mineral micro- and ultrastructures in sub-fossil stromatolites: Marion lake, South Australia. *Geobiology*, 10, 105-117.

Perri, E., Tucker, M. E. & Mawson, M. 2013. Biotic and abiotic processes in the formation and diagenesis of Permian dolomitic stromatolites (Zechstein Group, NE England). *Journal of Sedimentary Research*, 83, 896-914.

Rosenbaum, J. & Sheppard, S. M. F. 1986. An isotopic study of siderites, dolomites and ankerites at high temperatures. *Geochimica et Cosmochimica Acta*, 50, 1147-1150.

Sánchez-Román, M., Rivadeneyra, M. A., Vasconcelos, C. & McKenzie, J. A. 2007. Biomineralization of carbonate and phosphate by moderately halophilic bacteria. *FEMS Microbiology Ecology*, 61, 1574-6941.

Sánchez-Román, M., Vasconcelos, C., Warthmann, R., Rivadeneyra, M. & McKenzie, J. A. 2009. Microbial dolomite precipitation under aerobic conditions: results from Brejo do Espinho Lagoon (Brazil) and culture experiments. *In*: Swart, P. K., Eberli, G. P. & McKenzie, J. A. (eds) *Perspectives in Carbonate Geology: A Tribute to the Career of Robert Nathan Ginsburg* (*Special Publication* 41 *of the International Association of Sedimentologists*). Wiley-Blackwell, Chichester, UK, 167-178.

Schauble, E. A., Ghosh, P. & Eiler, J. M. 2006. Preferential formation of $^{13}C-^{18}O$ bonds in carbonate minerals, estimated using first-principles lattice dynamics. *Geochimica et Cosmochimica Acta*, 70, 2510-2529.

Tucker, M. 1988. *Techniques in Sedimentology*. Blackwell Scientific Publications, Oxford.

Van Lith, Y., Vasconcelos, C., Warthmann, R., Martins, J. C. F. & McKenzie, J. A. 2002. Bacterial sulfate reduction and salinity: two controls on dolomite precipitation in Lagoa Vermelha and Brejo do Espinho (Brazil). *Hydrobiologia*, 485, 39-49.

Van Lith, Y., Warthmann, R., Vasconcelos, C. & McKenzie, J. A. 2003. Sulphate-reducing bacteria induce low-temperature Ca-dolomite and high Mgcalcite formation. *Geobiology*, 1, 71-79.

Vasconcelos, C. 1994. *Modern Dolomite Precipitation and Diagenesis in a Coastal Mixed Water System* (*Lagoa Vermelha, Brazil*). PhD thesis, Swiss Federal Institute of Technology, Zurich.

Vasconcelos, C. & McKenzie, J. A. 1997. Microbial mediation of modern dolomite precipitation and diagenesis under anoxic conditions (Lagoa Vermelha, Rio de Janeiro, Brazil). *Journal of Sedimentary Research*, 67, 378-390.

Vasconcelos, C., McKenzie, J. A., Warthmann, R. & Bernasconi, S. M. 2005. Calibration of the $\delta^{18}O$

paleothermometer for dolomite precipitated in microbial cultures and natural environments. *Geology*, 33, 317–320.

Vasconcelos, C., Warthmann, R., McKenzie, J. A., Visscher, P. T., Bittermann, A. G. & van Lith, Y. 2006. Lithifying microbial mats in Lagoa Vermelha, Brazil: Modern Precambrian relics? *Sedimentary Geology*, 185, 175–183.

Vögeli, N. 2012. *Implications of Elevated Strontium Values in Microbial Mediated Dolomites: Brejo do Espinho and Lagoa Vermelha, Brazil*. MSc thesis, Swiss Federal Institute of Technology, Zurich.

Wang, Z., Schauble, E. A. & Eiler, J. M. 2004. Equilibrium thermodynamics of multiply substituted isotopologues of molecular gases. *Geochimica et Cosmochimica Acta*, 68, 4779–4797.

Zhang, F., Xu, H., Konishi, H. & Roden, E. E. 2010. A relationship between d104 value and composition in the calcite- disordered dolomite solidsolution series. *American Mineralogist*, 95, 1650–1656.

第 13 章　美国犹他州现代大盐湖和 Uinta 盆地始新世 Green River 组微生物碳酸盐岩岩石学特征与沉积相

THOMAS C. CHIDSEY JR[1,*], MICHAEL D. VANDEN BERG &
DAVID E. EBY AUTHOR AFFILIATIONS

*通信作者（e-mail：tomchidsey@utah. gov）

摘要：犹他州 Uinta 盆地现代大盐（Great Salt）湖和始新世 Green River 组湖相沉积为微生物碳酸盐岩研究提供了很好的实例。这两种湖相环境的典型特征是发育浅水台缘相，对湖岸线变化非常敏感，同时水化学和水温十分适合微生物生长和滩相碳酸盐岩的形成。因此，大盐湖和 Green River 组的微生物岩保留了部分微生物结构和组分。因此，对这些现代和古老的微生物岩开展了详细的岩石学分析，这些成果可用于评价其他地区含油气系统中微生物岩储层。

大盐湖是一个高盐湖泊和碳酸盐岩工厂，繁育大量微生物席、叠层石、凝块石和相关碳酸盐岩颗粒，建设性连通孔隙在微生物建造中普遍发育。Green River 组取到极好的叠层石、凝块石岩心，宏观孔与微观孔均较发育。同时发育一些碳酸盐岩颗粒岩，包括鲕粒、球粒和生物骨架颗粒，粒间孔与粒内孔发育。此外，West Willow Creek 油田的产油气层 Great Salt 组也是一套微生物建造，它的发育特征异于大盐湖。

最近在巴西深水区下白垩统盐下发现大量油气，储层被认为是微生物岩，同样在南阿曼盐盆的新元古代至下寒武统也有类似发现，表明这种湖相微生物岩具有全球普遍性并且经济价值高。认识这些微生物岩需要厘清流动和岩石物理单元，需要从沉积入手，了解宏观沉积建造、微观沉积组构、成岩作用（裂缝）对储层孔渗的综合影响。犹他州 Uinta 盆地始新世微生物岩地下岩心样品和盆缘露头剖面都比较丰富，而高盐大盐湖目前正在生长类似的微生物岩，这些都为微生物岩研究提供了良好的资料基础。

本文就是从 Uinta 盆地 Green River 组和现代大盐湖出发，开展了详细的微生物岩岩石学研究，介绍了多种微生物岩特征，包括碳酸盐岩组构、孔隙结构和成岩改造。工作方法包括：(a) 露头观察，包括大盐湖内或周边出露较好的 Green River 组露头；(b) 微观观察与薄片岩石学描述，样品是最新获得的 Skyline 16 科考井岩心和 West Willow Creek 油田的岩心（一套微生物碳酸盐岩油气层）；(c) 岩石学观察，薄片样品是大盐湖一带现代碳酸盐岩。

13.1　大盐湖

犹他州北部大盐湖是研究现代微生物岩形成的理想场所。微生物席、叠层石、凝块石和相关碳酸盐岩颗粒（高盐度鲕粒（大尺度的辐射状文石鲕粒）、包覆颗粒、球粒、固化结壳等）都广泛发育并且在大盐湖内或周边很容易采集。特别是盐湖北部的 Rozel 地区和南部 Antelope 岛最北边的 Bridger 滩，是最容易采集样品的地点（图 13.1）。

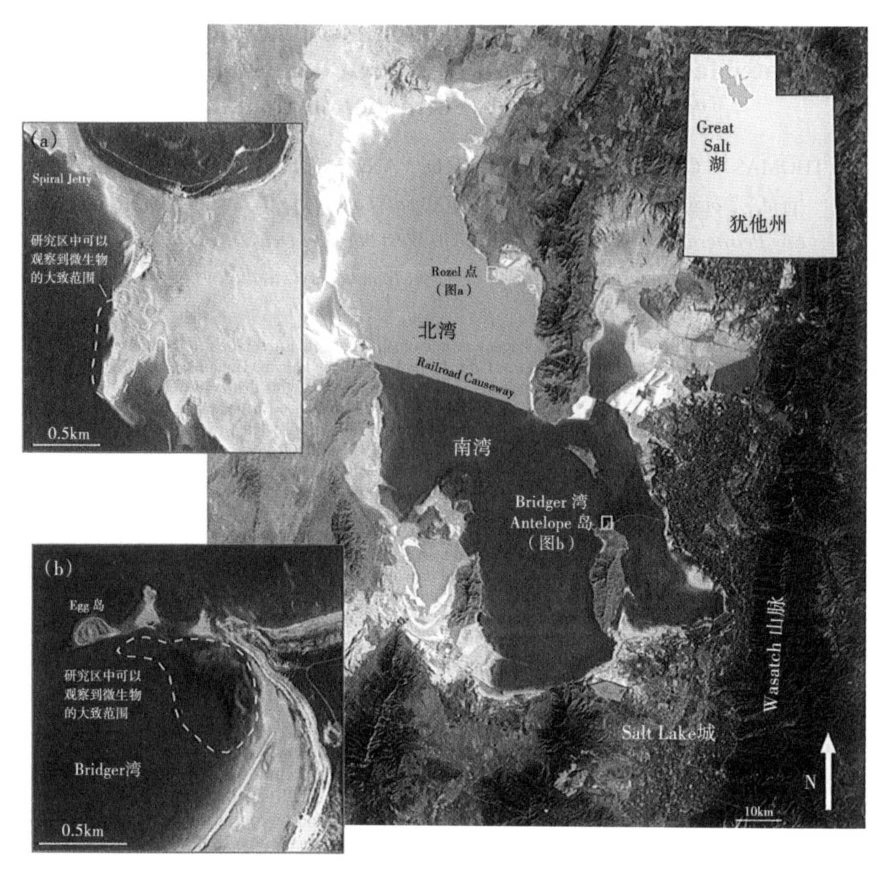

图 13.1　大盐湖卫星图（据 NASA，1992）

左上角图片为 Rozel 点特写（据谷歌地图，2010）；左下角图片为 Bridger 湾特写（据谷歌地图，2010）

大盐湖的沉积环境代表了一个典型的碳酸盐岩工厂。高盐度湖水适于大多数植物和藻类生长，它们相互竞争养分和空间，在微生物席上或钻进席内生长。湖盆边缘浅水区大范围存在，阳光可以穿透，有利于微生物生长。

13.2　地质概况和湖泊特征

大盐湖是更新世淡水湖的残余，面积 $5.2\times10^4km^2$，主体在犹他州西北部，小部分在内华达州东北部和爱达华州东南部。它存在于 32000—14000a 前（Gwynn，1996）。美国西部 Great 盆地地区的 Bonneville 湖和其他湖则形成于最大冰期。大盐湖东边的 Wasatch 岭和 Uinta 山脉那时都被冰川覆盖。Bonneville 湖最大规模时深近 300m，以大盐湖为代表（Hintze 和 Kowallis，2009）。Bonneville 湖最开始缩小是因为 Snake River 平原的一次灾难性洪水，之后更加温暖、干旱的气候进一步地使其变小，直至今天，形成了一个高盐度大盐湖。

按面积，大盐湖是世界第 33 大湖泊（在美国是仅次于 Great 湖的盐湖），长 121km，宽 56km，面积 $4190km^2$，占据了 Great 盆地犹他州的最低位置。湖面平均海拔 1280m，湖平面每年波动 0.3~0.6m。

大盐湖最大水深为 10m。湖水体积变化取决于降雨，一年之中存在变化，在春季和夏季早期，由于周边雪山融化，湖水变多，在夏季晚期和秋天湖水则减少。总体上，大盐湖一年

的储水量是 $190\times10^8m^3$。水源主要有：(1) 四条主要的河流 (Bear、Weber、Ogden 和 Jordan) 还有小溪流 (占 66%)；(2) 降雨量 (占 31%)；(3) 地下水 (Gwynn，1996)。

Great 盆地，包括被大盐湖占据的凹陷，是一个内陆盆地，没有通海河流。所以水的损失主要来自蒸发作用，每年大约 $36\times10^8m^3$ (Gwynn，1996)。在 1953—1959 年，南太平洋运输公司建造了一个砾石垫底的铁轨 (目前是太平洋联合铁路公司使用)，将湖泊分为南北两部分。由于四条河均不流向北部，因此北部地区湖水更咸，盐度为 24%~26% (几近盐度极限)，南部地区盐度为 12%~14%。大盐湖湖水中溶解质的平均组成是：氯化钠 54. 5%，钠 32. 8%，硫酸 7. 2%，镁 3. 3%，钾 2%，钙 0. 2% (Gwynn，1996)。

众多来自世界各地的科学家来犹他州对大盐湖独特的生态学、生物学和沉积学进行研究。地质学方面的研究多关注于湖平面的变化和 Bonneville 湖泊的三角洲沉积。也有一些研究是针对该湖泊的微生物地区。早在 1938 年 Eardley 就对大盐湖的叠层石和相关沉积开展过初步研究，其中就包括细菌在微生物岩形成中的作用。这些特征后来被引用并起指导作用。比如 Carozzi (1962a) 和 Post (1980) 把 "生物礁" 和相关碳酸盐岩沉积描述为 "蓝绿藻"，但 Halley (1976) 认为是 "生物礁"。Pedone 和 Folk (1996) 认为湖中叠层石中的文石胶结物应为非细菌成因，而 Baxter 等 (2005) 认为是可以在高盐度环境中生存的微生物群落生长时所产生的。最近，Baskin 等 (2011，2012，2013) 刻画了大盐湖叠层石的分布、深度、规模、形状与空间展布。

结果表明，大盐湖中鲕粒灰岩比叠层石发育更为广泛。Matthews (1930)、Eardley (1938) 和 Carozzi (1962b) 早先就已经注意到了这些鲕粒辐射性的晶体结构，它是原生的还是次生的，有诸多讨论。次生观点认为是文石演化为方解石或文石转化为另一种文石重结晶的结果 (Pedone 和 Norgauer，2002)。最终，现代的岩石学技术证明这些鲕粒中的辐射性晶体结构是原生的，成分是文石 (Kahle，1974；Sandberg，1975；Halley，1977)。大盐湖鲕粒后来又进一步开展了岩石学和地球化学研究 (Pedone 和 Norgauer，2002)。

13. 3　微生物岩和相关碳酸盐岩颗粒

本文第一部分是关于微生物建造的岩石学特征，主要来自两个区域：(1) 大盐湖南部 Antelope 岛 Bridger 海滩上已部分固结成岩的微生物席和相关的湖缘颗粒碳酸盐岩；(2) 盐度更高的北部 Rozel 地区的微生物席、叠层石和凝块石 (图 13. 1)。

Antelope 岛西北端的 Bridger 海滩水体较浅，适于微生物席大规模发育，尤其是 Egg 岛海滩的北北西部分。薄层的、暗棕色—绿色微生物席直接覆盖在已固结的鲕粒砂和灰泥结壳上 (平均厚 5~12cm) (图 13. 2a)。微生物席倾向于形成独特的圆形穹顶构造，大小 0. 3~2m，看起来像穹顶状的叠层石 (图 13. 2b)。这些穹状特征通常是形成于波浪对未固结鲕粒砂和灰泥的冲蚀作用，鲕粒砂和灰泥则是来自周边近圆形的微生物席群落，与向上生长的叠层石构造相反 (图 13. 2c)。总体而言，圆形微生物席在浅水区比深水区更为发育。此外，微生物席的生长方向大致与湖岸线和波浪主要方向垂直。当波浪能量较大时，棕色的脓疱就会从微生物席的顶部被冲走，在圆形席之间重新沉积，在海滩或近海滩的位置形成薄层的浅水颗粒滩 (图 13. 2d、e)，只留下圆形微生物席的轮廓 (图 13. 2f)。这些脓疱颗粒或微生物 "爆米花" 的微观照片显示其具有块状或凹凸状结构，由许多球粒结构较好的微生物颗粒组成。这些已经固结的部分明显发育有连通的原生格架孔。纤维状和早期针状胶结物可以将这些孔隙架接起来。在这个薄片中，大多数的保留孔发育于这些球体表面（图 13.3b）。

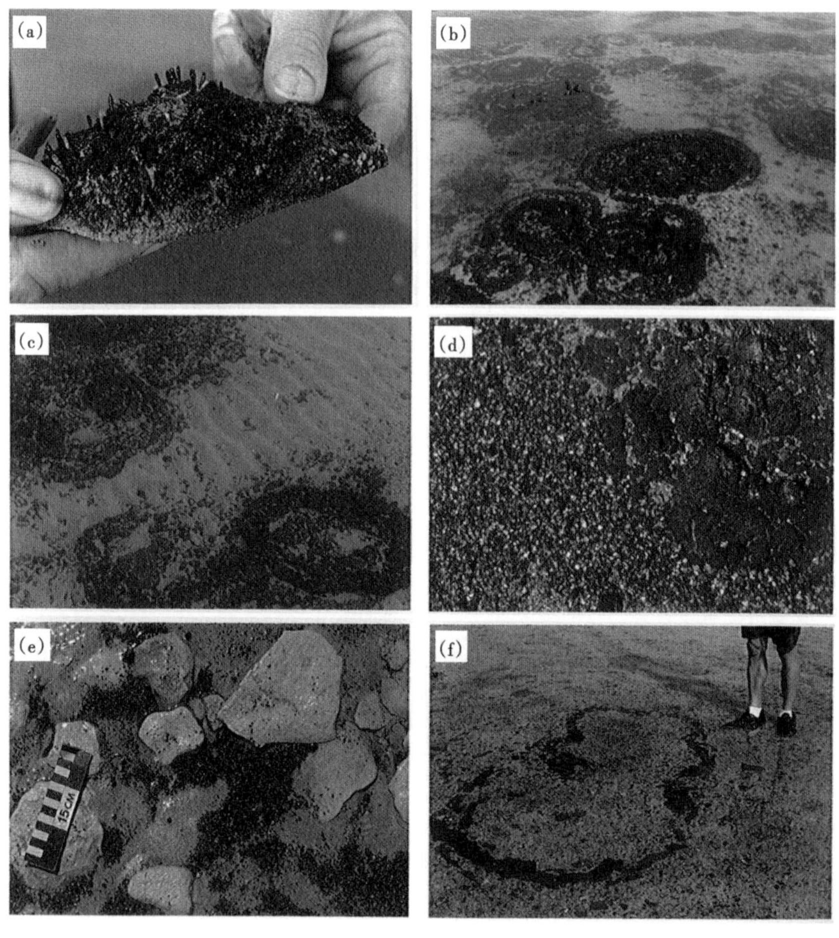

图 13.2　大盐湖微生物碳酸盐岩和相关颗粒实例（Antelope 岛的 Bridger 湾）

（a）活着正在生长的微生物席（手标本），一些垂向的管道是飞虫的幼壳；（b）低水位期暴露的圆形微生物席；（c）圆形微生物席之间未固结的鲕粒砂和灰泥，注意浪痕；（d）脓疱状颗粒（被冲碎的微生物席小块体）或从微生物席顶部冲碎又重新沉积的微生物"爆米花"；（e）固结成岩的鲕粒灰岩，可能形成于微生物之间的相关作用，被太阳漂白，形成鲕粒灰岩/海滩岩，注意棕色的脓疱状颗粒；（f）一个大型微生物席的圆晕（与图 c 类似），波浪作用很可能冲蚀掉微生物席的内部

在 Antelope 岛和大盐湖周边的许多地区，高盐度鲕粒形成了广泛分布的沙滩和沙丘（Eardley，1938）。岩石学特征上，这些鲕粒普遍含发育早期辐射性重结晶（图 13.3c），脑状边缘（图 13.3d、e）（Carozzi，1962b），穿过整个颗粒的破裂及破裂鲕粒的重新形成（再生鲕粒；图 13.3e）。脑状鲕粒发育不规则的港湾状边缘，这是由于鲕粒内部同生期辐射性重结晶的结果（图 13.3d）。鲕粒内部的放射性重结晶会形成皮质带，表面被正切的鲕状套包裹（图 13.3c）。鲕粒的核主要有石英颗粒、磨圆较好的球粒（有些还会有微量黄铁矿）、破裂的鲕粒碎块、燧石颗粒、火山碎块和微生物岩碎块。

Bridger 湾的波浪会冲碎已固结的鲕粒岩，它们重新沉积，形成鲕粒砾岩（图 13.2e）。这些鲕粒砾岩主要有：（1）泥晶（从大盐湖中沉淀出来或生物成因），（2）等厚的微纤状胶结物（从大盐湖潜流带的地下卤水中沉淀出来，非生物成因），（3）针状、片状胶结物，成

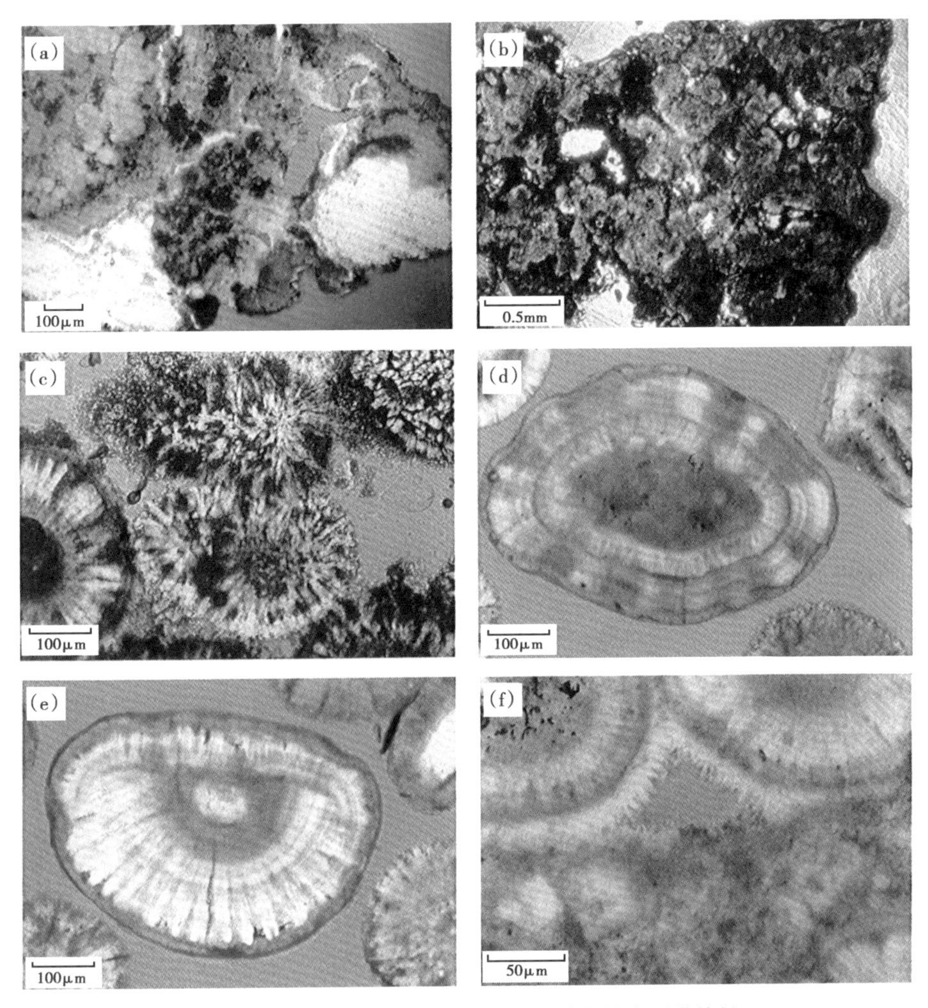

图 13.3　Antelope 岛上沉积颗粒和胶结物的岩石学特征

(a) 小型的已固结的微生物脓疱或颗粒，将两个硅质颗粒（白色部分）合成蜜棕色有机质壳体，注意到许多小型浅棕色球状结构（白卡片技术，单偏光）；(b) 一个完全固结的微生物碎块的内部结构，沉淀的方解石球状物和包裹的球状物孔隙发育，表面上像是碎屑颗粒之间的粒间孔（孔隙为蓝色，单偏光）；(c) 典型鲕粒，显示出强烈的同沉积期辐射状重结晶作用，具有粗糙不规则的颗粒边缘及部分微晶化（单偏光）；(d) 具有港湾状或脑状边缘的鲕粒（白卡片技术，单偏光）；(e) 再生鲕粒，内核是破碎的鲕粒，是鲕状皮质包裹层（单偏光）；(f) 鲕粒间接触物，在大孔隙中是等厚的环状针形辐射状胶结物，小孔隙中是微晶胶结物（白卡片技术，单偏光）

因未知，(4) 放射状的刃状胶结物，继承了晶体重结晶时的生长方向和形态（图 13.3f）。这些胶结物都是文石，有一些在细菌的作用下非常快速地生长（Pedone 和 Folk，1996；Pedone 和 Norgauer，2002）。

经典的穹隆状叠层石在 Promontory 山脉西部 Rozel Point 湖岸发育（图 13.4a 至 e）。形成这些叠层石的微生物组织已经不存在了，穹隆也变得干燥并被侵蚀。波浪作用和已经死亡的叠层石孔隙被盐岩矿物周期性充填加速了它们的侵蚀（图 13.4e）。一段连续的碳酸盐岩路面与湖岸线垂直，延至岸边（图 13.4c），还发育有一个已经干燥的圆形微生物席，与 Bridger 湾活着的微生物席类似（图 13.4d）。

Rozel 地区的许多微生物构造在其内部发育有脓疱性凝块石结构，在表面更多发育层状

图 13.4　Rozel Point 大盐湖微生物岩和相关颗粒实例

(a) 刃状叠层石的特写，显示出明显的成层状和丰富的格架孔；(b) 穹状叠层石的头部残余，内被鲕粒砂充填，黑色的相机镜头盖做标尺（直径 6cm）；(c) 固结成岩的微生物路面/硬地面，与 Bridger 湾的微生物席类似，但 Rozel Point 的沉积物是干燥的并且被侵蚀了；(d) 硬地面内一个被侵蚀的圆形微生物穹隆的残余；(e) 圆形的微生物席/穹隆，外壳是盐岩；(f) 凝结的微生物岩头部的显微照片特写，内部发育原生格架孔（正交光加石膏板）；(g) 微生物头内格架孔的显微照片特写，孔隙完全沿着辐射状针形胶结物线状分布（单偏光）

叠层石状结构（图 13.4a）。原生建设性孔隙一般发育于微生物头部（图 13.4f）。大型的连通孔洞内衬于针状辐射性胶结物中。海滩沉积物包括有高盐度鲕粒，包覆颗粒，以及由鲕粒、粪球粒、包壳的微生物和岩石碎片组成的内碎屑。海滩岩碎屑可以很好地固结，其中的球粒被密集的微纤状胶结物包裹。一些鲕粒发育复合的不对称的核，核是具棱角的微生物岩或火山（?）碎屑。

总之，微生物席及有关的各种碳酸盐岩颗粒可以提供一些信息，被用于古代微生物发育的研究，例如始新世 Green River 组。现代微生物岩的孔隙结构和碳酸盐岩颗粒的分析可以用于古代同类沉积物的研究，为潜在储层单元的空间展布特征研究提供线索。

13.4 始近世组

犹他州东北部的 Uinta 盆地 Green River 组无论是岩心还是野外露头，都发育大量的微生物岩，提供了研究微生物岩的绝佳材料，可以开展一些基础性研究工作，包括湖相沉积环境、湖相沉积旋回、成岩作用和碳酸盐岩储层。此外，在 Uinta 盆地—West Willow Creek 区域 Green River 组还是一个常规油田（Osmond，2000）。

13.4.1 Uinta 盆地地质简介

Uinta 盆地是犹他州最富油的盆地。它是一个发育于 Uinta 山脉南侧的构造—沉积盆地，主要活动于新生代早期。盆地西部是 Sevier 侵蚀高地，北部、东部和南部分别是正在隆升的 Laramide Uinta 山脉、Uncompahgre 隆起和 San Rafael 膨胀区。始新世的 Uinta 湖泊形成于犹他州的 Uinta 盆地和 Colorado 州的 Piceance Creek 盆地（图 13.5）。在低水位期，Douglas Creek 山岭将这两个盆地隔开，形成了两个不同的湖泊。

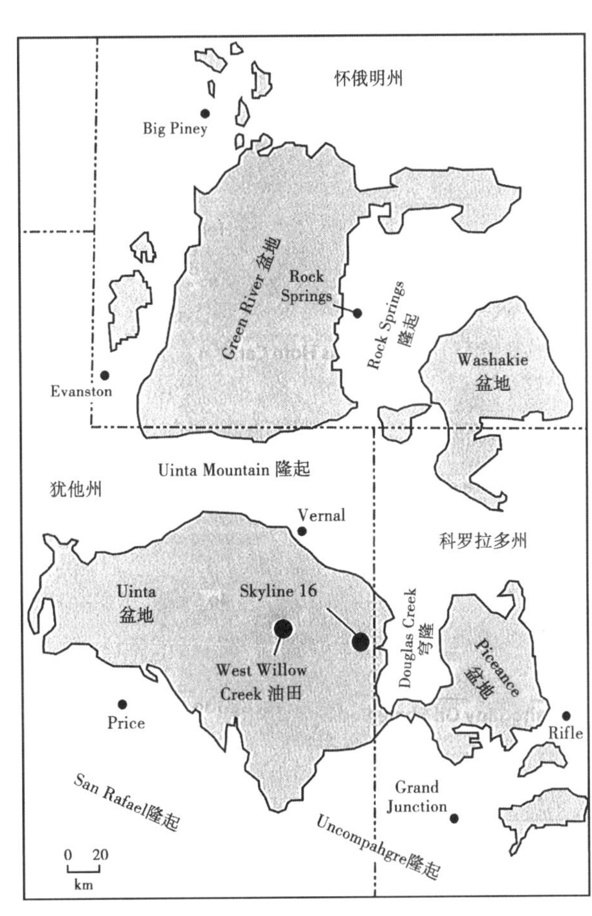

图 13.5 Rocky 山脉西侧始新世湖盆

（据 Vanden Berg，2011 修改）

Gosiute 湖泊占据了 Wyoming 州 Green River 盆地和 Washakie 盆地，Uinta 湖泊占据了 Utah 州和 Colorado 州的 Uinta 盆地和 Piceance Creek 盆地；注意 Skyline 16 科研井和 West Willow Creek 油田的位置

Green River 组沉积了近 2000m（图 13.6；Hintze 和 Kowallis，2009，Sprinkel，2009），其中发育有三种不同的沉积环境：冲积扇相、边缘湖泊相和开阔湖泊相（Fouch，1975；Ryder 等，1976）。Uinta 盆地一个简化的沉积模式是：高水位期沉积碳酸盐岩（图 13.7a），低水位期更多地沉积碎屑冲积、河流和风成沉积物（图 13.7b）。在边缘湖泊沉积环境中，主要的油气储层是河流相—三角洲相、三角洲平原和碳酸盐岩台地沉积，包括微生物碳酸盐岩。开阔湖泊相以近岸相和更深水的远岸相泥岩为代表，

包括著名的 Mahogany 油页岩区，代表了 Uinta 湖泊的最高水位期（美国地质调查局油页岩评价组，2010；Tänavsuu-Milkeviciene 和 Sarg，2012）。

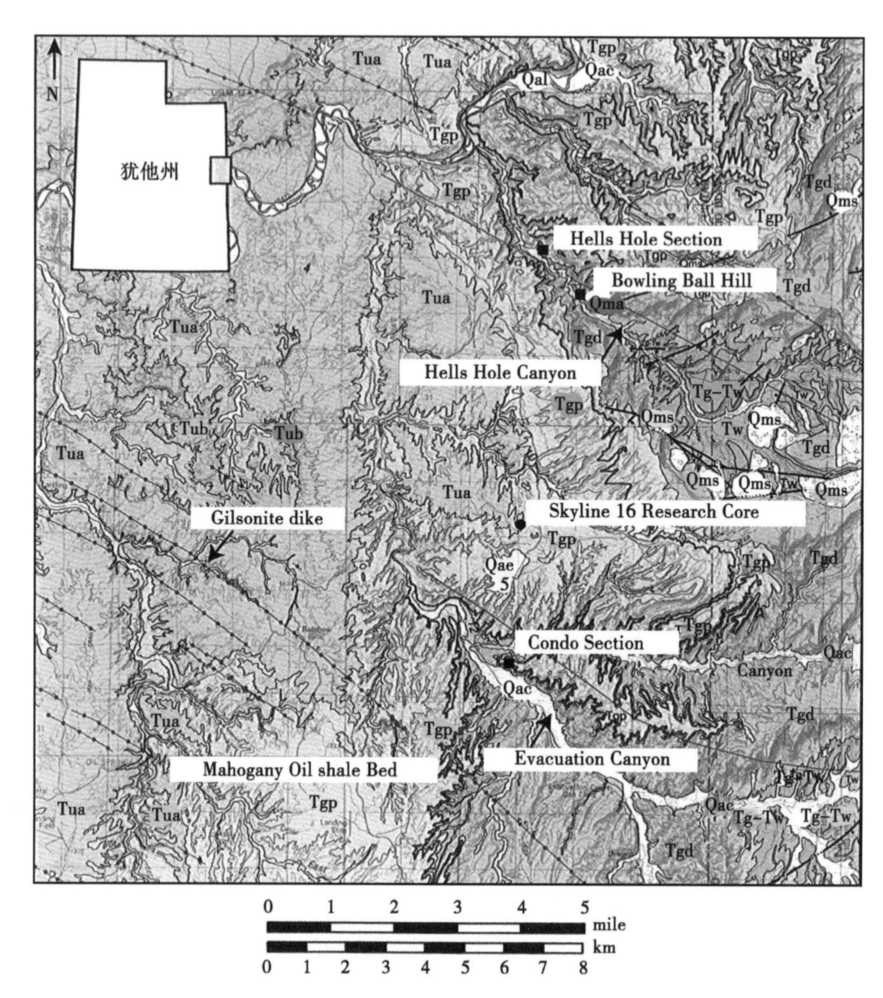

地层柱状图

地层	符号	组	厚度（m）（不按比例尺）	岩性	解释
第四系	Q	松散沉积物	>50		Qal—河流冲积层，Qms—冲积扇沉积物，Qac—冲积层/崩积层，Qae—冲积层/风成的
古近—新近系	Tub	Uinta组B段	30~225		含有沥青的沉积
	Tua	Uinta组A段	60~180		
	Tgp	Green River组 Parachute Creek段	247~950		凝灰质B层；Horse Bench砂岩层；Mahogany油页岩层
	Tgd	Green River组 Douglas Creek段	45~520		Uinta山脉继续抬升和侵蚀；Uinta湖随着Uinta盆地继续下沉而形成；含有油页岩及石油储量；Long Point层
	Tg—Tw	Green River-Wasatch组 transition 带	60~220		Uinta山脉继续抬升和侵蚀；局部出露Uinta Moutain群；Uinta盆地下沉；Uinta盆地中有气藏
	Tw	Wasatch 组	280~830		

图 13.6　东 Uinta 盆地部分地区地质图（据 Sprinkel，2009，修改）

标示出了选用的露头（黑框）和 Skyline 16 科研井的岩心；地层柱状图显示了这一区域新生代地层和组的纵向组成，包括厚度、岩性和主要的地层识别特征

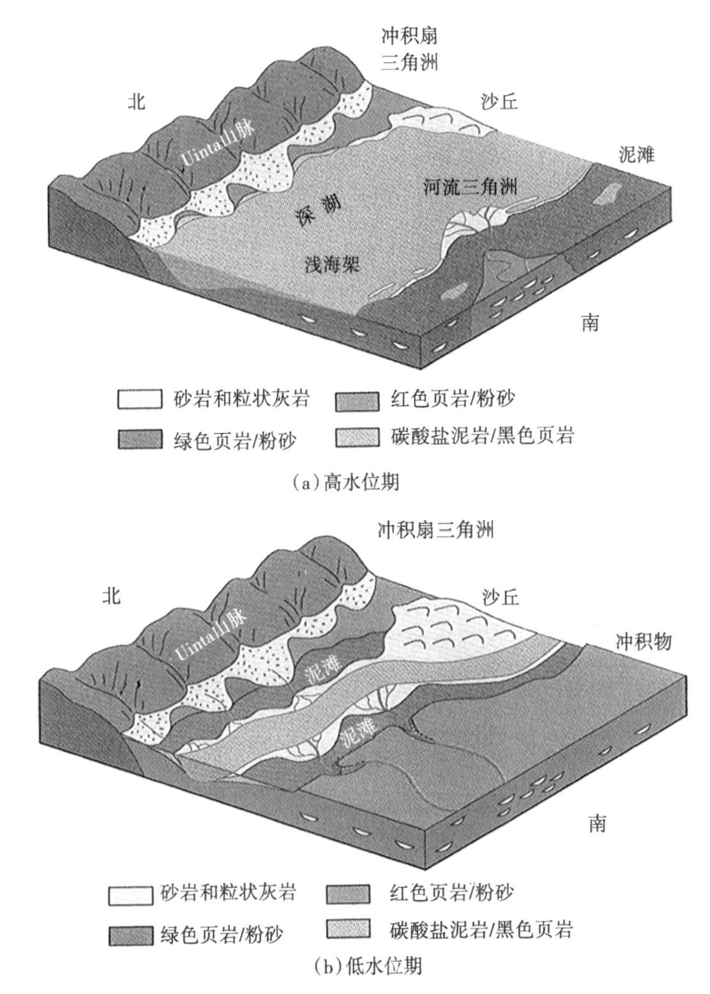

图 13.7　Uinta 盆地沉积模式图（据 Morgan 等，2003）

北部湖泊的沉积物源来自 Uinta 山脉，南部湖泊的沉积物源来自 Utah 州东南部更广大的区域

Uinta 盆地向北不对称，与 Uinta 山脉东向平行。北部向盆地方向倾斜 10°~35°，边界是一个北倾的与基底有关的逆冲断层。南部向北北西向倾，角度为 4°~6°。Green River 组在盆地南部和东部盆缘峡谷中出露较好，提供了三维观察岩石的绝佳机会（图 13.6）。

Bradley（1929）是第一位发现这里发育大量微生物岩（特别是叠层石）和一些与之有关的碳酸盐岩颗粒的研究者。一些其他的研究者（Ryder 等，1976；Surdam 和 Wray，1976）直接使用从蓝绿藻（后来证实是蓝藻）中总结的通用术语叠层石来描述这些微生物岩。Platt 和 Wright（1991）将 Uinta 盆地 Green River 组沉积时期归类为前陆盆地，发育有低梯度的斜坡边缘，其上发育有生物礁和叠层石。Remy（1992）描述中南 Uinta 盆地 Nine Mile 峡谷中标志层 C 中发育有大型的穹状和管状叠层石砂和核形石。

近期的研究主要关注于怀俄明州 Greater Green River 盆地 Green River 组的微生物岩（Lake Gosiute）。Leggitt 等（2007）讨论了怀俄明州西南地区 Green River 组 Tipton 段的以石蛾为主的微生物丘，Miller（2011）同样也是对 Tipton 段开展了工作，主要是讨论叠层石和其生物种类的分类。Buchheim 等（2010，2012）对 Greater Green River 盆地开展了一些基础

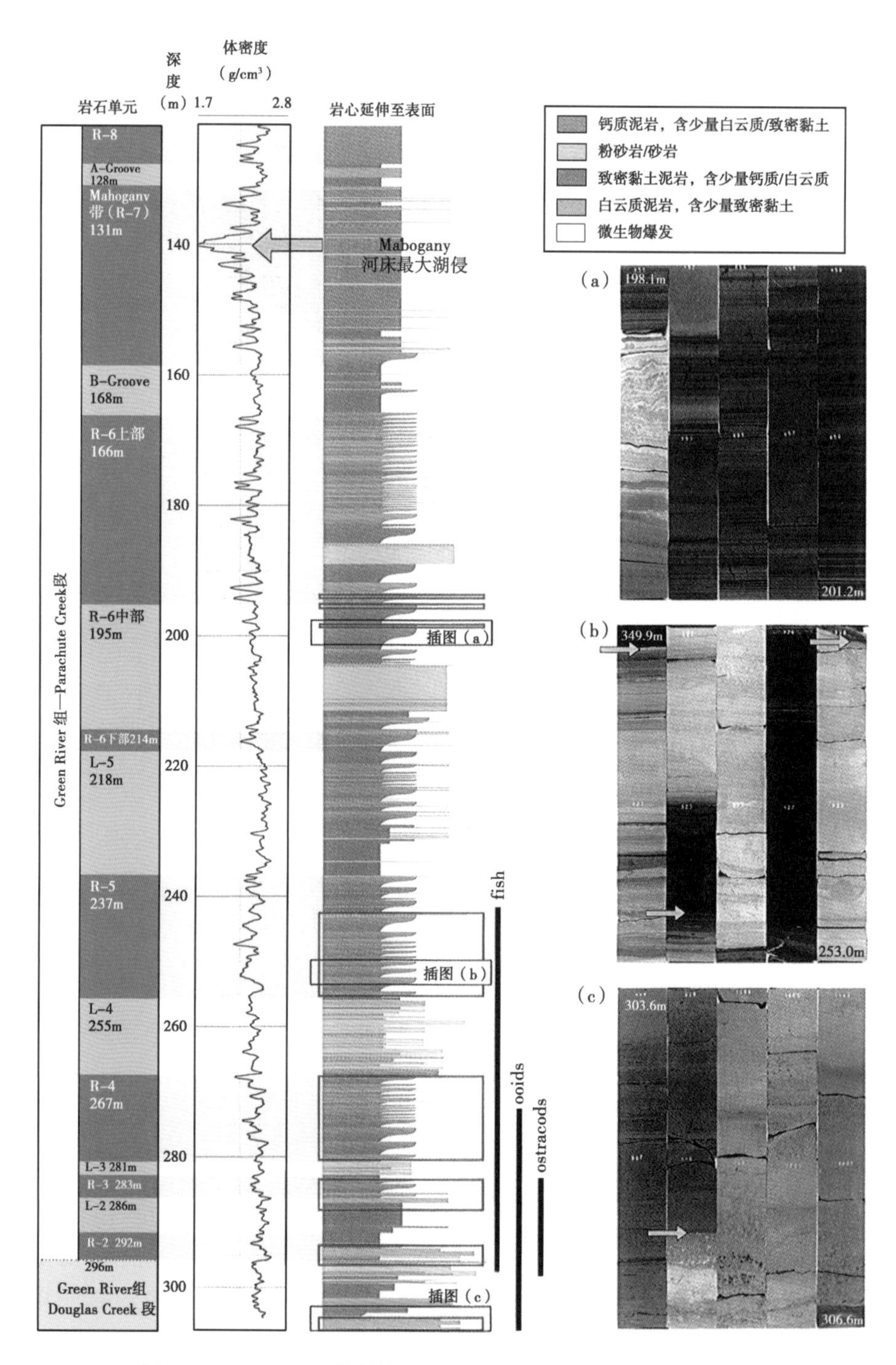

图 13.8　Skyline 16 科研井取心段柱状图显示微生物沉积的位置

Donnell 和 Blair（1970）及 Cashion 和 Donnell（1972）首先把这些未命名地层单元称为 R 和 L 油页岩；体密度与生物丰富呈反向线性关系；最丰富的地层是 Mahogany 段，被认为是 Uinta 盆地最大湖泛面沉积（美国地质调查局油页岩评价项目组，2010；Tänavsuu-Milkeviciene 和 Sarg，2012）；（a）R-6 油页岩段最后的微生物岩（白色地层），被认为是深水相沉积；（b）典型的碳酸盐岩向上变浅旋回，下部为有机质富积的碳酸盐岩灰泥，向上变为有机质较少的浅棕色微生物岩，在 Parachute Creek 段的 R-4 和 R-5 油页岩段常见；（c）典型的碎屑岩/碳酸盐岩向上变浅旋回，较富有机质的灰色泥岩—粉砂岩到浅棕色微生物岩，Douglas Creek 组；黄色箭头指示旋回顶部（洪泛面）

研究，包括地层格架、层序地层和微生物生物礁的沉积模式。而 Buchheim 和 Awramik（2012）主要描述了 Green River 组微生物岩的沉积相组合类型，以预测湖相微生物岩的空间展布。此外，Sarg 等（2013）描述了微生物岩和其他碳酸盐岩与科罗拉多州 Piceance 盆地西部 Uinta 湖泊的演化关系。Sarg 等（2013）同时也讨论了同沉积到埋藏期成岩作用及其对微生物岩孔隙的影响。最终，Awramik 和 Buchheim（2013）及 Buchheim 和 Awramik（2013）对南大西洋盐下的碳酸盐岩储层与 Green River 组的微生物岩进行了比较。

13.4.2 Skyline 16 科考井岩心

Skyline 16 科考井中长 300m 的岩心，取心于 2010 年，覆盖了 Douglas Creek 段的上部地层和 Parachute Creek 段的几乎全段，这两段位于 Green River 组的中上部（图 13.8）。Skyline 16 井位于 Uinta 盆地最东部，向北 4km 和向南 6km，分别在泄水区和 Hells Hole 峡谷中有很好的 Green River 组露头出露（图 13.6 和图 13.9a 至 f）。这两处剖面比较相似，都是近前端的湖相沉积、旋回和微生物组构（显微观察和岩相学观察），与其有关的颗粒类型在岩心中也比较常见。

13.4.2.1 岩心简介

这口连续取心的钻井位于古湖泊的东缘，在 Douglas Creek 山脊的西侧（图 13.5 和图 13.6）。Skyline 16 井下部 2/3 的井段揭示了 Uinta 湖泊从浅到深的转变，其中 Mahogany 段代表了最高湖水位（美国地质调查局油页岩评价组，2010；Tänavsuu-Milkeviciene 和 Sarg，2012）。此外，岩心上还记录了更高级别的细节，从滨湖到深水厚 1~2m 的沉积旋回。总体而言，岩心底部的 Douglas Creek 段主要由向上变浅的旋回组成：底部是灰色泥岩、粉砂岩、砂岩，向上逐渐变为微生物岩段，顶部是冲刷面，之后突变为深水相沉积。Parachute Creek 组下部地层尤其是 R-4 段和 R-5 段（指的是富油/倾斜的油页岩段；在 Donnell 和 Blair（1970）及 Cashion 和 Donnell（1972）的研究中未命名），记录了完全由碳酸盐岩主导的向上变浅的沉积旋回：底部是深水相的暗棕色、富有机质的泥晶，向上逐渐变为近滨湖相到滨湖相，岩性是浅棕色的白云质微生物岩，同样其顶部是一个洪水冲刷面。碳酸盐岩颗粒主要有：鲕粒、包覆颗粒、豆粒、球粒和碳酸盐岩内碎屑，它们通常在微生物岩之前开始生长，并且与洪水冲刷面有关。

13.4.2.2 微生物岩和相关颗粒

古代碳酸盐岩微生物岩的储层质量高度依赖于微生物构架和相关沉积物中孔隙的形成与保存（Osmond，2000；Parcell，2002；Ahr 等，2011；Wasson 等，2012）。Skyline 16 井岩心中发育有不同类型微生物岩和相关颗粒岩，宏观上和微观上孔隙均比较发育。

Skyline 16 井中叠层石的生长基板由鲕粒、豆粒、核形石、介形虫和碳酸盐岩内碎屑组成。叠层石穹顶的空间经常会被鲕粒和球粒充填（图 13.10a；位置参见图 13.9c，指状分枝的叠层石同样也很常见，生长在具有明显冲蚀痕迹的球粒白云石基板上（图 13.10b），尽管不同冲蚀和压实的影响难以估计。叠层石层段发育良好的原生孔隙（图 13.10c、d）。肉眼可见的孔隙是管状和脓疱状显微结构建造过程中形成的。大量的微孔隙在极细粒或高密度的叠层石碳酸盐岩中也发育。

凝块石发育在低起伏的灌木丛的头部，伴生鲕粒和内碎屑（撕碎的碎屑）（图 13.11a；位置参见图 13.9b、e）。大多数的凝块石被叠层石纹层覆盖。密集的微生物凝块之间的区域是白色的亮晶方解石胶结物。Skyline 16 井岩心中很明显可以看出，凝块石比叠层石的肉眼可见的孔隙更为发育（对比图 13.11b，图 13.10c、d）。肉眼可见的孔隙与凝结的建造性组成和连

图 13.9　Uinta 盆地 Green River 组露头区的微生物岩和相关沉积相

露头位置参见图 13.6；(a) Condo 剖面的整个地层情况，注意富微生物岩段和 Mahogany 油页岩段的纵向组合关系；(b) 米级的叠层石头部，Condo 剖面；注意这一穹状构造的陡峭边缘；(c) 多个米级被包裹的叠层石头部，Bowling Ball Hill 剖面；(d) 部分硅化的鲕粒/豆粒层，与微生物沉积相有关，Bowling Ball Hill 剖面；(e) 主要组成为凝块层的露头表面，Hells Hole 剖面，注意保存完好肉眼可见的孔隙系统，它受控于原生微生物生长习性；(f) 一个典型的微生物段和相关沉积相，Hells Hole 剖面，靠近底部的浅棕色段由豆粒和核形石组成（形成颗粒岩或砾岩），地质锤之下棕色地层是叠层石，其上到地质锤右边主要是一套凝块石

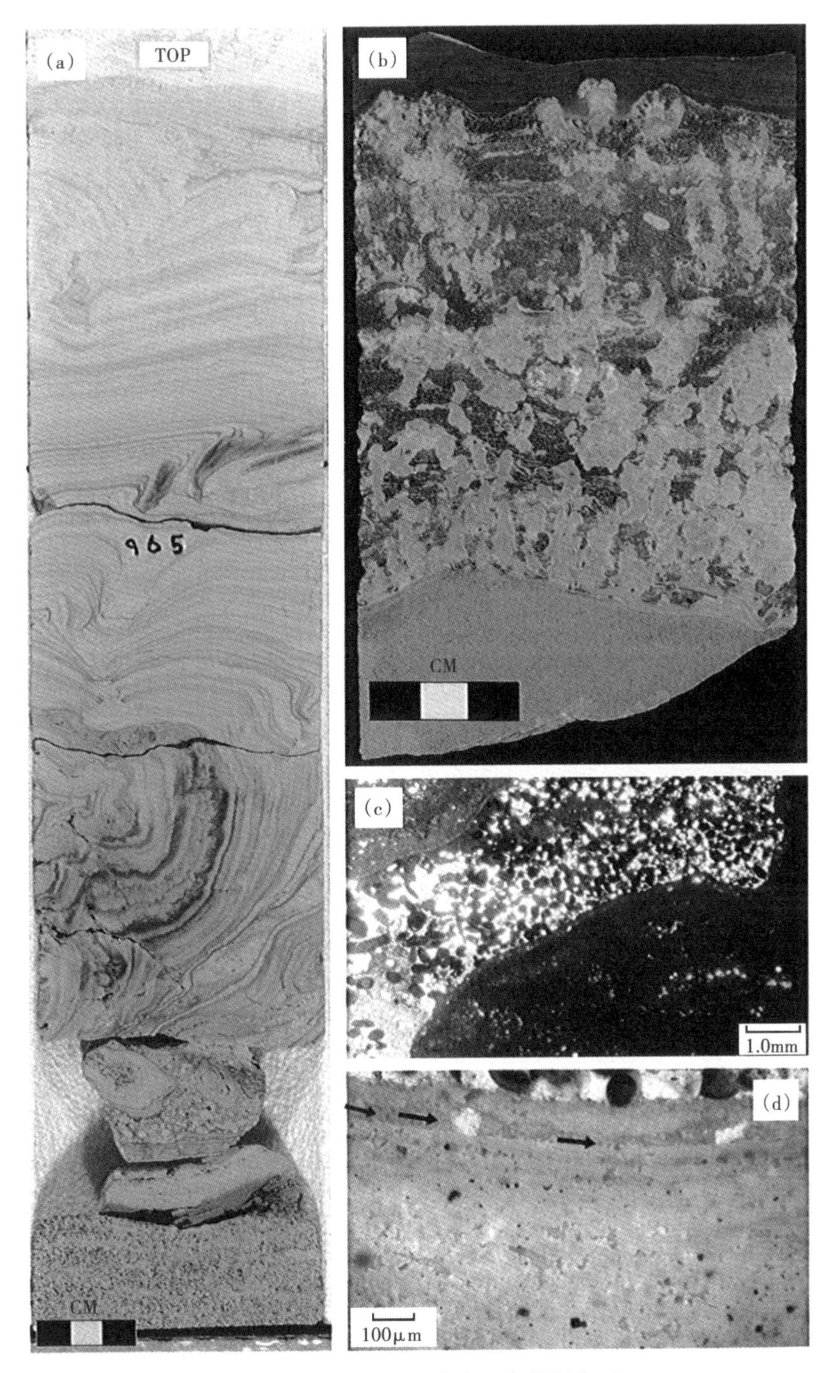

图 13.10 Skyline16 井岩心中的凝块石

(a) 大型的凝块石穹隆头部，变形强度向上逐渐减弱，294.0～294.4m（964.5～966.0ft）；(b) 分枝指状凝块石，生长在灰色粉砂和泥构成的基板上，灰色的粉砂和鲕粒充填在微生物指间；296.5～296.6m（972.8～973.3ft）；(c) 小型指状头部的叠层石纹层显微照片，图片（b）岩心，注意模糊的内部微生物纹层和头部内的孔隙（蓝色所示），石英粉砂（白色）和鲕粒充填了头部空孔隙，296.6m（973.0ft）（单偏光）；(d) 指状叠层石头部边缘的显微镜照片，图片 b 岩心，注意观察完整的纹层（黑色箭头）及纹层间孔隙中保存完好的丝状细胞，296.6m（973.0ft）（单偏光，应用了白卡片技术）

通孔隙密切相关（图 13.11c；位置参见图 13.9e）。一些孔洞也比较发育，可能与原生或早期的微生物沉积有关。

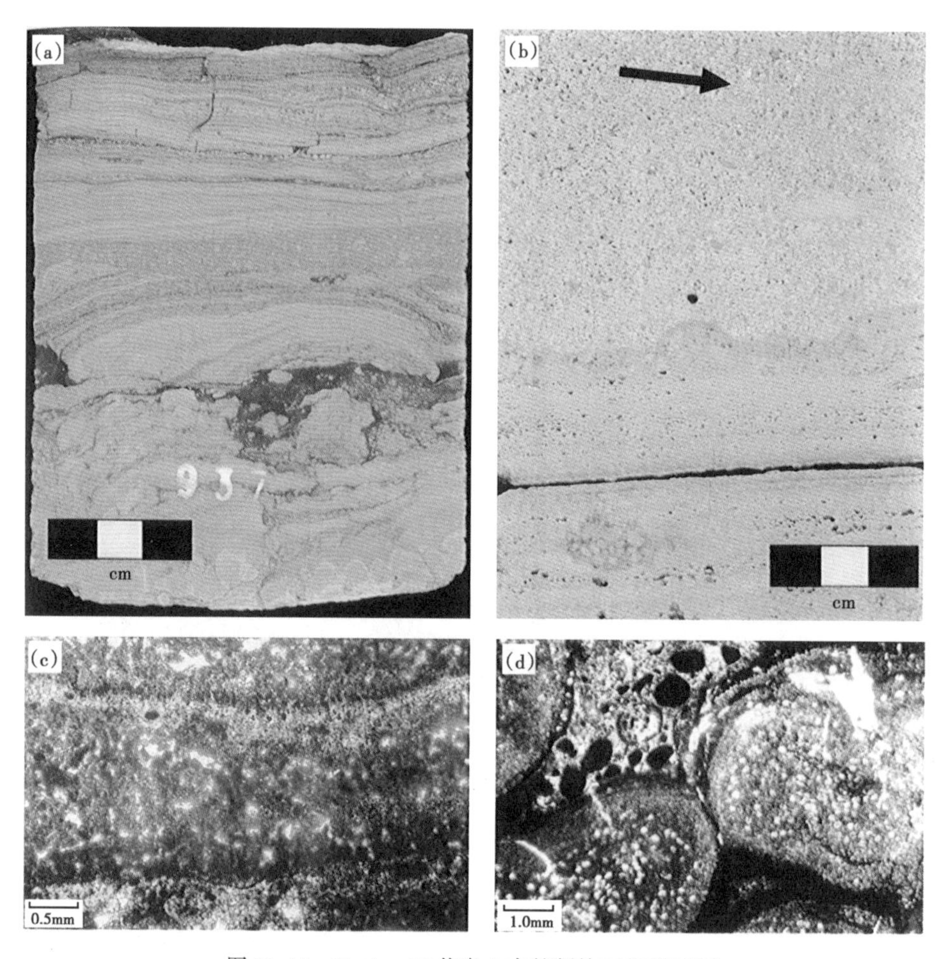

图 13.11 Skyline 16 井岩心中的凝块石和叠层石

（a）低变形程度不同的凝块石头部（岩心下部），外表面是叠层石纹层和破碎的薄层碎屑，285.5~285.6 m（936.7~937.1ft）。（b）鲕粒有关的孔隙性凝块石，发育小的原生孔，黑色箭头指示了显微照片；（c）在薄片上的位置，305.4~305.5m（1002.0~1002.5ft）；（c）一段凝块石孔隙保存完好的且相互连通的显微照片，305.5m（1002.2 ft）（单偏光）；（d）几个核形石部分的横切面显微照片，图（a）岩心照片中的最下部。注意凝结结构和保存完好的蜂窝孔（一些被充填了方解石晶体），在核形内部和致密的纹层边缘，285.6m（937.0 ft）（单偏光）

富核形石的地层往往位于叠层石和凝块石之下（图 13.11a；位置参见图 13.9f）或与层状的暗灰色页岩突变接触。单一的核形石内部含有一个凝结结构（球形的细胞结构），被致密的纹层边缘覆盖（图 13.11d）。鲕粒和包壳颗粒通常在核形石之间存在。

其他的一些颗粒，包括鲕粒、豆粒、球粒、生物骨架都出现在微生物层段之下（图 13.12）。此外，微生物岩顶部是鲕粒岩，其上是层状的富有机质碳酸盐灰泥，二者是突变的侵蚀性的关系（洪水冲刷面）（图 13.12a、b）。一些轻微胶结的鲕粒岩具有良好粒间孔（图 13.12c、f），然而单一鲕粒/豆粒通常含有部分开启的微裂缝（“龟裂纹”；图 13.12d）。其他的颗粒岩层还发育有薄壳的、有关节的介形类生物，同样粒间孔和粒内孔也比较发育（图 13.12e）。

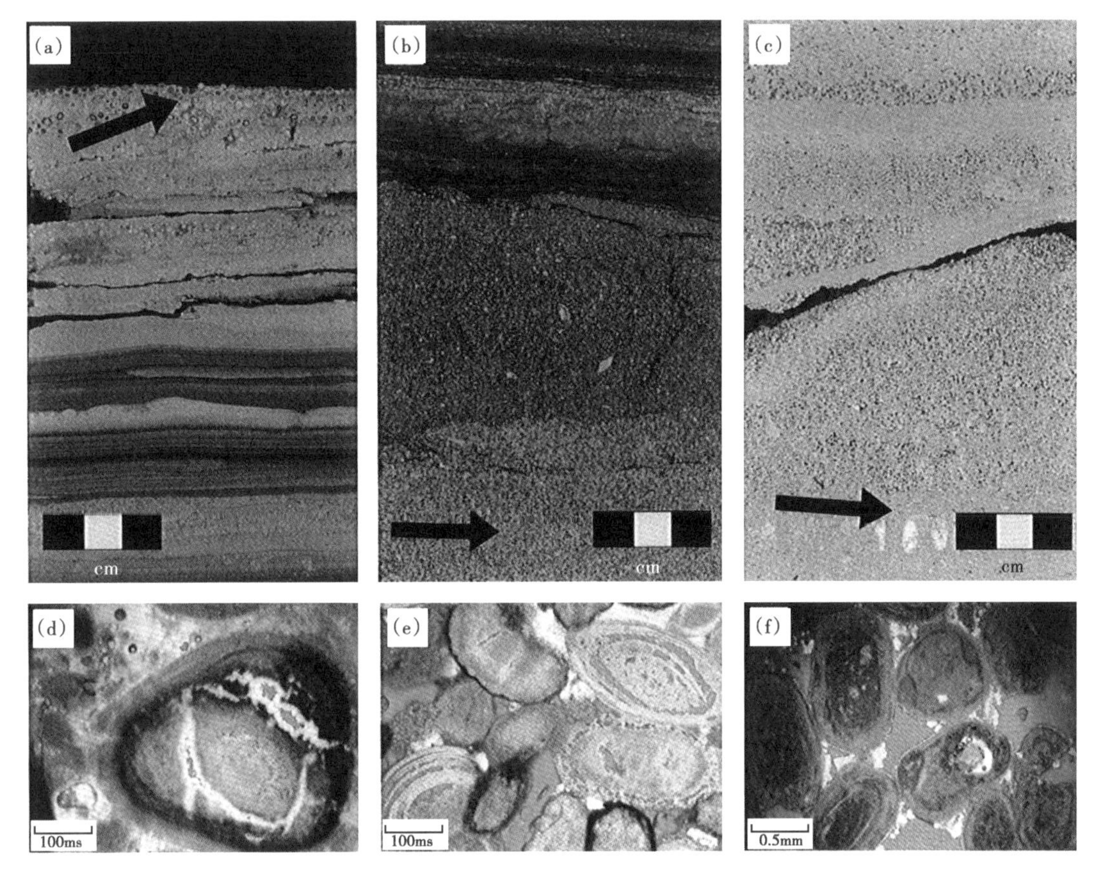

图 13.12 Skyline 16 井岩心中典型的碳酸盐岩颗粒

(a) 颗粒灰岩层上部是一套薄层的豆粒岩，二者之间是突变接触的层状、富有机质的碳酸盐灰泥，273.8~273.9m (898.2~898.7ft)，黑色箭头指的是显微图片 (d) 的位置；(b) 岩心下部是孔隙度很高的球粒/生物格架颗粒灰岩 (浅到中灰)，上覆是突变的侵蚀性接触面，286.2~286.4m (939.0~939.6ft)，黑色箭头指的是显微图片 (e) 的位置；(c) 孔隙性的鲕粒灰岩，305.6~305.7m (1002.6~1003.0ft)，在更粗的地层中发育一些肉眼可见的原生粒间孔，黑色箭头指的是显微图片 (f) 的位置；(d) 一个豆粒的显微照片，注意半开的微裂缝 (龟裂纹)，还有一些颗粒间保存完好的孔隙，273.8 m (898.4ft) (单偏光，白卡片技术)；(e) 粪球粒/生物格架 (介形类) 颗粒灰岩中发育大量的粒间孔和粒内孔，286.3m (939.5ft) (单偏光，白卡片技术)；(f) 轻微胶结的鲕粒间发育大量保存完好的粒间孔 (蓝色所示)，注意少量的亮晶方解石胶结物 (白色)，它们固结了这些鲕粒，305.7m (1003.0ft) (单偏光，白卡片技术)

Skyline 16 井的岩心同样含有花边的不规则微生物层，发育小型的铸模孔或孔洞 (图 13.13a)。薄片显示有无数的菱形的铸模孔，保留了原有的蒸发类矿物晶体的形状，表面被致密的碳酸盐灰泥所覆盖 (图 13.13b)。这些可能的晶体铸模孔充填一些孔隙性的花边状微生物组构，保留了钙化的丝状体细胞残余和管状构造 (图 13.13c)。黏土薄膜沿着蒸发矿物晶体的生长面形成 (图 13.13b)。同时形成的还有一些小的菱形白云石晶体集合体，其中有些是中空的 (图 13.13d)。

最后，岩心的下部包含了一些硅质/燧石质的交代物，在 Hells Hole 峡谷的鲕粒岩中也能够看到 (参见图 13.9d)。硅质的形成及它的交代作用如何进行目前并不清楚。

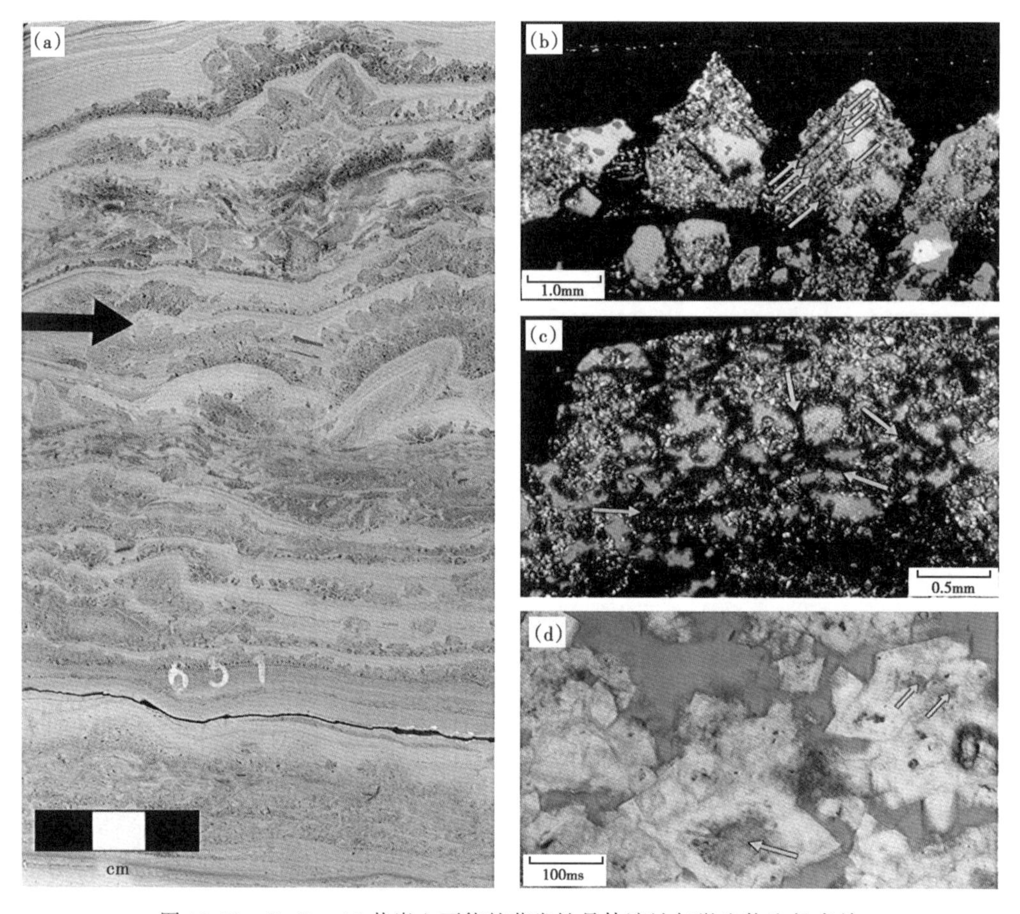

图 13.13 Skyline 16 井岩心可能的蒸发性晶体溶蚀与微生物生长有关

(a) 岩心照片，孔隙发育，花边状组构，还有一些部分充填的蒸发盐矿物晶体铸模孔，黑色箭头指示显微照片 (b) 和 (c) 的位置，198.1~198.5m (650.0~651.2ft)；(b) 一些蒸发盐矿物晶体铸模孔集合体的显示照片，来自图片 (a) 中的岩心，铸模孔在生长位置被保存下来，周边是致密的碳酸盐灰泥，这些铸模孔被部分充填，一些孔隙性的花边状微生物组构将它们连接起来（浅黄色），注意沿蒸发晶体生长边生长的黏土薄膜（一对黄色箭头所示），198.3 m (650.7ft)(单偏光)；(c) 相互连接的花边状微生物组构的显微图片，其中丝状细胞保存为暗棕色（见黄色箭头），198.3m (650.7ft) (单偏光)；(d) 白云石晶体集合体之间孔隙的显微照片，注意中空的白云石菱面体，198.3m (650.7ft)(单偏光，白卡片技术)

13.4.3 Uinta 盆地 West Willow Creek 油田

West Willow Creek 油田位地 Uinta 盆地中央，它的产油层是 Green River 组下部 Douglas Creek 段的一段微生物丘（命名为 E_2 碳酸盐岩段）(Osmond，2000)。尽管规模小，产量有限，但它是 Uinta 盆地唯一的一个从微生物建造中产油的常规油田。但是有一些其他湖相的碳酸盐岩层位，也可能是微生物成因的，目前是许多石油公司水平钻探的目标。

13.4.3.1 油田简介

Uinta 盆地产油的 E_2 碳酸盐岩地层是一套微生物岩，沉积于近岸、浅水湖相环境。碳酸盐岩建造/丘体，是一个上倾的尖灭构造，构成了 West Willow Creek 油田的圈闭类型（图 13.14；Osmond，2000)。盖层是一套黑色的极细的层状页岩。

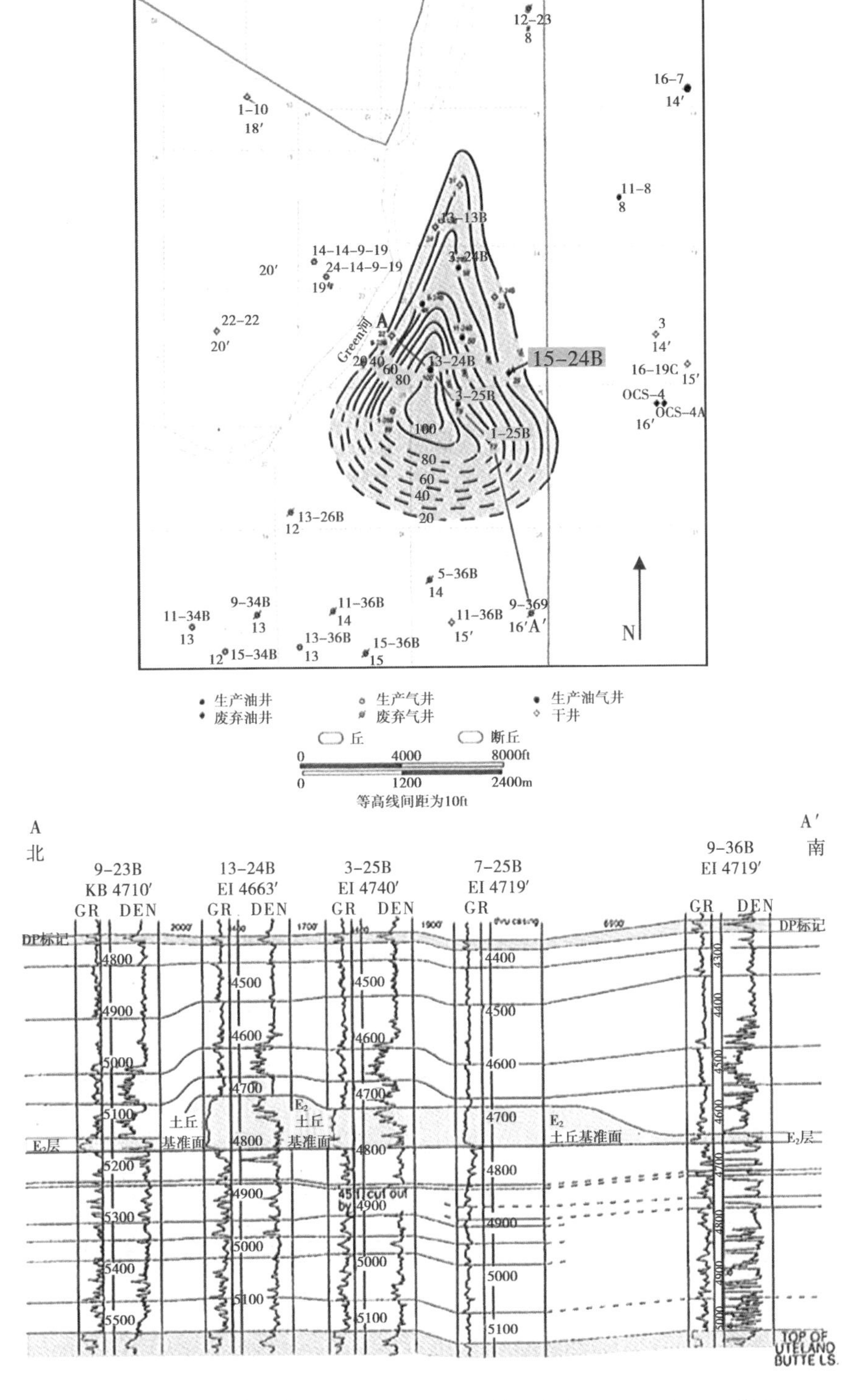

图 13.14 Uinta 盆地的 West Willow Creek 油田（据 Osmond，2000，修改）

（a）E_2 碳酸盐岩地层的等厚图，Green River 组的下部地层，注意 15-24B 井的位置；（b）E_2 碳酸盐岩地层的地层连井剖面图，剖面线位置参见图 13.1

West Willow Creek 油田是 1981 年 12 月被 Mapco 公司发现的。发现井是 7-25B 井（SWNE section 25，T.9 S.，R.19 E.，Salt Lake BaseLine 和 Meridian（SLBL & M），Uintah 县），初始产能是每天 21 桶（bbls）油和 5 桶水。目前共有 6 口生产井和 2 口废弃井。截至 2014 年 9 月 1 日，油田累计产量是油 110×10^4bbl 和天然气 121×10^8ft^3（犹他州石油、天然气和矿业部，2014）预测可采油是 800×10^4bbl，天然气是 300×10^8ft^3（Osmond，2000）。

E_2 储层的净厚度在 2.3km^2 范围内是 3~12m（总厚度 8~30m），生物丘的覆盖总范围是 5km^2（图 13.14）。油气层厚度为 60m，孔隙度 8%~18%，储集空间类型主要是粒间孔、粒内孔、生物格架孔、晶间孔、溶孔和微孔隙；孔隙度介于 0~4.1 mD（Osmond，2000）。

West Willow Creek 油田的 15-24B 井（SWSE section 24，位置参见图 13.14a）取得了 E_2 碳酸盐岩产能的岩心。这口井共生产油 15639bbl，2007 年被废弃（犹他州石油、天然气和矿业部）。Osmond（2000）及 Bereskin 等（2004）对岩心进行过描述并且刻度了测井。需要强调的是，Osmond（2000）还进一步总结了这口井岩心的主要特征，包括岩性、化石、沉积构造（主要是核形石）、裂缝和油迹。岩心的底部是一系列 2~4m 厚的页岩和粉砂岩组合，夹有一套很薄的煤层（1.3cm）。中间是厚 1~4m 的细晶核形石白云岩单元，腹足类和微型的叠层石发育。上部是厚度小于 1m 的核形石和介形虫灰岩，被黑色的龟裂页岩覆盖。Osmond（2000）只是表达了叠层石的存在，但没有进一步开展岩石学工作。

此外，Osmond（2000）还对另一口井的岩心开展了工作，即 West Willow Creek 油田的 3-24B井（NENW section 24，位置见图 13.14a），这口井位于 15-24B 井以北 1300m，研究内容主要有岩石学、孔隙类型、成岩历史和沉积环境（这口井岩心位置不知；Osmond 的描述是通过与那些曾经观察过它的人进行了交流并参阅了一个工业化的研究报告）。这口井岩心据报道有 2m 叠层石灰岩，与之伴生的包壳颗粒/鲕粒灰岩覆盖在核形石和鲕粒泥粒灰岩之上，分别代表了上部和下部的近岸相沉积相（Osmond，2000）。这口井有一个柱塞样，孔隙度高达 25%，渗透率 89mD，储集空间类型主要有粒间孔、粒内孔和一些微孔隙。如此低的渗透率说明这些孔隙的连通性较差。成岩作用首先是压实作用，然后依次发生孔隙方解石充填、少量的溶蚀、白云石化、少量黄铁矿的沉淀、硅质及磷酸盐矿物（Osmond，2000）。

Bereskin 等（2004）提供了一个相似的表格数据，描述了 15-24B 井的岩心，也是介绍了细微晶白云岩和石灰岩都存在。鲕粒、豆粒、介形类、腹足类在石灰岩的主要组成部分被认为是沉积于碳酸盐岩浅滩。The Bereskin 等（2004）的研究利用了一些有限的薄片资料。微生物组织被描述为藻类叠层石和微型叠层石，被认为沉积于碳酸盐岩湖盆边缘。碳酸盐岩建造中云化的藻类物质显示出良好的孔隙性，藻类建造形成管状体含有晶间孔隙，渗透率极低（数个毫达西）。

13.4.3.2　微生物岩和相关颗粒

研究是在前人的基础上开展的，提供了详细的岩石学描述，包括微生物组构、相关的碳酸盐岩颗粒、孔隙结构，研究对象是 West Willow Creek 油田 15-24B 井 Green River 组岩心。岩心上观察到的碳酸盐岩组构主要有叠层石状和凝块石状的黏结灰岩和砾屑碳酸岩，还有一些伴生的球粒、鲕粒和介形虫颗粒岩。微生物岩表层通常是叠层石壳，内部是凝块石物质。辐射状的、泥晶的、丝状和管状的微组构非常多，一些中空的丝状分枝细胞被很好地保存下来。叠层石状和凝块状微生物岩粒间孔和粒内孔（细胞内）十分发育。微生物岩层状分布，其间的相关颗粒岩主要由球粒、鲕粒和介形虫组成，具有好—极好的孔隙度。核形石也是微生物系统中十分重要的组成部分，在核形石皮质层的微型管道中或周边发育微孔隙。

15-24B 井岩心中的叠层石由指状头部或柱状物组成，具有接合性部位和锋利的边缘（图 13.15a），在柱体间发育大量的介形虫。在内部，这些叠层石头部拥有独特的细胞结构，且孔隙发育（图 13.15b）。在这种岩相中，粒间孔和粒内孔比较发育，尽管有一些粗晶的方解石充填在一些孔隙中。纤维状等厚的胶结物在这些构造的粒间孔和粒内孔中线状排列（图 13.15c），一些微小的黄铁矿好像在粒内孔中是线状排列的。一些叠层石具有层状的组构，它们发育于小的半球形的头部，在颗粒表面或内部，这些颗粒是早先的球粒（半固结的）、鲕粒和介形虫（图 13.15d 至 f）。这些包裹体或层状分布的颗粒灰岩发育好—极好的

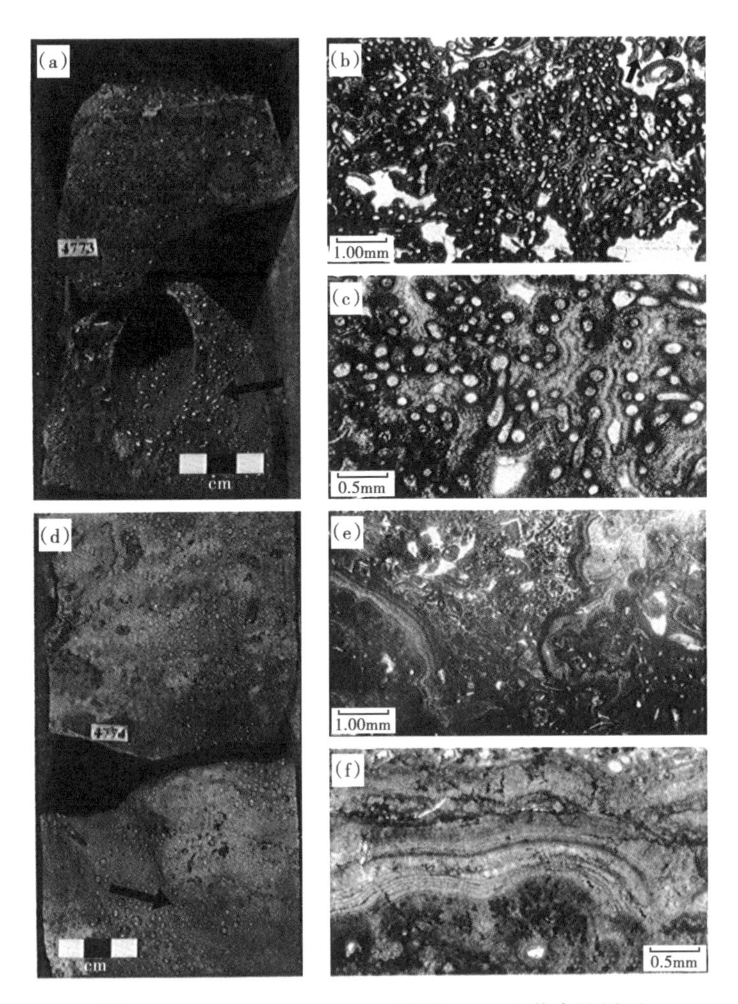

图 13.15　West Willow Creek 油田 15-24B 井中叠层石

（a）指叠层石头部或柱体组成的微生物岩，边缘变形、锋利，1454.8m（4773.3ft），岩心柱塞样分析孔隙度 15.6%，渗透率 4.1mD，黑色箭头指示显微图片（b）和（c）的位置；（b）微型指状微生物岩头部的显微照片，内部发育细胞结构和圆形孔（单偏光），方解石晶体在微生物建造内部和之间的空间内存在，叠层石头部之间存在介形虫（黑色箭头），孔隙为蓝色；（c）微生物粘结灰岩的显微照片，早期等层的纤维状胶结物线状充填于孔隙中（单偏光），注意保存完好的粒间孔和粒内孔；（d）层状的叠层石微生物岩组成，在由球粒、鲕粒和介形虫组成的基板上生长了小的半球形头部，1455.2m（4774.5ft），岩心柱塞样分析孔隙度 7.4%，渗透率 1.0mD，黑色箭头指示显微图片（e）和（f）的位置；（e）两个半球状叠层石穹隆的显微照片，覆盖在粪球粒/介形类颗粒灰岩之上（单偏光），稍晚的粗粒方解石胶结物充填于粒间孔；（f）层状密集的叠层石微生物岩头部的特写显微照片（单偏光）

原生粒间孔隙。

岩心上的凝块石通常为暗色，发育各种垂向的结构，高度约20cm（图13.16a）。它们具有锋利的层状边缘，内部凝结状、细胞状的结构（图13.16b、c）。凝块石同样也具有更多的层状（叠层石状）壳层，一起形成了小型的头部或指粒（图13.16d）。在凝块石头之间的地层中还发现有小的核形石、早期的球粒、鲕粒（一些破裂了并再生）、介形类（图13.16b）。凝块石头部及与之相关的颗粒岩中发育良好的基质孔隙度（岩心上完全被油所浸

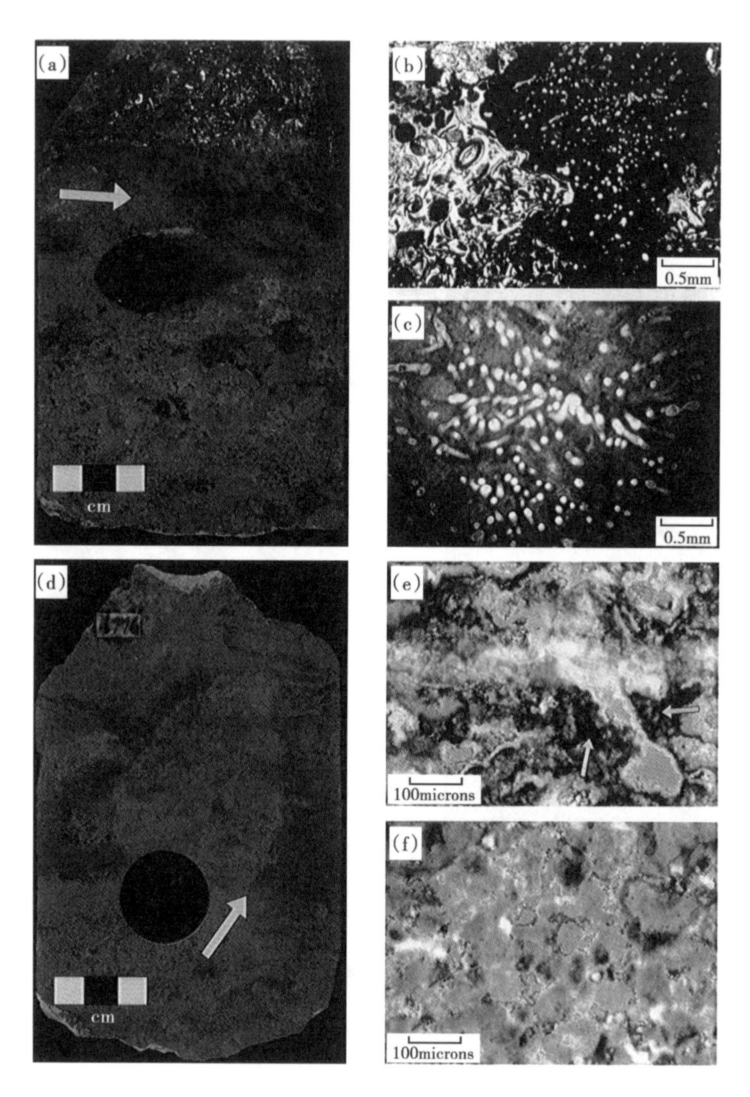

图13.16　West Willow Creek油田15-24B井岩心的凝块石

（a）垂向变形严重的凝块微生物岩，1454.3m（4771.5ft），岩心柱塞样分析孔隙度1.9%，渗透率0.03mD，黑色箭头指示显微图片（b）和（c）的位置；（b）大块的凝块石头部陡峭边缘的显微照片，头部边缘间发育孔洞，被介形类充填（单偏光）；（c）同一个凝块石头部管状或丝状结构的显微照片（单偏光）；（d）凝结的凝块石组成部分，发育有层状（叠层石状）壳体，一起形成了头部和指部，1455.8m（4776.4ft），岩心柱塞样分析孔隙度10.2%，渗透率0.62mD，黄色箭头指示显微图片（e）和（f）的位置；（e）凝结结构（黄色箭头）显微特写，基质孔隙发育，孔隙中充填了等厚的胶结物（单偏光，白卡片技术）；（f）粪球粒和鲕粒之间的粒间孔显微照片，在凝块石头部（单偏光，白卡片技术）

渍），主要是粒间孔和粒内孔。孔隙在等厚的方解石胶结物中线状分布（图 13.16e）或者发育于后期的方解石晶体之中。凝块石头之间沉积的球粒和鲕粒发育很好的粒间孔和更好的喉道（图 13.16f）。凝块石头部柱塞样孔隙度为 10.2%，渗透率为 0.62mD，这种凝结的凝块石结构孔隙度高但渗透率低，说明连贯的喉道较少。

15-24B 井的岩心同样也发育核形石状的砾屑灰岩，由大量核形石复合体组成，这些复合体内部具有十分良好的层状微生物包裹层（图 13.17a）。纹层由暗色泥晶/有机质层和更厚的浅色碳酸盐岩碎屑段交互而成（图 13.17b）。核形石同样具有保存完好的内部管道和丝状细胞。微孔隙的补丁在核形石内部十分发育，尤其是在暗色层和微管道的周边（图 13.17b、c）。

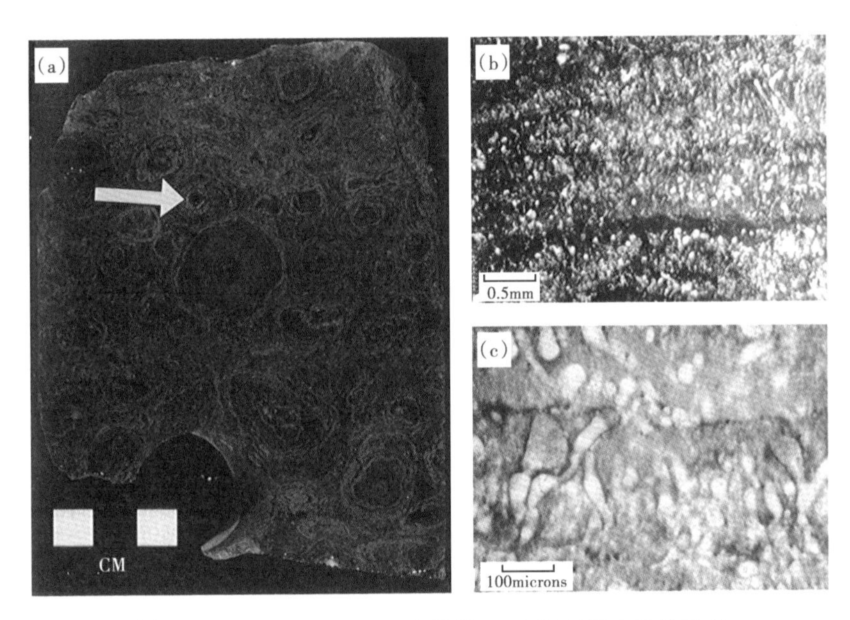

图 13.17　West Willow Creek 油田 15-24B 井岩心的核形石

（a）核形石砾屑灰岩，由大块复合核形石组成，显示出很好的层状微生物薄膜，岩心柱塞样分析孔隙度 5.6%，渗透率 0.12mD，黄色箭头指示显微图片（b）和（c）的位置；（b）一个核形石内多条明暗相间条纹显微照片，注意厚层浅色地层的管状和丝状结构，暗色地层中发育微孔隙（单偏光）；（c）沿着微管道或其周边发育的微孔隙显微照片，在一个核形石皮质层中（单偏光，白卡片技术）

13.5　讨论与总结

犹他州北部大盐湖发育有极好的现代微生物岩和相关的颗粒碳酸盐岩。犹他州东北部 Uinta 盆地大盐湖的形态和碳酸盐岩工厂提供了一个非常好的例子用于研究始新世 Green River 组的湖相沉积。对现代和古代微生物岩的岩石学分析和孔隙描述可以用于潜在微生物含油气系统的储层表征中。

古代 Uinta 湖泊碳酸盐岩台地相对浅水的湖缘水化学、水温及深度都比较合适，是研究微生物生长、鲕粒、核形石、球粒形成的绝佳场所。Skyline 16 井提供了充足的岩心资料。与大盐湖相似，Uinta 湖的盐度在某些时候一定会相当高（15%~16%），以维持微生物生长和碳酸盐岩颗粒的形成。然而，沉积浅坡就像在大盐湖和 Grean River 组中见到的那样，对快速的大规模的湖平面变化非常敏感，不利于有效的微生物岩建造。相反地，只有 1~2m 的向上变浅层序中的沉积，通常只有数十厘米厚，但微生物岩中的孔隙十分发育，与深海相页岩互层。此外，Skyline 16 井中的岩心观察表明凝块石比叠层石的肉眼可见孔更为发育。

就像在 Bridger 湾所看到的一样，大盐湖碳酸盐岩灰泥和未固结的鲕粒通常构造了微生物席的生长基板。但是在其他情况下，就像 Skyline 16 井岩心，更常见的微生物生长于碳酸盐岩碎裂沉积物之上。湖缘的湖水流会为这些微生物群落带来营养，同时不让这片区域不太受灰泥覆盖，保持流通（Osmond，2000）。这些湖水流同样也在保持微生物岩粒间孔和粒内孔不被充填发挥重要作用。

West Willow Creek 油田的微生物丘很独特，大盐湖的特征几乎不存在（但在 Baskin 等（2012，2013）的研究中这些特征可能是存在的）。Uinta 湖南岸的浅水碳酸盐岩台地上发育的微生物丘储层发育于十分低的湖相旋回中。West Willow Creek 的生物丘，其东南 11km 处的类似的生物丘还有 E_2 碳酸盐岩床中不产油的微生物建造，三者的湖平面变化平面上可对比。Willow Creek 丘体上部孔隙发育，但不含油。这一时期湖平面的扩张可能比其他时期的振荡更加缓慢，这就可以解释为什么这些丘体比盆地内其他的微生物岩要厚（超过 35m）、要连续（Osmond，2000）。目前还没有深度的或构造的证据说明为什么在这些地区发育两个 Willow Creek 丘体（Osmond，2000）。

湖水条件同样有利于微生物岩、鲕粒、球粒，尤其是核形石、介形虫、腹足类。15-24B 井的岩心显示了一个向上变浅的旋回：从开阔的湖相灰泥沉积至核形石、鲕粒沉积，在此基础上构成了微生物建造的基板。鲕粒、腹足类充填了微生物头之间的空间。建造的上部主要是球粒、腹足类、介形虫类和薄层叠层石，形成了一暴露的砂质台地（Osmond，2000）。这些颗粒岩和微生物沉积物，还有丘体上细粒碳酸盐岩灰泥经历了早期的白云石化（Osmond，2000；Bereskin 等，2004），形成了晶间孔和微孔隙。因此，最好的储层发育于丘体的白云石化的上部。当 Uinta 盆地经历一次快速的湖盆加深和扩张时，West Willow Creek 地区被淹没了。在 15-24B 井岩心中，冲刷面发育于岩心段的最上部，冲刷面之下是介壳虫颗粒灰岩，之下是黑色的层状页岩。

Uinta 盆地 E_2 段碳酸盐岩床和其他层段的其他的微生物丘也可能在 Green River 组发育，有待于进一步发现。Osmond（2000）报道过一些厚度和分布范围都比较小的生物丘建造，是用测井方法识别的。微生物岩和相关碳酸盐岩由于 West Willow Creek 油田的发现受到重视，并代表了 Uinta 盆地很重要的一个勘探方向。类似于 West Willow Creek 油田产油层的生物丘可能会形成更好的地层圈闭，比 Skyline 16 井和附近露头上观测到的薄层的、水平的、区域上局限分布的层要好。

最后，大盐湖和 Uinta 盆地的 Green River 组岩心（Skyline 16 井岩心和 West Willow Creek 油田的岩心）在微生物岩的结构和组成上类似。然而，尽管盆地内有一些地质因素使得盆内形成较厚层的微生物丘，但它们的形成机制不完全明确。

参考文献

Ahr W. M., Mancini E. A., Parcell W. C. (2011) *Pore Characteristics in Microbial Carbonate Reservoirs* (American Association of Petroleum Geologists, Tulsa, OK) Search & Discovery, article #30167. Google Scholar.

Awramik S. M., Buchheim H. P. (2013) *Microbialites of the Eocene Green River Formation as Analogs to the South Atlantic pre-salt Carbonate Hydrocarbon Reservoirs* (American Association of

Petroleum Geologists, Tulsa, OK) Search & Discovery, article #90169. Google Scholar.

Baskin R. L., Driscoll N., Wright V. P. (2011) *Lacustrine microbialites in Great Salt Lake: life in a dead lake [Abstract]*, American Association of Petroleum Geologists Annual Convention Abstracts Volume, 13. Google Scholar.

Baskin R. L., Wright V. P., Driscoll N., Graham K., Hepner G. (2012) *Microbialite Bioherms in Great Salt Lake: Influence of Active Tectonics and Anthropogenic Effects* (American Association of Petroleum Geologists, Tulsa, OK) Search & Discovery, article #90153. Google Scholar.

Baskin R. L., Driscoll N., Wright V. P. (2013) *Microbial Carbonates in Space and Time: Implications for Global Exploration and Production*, Controls on lacustrine microbialite distribution in Great Salt Lake, Utah, Geological Society of America, Boulder, CO, Programme & Abstracts Volume, [Abstract.], pp 70–71. Google Scholar.

Baxter B. K., Litchfield C. D., Sowers K., Griffith J. D., DasSarma P. A., DasSarma S. (2005) in *Adaptation to Life in High Salt Concentrations in Archaea, Bacteria, and Eukarya*, Great Salt Lake microbial diversity, Cellular Origin, Life in Extreme Habitats and Astrobiology, eds Gunde–Cimerron N., Oren A., Plemenita A. (Springer, Berlin), 9, pp 9–95. find it @ liverpool CrossRef Google Scholar.

Bereskin S. R., Morgan C. D., McClure K. P. (2004) *Descriptions, Petrology, Photographs, and Photomicrographs of Core from the Green River Formation, South–Central Uinta Basin, Utah*, Utah Geological Survey, Salt Lake City, UT, Miscellaneous Publications, 04 – 2, CD – ROM. Google Scholar.

Bradley W. H. (1929) *Algae reefs of the Green River Formation*, US Geological Survey, Reston, VA, Shorter Contributions to General Geology, 1928, pp 203–223. find it @ liverpool Google Scholar.

Buchheim H. P., Awramik S. M. (2012) *Predicting lacustrine Microbialite Distribution and Facies Associations: the Eocene Green River Formation Analogue* (American Association of Petroleum Geologists, Tulsa, OK) Search & Discovery, article #10428. Google Scholar.

Buchheim H. P., Awramik S. M. (2013) *Microbial Carbonates in Space and Time: Implications for Global Exploration and Production*, Microbialites of the Eocene Green River Formation as analogs to the South Atlantic pre–salt carbonate hydrocarbon reservoirs, Geological Society of America, Boulder, CO, Programme & Abstracts Volume, [Abstract.], pp 64–65. Google Scholar.

Buchheim H. P., Awramik S. M., Leggitt V. L. (2010) *Lacustrine Stromatolites and Microbialites as Petroleum Reservoirs* (American Association of Petroleum Geologists, Tulsa, OK) Search & Discovery, article #90104. Google Scholar.

Buchheim H. P., Awramik S. M., Leggitt V. L., Demko T. M., Lamb – Wozniak K., Bohacs K. M. (2012) *Large Lacustrine Microbialite Bioherms from the Eocene Green River Formation: Stratigraphic Architecture, Sequence Stratigraphic.*

Relations, and Depositional Model (American Association of Petroleum Geologists, Tulsa, OK) Search & Discovery, article #90153. Google Scholar Carozzi A. V. (1962a) Observations on algal biostromes in the Great Salt Lake, Utah. *Journal of Geology* 70: 246–252. find it @ liverpool CrossRef GeoRef Web of Science Google Scholar.

Carozzi A. V. (1962b) Cerebroid oolites. *Illinois Academy of Science Transactions* 55: 239-249. find it @ liverpool Google Scholar .

Cashion W. B. , Donnell J. R. (1972) *Chart Showing Correlation of Selected Key Units in the Organic-Rich Sequence of the Green River Formation, Piceance Creek Basin, Colorado, and Uinta Basin, Utah*, US Geological Survey, Reston, VA, Oil and Gas Investigations, Chart OC 65. Google Scholar.

Donnell J. R. , Blair R. W. Jr. . (1970) Resource appraisal of three rich oil-shale zones in the Green River Formation, Piceance Creek Basin, Colorado. *Colorado School of Mines Quarterly* 65: 73-87. find it @ liverpool Google Scholar.

Eardley A. J. (1938) Sediments of the Great Salt Lake. *American Association of Petroleum Geologists Bulletin* 22: 1305-1411. find it @ liverpool GeoRef Abstract.

Eby D. E. , Chidsey T. C. Jr. , Vanden Berg M. D. , Sprinkel D. A. (in press) *Microbial Reservoirs and Analogs from Utah*, Utah Geological Survey, Miscellaneous Publications. Google Scholar.

Fouch T. D. (1975) in *Symposium on Deep Drilling Frontiers in the Central Rocky Mountains*, Lithofacies and related hydrocarbon accumulations in Tertiary strata of the western and central Uinta Basin, Utah, Rocky Mountain Association of Geologists, Guidebooks, ed Bolyard D. W. pp 163-173. Google Scholar.

Gwynn J. W. (1996) *Commonly asked questions about Utah's Great Salt Lake and ancient Lake Bonneville*, Utah Geological Survey, Public Information Series, 39, p 22. find it @ liverpool Google Scholar.

Halley R. B. (1976) in *Stromatolites*, Textural variation within Great Salt Lake algal mounds, Developments in Sedimentology, ed Walter M. R. (Elsevier, Amsterdam), 20, pp 435-446. find it @ liverpool CrossRef Google Scholar.

Halley R. B. (1977) Ooid fabric and fracture in the Great Salt Lake. *Journal of Sedimentary Petrology* 47/3: 1099-1120. find it @ liverpool Google Scholar.

Hintze L. F. , Kowallis B. J. (2009) *Geologic history of Utah*, Geology Studies Special Publications (Brigham Young University, Provo, UT), 9, p 225. find it @ liverpool Google Scholar.

Kahle C. F. (1974) Ooids from Great Salt Lake, Utah, as an analogue for the genesis and diagenesis of ooids in marine limestones. *Journal of Sedimentary Research* 44: 30-39. find it @ liverpool CrossRef GeoRef Abstract/FREE Full Text.

Leggitt V. L. , Biaggi R. E. , Buchheim H. P. (2007) Paleoenvironments associated with caddisfly-dominated microbial-carbonate mounds from the Tipton Shale Member of the Green River Formation: Eocene Lake Gosiute. *Sedimentology* 53: 661-699. find it @ liverpool Google Scholar.

Matthews A. A. L. (1930) Origin and growth of the Great Salt Lake oolites. *Journal of Geology* 38: 633-642. find it @ liverpool CrossRef GeoRef Google Scholar.

Miller S. E. (2011) Evaluation of biogenicity and branching in stromatolites from the Tipton Member, *Green River Formation. Geological Society of America Abstracts with Programs* 43: 585, [Abstract.] . find it @ liverpool Google Scholar.

Morgan C. D. , Chidsey T. C. Jr. , McClure K. P. , Bereskin S. R. , Deo M. D. (2003) *Reservoir Characterization of the Lower Green River Formation, Southwest Uinta Basin, Utah* (Utah Geological Survey), OFR 411, CD-ROM, 140. Google Scholar.

Osmond J. C. (2000) West Willow Creek field - first productive lacustrine stromatolite mound in the Eocene Green River Formation, Uinta Basin, Utah. *The Mountain Geologist* 37: 157-170. find it @ liverpool GeoRef Google Scholar.

Parcell W. C. (2002) Sequence stratigraphic controls on the development of microbial fabrics and growth forms - implication for reservoir quality distribution in the Upper Jurassic (Oxfordian) Smackover Formation, eastern Gulf Coast, USA. *Carbonates and Evaporites* 17: 166-181. find it @ Liverpool CrossRef GeoRef Web of Science Google Scholar.

Pedone V. A., Folk R. L. (1996) Formation of aragonite cement by nannobacteria in the Great Salt Lake, Utah. *Geology* 24: 763-765. find it @ Liverpool CrossRef GeoRef Abstract/FREE Full Text Web of Science.

Pedone V. A., Norgauer C. H. (2002) in *Great Salt Lake-An Overview* of Change, Petrography and geochemistry of recent ooids from the Great Salt Lake, Utah, Utah Department of Natural Resources, Salt Lake City, UT, Special Publication, ed Gwynn J. W. pp 33-41. Google Scholar.

Platt N. H., Wright V. P. (1991) in *Lacustrine Facies Analysis*, Lacustrine carbonate facies, models, facies distributions and hydrocarbon aspects, International Association of Sedimentologists, Oxford, UK, Special Publications, eds Anadón P., Cabrera L., Kelts K. 13, pp 57-74. find it @ Liverpool Google Scholar.

Post F. J. (1980) in *Great Salt Lake - A Scientific, Historical and Economic Overview*, Biology of the North Arm, Utah Geological and Mineral Survey, Bulletins, ed Gwynn J. W. 116, pp 313-321. find it @ Liverpool Google Scholar.

Remy R. R. (1992) *Stratigraphy of the Eocene Part of the Green River Formation in the South-Central Part of the Uinta Basin, Utah*, US Geological Survey, Reston, VA, Bulletins, Chapter BB, 1787, pp 1-79. find it @ liverpool Google Scholar.

Ryder R. T., Fouch T. D., Elison J. H. (1976) Early Tertiary sedimentation in the western Uinta Basin, Utah. *Geological Society of America Bulletin* 87: 496-512. find it @ liverpool CrossRef GeoRef Abstract/FREE Full Text Web of Science.

Sandberg P. A. (1975) New interpretations of Great Salt Lake ooids and of ancient non-skeletal carbonate mineralogy. *Sedimentology* 22: 497-537. find it @ liverpool CrossRef GeoRef Web of Science Google Scholar.

Sarg J. F., Huang S., Tänavsuu-Milkeviciene K., Humphrey J. D. (2013) Lithofacies, stable isotope composition, and stratigraphic evolution of microbial and associated carbonates, Green River Formation (Eocene), Piceance Basin, Colorado. *American Association of Petroleum Geologists Bulletin* 97: 1937-1966. find it @ liverpool CrossRef GeoRef Abstract/FREE Full Text.

Sprinkel D. A. (2009) *Interim geologic map of the Seep Ridge* 30'×60' *quadrangle, Uintah, Duchesne, and Carbon Counties, Utah, and Rio Blanco and Garfield Counties, Colorado* (Utah Geological Survey), OFR 549, CD-ROM, GIS data, 3 plates, scale 1:100, 000. Google Scholar.

Surdam R. C., Wray J. L. (1976) in *Stromatolites*, Lacustrine stromatolites, Eocene Green River Formation, Wyoming, ed Walter M. R. (Amsterdam, Elsevier), pp 535-541. Google Scholar.

Tänavsuu-Milkeviciene K., Sarg F. J. (2012) Evolution of an organic-rich lake basin - stratigraphy, climate and tectonics: Piceance Creek basin, Eocene Green River Formation. *Sedimentology* 59: 1735 - 1768. http: //dx. doi. org. ezproxy. liv. ac. uk/10. 1111/j. 1365 - 3091. 2012. 01324. x. find it @ liverpool CrossRef GeoRef Web of Science Google Scholar.

US Geological Survey Oil Shale Assessment Team (2010) *Oil shale Resources of the Uinta Basin*, Utah and Colorado, Digital Data Series (US Geological Survey, Reston, VA) DDS-69-BB, 7 chapters, CD. Google Scholar.

Utah Division of Oil, Gas, and Mining (2014) *Oil and gas summary production report by field*, *August* 2014, http: //fs. ogm. utah. gov/pub/Oil&Gas/Publications/Reports/Prod/Fiel d/Fld_Aug_2014. pdf [accessed January 2015] . Google Scholar.

Vanden Berg M. D. (2011) Exploring *Utah's other great lake. Utah Geological Survey*, *Survey Notes* 43: 1-2. find it @ liverpool Google Scholar .

Wasson M. S. , Saller A. , Andres M. , Self D. , Lomando A. (2012) *Abstracts of the American Association of Petroleum Geologists Hedberg Conference 'Microbial Carbonate Reservoir Characterization'* (4-8 June, 2012, Houston, TX), Lacustrine microbial carbonate facies in core from the lower Cretaceous Toca Formation, Block 0, offshore Angola, 4. Google Scholar .

第 14 章 Tahiti 珊瑚礁碳酸盐岩微生物岩的地质微生物学研究

ROLF J. WARTHMANN[1*], GILBERT CAMOIN[2], JUDITH A. MCKENZIE[3] & CRISÓ GONO VASCONCELOS[3]

1. Institute of Biotechnology, Zurich University of Applied Sciences ZHAW, 8820 Wädenswil, Switzerland

2. CEREGE, Europôle de l' Arbois BP 80, 13545 Aix en Provence, France

3. Geomicrobiology Laboratory, Geological Institute, ETH-Zürich, 8092 Zürich, Switzerland

*通信作者（e-mail：rolf. warthmann@zhaw. ch）

摘要：综合大洋钻探计划（IODP）310 航次（Tahiti 海域）提供了一个研究珊瑚礁地质微生物的机会。在 Tahiti 海域（法属 Polynesia）的海岸珊瑚礁上一共钻探了 22 个点，最大水深 117m。约 80%的取心是自生灰色微生物碳酸盐岩，与珊瑚有关，呈层状或凝块石状。珊瑚在生长期间产生了一些洞穴，微生物岩就充填其中，巩固了珊瑚礁骨架。笔者对岩石表面进行了分析，目的是研究微生物膜中正在进行的活动，这是微生物岩化石的现代见证。笔者重点关注了 5′-磷酸腺苷，它指示了活着微生物的存在，在 0~6m 相对浅水的海底检测了其存在性。胞外酶的存在证实了发育微生物的代谢作用，在珊瑚洞穴中形成生物膜。笔者在岸上对微生物和生物膜进行了调查，进一步认识到冰川期后快速的碳酸盐岩微生物岩的形成是由厌氧生物引起的，比如硫酸盐还原细菌和还原铁的生物组织，它们的营氧物质来源于高产的珊瑚礁环境。

Burne 和 Moore（1987）对微生物岩的定义是：与生物活动有关的沉积物，它的增生是靠微生物活动捕获粘结碎屑沉积和/或形成次生矿物。形态上来看，微生物岩通常被描述为叠层石（具有细的、或多或少有些面状的纹层）或者是凝块石（当它们具有凝结结构时）（Krumbein 等，2003）。它们的典型特征是微生物活动、活动表面和周围环境的密切互动（Stolz，2000）。但是，这些生物活动的性质和范围很少被认识到（Browne 等，2000）。微生物在碳酸盐岩沉积中的作用最早是由 Nadson 于 1928 年提出。后来一些研究也显示了在许多海洋环境和纯培养系统中，微生物在碳酸盐岩（比如方解石和白云石）形成中存在显著的作用，（Reid 等，2000；Riding，2000；Warthmann 等，2000；Sprachta 等，2001；van Lith 等，2003；Vasconcelos 等，2006）。

叠层石（特别是著名的 Strelly Pool 叠层石）最早出现于地球早期 3.4Ga 前，在丰度和种类上变化十分大（Wacey，2010）。在近 3000Ma 的时间内，珊瑚礁在微生物的强烈影响下大量建造（Awramik，1992；Semikhatov 和 Raaben，1996）。微生物碳酸盐岩被认为到新生代时就从热带生物礁环境中消失了（Monty，1973；Gebelein，1976），但是在 Tahiti 地区最后一次冰消期的珊瑚礁生长中是存在的，时间是 13800—6000a 前，在这里大量层状的、凝块石块的和树枝状的构造在已经死亡的珊瑚礁上存在，形成了其表壳层，占到珊瑚礁格架的

80%以上（Camoin 和 Montaggioni，1994；Camoin 等，1999，2006）。在晚更新世—全新世许多地方都发育有微生物岩（Camoin 等，2006）。这些结果再次点燃了关于微生物岩的讨论，包括微生物对碳酸盐岩珊瑚礁的影响、环境对微生物的影响及它们的生长机制。然而，尽管在现代一些珊瑚礁环境中发育有一些微生物岩（Sprachta 等，2001），但是 Tahiti 地区微生物岩的现代证据没有被找到。

尽管 Tahiti 地区的微生物岩已经明显表现出微生物活动与矿物沉淀之间强烈的关系，但是微生物的活动机理及其在碳酸盐岩形成中的作用知之甚少。对化石珊瑚礁系统的研究表明微生物岩的增生模式取决于陆源碎屑输入量和营养供给（Dupraz 和 Strasser，2002）。对活着的微生物席和实验室环境研究表明存在两种碳酸盐岩的增生方式：（1）蓝藻对碳酸盐岩碎屑颗粒捕获和粘结，之后再被硫酸盐还原细菌胶结（Visscher 等，2000；Reid 等，2003；Dupraz 和 Visscher，2005）；（2）原地的碳酸盐岩物质沉淀（高镁方解石和白云石），硫酸盐还原细菌活动（Vasconcelos 和 McKenzie 1997；Warthmann 等，2000；van Lith 等，2003；Vasconcelos 等，2006）。综合大洋钻探计划远征 310 航次提供了一个对现代生物膜开展微生物调查的机会，这些生物膜生长在珊瑚格架的洞穴中。本次研究的目的就是确定这些现代生物膜的性质，调查与它们有关的作用，最后试图为 Tahiti 和其他地区第四纪珊瑚礁的存在提供一些解释的依据。

14.1 了解晚更新世—全新世微生物岩形成有关的作用

本次研究描述了一个理解生物活动和地质作用关系的方法。这看起来显而易见，其实不然，那就是微生物在极短的地质时间内导致了大量微生物岩的形成，这些微生物岩具有典型的纹层状壳体和树枝状生长形态。从珊瑚礁的生长周期来看，在最近一个冰消期和接下来的海平面上升期，微生物岩的生长速度介于 8~15 mm/年（Seard 等，2011）。微生物在不同地点和深度形态类似（成层的柱状充填于珊瑚礁洞穴中），说明在相关时期微生物具有比较统一的生长机制（从 16000—4000a 前）。从 4000a 前到现在，微生物岩的形成变慢或几乎停止了，说明珊瑚礁环境在变化，可能与现今海平面上升有关。这表明微生物岩形成于快速的海平面上升期，导致了整个珊瑚礁生长。在此次探险中观察到存在活着的生物膜，表明活动仍然在小范围内进行着。可能开始于晚更新世，在全新世继续，比如铁从岛上析出的一些地质活动可以引起持续的大量微生物碳酸盐岩沉积。

活的生物膜是很脆弱的建造，一旦它们消失了就只留下一些矿物。过去环境中相关的代谢活动只能通过样品中的数据重建。现在的概念认为发育一个暗色的生态系统，微生物活动主要受控于化学营养，主要是无氧呼吸，这导致了微生物岩的快速生长。微生物导致的沉淀起初是发生在珊瑚碎片上，后来逐渐形成厚层的层状碳酸盐岩壳体，反过来充填和巩固珊瑚格架。当冰期后的海平面上升到它现在的位置时，微生物岩的生长就变慢了，碳酸盐岩的充填堵塞了营养物质的供应（Camoin 和 Montaggioni，1994；Camoin 等，1999，2006）。

14.2 方法

Tahiti 海域的综合大洋钻探计划远征 310 航次发生于 2005 年 10 月 5 日—12 月 17 日，主要用的是 DP Hunter 取样机。在 22 个地点钻了 37 个洞，取得了 630m 岩心，水深 40~117m

(图 14.1；远征 310 航次的科学家，2006；Camoin 等，2007a)。Camoin 等（2007b）发表了 Tahitian 珊瑚礁层序地层。大多数与微生物有关的测试是在船上开展的，避免长途运输中所发生的变化。钻探地点更多的信息可以在大洋钻探计划的网站上获得，网址是 http：// publications. iodp. org/proceedings/310/。

14.2.1 岩心处理与取样

考虑到珊瑚礁环境和钻的洞的深度较浅，对取心没有进行特殊的保护，本地的微生物可能会有一些化学和物理的变化，影响因素有氧气、温度和压力变化。然而，微生物污染是一个需要被考虑和控制的问题（表 14.1）。微生物样品被系统地从珊瑚集洞穴中取出，取出点还测试了 5′-磷酸腺苷的含量。2~30g 附着的生物膜被用于栽培、识别、活动实验和 DNA 测试。为了防止微生物降解，取样后被立即化学保存并/或冰冻在-60℃。

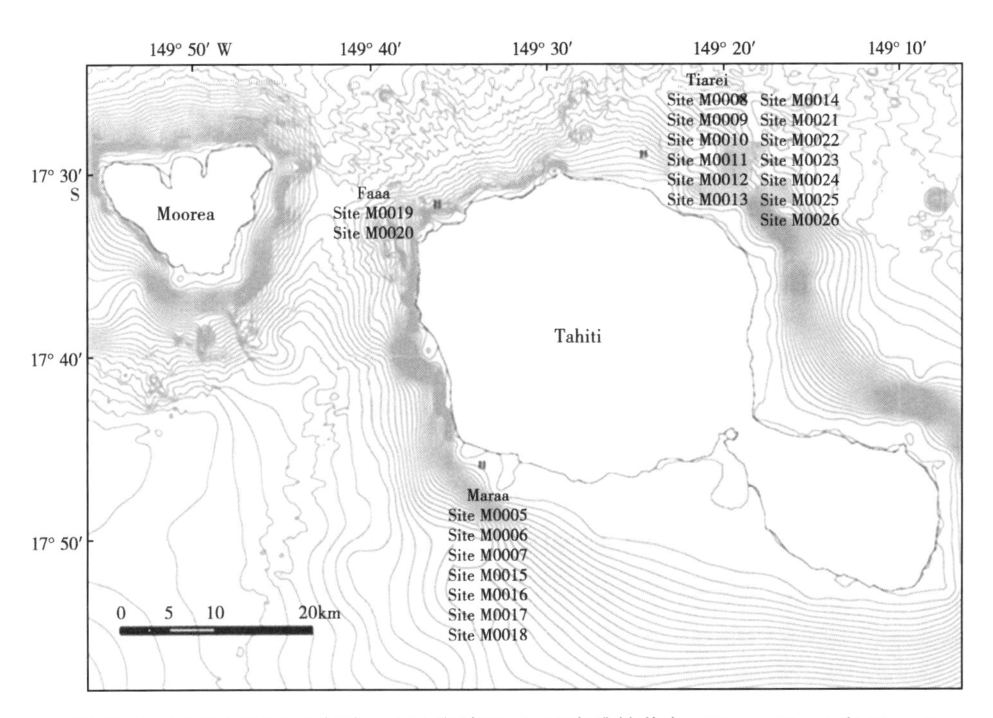

图 14.1 IODP 远征 310 航次 Tahiti 海域 Tahiti 珊瑚礁钻井点（Faaa、Tiarei 和 Maraa）等深线图据 Camoin 等（2007a）

表 14.1 用于污染评估的 ATP 控制测量

来源	ATP
自来水	38.8 pmol/mL
海水	44.8 pmol/mL
钻井液（分离器后）	21.4 pmol/mL
钻杆外表面	5.2pmol/cm^2
操作员手套	6.7 pmol/cm^2
杆上的涂料（润滑油）	19.3 pmol/cm^2

注：液体，用“Aqua-Trace™”分析 0.1mL 淡水样品；表面，用“Clean-Trace™”表面拭子测量 1cm^2；表中的数值均测量 3~5 次的平均值。

14.2.2 DAPI 染色法显微计数细胞

DAPI（4′-6-diamidino-2-phenylindole）显微计数细胞的方法被用于计数生物膜上，样品来自 Tahiti 生物礁，目的是计算微生物丰度。10μL 的样品被洒在薄片上，晾干 10min。每个样品上都被染上了 5μL 等分的 DAPI（250ng/mL），并孵育 5min。薄片用磷酸盐缓冲盐水冲洗。为防止漂白，每口井样品中使用 5μL 的“Citifluor”，并盖上盖玻片。生物膜的观察是使用 Zeiss 显微镜。

14.2.3 扫描电子显微镜

被用于扫描电镜的样品先置于戊二醛缓冲液中 20~60min，用 PBS 缓冲液冲两次，保存在 50%（酒精）—50%（缓冲液）的溶液中，温度保持在-20℃。样品随后被烘干，喷上 10nm 厚的铂，用 Zeiss Supra 50 VP 进行扫描电镜分析，同时装备有一个 EDAX 探针，用于元素分析。

14.2.4 基于 ATP 的微生物活动观测

ATP 是生物体中普遍的能量转化分子，在细胞内比较稳定，但是在生物体外就相当不稳定。因此，ATP 是检测活细胞的标志分子。ATP 是非生物的也证明了这一点。ATP 能被用酶法测定高灵敏度和高特异性地检测出来（见下图反应式）。反应过程中会释放光，被光学计数器读取。典型的感应值是 0.01 amol/mL 水，相当于 5 个大肠杆菌细胞。

$$\text{ATP} + \text{luciferin} + \text{O}_2 \xrightarrow{\text{luciferase}} \text{AMP} + \text{oxyluciferin} + \text{PPi} + \text{CO}_2 + h \cdot v$$

综合大洋钻探计划远征 310 航次 ATP 检测的目的有两个：（1）珊瑚格架中活着的生物膜的检测；（2）微生物污染评价，包括海水、仪器等。ATP 由 3M Clean-Trace NG 照度计、Clean- Trace™和 Aqua-Trace™等仪器联合检测。在 Clean-Trace™表面检测仪器中，约 $1cm^2$ 的表面被取样，进行 30s 的分析。Aqua- Trace™仪器是对水样做检测的。检测结果单位是 RLU（相对光单位）。测量值从 RLU 到 ATP 的转换公式是 1 pmol ATP ＝23.6 RLU。注意活动一词在这里指的是 ATP 浓度，二者不完全相同，但具有很好的相关性，因为所有的代谢活动都会产生 ATP。表 14.1 列出了主要的控制参数。

14.2.5 微生物培育和分离

根据样品的细胞密度或 ATP 信号的强度，气性微生物在海上 CPS 琼脂上被培育。CPS 由人造海水组成，其中有可溶的酪蛋白、蛋白胨和淀粉。每升 CPS 含量有细菌蛋白胨 0.5g、可溶性淀粉 0.5g、甘油 1mL、SL12 1mL、亚硒酸-钨酸盐溶液 1mL、洗净的琼脂 15g（Coolen 和 Overmann，2000）。生物膜物质用不育的缓冲液稀释，在室温下接种于琼脂平板上培养（24℃）。5~14d 的培养后，生物群落被取样并被在新的琼脂平板下培养。环境部分由 IMD-Lab 实验室的 16S RNA 分析（瑞士的苏黎世）。

14.2.6 基于胞外酶的微生物活动检测

水解的胞外酶是细菌代谢的指示剂，可以用高灵敏度的荧光仪检测出来（Boetius 和 Damm，1998；Coolen 和 Overmann，2000）。结果告知微生物群落在珊瑚礁表面生活的基板性质。在 Tahiti 珊瑚礁，三种胞酶被检测出：（1）碱性磷酸酶，从有机分子裂解的无机磷酸盐，例如磷脂或核酸；（2）β-葡萄糖苷，糖分子多糖裂解；（3）氨肽酶，将切割蛋白质和肽成更小的片段。由于胞外酶在海底环境中是一种很常用的方法，因此这些数据可以与已有的数据库进行对比，比如盘古大陆数据库（http：//www. pangaea. de/）。

样品中的胞外酶活动由荧光基板仪检测出胞外酶的碱性磷酸酶（EC 3. 1. 3. 1），β-葡萄糖苷（EC 3. 1. 21）和亮氨酸氨基肽酶（EC 3. 4. 1. 1）。碱性磷酸酶和β-葡萄糖苷由 MUF-phosphate 和 MUF-b-d-glucoside 测定。氨肽酶由 MCA 标记亮氨酸测定。

新鲜的样品（约 0. 5g）被称出并在 2mL 的反应瓶中培养，培养液是 1. 5mL 的无菌过滤海水。一个 5μL 的基底液，浓度 33μmol，被加入用于启动胞外酶反应。样品在 28℃下被培育 30~90min。对每个基底液，要求具有相同的沉积物，因此需要烧沸 20min 来控制基底液中的沉积物多少。这一过程不同的样品中有相同的生物裂解。

培育完成，溶液中加入 NaOH，将 pH 值增加到 11，同时还加入 1. 7mol（最后的浓度是 0. 1mol）的 Na_4 EDTA 防止碳酸盐岩沉淀。先离心 5min，然后自同溶解荧光用 LS-5B 发光光谱仪（Perkin Elmer）检测出，激发波长是 360nm，发射波长是 450nm。依据胞外酶活动强度，样品稀释 1∶10 至 1∶100 倍。为便于计算，10~2000nmol 浓度海水的 MUF 和 MCA 标准被用到。酶的活性单位表示为：nmol（底物类似物裂解）$\times g^{-1}$（沉积物）$\times h^{-1}$。

14. 3　结果

14. 3. 1　活体生物膜的形态

珊瑚洞穴中的活体生物膜用肉眼无法观察，因为它们很不显眼，与珊瑚表面不好区分，只能偶尔找到，需要借助 ATP 检测仪。一些微生物岩的表面被包裹一层生锈的铁—锰层（图 14. 2a），看起来像是没有生物活动。生物活动主要是在柔软的暗色表面（图 14. 2c）。在船上的样品中，不能看出生物膜的生长方向（向上还是向下）。但是，化石微生物岩显示为层状，并且在假钟乳石上生成（Camoin 等，2007a，b；图 14. 3）。

图 14. 2　珊瑚洞穴的生物膜

（a）没有生命迹象的碳酸盐岩微生物岩，发育铁—锰包裹层，样品号 16B10R（海底下 23. 8m）；
（b）有生命迹象的蓝色的生物膜，生长在珊瑚碎块上，样品号 15B 2R（海底下 0. 5m）

表壳为棕色铁质/锰质的样品（图 14. 2a）没有生物活性，具有异样的紫色生物膜的样品（图 14. 2b）具有最高的 ATP 活性（870pmol/cm^2）。同样在图 14. 2b 的样品上，那些嵌入似的球状碳酸盐岩矿物集合体很可能是微生物聚合物质（EPS；图 14. 4 中同样可见）。这

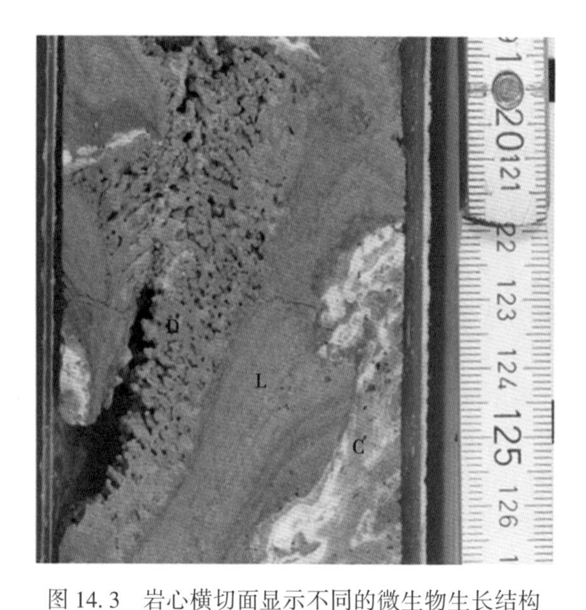

图 14.3　岩心横切面显示不同的微生物生长结构

D—树突状内叠层石型；L—层状微生物岩；C—珊瑚组合；样品号 5C9R1A（Maara 点）；高达 80%的岩心取出物是微生物岩；微生物岩的矿物组成主要是低镁和高镁方解石

是矿物在 EPS 中生长的最初阶段，Sprachta 等（2001）和 Dupraz 等（2004）也对此进行过描述。图 14.5c 在这个生物膜中存在有大量 DAPI 染色的细胞，同样还有矿物沉淀，可以认

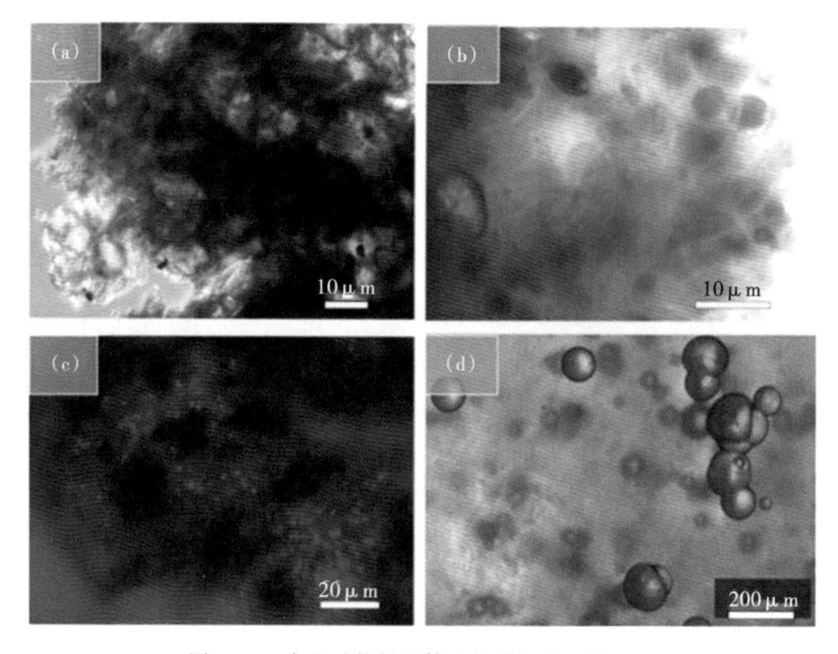

图 14.4　产生矿物的活体生物膜扫描电镜照片

紫色所示参见图 14.2b；样品号 15B；2-1-1cm（Maraa，海底下 0.5m）；（a）椭圆形矿物，嵌入微生物和胞外聚合物蓝色基质之间（EPS）；（b）与图 4（a）相同的样品，对比度更高地显示了矿物的形态和分布；（c）DAPI 染色样品，显示出许多微生物组织（亮点），围矿物成排分布（暗色区域）；（d）实验室中培育的球状碳酸盐岩颗粒的形成（从珊瑚礁中生物膜中分离出来的 *Virgibacillus* sp. 菌种）

为是原地的碳酸盐岩沉积。这个生物膜外表很复杂，扫描电镜下看来也很复杂和强非均质（图 14.5）。珊瑚礁 95%的重量是碳酸盐岩矿物，主要是低镁和高镁方解石（Verwer 和 Braaksma，2009），与一些黏土状矿物密切相关，一些区域还含有微量铁质矿物，比如磁铁矿［高达 8.8%（wt）］和黄铁矿［高达 22.5%（wt）］（Heindel 等，2010）。

图 14.5　Tahiti 珊瑚礁洞穴中生物膜的扫描显微图片

(a) 草莓状黄铁矿，暗示缺氧环境；地点 23A 1R 1W，海底下 0.2m；(b) 长条薄层杆状微生物，产生 EPS（网络结构），地点 9D 5R 1W，海底下 3.6m；(c) 发育在泥晶碳酸盐岩沉积物内部完好的碳酸盐岩晶体，地点 20A 3R 1W，海底下 5.0m；(d) 不规则圆形的被 EPS 覆盖的碳酸盐岩，Mg 各不相同，地点 24A 7R 1W，海底下 11.8m；(e) 不同微生物组织的凝聚体，碳酸盐岩矿物嵌入 EPS 基质中，地点 25A 1R 1W，海底下 0.7m；(f) 黏附的微生物（M）和白云石晶体（D）基于 EDS 的分析，地点 24A 7R 1W 68，海底下 11.8m

14.3.2　丰度和生物活动

DAPI 细胞计数表明生物膜的 ATP 浓度越高，微生物越多，它们经常群生（图 14.4a 至 c）。为了进一步了解微生物食物链，研究了水解酶作为原核生物生理活性的标准。胞外酶解可以是水环境中有机物代谢的限速（Ruddy，1997）。胞外酶活动通常与完整的细胞有关（Coolen 等，2002）。更进一步来说，胞外酶，如碱性磷酸酶、氨基肽酶和 β-葡萄糖苷酶，可用于判断细菌基板易得程度。检测了三种胞外酶的活动：碱性磷酸酶、β-葡萄糖苷酶和亮氨酸氨基肽（图 14.6），采用的是一个最近建立的用于海洋沉积物的方法（Coolen 和 Overmann，2000）。

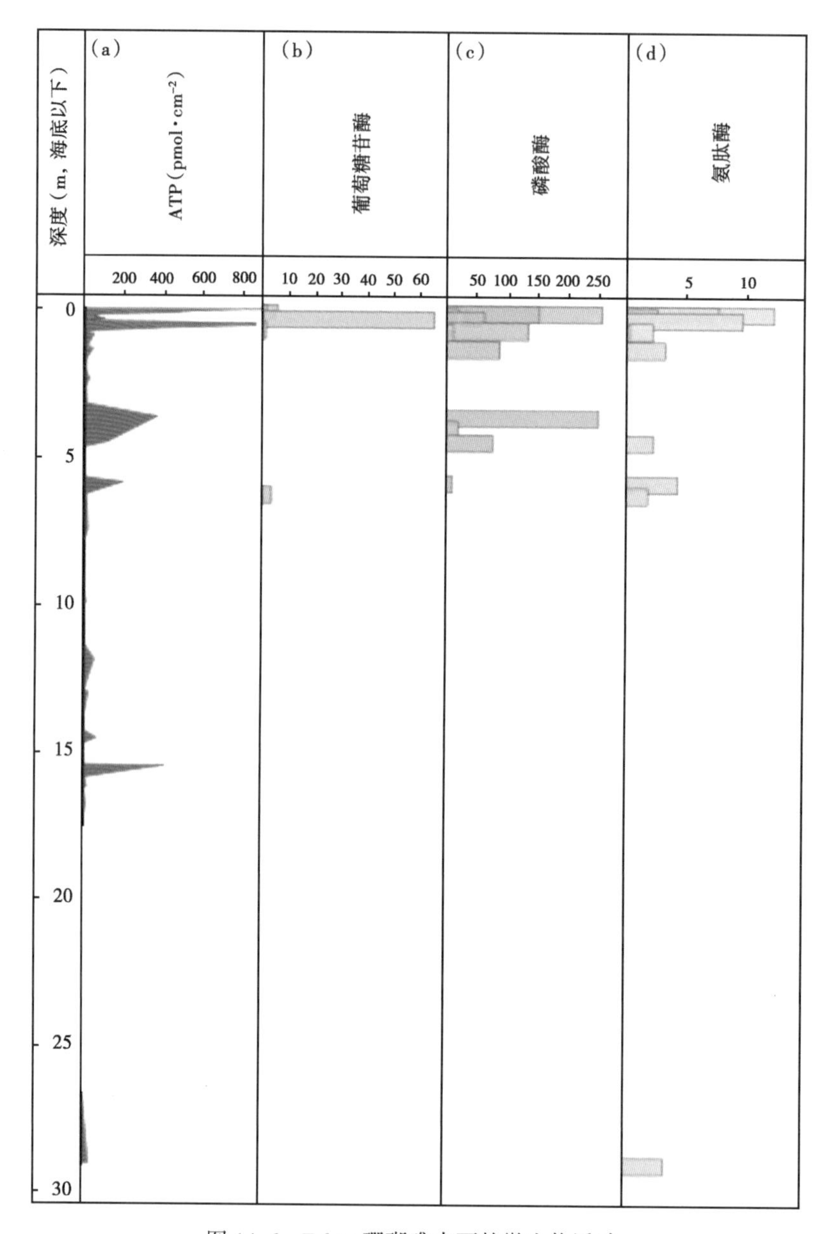

图 14.6 Tahiti 珊瑚礁表面的微生物活动

（a）珊瑚表面的 ATP 检测（生物膜）；（b）β-葡萄糖苷酶的胞外酶活动；（c）碱性磷酸酶；（d）氨肽酶；胞外酶的活动单位是 $nmol \cdot g^{-1} \cdot h^{-1}$，显示的数据是 IODP 远征 310 航次的所有数据，原始数据可见 http：//www. pangaea. de

14.3.3 微生物活动的地点

图 14.6a 展示了在不同钻孔 87 个 ATP 测点的位置。很明显，生物活动主要位于海底以下 0~1m（MBSF）。这是一些地表物质污染的结果，比如藻类在钻井时被带到最表面的 1m，这就增加了 ATP 浓度。深部的高值则显示了生物活动强度，结果表明可以至海底以下 16m。这些珊瑚礁洞穴中的生物膜看起来与深度没有一致性，但主要集中于海底以下 4~5m。地球化学数据，比如氨的出现和碱度的增加也都表明微生物活动在海底以下 5~18m 之间（远征 310 航次科学家，2006，2007）。

14.3.4 胞外酶活动

微生物活动存在异养代谢的证据来自胞外酶检测，在不同的生物膜片中都有变化。例如，Faaa 地点 M0020 钻孔 20A，海底以下 4.51m 和 Tiarei 地点 M009 钻孔 9D，海底以下 3.64m，显示出很高的磷酸酶活动，说明异养代谢的群落优先降低有机结合态的磷化合物，比如磷脂或核酸。相反，Maraa 地点 M0007 钻孔 7B，海底以下 6.28m，仅显示出 β-葡萄糖苷酶和氨基肽活动，说明存在多糖和蛋白质的代谢和降解。汇编的胞外酶活性分布如图 14.6b 至 d 所示。

14.3.5 微生物的培养和进化分析

生物膜样品中的微生物组织分离在琼脂板上培育异养细菌。两周后，10 种不同的异养细菌群落可以被分离，Sànchez-Ròman 等（2007）描述了在一种介质上培育时，5 个形成细粒，1 个形成大的球状碳酸盐（参见图 14.5b）。微生物岩样品的扫描电镜观察表明厌氧环境在一些时期内普遍存在。例如，草莓状黄铁矿（图 14.4a）在沉积物中连续存在，说明一定程度上的缺氧（微）环境。但是，在船上无法保证严格的缺氧环境，因此厌氧硫酸盐还原菌的分离不成功。

脂类生物标志物研究表明微生物群落主要是硫酸盐还原菌，可能是它们导致了硫化铁的存在（Heindel 等，2010）。所有分离的菌落都是海洋异养细菌，在海水或高盐度沉积物中被发现。一种从死海中分离的革兰氏阳性嗜盐的种类——芽孢杆菌菌株（Arahal 等，1999），在地下发现的耐盐藤黄微球菌（Boivin-Jahns 等，1995）、盐单胞菌属（例如从莫诺湖中分离的，海底下和深海环境），两种从地中海深海环境中分离的 macleodii 单胞菌，是从海洋藻类中分离的菌种。葡萄球菌属同样也在其他的热带海相珊瑚礁中存在（Ritchie，2006）。一种真核生物的海洋酵母、汉逊酵母也被从大西洋热带深海中分离出来（Butinar 等，2005）。*B. Marinobacter* 和 *marismortui* 两种好氧菌最近也被认为在实验室环境中与碳酸盐岩沉积有关（Sànchez-Ròman 等，2007）。

14.4 讨论

本次研究第一次记录了生长在化石珊瑚礁洞穴中生物膜的生长，提供了一个研究这些生物膜的机会，并进一步了解与其有关的碳酸盐岩沉积过程。船上的检测已表明存在大量的微生物活动，它们直接黏附在矿物表面，目前被认为与微生岩的形成有关。根据 ATP 活动检测（图 14.6），碳酸盐岩桩的最上部（0~5m）看起来是活动最强烈的区域，同时化石微生物岩的测年也表明了这一认识（Seard 等，2011）。这一趋势最可能是由透光区的原生生物导致的，比如藻类、植物和蓝藻。在生物膜最适于发育的地方，珊瑚礁洞穴内的微生物活动最强烈。这些生物膜因此生长在缺光的环境中，靠化能营养代谢。作为代谢的附产物，碳酸盐岩形成了，最终导致了我们看见的微生物岩结构。

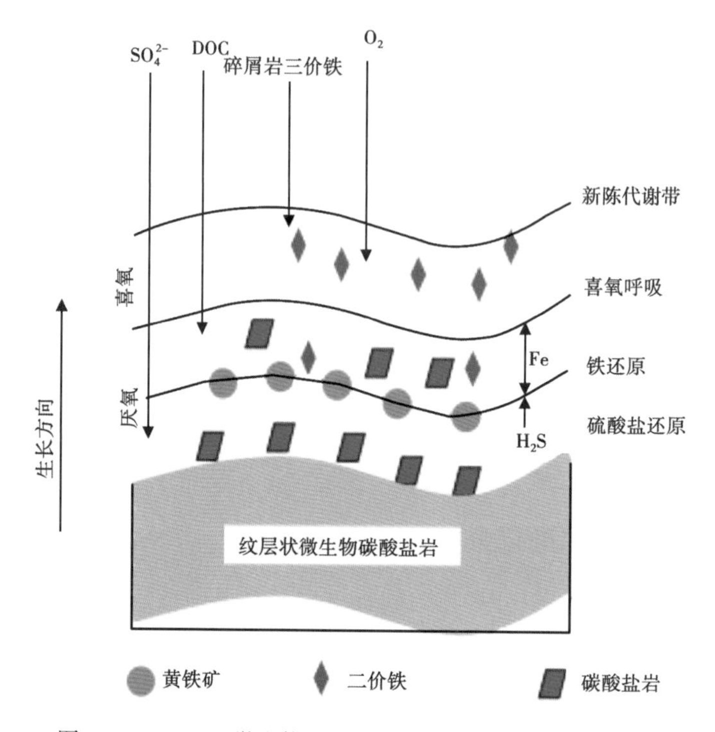

图 14.7　Tahitian 微生物地层地质—微生物膜形成假想模式

碳酸盐岩、黄铁矿和氧化铁在 Tahiti 的微生物岩和生物膜中发现；这三种矿物的存在说明在生物膜中存在不同的代谢作用；厌氧区主要形成碳酸盐岩和黄铁矿；H_2S 不存在是因为它被亚铁还原，形成了黄铁矿

14.4.1　微生物的生物膜中的碳酸盐沉淀

碳酸盐岩矿物，比如方解石、高镁方解石或白云石，一般不会自发地沉淀，即使是在高盐度海水中（Land，1998）。一般情况下，微生物作用与海洋碳酸盐岩沉积有关（Riding，2000；Reid 等，2003）。这些作用，包括光合作用和无氧呼吸，比如硫酸盐还原作用，在海相沉积（Reitner 等，2005；Meister 等，2006）和微生物席（Visscher 等，2000；Vasconcelos 等，2006）中被提及，但是在珊瑚礁环境的生物膜中还没有研究提及。关于生物膜在碳酸盐岩沉积中的作用有几种假想，比如微生物生产或有机动力学抑制剂的去除等（Bosak 和 Newman，2005）。微观上观察到最开始的沉积是椭圆形到球形颗粒（图 14.4d 和图 14.5b、d）。

这一观察结果更清晰地指出了微生物在碳酸盐岩沉积中的作用，因为球状形态通常代表了生物成因矿物的最初形态（van Lith 等，2003；Dupraz 等，2004，2009）。EPS 有助于矿物形成，通过压制反应障碍，形成他形晶外貌（Bontognali 等，2008，2010，2013；Decho，2009）。笔者假设了两个合理的代谢反应，它们影响了系统的碱度，因此促进了碳酸盐岩颗粒的沉积：（1）异养硫酸盐还原反应（Warthmann 等，2000，2005）；（2）微生物铁呼吸。Heindel 等（2010）描述了微生物岩中大量铁的存在（不同的微生物岩的 FeO 含量为 1.0%～

11.5%（wt））及磁铁矿、黄铁矿的存在。

14.4.1.1 可能与珊瑚礁微生物岩有关的生物地球化学过程

异养硫酸盐还原反应：

$$C_2H_3O_2^- + SO_4^{2-} \longrightarrow HS^- + 2CO_2 + 2OH^- \quad (14-1)$$

（低分子量的有机化合物的降解，例如乙酸盐）

接下来的反应——碳酸盐岩形成

$$CO_2 + Ca^{2+} + 2OH^- \longrightarrow CaCO_3 \quad (14-2)$$

微生物铁呼吸：

$$\langle CH_2O\rangle \text{（生物体）} + 2Fe_3O_3 \text{（铁氧化物）} \longrightarrow CO_2 + 6Fe^{2+} + 12OH^- \quad (14-3)$$

接下来的反应——碳酸盐岩形成：

$$CO_2 + Ca^{2+} + 2OH^- \longrightarrow CaCO_3 + H_2O \quad (14-4)$$

化学方程式（1）和（3）中硫化铁的形成

$$Fe^{2+} + HS^- + OH^- \longrightarrow FeS + H_2O \quad (14-5)$$

14.4.1.2 碳酸盐岩形成的假想

赤道太平洋海水包含约180μmol溶解的有机碳（DOC）（Tanoue，1993），主要组成是低聚糖（80%），其次是乙酸乙酯（12%）和6%脂质（Aluwihare 等，1997）。当海水流经珊瑚礁时，这些化合物可作为黏附微生物组体的代谢营养物。此外还有一系列有机化合物，比如高、低分子量多糖和乙醇酸等产自珊瑚礁群落代谢活动的物质，这些群落主要有大型藻类，蓝藻和珊瑚（Bateson 和 Ward，1988；Wild 等，2004；Haas 等，2010）。地下的微生物可能一定程度上就是靠珊瑚礁产生的物质提供营养。

为了能持续不断地提供营养物质，聚合物分子切割为单体分子。这一降解过程可以在海洋的透光区（紫外光）发生（Vahatalo 和 Zepp，2005）。DOC 也可能被一些特定的微生物胞外酶所分解。笔者观察到了生物代谢多糖、磷酸盐化合物和肽的活动。乙酸在厌氧海洋环境中的存在支持了硫酸盐还原菌的生长，通过化学方程式（1）和化学方程式（2）促进了碳酸盐岩的沉淀。

H_2S 作为硫酸盐还原菌活动的指示剂并没有被检测到，但是黄铁矿在微生物岩中发育，说明在微生物岩生长过程中是硫酸盐还原条件。依据地球化学数据，铁还原发生于珊瑚礁的最上部，在多个钻孔中溶解铁存在于海底以下0.3~21.0m，浓度最高可达880μmol（远征310航次科学家，2006）。铁还原活动超过硫酸盐还原活动，否则 Fe^{2+} 会立即与 HS^- 结合形成铁硫化物［化学方程式（5）］。这些观察说明微生物铁还原活动与碳酸盐岩微生物盐岩的形成相关，是通过化学方程式（3）和化学方程式（4）来实现的。

由于化石微生物岩含有一定量的铁质碎屑矿物，比如磁铁矿，因此可以判断在增生过程中存在着颗粒的聚集作用。微生物岩的内部结构没有捕获和粘结的增生作用，像现代海洋叠层石描述的那样，而在后者中蓝细菌起到了捕获的作用（Reid 等，2000；Dupraz 和 Visscher，2005）。在本次研究的生物膜中，丝状的蓝细菌没有发现，因此认为可能是一种被动的悬浮碎屑颗粒的聚集作用。这说明在背光的区域生物代谢所引起的微生物岩增生有可能发生。硫酸盐还原细菌活动可能在其中起到了重要作用，就像 Heindel 等（2010）所说的一样。

14.4.1.3 珊瑚礁的富营养化

太平洋底海水中的铁可能只存在皮摩尔浓度（10^{-12}mol）的地方，不足以支撑微生物的最佳生长（Martin 和 Gordon，1988）。因此，铁质营养可以极大地降低生物的大规模生长，与大尺度的野外实验结论是一致（Martin 等，2002）。在 Tahiti 珊瑚礁，铁和其他营养物从附近火山岛的玄武质洋流过来，明显导致了富营养化，支撑了生物群落的生长（Heindel 等，2009，2010）。铁质成分最多的是粗晶磁铁矿，没有被铁呼吸生物用完，可能是因为量太多或者存在其他的铁质矿物。值得注意的是铁呼吸导致的碱度升高比其他微生物作用更加强烈。这或许可以解释 Tahiti 珊瑚礁的微生物岩在冰后期快速生长。

采用激光剥离元素分析方法对 Tahiti 岩心中层状微生物岩进行测试（Heindel 等，2010），在暗色层段铁的含量比背景值高 10 倍左右。Heindel 等（2010）认为铁含量高与营养物质增加有关，可能来自玄武岩岛的化学风化作用，反过来增强了异养硫酸盐还原反应。

关于 Tahiti 微生岩的形成演化提出了一个假想：层状的喜氧—厌氧生物膜说明缺乏溶解硫，存在溶蚀铁以及碳酸盐岩沉淀（图 14.7）。微生物生长的营养物质来源于附近火山岩岛屿的风化作用。微生物胞外酶活动说明微生物将 DOC 作为碳的来源，比如说多糖、多肽和磷脂，在开阔的海洋环境中存在，此外还可在珊瑚礁表层生成光养生物。微生物活动最先出现的产物是圆形的碳酸盐岩矿物，嵌入在 EPS 基质间，最终导致了大型微生物岩的形成。

14.5 结论

Tahiti 冰期后珊瑚礁最上部 30m 发育微生物碳酸盐岩，但微生物活动主要在海底之下 0~6m 的地层中，说明微生物生长直接与表面生产率有关。然而，活体生物膜在珊瑚格架中是中空生长的，而不是附着其上的，说明生物礁并不是无疑的结构性的微生物栖息地。内部发育碳酸盐岩矿物沉积的活体生物膜在珊瑚礁洞穴内被发现。基于此提出了一个假想，呼吸作用比如硫酸盐还原和铁还原反应可能导致了珊瑚礁格架内的碳酸盐岩增生（图 14.7）。

微生物岩形成之初是碳酸盐岩沉积作用，这种沉积作用从碳酸盐岩产物的圆形形态可以看出与生物作用有关，具体可能与某些特定的生物代谢作用有关。Tahiti 微生物岩显示出了独特结构，例如纹层状、层状、内叠层石状和柱状。现今在珊瑚洞穴中发现生物膜可能是过去的残留，只是过去规模更大，形成了珊瑚洞穴纹层状的碳酸盐岩充填。微生物岩的主要生长阶段是珊瑚礁加速生长时期，为最近的冰川期和相应的海平面上升期。

参考文献

Aluwihare, L. I., Repeta, D. J. & Chen, R. F. 1997. A major biopolymeric component to surface seawater DOC. *Nature*, 387, 166-168.

Arahal, D. R., Marquez, M. C., Volcani, B. E., Schleifer, K. H. & Ventosa, A. 1999. Bacillus marismortuisp. nov., a new moderately halophilic species from the Dead Sea. *International Journal of Systematic Bacteriology*, 49, 521-530.

Awramik, S. M. 1992. The history and significance of stromatolites. *In*: Schidlowski, M. (ed.) *Early Organic Evolution*: *Implications for Mineral and Energy*. Springer, New York, 435-49.

Bateson, M. M. &Ward, D. M. 1988. Photoexcretion and fate of glycolate in a hot spring cyanobacterial mat. *Applied and Environmental Microbiology*, 54, 1738-1743.

Boetius, A. & Damm, E. 1998. Benthic oxygen uptake, hydrolytic potentials and microbial biomass at the Arctic continental slope. *Deep-Sea Research*, *Series I*, 45, 239-275.

Boivin - Jahns, V., Bianchi, A., Ruimy, R., Garcin, J., Daumas, S. & Christen, R. 1995. Comparison of phenotypical and molecular methods for the identification of bacterial strains isolated from a deep subsurface environment. *Applied and Environmental Microbiology*, 61, 3400-3406.

Bontognali, T. R. R., Vasconcelos, C., Warthmann, R. J., Bernasconi, S. M., Dupraz, C., Bernasconi, S. M. & McKenzie, J. A. 2008. Microbes produce nanobacteria-like structures, avoiding cell entombment. *Geology*, 35, 663-666.

Bontognali, T. R. R., Vasconcelos, C., Warthmann, R. J., Dupraz, C., Bernasconi, S. M., Strohmenger, C. J. & McKenzie, J. A. 2010. Dolomite formation within microbial mats in the coastal Sabkha of Abu Dhabi (United Arab Emirates). *Sedimentology*, 57, 824-844.

Bontognali, T. R. R., McKenzie, J. A., Warthmann, R. J. & Vasconcelos, C. 2013. Microbially influenced formation of Mg-calcite and Ca-dolomite in the presence of exopolymeric substances produced by sulfate-reducing bacteria. *Terra Nova*, 26, 72-77.

Bosak, T. & Newman, D. K. 2005. Microbial kinetic controls on calcite morphology in supersaturated solutions. *Journal of Sedimentary Research*, 75, 190-199.

Browne, K. M., Golubic, S. & Seong-Joo, L. 2000. Shallow marine microbial carbonate deposits. *In*: Riding, R. E. & & Awramik, S. M. (eds) *Microbial Sediments*. Springer, Berlin, 233-249.

Burne, R. V. & Moore, L. S. 1987. Microbialites: organosedimentary deposits of benthic microbial communities. *Palaios*, 2, 241-254.

Butinar, L., Santos, S., Spencer-Martins, I., Oren, A. & Gunde-Cimerman, N. 2005. Yeast diversity in hypersaline habitats. *FEMS Microbiology Letters*, 244, 229-234.

Camoin, G. F. & Montaggioni, L. F. 1994. High energy coralgal-stromatolite frameworks from Holocene reefs (Tahiti, French Polynesia). *Sedimentology*, 41, 655-676.

Camoin, G. F., Gautret, P., Cabioch, G. & Montaggioni, L. F. 1999. Nature and environmental significance of microbialites in Quaternary reefs: the Tahiti paradox. *Sedimentary Geology*, 126, 271-304.

Camoin, G. F., Cabioch, G., Eisenhauer, A., Braga, J. C., Hamelin, B. & Lericolais, G. 2006. Environmental significance of microbialites in reef environments during the last deglaciation. *Sedimentary Geology*, 185, 277-295.

Camoin, G. F., Iryu, Y., McInroy, D. B. Expedition 310 Scientists. 2007*a*. Tahiti Sea Level. *In*: *Proceedings of the Ocean Drilling Program*, Integrated Ocean Drilling Program Management International, Inc., Washington, DC, 310, http://dx.doi.org/10.2204/iodp.proc.310.2007.

Camoin, G. F., Iryu, Y., McInroy, D. B. Expedition 310 Scientists. 2007*b*. IODP Expedition 310 reconstructs sea level, climatic, and environmental changes in the South Pacific during the Last Deglaciation. *Scientific Drilling*, 5, 4-12.

Coolen, M. J. L. & Overmann, J. 2000. Functional exoenzymes as indicators of metabolically active bacteria in 124, 000-year-old sapropel layers of the eastern Mediterranean Sea. *Applied and En-*

vironmental Microbiology, 66, 2589–2598.

Coolen, M. J. L. , Cypionka, H. , Smock, A. , Sass, H. & Overmann, J. 2002. Ongoing modification of Mediterranean Pleistocene sapropels mediated by prokaryotes. *Science*, 296, 2407–2410.

Decho, A. W. 2009. Overview of biopolymer–induced mineralization: what goes on in biofilms? *Ecological Engineering*, 36, 137–144.

Dupraz, C. & Strasser, A. 2002. Nutritional modes in coral–microbialite reefs (Jurassic, Oxfordian, Switzerland): evolution of trophic structure as a response to environmental change. *Palaios*, 17, 449–471.

Dupraz, C. & Visscher, P. T. 2005. Microbial lithification in marine stromatolites and hypersaline mats. *Trends in Microbiology*, 13, 429–438.

Dupraz, C. , Visscher, P. T. , Baumgartner, L. K. &Reid, R. P. 2004. Microbe–mineral interactions: early carbonate precipitation in a hypersaline lake (Eleuthera Island, Bahamas). *Sedimentology*, 51, 745–765.

Dupraz, C. , Reid, R. P. , Braissant, O. , Decho, A. W. , Norman, R. S. & Visscher, P. T. 2009. Processes of carbonate precipitation in modern microbial mats. *Earth Science Reviews*, 96, 141–162.

Expedition 310 Scientists 2006. Tahiti Sea Level: the last deglacial sea level rise in the South Pacific: offshore drilling in Tahiti (French Polynesia). *In*: *Proceedings of the Ocean Drilling Program, Preliminary Report*, 310, Integrated Ocean Drilling Program Management International, Inc. , Washington, DC, http://dx. doi. org/10. 2204/iodp. pr. 310. 2006.

Expedition 310 Scientists 2007. Maraa western transect: Sites M0005–M0007. *In*: Camoin, G. F. , Iryu, Y. , McInroy, D. B. and the Expedition 310 Scientists (eds) *Proceedings of the Ocean Drilling Program*, 310, Integrated Ocean Drilling Program Management International, Inc. , Washington, DC.

Gebelein, C. D. 1976. The effect of the physical, chemical and biological evolution of the Earth. *In*: Walter, M. R. (ed.) *Stromatolites*. Developments in Sedimentology, 20. Elsevier, Amsterdam, 499–515.

Haas, A. F. , Naumann, M. S. , Struck, U. , Mayr, C. , El–Zibdah, M. & Wild, C. 2010. Organic matter release by coral reef associated benthic algae in the Northern Red Sea. *Journal of Experimental Marine Biology and Ecology*, 389, 53–60.

Heindel, K. , Wisshak, M. &Westphal, H. 2009. Microbioerosion in Tahitian reefs: a record of environmental change during the last deglacial sea–level rise (IODP 310). *Lethaia*, 42, 322–340.

Heindel, K. , Birgel, D. , Peckmann, J. , Kunhert, H. & Westphal, H. 2010. Formation of deglacial microbialites in coral reefs off Tahiti (IODP 310) involving sulfate – reducing bacteria. *Palaios*, 25, 618–635.

Krumbein, W. E. , Brehm, U. , Gerdes, G. , Gorbushina, A. A. , Levit, G. & Palinska, K. A. 2003. Biofilm, biodictyon, microbialites, oolites, stromatolites, geophysiology, global mechanism, paprahistology. *In*: Krumbein, W. E. , Dornieden, T. & Volkmann, M. (eds) *Fossil and Recent Biofilms*. Kluwer, Dordrecht, 1–27.

Land, L. S. 1998. Failure to precipitate dolomite at 25℃ from dilute solution despite 1000–fold oversaturation after 32 years. *Aquatic Geochemistry*, 4, 361–368.

Martin, J. H. & Gordon, R. M. 1988. Northeast Pacific iron distributions in relation to phytoplankton productivity. *Deep Sea Research Part A. Oceanographic Research Papers*, 35, 177–196.

Martin, J. H., Coale, K. H. et al. 2002. Testing the iron hypothesis in ecosystems of the equatorial Pacific Ocean. *Nature*, 371, 123–129.

Meister, P., McKenzie, J. A., Warthmann, R. & Vasconcelos, C. 2006. Mineralogy and petrography of diagenetic dolomite, Peru margin, ODP Leg 201. *In*: Jørgensen, B. B., D' Hondt, S. L. & Miller, D. J. (eds) *Proceedings of the Ocean Drilling Program*, *Scientific Results*, 201, 1–34. College Station, TX (Ocean Drilling Program), http://dx.doi.org/10.2973/odp.proc.sr.201.102.2006.

Monty, C. 1973. Precambrian background and Phanerozoic history of stromatolitic communities, an overview. *Annales de la Socie? te? Ge? ologique de Belgique*, 88, 269–276.

Nadson, G. A. 1928. Beitrag zur Kenntnis der bakteriogenen Kalkablagerungen. *In*: Thienemann, PDAUG (ed.) *Archiv für Hydrobiologie*, *Organ der Internationalen Vereinigung für Theoretische und Angewandte Limnologie*. Schweizerbart' sche Verlagsbuchhandlung, Stuttgart, XIX, 154–164.

Reid, R. P., Visscher, P. T. et al. 2000. The role of microbes in the accretion, lamination and early lithification of modern marine stromatolites. *Nature*, 406, 989–992.

Reid, R. P., Dupraz, C., Visscher, P. T. & Sumner, D. Y. 2003. Microbial processes forming modern marine stromatolites: Microbe–mineral interactions with a three–billion–year rock record. *In*: Krumbein, W. E., Paterson, D. M. & Zavarzin, G. A. (eds) *Fossil and Recent Biofilms*, *a Natural History of Life on Earth*. Kluwer, Dordrecht, 103–118.

Reitner, J., Peckmann, J., Reimer, A., Schumann, G. & Thiel, V. 2005. Methane-derived carbonate build-ups and associated microbial communities at cold seeps on the lower Crimean shelf (Black Sea). *Facies*, 51, 66–79.

Riding, R. 2000. Microbial carbonates: the geological record of calcified bacterial–algal mats and biofilms. *Sedimentology*, 47, 179–214.

Ritchie, K. B. 2006. Regulation of microbial populations by coral surface mucus and mucus-associated bacteria. *Marine Ecology Progress Series*, 322, 1–14.

Ruddy, G. 1997. An overview of carbon and sulphur cycling in marine sediments. *In*: Jickells, T. D. & Rae, J. E. (eds) *Biogeochemistry of Intertidal Sediments*. Cambridge University Press, Cambridge, 99–118.

Sànchez-Ròman, M., Rivadeneyra, M., Vasconcelos, C. & McKenzie, J. A. 2007. Biomineralization of carbonate and phosphate by halophilic bacteria: influence of Ca^{2+} and Mg^{2+} ions. *FEMS Microbiology Ecology*, 54, 1007–1031.

Seard, C., Camoin, G. et al. 2011. Microbialite development patterns in the last deglacial reefs from Tahiti (French Polynesia; IODP Expedition #310): implications on reef framework architecture. *Marine Geology*, 279, 63–86.

Semikhatov, M. A. & Raaben, M. E. 1996. Dynamics of the global diversity of Proterozoic stromatolites. Article II: Africa, Australia, North America, and general synthesis. *Stratigraphy and Geo-*

logical Correlation, 4, 24-50.

Sprachta, S., Camoin, G., Golubic, S. & Le Campion, T. 2001. Microbialites in a modern lagoonal environment: nature and distribution (Tikehau Atoll, French Polynesia). *Palaeogeography, Palaeoclimatology, Palaeoecology*, 175, 103-124.

Stolz, J. F. 2000. Structure of microbial mats and biofilms. *In*: Riding, R. E. & Awramik, S. M. (eds) *Microbial Sediments*. Springer, Berlin, 1-8.

Tanoue, E. N. 1993. Distributional characteristics of DOC in the Central Equatorial Pacific. *Journal of Oceanography*, 49, 625-639.

Vahatalo, A. V. & Zepp, R. G. 2005. Photochemical mineralization of dissolved organic nitrogen 647 to ammonium in the Baltic sea. *Environmental Science and Technology*, 39, 6985-6992.

Van Lith, Y., Warthmann, R., Vasconcelos, C. & McKenzie, J. A. 2003. Sulphate-reducing bacteria catalyze anoxic dolomite and high Mg-calcite formation. *Geobiology*, 1, 71-79.

Vasconcelos, C. & McKenzie, J. A. 1997. Microbial mediation of modern dolomite precipitation and diagenesis under anoxic conditions (Lagoa Vermelha, Rio de Janeiro, Brazil). *Journal of Sedimentary Research*, 67, 378-390.

Vasconcelos, C., Warthmann, R., Mc kenzie, J. A., Visscher, P. T., Bittermann, A. G. & van Lith, Y. 2006. Lithifying microbial mats in Lagoa Vermelha, Brazil: modern Precambrian relics? *Sedimentary Geology*, 185, 175-183.

Visscher, P. T., Reid, R. P. & Bebout, B. M. 2000. Microscale observation of sulfate reduction: evidence of microbial activity forming lithified micritic laminae in modern marine stromatolites. *Geology*, 28, 919-922.

Wacey, D. 2010. Stromatolites in the-3400 Ma Strelley Pool Formation, Western Australia: examining biogenicity from the macro- to the nano-scale. *Astrobiology*, 10, 381-395.

Warthmann, R., van Lith, Y., Vasconcelos, C. & McKenzie, J. A. 2000. Bacterially induced dolomite precipitation in anoxic culture experiments. *Geology*, 28, 1091-1094.

Warthmann, R., Vasconcelos, C., Sass, H. & McKenzie, J. A. 2005. *Desulfovibrio brasiliensis* sp. nov., a moderately halophilic sulfate-reducing bacterium from Lagoa Vermelha (Brazil) mediating dolomite formation. *Extremophiles*, 9, 255-261.

Wild, C., Huettel, M., Kluetter, A., Kremb, S. G., Rasheed, M. Y. M. & Jorgenson, B. B. 2004. Coral mucus functions as an energy carrier and particle trap in the reef ecosystem. *Nature*, 428, 66-70.

Verwer, K., Braaksma, H. 2009. Data report: petrophysical properties of 'young' carbonate rocks (Tahiti Reef Tract, French Polynesia). *In*: Camoin, G. F., Iryu, Y., McInroy, D. B. Expedition 310 Scientists (eds) *Proceedings of the Ocean Drilling Program*. Integrated Ocean Drilling Program Management International, Inc., Washington, DC, 310, http://dx.doi.org/10.2204/iodp.proc.310.203.2009.